全国注册城乡规划师职业资格考试用书

注册城乡规划师职业资格考试辅导教材

1

城乡规划原理

张洁璐　兰利文　张　鹏　主编

中国建筑工业出版社

图书在版编目（CIP）数据

注册城乡规划师职业资格考试辅导教材. 1，城乡规
划原理 / 张洁璐，兰利文，张鹏主编. -- 北京：中国
建筑工业出版社，2025. 6. --（全国注册城乡规划师职
业资格考试用书）. -- ISBN 978-7-112-31284-9

Ⅰ. TU984.2

中国国家版本馆 CIP 数据核字第 2025FN3334 号

责任编辑：焦　扬　徐　冉
责任校对：赵　菲

全国注册城乡规划师职业资格考试用书

注册城乡规划师职业资格考试辅导教材 1　城乡规划原理

张洁璐　兰利文　张　鹏　主编

*

中国建筑工业出版社出版、发行（北京海淀三里河路 9 号）

各地新华书店、建筑书店经销

北京红光制版公司制版

北京市密东印刷有限公司印刷

*

开本：787 毫米×1092 毫米　1/16　印张：27　字数：726 千字

2025 年 6 月第一版　　2025 年 6 月第一次印刷

定价：**105.00** 元（含增值服务）

ISBN 978-7-112-31284-9

（45225）

编委会名单

（以姓氏笔画为序）

凡　新　王　存　兰　程　兰利文　刘　彬　吴金凤

张　鹏　张　璐　张志斌　张洁璐　周树伟　徐丹仪

康则全　惠　劫　蒲　宇

前　言

一、注册城乡规划师考试介绍

1999 年，依据人事部、建设部发布的《关于印发〈注册城市规划师执业资格制度暂行规定〉及〈注册城市规划师执业资格认定办法〉的通知》（人发〔1999〕39 号），国家开始实施城市规划师执业资格制度。

2000 年 2 月，人事部、建设部发布了《关于印发〈注册城市规划师执业资格考试实施办法〉的通知》（人发〔2000〕20 号）。2000 年 10 月，首次全国注册城市规划师执业资格考试举行。

2017 年，注册城市规划师更名为注册城乡规划师。

2024 年，依据《自然资源部 人力资源社会保障部关于印发〈注册城乡规划师职业资格制度规定〉和〈注册城乡规划师职业资格考试实施办法〉的通知》（自然资规〔2024〕3 号），注册城乡规划师考试开始正式实行新的办法。

二、丛书介绍

本套丛书为全新编写，每个分册均包含历年考频、知识点、相关精选真题、拓展内容以及最近一年真题及答案。其特色主要有以下几点。

（1）知识系统化：本书将注册城乡规划师的知识点进行整合，打破科目间的界限，以四科融合的姿态和更加宏观的角度去理解新时代的国土空间规划。如在学习城市规划原理的时候，联系实务中功能分区、用地布局、交通规划以及历史文化保护等内容，通过多层次、多节点的方式，形象化记忆，让考生形成自己的思维体系。

（2）考点扁平化：本书采用了全新"扁平化"的架构，让暗藏的知识点浮出水面，跃然纸上。本书创新地将考点与考点之间的联系深度挖掘，犹如在规划整个城市，从城镇到山水林田湖草沙，从开发利用到保护修复，考点与考点之间形成了逻辑链，有了系统化的关联，考生应对考试也不再是艰苦的旅程，而变成了对工作的探索与发现。

（3）真题数据化：历年真题是最有价值的备考资料，尤其是最新年份的真题。本书将真题作为数据源，遴选经典真题与考点进行关联，以展现考核角度，凸显各考点与知识点考核侧重，使得备考更具针对性，从而使广大考生不至于迷失在茫茫的题海之中。

三、丛书架构与使用说明

2024 年度注册城乡规划师职业资格考试大纲沿用《全国注册城市规划师执业资格考试大纲》（2014 版）和自然资源部国土空间规划局《关于增补注册城乡规划师职业资格考试大纲内容的函》中附件所列内容。为迎接全新的注册城乡规划师考试，基于新大纲的变化，整套书包含了《注册城乡规划师职业资格考试辅导教材》（4 本）与《注册城乡规划师职业资格考试 政策文件·法律法规·标准规范 高频考点与真题演练》（1 本）。辅导教材按板块列出知识点，并对高频考点予以标注，有些内容还进行了相应拓展，以便考生更好地抓住重点。除了要掌握相应的规范、标准外，辅导教材还按板块整理并精选了历年真题，学习与做题互动，有助于考生巩固知识点，加深理解和记忆。

《注册城乡规划师职业资格考试 政策文件 · 法律法规 · 标准规范 高频考点与真题演练》摘录了除"城乡规划实务"外其他3个科目涉及的文件重点和相关真题，适合考生考前冲刺。因2018年国土空间规划改革，2018年以前的文件及相关真题暂不纳入本次汇编，以2019～2024年近6年的文件为重点，同时将2024年最新考点单独标记，方便考生快速查找阅读。

中国建筑工业出版社为更好地满足考生需求，除了纸质图书外，还配套准备了注册城乡规划师考试数字资源，包括导学课程、部分精讲课程、学习规划手册等。考生可以选择适宜的方式进行复习。

四、编写分工

《注册城乡规划师职业资格考试辅导教材1 城乡规划原理》：张洁璐、兰利文、张鹏。

《注册城乡规划师职业资格考试辅导教材2 城乡规划相关知识》：凡新、周树伟、张鹏。

《注册城乡规划师职业资格考试辅导教材3 城乡规划管理与法规》：张鹏、吴金凤。

《注册城乡规划师职业资格考试辅导教材4 城乡规划实务》：张鹏、吴金凤。

《注册城乡规划师职业资格考试 政策文件·法律法规·标准规范 高频考点与真题演练》：张鹏、周树伟、张志彬。

在此预祝各位考生取得好成绩，考试顺利过关！

全国注册城乡规划师职业资格考试用书编委会

2025年1月

本书引言

　　"城乡规划原理"是城乡规划学科的基础理论和基础知识，是四科的基础，对其他科目的考试内容有一定影响，尤其"城乡规划实务"科目很多试题的考点就是对原理的考察。因此，应将各科目的复习融汇连贯起来，形成知识链，在单纯背诵的基础上，提高理解力，掌握国土空间规划的层次性和政策性，有助于整体科目考试的通过。

　　这些年，注册城乡规划师职业资格制度几次调整，随着 2008 年《中华人民共和国城乡规划法》的变动，2015 年和 2016 年停考，2018 年注册城乡规划师实施主体由住房和城乡建设部变为自然资源部，2020 年在考试人纲中增补了国土空间规划相关内容，注册城乡规划师职业资格考试正式进入了国土空间规划时代。目前，城乡规划原理试题形式依然为单选和多选两种，但是试题内容、关注重点、发问方式还是有较大的变化。结合近几年对注册城市规划师考试科目及城乡规划原理试题的分析，总结试题的变化趋势，并提出几点认识和建议。

　　首先，试题关注视野越来越广。自国土空间规划体系建立以来，规划视野扩展，城乡规划关注点从城市发展和城市规划问题，转向注重对国土空间格局的整体谋划。规划思维也发生了转变，更加关注国土资源利用、生态文明建设、新发展理念下的国土空间规划方法。如，随着国家对乡村问题的重视，与乡村问题相关的试题这几年逐渐增加，考生应关注与乡村规划、村庄整治有关的文件。关于资源环境相关内容的试题也相应更加，关于自然资源保护，环境承载力相关的知识点考生也应该予以关注。因此，考生应当深入理解城乡规划背景变化及发展趋势，紧跟国家发展政策，密切关注城乡规划政策和核心价值观的发展与变化情况。

　　其次，试题内容越来越丰富灵活，受教材的约束越来越小。自从 2020 年考纲增加了国土空间规划相关的内容后，整个考点发生了较大变化。一方面，增加了很多关于国土空间规划新政新规的考查，近五年相关政策文件的试题数量在逐年增加，2024 年试题中关于国土空间规划政策文件的题目占比 25％左右，因此，考生应重点关注近几年的国土空间规划相关政策文件等，不能仅将复习范围放在教材之中，对此本辅导教材今年补充了大量与原理相关的政策文件要点。另一方面，关于标准规范的题目也在逐年增加，2024 年试题中涉及的标准规范题目占比达到 45％左右，题目中直接出现标准规范名称的题目增多，因此，考生应关注国土空间规划涉及的标准规范文件以及新发布的标准规范文件，熟悉重点文件中的知识点，进行针对性复习。

　　最后，试题发问方式的不明确和不确定性越来越强。单选题反向选择的形式占较大比例，多选题正向选择的形式比例较大，所以，需要训练排除法的应试技巧。

　　上述分析与建议源自行业动态与考纲演变的阶段性总结，可能存在视角局限性，请考生结合自身知识结构辩证吸收。总之，随着行业改革，考试难度上升，考试的政策关联性与考点细节化趋势越来越强，考生需以教材为根本，结合政策热点，构建系统化的知识体系；建立系统化的复习框架、补充国土空间时政热点、加强规范条文细读、注重政策文件的时效性，全方位把握题目的精准性，提高准确率；以"理论框架架构—核心规范精读—真题规律总结"为主线，全面复习、深入理解、融会贯通、加强记忆、多加练习。这是通过考试的充分、必要的方法和最佳途径。预祝广大考生备考高效、身心康健、考试顺利！

本书编者

目　　录

城市与城市发展

板块 1　　城市的概念与内涵 …………………………………………………… 2

知识点 1　城市的概念 【★★★★★】 …………………………………… 2

知识点 2　城市的基本特征 【★★★★★】 ……………………………… 3

知识点 3　当今城市地域的新类型 【★★★★★】 ……………………… 3

板块 2　　城市与乡村 …………………………………………………………… 6

知识点 1　城市与乡村的社会经济特点 【★★★★★】 ………………… 6

知识点 2　城乡划分与建制体系 【★★★】 ……………………………… 6

知识点 3　城市与乡村的区别与联系 【★★★★★】 …………………… 8

知识点 4　我国城乡发展的总体现状 【★★★★】 ……………………… 9

板块 3　　城市的形成与发展规律 …………………………………………… 11

知识点 1　城市形成和发展的主要动因 【★★★】 …………………… 11

知识点 2　城市发展的阶段及其差异 【★★★★★】 ………………… 12

知识点 3　城市空间环境演进的基本规律及主要影响因素 【★★★★★】 … 12

板块 4　　城镇化及其发展 …………………………………………………… 15

知识点 1　城镇化的含义 【★★★★★】 ……………………………… 15

知识点 2　城镇化发展的基本特征 【★★★★★】 …………………… 16

知识点 3　我国城镇化发展的历程及当前状况 【★★★★】 ………… 17

板块 5　　城市发展与区域、经济、社会及资源环境的关系 ……………… 21

知识点 1　城市发展与区域发展的关系 【★★★★★】 ……………… 21

知识点 2　城市发展与经济发展的关系 【★★★★★】 ……………… 21

知识点 3　城市发展与社会发展的关系 【★★★★★】 ……………… 22

知识点 4　城市发展与资源环境的关系 【★★★★★】 ……………… 22

城市规划的发展及主要理论与实践

板块 1　　国外城市与城市规划理论 ………………………………………… 26

知识点 1　欧洲古代社会和政治体制下城市的典型格局 【★★★★】 … 26

知识点 2　现代城市规划产生的历史背景 【★★★★】 ……………… 29

知识点 3　现代城市规划早期思想 【★★★★★】 …………………… 30

知识点 4　现代城市规划主要理论发展 【★★★★★】 ……………… 34

板块 2　中国城市与城市规划的发展 ··· 44

知识点 1　中国古代社会和政治体制下城市的典型格局【★★★★】 ········· 44

知识点 2　中国近代城市发展背景与主要规划实践【★★★★】 ············· 46

知识点 3　我国当代城市规划思想和发展历程【★★★★★】 ················· 48

板块 3　世纪之交时期城市规划的理论探索和实践 ····························· 53

知识点 1　当代城市发展的主要问题和趋势【★★★★】 ··················· 53

国土空间规划体系

板块 1　国土空间规划编制与审批 ··· 61

知识点 1　国土空间规划体系的概念【★★★★】 ··························· 61

知识点 2　国土空间规划总体要求【★★★★★】 ··························· 61

知识点 3　国土空间规划总体框架【★★★★★】 ··························· 62

知识点 4　国土空间规划编制要求【★★★★★】 ··························· 64

知识点 5　国土空间规划审查重点【★★★★★】 ··························· 66

板块 2　国土空间规划实施与监督 ··· 69

知识点 1　国土空间规划实施与监督体系【★★★★★】 ··················· 69

知识点 2　"多审合一、多证合一"改革【★★★★★】 ················· 70

知识点 3　《自然资源部办公厅关于加强国土空间规划监督管理的通知》

要点【★★★★★】 ··· 71

板块 3　国土空间规划法规政策与技术保障 ····································· 74

知识点 1　完善国土空间规划法规政策与技术标准体系【★★★★】 ········· 74

国土空间总体规划

板块 1　省级国土空间规划编制 ··· 77

知识点 1　总体要求和基础准备【★★★★】 ······························· 77

知识点 2　省级国土空间规划编制要求【★★★★★】 ····················· 79

知识点 3　规划实施保障、环境影响评价和方案论证【★★★★】 ········· 83

知识点 4　主体功能分区优化【★★★★★】 ······························· 84

知识点 5　省级国土空间规划指标体系【★★★★】 ······················· 87

知识点 6　生态修复和土地综合整治【★★★★】 ························· 89

知识点 7　省级国土空间规划成果要求【★★★★】 ······················· 90

板块 2　市级国土空间总体规划编制 ··· 93

知识点 1　总体要求【★★★★★】 ··· 93

知识点 2　基础工作【★★★★★】 ··· 94

知识点 3　主要编制内容【★★★★★】 ····································· 95

知识点 4　强制性内容【★★★★★】 ······································· 102

知识点 5　规划分区【★★★★★】 …………………………………………………… 102

知识点 6　城镇开发边界划定要求【★★★★★】 …………………………… 104

知识点 7　市级国土空间规划图件【★★★★】 …………………………………… 106

板块 3　"双评价""双评估" …………………………………………………………… 109

知识点 1　资源环境承载能力和国土空间开发适宜性评价【★★★★★】 ……… 109

知识点 2　市县国土空间开发保护现状评估【★★★★】 ………………………… 114

板块 4　城市总体规划的基础研究 …………………………………………………… 130

知识点 1　城市总体规划作用及基本方法【★★★】 …………………………… 130

知识点 2　城市总体规划现状调查【★★★★】 …………………………………… 132

知识点 3　城市发展条件综合评价内容与方法【★★★★★】 ………………… 135

知识点 4　城市发展目标和城市性质【★★★★★】 ……………………………… 138

知识点 5　城市规模的预测方法【★★★★★】 …………………………………… 140

知识点 6　城区范围划定【★★★★】 ……………………………………………… 142

板块 5　城镇发展布局规划 …………………………………………………………… 147

知识点 1　全国主体功能区规划【★★★★】 …………………………………… 147

知识点 2　市域城镇空间组合与城市空间形态【★★★★★】 ………………… 149

知识点 3　转型期城市空间增长特点【★★★】 ………………………………… 150

知识点 4　信息社会城市空间结构形态的演变发展趋势【★★★★】 ………… 150

板块 6　城市用地布局规划 …………………………………………………………… 152

知识点 1　国土空间调查、规划、用途管制用地用海分类【★★★★★】 ……… 152

知识点 2　各项城市建设用地间的相互关系及布局要求【★★★★★】 ……… 168

知识点 3　各类城市用地规划布局【★★★★★】 ……………………………… 170

知识点 4　城市用地布局与交通系统的关系【★★★★★】 …………………… 174

板块 7　城市综合交通规划 …………………………………………………………… 177

知识点 1　城市综合交通规划的概念和基本要求【★★★★★】 ……………… 177

知识点 2　城市交通发展战略研究的要求和方法【★★★】 …………………… 181

知识点 3　城市交通体系协调【★★★★】 ……………………………………… 183

知识点 4　城市对外交通规划【★★★★★】 …………………………………… 185

知识点 5　客运枢纽【★★★★★】 ……………………………………………… 189

知识点 6　城市公共交通【★★★★】 …………………………………………… 191

知识点 7　步行与非机动车交通【★★★★】 …………………………………… 198

知识点 8　城市货运交通【★★★★★】 ………………………………………… 199

知识点 9　城市道路体系【★★★★★】 ………………………………………… 200

知识点 10　城市停车设施与公共加油加气站【★★★★★】 …………………… 208

知识点 11　《城市道路交叉口规划规范》GB 50647—2011 要点【★★★】 …… 210

板块 8　城市历史文化遗产保护规划 ………………………………………………… 215

知识点 1　历史文化遗产保护的相关概念及内容【★★★★】 ………………… 215

知识点 2　历史文化名城名镇名村保护【★★★★★】 ………………………… 217

知识点 3　历史文化名城保护规划【★★★★★】 ················ 221

知识点 4　历史文化街区保护规划【★★★★★】 ················ 223

知识点 5　文物保护单位与历史建筑保护【★★★★★】 ············ 225

知识点 6　《历史文化名城名镇名村街区保护规划编制审批办法》
要点【★★★★】 ·································· 226

知识点 7　《自然资源部 国家文物局关于在国土空间规划编制和实施中加强
历史文化遗产保护管理的指导意见》要点【★★★★】 ········ 227

知识点 8　《关于在城乡建设中加强历史文化保护传承的意见》要点
【★★★★】 ··································· 229

知识点 9　《国土空间历史文化遗产保护规划编制指南》
TD/T 1090—2023 要点【★★★★】 ·············· 233

板块 9　其他主要专项规划 ··························· 238

知识点 1　城市绿地系统规划【★★★★】 ·················· 238

知识点 2　城市市政公用设施规划【★★★★】 ················ 240

知识点 3　城市防灾系统规划【★★★★】 ·················· 258

知识点 4　《城市综合防灾规划标准》GB/T 51327—2018
要点整理【★★★★】 ···························· 267

知识点 5　城市环境保护规划【★★★★】 ·················· 273

知识点 6　城市竖向规划【★★★】 ····················· 273

知识点 7　城市地下空间规划【★★★★】 ·················· 275

国土空间详细规划

板块 1　控制性详细规划 ··························· 281

知识点 1　控制性详细规划概念和基本要求【★★★★】 ··········· 281

知识点 2　控制性详细规划的发展历程【★★★】 ··············· 282

知识点 3　控制性详细规划的作用与特征【★★★★】 ············· 283

知识点 4　控制性详细规划的内容【★★★★★】 ··············· 283

知识点 5　控制性详细规划的编制方法【★★★★★】 ············· 284

知识点 6　控制性详细规划的控制体系与要素【★★★★★】 ········· 285

知识点 7　控制性详细规划的成果要求【★★★★★】 ············· 286

板块 2　修建性详细规划 ··························· 289

知识点 1　修建性详细规划的作用、任务与特点【★★★】 ·········· 289

知识点 2　修建性详细规划的内容与方法【★★★★】 ············· 289

知识点 3　修建性详细规划的成果要求【★★★★】 ·············· 290

知识点 4　《自然资源部关于加强国土空间详细规划工作的通知》
要点【★★★★】 ······························· 291

镇、乡和村庄规划

板块 1　镇、乡和村庄规划的工作范畴及任务 ………………………… 295
　知识点 1　城镇与乡村的一般关系【★★】 ………………………… 295
　知识点 2　镇、乡和村庄规划的工作范畴【★★】 ………………… 296
　知识点 3　镇、乡和村庄规划的任务【★★】 …………………… 297
板块 2　镇规划的编制 …………………………………………………… 299
　知识点 1　镇规划概述【★★】 …………………………………… 299
　知识点 2　镇规划的内容【★★】 ………………………………… 300
　知识点 3　镇规划编制的方法和成果要求【★★】 ……………… 302
板块 3　乡和村庄规划的编制 ………………………………………… 303
　知识点 1　乡和村庄规划的概述【★★★】 ……………………… 303
　知识点 2　乡和村庄规划的内容和方法【★★★】 ……………… 304
　知识点 3　乡和村庄规划编制的方法【★★★】 ………………… 304
　知识点 4　《自然资源部办公厅关于加强村庄规划促进乡村振兴的通知》
　　　　　　要点【★★★★】 …………………………………… 307
　知识点 5　《乡村振兴用地政策指南（2023 年)》要点【★★★★】 … 310
　知识点 6　《乡村建设行动实施方案》要点【★★★★】 ………… 314
　知识点 7　《农村人居环境整治提升五年行动方案（2021—2025 年)》
　　　　　　要点【★★★★】 …………………………………… 318
　知识点 8　《中共中央 国务院关于学习运用"千村示范、万村整治"工程经验有力
　　　　　　有效推进乡村全面振兴的意见》要点【★★★★】 …… 319
　知识点 9　《自然资源部 中央农村工作领导小组办公室关于学习运用"千万工程"
　　　　　　经验提高村庄规划编制质量和实效的通知》要点【★★★★】 … 319
　知识点 10　《自然资源部 国家发展改革委 农业农村部关于保障和规范农村
　　　　　　一二三产业融合发展用地的通知》要点【★★★★】 … 321
板块 4　名镇和名村保护规划 ………………………………………… 324
　知识点 1　历史文化名镇名村【★★★★】 ……………………… 324
　知识点 2　名镇和名村保护规划的内容和成果要求【★★★★】 … 325

其他主要规划类型

板块 1　居住区规划 …………………………………………………… 328
　知识点 1　居住区相关概念【★★★★】 ………………………… 328
　知识点 2　居住区规划的基本要求【★★★★★】 ……………… 329
　知识点 3　居住区规划的内容与方法【★★★★】 ……………… 337
　知识点 4　《国务院办公厅关于全面推进城镇老旧小区改造工作的指导意见》

要点【★★★】 ·· 338

知识点5 《社区生活圈规划技术指南》TD/T 1062—2021要点【★★★】 ············ 342

板块2　风景名胜区规划 ·· 349

知识点1 风景名胜区概述【★★★】 ··· 349

知识点2 风景名胜区规划的任务【★★★】 ··· 351

知识点3 风景名胜区规划的基本内容【★★★】 ··· 352

知识点4 风景名胜区规划其他要求【★★★】 ··· 352

板块3　城市设计 ·· 355

知识点1 城市设计基本概念【★★★】 ··· 355

知识点2 城市设计在城市规划中的位置与作用【★★★★】 ······························· 355

知识点3 城市设计的基本理论和方法【★★★★】 ·· 356

知识点4 城市设计的实施【★★★★】 ··· 361

知识点5 《国土空间规划城市设计指南》TD/T 1065—2021要点【★★★★】 ········ 363

城乡规划实施

板块1　城乡规划实施的含义、作用、机制和基本因素 ·· 371

知识点1 城乡规划实施的基本概念【★★★】 ··· 371

知识点2 城乡规划实施的目的与作用【★★★】 ··· 372

知识点3 城乡规划实施的机制【★★★】 ··· 372

知识点4 影响城乡规划实施的基本因素【★★★★★】 ······································· 373

板块2　公共性设施建设、商业性开发与城乡规划实施的关系 ······························· 375

知识点1 公共性设施建设与城乡规划实施的关系【★★★】 ································· 375

知识点2 商业性开发与城乡规划实施的关系【★★★】 ······································· 376

板块3　国土空间规划实施政策规范 ··· 378

知识点1 《国土空间规划城市体检评估规程》TD/T 1063—2021

（2025年修订版）要点【★★★★】 ··· 378

2024年真题与解析 ·· 387

城市与城市发展

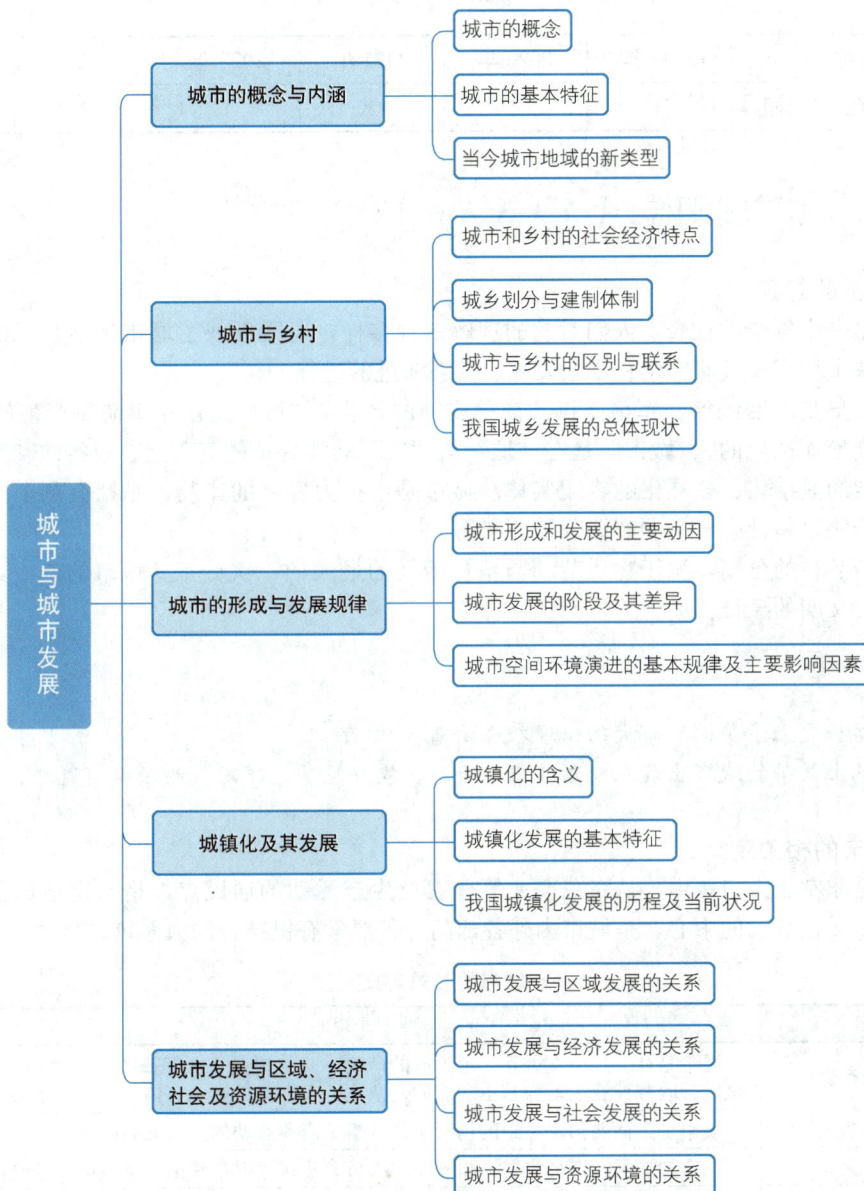

- 城市与城市发展
  - 城市的概念与内涵
    - 城市的概念
    - 城市的基本特征
    - 当今城市地域的新类型
  - 城市与乡村
    - 城市和乡村的社会经济特点
    - 城乡划分与建制体制
    - 城市与乡村的区别与联系
    - 我国城乡发展的总体现状
  - 城市的形成与发展规律
    - 城市形成和发展的主要动因
    - 城市发展的阶段及其差异
    - 城市空间环境演进的基本规律及主要影响因素
  - 城镇化及其发展
    - 城镇化的含义
    - 城镇化发展的基本特征
    - 我国城镇化发展的历程及当前状况
  - 城市发展与区域、经济社会及资源环境的关系
    - 城市发展与区域发展的关系
    - 城市发展与经济发展的关系
    - 城市发展与社会发展的关系
    - 城市发展与资源环境的关系

板块 1　城市的概念与内涵

历年考频

名称	2019 年	2020 年	2021 年	2022 年	2023 年	2024 年
城市的概念与内涵	1	1	1	1	1	2

知识点 1　城市的概念 【★★★★★】

1. 城市的起源

城市是一个复杂的社会，人们对它的理解多种多样，这既反映了城市生活多元的本质特征，也反映了城市及其研究学科不断发展、动态演进的过程。

城市最早是政治统治、军事防御和商品交换的产物，"城"是由军事防御产生的，"市"是由商品交换而产生的。**"城市"是在"城"与"市"功能叠加的基础上，以行政和商业活动为基本职能的复杂化、多样化的客观实体**。城市是生产力发展的产物，是社会剩余产品交换和争夺的产物，是社会分工和产业分工的产物。

城市与乡村的分离，源于物质劳动与精神劳动的最大的一次分工。城市的产生，一直被认为是人类文明的象征。

> **拓展**
>
> 人类历史上最早的城市大约出现在公元前 3000 年。
>
> 世界上最早的城市出现在中国黄河中下游、埃及尼罗河下游、西亚两河流域。

2. 城市的相关定义

城市是非农业人口集中，从事工商业等非农业生产活动的居民点，是一定地域范围内社会、经济、文化活动的中心，是城市内外各部门、各要素有机结合的大系统。

城市的多重定义

内容	说明
城市的产生	城市是社会经济发展到一定阶段的产物，具体说是人类第三次社会大分工的产物；是以行政和商业活动为基本职能的复杂化、多样化的客观实体
城市的功能	城市是工商业活动集聚的场所，是从事工商业活动的人群聚居的场所
城市的集聚	城市的本质特点是集聚，高密度的人口、建筑、财富和信息是城市的普遍特征
城市的区域	作为人类活动的中心，与周围广大区域保持着密切的联系，具有控制、调整和服务等职能
城市的景观	城市是以人造景观为特征的聚落景观，包括土地利用的多样化、建筑物的多样化和空间利用的多样化；它包括了自然环境，却又是以人造物和人文景观为主的一种地理环境
城市的系统	城市是一个复杂且处于动态变化之中的自然—社会复合的巨系统

知识点 2　城市的基本特征 【★★★★★】

城市的基本特征

特征	说明
城市的概念是相对存在的	① 城市与乡村是人类聚落的两种基本形式，两者的关系是相辅相成、密不可分的； ② 在人口稠密及经济发达地区，城乡之间的界线已变得模糊不清了； ③ 若没有了乡村，城市的概念也就无意义了
城市是以要素聚集为基本特征的	① 城市不仅是人口聚居、建筑密集的区域，同时也是生产、消费、交换的集中地； ② 城市集聚效益是其不断发展的根本动力，也是与乡村的一大本质区别； ③ 城市各种资源的密集性，使其成为一定地域空间的经济、社会、文化辐射中心
城市的发展是动态变化和多样的	① 古代城市是被城墙、壕沟所限定的明确空间； ② 现代城市是一种功能性地域； ③ 在一些西方发达国家城市出现了郊区化、逆城镇化、再城镇化等一系列现象； ④ 现今经济全球一体化、全球劳动地域分工，城市传统的功能、社会、文化、景观等方面都已发生了重大转变； ⑤ 城市还将随着信息网络、交通、建筑技术的发展继续发生变化
城市具有系统性	① 城市的巨系统包括经济子系统、政治子系统、社会子系统、空间环境子系统以及要素流动子系统； ② 城市各系统要素间的关系是互相交织重叠、共同发挥作用的

理解区分

城市与乡村是人类聚落的两种基本形式，都存在居民点的聚集，注意区分是否是非农业人口集中、是否从事工商业活动（如：只是非农业人口集中都不构成城市的概念）。

知识点 3　当今城市地域的新类型 【★★★★★】

1. 大都市区（Metroplitan Distrct）

概念：大都市区是一个大的城市人口核心以及与其有着密切社会经济联系的、具有一体化倾向的临接地域的组合，它是国际上进行城市统计和研究的基本地域单元，是城镇化发展到较高阶段时产生的城市空间形式。

实例：美国是最早采用大都市区概念的国家，1980 年后改称为大都市统计区，它反映了大城市及其辐射区域在美国社会经济生活中的地位不断增长的客观事实。

其他都市区实例：①加拿大的国情调查大都市区；②英国的标准大都市劳动区、大都市经济劳动区；③澳大利亚的国情调查扩展城市区；④瑞典的劳动—市场区；⑤日本的都市圈。

2. 大都市带（Megaloplis）

概念：1957 年法国地理学家戈特曼首先提出了大都市带的概念；大都市带指由许多都市区连成一体，在经济、社会、文化等方面活动存在密切交互作用的巨大的城市地域。

实例：戈特曼认为世界上存在 6 个大都市带。

大都市带实例

实例	说明
戈特曼认为世界上存在 6 个大都市带	① 从波士顿经纽约、费城、巴尔的摩到华盛顿的**美国东北部大都市带**； ② 从芝加哥向东经底特律、克利夫兰到匹兹堡的**大湖都市带**； ③ 从东京、横滨经名古屋、大阪到神户的**日本太平洋沿岸大都市带**； ④ 从伦敦经伯明翰到曼彻斯特、利物浦的**英格兰大都市带**； ⑤ 从阿姆斯特丹到鲁尔和法国北部工业聚集体的**西北欧大都市带**； ⑥ 以**上海为中心的城市密集地**
可能成为大都市带的地区	① 以巴西里约热内卢和圣保罗两大核心组成的复合体； ② 以米兰—都灵—热那亚三角区为中心沿地中海岸向南延伸到比萨和佛罗伦萨，向西延伸到马赛和阿维尼翁的地区； ③ 以洛杉矶为中心，向北到旧金山湾、向南到美国和墨西哥边界的太平洋沿岸地区

3. 全球城市区域（Global City Region）

概念：全球城市即为具有全球城市功能的城市；全球城市区域既不同于普遍意义上的城市范畴，也不同于因地域联系形成的城市群或城市辐射区，而是在全球化高度发展的前提下，以经济联系为基础，由**全球城市及其腹地内经济实力较为雄厚的二级大中城市扩展联合而形成**的一种独特空间现象。

内涵：全球城市区域是以全球城市为核心的城市区域，而不是以一般的中心城市为核心的区域；全球城市区域是**多核心**的城市扩展联合的空间结构，而**非单一核心**的城市地区。

真题演练

2021-001 下列有关城市概念的表述，不准确的是（　　）。

A. 城市是人类社会分工和产业分工的产物

B. 城市是工商业活动集聚和从事工商业活动人群聚居的场所

C. 城市是以人造景观为特征，包括了自然环境的聚落景观

D. 城市是经济、社会和空间上有机联系的居民点集合

【答案】D

【解析】城市是社会分工和产业分工的产物；城市是工商业活动的集聚场所，是从事工商业活动的人群聚居的场所；是以人造景观为主的聚落。城市是以人造景观为特征的聚落景观，它包括了自然环境。城市是一定地域范围内社会、经济、文化活动的中心，是城市内外各部门、各要素有机结合的大系统。针对选项 D，乡村也是经济、社会和空间上有机联系的居民点集合。因此选项 D 不准确。

2022-001 下列关于城市的基本特征，不正确的是（　　）。

A. 系统性　　　　　　　　　　　　　　　　B. 动态性

C. 流动性　　　　　　　　　　　　　　　　D. 均质性

【答案】D

【解析】城市的发展是动态变化的；城市具有系统性；城市的巨系统包括经济子系统、政治子系统、社会子系统、空间环境子系统以及要素流动子系统，城市要素之间互相流动。城市的发展是变化的，城市并不是均质的。选项D不正确。

2023-001 下列关于城市特征的说法，不准确的是(　　　)。

A. 城市是工业化的结果　　　　　　　　　B. 城市是人类社会分工的产物

C. 城市是工商业活动集聚的场所　　　　　D. 城市是以人造景观为主的聚落

【答案】A

【解析】城市最早是政治统治、军事防御和商品交换的产物。人类历史上最早的城市大约出现在公元前3000年，而工业化始于18世纪。故不准确的是选项A。

板块 2 城市与乡村

历年考频

名称	2019 年	2020 年	2021 年	2022 年	2023 年	2024 年
城市与乡村	1	1	1	2	1	2

知识点 1 城市与乡村的社会经济特点 【★★★★★】

城市与乡村的社会经济特点

类型	特点
城市社会经济的特点	① 工业和服务业可称为**非农经济**，是城市社会经济的主要特点； ② 城市社会的经济形式多样； ③ 城市经济分为：为了满足来自城市内部的产品和服务需求为主的经济活动的非基本经济部类，以及为了满足来自城市外部的产品和服务需求为主的经济活动的基本经济部类（基本经济部类是城市经济发展的主因）
乡村社会经济的基本特点	① 农业和畜牧业是乡村社会经济的主要特点； ② 乡村社会的经济形式较单一； ③ 乡村社会的经济多为自给自足的方式

知识点 2 城乡划分与建制体系 【★★★】

1. 城乡聚落的划分

对于城乡的划分各国各地区根据各自的社会经济发展的特点，制定了不同的城镇定义标准。但各国对城乡标准的制定基本离不开城镇的基本特征，所不同的是有些强调某一个、有些强调某几个特征；有些明确数量指标，有些只有定性指标。很难在城市与乡村之间划出一条有严格科学意义的界线，主要有以下两个原因。

1）从城市到乡村是**渐变**的，有的是交错的。

2）城市本身是**一定历史阶段的产物**，其概念在不同的历史条件下发生不断的变化。

> **拓展**
>
> 人类活动要素的不同组合（空间上的组合、种类上的组合、数量上的组合等）形成了各种聚落景观。聚落因其基本职能和结构特点以及所处地域的不同，基本被分为城市聚落和乡村聚落。

2. 我国的城市建制体系

(1) 城镇设置标准

我国城镇设置基于两方面的标准：聚集人口规模和政治经济地位。除以上两个标准外，我国对市镇设置还有经济、社会等方面一系列指标的要求。

(2) 我国市制的基本特点

1) 市制由多层次的建制构成。从地域类型上划分，包括直辖市、省辖设区市、不设区市（或自治州辖市）三个层次。从行政等级上划分，包括省级、副省级、地级、县级四个等级。

2) 市制兼具城市管理和区域管理的双重性。市既管辖自己的直属辖区，又管辖下级政区（县或乡镇）。中国的市制实行的是城区型与地域型相结合的行政区划建制模式，一般称为广域型市制。

(3) 城市规模划分标准

改革开放以来，伴随着工业化进程加速，我国城镇化取得了巨大成就，城市数量和规模都有了明显增长，原有的城市规模划分标准已难以适应城镇化发展等新形势要求。当前，我国城镇化正处于深入发展的关键时期，为更好地实施城市和人口分类管理，满足经济社会发展需要，将城市规模以城区常住人口为统计口径，将城市划分为五类七档。

城市规模划分标准

类型	城区常住人口规模	人口规模细分
小城市	50万人以下	Ⅰ型小城市（20万人以上、50万人以下）
		Ⅱ型小城市（20万人以下）
中等城市	50万人以上、100万人以下	—
大城市	100万人以上、500万人以下	Ⅰ型大城市（300万人以上、500万人以下）
		Ⅱ型大城市（100万人以上、300万人以下）
特大城市	500万人以上、1000万人以下	—
超大城市	1000万人以上	

注：城区是指在市辖区和不设区的市，区、市政府驻地的实际建设连接到的居民委员会所辖区域和其他区域（以上包括本数，以下不包括本数）。

常住人口包括居住在本乡镇街道，且户口在本乡镇街道或户口待定的人；居住在本乡镇街道，且离开户口登记地所在的乡镇街道半年以上的人；户口在本乡镇街道，且外出不满半年或在境外工作学习的人。

拓展

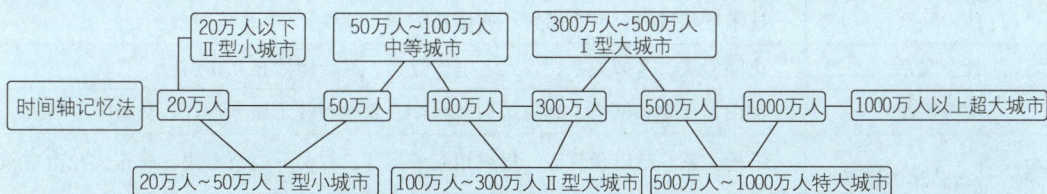

知识点3　城市与乡村的区别与联系 【★★★★★】

1. 城市与乡村的基本区别

城市与乡村的基本区别

内容	说明
集聚规模差异 （聚）	城市与乡村的首要差别主要体现在空间要素的集中程度上（也可以说是分散程度上）
生产效率差异 （生）	城市经济活动的高效率，是由于城市的高度组织性；相反，乡村经济活动还依附于土地等初级生产要素
生产力结构差异 （结）	城乡居民的职业构成不同造就了生产力结构的根本区别
职能差异 （职）	城市一般是一个地域的政治、经济、文化的中心，而乡村则不然
物质形态差异 （物）	城市具有比较健全的市政设施和公共设施，而乡村则不具备
文化观念差异 （文）	城市与乡村不同的社会关系，使得两者之间在文化内容、意识形态、风俗习惯、传统观念等方面产生了差别

记忆口诀：聚生结职文物。

2. 城市与乡村的基本联系

城市与乡村有很多不同之处，但仍是一个统一体，不存在截然的界限；随着社会经济的发展，以及交通、通信条件的改善与进步，城乡一体化发展的现象愈发明显。城乡社会、经济以及景观和聚落都具有连续性。城乡联系包含的内容非常丰富，其联系要素见下表。

城市与乡村的联系要素

联系类型	联系要素
物质联系	公路网、水网、铁路网、生态环境等互相联系
经济联系	市场形式、原材料和中间产品、资本流动、生产联系、消费和购物形式、收入流、行业结构和地区间商品流动
人口移动联系	流动人口、通勤人口
技术联系	技术互相依赖、灌溉系统、通信系统
社会联系	访问形式、亲戚关系、仪式、宗教行为、社会团体相互作用
服务联系	信用、金融和网络、教育培训、医疗、商业和技术服务形式、交通服务形式
政治、行政组织联系	结构关系、政府预算流、组织相互依赖性、权力—监督形式、非正式政治决策联系

拓展

　　城乡要素与资源的配置、城乡联系方式的选择是多样的，对于**不同城乡联系模式的具体选择，完全取决于不同国家、地区的具体情况和城乡发展的基本战略**（如："不同国家的城乡联系方式相同"即为错误的说法）。

知识点4　我国城乡发展的总体现状　【★★★★】

1. 新中国成立后我国城乡关系演变的基本历程

　　新中国成立70多年以来，城乡关系经历了深刻变迁，以及从流动互惠到封闭割裂，又从互动融合到高位分散再到城乡统筹的演进过程，正在逐步形成城乡一体化发展的新格局。

2. 我国城乡差异的基本现状

　　长期以来，我国呈现出城乡分割，人才、资本、信息单向流动，城乡居民生活差距拉大，城乡关系呈现不均等、不和谐等发展状况，城乡差异可概括为以下四点。

　　1）城乡结构"二元化"。长期以来，我国一直实行"一国两策，城乡分治"的二元经济社会体制和"城市偏向，工业优先"的战略和政策选择。

　　2）城乡收入差距较大。目前我国城乡居民收入差距已达2.34：1，收入仍存在差距。

　　3）优势发展资源向城市单向集中。城市一直是我国各类生产要素聚集的中心，城乡资源流动单向化，不均衡现象明显。

　　4）逐步走向城乡统筹发展新阶段。自党的十六大提出全面建设小康社会以来，中国在推进"以工促农、以城带乡、工农互惠、城乡一体的新型工农、城乡关系"的统筹城乡发展战略中取得了新进展，中国城乡关系翻开了新篇章，城乡关系进入统筹发展的新阶段。

3. 现阶段的城乡关系

　　2018年中央一号文件指出：要加快形成工农互促、城乡互补、全面融合、共同繁荣的新型工农城乡关系。

真题演练

2022-002 下列关于城市与乡村的关系表达，错误的是（　　）。

A. 文化观念的差异是二者基本差别之一

B. 世界各国尚无统一的城乡聚落划分标准

C. 城市与乡村聚落景观的非连续性决定了城乡经济边界的可识别性

D. 随着社会经济的发展，城乡一体化的发展呈现愈发明显的效果

【答案】C

【解析】城市与乡村有很多不同之处，但仍是一个统一体，不存在截然的界限；随着社会经济的发展，以及交通、通信条件的改善与进步，城乡一体化发展的现象愈发明显。城乡社会、经济以及景观和聚落都具有连续性。因此选项C错误。

2020-002 下列关于我国城市建制的表述，不准确的是（　　）。

A. 市镇设置标准主要基于集聚人口规模和城镇的政治经济定位

B. 市镇的设置标准包括经济、社会等指标要求

C. 城市建制由多层次的建制构成，包括区域分布、行政等级等

D. 城市建制兼具城市管理和区域管理的双重性

【答案】C

【解析】市制由多层次的建制构成，包括地域类型、行政等级等。选项 C 不准确。

2023-081 依据《国务院关于调整城市规模划分标准的通知》，下列规模的城市属于大城市的有（   ）。

A. 城区常住人口 50 万人　　　　　　　B. 城区常住人口 100 万人

C. 城区常住人口 200 万人　　　　　　　D. 城区常住人口 400 万人

E. 城区常住人口 800 万人

【答案】BCD

【解析】根据《国务院关于调整城市规模划分标准的通知》，以城区常住人口为统计口径，将城市划分为五类七档。城区常住人口 50 万以下的城市为小城市，其中 20 万以上、50 万以下的城市为Ⅰ型小城市，20 万以下的城市为Ⅱ型小城市；城区常住人口 50 万以上、100 万以下的城市为中等城市；城区常住人口 100 万以上、500 万以下的城市为大城市，其中 300 万以上、500 万以下的城市为Ⅰ型大城市，100 万以上、300 万以下的城市为Ⅱ型大城市；城区常住人口 500 万以上、1000 万以下的城市为特大城市；城区常住人口 1000 万以上的城市为超大城市。因此选项 BCD 符合题意。

板块 3　城市的形成与发展规律

历年考频

名称	2019 年	2020 年	2021 年	2022 年	2023 年	2024 年
城市的形成与发展规律	1	0	2	0	0	0

知识点 1　城市形成和发展的主要动因 【★★★】

1. 城市形成与发展的历程

1）城市是社会经济发展到一定历史阶段的产物，是技术进步、社会分工的结果。

2）以农业和畜牧业为标志的第一次人类劳动大分工，产生了固定的居民点。

3）记载中最早的城市：以目前考古发现为依据，人类历史上最早的城市大约在公元前 3000 年。

4）城市经历了 5000 多年的历史，城市经历的工业经济时期仅有 300 年的历程。

2. 城市发展的主要动因

（1）主要动因

城市的形成与发展是在各种力量组合推动下的复杂过程，这些推动力量主要有：自然条件、经济作用、政治因素、社会结构、技术条件等。

（2）工业时期城市发展主要动因

工业化是城市化的根本动力，农业剩余是城镇化的初始动力。

"农村的推力"：工业技术使农业生产力得到空前提高，导致越来越多的农业剩余劳动力出现，农业人口向城市的集中与转移成为可能。

"城市的引力"：工业的兴起为庞大的农业剩余劳动力提供了就业机会，为扩大城市人口规模有促进作用（也称作城市的拉力）。

（3）现代城市发展凸现的新动力机制

现代城市发展新动力机制

机制	内容
自然资源开发和保护	自然资源开发和保护并存，对可持续发展的追求成为现代城市发展的重要动因
科技革命与创新	科学技术是推动社会进步和城市发展的根本动力
全球化与新经济	全球化背景下的经济发展对现代城市的发展起到了至关重要的影响
城市文化特质	城市文化特质的凸现是现代城市发展的持久动力

知识点 2 城市发展的阶段及其差异 【★★★★★】

1. 城市发展阶段的划分

1）**农业社会的城市**。出现过少数相当繁荣的城市，并在城市和建筑方面留下了十分宝贵的人类文化遗产。

2）**工业社会的城市**。18 世纪后期开始的工业革命从根本上改变了人类社会经济发展的状态，城市逐渐成为主要空间形态和经济发展的空间载体。

3）**后工业社会的城市**。后工业社会的生产力将以科技为主体，以高科技为生产与生活的支撑，文化趋于多元化。

2. 各阶段的差异

城市的发展阶段分为农业社会的城市、工业社会的城市以及后工业社会的城市，各阶段有差异。

城市发展的阶段差异

阶段	差异
农业社会的城市	① 农业社会生产力低下，城市的数量和规模取决于农业的发展； ② 城市没有起到经济中心的作用，城中的手工业和商业不占主导地位，政治、军事或宗教在城市中占主导地位； ③ 文艺复兴、启蒙运动的出现，使得西方市民社会初现雏形，为日后技术革新中的城市快速发展奠定了思想基础
工业社会的城市	① 人口和经济要素向城市集中； ② 城市规模扩张、数量猛增，产生了世界性的城镇化浪潮； ③ 工业化生产带来的生产力的空前提高，导致了原有城市空间与职能的巨大重组，促进了新兴工业城市的形成； ④ 城市成为国家和地区的经济发展中心； ⑤ 工业文明也导致了环境污染、能源短缺、交通拥堵、生态失衡等诸多城市问题
后工业社会的城市	① 城市性质由生产功能转向服务功能，制造业的地位明显下降，经济呈服务化； ② 现代化交通工具大大削弱了空间距离对人口和经济要素流动的限制； ③ 环境危机日益严重，城市的建设思想也由此走向生态觉醒，人类价值观念发生转变，向"生态时代"迈进； ④ 后工业社会种种因素导致了人们对未来城市发展形态及空间基础的多种理解，也为城市研究、城市设计提供了无比广阔的遐想空间

知识点 3 城市空间环境演进的基本规律及主要影响因素 【★★★★★】

1. 城市空间环境演进的基本规律

城市空间环境演进的基本规律

基本规律	说明
从封闭的单中心到开放的多中心空间环境	① 大城市建立了适应现代经济生产方式、社会生活方式、交通方式的多中心开放空间结构； ② 这种多中心的开放结构不仅适应了城市自身发展的要求，而且有利于城乡区域的发展互动

基本规律	说明
从平面空间环境到立体空间环境	① 城市空间的利用逐步从平面延展转向立体利用； ② 城市交通道路的立体化、建筑的地下化等，共同形成立体交错的空间
从生产性城市空间到生活性城市空间	① 经济的发展和生活水平的提高，"宜居"的生活概念深入人心； ② 公共空间的构建、消费空间的塑造、生活尺度空间的设计等，成为高质量城市生活空间环境所追求的目标
从分离的均质城市空间到连续的多样城市空间	① 现代城市空间环境已从传统的独立、均质城市，向连续的城市区域空间转变； ② 从大尺度的大都市带、城市连绵带的出现，到城市内部的各种分异空间的出现，都从尺度和要素构成上塑造了一个多样性的城市空间

记忆口诀：封闭单中心—开放多中心、平面—立体、生产—生活、分离均质—连续多样。

2. 影响城市空间环境演进的主要因素

影响城市空间环境演进的主要因素

主要因素	对城市空间演进的影响	相关内容
自然环境因素	影响城市选址、城市空间特色、空间环境质量等	地形地貌、地质条件、水文、气候、动植物、土壤等
社会文化因素	影响城市居民的行为方式和文化价值观念	城市历史、社会结构、人口、土地使用、企事业单位情况、科教文卫等
经济与技术环境因素	经济的发展导致城市各组成部分功能的变化，加剧了城市功能与既有空间形态之间的矛盾，从而促进了城市空间的演化；科学技术发展带来的营造技术水平变化，直接影响了城市空间结构以及空间建构方式	国民经济收入、产业结构、产品、产量、产值等，建筑材料、建筑技术和施工技术等
政策制度因素	影响行政区划、投资区位、城镇化战略、城建政策、经济政策以及城市规划等	各种政策与管理制度等

真题演练

2021-002 下列经济社会发展实践中，不属于当代城市发展主要动力的是（　　）。

A. 自然资源开发和保护　　　　　　B. 灾害抵御和风险防范
C. 全球化和新经济　　　　　　　　D. 科技革命和创新

【答案】B

【解析】现代城市发展的主要动力包括：自然资源开发和保护、全球化和新经济、科技革命和创新、城市文化特质。因此应选 B。

2021-003 下列关于城市发展阶段的表述，不准确的是(　　)。

A. 农业社会的城市，一般以经济中心的职能为主

B. 工业社会的城市逐渐成为人类社会经济发展的主要载体

C. 工业革命之后开始出现城镇化浪潮

D. 工业社会的城市开始出现环境污染、交通拥堵等诸多问题

【答案】A

【解析】农业社会的城市没有起到经济中心的作用，城中的手工业和商业不占主导地位，政治、军事或宗教在城市中占主导地位。因此应选 A。

2019-003 下列关于城市空间环境演进基本规律的表述，正确的是(　　)。

A. 从多中心到单中心

B. 从平面延展到立体利用

C. 从生产性空间到生态空间

D. 从分离的均质空间到整合的单一空间

【答案】B

【解析】城市空间环境演进的基本规律包括：从封闭的单中心到开放的多中心空间环境，从平面空间环境到立体空间环境，从生产性城市空间到生活性城市空间，从分离的均质城市空间到连续的多样城市空间。因此选 B。

板块 4　城镇化及其发展

历年考频

名称	2019 年	2020 年	2021 年	2022 年	2023 年	2024 年
城镇化及其发展	2	1	2	1	2	2

知识点 1　城镇化的含义 【★★★★★】

1. 城镇化的基本概念与内涵

城镇化是 18 世纪产业革命以后，世界各国先后开始的从以农业为主的传统乡村社会转向以工业和服务业为主的现代城市社会的现象。城镇化是乡村转变为城市的复杂过程，从社会学、经济学和地理学等学科，概括起来有两个方面：有形的城镇化和无形的城镇化。

有形的城镇化和无形的城镇化

类型	内涵	表现
有形的城镇化	物质上和形态上的城镇化	① 人口的集中。人口的集中是通过城镇人口比重的增大、城镇点的增加、城镇密度的加大、城镇规模的扩大等方式来实现的； ② 空间形态的改变。反映在城市建设用地的增长、城市用地功能的分化以及建筑物和构筑物的大量增加所带来的土地景观的改变； ③ 经济结构的变化。体现在产业的转变，即由第一产业向第二、三产业转变； ④ 社会组织结构的变化。社会组织、结构的变化主要是由分散的家庭到集体的街道，由个体、自给自营到各种经济文化组织和集团
无形的城镇化	精神上、意识形态上、生活方式上的城镇化	① 城市生活方式的扩散； ② 农村意识、行为方式、生活方式向城市转化的过程； ③ 农村居民逐渐脱离固有的乡土式生活态度、方式，而采取城市生活态度、方式的过程

概括起来，**城镇化被认为是一个过程，是一个农业人口转化为非农业人口、农村地域转化为城市地域、农业活动转化为非农业活动的过程，也可以被认为是非农业人口和非农业活动在不同规模的城市环境中地理集中的过程，以及城市价值观、城市生活方式在农村地理扩散的过程。**

城镇化是一个广泛涉及经济、社会与景观变化的复杂过程。

2. 城镇化水平的测度

1）各国家和地区城镇化进程不一，对城镇的标准与定义也不一致，测度、衡量城镇化是一个广泛涉及经济、社会与景观变化的过程，并非一件容易的事。

2）在现行工作中，通常采用的国际通行方法：**将城镇常住人口占区域总人口的比重**作为反映城镇化过程的**最重要指标**。

3）**计算公式为：$PU=U/P$**

式中，PU——城镇化率

U——城镇常住人口

P——区域总人口

（对一个地区城镇化发展水平的衡量应该从多个角度进行考察，应该至少**包括城镇化发展的数量水平和质量水平这两个基本的方面**，而且反映城镇化真正发展水平的不应是表面的数量指标，更重要的是质量指标。）

4）**城镇化指标只能用来测度人口、土地、产业等有形的城镇化过程**，无形的城镇化过程，如思想观念、生活方式等，是无法测量的。

知识点2　城镇化发展的基本特征 【★★★★★】

1. 城镇化的基本动力机制

城镇化的基本动力机制

动力机制	内容
农业剩余的贡献（农）	农业发展是城镇化的初始动力，城市率先在农业发达地区兴起，农产品的剩余刺激了人口劳动结构的分化（补充：城市是农业和手工业分离后的产物，这就意味着农业生产力的发展及农业剩余的贡献是城市兴起和成长的前提）
工业化的推进（工）	工业化是城镇化的根本动力，工业化的集聚要求促成资本、人力、资源和技术等生产要素在有限空间上的高度组合，从而促进城市的形成与发展，并进而启动了城镇化的进程
比较利益驱动（比）	城镇化发生的规模与速度受到城乡间比较利益差异的引导和制约，人口从乡村向城市转移的规模和速度由城市拉力和农村推力决定。 ① 城市拉力主要来自对劳动力的需求，以及城市中较优越的物质环境所产生的诱惑力； ② 农村推力则来自于农业人口的增长、土地资源的有限、生产力的提高和农业劳动力的剩余，以及享乐的需求。 （知识点提取：决定人口从乡村向城市转移的规模和速度的两种基本力——一是城市的拉力，二是乡村的推力）
制度变迁的促进（制）	制度的变迁对于城镇化进程在根本动力上具有显著的加速或滞缓作用。就我国城镇化的进程而言，户籍制度、城乡土地使用制度、住房制度等，都从不同方面影响或推动着城镇化发展的道路
市场机制导向（市）	因城市相比于乡村对要素具有巨大的增值效应，在市场的作用下，城镇化的进程得到了不断的推进
生态环境诱导和制约的双重作用（生）	生态环境对于城镇化的影响包括诱导和制约作用，它们常常叠加于一个地区的城镇化过程之中。其原因来自两个方面： ① 随着城镇化的推进和城市的过度集聚，一些生态环境优良的郊区开始吸引高品质居住、休闲旅游和先进产业的发展； ② 有限的生态环境容量将会很大程度上制约城镇化的进程（如江景房、海景房等的居住区域，环境宜居但有限）

动力机制	内容
城乡规划调控（城）	城乡规划引导区域城镇合理布局，对城镇化起到积极的推动作用，而且可以从根本上提升城市与区域的竞争力与可持续发展能力

记忆口诀：农工比制市生城。

2. 城镇化的基本阶段

依据时间序列，城镇化进程一般可以分为四个基本阶段。

城镇化的基本阶段

基本阶段	表现与特征
集聚城镇化阶段（集）	表现为人口与产业等要素从农村向城市集聚，显著特征是城乡差别较大
郊区化阶段（郊）	表现为城市中上阶层开始移居到市郊或外围地带居住，显著特征是住宅、商业服务部门、实务部门以及大量的就业岗位相继向城市郊区迁移
逆城镇化阶段（逆）	主要表现为市中心区人口继续外迁，郊区人口也向更大的城市外围区域迁移，大都市区人口出现负增长的局面，人们的通勤半径可以扩大到100公里左右，特征是人口迁移方向与城镇的聚集相反
再城镇化阶段（再）	用调整产业结构、改善城市环境、提升城市功能、开发城市中的衰落地区，来吸引一部分特定人口从郊区向中心城市回流

记忆口诀：集郊逆再。

3. 城镇化进程的三个阶段

1）**1760—1851 年**：世界城镇化的兴起、验证和示范阶段。全世界出现第一个城镇化达到50％以上的国家——英国。

2）**1851—1950 年**：城镇化在欧洲和北美等地区的发达国家推广、普及和基本实现阶段。

3）**1950 年至今**：城镇化在全世界范围内推广、普及和加快阶段。

知识点 3　我国城镇化发展的历程及当前状况 【★★★★】

1. 新中国成立后中国城镇化的总体历程

我国的城镇化进程并不是一帆风顺的，经历了一条坎坷曲折的发展道路，总体可分为以下几个阶段。

中国城镇化阶段

阶段	情况
启动阶段	**1949—1957 年，形成了以工业化为基本内容和动力的城镇化，产生了许多工矿城市。** 新中国成立之初三年恢复时期以后，我国很快进入了"一五计划"的大规模工业化建设和城市建设时期，国家采取"重点前进"的城市发展方针，城镇化得到了稳步推进。城镇化水平由 10.6％提高到 15.4％，平均每年提高 0.6 个百分点

阶段	情况
波动发展阶段	**1958—1965 年，这个阶段是违背客观规律的城镇化大起大落时期。** "大起"：1958—1960 年，三年"大跃进"期间，农村人口进入城市严重失控，城镇化水平迅速上升到 19.7%，三年提高了 4.3 个百分点，平均每年增加 1.43 个百分点。 "大落"："大跃进"后，进入困难时期和调整阶段，城镇人口中 2600 万人被动员回乡，城镇化水平从 19.75% 下降到 17.98%
停滞阶段	**1966—1978 年，尤其是"文革"期间，经济社会事业遭到极大破坏，**城市甚至无法容纳因自然增长而形成的城市人口，受知识青年上山下乡、干部下放等逆向人口的迁移的影响，城镇化水平多年徘徊在 17% 上下。大量工业配置到"三线"，分散的工业布局难以形成聚集优势来发展城镇，小城镇出现萎缩
快速发展阶段	**改革开放以来，我国进入稳步增长的城镇化阶段。**一系列改革开放政策的贯彻执行极大地推动了城镇化的发展。1978—2005 年 27 年的时间里，我国城镇化水平由 17.9% 提高到 43.0%（2010 年第六次全国人口普查，中国城镇人口比重为 49.68%；2011 年末，中国城镇化率达到 51.27%），平均每年增加 0.93 个百分点，是世界平均增长水平的 2 倍以上（**新中国成立以来城镇化发展最快的一个时期**）
提质阶段	**党的十八大提出"新型城镇化"战略至今，**户籍、土地等制度改革深化，2018 年户籍城镇化率达 43.37%。2023 年常住人口城镇化率 66.16%，增速放缓至年均 1.19 个百分点，重点转向市民化质量、城市群协调和城乡融合

国家统计局公布的 2024 年国民经济和社会发展统计公报中，户籍人口城镇化率为 67%。

2. 中国城镇化的典型模式

城镇化的模式，是指对一个国家、一个地区在特定阶段、特定环境背景中城镇化基本特征的模式化归纳、总结。

1）计划经济体制下以国营企业为主导的城镇化模式。如攀枝花、大庆、鞍山、东营、克拉玛依等城市是这一时期的典型案例。

2）商品短缺时期以乡镇集体经济为主导的城镇化模式。这种模式通过乡村集体经济和乡镇企业的发展促进了乡村城镇化进程。

3）市场经济早期以分散家庭工业为主导的城镇化模式。这是由计划经济向市场经济转轨过程中出现的，以家庭手工业、个体私营企业以及批发零售业推动农村工业化，从而带动了乡村人口转化为城市人口。

4）以外资及混合型经济为主导的城镇化模式。20 世纪 90 年代后期，以外向型经济园区为主体的空间集聚人口与产业，推动了城镇化。

3. 中国城镇化的现状、特征与趋势

中国城镇化现状、特征与趋势

内容	说明
现状	① 已具备良好的城镇发展基础，步入了快速城镇化阶段； ② 城镇化的体制障碍正逐步消除； ③ 城镇化作为国家发展战略，受到高度重视； ④ 城镇化是我国现代化建设的历史任务； ⑤ 党的十八大之后我国的城镇化道路开始实施，以城乡统筹、城乡一体、产城互动、节约集约、生态宜居、和谐发展为基本特征的城镇化，是大中小城市、小城镇、新型农村社区协调发展、互促共进的新型城镇化之路

内容	说明
特征	① 城镇化经过了大起大落阶段以后，已进入了持续、加速和健康发展阶段； ② 城镇化发展的区域重点经历了由西向东的转移过程，总体是东部快于西部、南方快于北方； ③ 区域中心城市及城市密集地区发展加速，成为区域甚至是国家经济发展的中枢地区，成为接驳世界经济和应对全球化挑战的重要空间单元； ④ 部分城市正逐步走向国际化
趋势	① 东部沿海地区快于中西部内陆地区，中部地区不断加速，城市数量和等级都有较大提升； ② 以大城市为主体的多元化的城镇化道路将成为我国城镇化战略的主要选择； ③ 城市群、城市圈等将成为城镇化的重要空间单元； ④ 在沿海的一些发达的特大城市，开始出现了社会居住分化、"郊区化"趋势； ⑤ 特大城市和大城市要合理控制规模，充分发挥辐射带动作用，中小城市和小城镇要增强产业发展、公共服务、吸纳就业、人口集聚的功能； ⑥ 新型城镇化的道路就是要由过去片面注重追求城市规模扩大、空间扩张，改变为以提升城市的文化、公共服务等内涵为中心，使城镇真正成为具有较高品质的适宜人居之所

4. 推进健康城镇化对国家发展的战略意义

(1) 健康城镇化

1) 不是单纯追求人口意义的城镇化；

2) 依靠第二产业和第三产业发展促进城镇化；

3) 注重城市整体质量的提高，更加完善城市服务功能；

4) 推行新型城镇化，实现城乡共同富裕。

(2) 健康城镇化的五条底线

1) 大中小城市和小城镇须协调发展；

2) 城市和农村须协调互补发展；

3) 要保持城市的紧凑发展；

4) 防止空城大规模出现；

5) 保护好自然和文化遗产。

(3) 健康城镇化的核心内容

1) 健康城镇化实施的方针。坚持大中小城市和小城镇协调发展，提高城镇综合承载能力，按循序渐进、节约土地、集约发展、合理布局的原则，积极稳妥地推进城镇化。

2) 健康城镇化的任务。特大城市和大城市要合理控制规模，充分发挥辐射带动作用，中小城市和小城镇要增强产业发展、公共服务、吸纳就业、人口集聚的功能。

真题演练

2023-003 下列关于城镇化基本内涵的说法，不正确的是( )。

A. 农业人口转化为非农业人口　　　B. 农村地域转化为城镇地域

C. 农业活动转为非农业活动　　　D. 乡和村庄转为街道和社区

【答案】D

【解析】城镇化被认为是一个过程，是一个农业人口转化为非农业人口、农村地域转化为城市地域、农业活动转化为非农业活动的过程，也可以认为是非农业人口和非农活动在不同规模的城市环境中地理集中的过程，以及城市价值观、城市生活方式在农村的地理扩散过程。社区包括城市社区和乡村社区，选项D不准确。

2023-004 下列因素中不对城镇化水平产生影响的是（　　）。

  A. 人口迁移   B. 民族构成

  C. 经济发展水平   D. 农业现代化水平

  【答案】B

  【解析】城镇化水平只能用来测度人口、土地、产业等有形的城镇化过程，包括人口的集中、空间形态的改变、经济结构的变化、社会组织结构的变化等，民族构成与城镇化水平的发展无关。因此选B。

2022-004 下列不属于城镇化基本动力机制的是（　　）。

  A. 市场机制   B. 引进外资发展

  C. 生态环境的诱导与制约   D. 工业化推进

  【答案】B

  【解析】城镇化的基本动力机制包括：农村剩余的贡献、工业化的推进、比较利益的驱动、制度变迁的促进、市场机制导向、生态环境诱导和制约的双重作用、城乡规划调控。因此应选B。

板块 5　城市发展与区域、经济、社会及资源环境的关系

历年考频

名称	2019 年	2020 年	2021 年	2022 年	2023 年	2024 年
城市发展与区域、经济、社会及资源环境的关系	0	2	2	3	2	1

知识点 1　城市发展与区域发展的关系 【★★★★★】

城市和其所在的区域存在着相互联系、相互促进和相互制约的密切关系，城市是区域增长、发展的核心，区域是城市存在与发展的基础。

1. 区域是城市发展的基础

1）城市的发展要对周边的地域产生物质、能量、信息、社会关系等的交换作用，而一个城市的形成与发展也要受到相关区域的资源与其他发展条件的制约。

2）城市和区域共同构成了统一、开放的巨系统，城市与区域发展的整体水平越高。它们之间的相互作用就越强。

3）在经济全球化的时代，区域的角色与作用正在发生着巨大的变化，一个重要的趋势是区域一体化。

4）一些中心城市与其所在的区域共同构成了参与全球竞争的基本空间单元——大都市区、都市圈等。

2. 城市是区域发展的核心

1）城市始终都不是也不能脱离开区域而孤立存在与发展，城市是引领区域发展的核心。生长极理论、核心—边缘理论、中心地理论等以城市为依托的相关区域增长理论无一不证实着城市与区域的紧密依存关系。

2）城市对其所在区域发挥着吸引和辐射的作用。

3）城市发展带动区域增长，区域发展支撑城市进步。

知识点 2　城市发展与经济发展的关系 【★★★★★】

1. 城市的基本经济部类与非基本经济部类

1）基本经济部类是为了满足来自城市外部的产品和服务需求为主的经济活动，是促进城市发展的动力。基本经济部类的发展将对非基本经济部类的发展产生推进作用。

2）非基本经济部类是为了满足城市内部的产品和服务需求为主的经济活动。

3）城市经济学里的倒"U"形现象：区域中各个城市发展并不均衡，一些条件较为优越的城市由于规模经济和聚集经济的效应，它们的发展往往呈现循环和不断累积的过程，逐渐

成为区域中心城市；这些城市发展到一定规模后，也将会遇到越来越多的阻力因素，城市发展初期的比较优势丧失，而其他城市的比较优势越来越显著。

2. 城市是现代经济发展的最主要的空间载体

1）区域经济发展总是首先集中在一些条件较为优越的城市，有规模经济和聚集经济的效应，这些城市的发展呈现循环和不断积累的过程，逐渐成为区域中心城市。

2）在经济全球化的背景下，世界城市在世界经济、政治体系中所起的控制和指挥中心的作用将进一步得到加强，这些城市能带动区域、国家甚至超国家尺度的空间经济发展。

3）经济全球化的进一步加剧，使得中心控制功能越来越集中于少数世界城市。

知识点 3　城市发展与社会发展的关系　【★★★★★】

1. 城市是社会生活与矛盾的集合体

1）由于人口的密集，社会问题就呈现出集中发生的现象，并且复杂多样。

2）城市社会问题是经济发展到一定阶段的产物，不同的经济发展阶段产生不同的社会问题。

3）不同的社会制度，社会问题的表现形式也不同，所以城市社会问题复杂多样，问题的严重程度不等。

4）城市社会问题可以成为城市发展的桎梏，反过来其解决又成为城市发展的目标和现实动力。

5）旧的社会问题的解决总是会伴随着新的社会问题的产生，城市社会问题的不断出现、解决和城市规划有着十分密切的联系，近现代城市规划理论与实践也总是在不断地寻求解决城市问题的过程中取得发展的。

2. 健康的社会环境是促进城市发展的重要动力

1）健康的社会环境旨在促进更加宽广的公平环境、诚信环境和管理环境，不仅能使资源得到公平合理的分配和利用，而且能使城市的各项社会资源的效益最大化，推动城市文明的继续发展。

2）一个宽容的城市社会需要政府制定与此目标相一致的政策，以保证基本的物质资源供给、社会安全与公平，需要政府政策在更大程度上代表全体公民的意志。

3）基于上述考虑，城市规划既是一项技术性工程，更是一项社会工程，因而具有明确的公共政策属性。

知识点 4　城市发展与资源环境的关系　【★★★★★】

1. 资源环境是城市发展的支撑与约束条件

1）在现代社会的发展过程中，资源、人口、经济发展和环境之间相互依存、相互影响的关系日益明显。

2）城市的发展离不开资源的支撑作用，自然资源是城市和区域生产力的重要组成部分，也是经济社会发展的必要条件和物质基础。

3）城镇化的速度和城市人口规模的增加与资源消耗的关系十分密切。一般认为，城市的能源消耗占人类总能源消耗的 75%，城市资源的消耗占人类总资源消耗的 80%，因此，资源环境对城市发展具有约束力，应促进人们优化发展模式，提升科技进步的意识和动力，增强人类对资源环境保护和建设的能力。

4）规划者不应该片面地思考如何突破资源环境这一约束条件，而应该将环境、资源、经济和社会发展作为一个统一的大系统，在城市经济发展过程中，始终从城市生态经济的整体出发，认识和把握经济规律与生态规律的矛盾性、相关性，努力探索二者和谐发展的实现途径。

2. 健康的城市发展方式有利于资源环境集约利用

1）科学发展观要求实现城市经济增长与资源环境的保护相互协调、相互促进的良性循环，健康的城市发展方式有利于资源环境的保护和节约。

2）转变人们的思想观念、价值取向和行为方式，在于启迪人类尊重自然规律的生态境界，在于诱导人类健康、文明的生产和消费方式，在于改革不合理的管理体制和法律体系，在于培育适应经济与社会可持续发展要求的运行机制，最终实现人与自然的和谐发展。

真题演练

2023-006 关于城市发展与社会发展关系的说法，不正确的是（　　）。

A. 城市发展必然带来诸多社会问题

B. 解决社会问题是城市发展的重要目标

C. 既有社会问题的解决，必然引发新的社会问题

D. 城市是社会问题的集中发生地

【答案】C

【解析】城市是社会生活与矛盾的集合体。由于人口的密集，社会问题就呈现出集中发生的现象；城市社会问题可以成为城市发展的桎梏，又反过来成为城市发展的目标和现实动力；城市社会问题是经济发展到一定阶段的产物，城市发展必然带来诸多社会问题；旧的社会问题的解决往往会伴随着新的社会问题的产生，但不是必然。因此选 C。

2021-005 下列关于城市和区域发展的表述，不准确的是（　　）。

A. 城市的形成和发展受到相关区域的资源条件制约

B. 城市是区域增长和发展的基础和背景

C. 社会经济不断发展，城市与区域的关系更加紧密

D. 城市和区域发展水平越高，二者之间的相互作用越强

【答案】B

【解析】城市是区域增长、发展的核心，区域是城市存在与发展的基础。因此选 B。

2020-005 下列关于城市发展与资源环境关系的表述，不准确的是（　　）。

A. 资源环境是城市发展的支撑与约束条件

B. 城市发展就是对资源环境这一约束条件的突破

C. 资源环境对城市发展带来约束的同时，也会极大地促进人们优化发展模式

D. 健康的城市发展方式有利于资源环境集约利用

【答案】B

【解析】资源环境是城市发展的支撑与约束条件，城市的发展离不开资源的支撑作用，自然资源是城市和区域生产力的重要组成部分，也是经济社会发展的必要条件和物质基础，城市发展是不能突破资源环境这一约束条件的。因此选 B。

2023-082 下列关于城市与区域关系的说法，正确的有（　　）。

A. 城市和区域相互联系

B. 城市和区域相互促进

C. 区域是城市发展的核心

D. 城市是区域发展的基础

E. 城市和区域共同构成了统一开放的巨系统

【答案】ABE

【解析】城市和其所在的区域存在着相互联系、相互促进和相互制约的密切关系，城市是区域增长、发展的核心，区域是城市存在与发展的基础。城市和区域共同构成了统一、开放的巨系统。因此选项 ABE 符合题意。

> **拓展——易混考点**
>
> 1）科学技术是推动社会进步和城市发展的根本动力。
>
> 2）城市文化特质是现代城市发展的持久动力。
>
> 3）城市的集聚效益是其发展的根本动力。
>
> 4）健康的社会环境是促进城市发展的重要动力。

城市规划的发展及主要理论与实践

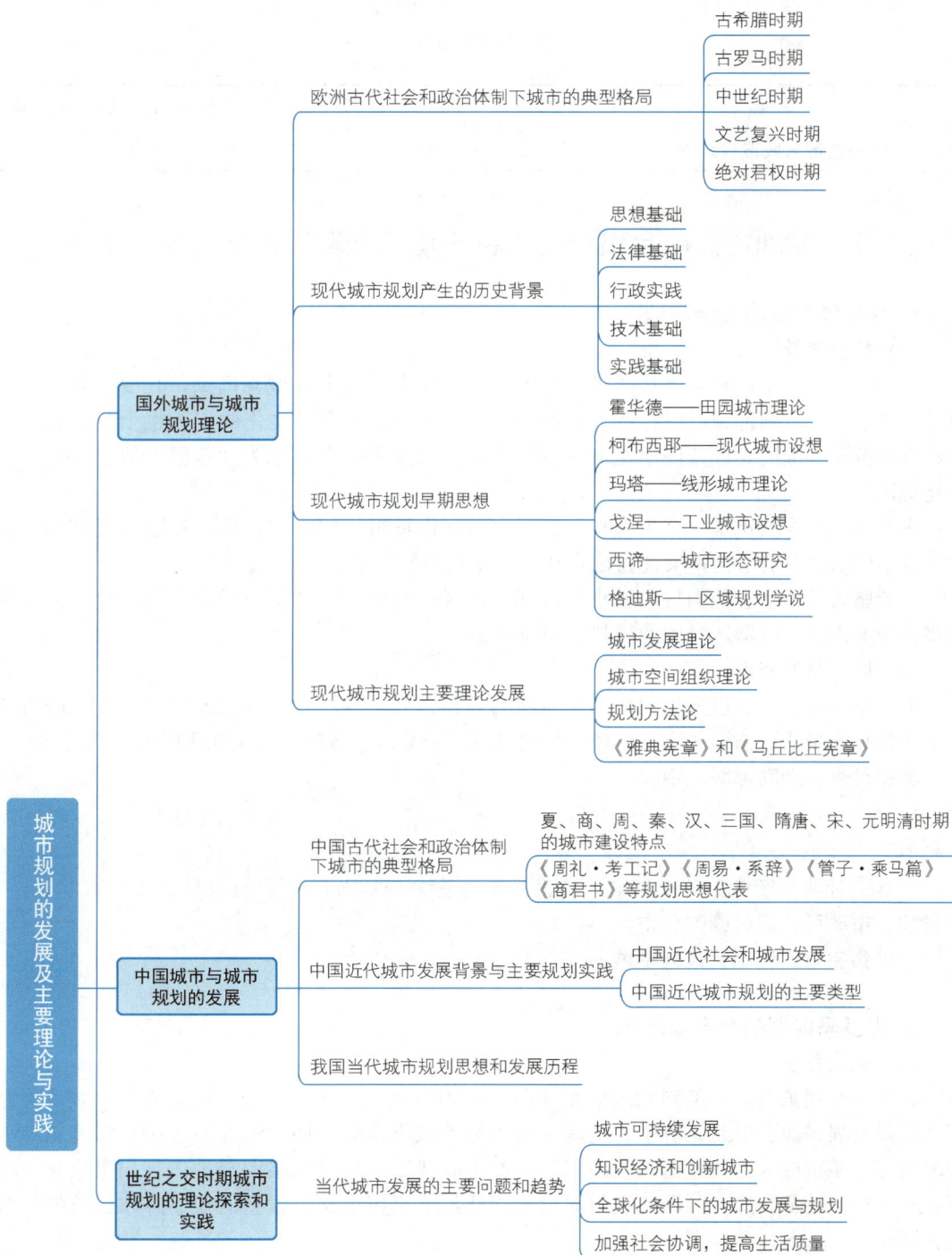

- 城市规划的发展及主要理论与实践
  - 国外城市与城市规划理论
    - 欧洲古代社会和政治体制下城市的典型格局
      - 古希腊时期
      - 古罗马时期
      - 中世纪时期
      - 文艺复兴时期
      - 绝对君权时期
    - 现代城市规划产生的历史背景
      - 思想基础
      - 法律基础
      - 行政实践
      - 技术基础
      - 实践基础
    - 现代城市规划早期思想
      - 霍华德——田园城市理论
      - 柯布西耶——现代城市设想
      - 玛塔——线形城市理论
      - 戈涅——工业城市设想
      - 西谛——城市形态研究
      - 格迪斯——区域规划学说
    - 现代城市规划主要理论发展
      - 城市发展理论
      - 城市空间组织理论
      - 规划方法论
      - 《雅典宪章》和《马丘比丘宪章》
  - 中国城市与城市规划的发展
    - 中国古代社会和政治体制下城市的典型格局
      - 夏、商、周、秦、汉、三国、隋唐、宋、元明清时期的城市建设特点
      - 《周礼·考工记》《周易·系辞》《管子·乘马篇》《商君书》等规划思想代表
    - 中国近代城市发展背景与主要规划实践
      - 中国近代社会和城市发展
      - 中国近代城市规划的主要类型
    - 我国当代城市规划思想和发展历程
  - 世纪之交时期城市规划的理论探索和实践
    - 当代城市发展的主要问题和趋势
      - 城市可持续发展
      - 知识经济和创新城市
      - 全球化条件下的城市发展与规划
      - 加强社会协调，提高生活质量

板块 1　　国外城市与城市规划理论

历年考频

名称	2019 年	2020 年	2021 年	2022 年	2023 年	2024 年
国外城市与城市规划理论	8	11	5	4	5	5

知识点 1　　欧洲古代社会和政治体制下城市的典型格局　【★★★★】

1. 古希腊时期的社会与城市

（1）社会背景

在公元前 8 世纪，希腊半岛形成了数十个相对稳定的奴隶制城邦国家，其中最繁荣的有雅典、斯巴达、米列都城、柯林斯等。各城邦之间经济、社会、文化的交流也十分频繁，并且经常在抵御外敌的时候共同团结起来，从而逐渐形成了一个自称为"希腊"的统一民族与文化地区。

古希腊人认为城市是一个为着自身美好生活而保持很小规模的社区，社区的规模和范围应使其中的居民既有节制而又能自由自在地享受轻松的生活。

古希腊人并不在意他们规模较小的城邦与低矮的房屋，而是将极大的智慧与热情投入到高高的卫城山上，以塑造他们的城邦精神与理想。

（2）城市格局特点

城市布局上出现了**以方格网的道路系统为骨架，以广场、公共建筑及市民集会场所为核心的希波丹姆模式**。该模式充分体现了奴隶制的民主政体，体现了**民主和平等**的城邦精神。

典型代表：米列都城、雅典。

> **拓展**
>
> 这一时期的城市空间组织中，市民生活的重要场所与城市空间组织的关键性节点：**神庙、市政厅、露天剧院和市场**。
>
> 最为完整的体现：**米列都城**。

2. 古罗马时期的社会与城市

（1）社会背景

古罗马时期是西方奴隶制发展的繁荣阶段，国势强盛，领土扩张，财富敛集，城市得到了大规模发展。除去道路、桥梁、城墙和输水道等城市设施，还大量建造了**公共浴室、斗兽场和宫殿**，城市成为帝王宣扬功绩的工具。这个时期城市建设风格明显地表现出世俗化、军事化和军权化特征。这个时期的城市规划思想凸显了实用主义、强烈的秩序感和建筑的模数比例关系。

（2）城市格局特点

罗马帝国时期，城市建设进入了鼎盛阶段。建造了公共浴室、斗兽场和宫殿等供奴隶主享乐的设施。广场、铜像、凯旋门和纪功柱成为城市空间的核心和焦点。古罗马城市中心最为集中的体现是共和时期和帝国时期形成的广场群，这是西方奴隶制发展至繁荣阶段的代表。

营寨城的规划模式：罗马在被征服的地区建设了大量的营寨城，平面基本上都呈方形或长方形，中间十字形街道，通向东、南、西、北四个城门，中心交点附近为露天剧场或斗兽场与官邸建筑形成的中心广场。

典型代表：巴黎、伦敦都是从营寨城发展而来。

经典著作：维特鲁威的《建筑十书》。

> **拓展**
>
> 维特鲁威的《建筑十书》：西方古代保留至今最早、最完整的古典建筑典籍。

3. 中世纪时期的社会与城市

（1）社会背景

欧洲分裂成为许多小的封建领主国，封建割据和战争不断，使经济和社会生活中心转向农村，手工业和商业十分萧条，城市处于衰落状态。但战争的频发和小的封建领主国出现，使得具有防御作用的城堡周边也形成了一些城市。

（2）城市格局特点

在中世纪，由于神权和世俗封建权力的分离，欧洲的教会势力强大，在教堂周边形成了一些市场，并从属于教会管理，进而逐步形成了城市，由此教堂占据了城市的中心位置，教堂的庞大体量和高耸尖塔成为城市空间和天际轮廓的主导因素，使中世纪的欧洲城市景观具有独特的魅力。

这个时期城市多为自发生长，很少按规划建造，因城市有公共活动需要而形成，其格局都较为相似，在教堂前形成半圆或不规则的但围合感较强的广场，教堂与这些广场一起构成了城市公共中心。

道路基本上是以教堂广场为中心向周边地区辐射出去，并逐渐在整个城市中形成蜘蛛网状的曲折道路系统。

典型代表：佛罗伦萨。

> **拓展**
>
> 该时期道路网结构：狭小、不规则。

4. 文艺复兴时期的社会与城市

（1）社会背景

14世纪后，封建社会内部产生了资本主义的萌芽，新生的城市资产阶级实力不断壮大，在有的城市中占据了统治地位。以复兴古典文化来反对封建的、中世纪文化的文艺复兴运动蓬勃兴起，艺术、技术和科学都得到了飞速发展。

（2）城市格局特点

许多中世纪的城市，已不适应新的生产及生活发展变化的要求，城市进行了局部地区的改建。这些改建主要是在人文主义思想的影响下，建设了一系列具有古典风格和构图严谨的

广场和街道以及公共建筑。

新兴资产阶级的成长，越来越要求城市建设能显示出他们的富有和地位，府邸、市政机关、行会大厦等豪华、气派的新建筑开始逐步占据城市中心的位置，同时，城市里各种满足世俗生活、学习等需要的场所也越来越多。

新的经济要素、新的城市生活和新的文化认知，都要求对中世纪继承过来的城市中的道路、广场、生活区、生产区等进行重新规划整理，出于各种不同目的的城市改建活动频繁。

该时期城市规划与设计思想越来越重视所谓的科学性、规范化，提出了正方形、八角形、同心圆等理想城市布局形态，也即这个时期对体现秩序、几何规则的"理想城市形态"的追求。

典型代表：罗马的圣彼得大教堂广场和威尼斯的圣马可广场。

5. 绝对君权时期的社会与城市

（1）社会背景

17世纪后半叶，新生的资本主义迫切需要强大的国家机器提供庇护，资产阶级与国王结成联盟，反对封建割据和教会势力，建立了一批中央集权的绝对君权的国家，形成了现代国家的基础。这些国家的首都，如巴黎、伦敦、柏林、维也纳等，均已发展成为政治、经济、文化中心型的大城市。

（2）城市格局特点

当时最为强盛的法国，**巴黎的城市改建**体现了古典主义思潮，**轴线放射的街道、宏伟壮观的宫殿花园和公共广场都是那个时期的典范。**

路易十四要求将卢浮宫、凡尔赛宫等和城市秩序不可分离地联系到一起，对着卢浮宫构筑起一条巨大壮观而具有强烈视线进深的轴线，这条轴线后来一直作为巴黎城市的中轴线，也形成了壮丽、秩序的整体空间体系，无处不体现着**王权至上的唯理主义思想。**

典型代表：巴黎的香榭丽舍大街和凡尔赛宫。

复习要点

欧洲古代社会和政治体制下城市的典型格局

时期		社会背景	城市格局特点	城市模式	典型代表
古典时期	古希腊时期	奴隶制城邦国家、奴隶制的民主政体	以方格网的道路系统为骨架，以广场、公共建筑及市民集会场所为中心	希波丹姆模式	米列都城、雅典
	古罗马时期	奴隶制鼎盛时期、宣扬帝王功绩	广场、铜像、凯旋门和纪功柱成为城市空间的核心和焦点；城市中心最为集中的体现是共和时期和帝国时期形成的广场群	营寨城模式	营寨城、古罗马城
中世纪时期		封建领主国、神权和世俗封建权力分离、教会为主体	教堂占据了城市的中心位置，教堂与教堂前广场一起构成了城市公共中心；城市多为自发生长，很少按规划建造，道路以教堂广场为中心向周边地区辐射出去	自生长、无序	佛罗伦萨

时期	社会背景	城市格局特点	城市模式	典型代表
文艺复兴时期	资本主义萌芽、文艺复兴运动蓬勃兴起	建设了一系列具有古典风格和构图严谨的广场和街道以及公共建筑； 重视所谓的科学性、规范化，提出了正方形、八角形、同心圆等"理想城市形态"	—	罗马的圣彼得大教堂广场和威尼斯的圣马可广场
绝对君权时期	中央集权的绝对君权国家，政治、经济、文化中心型的大城市	城市改建体现了古典主义思潮，轴线放射的街道、宏伟壮观的宫殿花园和公共广场，形成了壮丽、秩序的整体空间体系，体现王权至上的唯理主义思想		巴黎的香榭丽舍大街和凡尔赛宫

知识点 2　现代城市规划产生的历史背景 【★★★★】

1. 现代城市规划产生的历史背景

社会状况：18 世纪在英国，工业生产方式的改进和交通技术的发展，吸引农村人口向城市不断集中，同时农业生产劳动率的提高和"圈地法"的实施，又迫使大量破产农民涌入城市，导致城市人口急剧增长（**工业革命**）。

环境恶化：居住与工厂混杂，住房不仅设施严重缺乏，基本的通风、采光条件得不到满足，而且人口密度极高，设备年久失修，卫生状况极差，导致了传染疾病的流行。

引发关注：19 世纪中叶，开始出现了一系列有关城市未来发展方向的讨论，这些讨论在很多方面是过去对城市发展讨论的延续，同时又开拓了新的领域和方向，为现代城市规划的形成和发展在理论上、思想上和制度上都进行了充分准备。

2. 现代城市规划形成的基础

现代城市规划形成的基础

基础		内容
思想基础——空想社会主义	背景	近代历史上的空想社会主义源自于莫尔的"乌托邦"概念，主要是通过对理想的社会组织结构等方面的架构，提出了理想的社区和城市模式
	实践	① 欧文于 1817 年提出了"协和村"的方案。 ② 傅里叶在 1829 年提出以"法朗吉"为单位建设由 1500～2000 人组成的社区，废除家庭小生产，以社会大生产替代
法律基础——英国关于城市卫生和工人住房的立法	背景	19 世纪中叶，英国城市尤其是伦敦和一些工业城市所出现的种种问题迫使英国政府颁布一系列的法规来管理和改善城市的卫生状况
	实践	① 1842 年发布了《关于英国工人阶级卫生条件的报告》。 ② 1848 年通过了《公共卫生法》，该法规定了地方当局对污水排放、垃圾堆积、供水、道路等方面应负的责任。由此开始，英国通过一系列的卫生法规建立起一整套对卫生问题的控制手段。 ③ 1868 年的《贫民窟清理法》。 ④ 1890 年的《工人住房法》。 ⑤ 1890 年成立的伦敦郡委员会依法兴建工人住房。 ⑥ 1909 年英国《住宅与城镇规划法》通过，从而标志着现代城市规划的确立

基础		内容
行政实践——巴黎改建	背景	巴黎针对城市的给水排水设施、环境卫生、公园及墓地，以及大片破旧肮脏的住房和没有下限的交通设施等，进行城市改建（人物：豪斯曼）
	实践	这项改建以道路切割来划分整个城市的结构，并将塞纳河两岸地区紧密地连接在一起。在街道改建的同时，结合整齐、美观的街景建设需要，形成了标准的住房布局方式和街道设施。在城市的两侧建造了两个森林公园，在城市中配置了大量的大面积的公共开放空间，树立了当代资本主义城市的建设典范
技术基础——城市美化	背景	城市美化源自文艺复兴后的建筑学和园艺学传统。此活动由改造街道两侧连续的联列式住宅围成的街坊中的点缀绿化，试图将农村的风景引入城市中的设想所引起，后波及欧美国家为美化城市景观和城市空间进行的实践活动
	实践	① 英国公园运动——西谛，对中世纪城市内部布局的总结和对城市不规则布局的倡导。 ② 奥姆斯特德的实践——以纽约中央公园为代表的公园和公共绿地的建设。 ③ 城市美化运动——以 1893 年在芝加哥举行的博览会为起点，以对市政建筑物进行全面改进为标志，综合了对城市空间和建筑设施进行美化的各方面思想和实践，在美国城市得到了全面的推广。 ④ 芝加哥规划——1909 年完成的芝加哥规划则被称为第一份城市范围的总体规划
实践基础——公司城建设	背景	资本家为了就近解决工人的居住问题从而提高工人的生产力，而出资建设和管理的小型城镇。公司城（镇）的建设对霍华德田园城市理论的提出和付诸实践具有重要的借鉴意义，在后来田园城市的建设和发展中发挥了重要作用
	实践	① 凯伯里于 1879 年在伯明翰所建的模范城镇。 ② 莱佛于 1888 年在利物浦附近所建造的城镇。 ③ 美国的普尔曼 1881 年在芝加哥南部所建的城镇最为典型。 ④ 恩温和帕克在 19 世纪后半叶的公司城设计中积累了大量经验，为后来田园城市的设计和建设提供了基础

知识点3　现代城市规划早期思想 【★★★★★】

1. 霍华德的田园城市理论

在 19 世纪中后期种种改革思想和实践活动的影响下，英国人霍华德针对当时的城市尤其是像伦敦这样的大城市所面临的拥挤、卫生等方面的问题，提出了一个兼有城市和乡村优点的理想城市——田园城市，田园城市是现代城市规划思想形成的标志，有一套比较完整的理论体系和实践框架。

（左侧竖排）城市规划的发展及主要理论与实践

霍华德的田园城市理论

内容	说明
重要性	田园城市是现代城市规划思想形成的标志，有一套比较完整的理论体系和实践框架
提出	霍华德于1898年出版了《明日——真正改革的和平之路》一书，书中提出了田园城市的理论
概念	田园城市是为健康、生活及产业而设计的城市，它的规模足以提供丰富的社会生活，但不应超过这一程度；四周要有永久性的农业地带围绕，城市的土地归公众所有，由委员会受托管理
模式	田园城市思想主张的是城市分散发展模式。 田园城市包括城市和乡村两个部分。城市规模必须加以限制，每个城市的人口限制为3.2万人，超过这一规模，就需要建设另一个新城市，目的是保证城市不过度集中和拥挤而产生各类大城市所产生的弊病，同时也使每户居民都能极为方便地接近乡村自然空间
设想	霍华德对田园城市的资金来源、土地分配、财政收支、经营管理等提出了建议，认为：工业和商业不能由公营垄断，要给私营以发展条件，但是，城市中的所有土地必须归全体居民所有，使用土地必须交付租金，城市的收入全部来自租金，在土地上进行建设、聚居而获得的增值仍归集体所有
实践	1903年在位于伦敦东北56km处，建设了莱切沃斯（Letchworth）城。1920年又在距伦敦西北约36km处建设了另一座田园城市韦林（Welwyn）

拓展——田园城市布局

城区呈圆形，中央为公园，六条主干道从中心向外辐射，核心部位为公共建筑，在城市直径线的外三分之一处设环形林荫大道，城市外围地区建设工厂、仓库和市场。

2. 柯布西耶的现代城市设想

柯布西耶在"明日城市"和"光辉城市"的规划方案中，通过对大城市结构的重组，在人口进一步集中的基础上，在城市内部通过技术的手段解决城市问题，体现了城市集中发展的思想。

柯布西耶的"明日城市"和"光辉城市"

城市设想	内容
明日城市	1922年现代建筑运动的重要代表人物之一柯布西耶发表了"明日城市"的规划方案，阐述了他从功能和理性的角度对现代城市的基本认识，以从现代建筑运动的思潮中所引发的关于现代城市规划的基本构思。 ① 提供了一个300万人口城市的规划方案图。 ② 中央为中心区，设置必要的各种机关、商业和公共设施、文化和生活服务设施外，有将近40万人居住在24栋60层高的摩天大楼里，高楼周围有大片的绿地，建筑仅占5%。 ③ 中心外围是环形的居住带，有60万人住在多层连续的板式住宅内，最外围的是容纳200万居民的花园住宅。 ④ 城市整体平面形式是几何形的构图，矩形的和对角的道路交织在一起。规划的中心思想是提高市中心的密度，改善交通，全面改造城市地区，形成新的城市概念，提供充足的绿地、空间和阳光。

城市设想	内容
明日城市	⑤ 关于交通组织。柯布西耶特别强调大城市的交通运输的重要性，在中心区规划了一个地铁站，车站上面布置直升飞机起降场；中心区的交通干道由三层组成，地下走重型车辆，地面用于市内交通，高架道路用于快速交通；市区与市郊由地铁和郊区铁路线来联系
光辉城市	1931 年柯布西耶发表了他的"光辉城市"的规划方案，这一方案是对他之前"明日城市"规划方案的进一步深化，同时也是他的现代城市规划和建设思想的集中体现。 ① 城市只有集中才有生命力，由于拥挤所带来的城市问题完全可以通过技术的手段进行改造而得到解决。这种技术的手段就是采用大量的高层建筑来提高密度和建设一个高效的城市交通系统。 ② 是集中人口、避免用地日益紧张、提高城市内部效率的一种极好的手段，同时也可以保证城市有充足的阳光、空间和绿化，因此在高层建筑之间保持较大比例的空旷地。 ③ 在机械化时代，所有的城市应该是"垂直的花园城市"，而不是水平向的每家每户拥有花园的花园城市。 ④ 城市道路系统应当保持行人的极大方便，这种系统由地铁和人车完全分离的高架道路组成。 ⑤ 建筑物的地面全部架空，城市的全部地面均由行人支配，建筑屋顶设花园，地下通地铁，距地面 5 米高处设汽车运输干道和停车场

拓展

柯布西耶理性功能主义的城市规划思想集中体现：由他主持撰写的《雅典宪章》（1933 年）；

实践活动体现：20 世纪 50 年代昌迪加尔规划。

理解区分

霍华德和柯布西耶的规划思想对比

项目	霍华德	柯布西耶
两种模式	**分散发展**：希望通过分散的手段来解决城市的空间与效率问题	**集中发展**：希望通过对大城市结构的重组，在人口集中的基础上借助于新技术手段来解决城市问题
两种理念	**人文关怀**：霍华德的规划理论奠基于社会改革的理想，直接从空想社会主义出发而建构其体系，因此在其论述过程中更多地体现出人文关怀和对社会经济的关注	**工程技术**：柯布西耶则从建筑师的角度出发，对建筑和工程的内容更为关心，并希望以物质空间的改造来改造整个社会，这正如他的名言"建筑或革命"所展示的
两种走向	**建设规模适度城镇群**：霍华德希望通过在大城市周围建设一系列规模较小的城市来吸引大城市的人口，从而解决大城市的拥挤和不卫生问题	**大城市内部空间集聚改造**：柯布西耶则指望通过重组大城市结构，在人口进一步集中的基础上，在城市内部解决城市问题

3. 现代城市规划早期的其他理论

现代城市规划早期的其他理论

理论	说明
玛塔——线形城市理论	**理论背景：** 1882 年西班牙工程师**索里亚·玛塔**提出。 **主要内容：** 在城市中，各种空间要素紧靠一条高速度、高运量的交通轴线聚集并无限地向两端延展，**城市的发展必须尊重结构对称和留有发展余地这两条原则**；城市不再是一个个分散的不同地区的点，而是**由一条铁路和干道相串联在一起的、连绵不断的城市带（城市建设的一切问题，均以城市交通问题为前提）**。 **实践影响：** 1894 年，索里亚·玛塔创立了马德里城镇化股份公司，在马德里市郊建设了第一段线形城市；但由于经济和土地所有制的限制，这个线形城市只实现了一个片断——约 5 公里长的建筑地段
戈涅——工业城市设想	**理论背景：** 法国建筑师**戈涅**在 20 世纪初**提出了工业城市的设想**，并于 1904 年在巴黎展出了这一方案的详细内容，**1917 年出版了专著《工业城市》**。 **主要内容：** 城市选址考虑"靠近原料产地或附有提供能源的某种自然力量，或便于交通运输"；在城市内部的布局中，强调按功能划分工业、居住、城市中心等，各功能之间是相互分离的，以便于今后各自扩展需要。 **实践影响：** **工业城市设想中提出的功能分区思想，直接孕育了《雅典宪章》所提出的功能分区原则**。这一原则对于解决当时城市中工业、居住混杂而带来的种种弊病具有较积极的意义
西谛——城市形态研究	**理论背景：** 1889 年**卡米洛·西谛**出版了《根据艺术原则建设城市》（根据英文版可译为《城市建设艺术》）一书**（卡米洛·西谛：现代城市设计之父）**。 **主要内容：** 西谛考察了古希腊、古罗马、中世纪和文艺复兴时期的许多优秀建筑群实例，针对当时城市建设中出现的忽视城市空间艺术性的状况，**提出"我们必须以确定的艺术方式形成城市建设的艺术原则。我们必须研究过去时代的作品并通过寻求出古代作品中美的因素弥补当今艺术传统方面的损失，这些有效的因素必须成为现代城市建设的基本原则"**。西谛通过对城市空间的各类构成要素，如广场、街道、建筑、小品等之间的相互关系的探讨，揭示了这些要素位置选择、布置，以及与交通、建筑群体布置之间建立艺术的和宜人的相互关系的一些基本原则，**强调人的尺度、环境的尺度与人的活动以及他们的感受之间的协调，从而建立起城市空间的丰富多彩和人的活动空间的有机构成**。 **实践影响：** 其著作被视为现代城市设计的经典之作，由此开创了城市形态的研究
格迪斯——区域规划学说	**理论背景：** 1915 年**格迪斯**出版了著作**《进化中的城市》**，他把对城市的研究建立在客观现实的基础上，通过周密地分析地域潜力和限度对于居住地布局形式与地方经济体系的影响，突破了当时常规的城市概念，**提出把自然地区作为规划研究的基本框架，即将城市和乡村的规划纳入到同一体系之中**。这一思想经美国学者**芒福德**等人的发扬光大，**形成了对区域的综合研究和区域规划**。 **主要内容：** 格迪斯认为城市规划是社会改革的重要手段，因此城市规划要取得成功，就必须充分运用科学的方法来认识城市；在进行城市规划前要进行系统的调查，取得第一手资料，通过实地勘察了解所规划城市的历史、地理、社会、经济、文化、美学等因素，把城市的现状和地方的经济、环境发展潜力以及限制条件联系在一起进行研究，在这样的基础上才可能进行城市规划工作**（强调人与环境的相互关系）**。 **实践影响：** 格迪斯的名言"先诊断后治疗"，成了至今影响现代城市规划的过程公式——**"调查—分析—规划"**。即通过对城市现实状况的调查，分析城市未来发展的可能，预测城市中各类要素之间的相互关系，然后依据这些分析和预测，制定规划方案

知识点 4　现代城市规划主要理论发展　【★★★★★】

1. 城市发展理论

（1）城镇化理论

城市的发展始终是与城镇化的过程结合在一起的。城镇化的发生与发展，与农业发展、工业化和第三产业崛起三大力量的推动与吸引关系极为密切。

1）城市兴起和成长的第一前提是农业生产力的发展，第二前提是农村劳动力的剩余。

2）现代城镇化发展的基本动力是工业化。

3）第三产业的发展成为城镇化发展的推动力。

4）美国城市地理学家诺瑟姆总结的城镇化进程的三个阶段如下。

① **初级阶段**（城镇人口占总人口比重在 30% 以下）：农村人口占绝对优势，工业生产水平较低，工业提供的就业机会有限，农业剩余劳动力释放缓慢。

② **中期阶段**（城镇人口占总人口比重在 30%～70% 之间）：工业基础已经比较雄厚，经济实力明显增强，农业劳动生产率大大提高，工业吸收大批农业人口。

③ **后期阶段**（城镇人口占总人口比重在 70%～90% 之间）：为了保持社会必需的农业规模，农村人口的转化趋于停止（也叫城市化稳定阶段）。

> **拓展**
>
> K. 戴维斯认为：一般而言，一个国家的工业化越晚，它的城市化就越快。

（2）城市发展原因解释

不同城市发展理论对城市发展原因的解释

理论	解释
城市发展的**区域理论**	城市是区域环境的一个核心。城市的形成与发展始终是在与区域的相互作用的过程中进行的。城市的中心作用强，就能带动区域社会经济的发展；区域社会经济水平高，则促进中心城市的繁荣。城市与区域关系的增长极核理论认为：城市作为增长极核与其腹地的基本作用机制有极化效应和扩散效应
城市发展的**经济学理论**	在影响城市发展的诸多因素之中，城市的经济活动是其中最为重要和最为显著的因素之一。在城市经济中可以把所有产业划分成为两部分：基础产业和服务性产业。其中基础产业是城市经济力量的主体（基础产业繁荣发展是城市发展的关键）。 经济基础理论认为，城市发展包括几个阶段：第一阶段是专门化，城市发展最初引来某个或某些具有出口能力的企业；第二阶段是综合化，出口专门化的企业具有联动作用，产生"上游"和"下游"企业，形成出口综合体；第三阶段是成熟化，基本经济部类带动非基本经济部类，形成完整的城市经济体系；第四阶段是区域化，有些城市发展成为区域性中心城市
城市发展的**社会学理论**	城市不仅是一个经济系统，也是一个人文系统。人类社会的发展规律和社会运行的特征与自然生态的规律有明显的相似性。因此，决定人类社会的发展的最重要因素也可以看成是人类的相互依赖和相互竞争。相互依赖和相互竞争是人类社区空间关系形成的重要因素和进一步发展的因素

理论	解释
城市发展与 **交通通信理论**	B.L.梅耶提出的城市发展的交通通信理论认为，城市是一个由人类相互作用所构成的系统，而交通及通信是人类相互作用的媒介。城市的发展主要起源于城市为人们提供面对面交往或交易的机会，但后来，一方面由于通信技术的不断进步，渐渐地使面对面交往的需要减少，另一方面，由于城市交通系统普遍产生拥挤的现象，使通过交通系统进行相互作用的机会受限，因此，城市居民逐渐地以通信来替代交通以达到相互作用的目的。在这样的条件下，**城市的聚集效益在于使居民可以接近信息交换中心以便利居民的交往**

（3）城市发展模式理论

城市发展模式理论从大的方面分为分散发展理论和集中发展理论。

城市的分散发展理论建立在通过建设小城市来分散大城市的基础之上，**其主要理论包括了卫星城理论、新城理论、有机疏散理论和广亩城市理论等。**

城市集中发展理论的基础在于经济活动的聚集，这是城市经济的最根本的特征之一。在聚集效应的推动下，城市不断地集中，发挥出更大的作用。城市集中发展到一定程度之后出现了大城市和超大城市的现象，这是由于聚集经济的作用使大城市的中心优势得到了广泛实现所产生的结果。随着大城市的进一步发展，出现了规模更为庞大的城市现象。城市集中发展包括大城市的向外急剧扩张、城市出现明显的郊区化现象以及城市密度的不断提高，在世界上许多国家中出现了空间上连绵成片的城市密集地区，即城市聚集区和大城市带。联合国人居中心对城市聚集区的定义是：被一群密集的、连续的聚居地所形成的轮廓线包围的人口居住区，它和城市的行政界线不尽相同。

城市发展模式理论

理论		内容
城市分散发展理论	**卫星城理论**	卫星城理论是针对田园城市实践过程中出现的背离霍华德基本思想的现象，由恩温于20世纪20年代提出的，**是防止大城市规模过大和不断蔓延的一个重要方法**，卫星城便成为一个国际上通用的概念。 **卫星城是一个经济上、社会上、文化上具有现代城市性质的独立城市单位，但同时又是从属于某个大的城市的派生产物。** 1944年，阿伯克隆比在完成的大伦敦规划中，规划了8个卫星城，以达到疏解伦敦的目的，从而产生了深远的影响。二战之后西方多数国家都建了规模不同的卫星城，其中英国、法国和美国以及中欧地区最为典型［卫星城的概念强化了与中心城市（又称母城）的依赖关系，在其功能上强调中心城的疏解］
	新城理论	**新城的概念更强调其相对独立性，它基本上是一定区域范围内的中心城市**，为其本身周围的地区服务，并且与中心城市发生相互作用，成为城镇体系中的一个组成部分，对涌入大城市的人口起到一定的截流作用。其实践活动是由20世纪40年代中叶开始的
	有机疏散理论	**有机疏散理论是沙里宁在1942年出版的《城市：它的发展、衰败与未来》一书中所阐述的对城市发展及其布局结构进行调整的理论。** 沙里宁考察了中世纪欧洲城市和工业革命后的城市建设状况，分析了有机城市的形成条件和在中世纪的表现及其形态，对现代城市出现衰败的原因进行了揭示，从而提出了治理现代城市的衰败、促进其发展的对策就是要全面地改建，**这种改建应当能够达到这样的目标**：①把衰败的地区中的各种活动，按照预定方案，转移到适合这些活动的地方去；②把上述腾出来的地区，按照预定方案，进行整顿，改作其他最适宜的用途；③保护一切老的和新的使用价值。把大城市目前的那一整块拥挤的区域，分解成为若干个集中单元，并把这些单元组织成为"在活动上相互关联的有功能的集中点"。 **也就是说将城市分解成一个既分散又统一的有机整体**

	理论	内容
城市分散发展理论	广亩城市理论	赖特在 1932 年出版的《消失的城市》中写道，未来城市应当是无处不在又无处所在的，"这将是一种与古代城市或任何现代城市差异如此之大的城市，以致我们根本不会把它当作城市来看待。在随后出版的《宽阔的田地》一书中，他正式提出了"广亩城市"的设想。美国城市 20 世纪 60 年代以后普遍的郊区化在相当程度上是赖特广亩城市思想的一种体现
城市集中发展理论	卡利诺的经济理论	卡利诺于 1979 年和 1982 年通过区分"城镇化经济""地方性经济"和"内部规模经济"对产业聚集的影响来研究导致城市不断发展的关键性因素。 ① 城镇化经济源自于整个城市的经济规模，而不只是某一个行业的规模。其次，城镇化经济为整个城市的生产厂家获得利润而不只是特定行业的生产厂家。 ② 地方性经济就是要求这个生产厂与同类布置在一起，由于生产厂的集中而降低成本，经济性来源于三个方面：生产所需的中间投入的规模经济、劳动力市场的经济性和交通运输的经济性。 ③ 内部规模经济是指生产企业本身规模的增加而导致企业生产成本下降
	霍尔的《世界城市》	1966 年霍尔的《世界城市》提出，世界大城市在世界经济体制中将担负起越来越重要的作用。要作为世界城市应具备的特征：政治中心、商业中心、集合各种专门人才的中心、巨大的人口中心、文化娱乐中心
	弗里德曼的《世界城市假说》	1982 年弗里德曼在《世界城市形成：一项研究与行动的议程》的论文中，提出世界城市是全球经济的控制中心，并提出了世界城市的两项判别标准：第一，城市与世界经济体系联结的形式与程度；第二，由资本控制所确立的城市的空间支配能力。 1986 年弗里德曼在《世界城市假说》的论文中强调世界城市的国际功能取决于该城市与世界经济一体化相联系的方式与程度，并提出了世界城市的 7 个指标：主要金融中心、跨国公司总部所在地、国际性机构集中度、商业部门（第三产业）高度增长、主要的制造业中心（具有国际意义的加工工业等）、世界交通的重要枢纽（尤指港口与国际航空港）、城市人口规模达到一定标准
	城市聚集区理论	城市聚集区是指被一群密集的、连续的聚居地所形成的轮廓线包围的人口居住区，它和城市的行政界限不尽相同。在高度城镇化地区，城市聚集区往往包括一个以上的城市
	戈特曼的大城市带理论	大城市带是由法国地理学家戈特曼于 1957 年提出的，指的是多核心的城市连绵区，人口的下限是 2500 万人，人口密度为每平方公里至少 250 人。大城市带是人类创造的宏观尺度最大的一种城市化空间

（4）城市体系理论

1）城市的分散发展和集中发展只是城市发展过程的不同方面，任何城市的发展都是这两种发展方式对抗的暂时平衡状态。

2）就宏观整体来看，广大的区域范围内存在着形成城市集中的趋势，而每个城市尤其是大城市又存在着向外扩展的趋势。

3）就区域层次来看，城市体系理论较好地综合了城市分散发展和集中发展的基本取向，城市并非孤立存在和发展的。在单独的城市之间存在着多种多样的相互作用关系，城市体系就是指一定区域内城市之间存在的各种关系的总和。

4）贝利等人结合城市功能的相互依赖性、城市区域的观点、对城市经济行为的分析和中心地理论，逐步形成了城市体系理论。

5）完整的城市体系包含三部分内容：特定地域内所有城市的职能之间的相互关系、城市规模上的相互关系、地域空间分布上的相互关系。

> **拓展——克里斯塔勒的中心地理论**
>
> 有三个条件或原则支配中心地体系的形成，它们是市场原则、交通原则和行政原则。在开放、便于通行的地区，市场经济的原则可能是主要的；在山间盆地地区，客观上与外界隔绝，行政管理更为重要；年轻的国家与新开发的地区，交通线对移民来讲是"先锋性"的工作，交通原则占优势。

2. 城市空间组织理论

（1）区位理论——城市组成要素空间布局的基础

区位是指为某种活动所占据的场所在城市中所处的空间位置。城市是人与各种活动的聚集地，各种活动大多有聚集的现象，占据城市中固定的空间位置，形成区位分布。这些区位（活动场所）加上连接各类活动的交通路线和设施，便形成了城市的空间结构。

各种区位理论的目的就是为各项城市活动寻找到最佳的区位，即能够获得最大利益的区位。根据区位理论，城市规划对城市中各项活动的分布掌握了基本的衡量尺度，以此对城市土地使用进行分配和布置，使城市中的各项活动都处于最适合它的区位，因此，可以说区位理论是城市规划进行土地使用配置的理论基础。

区位理论代表人物与主要内容

理论	代表人物与主要内容
农业区位理论	杜能的农业区位理论是区位理论的基础。通过研究他认为：农作物的种植区域划分是根据其运输成本以及与市场的距离所决定的
工业区位理论	韦伯认为影响区位的因素有区域因素和聚集因素。前者指运输成本和劳动力成本两项因素，后者指生产区位的集中，包括人口密度、工业复杂性程度等。他的方法是先找出最小运输成本的点，然后再考虑劳动力成本和聚集效益这两项因素
市场区位理论	廖士在区位理论中，第一个引入了需求作为主要的空间变量。他认为，任何一个企业想要在竞争中求生存，就必须以最大经济利益为原则，在竞争中降低运输成本，使消费者得到最廉价的产品，占领消费市场，而竞争的平衡点正是工业区位配置的最佳点。市场网络是廖士区位理论的最高表现形式
一般区位理论	伊萨德从制造业出发，组合了其他的区位理论，他的基本观点是一般区位理论能以与经济理论中的其他方面同样的方法来发展，可以依据替代方法来分析企业家作决策时如何组合不同生产要素的成本，以此来确定成本最小而效益最佳的地点

（2）城市整体空间的组织理论

当城市中各要素选择了各自的区位之后，如何将它们组织成一个整体，形成城市整体结构，从而发挥各自的作用，则是城市空间组织的核心。

城市整体空间的组织理论

理论		内容
从城市功能组织出发		国际现代建筑协会（CIAM）于1933年通过了《雅典宪章》，确立了现代城市规划的功能分区原则，提出**"居住、工作、游憩与交通四大活动是研究及分析现代城市规划最基本的分类"**
从城市土地使用形态出发	同心圆理论	1923年由伯吉斯提出。根据他的理论，城市可划分为5个同心圆。居圆形中心区域的是中央商务区；第二环过渡区，是衰败了的居住区；第三环是工人居住区；第四环是良好住宅区，以公寓住宅为主；第五环是通勤区，主要是一些富裕的、高质量住宅区
	扇形理论	1939年由霍伊特提出。城市的核心只有一个，交通线路由市中心向外呈放射状分布。随着城市人口的增加，城市将沿交通线路向外扩张，同一使用方式的土地从市中心附近开始逐渐向周围移动，由轴状延伸而形成整体的扇形
	多核心理论	1945年由哈里斯和乌尔曼提出。他们通过研究，提出影响城市活动分布的四项基本原则： ① 有些活动要求设施位于城市中为数不多的地区（如中心商务区）； ② 有些活动受益于位置的互相接近（如工厂与工人住宅区）； ③ 有些活动对其他活动会产生对抗或消极影响，就会要求有些活动有所分离（如高级住宅区与污染性工业区）； ④ 有些活动因负担不起理想场所的费用，而不得不布置在不合适的地方（如仓库被布置在冷清的城市边缘地区）
从经济合理性出发	经济合理性的含义	在完全竞争的市场经济中，城市土地必须按照最高、最好也就是最有利的用途进行分配。这一思想通过位置级差地租理论而予以体现。在城市中，区位是决定土地租金的重要因素。根据经济的原则和经济合理性来组织城市空间，是城市空间组织在市场机制下得以实现的关键所在。城市土地使用的分布在很大程度上是根据对不同地租的承受能力而进行竞争的结果。某类特定使用所能承担的地租比其他活动所能承担的租金高，则该使用便可获得它所要求的土地，尤其在多种使用共同竞争同一位置的用地时（位置级差地租理论）
	伊萨德	决定城市土地租金的要素主要有：与中央商务区的距离、顾客到该地址的可达性、竞争者的数目和他们的位置、降低其他成本的外部效果
	阿伦索	1964年提出竞租理论。这一理论就是根据各类活动对距市中心不同距离的地点所愿意或所能承担的最高限度租金的相互关系来确定这些活动的位置。所谓竞租，就是人们对不同位置的土地愿意出的最大数量的价格，它代表了对于特定的土地使用，出价者为获得那块土地愿意支付的最大数量的租金。根据阿伦索的调查，商业靠近市中心就具有较高的竞争能力，也就可以支持较高的地租，所以愿意出价高于其他的用途，因此用地位于市中心。随后依次为办公、工业、居住、农业。根据该理论，在单中心城市的条件下，可以得到城市同心圆布局的结论

理论		内容
从城市道路交通出发	索里亚·玛塔	索里亚·玛塔的线形城市是铁路时代的产物，他所提出的"城市建设的一切问题，均以城市交通问题为前提"的原则，仍然是城市空间组织的基本原则
	戈涅	戈涅在工业城市规划中，也高度重视城市的道路组织。他提出，城市的道路应当按照道路的性质进行分类，并以此来确定道路的宽度
	埃涅尔	埃涅尔提出过境交通不能穿越市中心，并且应该改善市中心区与城市边缘区和郊区公路的联系。他提出了改进交叉口组织的三种方法：建设"街道立体交叉枢纽"、建设环岛式交叉口、建设地下人行通道
	柯布西耶	柯布西耶的现代城市规划方案是汽车时代的作品。在他的设想中交通性干道分为三层：地下走重型车，地面用于市内交通，高架道路用于快速交通
	新都市主义	提出了"公共交通引导开发"（TOD）模式
从空间形态出发	卡米洛·西谛	1889 年出版的《根据艺术原则建设城市》一书，提出了现代城市建设中空间组织的艺术原则
	罗西	从新理性主义的思想体系出发，提出城市空间的组织必须依循城市发展的逻辑，凭借历史的积淀，用类型学的方法进行建筑和城市空间的安排。他认为组成城市空间类型的要素是城市街道、城市的平面以及重要纪念物
	克里尔兄弟	明确提出城市空间组织必须建立在以建筑物限定的街道和广场的基础上，而且城市空间必须是清晰的几何形状
	柯林·罗和弗瑞德·科特	1978 年出版的《拼贴城市》一书中提出，城市的空间结构体系是一种小规模的不断渐进式变化的结果。任何新的建设实际上都是在城市的背景和文脉中，由这种背景和文脉所诱发的
从城市生活出发	克莱伦斯·佩里	提出邻里单位。他认为，城市住宅和居住区的建设应当从家庭生活的需要以及其周围的环境即邻里的组织开始。组织邻里单位的目的就是要在汽车交通开始发达的条件下，创造一个适合于居民生活的、舒适安全的和设施完善的居住社区环境。他同时认为在当时汽车交通的时代，环境中的最重要问题是街道的安全，因此，最好的解决办法就是建设道路系统来减少行人和汽车的交织与冲突，并且将汽车交通完全地安排在居住区之外。 邻里单位的六个原则： ① 规模。一个居住单位的开发应当提供满足一所小学的服务人口所需要的住房，它的实际面积则由它的人口密度所决定。 ② 边界。邻里单位应当以城市的主要交通干道为边界，这些道路应当足够宽以满足交通通行的需要，避免汽车从居住单位内穿越。 ③ 开放空间。应当提供小公园和娱乐空间的系统，它们被计划用来满足特定邻里的需要。 ④ 机构用地。学校和其他机构的服务范围应当对应于邻里单位的界限，它们应该适当地围绕着一个中心或公地进行成组布置。 ⑤ 地方商业。与服务人口相适应的一个或更多的商业区应当布置在邻里单位的周边，最好是处于道路的交叉处或与相邻邻里的商业设施共同组成商业区。 ⑥ 内部道路系统。邻里单位应当提供特别的街道系统，每一条道路都要与它可能承载的交通量相适应，整个街道网要设计得便于邻里单位内的运行同时又能阻止过境交通的使用

理论		内容
从城市生活出发	凯文·林奇	提出构成城市意象的五项基本要素：**路径、边缘、地区、节点和地标**
	简·雅各布斯	**认为街道要有生命力应当具备三个条件：** ① 街道必须是安全的； ② 必须保持不断地观察； ③ 街道本身特别是人行道上必须不停地有使用者。 **街道的生命力还来源于街道生活的多样性，街道生活的多样性就必须遵循如下四个基本规则：** ① 作为整体的地区至少要用于两个基本的功能，如生活、工作、购物、进餐等，而且越多越好； ② 沿着街道的街区不应超过一定的长度； ③ 不同时代的建筑物共存于她称之为"纹理紧密的混合"之中； ④ 街道上要有高度集中的人
	克里斯托弗·亚历山大	在 1965 年发表的《城市并非树形》中，他提出，**城市空间的组织本身是一个多重复杂的结合体，城市空间的结构应该是网格状的而不是树形的，任何简单化的提纯只会使城市丧失活力**

3. 规划方法论

规划方法

理论	内容
综合规划方法论	① 该方法论的理论基础是系统思想及其方法论，也就是认为，任何一种存在都是由彼此相关的各种要素所组成的系统，每一种要素都按照一定的联系性而组织在一起，从而形成一个有结构的有机统一体。 ② 综合规划方法论通过对城市系统的各个组成要素及其结构的研究，揭示这些性质、功能以及这些要素之间的相互联系，全面分析城市存在的问题和相应的对策，从而在整体上对城市问题提出解决的方案。这些方案具有明确的逻辑结构。 ③ 综合规划的概念是从总体规划的基础上发展而来的，**其理论基础是系统思想及其方法论。其特征在于综合性、总体性和长期性**
分离渐进方法论	**渐进规划思想方法的基础是一种理性主义与实用主义相结合的思想方法，适用于对规模较小或局部性问题的解答，比较强调就事论事地解决问题。**渐进规划方法所强调的内容主要有： ① 决策者集中考虑那些对现有政策略有改进的政策，而不是尝试综合的调查和对所有可能方案的评估； ② 只考虑数量相对较少的改进的政策； ③ 对于每一个政策方案，只对数量非常有限的重要的可能结果进行评估； ④ 决策者对所面对的问题进行持续不断的再定义，渐进方法允许进行无数次的目标—手段和手段—目标调整，以使问题更加容易管理； ⑤ 不存在一个决策或"正确的"结果，而是有一系列没有终极的、通过社会分析和评估而对面临问题进行不断处理的过程； ⑥ 渐进的决策是一种补救的、更适合于缓和现状的、具体的社会问题的改善，而不是对未来社会目的的促进

理论	内容
混合审视方法论	将两个不同极端的方法——综合规划法和分离渐进规划法混合使用。混合审视方法由基本决策和项目决策两部分组成。 所谓基本决策是指宏观决策，不考虑细节问题，着重于解决整体性的、战略性的问题。所谓项目决策是指微观的决策，也称为小决策
连续性城市规划方法论	布兰奇1973年提出的关于城市规划过程的理论，批判总体规划所注重的终极状态，强调城市规划的动态性。成功的城市规划应当是统一地考虑总体的与具体的、战略的与战术的、长期的与短期的、操作的和设计的、现在的和终极状态的等
倡导性规划方法论	达维多夫批判过去的规划理论中出现的人为规划价值中立的行为的观点而提出的规划理论，其基础体现在他和雷纳于1962年发表的《规划的选择理论》一文中。城市规划中的公众参与就是建立在这个理论基础之上的

4. 现代城市规划思想的发展

现代城市规划的发展在对现代城市的整体认识的基础上，在对城市社会进行改造的思想导引下，通过对城市发展的认识和城市空间组织的把握，逐步地建立了现代城市规划的基本原理和方法，同时也界定了城市规划学科的领域，形成了城市规划的独特认识和思想，在城市发展和建设的过程中发挥其所担负的作用。

要认识城市规划思想的发展，应当从城市规划理论和实践的形成、完善和发展的过程中去探讨，发掘其中根本性作用的动力因素。

（1）城市计划大纲——《雅典宪章》（1933年）

背景：在20世纪上半叶，现代城市规划基本上是在建筑学的领域内得到发展的，甚至可以说，现代城市规划的发展是追随着现代建筑运动而展开的；在现代城市规划的发展中起到了重要作用的《雅典宪章》也是由现代建筑运动的主要建筑师所制订的，反映的是现代建筑运动对城市规划发展的基本认识和思想观点。

主要理论思想：

① 是奠基于物质空间决定论的基础之上的。

② 提出了城市功能分区，而且对以后的城市规划的发展影响最为深远。

③ 认为城市活动可划分为居住、工作、游憩和交通四大活动，并提出城市规划的四大主要功能要求各自都有其最适宜的发展条件，以便给生活、工作和文化分类及秩序化。

④ 提出的功能分区也是一种革命。它依据城市活动对城市土地使用进行划分，对传统的城市规划思想和方法进行了重大的改革，突破了过去城市规划单纯追求图面效果和空间气氛的局限，引导了城市规划向科学的方向发展。

（2）城市规划设计原理的总结——《马丘比丘宪章》（1977年）

背景：1970年代后期，国际建协鉴于当时世界城镇化趋势和城市规划出现的新内容，于1977年在秘鲁首都利马召开了有建筑师、规划师和有关官员的国际性学术会议，会议以《雅典宪章》为出发点，总结了近一个世纪以来尤其是二战以来的城市发展和城市规划思想、理论和方法的演变，展望了城市规划进一步发展的方向，并签署了《马丘比丘宪章》。

主要理论思想：

① 申明《雅典宪章》仍然是这个时代的一项基本文件，它提出的一些原理今天仍然有效。

② 首先强调了人与人的相互关系对于城市和城市规划的重要性，并将理解和贯彻这一关

系视为城市规划的基本任务。

③ 提出"在今天，不应当把城市当作一系列的组成部分拼在一起考虑，而必须努力去创造一个综合的、多功能的环境"，"目标应当是把已失掉了它们的相互依赖性和相互关联性，并已失去其活力和涵义的组成部分统一起来"。

④ 认为城市是一个动态系统，要求"城市规划师和政策制定人必须把城市看作在连续发展与变化的过程中的一个结构体系"。

⑤ 不仅承认公众参与对城市规划的极端重要性，而且更进一步地推进其发展。它提出，"城市规划必须建立在各专业设计人员、城市居民以及公众和政治领导人之间的系统的不断相互协作配合的基础上"，并"鼓励建筑使用者创造性地参与设计与施工"。

> **拓展——《雅典宪章》与《马丘比丘宪章》的区别**
>
> 1)《雅典宪章》提出的是功能分区，纯粹且机械式的功能分区存在很多城市问题，主导思想是把城市和城市的建筑分成若干组成部分；《马丘比丘宪章》的目标则是将失去其活力和涵义的组成部分重新统一起来，强调它们之间的相互依赖性和关联性。
>
> 2)《雅典宪章》将城市规划视作对终极状态进行描述，《马丘比丘宪章》更强调城市规划的过程性和动态性。
>
> 3)《雅典宪章》的思想方法是基于物质空间决定论的基础之上的，这是功能分区及其机械联系的思想基础；《马丘比丘宪章》在对系统方法论与社会文化论进行总结的基础上作了进一步的发展，提出"区域和城市规划是个动态过程，不仅要包括规划的制定而且也要包括规划的实施"。

真题演练

2023-007 下列经典著作中，对古罗马的城市规划与建设产生重要影响的是(　　)。

A. 维特鲁威的《建筑十书》

B. 卡米洛·西谛的《城市建设艺术》

C. 托尼·戈涅的《工业城市》

D. 帕特里克·格迪斯的《进化中的城市》

【答案】A

【解析】《建筑十书》是古罗马建筑师和工程师维特鲁威所著的一部关于建筑学的经典文献。其他三部著作均在古罗马时期之后。因此选 A。

2023-008 下列理论中，对现代化城市规划形成具有基础作用的是(　　)。

A. 田园城市理论　　　　　　　　　　B. 新都市主义理论

C. 有机疏散理论　　　　　　　　　　D. 级差地租理论

【答案】A

【解析】在 19 世纪中后期种种改革思想和实践活动的影响下，英国人霍华德针对当时的城市尤其是像伦敦这样的大城市所面临的拥挤、卫生等方面的问题，提出了一个兼有城市和乡村优点的理想城市——田园城市。田园城市是现代城市规划思想形成的标志，有一套比较完整的理论体系和实践框架，对现代城市规划形成具有重要的作用。因此选 A。

2023-009 关于地租理论的说法，不正确的是(　　)。

A. 城市空间组织受城市地租的影响

B. 很大程度上，城市土地使用的结果是由地租承受能力差异的竞争所导致的

C. 根据竞租理论，从城市中心向外围的土地用途依次为行政、文化、商业、居住、工业

D. 区位是决定土地租金的重要因素

【答案】C

【解析】根据经济的原则和经济合理性来组织城市空间，城市空间组织受到地租的影响。城市土地使用的分布很大程度上是根据对不同地租的承受能力而进行竞争的结果（AB正确）。在城市中，区位是决定土地租金的重要因素（D正确）。根据阿伦索竞租理论的调查，商业由于靠近市中心就具有较高的竞争能力，也就可以支持较高的地租，所以愿意出价高于其他的用途，因此用地位于市中心，随后依次为办公、工业、居住、农业。因此选C。

2022-010 下列关于欧洲城市建设的特点，说法正确的是(　　)。

A. 文艺复兴时期，具有古典风格的广场和街道是城市的主要特征

B. 文艺复兴时期，众多中世纪新建成的城市进行了系统的有机更新

C. 绝对君权时期，在欧洲国家首都建设中，伦敦城市改建影响最大

D. 绝对君权时期，纵横交错的大道是城市建设的典型特征之一

【答案】A

【解析】文艺复兴时期，许多中世纪的城市，已不适应新的生产及生活发展变化的要求，城市进行了局部地区的改建。这些改建主要是在人文主义思想的影响下，建设了一系列具有古典风格和构图严谨的广场和街道以及公共建筑（A正确）。文艺复兴时期，对中世纪的城市进行了局部地区的改建，而非系统的有机更新，选项B中进行"系统的有机更新"不准确。绝对君权时期，建立了一批中央集权的绝对君权的国家，形成了现代国家的基础。这些国家的首都，如巴黎、伦敦、柏林、维也纳等，均已发展成为政治、经济、文化中心型的大城市。当时最为强盛的法国，巴黎的城市改建体现了古典主义思潮，轴线放射的街道、宏伟壮观的宫殿花园和公共广场都是那个时期的典范（CD错误）。因此选A。

2021-012 下列关于勒·柯布西耶"光辉城市"的表述，错误的是(　　)。

A. 中央为中心区，外围是环形居住带，最外围是花园住宅

B. 提高市中心的建筑高度，向高层发展

C. 建设"垂直的花园城市"

D. 城市的全部地面均可由人们步行支配

【答案】A

【解析】选项A中，"中央为中心区，外围是环形居住带，最外围是花园住宅"是柯布西耶在"明日城市"规划方案中提出的，不是"光辉城市"规划方案的设想。"光辉城市"思想提出的，采用大量的高层建筑来提高密度，所有的城市应该是"垂直的花园城市"，建筑物的地面全部架空，城市的全部地面均由行人支配（BCD正确）。因此选A。

板块 2　中国城市与城市规划的发展

历年考频

名称	2019 年	2020 年	2021 年	2022 年	2023 年	2024 年
中国城市与城市规划的发展	3	1	4	3	2	3

知识点 1　中国古代社会和政治体制下城市的典型格局 【★★★★】

中国古代城市规划与政治、伦理等社会发展的条件相结合，有关城市规划的理论性阐述也散见于《周礼》《商君书》《管子》和《墨子》等政治、伦理和历史书籍中。

1. 中国古代城市建设特点

中国古代城市建设特点

朝代	特点
夏	只能说发现了城市的遗迹，也已经具有一定的工程技术水平，**"坛"或"台"** 是城市中的重要的组成建筑
商	① 城市建设已达到一个相当成熟的程度。 ② 偃师商城、郑州商城和现在湖北的盘龙城影响了后世数千年的**城市基本形制**。 ③ 安阳的殷墟反映出这个时期的城市在维护王朝统治的基础上，强化了与周边地区的融合，在中国都城建设中具有独特的意义
周	周是我国封建社会中完整的社会等级制度和宗教法礼关系的形成时期，同时也是社会变革思想的"诸子百家"时代。**这个时期我国古代城市规划思想基本成形**，各种城市规划建设的思想也层出不穷。 ① 西周时期是奠定礼制城市规划理念的时代。当时建设的洛邑是有目的、有计划、有步骤建设起来的，其建设也是中国历史上有记载的城市规划事件。**其所确立的城市规划形制已基本具备了此后都城建设的特征。** ② 战国时期，在都城建设方面，**基本形成了大小套城的都城布局模式**，其记载的文字为："筑城以卫君，造郭以守民。"列国也按照自身的基础和取向，在城市规划建设上采取了因地制宜的方针，结合各自的特点进行了各种探索
秦	① **秦代城市建设发展了"相天法地"的理念，强调方位**，以天体星象坐标为依据，**这些都在咸阳城的规划建设中得以运用。** ② 咸阳规模宏大，布局灵活，城市规划中的神秘主义色彩对中国古代的城市规划与建设影响深远。 ③ 秦代城市的建设规划实践中出现了不少**复道、甬道**等多种城市交通系统，在中国古代城市规划中具有开创性意义

朝代	特点
汉	① 西汉武帝时代，执行"废黜百家，独尊儒术"的政策，以礼制思想来巩固皇权。 ② 对汉长安城的遗址发掘表明其格局尚未完全按《周礼·考工记》的形制进行，没有贯穿全城的对称轴线，宫殿与居民区相互穿插，城市整体的布局并不规则。但由此开始，《周礼·考工记》所记载的城市建设形制在中国古代城市，尤其是都城的发展中得以重视。 ③ 洛邑城宫殿与市民居住区在空间上相互分离，并导入祭坛、明堂、辟雍等大规模的礼制建筑，突出了皇权在城市空间组织上的统领性，《周礼》的规划理念得到了充分体现
三国	① 三国时期，魏王曹操的邺城规划继承了战国时以宫城为核心的规划思想，改进了汉长安城布局松散、宫城与坊里混杂的状况，其功能分区明确，结构严谨，城市交通干道与城门对齐，道路等级明确。 ② 孙权迁都于建业，以石头山、长江险要为界，依托玄武湖防御，皇宫位于城市南北轴线上，重要建筑对称布局体现了"形胜"的规划主导思想。"形胜"是金陵城规划的主导思想，是对《周礼》城市形制理念的重要发展，突出了与自然相结合的思想
隋唐	长安城是隋唐城市的典型代表，体现了《周礼·考工记》记载的城市形制规则。 ① 长安城的建造按照规划，先测量定位，后筑城墙、埋管道、修道路、规定里坊。 ② 城市采用中轴线对称格局，核心是皇城，三面为居住里坊所包围，布局严谨，分区明确，充分体现了以宫城为中心、"官民不相参"和便于管制的规划指导思想。 ③ 采用规则的方格式路网，东南西各有城门，通城门的道路为主干道，其中最宽的路为宫城前的横街和中轴线的朱雀大街。 ④ 居住采用里坊制，朱雀大街两侧各有 54 个里坊，每个里坊设置坊墙，坊里实行严格管制，坊门朝开夕闭，坊中设置了居民活动用的寺庙等用地。 ⑤ 城中东西两侧，设置了东市与西市
宋	宋东京（汴梁）城有规划的改建与扩建，奠定了宋代开封城的基本格局，由此也开始了城市中居住区组织模式的改变，体现了宋代的城市规划建设的思想。 ① 随着商品经济的发展，中国城市建设中绵延了千年的里坊制度逐渐被废除，到北宋中叶，开封城中已建立较为完善的街巷制。 ② 开封在成为首都之前，就是一个历史悠久的商业城市，因此与一些由于军事或政治需要新建的都城不同，不是十分方正规则，道路划分也有一定的自发倾向，均随环境拓展。 ③ 开封城的发展也反映了封建社会中城市经济的进一步发展和市民阶层的抬头，如由集中的市发展成商业街，商业分布城市各处，为旅客和一般市民服务的服务行业增加，夜市出现等。 ④ 开封的三套城墙、宫城居中、井字形道路系统等对以后都城的规划影响较大
元明清	经历了元、明、清三个朝代的北京城在很多方面体现了《周礼·考工记》记载的王城空间格局。 ① 元大都采用三套方城、宫城居中、轴线对称布局的基本格局。 ② 形制的形成：元大都奠定了基本形制，明北京城北部收缩了 2.5 公里，在南部扩展了 0.5 公里，使轴线更为突出，清北京城没有实质性的变化；明北京城人口近百万，清北京城人口超过了百万。 ③ 典型格局：在都城东西两侧的齐化门和平则门内分别设有太庙和社稷，商市集中于城北，显示了"左祖右社"和"前朝后市"的格局。 ④ 城中明确的中轴线，南北贯穿三套方城，突出皇权至上的思想

2. 中国古代城市

夏商周时期规划思想代表

代表思想	内容
《周礼·考工记》	记载关于周代王城建设的空间格局："匠人营国，方九里，旁三门。国中九经九纬，经涂九轨。左祖右社，前朝后市，市朝一夫。"体现了传统等级
《周易·系辞》	记载："日中为市，致天下之民，聚天下之货，交易而退，各得其所。"这些描述就相当于之后的"市""墟""场"等，可见并不是所有的邑都有市。由此可见，"城"与"市"在早期是两个不同功能的空间场所。 市井的由来：在古代，"市"通常是在居民点之中，也即在邑中，而居民点之中必定有井。另一说法：人们每天去井中打水的时候，顺便在水井旁边交换货物。总之，是对寻常百姓生活场景的一种说法
《管子·乘马篇》	强调城市选址应"高勿近阜而水用足，低勿近水而沟防省"；在城市形制上提倡自然至上的理念，强调"因天才，就地利，故城郭不必中规矩，道路不必中准绳"
《商君书》	论述了都邑道路、农田分配及山陵丘谷之间比例的合理分配问题，分析了粮食供给、人口增长与城市发展规模之间的关系，从城乡关系、区域经济和交通布局的角度，对城市的发展以及城市管理制度等问题进行了论述

知识点 2　中国近代城市发展背景与主要规划实践 【★★★★】

1. 中国近代社会和城市发展

(1) 1840 年鸦片战争爆发后，中国社会发生了巨大变化

随着西方列强对中国的入侵和资本主义工商业的产生与发展，中国逐渐由一个独立的封建国家变成半殖民地半封建社会国家，同时，中国的城市也出现了巨大的变化。一方面，许多历史悠久的城市在近代面临着现代化的冲击与挑战，被迫出现转型，向着多元化发展；另一方面，由于现代的科学技术、工业、交通的发展，新因素推动了一批新兴城市诞生和崛起。

(2) 近代以来，中国城市的功能及其发展动力发生了重大转变

随着帝国主义和资本主义的侵入，中国城市开始逐步进入到工业化的阶段，不仅现代经济部门开始在城市中逐渐占主导地位，而且以手工工具、人力、畜力等自然力量为特征的城市手工业和商业逐渐地被现代工业和以此为基础的商业贸易所替代，城市逐渐发展成为区域性的经济、政治、文化和社会活动的中心。

(3) 近代中国的工业城市大多分布在沿海、沿江一带

现代商业的兴起，带动了以轮船、铁路、公路交通为主要标志的交通业的兴起和发展，同时交通网络的建立将内陆和沿海连接在了一起，并与世界发生了直接的联系，从而城市发展也进入了一个新的层次。

(4) 从 20 世纪初到抗日战争全面爆发的 30 余年时间，是近代中国城镇化发展较快的时期

这个时期里，一批大城市兴起，同时小城镇也出现了较快的发展，但城镇化的发展在区域上表现出极不平衡的状态。抗日战争的爆发，对城市发展产生了巨大的影响，若干重要的政治中心和主要工商业城市遭到破坏，使城市发展整体出现停滞甚至衰退，但在西部地区的城市，由于人口、经济和政治中心的迁移出现了较快的发展，如重庆、成都、西安、兰州、昆明等。

2. 中国近代城市规划的主要类型

中国传统城市规划有着丰厚的历史积淀及辉煌的成就，但在新的社会经济条件下，针对城市产生的巨大变化，需要有更具时代特征的先进规划思想来进行具体的应对。中国近代城市规划的发展基本上是西方近现代城市规划不断引进和运用的过程。

（1）19 世纪末至 20 世纪初

在开埠通商口岸的城市，西方列强依据各国的城市规划体制和模式，对其控制的地区、城市进行规划设计。其中最为典型的是上海、广州等城市的租界区以及青岛、大连、哈尔滨等城市。

（2）20 世纪 20 年代末

南京国民政府成立后，在推行市政改革的进程中，一部分主要城市如上海、南京、重庆、天津、杭州、成都、武昌、郑州、无锡等运用西方近现代规划理论或在欧美专家的指导下进行了城市规划设计。**其中公布于 1929 年的南京的《首都计划》和上海的《大上海计划》等最具有代表性。**

（3）日本侵华战争期间

出于加强军事占领和大规模掠夺战略物资的意图，日本对其占领的一些城市也进行了不少的城市规划。

国民政府为战后重建颁布了《都市计划法》。抗战结束后，一些城市在恢复和重建中据此编制新的发展规划。这些规划借鉴并引进了当时西方已经开始成熟的现代城市规划理论、方法和西方的实践经验，对城市发展进行了分析，编制了较为系统完善的城市规划方案，其中上海的《大上海都市计划》三稿和重庆的《陪都十年建设计划》最具代表性。

（4）重要的城市规划实例

20 世纪 20 年代末，南京国民政府成立后，运用西方近现代城市规划理论或在欧美专家指导下进行了城市规划设计的城市有上海、南京、重庆、天津、杭州、成都、武昌以及郑州、无锡等。

发表于 1929 年的南京《首都计划》，**对南京进行了功能分区，分为中央政治区、市行政区、工业区、商业区、文教区、住宅区六大功能区。**道路系统规划方面，**部分地区采用了美国当时最为流行的方格网加对角线方式**，并将古城墙改造为**环城大道**。

1929 年公布的《大上海计划》避开租界地区，在吴淞和江湾之间开辟了一个新市区，并在其中建设新港，修建真如至江湾的铁路，另建客运总站。新市区内设有市中心区、商业区、进出口机构和住宅区等，**规划路网采用小方格和放射路相结合的形式，**中心建筑采取中国传统的**轴线对称**的手法。

1946 年编制的《大上海都市计划》，由于中国为反法西斯同盟国，西方帝国主义在战后归还了占领的租界地，因此可以将城市作为一个整体进行全面、系统的规划。**在规划中，运用了国际流行的"卫星城市""邻里单位""有机疏散"以及道路分级等规划理论和思想。**

1949 年春上海解放前夕规划的第三稿完成，提出疏散市区人口，降低人口密度，并进一步增加绿化比重。从《大上海都市计划》的演进来看，该规划不仅很好地运用了现代西方新的城市规划理论，而且已经直接针对城市中存在的问题提出了具体的解决方法，**代表着近代中国城市规划的最高成就。**

知识点 3　我国当代城市规划思想和发展历程　【★★★★★】

1. 计划经济体制时期的城市规划思想与实践

1949 年 10 月，中华人民共和国成立，标志着旧中国半殖民地半封建制度的覆灭和社会主义新制度的诞生。从此，城市规划和建设进入了一个崭新的历史时期。

(1) 新中国成立初期

城市建设工作主要是整治城市环境，改善人民居住条件，改造臭水沟、棚户区，整修道路，增设城市公共交通和排水设施等。同时，增加建制市，建立城市建设管理机构，加强城市的统一管理。

1951 年 2 月发布的《中共中央政治局扩大会议决议要点》指出"在城市建设计划中应贯彻为生产、为工人阶级服务的观点"，明确了城市建设的基本方针。同年中央人民政府政务院财政经济委员会（简称中央财经委员会）还发布了《基本建设工作暂行办法》，对基本建设的范围、组织机构、设计施工，以及计划的编制与批准等作了明文规定。

1952 年 9 月中央财经委员会召开了第一届城市建设座谈会，提出城市建设要根据国家长期计划，分别在不同城市，有计划、有步骤地进行新建或改造，加强规划设计工作，加强统一领导，克服盲目性。会议决定各城市要制定城市远景发展的总体规划，在城市总体规划的指导下，有条不紊地建设城市。城市规划的内容要求，参照草拟的《中华人民共和国编制城市规划设计与修建设计程序（初稿）》进行。从此中国的城市建设开始了统一领导、按计划进行建设的新时期。

(2) 第一个五年计划时期 (1953—1957 年)

第一次由国家组织有计划的大规模经济建设。城市建设事业也由历史上无计划、分散建设的时期进入一个有计划、有步骤建设的新时期。"一五"时期全国共有 150 多个城市编制了规划。到 1957 年，国家先后批准了西安、兰州、太原、洛阳、包头、成都、广州、哈尔滨、吉林、沈阳、抚顺等 15 个城市的总体规划和部分详细规划，使城市建设能够依照规划，有计划按比例地进行。加强生产设施和生活配套设施建设是"一五"时期新工业城市建设的一个显著特点（1956 年国家建设委员会颁布的 **《城市规划编制暂行办法》是新中国第一部重要的城市规划立法**）。

(3) 1958—1965 年

在"大跃进"高潮中，许多省、自治区对省会和部分大中城市在"一五"期间编制的城市总体规划，根据工业"大跃进"的指标进行了重新修订。1960 年 11 月第九次全国计划会议"三年不搞城市规划"的失误决策，不仅对"大跃进"中形成的不切实际的城市规划无以补救，而且导致各地纷纷撤销规划机构，大量精减规划人员，使城市建设失去了规划的指导，造成难以估量的损失。

1961 年中共中央提出"调整、巩固、充实、提高"的八字方针，做出调整城市工业项目、压缩城市人口、撤销不够条件市镇建制，以及加强城市设施养护维修等一系列重大决策。

1964 年在"设计革命"中，既批判设计工作存在贪大求全，片面追求建筑高标准，同时又批判城市规划只考虑远景而不顾现实，规模过大、占地过多、标准过高、求新过急的"四过"。各地纷纷压规模、降标准，又走向另一个极端，给城市建设造成危害。这些"左"的方针政策给全国城市合理布局、工业生产和人民生活水平提高、城市规划和建设的健康发展带来了极为严重的负面影响。

（4）"文化大革命"时期

1966 年 5 月开始的"文化大革命"中，城市规划和建设受到严重的冲击。

1966 年下半年至 1971 年，是城市建设遭受破坏最严重的时期。在此期间，唐山市地震后的重建工作、上海的金山石化基地和四川攀枝花钢铁基地建设等，为城市规划排除干扰，作出了重要的贡献。

2. 改革开放初期的城市规划思想与实践

"文化大革命"结束后，中国进入了一个新的历史发展时期。1978 年 12 月中共第十一届三中全会作出把党的工作重点转移到社会主义现代化建设上来的战略决策。以此会议为标志我国进入了改革开放的新阶段。城市规划工作经历长期的停滞后，开始了拨乱反正，进入了全面恢复城市规划、重建建设管理体制的新时期。

（1）第三次全国城市工作会议后的转变

1978 年 3 月国务院召开第三次全国城市工作会议，并批准下发会议制定的《关于加强城市建设工作的意见》。这次会议对于城市规划工作的恢复和发展起到了重要的作用，一些主要城市的规划管理机构也相继恢复和建立。

（2）1980 年全国城市规划工作会议后的发展

1980 年 10 月国家基本建设委员会（下文简称国家建委）召开了全国城市规划工作会议，会议要求城市规划工作要有一个新的发展。1980 年 12 月国务院批准了《全国城市规划工作会议纪要》，并下发全国实施。第一次提出要建立我国的城市规划法制以及"城市市长的主要职责是把城市规划、建设和管理好"，并对城市规划的"龙头"地位，城市发展的指导方针，规划编制的内容、方法和规划管理等内容都作了重要阐述。

1980 年 12 月国家建委颁发《城市规划编制审批暂行办法》和《城市规划定额指标暂行规定》两个部门规章，为城市规划的编制和审批提供了法律和技术依据。

1984 年国务院颁发了《城市规划条例》，这是新中国成立以来，城市规划专业领域的第一部基本法规，是针对 30 年来城市规划工作正反两方面的经验总结，标志着我国的城市规划步入法制管理的轨道。在该条例颁布实施后，许多省（自治区）、市相继制定和颁布了相应的条例、细则或管理办法，如上海市、天津市、湖北沙市等。这些法规文件有效保证了在我国经济体制改革时期，城市建设按规划有序进行。

1989 年 12 月 26 日，全国人大常委会通过了《中华人民共和国城市规划法》，并于 1990 年 4 月 1 日施行。该法完整地提出了城市发展方针、城市规划的基本原则、城市规划制定和实施制度，以及法律责任等，标志着我国城市规划正式进入了法制化的道路。

（3）城市规划编制工作的全面恢复

20 世纪 80 年全国城市规划工作会议之后，各城市即逐步开展了城市规划的编制工作，至 1980 年代中期，我国绝大部分城市基本完成了城市总体规划的编制，并经相关程序批准，成为开展城市建设的重要依据。

（4）苏锡常居住小区建设模式的推广

从 20 世纪 80 年代初开始，由江苏的常州、苏州、无锡等城市开始，实施"统一规划、综合开发、配套建设"的居住小区建设方式，形成生活方便、配套设施齐全、环境协调的整体面貌，对全国各地的城市居住小区建设影响很大。后又经建设部门推广，成为全国各城市建设居住区的主要模式。

（5）国家设立历史文化名城，并推动历史文化名城保护工作的展开

1982年1月15日，国务院批准了第一批共24个国家历史文化名城，此后分别于1986年、1994年相继公布第二、三批共75个国家级历史文化名城，后来又分别批准了山海关、凤凰县等为国家级历史文化名城，为历史文化遗产的保护起了重要的推动作用，并从制度上提供了可操作手段。1983年召开了历史文化名城规划与保护座谈会，由此推动了历史文化名城保护规划作为城市规划中的重要内容得到全面展开。

（6）控制性详细规划初露端倪

20世纪80年代中期开始，温州、上海等城市在经济体制改革中，积极探索逐步形成控制性详细规划的雏形，此后经建设部门推广以及实践中的不断完善，对全国的城市经济发展以及城市规划作用的有效发挥，起到了重要作用，最终经城市规划法被确立为法定规划。

（7）编制全国城镇布局规划纲要

1984年，为适应全国国土规划纲要编制的需要，城乡建设环境保护部组织编制了全国城镇布局规划纲要，由国家计划委员会（简称国家计委）纳入全国国土规划纲要，同时作为各省编制省域城镇体系规划和修改、调整城市总体规划的依据。民政部把这个规划纲要作为编制全国设市规划的参考。

（8）市场经济改革进入城市建设领域

1984—1988年，国家城市规划行政主管部门实行国家计委、城乡建设环境保护部双重领导，以后者领导为主的行政体制，适应了改革开放初期以政府主导下的城市快速建设时期的需要，促进了城市建设投资与城市建设的协同。

3. 20世纪90年代以来的城市规划思想与实践

（1）20世纪90年代以后，一方面社会经济的改革不断深化，社会主义市场经济的体制初步确立，推进社会经济快速而持续的发展；另一方面，在经济全球化等的不断推动下，城镇化的发展和城市建设进入了快速时期。

1991年9月，建设部召开全国城市规划工作会议，提出"城市规划是一项战略性、综合性强的工作，是国家指导和管理城市的重要手段。实践证明，制定科学合理的城市规划，并严格按照规划实施，可以取得好的经济效益、社会效益和环境效益"。

针对1992年以后全国各地在快速建设和发展中普遍出现的"房地产热""开发区热"等现象，1996年5月，《国务院关于加强城市规划工作的通知》指出"城市规划工作的基本任务是统筹安排城市各类用地及空间资源，综合部署各项建设，实现经济和社会的可持续发展"，并明确规定要"切实发挥城市规划对城市土地及空间资源的调控作用，促进城市经济和社会协调发展"。

1999年12月，建设部召开全国城乡规划工作会议，会后国务院下发《国务院办公厅关于加强和改进城乡规划工作的通知》，强调要"充分认识城乡规划工作的重要性，进一步明确城乡规划工作的基本原则"，进一步明确了新时期规划工作的重要地位，"城乡规划是政府指导和调控城乡建设和发展的基本手段，是关系到我国社会主义现代化建设事业全局的重要工作"，并重申"城市人民政府的主要职责是抓好城市规划、建设和管理，地方人民政府的主要领导，特别是市长、县长，要对城乡规划负责"。

（2）进入新世纪后，全国各地出现了新一轮基本建设和城市建设过热的状况，国务院强调通过城乡规划来进行调控。

2002年5月15日，国务院发布了《国务院关于加强城乡规划监督管理的通知》，提出要进一步强化城乡规划对城乡建设的引导和调控作用，健全城乡规划建设的监督管理制度，促进城乡建设健康有序发展。同时要求城市规划和建设要加强城乡规划的综合调控，严格控制建设项目的建设规模和占地规模，加强城乡规划管理监督检查等。

2002 年 8 月 2 日，国务院九部委联合发布《关于贯彻落实〈国务院关于加强城乡规划监督管理的通知〉的通知》，对近期建设规划、强制性规划以及建设用地的审批程序、历史文化名城保护等内容提出具体要求，初步确立了城市规划作为宏观调控手段和公共政策的基本框架。建设部此后即制定了《近期建设规划工作暂行办法》和《城市规划强制性内容暂行规定》，明确了近期建设规划及各类规划中的强制性内容的具体要求，从而使宏观调控的要求能够更具操作性。

2005 年《城市规划编制办法》经过调整和完善，明确了城市规划的基本内容和相应的编制要求，并于 2006 年 4 月 1 日起施行。

2005 年 10 月，中共十六届五中全会首次提出的科学发展观是我国深化社会经济改革的指针，2007 年党的十七大对科学发展观的内涵作了进一步的阐述，"科学发展观，第一要义是发展，核心是以人为本，基本要求是全面协调可持续，根本方法是统筹兼顾"。从 2006 年开始执行的《中华人民共和国国民经济和社会发展第十一个五年规划纲要》明确提出了，"要加快建设资源节约型、环境友好型社会"，既为城市规划的发展指明了方向，同时全面、协调和可持续的发展观的确立，也为城市规划作用的发挥奠定了基础。

(3) 20 世纪 90 年代后，中国的城镇化进入快速发展时期。2000 年全国的城镇化水平已达 36.22%，2011 年政府工作报告提到"十一五"时期城镇化率已达 47.5%。

2000 年通过的《中华人民共和国国民经济和社会发展第十个五年计划纲要》明确提出了"实施城镇化战略，促进城乡共进步"的基本策略。

2000 年 6 月，《中共中央 国务院关于促进小城镇健康发展的若干意见》指出"抓住机遇，适时引导小城镇健康发展，应当作为当前和今后较长时期农村改革与发展的一项重要任务"。

2005 年 9 月 29 日，胡锦涛总书记在中央政治局第二十五次集体学习时指出，城镇化是经济社会发展的必然趋势，也是工业化、现代化的重要标志。

2006 年初，《中共中央 国务院关于推进社会主义新农村建设的若干意见》下发，实质性地启动了新农村建设。这是我国统筹城乡发展、解决"三农"问题的重大举措，也是推进健康城镇化的重要内容，城乡统筹在城市规划的各个阶段都得到了有效贯彻。

4. 城市转型发展时期的城乡规划

(1) 城乡规划法的实施

2007 年 10 月 28 日第十届全国人大常委会第三十次会议通过了《中华人民共和国城乡规划法》，为城乡规划的开展确定了基本的框架。该法自 2008 年 1 月 1 日起施行。

(2) 城乡规划成为一级学科

2010 年 3 月国务院批准城乡规划学为一级学科，由此标志着学科进入了一个新的高度和新的发展历程。

(3) 城镇化战略的推进

2011 年 3 月 5 日，第十一届全国人民代表大会第三次会议在北京开幕。国务院总理温家宝代表国务院作年度政府工作报告中提出："我们要加快转变经济发展方式和调整经济结构。坚持走中国特色新型工业化道路，推动信息化和工业化深度融合，改造提升制造业，培育发展战略性新兴产业。加快发展服务业，服务业增加值在国内生产总值中的比重提高 4 个百分点。积极稳妥推进城镇化，城镇化率从 47.5% 提高到 51.5%，完善城镇化布局和形态，不断提升城镇化的质量和水平。继续加强基础设施建设，进一步夯实经济社会发展基础。"

（4）加快完善城乡发展一体化

2012年党的十八大提出：加快完善城乡发展一体化体制机制，着力在城乡规划、基础设施、公共服务等方面推进一体化，促进城乡要素平等交换和公共资源均衡配置，形成以工促农、以城带乡、工农互惠、城乡一体的新型工农、城乡关系；形成大中小城市、小城镇、新型农村社区协调发展，互促共进的城镇化道路。

真题演练

2023-010 我国最早建立较完善街巷制的古代城市是（　　）。

A. 秦咸阳城　　　　　　　　　　　　B. 唐长安城

C. 宋东京城　　　　　　　　　　　　D. 明北京城

【答案】C

【解析】宋朝时期，随着商品经济的发展，中国城市建设中延续了千年的里坊制度逐渐被瓦解。宋东京城有规划的改建与扩建，奠定了宋代开封城的基本格局，由此也开始了城市中居住区组织模式的改变，到北宋中叶，开封城中已建立较为完善的街巷制。因此选C。

2023-011 下列关于20世纪80年代中国城市规划工作进展的说法错误的是（　　）。

A. 首次提出"充分利用、逐步改造"的旧城区建设方针

B. 首次明确"把城市规划建设和管理好"是城市市长的主要职责

C. 开创了"统一规划、综合开发、配套建设"的居住小区建设方式

D. 公布了第一批24个国家历史文化名城

【答案】A

【解析】国家第一个五年计划时期（1953—1957年）提出大多数城市的旧城区建设，按照"充分利用、逐步改造"的方针，进行利用、改造和扩建。1980年国务院批准的《全国城市规划工作会议纪要》中提出"城市市长的主要职责是把城市规划、建设和管理好"。1980年12月由江苏的常州、苏州、无锡等城市开始，实施"统一规划、综合开发、配套建设"的居住小区建设方式。1982年1月15日，国务院批准了第一批共24个国家历史文化名城。因此选A。

2022-008 关于隋大兴—唐长安城的规划，描述正确的是（　　）。

A. 按照规划建设，先测量定位后修筑城墙，埋设管道，修筑道路

B. 以官城为中心，东市和西市对称布局，体现了官民相参的思想

C. 采用规则的方格网路，东西南北四面各有三处城门

D. 建立了较为完善的街巷制

【答案】A

【解析】长安城的建造按照规划，先测量定位，后筑城墙、埋管道、修道路、规定里坊（A正确）。长安城采用中轴线对称的格局，整个城市布局严整，分区明确，充分体现了以宫城为中心，"官民不相参"和便于管制的指导思想（B错误）。长安城采用规整的方格路网，东南西三面各有三处城门（C错误）。居住分布采用里坊制，坊里实行严格管制，坊门朝开夕闭（D错误）。因此选A。

板块 3　世纪之交时期城市规划的理论探索和实践

历年考频

名称	2019 年	2020 年	2021 年	2022 年	2023 年	2024 年
世纪之交时期城市规划的理论探索和实践	3	1	2	2	2	1

知识点 1　当代城市发展的主要问题和趋势 【★★★★】

跨入 21 世纪，城市未来发展面临可持续发展、知识经济、经济全球化和信息化等人类普遍关注的议题。

1. 城市的可持续发展

（1）对人类生存和环境问题的初识

1962 年，美国生物学家莱切尔·卡逊发表了著作《寂静的春天》一书，描述了一幅由于农药污染所带来的可怕景象，在世界范围内引发了人们关于发展观念上的争论。

1972 年，美国学者巴巴拉·沃德和雷内·杜博斯出版了《只有一个地球》，以及一个非正式的国际学术团体——罗马俱乐部发表了著名的报告《增长的极限》，推出了对人类生存与环境的认识，明确提出了"持续增长"和"合理持久的均衡发展"的概念。

1980 年，联合国向世界发出呼吁：必须研究自然的、社会的、生态的、经济的以及利用自然资源过程的基本关系，确保全球持续发展。

1983 年 11 月，联合国成立了世界环境与发展委员会，联合国要求该组织以"持续发展"为基本纲领，制定"全球变革日程"。

（2）1987 年《我们共同的未来》——可持续发展理念的提出

1987 年，联合国世界环境与发展委员会将经过长达四年的研究、充分论证的《我们共同的未来》提交联合国大会，全面地阐述了可持续发展的理念。

1）可持续发展的概念与内涵：根据《我们共同的未来》，可持续发展是指既满足当代人需要，又不对后代人满足其需要的能力构成危害的发展。

2）可持续发展思想包含了当代和后代的需要、国家主权、国际公平、自然资源、生态承载力、环境与发展相结合等重要内容。明确提出要变革人类沿袭已久的生产和生活方式，并调整现行的国际关系。

3）经济与环境的可持续发展：强调经济增长的方式必须具有环境的可持续性，即最少地消耗不可再生的自然资源和环境影响绝对不可危及生态体系的承载极限。

4）社会与环境的可持续发展：强调不同的国家、地区和社群能够享受平等的发展机会。另外，社会与环境可持续发展必须得到管理体系、法制体系、科技体系、教育体系和决策体系等五大体系的支撑。

5）可持续发展包含两个基本要素或关键组成部分："需要"和对需要的"限制"。决定两个基本要素的关键性因素是：收入再分配以保证不会为了短期生存需要而被迫耗尽自然资源；

降低主要是贫困人群对遭受自然灾害和农产品价格暴跌等损害的脆弱性；普遍提供可持续生存的基本条件，如卫生、教育、水和新鲜空气，包含满足社会最脆弱人群的基本需要，为全体人民，特别是为贫困人民提供发展的平等机会和选择自由。

(3) 1992 年《21 世纪议程》——可持续发展开始成为人类的共同行动纲领

1992 年联合国环境发展大会通过《21 世纪议程》（简称《议程》），标志着可持续发展开始成为人类的共同行动纲领。《议程》整个文件分为四个部分，分别涉及经济与社会的可持续发展、可持续发展的资源利用与环境保护、社会公众与团体在可持续发展中的作用、可持续发展的实施手段和能力建设。每个部分又分为四个层面，分别是可持续发展的主要体系（经济与社会、资源与环境、公众与社团、手段与能力）、基本方面、方案领域和行动举措。

《21 世纪议程》把人类住区的发展目标归纳为改善人类住区的社会、经济和环境质量，以及所有人（特别是城市和乡村的贫困人群）的生活和居住环境。

人类住区的发展任务包括 8 个方面的内容：①向所有人提供住房；②改善人类住区管理，尤其强调了城市管理，并要求通过种种手段采取有创新的城市规划来解决环境和社会问题；③促进可持续的土地利用规划和管理；④促进供水、下水、排水和固体废弃物管理等环境基础设施的统一建设，并认为"城市开发的可持续性通常由供水和空气质量，以及由下水和废物管理等环境基础设施状况等参数界定"；⑤在人类住区中推广可循环的能源和运输系统；⑥加强灾害易发地区的人类住区规划和管理；⑦促进可持久的建筑工业活动行为的依据；⑧促进人力资源开发和增强人类住区发展的能力。

(4) 1993 年《可持续发展的规划对策》

1993 年，英国城乡规划协会成立了可持续发展研究小组，发表了《可持续发展的规划对策》，提出将可持续发展的概念和原则引入城市规划实践的行动框架，将环境因素管理纳入各个层面的空间发展规划。**其提出的规划原则如下。**

1) **土地使用和交通：**缩短通勤和出行距离，提高公共交通出行的比重。

2) **自然资源：**维护生物的多样性，减少使用自然资源，更多地使用和生产再生的材料。

3) **能源：**减少石化燃料的使用，更多地使用可再生能源。

4) **污染物和废弃物：**减少污染物排放，减少废弃物的总量。

(5) 1994 年《中国 21 世纪议程——中国 21 世纪人口、环境与发展白皮书》

1994 年，我国政府正式公布了《中国 21 世纪议程——中国 21 世纪人口、环境与发展白皮书》。文件认为，可持续发展之路是中国未来发展的自身需要和必然选择。该文件是根据中国国情，阐述中国的可持续发展战略和对策，可分为四部分，分别涉及可持续发展总体战略、社会可持续发展、经济可持续发展，以及资源与环境的合理利用与保护。

(6) 1996 年全球人类住区报告

在 1996 年的全球人类住区报告中提出了"适用于城市的可持续发展的多重目标"。该报告认为，"满足当代人的需要"的内容包括：经济需要，社会、文化和健康需要，政治需要。"不损害后代满足其需要的能力"包括：最低限度地使用或消耗不可再生资源，对可再生资源的可持续使用，城市废物应保证限制在当地和全球废物池的可接受范围内。

(7) 1999 年可持续发展建议

1999 年，由著名建筑师和城市设计师领导的研究小组发布报告，提出 21 世纪的到来为人们提供了三个转变的机会：技术革命带来了新形式的信息技术和交换信息的新手段；不断增长的生态危机使可持续成为发展的必要条件；广泛的社会转型使人们有更高的生活预期，并更加注重在职业和个人生活中对生活方式的选择。在这样的背景下，报告提出了有关城市可持续发展的建议。

1）循环使用土地与建筑。城市建设应当首先使用衰败地区和闲置的土地和建筑，尽量减少农业用地转换成城市用地。

2）改善城市环境。鼓励紧凑城市的概念，鼓励培养可持续性和提升城市质量。

3）优化地区管理。城市的可持续发展必须依靠强有力的地方领导和市民广泛参与的民主管理。

4）旧区复兴是城市持续发展的关键性内容。地方政府应当被赋予更多权力和职责以从事长期衰落地区的复兴工作。

5）国家政策应鼓励创新。将街道看成是一个"场所"，而非只是运输通道，以鼓励合理设置道路宽度、转弯半径和交叉口形式。

6）高密度。高密度开发不只是单纯的高层开发，要结合城市的发展，选择适宜的高密度建设形式。

7）加强城市规划与设计。要用好的城市规划与设计去修复过去的错误，使城市更具有生活的吸引力，并可以适应多用途的混合使用的发展需要。

(8) "精明增长"

针对美国城市的快速扩张和蔓延，**美国规划界出现了对"精明增长"（Smart Growth）发展方式的倡导，希望以此来实现城市的可持续发展。**

其基本原则包括：①保持大量开放空间和保护环境质量；②内城中心的再开发和开发城市内的零星空地；③在城市和新的郊区地区，减少城市设计创新的障碍；④在地方和邻里中心创造更强的社区感，在整个大都市地区创造更强的区域互相依赖的团结的认识；⑤鼓励紧凑的、混合用途的开发；⑥创造显著的财政刺激，使地方政府能够运用建立在州政府确立的基本原则基础上的精明增长规划；⑦以财政转移的方式，在不同地方之间建立财政共享；⑧确定谁有权作出控制土地使用的决定；⑨加快开发项目申请的审批过程，提供给开发商更大的确定性，降低改变项目的成本；⑩在外围新增长地区提供更多的低价房；⑪建立公司协同的建设过程；⑫在城市的增长中限制进一步向外扩张；⑬完善城市内的基础设施；⑭减少对私人小汽车交通的依赖。

2. 知识经济和创新城市

(1) 知识经济的概念

联合国经济合作与发展组织（OECD）在1996年发表了《以知识为基础的经济》，首先提出了"知识经济"这一概念。**所谓的知识经济是指建立在知识和信息的生产、分配和使用基础之上的经济。**通常认为，知识经济的主要特征包括：**以信息技术和网络建设为核心，以人力资本和技术创新为动力，以高新技术产业为支柱，以强大的科技研究为后盾。**

(2) 知识经济的特点

1）**科技创新：**在工业经济时代，原料和设备等物质要素是发展资源；在知识经济时代，科技创新成为最重要的发展资源，被称为无形资产。

2）**信息技术：**信息技术使知识被转化为数码信息而能够以极其有限的成本广为宣传。

3）**服务产业：**在从工业经济向知识经济演化的同时，产业经济经历着从以制造业为主向以服务业为主的转型，因为生产性服务业是知识密集型产业。

4）**人力素质：**贝尔认为，前工业社会的发展资源是土地，工业社会是机器，后工业社会则是知识。人力资源作为发展要素，已经不是一个广义概念，人的智力取代人的体力成为真正意义上的发展资源，因而教育是国家发展的基础所在。

（3）知识经济对城市发展的作用

1）**知识的传播对经济发展的作用**：知识传播的信息化大大缩短了从知识产生到知识应用的周期，促进了知识对于经济发展的主导作用。正是因为信息化对峙是经济的关键作用，现代社会被称为是"信息社会"，信息产业也成为知识经济时代中增长最为迅猛的产业。

2）**知识经济与信息社会促进经济全球化**：与知识经济和信息社会密切相关的是经济全球化进程。经济全球化是指各国之间在经济上越来越相互依存，各种发展资源（如信息、技术、资金和人力）的跨国流动规模越来越大。

3）**知识经济的发展促进城市新功能区的形成**：知识经济的发展对于高科技产业集聚的需求，促进了城市新功能区——高科技园区的形成。

高科技园区的新形式

形式	解读
高科技企业聚集区	与所在地区的科技创新环境紧密相关，这类地区的形成可以较大地促进科技和产业的创新
科技城	完全是科学研究中心，与制造业并无直接的地域联系，往往是政府计划的建设项目
技术园区	作为政府的经济发展战略，在一个特定区域内提供各种优越条件（包括政策），吸引高科技企业的投资
科技都会	作为区域发展和产业布局的一项计划

4）**知识经济的创新性影响到了城市发展动力机制的变化**：知识经济的创新性，影响到了城市发展动力机制的变化，还使建筑与城市规划的概念拓展至虚拟场所之中。这些地方具有高效的本地企业网络、快速的信息扩散和专业诀窍传输；提供的新环境中有完善的基础设施、相邻的大学、便利的交通条件等；诱发创新的软环境的形成，企业与企业之间、人与人之间正式的非正式的交流与沟通十分普遍。

3. 全球化条件下的城市发展与规划

（1）经济全球化的特征

各国之间在经济上越来越相互依存，各国的经济体越来越开放；各类发展资源（原料、信息、技术、资金和人力）跨国流动的规模不断扩张；跨国公司在世界经济中的主导地位越来越突出，并直接影响到了所涉及的国家和地方的经济状况；信息、通信和交通的技术革命使资源跨国流动的成本日益降低，为经济全球化提供了强有力的技术支撑。

（2）"全球城市"或"世界城市"

在全球化的过程中，"全球城市"或"世界城市"是受到全球化力量推动最大的，又对全球化的进程有着最大的推动力，因此成为全球化研究的领域。所谓的"全球城市"或"世界城市"主要是指那些担当着管理和控制全球经济活动职能的城市，这些城市位于全球城市体系的最高层级。

这些城市具有的一些特点：①作为跨国公司的（全球性或区域性）总部的集中地，是全球或区域经济管理/控制中心；②都是金融中心，对全球资本的运行具有强大的影响力；③具有高度发达的生产型服务业（如房地产、法律、信息、广告和技术咨询等），以满足跨国公司的商务需要；④生产型服务业是知识密集型产业，因此，这些城市是知识创新的基地和市场。⑤城市是信息、通信和交通设施的枢纽，以满足各种"资源流"在全球或区域网络中的时空配置，为经济中心提供强有力的技术支撑。

全球城市产业结构带动了社会结构的变化。无论是在全球城市还是在其他城市，在全球化力量的影响下出现了社会结构分化，最富裕人口和最贫穷人口的比例都在增长，住房问题等也在日益加剧，社会矛盾更加尖锐，因此，如何在适应全球经济发展需求的同时有效地解决社会问题，成为城市关注的重大问题。

（3）"全球城市"实践

在全球化的背景下，城市的发展需要从全球经济网络中获取资源，以其独特性来吸引投资、产业和旅游者，因此创造城市的独特性也成为这一时期城市规划的重要内容。

伦敦空间发展战略规划：在对伦敦城市发展进行定位的基础上，从居住、就业、交通、休闲娱乐四个主题领域以及三个部门领域——即自然资源管理、城市设计和蓝代网络（the Blue Ribbon Network）建立了全市框架，在此基础上对城市中的各个地区制定了行动内容。

"更绿、更大的纽约"——纽约 2030 年规划：从土地使用（主要是住房、开放空间和棕地的再利用）、水资源（水质和供水网络）、交通、能源、空气（着重空气质量）、气候变化等六个方面制定了全市未来发展的行动纲领。

（4）在经济全球化的影响下城市或地区的复兴计划

在经济全球化的影响下，发达国家的一些工业城市逐渐衰败，针对这些衰败的城市或地区，制定复兴计划，可使这些城市和地区获得重生。在这些复兴规划中，充分运用了城市产业结构调整的可能与需要，为城市的转型提供基础，也充分发挥了场所营造的效应，使这些衰败了的地区重新成为吸引产业和人口以及市民活动的场所，从而整体性地提高城市在全球范围内的竞争能力。

就世界各地的规划和建设来看，主要分为三种类型：①城市中央商务区的重塑；②城市更新和滨水地区的开发；③公共空间的完善和文化设施的建设。

4. 加强社会协调，提高生活质量

随着经济全球化进程的不断推进、新技术的普及和信息社会的成形，社会经济体系发生了重大转变。在这种转变的过程中，一方面社会整体的生活质量和生活水平在不断提高；另一方面，由于社会经济条件的分化不断加剧，不同利益团体的社会环境和质量也随之发生变化。自 20 世纪后期开始，有关社会团结与协调以及在此基础上的生活质量等问题的探讨在城市规划中成为关注的热点和焦点。

（1）城市规划在社会发展中的作用

城市的发展在相当程度上是由本地的场所空间决定的，因此城市的发展也就需要既能适应全球经济的需要，又能解决好本地化的问题。以城市公共空间建设为主要内容的"场所营造"成为完善社会协调、提高城市生活质量的重要工作，其中的大量内容逐步转变为设计的核心，而以"市民社会"和"城市治理"为核心的制度建设则成为其基本的保障，并直接规定了城市规划在城市社会发展中的作用。

（2）城市规划是现代社会中城市治理的一个手段

城市治理倡导多元化发展，以及以市民社会为基础的、分权与参与相结合的管理模式，重视公共服务供给和公共问题解决过程中的公民参与。

（3）提高城市生活质量的研究

学者提出，在信息时代，社区生活质量是城市生活质量的关键。城市社区的空间区位对此影响较弱，而城市居民的心理归属显得极其重要，社区生活质量从而也决定了社区居民对社区事务的参与，由此决定了社区发展的方向与结果。

2023-012 《我们共同的未来》定义了可持续发展是"既满足当代人需要，又不对后代人满足其需要的能力构成危害的发展"。下列因素中，不是决定两个基本需要的关键性因素的是（　　）。

　　A. 不会为短期需要而耗尽自然资源

　　B. 降低自然灾害风险和农产品价格暴跌的脆弱性

　　C. 改善人类住区管理并提供足够的住房

　　D. 普遍提供可持续生存的基本条件

【答案】C

【解析】可持续发展包含两个基本要素或关键组成部分："需要"和对需要的"限制"。决定两个基本要素的关键性因素是：收入再分配以保证不会为了短期生存需要而被迫耗尽自然资源；降低主要是贫困人群对遭受自然灾害和农产品价格暴跌等损害的脆弱性；普遍提供可持续生存的基本条件，如卫生、教育、水和新鲜空气，包含满足社会最脆弱人群的基本需要，为全体人民，特别是为贫困人民提供发展的平等机会和选择自由。选项C不包括在内，因此选C。

2023-013 下列目标中，不属于2015年联合国《变革我们的世界：2030年可持续发展议程》提出的可持续发展目标的是（　　）。

　　A. 无贫困　　　　　　　　　　　　B. 零饥饿

　　C. 良好健康与福祉　　　　　　　　D. 公平消费与生产

【答案】D

【解析】《变革我们的世界：2030年可持续发展议程》中共提出17个发展目标，其中目标一，在全世界消除一切形式的贫困；目标二，消除饥饿，实现粮食安全，改善营养状况和促进可持续农业；目标三，确保健康的生活方式，促进各年龄段人群的福祉。选项D在文件中并未提出，因此选D。

2022-006 经济全球化影响下，发达国家一些工业城市针对衰败地区制定了复兴计划，其策略不包括（　　）。

　　A. 发挥场所营造效应，提升吸引力

　　B. 发挥城市新区开发的同步带动及疏解作用

　　C. 关注城市更新和滨水地区再开发

　　D. 关注公共空间完善和文化设施建设

【答案】B

【解析】在经济全球化的影响下，发达国家的一些工业城市逐渐衰败，针对这些衰败的城市或地区，制定复兴计划，可使这些城市和地区获得重生。在这些复兴规划中，充分运用了城市产业结构调整的可能与需要，为城市的转型提供基础，也充分发挥了场所营造的效应，使这些衰败了的地区重新成为吸引产业和人口以及市民活动的场所，从而整体性地提高城市在全球范围内的竞争能力。就世界各地的规划和建设来看，主要分为三种类型：城市中央商务区的重塑；城市更新和滨水地区的开发；公共空间的完善和文化设施的建设。城市新区不属于工业城市的复兴计划，不符合题意，因此选B。

2021-018 下列关于全球城市特征的表述，错误的是（　　）。

　　A. 全球城市都是跨国公司总部的集中地

B. 全球城市都是金融中心

C. 全球城市中社会阶层分化程度有所下降

D. 全球城市都具有发达的生产性服务业

【答案】C

【解析】全球城市具有以下特点：作为跨国公司的（全球性或区域性）总部的集中地，是全球或区域经济管理/控制中心；都是金融中心，对全球资本的运行具有强大的影响力；具有高度发达的生产型服务业（如房地产、法律、信息、广告和技术咨询等），以满足跨国公司的商务需要；生产型服务业是知识密集型产业，因此，这些城市是知识创新的基地和市场；城市是信息、通信和交通设施的枢纽，以满足各种"资源流"在全球或区域网络中的时空配置，为经济中心提供强有力的技术支撑。因此选项 ABD 正确。要注意全球城市产业结构带动了社会结构的变化，出现了社会结构分化，最富裕人口和最贫穷人口的比例都在增长，社会阶层分化程度提高了。因此选项 C 错误，应选 C。

国土空间规划体系

《中共中央 国务院关于建立国土空间规划体系并监督实施的若干意见》是国土空间规划体系的纲领性文件。本章根据《中共中央 国务院关于建立国土空间规划体系并监督实施的若干意见》《自然资源部关于全面开展国土空间规划工作的通知》《自然资源部关于以"多规合一"为基础推进规划用地"多审合一、多证合一"改革的通知》和《自然资源部办公厅关于加强国土空间规划监督管理的通知》等文件进行整理。

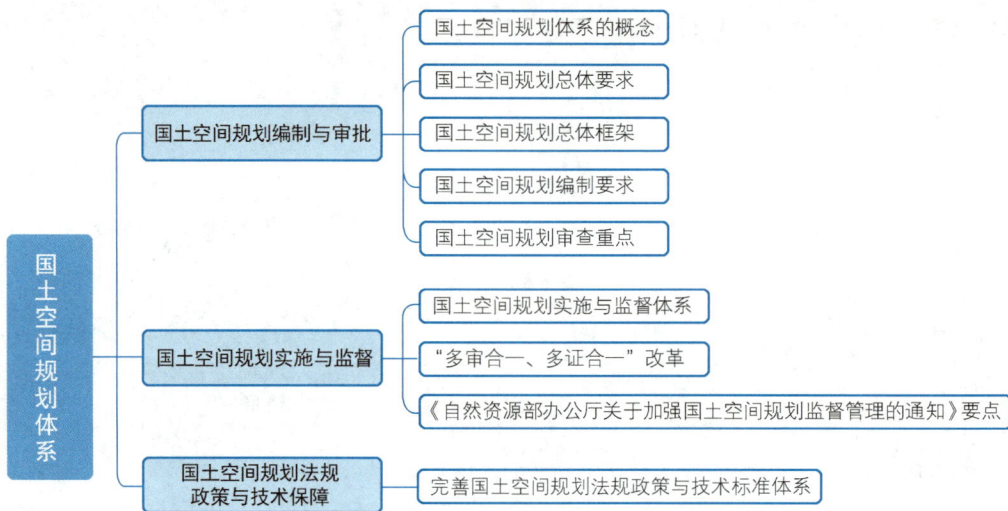

国土空间规划体系

国土空间规划编制与审批
- 国土空间规划体系的概念
- 国土空间规划总体要求
- 国土空间规划总体框架
- 国土空间规划编制要求
- 国土空间规划审查重点

国土空间规划实施与监督
- 国土空间规划实施与监督体系
- "多审合一、多证合一"改革
- 《自然资源部办公厅关于加强国土空间规划监督管理的通知》要点

国土空间规划法规政策与技术保障
- 完善国土空间规划法规政策与技术标准体系

历年考频

名称	2019 年	2020 年	2021 年	2022 年	2023 年	2024 年
《中共中央 国务院关于建立国土空间规划体系并监督实施的若干意见》	1	1	9	2	1	3
《自然资源部关于全面开展国土空间规划工作的通知》	1	3	0	0	0	1
《自然资源部关于以"多规合一"为基础推进规划用地"多审合一、多证合一"改革的通知》	0	0	1	0	0	0
《自然资源部办公厅关于加强国土空间规划监督管理的通知》	0	0	1	0	0	0

板块 1　国土空间规划编制与审批

知识点 1　国土空间规划体系的概念 【★★★★】

1. 国土空间规划的概念

国土空间规划是**国家空间发展的指南、可持续发展的空间蓝图，是各类开发保护建设活动的基本依据**。建立国土空间规划体系并监督实施，将**主体功能区规划、土地利用规划、城乡规划**等空间规划融合为统一的国土空间规划，实现"多规合一"，强化国土空间规划对各专项规划的**指导约束**作用，是党中央、国务院作出的重大部署。

2. 国土空间规划体系建立的意义

1）建立**全国统一、责权清晰、科学高效**的国土空间规划体系，整体谋划新时代国土空间开发保护格局，综合考虑人口分布、经济布局、国土利用、生态环境保护等因素，科学布局**生产空间、生活空间、生态空间**。

2）是加快形成绿色生产方式和生活方式、推进生态文明建设、建设美丽中国的关键举措。

3）是坚持以人民为中心、实现**高质量发展和高品质生活**、建设美好家园的重要手段。

4）是保障国家战略有效实施、促进国家治理体系和治理能力现代化、实现"两个一百年"奋斗目标和中华民族伟大复兴中国梦的必然要求。

知识点 2　国土空间规划总体要求 【★★★★★】

国土空间规划总体要求

内容	说明
指导思想	① 发挥国土空间规划在国家规划体系中的基础作用，为国家发展规划落地实施提供空间保障。 ② 健全国土空间开发保护制度，**体现战略性、提高科学性、强化权威性、加强协调性、注重操作性**，实现国土空间开发保护更高质量、更有效率、更加公平、更可持续
主要目标	① 到 2020 年，基本建立国土空间规划体系，逐步建立"多规合一"的**规划编制审批体系、实施监督体系、法规政策体系和技术标准体系**。基本完成市县以上各级国土空间总体规划编制，初步形成全国国土空间开发保护"一张图"。(四个体系) ② 到 2025 年，健全国土空间规划法规政策和技术标准体系；全面实施国土空间监测预警和绩效考核机制；形成**以国土空间规划为基础、以统一用途管制为手段**的国土空间开发保护制度。 ③ 到 2035 年，全面提升国土空间治理体系和治理能力现代化水平，基本形成生产空间集约高效、生活空间宜居适度、生态空间山清水秀，安全和谐、富有竞争力和可持续发展的国土空间格局

理解区分

　　注意国土空间规划指导思想与编制要求的区分。

　　编制要求：体现战略性、提高科学性、加强协调性、注重操作性

知识点3　国土空间规划总体框架 【★★★★★】

1. 分级分类建立国土空间规划

　　分级：国土空间规划形成**"国家—省—市—县—乡（镇）"五个层级**体系（五级）。

　　分类：**总体规划、详细规划和专项规划（三类）**。

　　国家、省、市县编制国土空间总体规划，各地结合实际编制乡镇国土空间总体规划。相关专项规划是指**特定区域（流域）、特定领域**，为体现特定功能，对空间开发保护利用作出的专门安排，是涉及空间利用的专项规划。**国土空间总体规划是详细规划的依据、相关专项规划的基础；相关专项规划要相互协同，并与详细规划衔接好。**

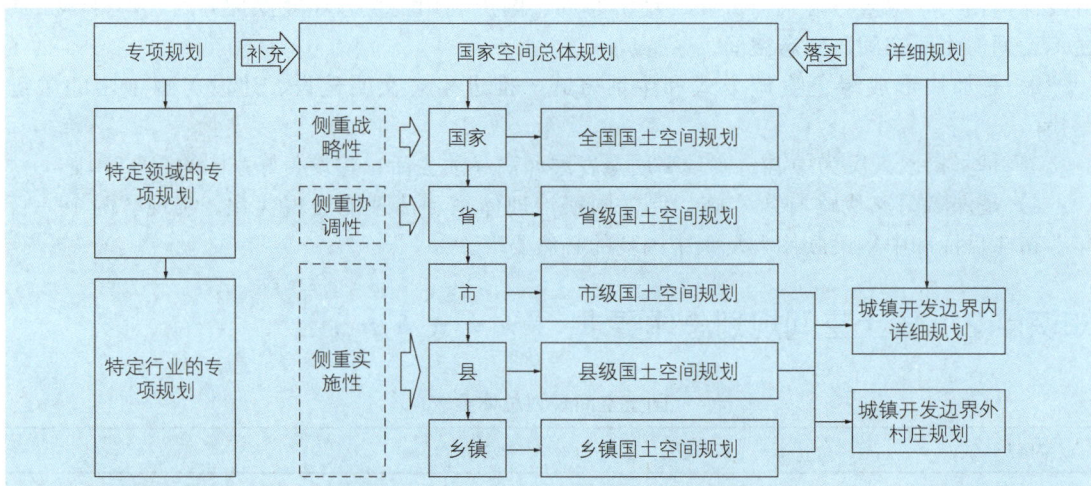

国土空间规划"五级三类"体系框架图

拓展

　　国土空间规划体系具有**"五级三类四体系"**的特点。依规划层级和规划内容，分为**"五级三类"**；依规划管理运行体系，分为编制审批、实施监督、法规政策、技术标准**"四体系"**。

2. 各级国土空间规划编制审批要点

各级国土空间规划编制审批要点（重点掌握）

类型	内容
全国国土空间规划	① 全国国土空间规划是全国国土空间保护、开发、利用、修复的政策和总纲，侧重战略性； ② 由自然资源部会同相关部门组织编制，由党中央、国务院审定后印发

类型	内容
省级国土空间规划	① 省级国土空间规划是对全国国土空间规划的落实，指导市县国土空间规划编制，侧重协调性。 ② 由省级政府组织编制，经同级人大常委会审议后报国务院审批
市县和乡镇国土空间规划	① 市县和乡镇国土空间规划是本级政府对上级国土空间规划要求的细化落实，是对本行政区域开发保护作出的具体安排，侧重实施性。 ②需报国务院审批的城市国土空间总体规划，由市政府组织编制，经同级人大常委会审议后，由省政府报国务院审批。 ③ 其他市县及乡镇国土空间规划由省级政府根据当地实际，明确规划审批内容、程序和要求

3. 强化对专项规划的指导约束作用

海岸带、自然保护地等专项规划及跨区域或流域（特定地域）的国土空间规划，由所在区域或上一级自然资源主管部门牵头组织编制，报同级政府审批。

涉及空间利用的某一领域专项规划，如交通、能源、水利、农业、信息、市政等基础设施，公共服务设施，军事设施，以及生态环境保护、文物保护、林业草原等（特定领域）专项规划，由相关主管部门组织编制。

不同层级、不同地区的专项规划可结合实际选择编制类型和精度。

4. 在市县以下编制详细规划

详细规划是对具体地块的用途和开发建设强度等作出的实施性安排，是开展国土空间开发保护活动、实施国土空间用途管制、核发城乡建设项目规划许可、进行各项建设等的法定依据。

城镇开发边界内的详细规划，由市县自然资源主管部门组织编制，报同级政府审批。

城镇开发边界外的乡村地区，以一个或几个行政村为单元，由乡镇政府组织编制"多规合一"的实用性村庄规划，作为详细规划，报上一级政府审批。

5. 国土空间规划组织编制部门和审批部门汇总

国土空间规划编制部门和审批部门（重点掌握）

规划类型		组织编制	审议/审批
总体规划	全国国土空间规划	自然资源部会同相关部门	党中央、国务院审定后印发
	省级国土空间规划	省级政府	同级人大常委会审议后报国务院审批
	市县和乡镇国土空间规划 — 需报国务院审批的城市国土空间总体规划	城市人民政府	经同级人大常委会审议后，由省政府报国务院审批
	市县和乡镇国土空间规划 — 其他市县及乡镇国土空间规划	本级人民政府	由省级政府根据当地实际，明确规划审批内容、程序和要求

规划类型		组织编制	审议/审批
专项规划	海岸带、自然保护地等专项规划及跨区域或流域的国土空间规划	所在区域或上一级自然资源主管部门牵头	同级政府审批
	涉及空间利用的某一领域专项规划，如交通、能源、水利、农业、信息、市政等基础设施，公共服务设施，军事设施，以及生态环境保护、文物保护、林业草原等专项规划	相关主管部门	同级政府审批
详细规划	城镇开发边界内的详细规划	市县自然资源主管部门	市县人民政府
	城镇开发边界外的乡村地区规划	以一个或几个行政村为单元，由乡镇政府组织编制"多规合一"的实用性村庄规划，作为详细规划	市县人民政府

知识点 4　国土空间规划编制要求　【★★★★★】

1. 《中共中央　国务院关于建立国土空间规划体系并监督实施的若干意见》中的编制要求

国土空间规划编制要求

要求	内容
体现战略性	① 全面落实党中央、国务院重大决策部署，体现国家意志和国家发展规划的战略性，自上而下编制各级国土空间规划，对空间发展作出战略性系统安排。 ② 落实国家安全战略、区域协调发展战略和主体功能区策略，明确空间发展目标，优化城镇化格局、农业生产格局、生态保护格局，确定空间发展策略，转变国土空间开发保护方式，提升国土空间开发保护质量和效率
提高科学性	① 坚持生态优先、绿色发展，尊重自然规律、经济规律、社会规律和城乡发展规律，因地制宜开展规划编制工作。 ② 坚持节约优先、保护优先、自然恢复为主的方针，在资源环境承载能力和国土空间开发适宜性评价的基础上，科学有序统筹布局生态、农业、城镇等功能空间，划定生态保护红线、永久基本农田、城镇开发边界等空间管控边界以及各类海域保护线，强化底线约束，为可持续发展预留空间。 ③ 坚持山水林田湖草生命共同体理念，加强生态环境分区管治，量水而行，保护生态屏障，构建生态廊道和生态网络，推进生态系统保护和修复，依法开展环境影响评价。 ④ 坚持陆海统筹、区域协调、城乡融合，优化国土空间结构和布局，统筹地上地下空间综合利用，着力完善交通、水利等基础设施和公共服务设施，延续历史文脉，加强风貌管控，突出地域特色。 ⑤ 坚持上下结合、社会协同，完善公众参与制度，发挥不同领域专家的作用。 ⑥ 运用城市设计、乡村营造、大数据等手段，改进规划方法，提高规划编制水平

要求	内容
加强协调性	① 强化国家发展规划的统领作用，强化国土空间规划的基础作用。 ② 国土空间总体规划要统筹和综合平衡各相关专项领域的空间需求。 ③ 详细规划要依据批准的国土空间总体规划进行编制和修改。 ④ 相关专项规划要遵循国土空间总体规划，不得违背总体规划强制性内容，其主要内容要纳入详细规划
注重操作性	① 按照谁组织编制、谁负责实施的原则，明确各级各类国土空间规划编制和管理的要点。 ② 明确规划约束性指标和刚性管理要求，同时提出指导性要求。 ③ 制定实施规划的政策措施，提出下级国土空间总体规划和相关专项规划、详细规划的分解落实要求，健全规划实施传导机制，确保规划能用、管用、好用

2.《自然资源部关于全面开展国土空间规划工作的通知》中的编制要求

（1）全面启动国土空间规划编制，实现"多规合一"

各地不再新编和报批主体功能区规划、土地利用总体规划、城镇体系规划、城市（镇）总体规划、海洋功能区划等。已批准的规划期至 2020 年后的省级国土规划、城镇体系规划、主体功能区规划、城市（镇）总体规划，以及原省级空间规划试点和市县"多规合一"试点等，要按照新的规划编制要求，将既有规划成果融入新编制的同级国土空间规划中。

（2）做好过渡期内现有空间规划的衔接协同

对现行土地利用总体规划、城市（镇）总体规划实施中存在矛盾的图斑，要结合国土空间基础信息平台的建设，按照国土空间规划"一张图"要求，作一致性处理，作为国土空间用途管制的基础。一致性处理不得突破土地利用总体规划确定的 2020 年建设用地和耕地保有量等约束性指标；不得突破生态保护红线和永久基本农田保护红线；不得突破土地利用总体规划和城市（镇）总体规划确定的禁止建设区和强制性内容；不得与新的国土空间规划管理要求矛盾冲突（四个不得）。

理解区分

《自然资源部关于全面开展国土空间规划工作的通知》中：**主体功能区规划、土地利用总体规划、城乡规划、海洋功能区划等**统称为"国土空间规划"。

《中共中央 国务院关于建立国土空间规划体系并监督实施的若干意见》中：将**主体功能区规划、土地利用规划、城乡规划**等空间规划融合为统一的国土空间规划。

考试中注意看清题干是如何提问。

拓展——改进规划报批审查方式考点内容

简化报批流程，取消规划大纲报批环节。压缩审查时间，省级国土空间规划和国务院审批的市级国土空间总体规划，自审批机关交办之日起，一般应在 90 天内完成审查工作，上报国务院审批。各省（自治区、直辖市）也要简化审批流程和时限。

国土空间规划体系

知识点 5 国土空间规划审查重点 【★★★★★】

1.《自然资源部关于全面开展国土空间规划工作的通知》中有关国土空间规划审查重点的规定

按照"管什么就批什么"的原则，对省级和市县国土空间规划，侧重控制性审查，重点审查目标定位、底线约束、控制性指标、相邻关系等，并对规划程序和报批成果形式做合规性审查。

国土空间规划审查重点（重点掌握）

类型	内容
省级国土空间规划	① 国土空间开发保护目标； ② 国土空间开发强度、建设用地规模，生态保护红线控制面积、自然岸线保有率，耕地保有量及永久基本农田保护面积，用水总量和强度控制等指标的分解下达； ③ 主体功能区划分，城镇开发边界、生态保护红线、永久基本农田的协调落实情况； ④ 城镇体系布局，城市群、都市圈等区域协调重点地区的空间结构； ⑤ 生态屏障、生态廊道和生态系统保护格局，重大基础设施网络布局，城乡公共服务设施配置要求； ⑥ 体现地方特色的自然保护地体系和历史文化保护体系； ⑦ 乡村空间布局，促进乡村振兴的原则和要求； ⑧ 保障规划实施的政策措施； ⑨ 对市县级规划的指导和约束要求等
市级国土空间总体规划	国务院审批的市级国土空间总体规划审查要点，除对省级国土空间规划审查要点的深化细化外，还包括： ①市域国土空间规划分区和用途管制规则； ②重大交通枢纽、重要线性工程网络、城市安全与综合防灾体系、地下空间、邻避设施等设施布局，城镇政策性住房和教育、卫生、养老、文化体育等城乡公共服务设施布局原则和标准； ③城镇开发边界内，城市结构性绿地、水体等开敞空间的控制范围和均衡分布要求，各类历史文化遗存的保护范围和要求，通风廊道的格局和控制要求，城镇开发强度分区及容积率、密度等控制指标，高度、风貌等空间形态控制要求； ④中心城区城市功能布局和用地结构等。 其他市、县、乡镇级国土空间规划的审查要点，由各省（自治区、直辖市）根据本地实际，参照上述审查要点制定

2.《自然资源部关于全面开展国土空间规划工作的通知》中有关国土空间规划近期相关工作的规定

（1）做好规划编制基础工作

规划编制统一采用第三次全国国土调查数据作为规划现状底数和底图基础，统一采用2000国家大地坐标系和1985国家高程基准作为空间定位基础，各地要按此要求尽快形成现状底数和底图基础。

（2）开展"双评价"工作

各地要尽快完成资源环境承载能力和国土空间开发适宜性评价工作，在此基础上，确定生态、农业、城镇等不同开发保护利用方式的适宜程度。

(3) 开展重大问题研究

要在对国土空间开发保护现状评估和未来风险评估的基础上，专题分析对本地区未来可持续发展具有重大影响的问题，积极开展国土空间规划前期研究。

(4) 科学评估三条控制线

结合主体功能区划分，科学评估既有生态保护红线、永久基本农田、城镇开发边界等重要控制线划定情况，进行必要调整完善，并纳入规划成果。

(5) 编制好"多规合一"的实用性村庄规划

结合县和乡镇级国土空间规划编制，通盘考虑农村土地利用、产业发展、居民点布局、人居环境整治、生态保护和历史文化传承等，落实乡村振兴战略，优化村庄布局，编制"多规合一"的实用性村庄规划，有条件、有需求的村庄应编尽编。

(6) 构建国土空间规划"一张图"实施监督信息系统

基于国土空间基础信息平台，整合各类空间关联数据，着手搭建从国家到市县级的国土空间规划"一张图"实施监督信息系统，形成覆盖全国、动态更新、权威统一的国土空间规划"一张图"。

真题演练

2023-085 **国土空间规划总体要求内容有哪些?(　　　)**

    A. 战略性　　　　　　　　　　　　B. 科学性

    C. 协调性　　　　　　　　　　　　D. 权威性

    E. 前沿性

【答案】ABCD

【解析】《中共中央 国务院关于建立国土空间规划体系并监督实施的若干意见》在总体要求中提出：健全国土空间开发保护制度，体现战略性、提高科学性、强化权威性、加强协调性、注重操作性，实现国土空间开发保护更高质量、更有效率、更加公平、更可持续。因此选 ABCD。

2022-004 第三次全国国土调查数据将作为国土空间规划的基础，作为统一编制空间规划的基础工作，第三次全国国土调查数据不需要落实完成(　　　)。

    A. 底图数据　　　　　　　　　　　　B. 底数数据

    C. 空间定位数据　　　　　　　　　　D. 高程数据

【答案】D

【解析】《自然资源部关于全面开展国土空间规划工作的通知》明确，国土空间规划编制统一采用第三次全国国土调查数据作为规划现状底数和底图基础，统一采用 2000 国家大地坐标系和 1985 国家高程基准作为空间定位基础，各地要按此要求尽快完成底图数据、底数数据、空间定位数据。因此选 D。

2021-020 下列不属于国土空间规划体系的是(　　　)。

    A. 国空编制体系　　　　　　　　　　B. 实施监督体系

    C. 法规政策体系　　　　　　　　　　D. 技术标准体系

【答案】A

【解析】根据《中共中央 国务院关于建立国土空间规划体系并监督实施的若干意见》的"七、工作要求"，自然资源部要强化统筹协调工作，切实负起责任，会同有关部门按照国土空间规划体系总体框架，不断完善制度设计，抓紧建立规划编制审批体系、实施监督体系、法规政策体系和技术标准体系，加强专业队伍建设和行业管理。选项 A 不属于国土空间规划体系，应选 A。

2021-087 下列关于国土空间总体规划审批事项的表述，正确的是（　　）。

A. 全国国土空间规划由国务院审批

B. 省级国土空间规划经同级人大常委会审议后报国务院审批

C. 市级国土空间总体规划由省级政府审批

D. 县级国土空间规划由省级政府确定规划审批程序

E. 乡镇国土空间规划由市级政府确定规划审批程序

【答案】BD

【解析】根据《中共中央 国务院关于建立国土空间规划体系并监督实施的若干意见》的"（四）明确各级国土空间总体规划编制重点"，全国国土空间规划由党中央、国务院审定印发（A 错误）。省级国土空间规划是对全国国土空间规划的落实，指导市县国土空间规划编制，侧重协调性，由省级政府组织编制，经同级人大常委会审议后报国务院审批（B 正确）。市级国土空间总体规划有两种情况，需报国务院审批的城市国土空间总体规划，由市政府组织编制，经同级人大常委会审议后，由省级政府报国务院审批；其他市县及乡镇国土空间规划由省级政府根据当地实际，明确规划编制审批内容和程序要求（CE 错误，D 正确）。应选 BD。

板块 2　国土空间规划实施与监督

知识点 1　国土空间规划实施与监督体系 【★★★★★】

根据《中共中央 国务院关于建立国土空间规划体系并监督实施的若干意见》要点整理。

国土空间规划实施与监督体系（重点掌握）

内容	说明
强化规划权威	规划一经批复，任何部门和个人不得随意修改、违规变更，防止出现一届党委和政府改一次规划。 ① 下级国土空间规划要服从上级国土空间规划，相关专项规划、详细规划要服从总体规划。 ② 坚持先规划、后实施，不得违反国土空间规划进行各类开发建设活动。 ③ 坚持"多规合一"，不在国土空间规划体系之外另设其他空间规划。 ④ 相关专项规划的有关技术标准与国土空间规划衔接。 ⑤因国家重大战略调整、重大项目建设或行政区划调整等确需修改规划的，须先经过规划审批机关同意后，方可按法定程序进行修改。 ⑥ 对国土空间规划编制和实施过程中的违规违纪违法行为，要严肃追究责任
改进规划审批	① 按照谁批准、谁监管的原则，分级建立国土空间规划审查备案制度。 ② 精简规划审批内容，管什么就批什么，大幅缩减审批时间。 ③ 减少需报国务院审批的城市数量，直辖市、计划单列市、省会城市及国务院指定城市的国土空间总体规划由国务院审批。 ④相关专项规划在编制和审查过程中应加强与有关国土空间规划的衔接及"一张图"的核对，批复后纳入同级国土空间基础信息平台，叠加到国土空间规划"一张图"上
健全用途管制制度	① 以国土空间规划为依据，对所有国土空间分区分类实施用途管制。 ② 在城镇开发边界内的建设，实行"详细规划＋规划许可"的管制方式。 ③ 在城镇开发边界外的建设，按照主导用途分区，实行"详细规划＋规划许可"和"约束指标＋分区准入"的管制方式。 ④ 对以国家公园为主体的自然保护地、重要海域和海岛、重要水源地、文物等实行特殊保护制度（名录管理＋分区准入）。 ⑤ 因地制宜制定用途管制制度，为地方管理和创新活动留有空间
监督规划实施	① 依托国土空间基础信息平台，建立健全国土空间规划动态监测评估预警和实施监管机制。 ② 上级自然资源主管部门要会同有关部门组织对下级国土空间规划中各类管控边界、约束性指标等管控要求的落实情况进行监督检查，将国土空间规划执行情况纳入自然资源执法督察内容。 ③ 健全资源环境承载能力监测预警长效机制，建立国土空间规划定期评估制度，结合国民经济社会发展实际和规划定期评估结果，对国土空间规划进行动态调整完善

内容	说明
推进"放管服"改革	① 以"多规合一"为基础，统筹规划、建设、管理三大环节，推动"多审合一""多证合一"。 ② 优化现行建设项目用地（海）预审、规划选址以及建设用地规划许可、建设工程规划许可等审批流程，提高审批效能和监管服务水平

知识点 2 "多审合一、多证合一"改革 【★★★★★】

根据《自然资源部关于以"多规合一"为基础推进规划用地"多审合一、多证合一"改革的通知》要点整理。

1. 合并规划选址和用地预审

1）将建设项目选址意见书、建设项目用地预审意见合并，自然资源主管部门统一核发建设项目用地预审与选址意见书，不再单独核发建设项目选址意见书、建设项目用地预审意见。

2）涉及新增建设用地，用地预审权限在自然资源部的，建设单位向地方自然资源主管部门提出用地预审与选址申请，由地方自然资源主管部门受理；经省级自然资源主管部门报自然资源部通过用地预审后，地方自然资源主管部门向建设单位核发建设项目用地预审与选址意见书。用地预审权限在省级以下自然资源主管部门的，由省级自然资源主管部门确定建设项目用地预审与选址意见书办理的层级和权限。

3）使用已经依法批准的建设用地进行建设的项目，不再办理用地预审；需要办理规划选址的，由地方自然资源主管部门对规划选址情况进行审查，核发建设项目用地预审与选址意见书。

4）建设项目用地预审与选址意见书有效期为三年，自批准之日起计算。

2. 合并建设用地规划许可和用地批准

1）将建设用地规划许可证、建设用地批准书合并，自然资源主管部门统一核发新的建设用地规划许可证，不再单独核发建设用地批准书。

2）以划拨方式取得国有土地使用权的，建设单位向所在地的市、县自然资源主管部门提出建设用地规划许可申请，经有建设用地批准权的人民政府批准后，市、县自然资源主管部门向建设单位同步核发建设用地规划许可证、国有土地划拨决定书。

3）以出让方式取得国有土地使用权的，市、县自然资源主管部门依据规划条件编制土地出让方案，经依法批准后组织土地供应，将规划条件纳入国有建设用地使用权出让合同。建设单位在签订国有建设用地使用权出让合同后，市、县自然资源主管部门向建设单位核发建设用地规划许可证。

3. 推进"多测整合、多验合一"

以统一规范标准、强化成果共享为重点，将建设用地审批、城乡规划许可、规划核实、竣工验收和不动产登记等多项测绘业务整合，归口成果管理，推进"多测合并、联合测绘、成果共享"。不得重复审核和要求建设单位或者个人多次提交对同一标的物的测绘成果；确有需要的，可以进行核实更新和补充测绘。在建设项目竣工验收阶段，将自然资源主管部门负责的规划核实、土地核验、不动产测绘等合并为一个验收事项。

国土空间规划体系

4. 简化报件审批材料

各地要依据"多审合一、多证合一"改革要求，核发新版证书。对现有建设用地审批和城乡规划许可的办事指南、申请表单和申报材料清单进行清理，进一步简化和规范申报材料。除法定的批准文件和证书以外，地方自行设立的各类通知书、审查意见等一律取消。加快信息化建设，可以通过政府内部信息共享获得的有关文件、证书等材料，不得要求行政相对人提交；对行政相对人前期已提供且无变化的材料，不得要求重复提交。支持各地探索以互联网、手机 App 等方式，为行政相对人提供在线办理、进度查询和文书下载打印等服务。

知识点3 《自然资源部办公厅关于加强国土空间规划监督管理的通知》要点【★★★★★】

1. 总体要求

1）提高政治站位。

2）改进工作作风。

3）严守廉政底线。

2. 规范规划编制审批

1）严格按照中央精神，依法依规编制和审批国土空间规划，不在国土空间规划体系之外另行编制审批新的土地利用总体规划、城市（镇）总体规划等空间规划，不再出台不符合新发展理念和"多规合一"要求的空间规划类标准规范。

2）建立健全国土空间规划"编""审"分离机制。规划编制实行编制单位终身负责制；规划审查应充分发挥规划委员会的作用，实行参编单位专家回避制度，推动开展第三方独立技术审查。

3）下级国土空间规划不得突破上级国土空间规划确定的约束性指标，不得违背上级国土空间规划的刚性管控要求。各地不得违反国土空间规划约束性指标和刚性管控要求审批其他各类规划，不得以其他规划替代国土空间规划作为各类开发保护建设活动的规划审批依据。

4）规划修改必须严格落实法定程序要求，深入调查研究，征求利害关系人意见，组织专家论证，实行集体决策。不得以城市设计、工程设计或建设方案等非法定方式擅自修改规划、违规变更规划条件。

3. 严格规划许可管理

1）坚持先规划、后建设。严格按照国土空间规划核发建设项目用地预审与选址意见书、建设用地规划许可证、建设工程规划许可证和乡村建设规划许可证。未取得规划许可，不得实施新建、改建、扩建工程。不得以集体讨论、会议决定等非法定方式替代规划许可，搞"特事特办"。

2）严格依据规划条件和建设工程规划许可证开展规划核实。规划核实必须两人以上现场审核并全过程记录，核实结果应及时公开，接受社会监督。无规划许可或违反规划许可的建设项目不得通过规划核实，不得组织竣工验收。

3）农村地区要有序推进"多规合一"的实用性村庄规划编制和规划用地"多审合一、多证合一"，加强用地审批和乡村建设规划许可管理，坚持农地农用。严禁借农用地流转、土地整治等名义违反规划搞非农建设、乱占耕地建房等，坚决杜绝集体土地失管失控现象。

4. 实行规划全周期管理

1）加快建立完善国土空间基础信息平台，形成国土空间规划"一张图"，作为统一国土空间用途管制、实施建设项目规划许可、强化规划实施监督的依据和支撑。不得擅自更改底图、数据，确保数据规范、上下贯通、图数一致。

2）建立规划编制、审批、修改和实施监督**全程留痕制度**，要在国土空间规划"一张图"实施监督信息系统中设置自动强制留痕功能；尚未建成系统的，必须落实人工留痕制度，确保规划管理行为全过程可回溯、可查询。

3）加强规划实施监测评估预警，按照**"一年一体检、五年一评估"**要求开展城市体检评估并提出改进规划管理意见，市县自然资源主管部门要适时向社会公开城市体检评估报告，省级自然资源主管部门要严格履行监督检查责任。

4）将国土空间规划执行情况纳入自然资源执法督察内容，加强日常巡查和台账检查，做好批后监管。对新增违法违规建设"零容忍"，一经发现，及时严肃查处；对历史遗留问题全面梳理，依法依规分类加快处置。

真题演练

2021-077 下列关于国土空间开发保护制度的表述，不准确的是（ ）。

A. 以国土空间规划为依据，对所有国土空间分区实施用途管制

B. 对建设活动实行"详细规划＋规划许可"的管制方式

C. 对自然保护地、重要海域和海岛、重要水源地、文物等实施特殊保护制度

D. 因地制宜制定用途管制制度，为地方管理和创新活动留有空间

【答案】B

【解析】《中共中央 国务院关于建立国土空间规划体系并监督实施的若干意见》的"五、实施与监管"中第（十三）条"健全用途管制制度"指出：以国土空间规划为依据，对所有国土空间分区分类实施用途管制。在城镇开发边界内的建设，实行"详细规划＋规划许可"的管制方式，在城镇开发边界外的建设，按照主导用途分区，实行"详细规划＋规划许可"和"约束指标＋分区准入"的管制方式。用途管制方式分为两种情况，选项 B 仅表述了一种情况，不准确，故选 B。

2021-075 根据《自然资源部关于以"多规合一"为基础推进规划用地"多审合一、多证合一"改革的通知》，下列文件中不属于改革后建设项目用地管理有效文件的是（ ）。

A. 建设项目用地预审与选址意见书

B. 建设用地规划许可证

C. 建设用地批准书

D. 国有土地划拨决定书

【答案】C

【解析】文件中有关合并规划选址和用地预审的表述为"将建设项目选址意见书、建设项目用地预审意见合并，自然资源主管部门统一核发建设项目用地预审与选址意见书"，因此 A 正确。有关合并建设用地规划许可和用地批准的表述为"将建设用地规划许可证、建设用地批准书合并，自然资源主管部门统一核发新的建设用地规划许可证。"多证合一改革后，建设用地批准书不再颁布，因此 B 正确，C 错误。根据"以划拨方式取得国有土地使用权的，建设单位向所在地的市、县自然资源主管部门提出建设用地规划许可申请，经有建设用地批准权的人民政府批准后，市、县自然资源主管部门向建设单位同步核发建设用地规划许可证、国有土地划拨决定书"的相关表述，D 正确。故选 C。

2021-076 下列关于国土空间规划编制实施机制的表述，不正确的是（ ）。

A. 建立健全国土空间规划动态监测评估预警和实施监管机制

B. 将国土空间规划执行情况纳入自然资源执法督查内容

C. 健全资源环境承载力监测预警长效机制

D. 结合国民经济社会发展实际对国土空间规划进行动态调整完善

【答案】B

【解析】四个选项均为"国土空间规划监督规划实施机制"。《中共中央 国务院关于建立国土空间规划体系并监督实施的若干意见》的第（十四）条"监督规划实施"提及："依托国土空间基础信息平台，建立健全国土空间规划动态监测评估预警和实施监管机制。上级自然资源主管部门要会同有关部门组织对下级国土空间规划中各类管控边界、约束性指标等管控要求的落实情况进行监督检查，将国土空间规划执行情况纳入自然资源执法督察内容。健全资源环境承载能力监测预警长效机制，建立国土空间规划定期评估制度，结合国民经济社会发展实际和规划定期评估结果，对国土空间规划进行动态调整完善。"题干要选出属于"国土空间规划编制实施机制"，干扰选项为不属于"编制实施"机制而属于"监督"机制。在《自然资源部办公厅关于加强国土空间规划监督管理的通知》的"四、实行规划全周期管理"中提及："（四）将国土空间规划执行情况纳入自然资源执法督察内容，加强日常巡查和台账检查，做好批后监管。对新增违法违规建设'零容忍'，一经发现，及时严肃查处；对历史遗留问题全面梳理，依法依规分类加快处置。"选项B涉及机制为国土空间规划监督机制，不属于编制实施机制，符合题意，应选B。

板块 3　国土空间规划法规政策与技术保障

知识点 1　完善国土空间规划法规政策与技术标准体系　【★★★★】

1. 完善法规政策体系

研究制定国土空间开发保护法，加快国土空间规划相关法律法规建设。梳理与国土空间规划相关的现行法律法规和部门规章，对"多规合一"改革涉及突破现行法律法规规定的内容和条款，按程序报批，取得授权后施行，并做好过渡时期的法律法规衔接。完善适应主体功能区要求的配套政策，保障国土空间规划有效实施。

2. 完善技术标准体系

按照"多规合一"要求，由自然资源部会同相关部门负责构建统一的国土空间规划技术标准体系，修订完善国土资源现状调查和国土空间规划用地分类标准，制定各级各类国土空间规划编制办法和技术规程。

3. 完善国土空间基础信息平台

以自然资源调查监测数据为基础，采用国家统一的测绘基准和测绘系统，整合各类空间关联数据，建立全国统一的国土空间基础信息平台。以国土空间基础信息平台为底板，结合各级各类国土空间规划编制，同步完成县级以上国土空间基础信息平台建设，实现主体功能区战略和各类空间管控要素精准落地，逐步形成全国国土空间规划"一张图"，推进政府部门之间的数据共享以及政府与社会之间的信息交互。

建设统一的国土空间基础信息资源管理与服务体系，建成国家、省、市、县上下贯通，部门联动，安全可靠的国土空间基础信息平台，为国土空间规划编制和监督实施、国土空间用途管制、国土空间开发利用监测监管、国土空间生态修复等提供数据支撑和技术保障，有效提升国土空间治理能力现代化水平。

真题演练

2021-021 关于国土空间规划编制、审批和实施的表述，不准确的是(　　)。

A. 谁审批、谁监管　　　　　　　　　　B. 管什么就批什么

C. 批什么就编什么　　　　　　　　　　D. 谁组织编制、谁负责实施

【答案】C

【解析】《中共中央 国务院关于建立国土空间规划体系并监督实施的若干意见》的第（十二）条"改进规划审批"规定，按照谁审批、谁监管的原则，分级建立国土空间规划审查备案制度；精简规划审批内容，管什么就批什么，大幅缩减审批时间（AB正确）。第（十）条"注重操作性"规定，按照谁组织编制、谁负责实施的原则，明确各级各类国土空间规划编制和管理的要点（D正确）。因此应选C。

国土空间总体规划

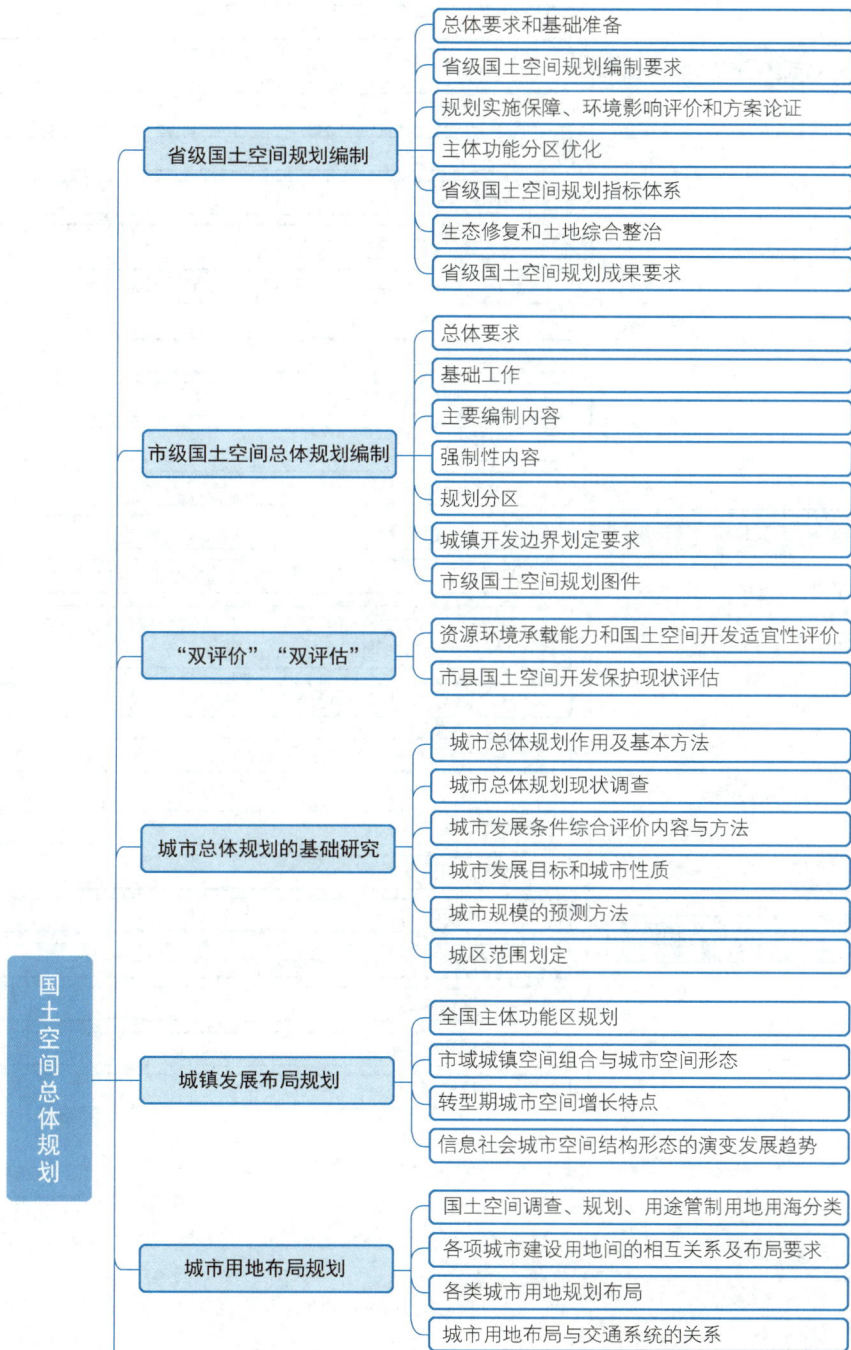

```
国土空间总体规划
├── 省级国土空间规划编制
│   ├── 总体要求和基础准备
│   ├── 省级国土空间规划编制要求
│   ├── 规划实施保障、环境影响评价和方案论证
│   ├── 主体功能分区优化
│   ├── 省级国土空间规划指标体系
│   ├── 生态修复和土地综合整治
│   └── 省级国土空间规划成果要求
├── 市级国土空间总体规划编制
│   ├── 总体要求
│   ├── 基础工作
│   ├── 主要编制内容
│   ├── 强制性内容
│   ├── 规划分区
│   ├── 城镇开发边界划定要求
│   └── 市级国土空间规划图件
├── "双评价""双评估"
│   ├── 资源环境承载能力和国土空间开发适宜性评价
│   └── 市县国土空间开发保护现状评估
├── 城市总体规划的基础研究
│   ├── 城市总体规划作用及基本方法
│   ├── 城市总体规划现状调查
│   ├── 城市发展条件综合评价内容与方法
│   ├── 城市发展目标和城市性质
│   ├── 城市规模的预测方法
│   └── 城区范围划定
├── 城镇发展布局规划
│   ├── 全国主体功能区规划
│   ├── 市域城镇空间组合与城市空间形态
│   ├── 转型期城市空间增长特点
│   └── 信息社会城市空间结构形态的演变发展趋势
└── 城市用地布局规划
    ├── 国土空间调查、规划、用途管制用地用海分类
    ├── 各项城市建设用地间的相互关系及布局要求
    ├── 各类城市用地规划布局
    └── 城市用地布局与交通系统的关系
```

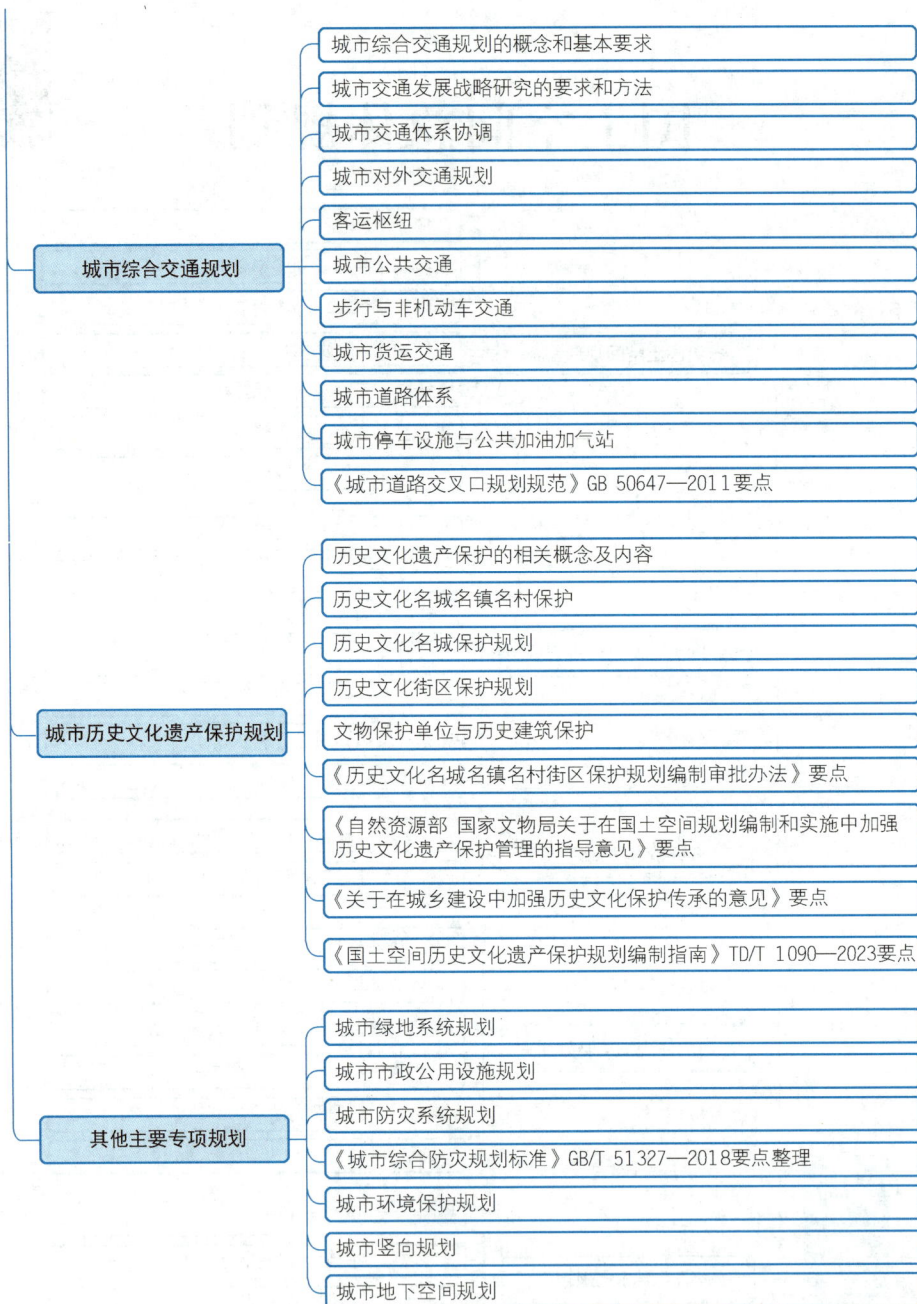

板块 1　省级国土空间规划编制

根据《省级国土空间规划编制技术规程》GB/T 43214—2023 要点整理。

历年考频

名称	2019 年	2020 年	2021 年	2022 年	2023 年	2024 年
省级国土空间规划编制指南（试行）	0	0	0	3	1	0
省级国土空间规划编制技术规程 GB/T 43214—2023	0	0	0	0	0	3

知识点 1　总体要求和基础准备 【★★★★】

1. 总体要求

省级国土空间规划总体要求

要求	说明
适用范围	适用于各省（自治区）国土空间规划编制。直辖市和跨行政区域国土空间规划可参照执行
规划定位	省级国土空间规划是对全国国土空间规划纲要的落实，是一定时期内省域国土空间保护、开发、利用、修复的政策和总纲，指导约束省级相关专项规划和市县级国土空间总体规划编制，在国土空间规划体系中发挥承上启下、统筹协调作用，具有战略性、综合性、协调性和约束性
规划任务	① 落实全国国土空间规划纲要的目标任务，做好规划传导，明确省域国土空间保护、开发、利用、修复的战略目标； ② 在全面摸清省域国土空间本底条件的基础上，通过开展资源环境承载能力和国土空间开发适宜性评价，确定优化国土空间布局的总体要求，统筹落实耕地和永久基本农田、生态保护红线、城镇开发边界三条控制线（以下简称三条控制线），明确省域地震、地质灾害、洪涝等自然灾害综合风险重点防控区域，明确农业、生态和城镇空间总体格局，优化完善县级行政区主体功能定位，推动主体功能区战略传导落地的整体安排； ③ 提出优化国土空间开发保护布局和土地利用结构的方案，明确农业、生态、城镇、海洋等功能空间布局优化方向、重点任务和主要指标； ④ 提出保障和支撑省域新型城镇化和乡村振兴、促进区域协同发展的城镇空间布局，优化人地关系和多元空间形态； ⑤ 保护、传承、利用文化遗产和自然遗产，明确省域内国家遗产保护的空间框架和彰显地域自然，人文特色的总体方案； ⑥ 强化交通、水利、能源、防灾减灾等支撑体系建设，衔接细化全国国土空间规划纲要和国家及相关专项规划要求； ⑦ 提出促进区域协调发展的空间指导约束政策。加强省际之间的协调对接以及省域重点地区的协调指引； ⑧ 提出有效的规划传导和规划实施保障措施

要求	说明
编制原则	① 坚守底线、绿色发展； ② 区域协调、城乡融合； ③ 以人为本、品质提升； ④ 因地制宜、彰显特色； ⑤ 数据驱动、共建共治
规划范围和期限	范围：省级行政辖区内全部国土空间，包括陆地国土和省管辖海域。 期限：规划期限一般为15年，近期安排一般为5年，并与全国国土空间规划纲要衔接一致
编制主体和程序	编制主体：省级人民政府，由省级自然资源主管部门会同相关部门组织开展具体编制工作。 编制程序：准备工作、基础研究、方案编制、方案论证、成果要求
成果要求	规划文本、规划附表、规划图集、规划说明、国土空间规划"一张图"实施监督信息系统评估报告、专题报告和其他资料

记忆口诀——省级国土空间规划成果要求：文表图说专一。

2. 基础准备

省级国土空间规划基础准备

内容	说明
技术准备	① 收集整理基础资料。收集整理自然地理、自然资源、生态环境、人口、经济、社会、文化、基础设施、城乡建设、灾害风险等方面的基础数据和资料，以及相关规划成果、审批数据。涉密数据按照保密要求进行收集和管理。 ② 规划底图底数。国土空间空间现状数据以实景三维中国为统一的时空基底，以全国国土调查成果和规划基期年法定国土变更调查成果为基础，充分结合地理国情、森林、草原、湿地、海洋等专项调查数据以及其他测绘地理信息数据。经济社会发展等数据以人口普查、经济社会统计年鉴和其他专业统计年鉴为基础
基础研究	① 背景分析； ② 总体要求和框架； ③ 总体技术方案； ④ 规划重大问题专题研究方案； ⑤ 规划实施保障措施
现状评价	按照《土地利用现状分类》GB/T 21010—2017 的分类，分析耕地等农用地时空分布、结构变化趋势和后备资源潜力，提出保护建议。通过资源环境承载能力和国土空间开发适宜性评价，分析区域资源环境禀赋特点，识别省域重要生态空间，明确生态保护极重要区和生态极脆弱区，提出城镇发展的承载规模和适宜空间
风险评估	评估国土空间开发保护现状问题和风险挑战，在生态保护、资源利用、自然灾害防治、国土安全等方面识别可能面临的问题和风险。从数量、质量、布局、结构、效率等方面，综合考虑城镇化发展、城乡人口和用地、优化空间布局等趋势，研判国土空间开发利用需求

内容	说明
专题研究	① 国土空间规划战略与目标； ② 开发保护格局优化； ③ 农业生产格局优化及耕地保护策略； ④ 生态安全格局与生物多样性保护； ⑤ 人口与城镇化； ⑥ 水资源利用与空间布局研究； ⑦ 海洋专题研究； ⑧ 区域协调； ⑨ 基础设施与资源要素配置； ⑩ 文化遗产和自然遗产保护利用专题； ⑪ 生态修复和土地综合整治； ⑫ 规划实施和政策保障

知识点2 省级国土空间规划编制要求 【★★★★★】

1. 战略目标和任务

落实国家发展规划和全国国土空间规划纲要确定的国土空间开发保护战略目标和重大任务要求：

立足省域资源环境禀赋和经济社会发展阶段特征，针对国土空间开发保护突出问题和演化趋势，明确省域国土空间发展的总体定位；

统筹发展和安全，统筹陆海国土空间开发保护，严守国土空间安全底线，协调人地关系，优化城镇体系，促进城乡融合，提升国土空间资源利用效率，彰显文化和自然特色，整体谋划省域国土空间开发保护总体格局；

完善规划指标体系，明确省级国土空间开发保护的量化指标，并将重要指标分解到下一层级。

2. 总体格局

（1）安全发展的空间基础

将耕地和永久基本农田、生态保护红线、城镇开发边界三条控制线作为构建国土空间开发保护总体格局的基础。**按照耕地和永久基本农田、生态保护红线、城镇开发边界优先序，统筹确定省域优化国土空间的布局结构。**

根据省域特点，细化三条控制线管控规则，确保以三条控制线为基础编制市县乡级国土空间规划。

强化自然灾害综合风险防控、能源和战略性矿产资源保障、历史文化遗产保护等其他安全发展的空间基础。

（2）国土空间开发保护格局的构建和优化

按照全国国土空间规划纲要确定的国土空间开发保护格局和主体功能区战略格局，基于耕地和永久基本农田、生态保护红线、城镇开发边界三条控制线划定成果，提出省域承载多种功能、优势互补、区域协同的主体功能综合布局方案，**统筹确定农产品主产区、重点生态**

功能区和城市化地区格局优化的重点区域。具体要求见下表。

省级国土空间规划开发保护格局构建

方面	要求
农产品生产区	稳定扩大水土光热条件优良的耕地面积，调整缺水地区水土匹配关系，协调生态重要及脆弱地区农业生产和生态空间关系
重点生态功能区	巩固重要高原、山脉、河流、海岸等国家生态安全屏障，加强自然保护地和主要珍稀濒危野生动植物集中分布地保护，提升生态功能
城市化地区	统筹城市群、都市圈和中心城市空间资源配置，畅通国内国际通道联结和区域联动的空间网，确定城镇、产业开发的重点区域、轴带和重要节点，依托基础设施支撑体系，促进大中小城市和小城镇协调发展，形成多中心网络化开放式集约型的省域国土空间开发格局
主体功能	在保持总体稳定的前提下，以县级行政区为单元优化完善国家级和省级主体功能区名录，明确差异化的管控指引，以及在市县级国土空间规划中落实细化主体功能区的有关要求；沿海县（市、区）要按照陆海统筹、保护优先原则确定主体功能定位，促进海岸线两侧空间相协调

（3）资源要素保护

省级国土空间规划资源要素保护

内容	说明
农业生产空间保护	耕地和永久基本农田保护红线围合的空间是农业空间保护的主要部分。严格落实全国国土空间规划纲要确定的耕地和永久基本农田保护任务，确保数量不减少、质量不降低、生态有改善、布局有优化，永久基本农田在可长期稳定利用耕地基础上划定，还应满足《基本农田划定技术规程》TD/T 1032—2011 的要求，保障水土光热条件好的优质耕地，优先保护类耕地划入。具体内容包括： ① 优先划入平原地区水土光热条件好、质量等级高、集中连片的优质耕地，保护城市周边永久基本的农田和优质耕地 ② 根据自然地理条件，群众意愿、种植作物市场状况等，合理确定恢复耕地计划安排。 ③ 粮食主产区、主销区、产销平衡区都要保质保量落实耕地保护责任。 ④ 在水土资源条件具备的地区，结合已规划建设的引调水、重点水源、灌区等水利工程，划定耕地后备资源开发和战略储备区。 ⑤ 树立大食物观，以保障国家粮食安全为基础，综合考虑人民膳食结构变化、不同种植结构水资源需求和现代农业发展方向，拓展农产品生产空间。 ⑥ 针对省域国土空间品质不高、用地效率低下等问题区域，提出土地综合整治目标，分类划定综合整治的重点区域，并提出差别化指引，明确重大工程布局、重点项目、实施时序安排，完善配套政策
生态空间保护与修复	生态保护红线围合的空间是生态空间保护的主要部分，广义的生态空间涵盖承担城乡生态功能的空间。严格落实全国国土空间规划纲要确定的生态保护红线保护任务，依据生态功能重要性、脆弱性评价结果，围绕提升陆海生态系统的原真性、完整性和连通性，优化生态空间布局，加强重点生态系统保护修复。具体内容包括： ① 梳理经优化调整后的省域自然保护区体系的布局、规模和名录；为珍稀动植物保留栖息地和迁徙廊道，保护候鸟迁飞通道，构建生物多样性保护网络；增强对人口密集地区生态空间和绿色开放空间的供给，对城市化地区周边重要生态空间保护提出政策要求。

内容	说明
生态空间保护与修复	② 按照山水林田湖草沙系统保护要求。统筹水资源、森林、草原、湿地、河湖、海洋、冰川、荒漠、矿产等各类自然资源的保护利用，重点确定水资源利用上限。 ③ 提出天然林、公益林、基本草原、重要湿地、沙化土地封禁保护区、饮用水水源保护区等各类生态空间结构以及布局调整的重点和方向；规范确定生态保护重点区域，明确一般生态空间保护和利用的政策要求，引导河湖生态缓冲带构建，合理预留基础设施廊道。 ④ 因地制宜提升陆域和海洋生态系统碳汇总量；明确适宜造林绿化的重点地区，提升生态空间质量。 ⑤ 针对省域生态功能退化、生态系统受损、生物多样性减少等问题区域，按照自然恢复为主、人工修复为辅的原则，提出修复目标，分类划定生态修复分区重点区域，并提出差别化指引，明确重大工程布局、重点项目、实施时序安排
新型城镇化和乡村振兴	结合主体功能区优化完善方案，综合考虑经济社会、产业发展、人口与资源环境等因素，落实乡村振兴战略和城乡融合发展要求，促进形成以城市群和都市圈、中心城市为主要形态，大中小城市和小城镇协调发展的城乡空间结构。具体内容包括： ① 确定城镇体系的等级和规模结构、职能分工；完善区域网络布局，优化小城镇、边境地区城镇节点发展；通过指标控制、分区传导、底线管控、名录管理、重点项目、政策要求等方式，对市县级国土空间总体规划编制提出指导约束要求。 ② 确定省域城镇空间发展策略，针对不同规模等级城镇，提出与常住人口挂钩的教育、医疗、养老等公共服务资源配置要求；在科学划定城镇开发边界的基础上，确定各市县城镇用地规模；对推动存量用地盘活，促进城市内涵式集约型绿色化发展提出针对性政策要求。 ③ 对产业集群布局，产业用地集约高效利用，创新产业发展的空间需求，战略新兴产业发展空间提出针对性政策要求；对统筹布局城镇开发边界内外生态空间，构建城镇绿色开放空间网络，增强城镇空间安全韧性提出针对性政策要求。 ④ 结合区域人口变化趋势，县域统筹合理布局乡村土地利用、产业发展、居民点布局、人居环境整治、生态保护和历史文化传承；引导居民点适度集中布局，完善公共服务和基础设施建设；对人口减少的乡村，满足基本的公共服务需求；保障农村一二三产业融合发展的空间需求，实施差别化国土空间利用政策
陆海空间协同	按照陆海统筹要求，优化海洋空间布局，促进陆海空间协同发展。具体内容包括： ① 衔接国家海岸带专项规划，落实"两空间内部一红线"分区要求，明确海洋生态空间和海洋开发利用空间布局；对优化调整重点用海活动分布、推动海域立体利用等做出统筹安排。 ② 落实大陆自然岸线保有率要求，实施岸线分类管控，严格管控围填海，推动海岸建筑退缩线制度，基于海洋灾害风险评估，明确海洋重点灾害防治区域，明确重点区域堤坝防护标准。 ③ 分析本省港口功能定位、港口岸线利用效率等，优化港口布局，对于低效、粗放、闲置港口岸线分类提出解决措施；对于依托重点港口和沿海城市，统筹陆海空间资源配置，建立公铁水互联的集疏运体系，提升枢纽功能，支撑陆海通道建设，强化节约集约用地用海等作出安排。 ④ 落实无居民海岛严格管控要求，基于无居民海岛开发利用现状调查和相关评估等，逐岛（岛群）明确无居民海岛主导用途分类，并对海岛用途调整等重要内容在规划说明中做出说明。 ⑤ 对接国家和区域发展战略，结合近岸海岛、边远海岛的空间特征和资源环境承载能力，对提升重点岛屿综合功能，支撑陆岛协同、基础设施网络和枢纽建设等作出安排。 ⑥ 对市县级国土空间总体规划、详细规划细化落实海洋功能分区，以及无居民海岛的功能定位、用途管制要求和保护措施等明确指导要求

内容	说明
文化遗产和自然遗产保护利用	确保重要文化遗产和自然遗产得到系统性保护，延续历史文脉，突出地方特色。具体内容包括： ① 梳理省域历史文化遗产名录、梳理保护和利用空间管控的原则性要求；对在市县乡级国土空间规划中落实历史文化保护线、统筹纳入省级国土空间规划"一张图"提出要求。 ② 结合省域历史沿革和自然山水环境特征，深入发掘和整合省域历史文化及其所依存的自然景观环境，明确地域特色分区，构建省域人文与自然景观网络，制定历史文化和自然景观区域整体保护措施和差异化的保护、传承、活化利用引导策略。 ③ 对省域内风景名胜资源发掘利用，对将山林、河湖、冰雪、草原、滨海、温泉、沙漠等特色自然景观融入城乡居民的"日常休憩圈"和"旅游休闲度假地"提出政策要求

注："两空间内部一红线"指海洋生态空间、海洋开发利用空间和海洋生态保护红线。

（4）基础支撑体系

省级国土空间规划基础支撑体系

内容	说明
基础设施	① 落实国家重大交通、能源资源、水利、信息通信等基础设施项目，明确空间布局和规划要求。明确省级重大基础设施项目及建设时序安排，确定重点项目表。 ② 按照高效集约的原则，统筹各类区域基础设施布局，明确重大基础设施廊道布局要求，线性基础设施在满足安全要求的基础上尽量共用廊道，减少对国土空间的分割和过度占用。 ③ 在落实国家确定的战略性矿产资源勘查、开发布局安排的基础上，明确国家和省级重要的矿产资源勘查开发区域，加强与三条控制线衔接，明确禁止、限制矿产资源勘查开采的空间
防灾减灾	① 考虑气候变化、地质构造等可能造成的安全风险，提出地质灾害防治、地震及其次生灾害防治、海堤生态化建设、防洪排涝抗旱、森林和草原防灭火等规划要求，明确应对措施，并统筹省域应急物资储备布局。 ② 考虑突发性重大疾控风险，预留一定用地规模空间予以应对。对省域内化工园区、储存危险化学品集中区域提出合理布局、安全防控的空间措施。 ③ 明确省级综合防灾减灾重大项目布局及时序安排，并纳入重点项目表
专项规划指导约束	综合统筹相关专项规划的空间需求，协调空间矛盾冲突，保障合理用地需求。明确省级交通、水利、能源、防灾减灾、文化遗产和自然遗产保护利用等专项领域的空间布局原则。各类涉及空间利用的专项规划应做好与国土空间规划的协调衔接，并纳入同级国土空间规划"一张图"

（5）区域协调发展的空间指引

省级国土空间规划区域协调

内容	说明
省际协调	与相邻省份在跨省流域协调管控、水资源管控、生态保护、环境治理、产业发展、公共服务、基础设施等方面进行协商对接，根据区域空间组织与空间营造特点，拟定需要共同遵守的空间管控规则，确保省际生态格局完整、环境协同共治、产业优势互补、基础设施互联互通、公共服务共建共享

国土空间总体规划

内容	说明
省域重点地区协调	① 加强省内流域和重要生态系统统筹，协调空间矛盾冲突，明确分区发展指引和管控要求，促进整体保护和修复。 ② 明确省域重点区域的引导和协调方向；提出资源要素配置和空间布局结构优化要求。重点区域主要包括城市群、都市圈、人口流失城市、资源枯竭型城市、传统工矿城市、革命老区等。 ③ 对保障生态安全、粮食安全、经济安全、边疆安全、文化安全、能源资源安全等具有特殊功能的区域，优化细化主体功能定位，提出差别化管控要求，促进各类要素合理流动和高效集聚。 ④ 加强规划编制军地统筹协调；要加强与各省军区（卫戍区、警备区）的对接协调，兼顾军事设施保护建设的需要，并按照规定书面征求有关军事机关的意见

知识点 3　规划实施保障、环境影响评价和方案论证【★★★★】

1. 规划实施保障

（1）政策和技术体系

结合主体功能区优化，制定符合主体功能区导向的自然资源配套政策。配合发展改革、财政、生态环境、农业农村等部门制定产业、投资、人口、财政、生态环境、农业农村发展等方面的主体功能区配套政策。健全符合不同主体功能区导向的差异化考核评价制度。

加强自然资源调查监测、资源资产管理、自然资源有偿使用、国土空间用途管制、生态保护修复、省际空间协同等方面的规划实施保障及政策措施。

结合地方实际，因地制宜制定地方规划标准和规划技术管理规定。

（2）国土空间用途管制

加强陆地海洋、地上地下、城镇乡村空间的统一用途管制，科学编制土地等自然资源年度利用计划，统筹增量和存量，做好规划实施的时序管控。

（3）国土空间规划"一张图"实施监督信息系统

将省级现状、规划等数据纳入省级国土空间规划"一张图"实施监督信息系统，并汇总市县现状、规划等各类数据，构建省级国土空间规划"一张图"，优化省级数据共享和汇交流程，实现全国多层级互联互通的数据共享。

（4）规划检测评估预警

按照**"定期体检、五年评估"**的国土空间规划体检评估要求，定期开展规划实施评估工作，评估规划主要目标、空间布局、重大工程等执行情况，以及各市县对省级国土空间规划的落实情况。基于国土空间规划"一张图"实施监督信息系统，结合国土变更调查等成果对规划实施情况开展动态监测、评估和预警。依据评估结果，对规划进行动态调整，强化规划全生命周期管理。

（5）近期安排

衔接国民经济和社会发展五年规划，提出规划的分期实施安排，并对规划近五年做出统筹安排，包括明确重点任务、制定行动计划、编制重大项目清单、提出保障方案与实施支持政策等。

2. 规划环境影响评价

应遵循客观公正、充分协调、可操作性原则，在规划编制的早期阶段介入，在规划前期研究和方案编制、论证、审定等关键环节和过程中充分互动。

包括生态环境与资源利用现状分析、环境影响预测评价、规划方案环境合理性论证和优化调整建议等内容。

采用定性与定量相结合的方法。

3. 方案论证

规划编制应遵循自然、经济和社会发展规律，充分听取专家、部门和公众意见，并对规划中的重大问题和规划成果进行论证，提高规划的科学性和可行性。

充分发挥各行业和各领域专家的作用，就规划编制中的重大问题、重要专题和规划方案开展专家咨询论证；征求发展改革、财政、生态环境、住房和城乡建设、交通运输、水利、农业农村、应急管理、林草等部门意见，共同完善规划方案；推动公众参与与国土空间规划，在规划编制的主要阶段，采取举行座谈会、听证等方式，利用报刊、网络平台，广泛听取公众的意见和建议，协调各方利益，拓宽规划思路，充实规划内容，提高社会认知程度。

知识点 4　主体功能分区优化　【★★★★★】

1. 主体功能分区类型

优化细化形成"**3＋N**"种主体功能区类型：**"3"为农产品主产区、重点生态功能区和城市化地区 3 种基本功能类型，覆盖陆海全部行政辖区；"N"为能源资源富集区、历史文化资源富集区、边境地区等叠加功能类型**。各地可根据实际需要，因地制宜补充完善叠加功能类型，叠加功能类型可交叉重叠。

主体功能区分区类型

类型	定义
农产品主产区	以保障国家粮食安全和重要农业产品供给、推进乡村振兴战略、现代化农业建设为主要功能的地域空间
重点生态功能区	以保障国家和区域生态安全、维护生态系统服务功能、推进山水林田湖草沙系统治理、保持并提高生态产品供给能力、引领生态文明建设、践行"两山"理念为主要功能的地域空间
城市化地区	人口、产业集聚能力较强，以落实国家及区域发展战略、推动高质量发展的主要动力源、区域协调发展的重要支撑点、提升国家和区域综合竞争能力为主要功能的地域空间
能源资源富集区	能源和战略性矿产资源相对富集，以为国家发展提供资源保障为主要功能的地域空间
历史文化资源富集区	文物保护单位（含地下文物埋藏区）、历史文化名城名镇名村、历史文化街区和历史建筑、传统村落以及水利、农业、工业等文化遗存等历史文化资源空间集中分布的地域空间
边境地区	我国陆地边境县和部分团场，关系国家边疆安全的地域空间

2. 主体功能区单元和层级

主体功能区单元和层级宜按以下原则划分：

在**省级国土空间规划中，以县区为基本单元，优化完善国家级和省级主体功能区**，每个县**只能划定一种**基本功能类型，根据实际需要划定叠加功能类型。新疆生产建设兵团可以团场作为基本单元；

在**市县级国土空间总体规划中**，根据实际需要，**以乡镇为基本单元，细化主体功能区**，每个乡镇**只能划定一种**基本功能类型，因地制宜确定叠加功能类型。

3. 主体功能区布局优化方向

主体功能区布局优化方向

类型	内容
农产品主产区布局优化方向	① 落实全国国土空间规划确定的农业战略格局，与省级国土空间规划确定的农业空间布局相匹配；与地形地貌、水土光热条件、耕地和永久基本农田集中分布相匹配，与粮棉油生产基地、粮食安全产业带、产粮大县、养殖大县布局相衔接，可兼顾特色农产品优势地区分布情况。 ② 适度优化增加城市群、都市圈、中心城市及周边地区的农产品主产区布局，提升城市化地区粮食和重要农产品就近保障能力
重点生态功能区布局优化方向	① 落实全国国土空间规划确定的生态安全格局和重点生态功能区（片）布局，与省级国土空间规划确定的生态空间布局相匹配。 ② 与生态保护红线和自然保护地布局相匹配，与国家和省级重要生态系统保护和修复重大工程布局相衔接。 ③ 宜保持自然地理边界和生态系统的完整性，促进重要高原、山脉、河流、湖泊、岛屿等整体保护。 ④ 适度优化增加"胡焕庸线"东南重要战略区域重点生态功能区布局，提升人口密集地区生态功能和生态产品就近保障能力
城市化地区布局优化方向	① 落实全国国土空间规划确定的城镇化战略格局，与省级国土空间规划确定的城镇空间布局和城镇体系相匹配。 ② 相对集中分布于城市群、都市圈和中心城市，与城市新区、自由贸易区、边境口岸等设立相衔接，体现人口集聚和高质量发展方向。 ③ 兼顾国家和省国土空间整体开发和均衡布局需要，结合区域发展战略和区域重大战略，在条件适宜的相对欠发达地区和边疆地区适当布局

4. 优化完善主体功能定位
（1）综合评定

根据资源环境承载能力和国土空间开发适宜性评价（简称"双评价"）成果、"三区三线"划定成果、第三次全国国土调查和最新年度变更调查成果，结合经济社会统计分析，**从区域功能比较优势角度，分析评定各县区农业、生态、城镇功能优势度**，综合判定县区主体功能定位的符合性，结果分为**"符合""基本符合"或"不符合"**。农业、生态功能优势度评价中，**耕地和永久基本农田、生态保护红线分别作为"一票否决"指标**。

主体功能区评估指标表

准则	指标	指标说明
农业功能优势度	耕地和永久基本农田	表征区域耕地数量和质量，从耕地面积、耕地平均质量等级、永久基本农田面积三方面综合测算
	农产品产量	表征区域农产品生产状况，从粮食、畜牧产品、水产品产量三方面综合测算
生态功能优势度	生态保护红线	表征区域生态系统重要性和对保障国家生态安全的贡献情况，根据生态保护红线划定结果测算
	自然保护地	表征区域生态系统原真性，根据辖区内自然保护地类型和等级测算
	生态保护重要性	表征区域资源环境本底的生态服务功能重要性和生态脆弱状况，根据"双评价"的生态保护重要性评价结果测算
城镇功能优势度	经济集聚能力	表征区域经济集聚能力，从 GDP、GDP 年均增长率两个方面综合测算
	人口集聚能力	表征区域人口集聚能力，从常住城镇人口数量、城镇化率两个方面综合测算

（2）合理优化

以总体稳定、合理微调为原则，落实国家战略，尊重地方意愿，与中央和地方财政转移支付能力相匹配，各省县级行政区主体功能定位调整幅度一般控制在 10% 以内，西部等城镇化处于加速发展阶段地区可适当扩大调整范围，但各省国家级重点生态功能区和国家级农产品主产区的数量宜保持相对稳定。重点针对评估结果为"不符合"、国家有关规划或文件中做出明确调整安排的县区，合理优化主体功能定位。对原定主体功能不突出的，宜根据优势度最高的功能、农产品主产区、重点生态功能区、原主体功能定位的优先序进行判定。

（3）衔接协调

必要的衔接协调原则见下表。

主体功能区衔接协调原则

原则	内容
统筹衔接	统筹衔接，落实全国国土空间规划确定的国土空间开发保护格局，衔接区域协调发展战略、区域重大战略等国家战略，优化主体功能区综合布局，强化在更大区域尺度的协调作用，优先将功能等级最高、全国国土空间规划中作出明确部署的国家主体功能区（片）重点区域，划定为相应类型的国家级主体功能区
区域协调	① 位于省级行政区边界交界地区，条件和性质相似的县区，宜划定为相同主体功能类型。 ② 流域上下游相距较近的县，主体功能定位要加强协调。 ③ 沿边境地区要考虑邻国资源环境和经济社会发展的特点，有利于国界两侧资源环境相协调、经济社会发展良性互动

原则	内容
陆海统筹	陆海统筹，沿海县区宜对比陆域和海洋原主体功能定位，主体功能定位一致的原则保持不变，不一致的要结合评估结果，根据陆域和海洋开发保护实际，划定主体功能定位
综合协调	综合协调，征求发展改革、财政、生态环境、农业农村等部门（单位）意见及市县政府意见，共同完善优化方案

（4）确定叠加功能类型

根据县区资源环境禀赋特点，衔接相关规划、名录或技术标准，协调相关部门，划定边境地区、能源资源富集区、历史文化资源富集区等。

1）边境地区衔接全国和省级边境地区发展规划划定，国家陆地边境线上的县级行政区和边境口岸城镇等；

2）能源资源富集区衔接全国和省级矿产资源规划划定，能源资源基地、国家规划矿区以及 **24** 种国家战略性矿产资源大中型矿产地集中分布地区；

3）历史文化资源富集区结合各地历史文化资源集中分布情况划定，省级以上文物保护单位（含地下文物埋藏区）、历史文化名城名镇名村、历史文化街区和历史建筑、传统村落以及水利、农业、工业等文化遗存与历史文化资源空间集中分布的区域；

4）各地可根据实际和分类精准施策需要，合理增加叠加功能类型。

5. 细化传导主体功能

（1）细化乡镇主体功能定位

市（县）级国土空间总体规划宜根据实际需要，参照省级国土空间规划做法，因地制宜细化部分或全部乡镇主体功能定位。

（2）传导落实主体功能

各地宜根据主体功能区优化细化情况，合理划定市（县）规划分区，分解落实相关约束性指标规模，推动主体功能区战略在国土空间规划中逐级传导落地。

知识点 5　省级国土空间规划指标体系　【★★★★】

1. 规划指标体系表

省级国土空间规划指标表

名称	单位	属性	含义
耕地保有量	hm^2	约束性	规划期内必须保有的耕地面积
永久基本农田保护面积	hm^2	约束性	按照一定时期人口和经济社会发展对农产品的需求，依据国土空间规划确定的不得擅自占用或改变用途的耕地的面积
生态保护红线面积	km^2	约束性	生态功能极重要、生态极脆弱，以及具有潜在重要生态价值，必须强制性严格保护的区域的面积

名称	单位	属性	含义
大陆自然岸线保有率	%	约束性	大陆自然岸线保有量（长度）占大陆海岸线总长度的百分比，其中，大陆海岸线总长度以省级人民政府批准确定的海岸线数据为基准
自然保护地陆域面积占陆域国土面积比例	%	预期性	各级各类自然保护地陆域面积总和占全国陆域国土面积的百分比
森林覆盖率	%	预期性	以行政区域为单位，某一行政区域范围内森林面积与土地面积的百分比，是反映森林资源状况的重要指标；根据《中华人民共和国森林法》，森林包括乔木林、竹林和国家特别规定的灌木林
草原综合植被覆盖度	%	预期性	宏观尺度上草原植物垂直投影面积占该区域草原面积的百分比，反映草原植被的疏密程度，是定量监测评估草原生态质量状况的重要指标
湿地保护率	%	预期性	湿地保护面积占湿地总面积的百分比，其中湿地保护面积指《关于建立以国家公园为主体的自然保护地体系的指导意见》规定的15种自然保护地和生态保护红线等范围内湿地的面积
水域空间保有量	hm²	预期性	根据国土调查分类，包括河流水面、湖泊水面、水库水面、坑塘水面等二级地类
用水总量	m³	约束性	规划水平年用水总量控制性要求
单位国内生产总值建设用地使用面积下降	%	预期性	年度单位GDP建设用地使用面积较上年度单位GDP建设用地使用面积的下降比率。其中，单位GDP建设用地使用面积，指一定时期内该地区建设用地面积与地区生产总值的比值

2. 指标性质

按指标性质分为约束性指标和预期性指标。约束性指标是为实现规划目标，在规划期内不得突破或必须实现的指标。预期性指标是指按照经济社会发展预期，规划期内要努力实现或不突破的指标。

3. 分解思路

遵循节约优先、保护优先、绿色发展的理念，贯彻国家发展战略、主体功能区战略，落实全国国土空间规划纲要任务要求，将县级行政区主体功能定位作为重要依据，以国土调查数据为基础，按照严控增量、盘活存量的原则，合理分解下达耕地保有量、永久基本农田保护面积、生态保护红线面积等主要指标。

知识点6 生态修复和土地综合整治 【★★★★】

1. 生态修复和土地综合整治重点区域

在一定时间、区域和投资范围内，为维护生态安全、促进生态系统良性循环、提高国土空间开发利用的效率和质量，对空间格局失衡、资源利用低效、生态功能退化、生态系统受损的重点区域，进行系统修复或综合整治的活动。依据规划目标和任务，按照工程分布相对集中、整治类型相对综合、基础条件相对较好、综合效益相对较强的原则，对工程目标、建设内容、投资估算、预期效益等提出科学安排和合理布置。

生态修复和国土综合整治重点区域

区域	要求
山水林田湖草沙系统修复	针对生态系统功能整体不强、生态破坏严重、生态屏障脆弱等问题，结合各区域的生态系统特征和国家重大战略要求，提出生态保护和修复重大行动重点区域，分析区域内的经济、产业、人口、发展方向和生态现状，统筹山水林田湖草沙各生态要素，整体谋划荒漠化防治、天然林资源保护、草原和湿地资源保护修复、防护林体系建设、矿山生态修复、水土保持、海洋生态修复等时序安排，筑牢国家生态安全屏障
矿山生态修复	针对矿产资源开发造成地灾隐患、占用和损毁土地、生态破坏等问题，通过预防控制和综合整治措施，使矿山地质环境达到稳定、损毁的土地达到可供利用状态，以及使生态功能得到恢复的活动
海洋生态修复	针对滨海湿地大面积减少、自然岸线锐减等典型海洋生态系统受损、退化等问题，通过开展整治和修复，逐步恢复遭到破坏的海洋生态系统的结构和功能，提高海洋生物多样性，促进海洋生态安全屏障建设
土地综合整治	① 包括农村和城镇土地综合整治、重大自然灾害灾后生态修复。 ② 主要针对农业生产效率不高、农村建设用地粗放、人居环境质量不高等问题，大力推进乡村全域土地综合整治，推进乡村土地集约高效利用，改善乡村生产生活条件，提升农产品生产能力，保障农村环境基础设施建设，优化乡村人居环境。 ③ 针对城市化地区国土空间利用效率不高、城市病日益突显等问题，在主要城市化地区开展低效用地再开发和人居环境综合整治，提高建设用地效率和品质，改善提升人居环境

2. 生态修复和土地综合整治重大工程安排

提出重大工程名称、工程类型、重点任务、实施区域等，各地可根据实际情况对重大工程安排表进行调整。表格内容参考如下。

工程类型：山水林田湖草沙生态修复、土地综合整治、矿山生态修复、海洋生态修复、其他整治和修复。

重点任务：重大工程需要解决的突出问题，建设内容和目标等。

实施区域：重大工程实施涉及的市（地、州、盟）。

预期建设规模：重大工程预期涉及的建设区域总面积。

建设时序：预计重大工程实施年限。

知识点 7   省级国土空间规划成果要求 【★★★★】

省级国土空间规划成果要求

内容	说明
成果构成	规划成果包括：规划文本、规划附表、规划图集、规划说明、空间规划"一张图"实施监督信息系统评估报告、专题报告和其他材料
规划文本	① 战略目标和任务； ② 总体格局； ③ 农业生产空间保护； ④ 生态空间保护与修复； ⑤ 新型城镇化和乡村振兴； ⑥ 陆海空间协同（沿海省份）； ⑦ 文化遗产和自然遗产保护利用； ⑧ 基础支撑体系； ⑨ 区域协调发展的空间指引； ⑩ 规划实施保障
规划附表	① 规划指标表； ② 耕地和永久基本农田保护面积指标表； ③ 生态保护红线面积表； ④ 城镇开发边界扩展倍数指标表； ⑤ 国家级和省级主体功能区名录； ⑥ 历史文化保护名录表； ⑦ 无居民海岛分区分类一览表； ⑧ 重点项目安排表； ⑨ 大陆自然岸线保有率指标表； ⑩ 自然保护地一览表； ⑪ 战略性矿产保障区名录一览表； ⑫ 特别振兴区名录一览表
规划图集	**基础分析图包括：** ① 区位分析图； ② 地形地貌图； ③ 行政区划图； ④ 国土空间用地用海现状图； ⑤ 矿产资源分布图； ⑥ 自然保护地现状图； ⑦ 城镇体系现状图； ⑧ 综合交通现状图； ⑨ 历史文化保护现状图； ⑩ 水利基础设施现状图； ⑪ 地质、水文、灾害、海洋环境质量等其他现状图； ⑫ 资源环境承载能力和国土空间开发适宜性评价图（包括单因子评价和综合承载能力评价图）等

国土空间总体规划

内容	说明
规划图集	规划成果图包括： ① 国土空间开发保护格局图； ② 耕地和永久基本农田保护红线； ③ 生态保护红线图； ④ 城镇开发边界图； ⑤ 三条控制线图； ⑥ 国家级和省级主体功能区分布图； ⑦ 农产品主产区格局优化图； ⑧ 重点生态功能区格局优化图； ⑨ 城市化地区格局优化图； ⑩ 主要灾害重点防控区域规划图； ⑪ 海洋空间功能布局图； ⑫ 文化遗产与自然遗产整体保护空间体系图； ⑬ 自然保护地体系规划图； ⑭ 生物多样性保护规划图； ⑮ 水资源安全保障和水源涵养保护规划图； ⑯ 重点基础设施规划图； ⑰ 海岸带保护利用规划图； ⑱ 生态修复和国土综合整治规划图； ⑲ 能源资源安全保障规划图； ⑳ 陆海统筹战略格局图； ㉑ 其他相关图件
规划说明	① 规划编制基础； ② 规划协调衔接； ③ 规划目标定位； ④ 规划空间格局； ⑤ 国土空间布局； ⑥ 历史文化传承； ⑦ 支撑体系； ⑧ 规划方案论证； ⑨ 规划环境影响评价； ⑩ 其他
国土空间规划"一张图"	国土空间规划"一张图"实施监督信息系统评估报告
专题报告	根据规划主要内容要求，结合区域国土空间开发利用存在的问题和区域特点，开展国土空间规划专题研究形成的成果集，包括专题研究报告、基础研究数据集、分析图等相关成果
其他资料	包括规划编制过程中形成的工作报告、基础资料、会议纪要、部门意见、专家论证意见、公众参与记录等

国土空间总体规划

2024-019 不属于主体功能分区必备类型区的是( )。

A. 城市化发展区
B. 农产品主产区
C. 战略性矿产保障区
D. 重点生态功能区

【答案】C

【解析】根据《省级国土空间规划编制技术规程》GB/T 43214—2023 主体功能分区类型：主体功能区由国家级主体功能区和省级主体功能区组成，省级主体功能区包括省级城市化发展区、农产品主产区和重点生态功能区，以及省级自然保护地、战略性矿产保障区、特别振兴区等重点区域名录。城市化发展区、农产品主产区、重点生态功能区是必备类型区。ABD 属于必备类型，C 选项符合题意。

2024-086 根据省级国土空间规划编制技术规程，属于规划成果图的有( )。

A. 农产品主产区格局优化图
B. 产业布局规划图
C. 国土空间规划分区图
D. 自然保护地体系规划图
E. 生态修复和国土综合整治规划图

【答案】ADE

【解析】根据《省级国土空间规划编制技术规程》GB/T 43214—2023 第 9.4.3 条，规划成果图包括：①国土空间开发保护格局图；②耕地和永久基本农田保护红线图；③生态保护红线图；④城镇开发边界图；⑤三条控制线图；⑥国家级和省级主体功能区分布图；⑦农产品主产区格局优化图（A 正确）；⑧重点生态功能区格局优化图；⑨ 城市化地区格局优化图；⑩主要灾害重点防控区域规划图；⑪海洋空间功能布局图；⑫ 文化遗产与自然遗产整体保护空间体系图；⑬自然保护地体系规划图（D 正确）；⑭生物多样性保护规划图；⑮水资源安全保障和水源涵养保护规划图；⑯重点基础设施规划图；⑰海岸带保护利用规划图；⑱生态修复和国土综合整治规划图（E 正确）；⑲能源资源安全保障规划图；⑳陆海统筹战略格局图；㉑其他相关图件。ADE 符合题意。

板块 2　市级国土空间总体规划编制

根据《市级国土空间总体规划编制指南（试行）》要点整理。

历年考频

名称	2019 年	2020 年	2021 年	2022 年	2023 年	2024 年
市级国土空间总体规划编制指南（试行）	0	0	10	10	10	6

知识点 1　总体要求【★★★★★】

市级国土空间总体规划总体要求

要求	说明
适用范围	适用于市级（包括副省级和地级城市）国土空间总体规划（以下简称市级总规）编制。地区、州、盟可参照执行。直辖市国土空间规划可结合《省级国土空间规划编制技术规程》和《市级国土空间总体规划编制指南（试行）》等有关要求编制
规划定位	① 市级总规是城市为实现"两个一百年"奋斗目标制定的空间发展蓝图和战略部署，是城市落实新发展理念，实施高效能空间治理，促进高质量发展和高品质生活的空间政策，是市域国土空间保护、开发、利用、修复的行动纲领； ② 市级总规要体现综合性、战略性、协调性、基础性和约束性，落实和深化上位规划要求，为编制下位国土空间总体规划、详细规划、相关专项规划和开展各类开发保护建设活动、实施国土空间用途管制提供基本依据
工作原则	① 贯彻新时代新要求； ② 突出公共政策属性； ③ 创新规划工作方法
规划范围和期限	规划范围包括市级行政辖区内全部陆域和管辖海域国土空间；本轮规划目标年为2035 年，近期至 2025 年，远景展望至 2050 年
规划层次	市级总规一般包括市域和中心城区两个层次。 ① 市域要统筹全域全要素规划管理，侧重国土空间开发保护的战略部署和总体格局； ② 中心城区要细化土地使用和空间布局，侧重功能完善和结构优化； ③ 市域与中心城区要落实重要管控要素的系统传导和衔接
编制主体与程序	规划编制应坚持党委领导、政府组织、部门协同、专家领衔、公众参与的工作方式。市级人民政府负责市级总规组织编制工作，市级自然资源主管部门会同相关部门承担具体编制工作。 工作程序主要包括基础工作、规划编制、规划设计方案论证、规划公示、成果报批、规划公告等
成果形式	规划成果包括规划文本、附表、图件、说明、专题研究报告、国土空间规划"一张图"相关成果等

要求	说明
审查要求	在方案论证阶段和成果报批之前，审查机关应组织专家参与论证和进行审查。审查要件包括市级总规相关成果。报国务院审批城市的审查要点依据《自然资源部关于全面开展国土空间规划工作的通知》，其他城市的审查要点各省（区）可结合实际参照执行

　　记忆口诀——市级国土空间总体规划成果要求： 文表图说专一。
　　理解区分——省级国土空间规划成果： 规划文本、规划附表、规划图集、规划说明、国土空间规划"一张图"实施监督信息系统评估报告、专题报告和其他资料。

知识点 2　基础工作 【★★★★★】

1. 统一底图底数

　　各地应在第三次国土调查（以下简称"三调"）的基础上，按照国土空间用地用海分类、城区范围确定等有关标准规范，形成符合规定的国土空间利用现状和工作底数。统一采用2000 国家大地坐标系和 1985 国家高程基准作为空间定位基础，形成坐标一致、边界吻合、上下贯通的工作底图。沿海地区要增加所辖海域海岛底图底数。

　　各地应根据需要开展补充调查，并充分应用基础测绘和地理国情监测成果，收集自然资源、生态环境、经济产业、人口社会、历史文化、基础设施、城乡发展、区域协调、灾害风险、水土污染、海洋空间保护和利用等相关资料，以及相关规划成果、土地利用审批、永久基本农田等数据，加强基础数据分析。

2. 分析自然地理格局

　　研究当地气候和地形地貌条件、水土等自然资源禀赋、生态环境容量等空间本底特征，分析自然地理格局、人口分布与区域经济布局的空间匹配关系，开展资源环境承载能力和国土空间开发适宜性评价（以下简称"双评价"），明确农业生产、城镇建设的最大合理规模和适宜空间，提出国土空间优化导向。

3. 重视规划实施和灾害风险评估

　　开展现行城市总体规划、土地利用总体规划、市级海洋功能区划等空间类规划及相关政策实施的评估，评估自然生态和历史文化保护、基础设施和公共服务设施、节约集约用地等规划实施情况；结合自然地理本底特征和"双评价"结果，针对不确定性和不稳定性，分析区域发展和城镇化趋势、人口与社会需求变化、科技进步和产业发展、气候变化等因素，系统梳理国土空间开发保护中存在的问题，开展灾害和风险评估。

4. 加强重大专题研究

可包括但不限于：

1）研究人口规模、结构、分布以及人口流动等对空间供需的影响和对策；

2）研究气候变化及水土资源、洪涝等自然灾害等因素对空间开发保护的影响和对策；

3）研究重大区域战略、新型城镇化、乡村振兴、科技进步、产业发展等对区域空间发展的影响和对策；

4）研究交通运输体系和信息技术对区域空间发展的影响和对策；

5）研究公共服务、基础设施、公共安全、风险防控等支撑保障系统的问题和对策；

6）研究建设用地节约集约利用和城市更新、土地整治、生态修复的空间策略；

7）研究自然山水和人居环境的空间特色、历史文化保护传承等空间形态和品质改善的问题和对策；

8）研究资源枯竭、人口收缩城市振兴发展的空间策略；

9）综合研究规划实施保障机制和相关政策措施。

5. 开展总体城市设计研究

将城市设计贯穿规划全过程。

基于人与自然和谐共生的原则，研究市域生产、生活、生态的总体功能关系，协调城镇乡村与山水林田湖草海等自然环境的布局关系，优化开发保护的约束性条件和管控边界，塑造具有特色和比较优势的市域国土空间总体格局和空间形态。

基于本地自然和人文禀赋，加强自然与历史文化遗产保护，研究城市开敞空间系统、重要廊道和节点、天际轮廓线等空间秩序控制引导方案，提高国土空间的舒适性、艺术性，提升国土空间品质和价值。

知识点3　主要编制内容　【★★★★★】

1. 落实主体功能定位，明确空间发展目标战略

强化总体规划的战略引领和底线管控作用，促进国土空间发展更加绿色安全、健康宜居、开放协调、富有活力并各具特色。

（1）国土空间开发保护战略

围绕"两个一百年"奋斗目标和上位规划部署，结合本地发展阶段和特点，并针对存在问题、风险挑战和未来趋势，确定城市性质和国土空间发展目标，提出国土空间开发保护战略。

（2）国土空间规划指标

国土空间规划指标按指标性质分为约束性指标、预期性指标和建议性指标。约束性指标是为实现规划目标，在规划期内不得突破或必须实现的指标；预期性指标是指按照经济社会发展预期，规划期内努力实现或不突破的指标；建议性指标是指可根据地方实际选取的规划指标。

落实上位规划的约束性指标要求，结合经济社会发展要求，确定国土空间开发保护的量化指标。

规划指标体系表

大类	指标项	指标属性	指标层级	含义
空间底线	生态保护红线面积（km²）	约束性	市域	在生态空间范围内具有特殊重要生态功能、必须强制性严格保护的陆域、水域、海域等面积
	用水总量（亿 m³）	约束性	市域	全年各类用水量的总和，包括生产用水、生活用水和生态用水等

大类	指标项	指标属性	指标层级	含义
空间底线	永久基本农田保护面积（km²）	约束性	市域	为保障国家粮食安全，按照一定时期人口和经济社会发展对农产品的需求，依法确定不得擅自占用或改变用途、实施特殊保护的耕地的面积
	耕地保有量（km²）	约束性	市域	规划期内必须保有的耕地面积
	建设用地总面积（km²）	约束性	市域	市域范围内的建设用地的总面积
	城乡建设用地面积（km²）	约束性	市域	城市、建制镇、村庄范围内的建设用地的面积
	林地保有量（km²）	约束性	市域	规划期内必须保有的林地面积
	基本草原面积（km²）	约束性	市域	依据《中华人民共和国草原法（2013年修正）》第四十二条规定，划定的基本草原总面积
	湿地面积（km²）	约束性	市域	红树林地，天然的或人工的、永久的或间歇性的沼泽地、泥炭地，滩涂等
	大陆自然海岸线保有率（%）	约束性	市域	大陆自然海岸线（砂质岸线、淤泥质岸线、基岩岸线、生物岸线等原生海岸线，及整治修复后具有自然海岸形态特征和生态功能的海岸线）长度占大陆海岸线总长度的比例
	自然和文化遗产（处）	预期性	市域	由各级政府和部门依法认定公布的自然和文化遗产数量。一般包括：世界遗产、国家文化公园、风景名胜区、文化生态保护区、历史文化名城名镇名村街区、传统村落、文物保护单位和一般不可移动文物、历史建筑，以及其他经行政认定公布的遗产类型
	地下水水位（m）	建议性	市域	含浅层和深层，依托国家地下水监测工程监测点测量的地下水面高程（以黄海高程为准）
	新能源和可再生能源比例（%）	建议性	市域	在消费的各种能源中，新能源和可再生能源折算标准量累计后占能源消费总量的比例
	本地指示性物种种类	建议性	市域	反映本地生态系统的保持情况的指示性物种的种类
空间结构与效率	常住人口规模（万人）	预期性	市域、中心城区	实际经常居住半年及以上的人口数量
	常住人口城镇化率（%）	预期性	市域	城镇常住人口占常住人口的比例
	人均城镇建设用地面积（m²）	约束性	市域、中心城区	城市、建制镇范围内的建设用地面积与城镇常住人口规模的比值
	人均应急避难场所面积（m²）	预期性	中心城区	应急避难场所面积与常住人口规模的比值
	道路网密度（km/km²）	约束性	中心城区	快速路及主干路、次干路、支路总里程数与中心城区面积的比值
	轨道交通站点800m半径服务覆盖率（%）	建议性	中心城区	轨道交通站点800m半径范围内覆盖的人口与就业岗位占总人口与就业岗位的比例

国土空间总体规划

大类	指标项	指标属性	指标层级	含义
空间结构与效率	都市圈 1 小时人口覆盖率（%）	建议性	市域	都市圈 1 小时通勤圈范围内覆盖的人口占总人口的比例
	每万元 GDP 水耗（m³）	预期性	市域	每万元 GDP 产出消耗的水资源数量
	每万元 GDP 地耗（m²）	预期性	市域	每万元二三产业产出增加值消耗的建设用地面积
空间品质	公园绿地、广场步行 5 分钟覆盖率（%）	约束性	中心城区	400m² 以上公园绿地、广场用地周边 5 分钟步行范围覆盖的居住用地占所有居住用地的比例
	卫生、养老、教育、文化、体育等社区公共服务设施步行 15 分钟覆盖率（%）	预期性	中心城区	卫生、养老、教育、文化、体育等各类社区公共服务设施周边 15 分钟步行范围覆盖的居住用地占所有居住用地的比例（分项计算）
	城镇人均住房面积（m²）	预期性	市域	城镇住房建筑总面积与城镇常住人口规模的比值
	每千名老年人养老床位数（张）	预期性	市域	每千名 60 岁及以上老年人拥有的养老机构床位数
	每千人口医疗卫生机构床位数（张）	预期性	市域	每千名常住人口拥有的各类医疗卫生机构床位数
	人均体育用地面积（m²）	预期性	中心城区	体育用地总面积与常住人口规模的比值
	人均公园绿地面积（m²）	预期性	中心城区	公园绿地总面积与常住人口规模的比值
	绿色交通出行比例（%）	预期性	中心城区	采用步行、非机动车、常规公交、轨道交通等绿色方式出行量占所有方式出行总量的比例
	工作日平均通勤时间（min）	建议性	中心城区	工作日居民通勤出行时间的平均值
	降雨就地消纳率（%）	预期性	中心城区	通过减少硬化面积，增加渗水、蓄水、滞水空间，使多年平均降雨量的 70% 实现下渗、储存、净化、回用的城市建成区占总建成区的比例，是反映海绵城市建设水平的指标
	城镇生活垃圾回收利用率（%）	预期性	中心城区	城镇经生物、物理、化学转化后作为二次原料的生活垃圾处理量占生活垃圾产生总量的比例
	农村生活垃圾处理率（%）	预期性	市域	农村经收集、处理的生活垃圾量占生活垃圾产生总量的比例

国土空间总体规划

2. 优化空间总体格局，促进区域协调、城乡融合发展

落实国家和省的区域发展战略、主体功能区战略，以自然地理格局为基础，形成**开放式、网络化、集约型、生态化**的国土空间总体格局。

1）**完善区域协调格局**：**注重推动城市群、都市圈交通一体化**，发挥综合交通对区域网络化布局的引领和支撑作用，**重点解决资源和能源、生态环境、公共服务设施和基础设施、产业空间和邻避设施布局等区域协同问题。城镇密集地区的城市要提出跨行政区域的都市圈、城镇圈协调发展的规划内容，**促进多中心、多层次、多节点、组团式、网络化发展，防止城市无序蔓延。其他地区在培育区域中心城市的同时，要注重发挥县城、重点特色镇等节点城镇作用，形成多节点、网络化的协同发展格局。

2）**优先确定生态保护空间**：明确自然保护地等生态重要和生态敏感地区，构建重要生态屏障、廊道和网络，形成连续、完整、系统的生态保护格局和开敞空间网络体系，维护生态安全和生物多样性。

3）**保障农业发展空间**：优化农业（畜牧业）生产空间布局，引导布局都市农业，提高就近粮食保障能力和蔬菜自给率，重点保护集中连片的优质耕地、草地，明确具备整治潜力的区域，以及生态退耕、耕地补充的区域。**沿海城市要合理安排集约化海水养殖和现代化海洋牧场空间布局。**

4）**融合城乡发展空间**：围绕新型城镇化、乡村振兴、产城融合，明确城镇体系的规模等级和空间结构，**提出村庄布局优化的原则和要求。**完善城乡基础设施和公共服务设施网络体系，改善可达性，构建不同层次和类型、功能复合、安全韧性的城乡生活圈。

5）**彰显地方特色空间**：发掘本地自然和人文资源，系统保护自然景观资源和历史文化遗存，划定自然和人文资源的整体保护区域。

6）**协同地上地下空间**：提出地下空间和重要矿产资源保护开发的重点区域，处理好地上与地下、矿产资源勘查开采与生态保护红线及永久基本农田等控制线的关系。提出城市地下空间的开发目标、规模、重点区域、分层分区和协调连通的管控要求。

7）**统筹陆海空间**：**沿海城市应按照陆海统筹原则确定生态保护红线，**并提出海岸带两侧陆海功能衔接要求，制定陆域和海域功能相互协调的规划对策。

8）明确战略性的预留空间，应对未来发展的不确定性。

3. 强化资源环境底线约束，推进生态优先、绿色发展

基于资源环境承载能力和国土安全要求，明确重要资源利用上限，划定各类控制线，作为开发建设不可逾越的红线。

1）**落实上位国土空间规划确定的生态保护红线、永久基本农田、城镇开发边界（以下简称"三条控制线"）等划定要求，统筹划定"三条控制线"。**各地可结合地方实际，提出历史文化、矿产资源等其他需要保护和控制的底线要求。

2）制定水资源供需平衡方案，**明确水资源利用上限。按照以水定城、以水定地、以水定人、以水定产原则，优化生产、生活、生态用水结构和空间布局，重视雨水和再生水等资源利用，建设节水型城市。**

3）制定能源供需平衡方案，落实碳排放减量任务，控制能源消耗总量。优化能源结构，推动风、光、水、地热等本地清洁能源利用，提高可再生能源比例，鼓励分布式、网络化能源布局，建设低碳城市。

4）基于地域自然环境条件，严格保护低洼地等调蓄空间，明确海洋、河湖水系、湿地、蓄滞洪区和水源涵养地的保护范围，确定海岸线、河湖自然岸线的保护措施。明确天然林、生态公益林、基本草原等为主体的林地、草地保护区域。

4. 优化空间结构，提升连通性，促进节约集约、高质量发展

依据国土空间开发保护总体格局，注重城乡融合、产城融合，优化城市功能布局和空间结构，改善空间连通性和可达性，促进形成高质量发展的新增长点。

1）按照主体功能定位和空间治理要求，优化城市功能布局和空间结构，划分规划分区。其中，中心城区和沿海城市的海洋发展区应细化至二级规划分区。

2）落实上位规划指标，以盘活存量为重点明确用途结构优化方向，确定全域主要用地用海的规模和比例，制定市域国土空间功能结构调整表。提出城乡建设用地集约利用的目标和措施。优先保障住房和各类重要公共服务设施用地，以及涉及军事、外事、殡葬等特殊用地。

3）确定中心城区各类建设用地总量和结构，制定中心城区城镇建设用地结构规划表。提出不同规划分区的用地结构优化导向，鼓励土地混合使用。

4）优化建设用地结构和布局，推动人、城、产、交通一体化发展，促进产业园区与城市服务功能的融合，保障发展实体经济的产业空间，在确保环境安全的基础上引导发展功能复合的产业社区，促进产城融合、职住平衡。

5）提高空间连通性和交通可达性，明确综合交通系统发展目标，促进城市高效、安全、低能耗运行，优化综合交通网络，完善物流运输系统布局，促进新业态发展，增强区域、市域、城乡之间的交通服务能力。

6）坚持公交引导城市发展，提出与城市功能布局相融合的公共交通体系与设施布局。优化公交枢纽和场站（含轨道交通）布局与集约用地要求，提高站点覆盖率，鼓励站点周边地区土地混合使用，引导形成综合服务节点，服务于人的需求。

5. 完善公共空间和公共服务功能，营造健康、舒适、便利的人居环境

结合不同尺度的城乡生活圈，优化居住和公共服务设施用地布局，完善开敞空间和慢行网络，提高人居环境品质。

1）基于常住人口的总量和结构，提出分区分级公共服务中心体系布局和标准，针对实际服务管理人口特征和需求，完善服务功能，改善服务的便利性。确定中心城区公共服务设施用地总量和结构比例。

2）优化居住用地结构和布局，改善职住关系，引导政策性住房优先布局在交通和就业便利地区，避免形成单一功能的大型居住区。确定中心城区人均居住用地面积。严控高层高密度住宅。

3）完善社区生活圈，针对人口老龄化、少子化趋势和社区功能复合化需求，重点提出医疗、康养、教育、文体、社区商业等服务设施和公共开敞空间的配置标准和布局要求，建设全年龄友好健康城市，以社区生活圈为单元补齐公共服务短板。

4）按照"小街区、密路网"的理念，优化中心城区城市道路网结构和布局，提高中心城区道路网密度。

5）构建系统安全的慢行系统，结合街道和蓝绿网络，构建连通城市和城郊的绿道系统，提出城市中心城区覆盖地上地下、室内户外的慢行系统规划要求，建设步行友好城市。

6）结合市域生态网络，完善蓝绿开敞空间系统，为市民创造更多接触大自然的机会。确定结构性绿地、城乡绿道、市级公园等重要绿地以及重要水体的控制范围，划定中心城区的绿线、蓝线，并提出控制要求。

7）在中心城区提出通风廊道、隔离绿地和绿道系统等布局和控制要求。确定中心城区绿地与开敞空间的总量、人均用地面积和覆盖率指标，并着重提出包括社区公园、口袋公园在内的各类绿地均衡布局的规划要求。

6. 保护自然与历史文化，塑造具有地域特色的城乡风貌

加强自然和历史文化资源的保护，运用城市设计方法，优化空间形态，突显本地特色优势。

1）挖掘本地历史文化资源，梳理市域历史文化遗产保护名录，明确和整合各级文物保护单位、历史文化名城名镇名村、历史城区、历史文化街区、传统村落、历史建筑等历史文化遗存的保护范围，统筹划定包括城市紫线在内的各类历史文化保护线。保护历史性城市景观和文化景观，针对历史文化和自然景观资源富集、空间分布集中的地域和廊道，明确整体保护和促进活化利用的空间要求。

2）提出全域山水人文格局的空间形态引导和管控原则，对滨水地区（河口、海岸）、山麓地区等城市特色景观地区提出有针对性的管控要求。

3）明确空间形态重点管控地区，提出开发强度分区和容积率、密度等控制指标，以及高度、风貌、天际线等空间形态控制要求。明确有景观价值的制高点、山水轴线、视线通廊等，严格控制新建超高层建筑。

4）对乡村地区分类分区提出特色保护、风貌塑造和高度控制等空间形态管控要求，发挥田野的生态、景观和空间间隔作用，营造体现地域特色的田园风光。

7. 完善基础设施体系，增强城市安全韧性

统筹存量和增量、地上和地下、传统和新型基础设施系统布局，构建集约高效、智能绿色、安全可靠的现代化基础设施体系，提高城市综合承载能力，建设韧性城市。

1）以协同融合、安全韧性为导向，结合空间格局优化和智慧城市建设，优化形成各类基础设施一体化、网络化、复合化、绿色化、智能化布局。提出市域重要交通廊道和高压输电干线、天然气高压干线等能源通道空间布局，以及市域重大水利工程布局安排。提出中心城区交通、能源、水系统、信息、物流、固体废弃物处理等基础设施的规模和网络化布局要求，明确廊道控制要求，鼓励新建城区提出综合管廊布局方案。

2）基于灾害风险评估，确定主要灾害类型的防灾减灾目标和设防标准，划示灾害风险区。明确防洪（潮）、抗震、消防、人防、防疫等各类重大防灾设施标准、布局要求与防灾减灾措施，适度提高生命线工程的冗余度。针对气候变化影响，结合城市自然地理特征，优化防洪排涝通道和蓄滞洪区，划定洪涝风险控制线，修复自然生态系统，因地制宜推进海绵城市建设，增加城镇建设用地中的渗透性表面。沿海城市应强化因气候变化造成海平面上升的灾害应对措施。

3）以社区生活圈为基础构建城市健康安全单元，完善应急空间网络。结合公园、绿地、广场等开敞空间和体育场馆等公共设施，提出网络化、分布式的应急避难场所、疏散通道的布局要求。

4）预留一定应急用地和大型危险品存储用地，科学划定安全防护和缓冲空间。

5）确定重要交通、能源、市政、防灾等基础设施用地控制范围，划定中心城区重要基础设施的黄线，与生态保护红线、永久基本农田等控制线相协调。在提出控制要求的同时保留一定弹性，为新型基础设施建设预留发展空间。

8. 推进国土整治修复与城市更新，提升空间综合价值

针对空间治理问题，分类开展整治、修复与更新，有序盘活存量，提高国土空间的品质和价值。

1）生态修复应坚持山水林田湖草生命共同体的理念，按照陆海统筹的原则，针对生态功能退化、生物多样性减少、水土污染、洪涝灾害、地质灾害等问题区域，明确生态系统修复的目标、重点区域和重大工程，维护生态系统，改善生态功能。

2）**土地整治应以乡村振兴为目标**，结合村庄布局优化要求，推进乡村地区田水路林村全要素综合整治，针对土壤退化等问题，提出农用地综合整治、低效建设用地整治等综合整治目标、重点区域和重大工程，建设美丽乡村。

3）**城市更新**应根据城市发展阶段与目标、用地潜力和空间布局特点，明确实施城市有机更新的重点区域，**根据需要确定城市更新空间单元**，结合城乡生活圈构建，注重补短板、强弱项，优化功能布局和开发强度，传承历史文化，提升城市品质和活力，**避免大拆大建**，保障公共利益。

9. 建立规划实施保障机制，确保一张蓝图干到底

保障规划有效实施，提出对下位规划和专项规划的指引；衔接国民经济和社会发展五年规划，制定近期行动计划；提出规划实施保障措施和机制，以"一张图"为支撑完善规划全生命周期管理。

（1）区县指引

对市辖县（区、市）提出规划指引，按照主体功能区定位，落实市级总规确定的规划目标、规划分区、重要控制线、城镇定位、要素配置等规划内容。**制定市辖县（区、市）的约束性指标分解方案，下达调控指标，确保约束性指标的落实。**

各地可根据实际情况，在市级总规基础上，**大城市可以行政区或规划片区为单元编制分区规划（相当于县级总规），中小城市可直接划分详规单元**，加强对详细规划的指引和传导。涉及中心城区范围的县（区、市）的国土空间总体规划，应落实市级总规对中心城区的国土空间安排。

（2）专项指引

明确专项规划编制清单。相关专项规划应在国土空间总体规划的指导约束下编制，**落实相关约束性指标，不得违背市级总规的强制性内容。**经依法批准后纳入市级国土空间基础信息平台，叠加到国土空间规划"一张图"上。

（3）近期行动计划

衔接国民经济和社会发展五年规划，结合城市体检评估，对规划近期做出统筹安排，制定行动计划。编制城市更新、土地整治、生态修复、基础设施、公共服务设施和防洪排涝工程等重大项目清单，提出实施支撑政策。

（4）政策机制

落实和细化主体功能区等政策，提出有针对性、可操作的财政、投资、产业、环境、生态、人口、土地等规划实施政策措施，保障规划目标的实现，促进国土空间的优化和空间资源的资产价值实现。鼓励探索主体功能区制度在基层落实的途径，各地可依法制定相应配套措施。

（5）国土空间规划"一张图"建设

形成市级总规数据库，作为市级总规的成果组成部分同步上报。建立各部门共建共享共用、全市统一、市县（区）联动的国土空间基础信息平台，并做好与国家级平台对接，积极推进与其他信息平台的横向联通和数据共享。基于国土空间基础信息平台同步建设国土空间规划"一张图"实施监督信息系统，为城市体检评估和规划全生命周期管理奠定基础。基于国土空间基础信息平台，探索建立城市信息模型（CIM）和城市时空感知系统，促进智慧规划和智慧城市建设，提高国土空间精治、共治、法治水平。

知识点 4　强制性内容　【★★★★★】

市级总规中涉及的安全底线、空间结构等方面内容，应作为规划强制性内容，并在图纸上有准确标明或在文本上有明确、规范的表述，同时提出相应的管理措施。

市级总规中强制性内容应包括：

1）约束性指标落实及分解情况，如生态保护红线面积、用水总量、永久基本农田保护面积等；

2）生态屏障、生态廊道和生态系统保护格局，自然保护地体系；

3）生态保护红线、永久基本农田和城镇开发边界三条控制线；

4）涵盖各类历史文化遗存的历史文化保护体系，历史文化保护线及空间管控要求；

5）中心城区范围内结构性绿地、水体等开敞空间的控制范围和均衡分布要求；

6）城乡公共服务设施配置标准，城镇政策性住房和教育、卫生、养老、文化体育等城乡公共服务设施布局原则和标准；

7）重大交通枢纽、重要线性工程网络、城市安全与综合防灾体系、地下空间、邻避设施等设施布局。

> **记忆口诀：** 三生指保绿公交。

知识点 5　规划分区　【★★★★★】

规划分区分为**一级规划分区**和**二级规划分区**。一级规划分区包括以下 7 类：**生态保护区、生态控制区、农田保护区，以及城镇发展区、乡村发展区、海洋发展区、矿产能源发展区。城镇发展区、乡村发展区、海洋发展区分别细分为二级规划分区**，各地可结合实际补充二级规划分区类型。规划分区类型和具体含义见下表。

规划分区

一级规划分区	二级规划分区		含义
生态保护区	—		具有特殊重要生态功能或生态敏感脆弱、必须强制性严格保护的陆地和海洋自然区域，包括陆域生态保护红线、海洋生态保护红线集中划定的区域
生态控制区	—		生态保护红线外，需要予以保留原貌、强化生态保育和生态建设、限制开发建设的陆地和海洋自然区域
农田保护区	—		永久基本农田相对集中需严格保护的区域
城镇发展区	城镇集中建设区	—	城镇开发边界围合的范围，是城镇集中开发建设并可满足城镇生产、生活需要的区域
		居住生活区	以住宅建筑和居住配套设施为主要功能导向的区域
		综合服务区	以提供行政办公、文化、教育、医疗以及综合商业等服务为主要功能导向的区域
		商业商务区	以提供商业、商务办公等就业岗位为主要功能导向的区域

一级规划分区	二级规划分区		含义
城镇发展区	城镇集中建设区	工业发展区	以工业及其配套产业为主要功能导向的区域
		物流仓储区	以物流仓储及其配套产业为主要功能导向的区域
		绿地休闲区	以公园绿地、广场用地、滨水开敞空间、防护绿地等为主要功能导向的区域
		交通枢纽区	以机场、港口、铁路客货运站等大型交通设施为主要功能导向的区域
		战略预留区	在城镇集中建设区中，为城镇重大战略性功能控制的留白区域
	城镇弹性发展区		为应对城镇发展的不确定性，在满足特定条件下方可进行城镇开发和集中建设的区域
	特别用途区		为完善城镇功能，提升人居环境品质，保持城镇开发边界的完整性，根据规划管理需划入开发边界内的重点地区，主要包括与城镇关联密切的生态涵养、休闲游憩、防护隔离、自然和历史文化保护等区域
乡村发展区	—		农田保护区外，为满足农林牧渔等农业发展以及农民集中生活和生产配套为主的区域
	村庄建设区		城镇开发边界外，规划重点发展的村庄用地区域
	一般农业区		以农业生产发展为主要利用功能导向划定的区域
	林业发展区		以规模化林业生产为主要利用功能导向划定的区域
	牧业发展区		以草原畜牧业发展为主要利用功能导向划定的区域
海洋发展区	—		允许集中开展开发利用活动的海域，以及允许适度开展开发利用活动的无居民海岛
	渔业用海区		以渔业基础设施建设、养殖和捕捞生产等渔业利用为主要功能导向的海域和无居民海岛
	交通运输用海区		以港口建设、路桥建设、航运等为主要功能导向的海域和无居民海岛
	工矿通信用海区		以临海工业利用、矿产能源开发和海底工程建设为主要功能导向的海域和无居民海岛
	游憩用海区		以开发利用旅游资源为主要功能导向的海域和无居民海岛
	特殊用海区		以污水达标排放、倾倒、军事等特殊利用为主要功能导向的海域和无居民海岛
	海洋预留区		规划期内为重大项目用海用岛预留的控制性后备发展区域
矿产能源发展区	—		为适应国家能源安全与矿业发展的重要陆域采矿区、战略性矿产储量区等区域

国土空间总体规划

知识点 6　城镇开发边界划定要求　【★★★★★】

1. 城镇开发边界基本概念及说明

城镇开发边界：城镇开发边界是在国土空间规划中划定的，一定时期内因城镇发展需要，可以集中进行城镇开发建设、完善城镇功能、提升空间品质的区域边界，涉及城市、建制镇以及各类开发区等。城镇开发边界内可分为城镇集中建设区、城镇弹性发展区和特别用途区，空间关系如下图所示。城市、建制镇应划定城镇开发边界。

城镇集中建设区：根据规划城镇建设用地规模，为满足城镇居民生产生活需要，划定的一定时期内允许开展城镇开发和集中建设的地域空间。

城镇弹性发展区：为应对城镇发展的不确定性，在城镇集中建设区外划定的，在满足特定条件下方可进行城镇开发和集中建设的地域空间。在不突破规划城镇建设用地规模的前提下，城镇建设用地布局可在城镇弹性发展范围内进行调整，同时相应核减城镇集中建设区用地规模。

特别用途区：为完善城镇功能，提升人居环境品质，保持城镇开发边界的完整性，根据规划管理需划入开发边界内的重点地区，主要包括与城镇关联密切的生态涵养、休闲游憩、防护隔离、自然和历史文化保护等地域空间。特别用途区原则上禁止任何城镇集中建设行为，实施建设用地总量控制，原则上不得新增除市政基础设施、交通基础设施、生态修复工程、必要的配套及游憩设施外的其他城镇建设用地。

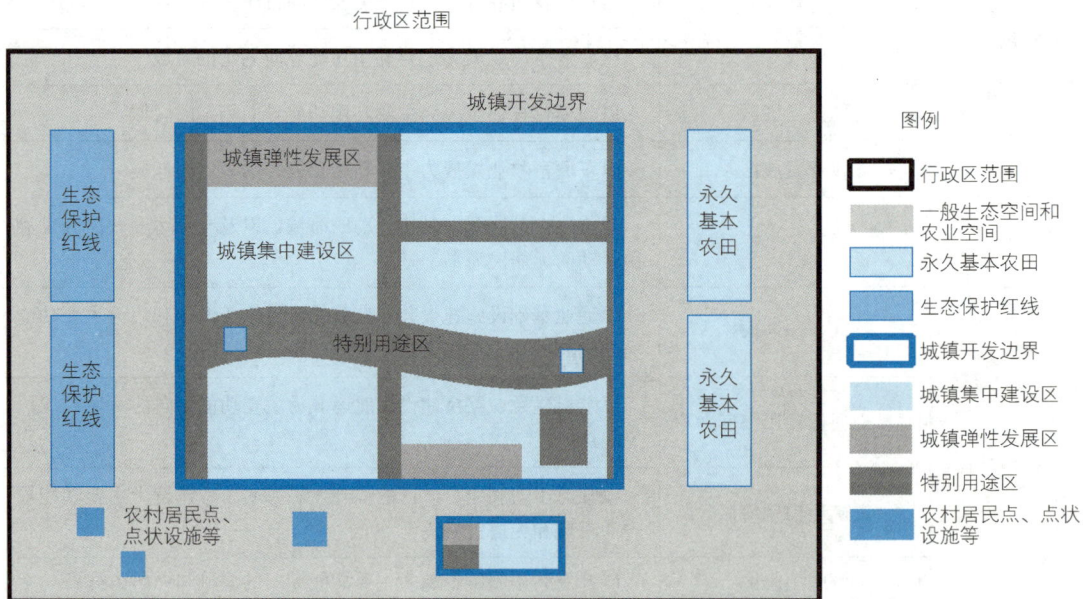

空间关系示意图

2. 城镇开发边界划定总体要求

城镇开发边界划定总体要求

内容	说明
划定原则	① 坚持节约优先、保护优先、安全优先，以"双评价"为基础，优先划定森林、河流、湖泊、山川等不能进行开发建设的范围，统筹划定"三条控制线"； ② 城镇开发边界形态尽可能完整，充分利用现状各类边界； ③ 为未来发展留有空间，强化城镇开发边界对开发建设行为的刚性约束作用，同时也要考虑城镇未来发展的不确定性，适当增加布局弹性； ④ 因地制宜，结合当地城镇化发展水平和阶段特征，兼顾近期和长远发展
划定层次	① 市级总规应依照上位国土空间规划确定的城镇定位、规模指标等控制性要求，结合地方发展实际，划定市辖区城镇开发边界；统筹提出县人民政府所在地镇（街道）、各类开发区的城镇开发边界指导方案。 ② 县级总规应依据市级总规的指导方案，划定县域范围内的城镇开发边界，包括县人民政府所在地镇（街道）、其他建制镇、各类开发区等。 ③ 按照"自上而下、上下联动"的组织方式，同步推进城镇开发边界划定工作，整合形成城镇开发边界"一张图"
规划期限	城镇开发边界期限与国土空间总体规划相一致。特大、超大城市以及资源环境超载的城镇，要划定永久性开发边界
调整和勘误	① 城镇开发边界以及城镇开发边界内的特别用途区原则上不得调整。因国家重大战略调整、国家重大项目建设、行政区划调整等确需调整的，按国土空间规划修改程序进行。 ② 规划实施中因地形差异、用地勘界、产权范围界定、比例尺衔接等情况需要局部勘误的，由市级自然资源主管部门认定后，不视为边界调整

3. 城镇开发边界划定技术流程

城镇开发边界划定一般包括**基础数据收集、开展评价研究、边界初划、方案协调、边界划定入库**等5个环节。其中，基础数据收集、开展评价研究与市级总规基础工作一并开展。

城镇开发边界划定技术流程

内容		说明
边界初划	城镇集中建设区	结合城镇发展定位和空间格局，依据国土空间规划中确定的规划城镇建设用地规模，将规划集中连片、规模较大、形态规整的地域确定为城镇集中建设区。**现状建成区，规划集中连片的城镇建设区和城中村、城边村，依法合规设立的各类开发区，国家、省、市确定的重大建设项目用地等应划入城镇集中建设区。**城镇建设和发展应避让地质灾害风险区、蓄泄洪区等不适宜建设区域，不得违法违规侵占河道、湖面、滩地。 **市级总规在市辖区划定的城镇开发边界内，划入城镇集中建设区的规划城镇建设用地一般不少于市辖区规划城镇建设用地总规模的80%。县级总规按照市级总规提出的区县指引要求划定县（区）域的全部城镇开发边界后，以县（区）为统计单元，划入城镇集中建设区的规划城镇建设用地一般应不少于县（区）域规划城镇建设用地总规模的90%**

内容		说明
边界初划	城镇弹性发展区	在与城镇集中建设区充分衔接、关联的基础上，合理划定城镇弹性发展区，做到规模适度、设施支撑可行。**城镇弹性发展区面积原则上不超过城镇集中建设区面积的 15%，其中现状城区常住人口 300 万以上城市的城镇弹性发展区面积原则上不超过城镇集中建设区面积的 10%，现状城区常住人口 500 万以上城市、收缩城镇及人均城镇建设用地显著超标的城镇，应进一步收紧弹性发展区所占比例，原则上不超过城镇集中建设区面积的 5%**
	特别用途区	根据地方实际，**特别用途区应包括对城镇功能和空间格局有重要影响、与城镇空间联系密切的山体、河湖水系、生态湿地、风景游憩、防护隔离、农业景观、古迹遗址等地域空间**。同时，对于影响城市长远发展，在规划期内不进行规划建设、也不改变现状的空间，可以以林地、草地或湿地等形态，一并划入特别用途区予以严格管控。特别用途区应做好与城镇集中建设区的**蓝绿空间衔接**，形成完整的城镇生态网络体系。**对于开发边界围合面积超过城镇集中建设区面积 1.5 倍的，对其合理性及必要性应当予以特殊说明**
方案协调		城镇开发边界应尽可能避让生态保护红线、永久基本农田。出于城镇开发边界完整性及特殊地形条件约束的考虑，对于无法调整的零散分布生态保护红线和永久基本农田，可以"开天窗"形式不计入城镇开发边界面积，并按照生态保护红线、永久基本农田的保护要求进行管理
划定入库	明晰边界	尽量利用国家有关基础调查明确的边界、各类地理界线、行政管辖边界等界线，将城镇开发边界落到实地，做到清晰可辨、便于管理。城镇开发边界由一条或多条连续闭合线组成，**单一闭合线围合面积原则上不小于 30hm²**
	上图入库	**划定成果矢量数据采用 2000 国家大地坐标系和 1985 国家高程基准**，在"三调"成果基础上，结合高分辨率卫星遥感影像图、地形图等基础地理信息数据，作为国土空间规划成果一同汇交入库

知识点 7　市级国土空间规划图件 【★★★★】

市级国土空间规划图件

内容		说明
现状图	应提交的现状图件	① 市域国土空间用地用海现状图； ② 市域自然保护地分布图； ③ 市域历史文化遗存分布图； ④ 市域自然灾害风险分布图； ⑤ 中心城区用地用海现状图
	其他现状图件	反映自然地理、生态环境、能源矿产、区域发展、经济产业、人口社会、城镇化、乡村发展、灾害风险等方面现状与分析评价的必要图件

续表

	内容	说明
规划图	应提交的规划图件	① 市域主体功能分区图； ② 市域国土空间总体格局规划图； ③ 市域国土空间控制线规划图； ④ 市域生态系统保护规划图； ⑤ 市域城镇体系规划图； ⑥ 市域农业空间规划图； ⑦ 市域历史文化保护规划图； ⑧ 市域城乡生活圈和公共服务设施规划图； ⑨ 市域综合交通规划图； ⑩ 市域基础设施规划图； ⑪ 市域国土空间规划分区图； ⑫ 市域生态修复和综合整治规划图； ⑬ 市域矿产资源规划图； ⑭ 中心城区土地使用规划图； ⑮ 中心城区国土空间规划分区图； ⑯ 中心城区开发强度分区规划图； ⑰ 中心城区控制线规划图（绿线、蓝线、紫线、黄线）； ⑱ 中心城区历史文化保护和城市更新规划图； ⑲ 中心城区绿地系统和开敞空间规划图； ⑳ 中心城区公共服务设施体系、道路交通、市政基础设施、综合防灾减灾、地下空间规划图
	其他规划图件	包括住房保障、社区生活圈、慢行系统、城乡绿道、通风廊道、景观风貌、详规单元等内容的规划图件

注：规划图件根据需要，可将若干张图件合并表达，也可以分为多张图件表达。

真题演练

2023-021 根据《市级国土空间总体规划编制指南（试行）》，下列内容中不属于自然地理格局分析的是（　　）。

　　A. 研究气候和地形地貌条件、水土等自然资源禀赋，生态环境容量等空间本底特征

　　B. 开展资源环境承载能力和国土空间开发适宜性评价

　　C. 分析自然地理格局、人口分布与区域经济布局的空间匹配关系

　　D. 结合自然地理本底特征和"双评价"结果，开展灾害和风险评估

　　【答案】D

　　【解析】根据《市级国土空间总体规划编制指南（试行）》，自然地理格局分析应该包括以下内容：研究当地气候和地形地貌条件、水土等自然资源禀赋，生态环境容量等空间本底特征，分析自然地理格局、人口分布与区域经济布局的空间匹配关系，开展资源环境承载能力和国土空间开发适宜性评价，明确农业生产、城镇建设的最大合理规模和适宜空间，提出国土空间优化导向。故符合题意的是 D。

2023-022 下列关于市级国土空间规划中区域协调的说法，不准确的是（　　）。

　　A. 推动城市群、都市圈交通一体化

B. 限制大城市发展，鼓励中小城市和小城镇发展

C. 解决资源和能源、生态环境等区域协同问题

D. 城镇密集地区的城市要提出跨行政区域协调发展的规划内容

【答案】B

【解析】根据《市级国土空间总体规划编制指南（试行）》，完善区域协调格局应该包括以下内容：注重推动城市群、都市圈交通一体化，发挥综合交通对区域网络化布局的引领和支撑作用，重点解决资源和能源、生态环境、公共服务设施和基础设施、产业空间和邻避设施布局等区域协同问题；城镇密集地区的城市要提出跨行政区域的都市圈、城镇圈协调发展的规划内容……故不准确的是 B。

2023-023 依据《市级国土空间总体规划编制指南（试行）》，下列图件中不属于市级国土空间总体规划成果应提交的规划图件是(   )。

A. 市域国土空间总体格局规划图　　　　B. 市域城镇体系规划图

C. 中心城区国土空间规划分区图　　　　D. 中心城区社区生活圈规划图

【答案】D

【解析】中心城区社区生活圈规划图属于可提交规划图件，但不属于应提交的规划图件。故符合题意的是 D。

2023-024 根据《市级国土空间总体规划编制指南（试行）》，下列规划内容中不属于市级国土空间总体规划强制性内容的是(   )。

A. 永久基本农田保护面积　　　　　　　B. 历史文化保护线及空间管控要求

C. 城乡公共服务设施配套标准　　　　　D. 都市圈 1 小时人口覆盖率

【答案】D

【解析】根据《市级国土空间总体规划编制指南（试行）》，市级总规中强制性内容涉及安全底线、空间结构等七方面内容，其中不包括都市圈 1 小时人口覆盖率。故符合题意的是 D。

板块 3 "双评价""双评估"

历年考频

名称	2019 年	2020 年	2021 年	2022 年	2023 年	2024 年
"双评价""双评估"	0	1	1	1	0	1

知识点 1　资源环境承载能力和国土空间开发适宜性评价 【★★★★★】

根据《资源环境承载能力和国土空间开发适宜性评价指南（试行）》要点整理。

1. 适用范围

适用于市县及以上国土空间规划编制中的"双评价"工作，评价范围与相应规划编制范围一致。

2. 术语和定义

（1）资源环境承载能力

基于特定发展阶段、经济技术水平、生产生活方式和生态保护目标，一定地域范围内资源环境要素能够支撑农业生产、城镇建设等人类活动的最大合理规模。

（2）国土空间开发适宜性

在维系生态系统健康和国土安全的前提下，综合考虑资源环境要素条件，特定国土空间进行农业生产、城镇建设等人类活动的适宜程度。

3. 评价目标

分析区域资源禀赋与环境条件，研判国土空间开发利用问题和风险，识别生态保护极重要区（含生态系统服务功能极重要区和生态脆弱区），明确农业生产、城镇建设的最大合理规模和适宜空间，为编制国土空间规划，优化国土空间开发保护格局，完善区域主体功能定位，划定三条控制线，实施国土空间生态修复和国土综合整治重大工程提供基础性依据，促进形成以生态优先、绿色发展为导向的高质量发展新路子。

4. 评价原则

（1）底线约束

坚持最严格的生态环境保护制度、耕地保护制度和节约用地制度，维护国家生态安全、粮食安全等国土安全。在优先识别生态保护极重要区基础上，综合分析农业生产、城镇建设的合理规模和适宜等级。

（2）问题导向

充分考虑陆海全域水、土地、气候、生态、环境、灾害等资源环境要素，定性定量相结合，客观评价区域资源禀赋与环境条件，识别国土空间开发利用现状中的问题和风险，有针对性的提出意见和建议。

（3）因地制宜

充分体现不同空间尺度和区域差异，合理确定评价内容、技术方法和结果等级。下位评价应充分衔接上位评价成果，并结合本地实际，开展有针对性的补充和深化评价。

（4）简便实用

在保证科学性的基础上，抓住解决实际问题的本质关键，选择代表性要素和指标，采用合理方法工具，结果表达简明扼要。紧密结合国土空间规划编制，强化操作导向，确保评价成果科学、权威，适用、管用、好用。

5. 工作流程

编制县级以上国土空间规划，应先行开展"双评价"，形成专题成果，随同级国土空间总体规划一并论证报批入库。县级国土空间总体规划可直接使用市级评价运算结果，强化分析，形成评价报告；也可有针对性地展开补充评价。

（1）工作准备

结合同级国土空间规划编制需求，明确评价目标，合理制定评价工作方案，组建综合性与专业化相结合的多领域技术团队和专家咨询团队，明确工作组织、责任分工、工作内容、进度安排等。开展具体评价工作前，进行资料收集，充分利用各部门、各领域已有相关工作成果，结合实地调研和专家咨询等方式，系统梳理当地资源环境生态特征与突出问题，在此基础上确定评价内容、技术路线、核心指标及计算精度，并开展相关数据收集工作。要保证数据的权威性、准确性、时效性，数据时间与同级国土空间规划要求的基期年保持一致，如缺失基期年相关数据，应采用最新年份数据，并结合实际进行适当修正。市县层面如缺乏优于省级精度数据，可直接应用省级评价结果。

评价统一采用 2000 国家大地坐标系（CGCS2000），高斯-克吕格投影，陆域部分采用 1985 国家高程基准，海域部分采用理论深度基准面高基准。制图规范、精度等参考同级国土空间规划要求。

（2）本底评价

将资源环境承载能力和国土空间开发适宜性作为有机整体，主要围绕水资源、土地资源、气候、生态、环境、灾害等要素，针对生态保护、农业生产（种植、畜牧、渔业）、城镇建设三大核心功能开展本底评价。

"双评价"本底评价工作内容

内容		说明
生态保护重要性评价	省级评价	从区域生态安全底线出发，在陆海全域，评价水源涵养、水土保持、生物多样性维护、防风固沙、海岸防护等生态系统服务功能重要性，以及水土流失、石漠化、土地沙化、海岸侵蚀及沙源流失等生态脆弱性，综合形成生态保护极重要区和重要区
	市县评价	① 在省级评价结果基础上，根据更高精度数据和实地调查进行边界校核。 ② 从生态空间完整性、系统性、连通性出发，结合重要地下水补给、洪水调蓄、河（湖）岸防护、自然遗迹、自然景观等进行补充评价和修正
农业生产适宜性评价	省级评价	在生态保护极重要区以外的区域，开展种植业、畜牧业、渔业等农业生产适宜性评价，识别农业生产适宜区和不适宜区

内容		说明
农业生产适宜性评价	市县评价	① 省级评价内容和精度已满足市县国土空间规划编制需要的，可直接在省级评价结果基础上进行综合分析。 ② 根据农业生产相关功能的要求，可进一步细化评价单元、提高评价精度、补充评价内容。 ③ 可结合特色村落布局、重大农业基础设施配套、重要经济作物分布、特色农产品种植等，进一步识别优势农业空间
城镇建设适宜性评价	省级评价	① 在生态保护极重要区以外的区域，优先考虑环境安全、粮食安全和地质安全等底线要求，识别城镇建设不适宜区。 ② 沿海地区针对海洋开发利用活动开展评价
	市县评价	① 进一步提高评价精度，对城镇建设不适宜区范围进行校核。 ② 根据城镇化发展阶段特征，增加人口、经济、区位、基础设施等要素，识别城镇建设适宜区。结合海洋资源优势，识别海洋开发利用适宜区。 ③ 结合当地实际，可针对矿产资源、历史文化和自然景观资源等，开展必要的补充评价
承载规模评价		① 基于现有经济技术水平和生产生活方式，以水资源、空间约束等为主要约束，缺水地区重点考虑水平衡，分别评价各评价单元可承载农业生产、城镇建设的最大合理规模。各地可结合环境质量目标、污染物排放标准和总量控制等因素，评价环境容量对农业生产、城镇建设约束要求。按照短板原理，取各约束条件下的最小值作为可承载的最大合理规模。 ② 对照国内外先进水平，在技术进步、生产生活方式转变的情景下，评价相应的可承载农业生产、城镇建设的最大合理规模。 ③ 一般地，省级以市级（或县级）行政区为单元评价承载规模，市级以县级（或乡级）行政区为单元评价承载规模

（3）综合分析

双评价综合分析内容

内容	说明
资源环境禀赋分析	分析水、土地、森林、草原、湿地、海洋、冰川、荒漠、能源矿产等自然资源的数量（总量和人均量）、质量、结构、分布等特征及变化趋势，结合气候、生态、环境、灾害等要素特点，对比国家、省域平均情况，对标国际和国内，总结资源环境禀赋优势和短板
现状问题和风险识别	① 将生态保护重要性、农业生产及城镇建设适宜性评价结果与用地用海现状进行对比，重点识别以下冲突（包括空间分布和规模）：生态保护极重要区中永久基本农田、园地、人工商品林、建设用地以及用海活动；种植业生产不适宜区中耕地、永久基本农田；城镇建设不适宜区中城镇用地；地质灾害高危险区内农村居民点。 ② 对比现状耕地规模与耕地承载规模、现状城镇建设用地规模与城镇建设承载规模、牧区实际载畜量与牲畜承载规模、渔业实际捕捞和养殖规模与渔业承载规模等，判断区域资源环境承载状态。对资源环境超载的地区，找出主要原因，提出改善路径。 ③ 可根据相关评价因子，识别水平衡、水土保持、生物多样性、湿地保护、地面沉降、土壤污染等方面问题，研判未来变化趋势和存在风险

内容	说明
潜力分析	① 根据农业生产适宜性评价结果，对种植业、畜牧业不适宜区以外的区域，根据土地利用现状和资源环境承载规模，分析可开发为耕地、牧草地的空间分布和规模。根据渔业生产适宜性评价结果，在渔业生产适宜区内，根据渔业养殖、捕捞现状和渔业承载规模，分析渔业养殖、捕捞的潜力空间和规模。 ② 根据城镇建设适宜性评价结果，对城镇建设不适宜区以外的区域（市县层面可直接在城镇建设适宜区内），扣除集中连片耕地后，根据土地利用现状和城镇建设承载规模，分析可用于城镇建设的空间分布和规模
情景分析	针对气候变化、技术进步、重大基础设施建设、生产生活方式转变等不同情景，分析对水资源、土地资源、生态系统、自然灾害、陆海环境、能源资源、滨海城镇安全等的影响，给出相应的评价结果，提出适应和应对的措施建议，支撑国土空间规划多方案比选

6. 成果要求

评价成果包括报告、表格、图件、数据集等。报告应重点说明评价方法及过程、评价区域资源环境优势及短板、问题风险和潜力，对国土空间格局、主体功能定位、三条控制线、规划主要指标分解方案等提出建议。

按照国土空间规划相关数据标准和汇总要求，形成评价成果数据集，随国土空间规划成果一并上报入库。

7. 成果应用

双评价成果应用内容

内容	说明
支撑国土空间格局优化	① 生态格局应与生态保护重要性评价结果相匹配； ② 农业格局应与农业生产适宜性评价结果相衔接
支撑完善主体功能分区	① 生态保护、农业生产、城镇建设单一功能明显的区域，可作为重点生态功能区、农产品主产区、城市化发展区备选区域。 ② 两种或多种功能特征明显的区域，按照安全优先、生态优先、节约优先、保护优先的原则，结合区域发展战略定位，以及在全国或区域生态、农业、城镇格局中的重要程度，综合权衡后，确定其主体功能定位
支撑划定三条控制线	① 生态保护极重要区，作为划定生态保护红线的空间基础。 ② 种植业生产适宜性，作为永久基本农田的优选区域；退耕还林还草等应优先在种植业生产不适宜区内开展。 ③ 城镇开发边界优先在城镇建设适宜区范围内划定，应避让城镇建设不适宜区，无法避让的需进行专门论证并采取相应措施
支撑规划指标确定和分解	耕地保有量、建设用地规模等指标的确定和分解，应与农业生产、城镇建设现状及未来潜力相匹配，不能突破区域农业生产、城镇建设的承载规模
支撑重大工程安排	国土空间生态修复和国土综合整治重大工程的确定与时序安排，应优先在生态极脆弱、灾害危险性高、环境污染严重等区域开展
支撑高质量发展的国土空间策略	在坚守资源环境底线约束、有效解决开发保护突出问题的基础上，按照高质量发展要求，提出产业结构和布局优化、资源利用效率提高、重大基础设施和公共服务配置等国土空间策略的建议
支撑编制空间类专项规划	海岸带、自然保护地、生态保护修复、矿产资源开发利用等专项规划的主要目标任务，应与评价成果相衔接

8. 省级本底评价方法

（1）生态保护重要性评价

1）评价方法

开展生态系统服务功能重要性和生态脆弱性评价，集成得到生态保护重要性，识别生态保护极重要区和重要区。

省级生态保护重要性评价

内容		说明
生态系统服务功能重要性	水源涵养功能重要性	通过降水量减去蒸散量和地表径流量得到的水源涵养量，评价生态系统水源涵养功能的相对重要程度
	水土保持功能重要性	通过生态系统类型、植被覆盖度和地形特征的差异，评价生态系统土壤保持功能的相对重要程度
	生物多样性维护功能重要性	生物多样性维护功能重要性在生态系统、物种和遗传资源三个层次进行评价
	防风固沙功能重要性	通过干旱、半干旱地区生态系统类型、大风天数、植被覆盖度和土壤砂粒含量，评价生态系统防风固沙功能的相对重要程度
	海岸防护功能重要性	通过识别沿海防护林、红树林、盐沼等生物防护区域以及基岩、砂质海岸等物理防护区域，评价海岸防护功能的相对重要程度
生态脆弱性		评价水土流失、石漠化、土地沙化、海岸侵蚀及沙源流失等生态脆弱性，取各项结果的最高等级作为生态脆弱性等级

2）结果集成及校验

取生态系统服务功能重要性和生态脆弱性评价结果的较高等级，作为生态保护重要性等级的初判结果。生态系统服务功能极重要区和生态极脆弱区加总确定为生态保护极重要区，其余重要和脆弱区加总确定为生态保护重要区。

将省级生态保护重要性等级初判结果与全国评价结果进行衔接，确保极重要区与全国生态安全格局总体一致。

（2）农业生产适宜性评价

1）评价方法

在生态保护极重要区以外的区域，开展种植业、畜牧业、渔业等农业生产适宜性评价，识别农业生产适宜区和不适宜区。

省级农业生产适宜性评价

内容	说明
种植业生产适宜性	以水、土、光、热组合条件为基础，结合土壤环境质量、气象灾害等因素，评价种植业生产适宜程度
畜牧业生产适宜性	畜牧业分为放牧为主的牧区畜牧业和舍饲为主的农区畜牧业。根据当地自然地理条件，确定其畜牧业类型并开展适宜性评价
渔业生产适宜性	按渔业捕捞、渔业养殖两类（含淡水和海水）评价渔业生产适宜性

2）结果校验

对农业生产适宜性结果进行专家校验，综合判断评价结果的科学性与合理性。对明显不符合实际的，应开展必要的现场核查。

（3）城镇建设适宜性评价

1）评价方法

在生态保护极重要区以外的区域，开展城镇建设适宜性评价，着重识别不适宜城镇建设的区域。一般地，将水资源短缺，地形坡度大于25°，海拔过高，地质灾害、海洋灾害危险性极高的区域，确定为城镇建设不适宜区。

2）结果校验

对城镇建设适宜性评价结果进行专家校验，综合判断评价结果的科学性与合理性。对明显不符合实际的，应开展必要的现场核查。

（4）承载规模评价

承载规模评价

内容		说明
农业生产承载规模	耕地承载规模	从水资源的角度，可承载的耕地规模包括可承载的灌溉耕地面积和单纯以天然降水为水源的耕地面积（雨养耕地面积）。 从空间约束的角度，将生态保护极重要区和种植业生产不适宜区以外区域的规模，作为空间约束下耕地的最大承载规模。按照短板原理，取上述约束条件下的最小值作为耕地承载的最大合理规模
	牲畜承载规模	针对牧区畜牧业，通过测算草地资源的可持续饲草生产能力，确定草原合理载畜量（以标准羊计）。 针对农区畜牧业，通过测算农区养殖粪肥养分需求量和供给量，确定农区合理载畜量（以猪当量计）
	渔业承载规模	针对渔业捕捞，以可供捕捞种群的数量或已开发程度为依据，以维护渔业资源的再生产能力和持续渔获量为目标，确定渔业捕捞的合理规模。 针对渔业养殖，以控制养殖尾水排放和水质污染为前提，以保证鱼、虾、贝、藻、参类正常生长、繁殖和水产品质量为目标，确定渔业养殖的合理规模
城镇建设承载规模		从水资源的角度，通过区域城镇可用水量除以城镇人均需水量，确定可承载的城镇人口规模，可承载的城镇人口规模乘以人均城镇建设用地面积，确定可承载的建设用地规模。 从空间约束的角度，将生态保护极重要区和城镇建设不适宜区以外区域的规模，作为空间约束下城镇建设的最大规模。按照短板原理，取上述约束条件下的最小值作为可承载的最大合理规模

知识点2　市县国土空间开发保护现状评估 【★★★★】

根据《市县国土空间开发保护现状评估技术指南（试行）》要点整理。

1. 评估原则

（1）坚持目标导向

评估工作，一是要体现坚守生态安全、水安全、粮食安全等底线要求，反映市县在应对气候变化、保护生物多样性等方面对全球生态文明的贡献；**二是**要科学评估规划实施现状与规划约束性目标的关系，做到全面监测、重点评估和特殊预警，防范化解重大风险挑战；**三是**要客观反映国土空间开发保护结构、效率和宜居水平，为领导干部综合考评，实施自然资源管理和用途管制政策，以及规划动态调整完善提供参考。

（2）坚持问题导向

评估要着力发现规划实施中存在的空间维度"重量轻质"、时间维度"重静轻动"、政策维度"重地轻人"等突出矛盾和问题，以人为本，从规模、结构、质量、效率、时序等多角度充分挖掘存量空间和流量空间价值，提出针对性解决措施，促进规划更好编制实施。

（3）坚持操作导向

评估要结合《市县国土空间开发保护现状评估技术指南（试行）》要求，统筹兼顾，构建科学有效、便于操作、符合当地实际的评估指标体系。采用客观真实的数据及可靠的分析方法，确保评估过程科学严谨，评估结论真实可信。同时，落实国家大数据战略要求，在充分利用现状基础数据、规划成果数据等基础上，鼓励采用社会大数据，提高空间治理问题的动态精准识别能力，着力构建可感知、能学习、善治理、自适应的智慧规划监测评估预警体系。

2. 评估任务与流程

1）制定评估方案。

2）构建指标体系。

3）资料收集调查。

4）监测分析评价。

5）编制评估报告。

6）汇交评估成果。

7）评估成果应用。

3. 评估指标体系

（1）基本指标

国土空间总体规划

市县国土空间开发保护现状评估——基本指标

大类	编号	指标项
底线管控	A-01	生态保护红线范围内建设用地面积（km²）
	A-02	永久基本农田保护面积（km²）
	A-03	耕地保有量（km²）
	A-04	城乡建设用地面积（km²）
	A-05	森林覆盖率（%）
	A-06	湿地面积（km²）
	A-07	河湖水面率（%）
	A-08	水资源开发利用率（%）
	A-09	自然岸线保有率（%）
	A-10	重要江河湖泊水功能区水质达标率（%）
	A-11	近岸海域水质优良（一、二类）比例（%）

大类	编号	指标项
结构效率	A-12	人均应急避难场所面积（m²）
	A-13	道路网密度（km/km²）
	A-14	人均城镇建设用地（m²）
	A-15	人均农村居民点用地（m²）
	A-16	存量土地供应比例（%）
	A-17	每万元 GDP 地耗（m²）
生活品质	A-18	森林步行 15 分钟覆盖率（%）
	A-19	公园绿地、广场步行 5 分钟覆盖率（%）
	A-20	社区卫生医疗设施步行 15 分钟覆盖率（%）
	A-21	社区中小学步行 15 分钟覆盖率（%）
	A-22	社区体育设施步行 15 分钟覆盖率（%）
	A-23	城镇人均住房建筑面积（m²）
	A-24	历史文化风貌保护面积（km²）
	A-25	消防救援 5 分钟可达覆盖率（%）
	A-26	每千名老年人拥有养老床位数（张）
	A-27	生活垃圾回收利用率（%）
	A-28	农村生活垃圾处理率（%）

（2）推荐指标

市县国土空间开发保护现状评估——推荐指标

一级	二级	编号	指标项	备注
安全	底线管控	B-01	城镇开发边界范围内建设用地面积（km²）	
		B-02	三线范围外建设用地面积（km²）	
	粮食安全	B-03	高标准农田面积占比（%）	
	水安全	B-04	地下水供水量占总供水量比例（%）	▲
		B-05	再生水利用率（%）	▲
		B-06	地下水水质优良比例（%）	
	防灾减灾	B-07	年平均地面沉降量（mm）	
		B-08	防洪堤防达标率（%）	
创新	创新投入产出	B-09	研究与试验发展经费投入强度（%）	
		B-10	万人发明专利拥有量（件）	
		B-11	科研用地占比（%）	
	创新环境	B-12	在校大学生数量（万人）	
		B-13	受过高等教育人员占比（%）	
		B-14	高新技术企业数量（家）	

国土空间总体规划

一级	二级	编号	指标项	备注
协调	城乡融合	B-15	户籍人口城镇化率（%）	
		B-16	常住人口城镇化率（%）	
		B-17	常住人口数量（万人）	
		B-18	实际服务人口数量（万人）	▲
		B-19	等级医院交通30分钟村庄覆盖率（%）	▲
		B-20	行政村等级公路通达率（%）	
		B-21	农村自来水普及率（%）	
		B-22	城乡居民人均可支配收入比	
	陆海统筹	B-23	海洋生产总值占GDP比重（%）	
	地上地下统筹	B-24	人均地下空间面积（m²）	▲
绿色	生态保护	B-25	生物多样性指数	▲
		B-26	森林蓄积量（亿m³）	▲
		B-27	新增国土空间生态修复面积（km²）	▲
	绿色生产	B-28	单位GDP二氧化碳排放降低（%）	▲
		B-29	每万元GDP能耗（t标煤）	
		B-30	每万元GDP水耗（m³）	
		B-31	工业用地地均增加值（亿元/km²）	▲
		B-32	年新增城市更新改造用地面积（km²）	▲
	绿色生活	B-33	原生垃圾填埋率（%）	▲
		B-34	绿色交通出行比例（%）	▲
		B-35	人均年用水量（m³）	▲
开放	网络联通	B-36	定期国际通航城市数量（个）	
		B-37	机场国内通航城市数量（个）	
	对外交往	B-38	国内旅游人数（万人次/a）	
		B-39	入境旅游人数（万人次/a）	
		B-40	外籍常住人口数量（万人）	
		B-41	机场年旅客吞吐量（万人次）	
		B-42	铁路年旅客运输量（万人次）	▲
		B-43	城市对外日均人流联系量（万人次）	
		B-44	国际会议、展览、体育赛事数量（次）	
	对外贸易	B-45	港口年集装箱吞吐量（万标箱）	
		B-46	机场年货邮吞吐量（万t）	
		B-47	对外贸易进出口总额（亿元）	
共享	宜居	B-48	年新增政策性住房占比（%）	▲
		B-49	人均公园绿地面积（m²）	▲
		B-50	空气质量优良天数（天）	

国土空间总体规划

一级	二级	编号	指标项	备注
共享	宜居	B-51	人均绿道长度（m）	▲
		B-52	每万人拥有咖啡馆、茶舍、书吧等数量（个）	
		B-53	每10万人拥有的博物馆、图书馆、科技馆、艺术馆等文化艺术场馆数量（处）	▲
		B-54	轨道站点800m范围人口和岗位覆盖率（%）	
		B-55	足球场地设施步行15分钟覆盖率（%）	▲
	宜养	B-56	平均每社区拥有老人日间照料中心数量（个）	
		B-57	万人拥有幼儿园班数（班）	▲
	宜业	B-58	城镇年新增就业人数（万人）	
		B-59	工作日平均通勤时间（min）	
		B-60	45分钟通勤时间内居民占比（%）	▲

注：加"▲"为国务院审批城市在前文基本指标的基础上增加的评估基本指标。

（3）指标说明

市县国土空间开发保护现状评估指标说明

编号	指标项	范围	指标内涵	数据计算及来源
A-01	生态保护红线范围内建设用地面积（km²）	全域	指划定的生态保护红线范围内的建设用地面积	数据来源于全国国土调查及年度变更调查
A-02	永久基本农田保护面积（km²）	全域	指为保障国家粮食安全，落实"藏粮于地、藏粮于技"战略，按照一定时期人口和社会经济发展对农产品的需求，依法确定不得擅自占用或改变用途，实施特殊保护的耕地面积	数据来源于全国国土调查及年度变更调查
A-03	耕地保有量（km²）	全域	指区域内的耕地总面积	数据来源于全国国土调查及年度变更调查
A-04	城乡建设用地面积（km²）	全域	指城市、建制镇、农村居民点总面积	数据来源于全国国土调查及年度变更调查
A-05	森林覆盖率（%）	全域	指郁闭度0.2以上的乔木林地和竹林地以及国家特别规定的灌木林、农田林网以及四旁（村旁、路旁、水旁、宅旁）林木的覆盖总面积占土地总面积的比率	数据来源于自然资源专项调查
A-06	湿地面积（km²）	全域	指红树林地，天然的或人工的，永久的或间歇性的沼泽地、泥炭地，盐田，滩涂等	数据来源于自然资源专项调查、国土调查、地理国情普查。包括红树林地、森林沼泽、灌丛沼泽、沼泽草地、盐田、沿海滩涂、内陆滩涂和沼泽地等

编号	指标项	范围	指标内涵	数据计算及来源
A-07	河湖水面率（%）	全域	指河道、湖泊常水位的水域面积占行政区域面积（不考虑邻近海域面积）的比率	计算公式：河湖水面率＝（河流水面面积＋湖泊水面面积＋水库水面面积）/行政区域面积×100%。 河湖水面面积来源于全国国土调查及年度变更调查，为河流、湖泊、水库水面的面积总和
A-08	水资源开发利用率（%）	全域	指用水量占水资源总量的比例	数据来源于水利部门
A-09	自然岸线保有率（%）	全域	指没有经过人为干扰的水体与陆地的分界线长度占岸线总长度的比值	计算公式：自然岸线保有率＝自然岸线长度/岸线总长度×100%。 自然岸线长度、岸线总长度来源于国土调查、自然资源专项调查
A-10	重要江河湖泊水功能区水质达标率（%）	全域	指在江河湖库划定的具有主导功能和水质管理目标的水域中，经评价水质达标的水域数量占全部监测水域数量的比率	数据来源于水利部门
A-11	近岸海域水质优良（一、二类）比例（%）	全域	指按照《海水水质标准》GB 3097 对海水水质的分类，报告期内近岸海域海水水质达到一类和二类的面积占近岸海域总面积的比例	计算公式：近岸海域水质优良（一、二类）比例＝近岸海域海水水质达到一类和二类的面积/近岸海域面积×100%。 数据来源于统计年鉴等统计调查资料
A-12	人均应急避难场所面积（m²）	城区	指应急避难场所总面积按常住人口分配的面积	应急避难场所总面积以行业主管部门数据为基础，结合国土调查、地理国情普查和遥感监测获取；人口来源于统计年鉴
A-13	道路网密度（km/km²）	城区	指快速路及主干路、次干路、支路总里程与城区面积的比值	道路网里程来源于基础测绘、国土调查、地理国情普查和遥感监测
A-14	人均城镇建设用地（m²）	全域	指城市、建制镇居民点总面积按城镇常住人口分配的人均面积	计算公式：人均城镇建设用地＝城市和建制镇居民点用地面积/城镇常住人口 城市和建制镇居民点用地面积来源于全国国土调查及年度变更调查；人口来源于统计年鉴

国土空间总体规划

编号	指标项	范围	指标内涵	数据计算及来源
A-15	人均农村居民点用地（m²）	全域	指农村居民点面积按农村户籍人口分配的人均面积	计算公式：人均农村居民点用地=农村居民点面积/农村户籍人口。 农村居民点面积来源于全国国土调查及年度变更调查；人口来源于统计年鉴
A-16	存量土地供应比例（%）	全域	指存量建设用地供应面积占土地供应总面积的比例	计算公式：存量土地供应比例=评估年份前三年存量建设用地供应总面积/评估年份前三年土地供应总面积。如评估年为2019年，则统计2016年、2017年和2018年存量用地供应面积和土地供应总面积。 存量建设用地供应面积和土地供应总面积来源于土地市场动态监测与监管平台或从自然资源主管部门开展的建设用地节约集约利用评价中获取
A-17	每万元GDP地耗（m²）	全域	指每万元GDP产出消耗的建设用地面积	计算公式：每万元GDP地耗=建设用地面积/GDP。 建设用地来源于全国国土调查及年度变更调查；GDP来源于统计年鉴
A-18	森林步行15分钟覆盖率（%）	城区	指郁闭度0.2以上、面积大于3hm²的森林1km半径范围覆盖的城区面积占城区总面积的比率	数据以自然资源专项调查、国土调查和地理国情普查为基础，筛选大于3hm²的森林图斑，以图斑外轮廓线向外缓冲1km半径范围，计算覆盖的城区面积占城区总面积的比率
A-19	公园绿地、广场步行5分钟覆盖率（%）	城区	指400m²以上公园绿地、广场周边300m半径范围覆盖的城区面积占城区总面积的比率	公园绿地、广场位置范围结合全国国土调查及年度变更调查、地理国情普查和遥感监测确定；以公园绿地、广场为中心测算300m半径范围内覆盖的城区面积占城区总面积的比率
A-20	社区卫生医疗设施步行15分钟覆盖率（%）	城区	指社区卫生服务中心、卫生服务点等社区卫生医疗设施1km半径范围覆盖的居住用地面积占居住用地总面积的比率	居住用地来源于全国国土调查及变更调查中的城镇住宅用地。社区卫生医疗设施结合全国国土调查及年度变更调查中的医疗卫生用地，以及地理国情普查和监测等确定卫生医疗设施坐标位置。以卫生医疗设施为中心缓冲1km半径范围，计算覆盖的居住用地面积占居住用地总面积的比率

编号	指标项	范围	指标内涵	数据计算及来源
A-21	社区中小学步行15分钟覆盖率（%）	城区	指社区中小学1km半径范围覆盖的居住用地面积占居住用地总面积的比率	居住用地来源于全国国土调查及变更调查中的城镇住宅地。社区中小学设施结合全国国土调查及年度变更调查中的教育用地范围，以及地理国情普查和监测等资料，辅助实地调查，确定中小学设施坐标位置。以中小学位置为中心缓冲1km半径范围，计算覆盖的居住用地面积占居住用地总面积的比率
A-22	社区体育设施步行15分钟覆盖率（%）	城区	指综合健身馆、游泳馆、运动场等社区体育设施1km半径范围覆盖的居住用地面积占居住用地总面积的比率	居住用地来源于全国国土调查及变更调查中的城镇住宅地。社区体育设施结合全国国土调查及年度变更调查中的文化体育用地，以及地理国情普查和监测等确定体育设施坐标位置。以体育设施中心缓冲1km半径范围，计算覆盖的居住用地面积占居住用地总面积的比率
A-23	城镇人均住房建筑面积（m²）	全域	指城镇住房建筑总面积与城镇常住人口的比值	城镇住房建筑总面积来源于行业主管部门；人口来源于统计年鉴
A-24	历史文化风貌保护面积（km²）	全域	指规划确定的历史遗存或文化场所（设施）集中成片、能较完整地体现当地某一时期地域或文化价值风貌区的面积	数据来源于行业主管部门
A-25	消防救援5分钟可达覆盖率（%）	城区	指消防站3km半径范围覆盖城区面积占城区总面积的比率	消防站点来源于应急管理部门；以站点中心位置缓冲3km半径做缓冲分析，计算其覆盖城区面积占城区总面积的比率
A-26	每千名老年人拥有养老床位数（张）	全域	指每千名60岁及以上老年人拥有的养老机构床位数	数据来源于统计年鉴等统计调查资料
A-27	生活垃圾回收利用率（%）	城区	指经生物、物理、化学转化后作为二次原料的生活垃圾处理量占垃圾总量的比率	数据来源于行业主管部门
A-28	农村生活垃圾处理率（%）	全域	指农村经收集、处理的生活垃圾量占生活垃圾产生总量的比率	数据来源于行业主管部门

国土空间总体规划

编号	指标项	范围	指标内涵	数据计算及来源
B-01	城镇开发边界范围内建设用地面积（km²）	全域	指划定的城镇开发边界范围内的建设用地总面积	建设用地面积来源于全国国土调查及年度变更调查
B-02	三线范围外建设用地面积（km²）	全域	指划定的城镇开发边界、生态保护红线、永久基本农田控制线以外的建设用地面积	数据来源于全国国土调查及年度变更调查
B-03	高标准农田面积占比（%）	全域	指通过土地整治建设完成的集中连片、设施配套、高产稳产、生态良好、抗灾能力强且与现代农业生产和经营方式相适应的农田总面积占耕地总面积的比率	高标准农田面积来源于行业主管部门；耕地总面积来源于全国国土调查及年度变更调查
B-04	地下水供水量占总供水量比例（%）	全域	指地下水供水量占总供水量比率	数据来源于统计年鉴等统计调查资料
B-05	再生水利用率（%）	全域	指经污水处理后实际回用的总水量占污水排放量的比率	计算公式：再生水利用率＝再生水利用量/污水排放量×100%。数据来源于统计年鉴等统计调查资料
B-06	地下水水质优良比例（%）	全域	指地下水的水质监测点中达到Ⅰ、Ⅱ、Ⅲ类水质标准的监测点占总监测点数量的比率	数据来源于行业主管部门
B-07	年平均地面沉降量（mm）	全域	指年内地壳表面标高较上一年度平均降低的高度	数据来源于行业主管部门
B-08	防洪堤防达标率（%）	全域	指防洪堤防达到相关规划防洪标准要求的长度与现状堤防总长度的比率	数据来源于水利部门
B-09	研究与试验发展经费投入强度（%）	全域	指年内实际用于基础研究、应用研究和试验发展的经费支出占GDP总量的比率	数据来源于统计年鉴等统计调查资料
B-10	万人发明专利拥有量（件）	全域	指每万人常住人口拥有经国内外知识产权主管部门授权且在有效期内的发明专利件数	数据来源于统计年鉴等统计调查资料
B-11	科研用地占比（%）	城区	指独立的科研、勘察、研发、设计、检验检测、技术推广、环境评估与监测、科普等科研事业单位及其附属设施用地面积占建设用地总面积的比例	计算公式：科研用地占比＝科研用地面积/建设用地总面积×100%。科研用地和建设用地面积来源于全国国土调查及年度变更调查

编号	指标项	范围	指标内涵	数据计算及来源
B-12	在校大学生数量（万人）	全域	指区域内高校招收的具备普通全日制学籍的在校生，具体包括专科生、本科生、研究生	数据来源于统计年鉴等统计调查资料
B-13	受过高等教育人员占比（％）	全域	指受过高等教育（大专及以上）常住人口占常住总人口比重	数据来源于统计年鉴等统计调查资料
B-14	高新技术企业数量（家）	全域	指持续进行研究开发与技术成果转化，形成企业核心自主知识产权，经认定符合《高新技术企业认定管理办法》要求的企业数量	数据来源于统计年鉴等统计调查资料
B-15	户籍人口城镇化率（％）	全域	指户籍非农业人口占户籍总人口比率	数据来源于统计年鉴等统计调查资料
B-16	常住人口城镇化率（％）	全域	指城镇常住人口占常住总人口的比率	数据来源于统计年鉴等统计调查资料
B-17	常住人口数量（万人）	全域	指实际经常居住半年及以上的人口数量	数据来源于统计年鉴等统计调查资料
B-18	*实际服务人口数量（万人）	城区	指常住人口和3天以上、半年以下短期驻留人口总和	数据来源大数据分析识别。利用移动信令数据识别在区域内有稳定居住3天以上的人数，选取某一天计算人口数量
B-19	等级医院交通30分钟村庄覆盖率（％）	全域	指等级医院15km半径范围所覆盖的行政村数量占行政村总数量的比率	行政村数量、名称来源于民政部门，其位置信息结合全国国土调查及年度变更调查、地理国情普查确定；等级医院位置信息以行业主管部门数据为基础，结合全国国土调查及年度变更调查、地理国情普查等确定。以医院为中心，计算缓冲15km半径范围内行政村数量占行政村总数量的比率
B-20	行政村等级公路通达率（％）	全域	指通行四级及以上公路的行政村数量占行政村总数量的比率	村域范围来源于全国国土调查及年度变更调查；等级公路来源于基础测绘、全国国土调查及年度变更调查、地理国情普查和监测
B-21	农村自来水普及率（％）	全域	指自来水入户，且采用统一用水管理的行政村数占行政村总数比率	数据来源于行业主管部门

国土空间总体规划

123

编号	指标项	范围	指标内涵	数据计算及来源
B-22	城乡居民人均可支配收入比	全域	指城镇居民人均可支配收入与农村居民人均可支配收入的比值	数据来源于统计年鉴等统计调查资料
B-23	海洋生产总值占GDP比重（%）（仅涉海地区使用）	全域	指海洋渔业、海洋交通运输业、海洋船舶工业、海盐业、海洋油气业、滨海旅游业等海洋生产总值占GDP的比重	海洋生产总值来源于自然资源主管部门；GDP来源于统计年鉴等统计调查资料
B-24	人均地下空间面积（m²）	城区	指地下空间面积与常住人口的比值。其中，地下空间主要包括地下公共服务设施、地下工业仓储设施、地下防灾减灾设施、地下交通设施、地下居住设施、地下市政公用设施、地下固体废弃物输送设施、地下附属设施等类型	地下空间面积来源于地下空间普查和更新；人口来源于统计年鉴等统计调查资料
B-25	生物多样性指数	全域	指所有来源的活的生物体中的变异性，这些来源包括陆地、海洋和其他水生生态系统及其所构成的生态综合体等，这包含物种内部、物种之间和生态系统的多样性	数据来源于行业主管部门，具体计算参见《区域生物多样性评价标准》HJ 623
B-26	森林蓄积量（亿m³）	全域	指森林中林木材积的总量	数据来源于自然资源专项调查
B-27	新增国土空间生态修复面积（km²）	全域	指年内水土流失、沙化治理、国土综合整治、矿山修复、海洋生态修复、石漠化等国土空间生态修复的累计面积，重叠区域不重复计算	数据来源于自然资源主管部门
B-28	单位GDP二氧化碳排放降低（%）	全域	指每万元GDP产出所排放的二氧化碳量相比上年的降低比例	数据来源于发展改革部门和统计部门
B-29	每万元GDP能耗（t标煤）	全域	指每万元GDP产出所消耗的能源	数据来源于统计年鉴等统计调查资料
B-30	每万元GDP水耗（m³）	全域	指每万元GDP产出消耗的水资源量	数据来源于行业主管部门
B-31	工业用地地均增加值（亿元/km²）	全域	指年度内每平方千米工业用地产出的工业增加值	计算公式：工业用地地均增加值=工业增加值/工业用地面积。工业增加值来源于统计年鉴等统计调查资料；工业用地面积来源于全国国土调查及年度变更调查、不动产登记信息、城镇地籍调查等

国土空间总体规划

编号	指标项	范围	指标内涵	数据计算及来源
B-32	年新增城市更新改造用地面积（km²）	城区	指年度内已完成竣工验收的城市更新改造的用地面积，包括棚户区改造、三旧改造等，不包括微更新、建筑维护改造、环境整治等	数据来源于行业主管部门，以全国国土调查及年度变更调查、地理国情普查和监测、遥感监测数据辅助更新校核
B-33	原生垃圾填埋率（%）	城区	指未经任何处理的原状态垃圾直接填埋量占垃圾总量的比率	数据来源于行业主管部门
B-34	绿色交通出行比例（%）	城区	指采用步行、非机动车、常规公交、轨道交通等健康无污染的方式出行量占所有方式出行总量的比例	数据来源于交通调查资料
B-35	人均年用水量（m³）	全域	指生产用水、生活用水、公共用水，以及消防等一切用水总量与常住人口的比值	数据来源于行业主管部门
B-36	定期国际通航城市数量（个）	全域	指机场定期直航、经停的国外城市数量	数据来源于行业主管部门
B-37	机场国内通航城市数量（个）	全域	指机场通航国内城市的数量，包括直航、经停	数据来源于行业主管部门
B-38	国内旅游人数（万人次/a）	全域	指全年在中国（大陆）观光旅游、度假、探亲访友、就医疗养、购物、参加会议或从事经济、文化、体育、宗教活动的中国（大陆）居民人数	数据来源于统计年鉴等统计调查资料
B-39	入境旅游人数（万人次/a）	全域	指全年来中国参观、访问、旅行、探亲、访友、休养、考察、参加会议和从事经济、科技、文化、教育、宗教等活动的外国人、华侨、港澳同胞和台湾同胞的人数	数据来源于统计年鉴等统计调查资料
B-40	外籍常住人口数量（万人）	全域	指外国在我国的常驻机构，如使领馆、通讯社、企业办事处的工作人员，以及来我国居住或经常居住6个月以上的外国专家、留学生等人员的数量	数据来源于统计年鉴等统计调查资料
B-41	机场年旅客吞吐量（万人次）	全域	指全年机场进港、出港旅客人数的总和	数据来源于统计年鉴等统计调查资料
B-42	铁路年旅客运输量（万人次）	全域	指铁路旅客年到发总量	数据来源于统计年鉴等统计调查资料

国土空间总体规划

编号	指标项	范围	指标内涵	数据计算及来源
B-43	*城市对外日均人流联系量（万人次）	全域	指城市与外部地区之间的日均人流量，包括流入量、流出量，表征城市与外部人流联系程度	数据来源于大数据分析识别。利用位置大数据、移动信令数据等，分析人口的空间位置变化，识别流入和流出人口数量，汇总得出城市对外日均人流联系量
B-44	国际会议、展览、体育赛事数量（次）	全域	国际会议指每年举办或服务的经国际大会及会议协会（ICCA）认证的大型会议；国际展览指中国大陆以外国家和地区（含港澳台地区）的参展商参展面积达到展出面积20%以上的大型展览；国际体育赛事指洲际、世界性的各类综合性运动会或由世界单项体育组织举办的具有相当影响的单项运动会，如亚运会、奥运会、世界杯足球赛等	数据来源于行业主管部门
B-45	港口年集装箱吞吐量（万标箱）	全域	指每年经水运输出、输入港区并经过装卸作业的集装箱总量	数据来源于统计年鉴等统计调查资料
B-46	机场年货邮吞吐量（万 t）	全域	指机场物流关口进口和出口的全年货物总流通量	数据来源于统计年鉴等统计调查资料
B-47	对外贸易进出口总额（亿元）	全域	指对外贸易进口和出口货物总值	数据来源于统计年鉴等统计调查资料
B-48	年新增政策性住房占比（%）	城区	指新增完成的人才公寓、廉租房、公租房、经济适用房和共有产权房等政策性住房的套数占总新增住房套数的比率	数据来源于行业主管部门
B-49	人均公园绿地面积（m²）	城区	指年末平均每人拥有的公园绿地面积。其中，公园绿地指向公众开放的、以游憩为主要功能，有一定的游憩设施和服务设施，同时兼有健全生态、美化景观、防灾减灾等综合作用的绿化用地	公园绿地面积来源于全国国土调查及年度变更调查中公园与绿地，扣除广场用地面积；常住人口来源于统计年鉴
B-50	空气质量优良天数（天）	全域	指全年空气质量达到优良（API≤100）的天数	数据来源于生态环境部门
B-51	人均绿道长度（m）	城区	指区域绿道、城市绿道、社区绿道长度与常住人口数的比值。绿道长度指符合绿化工程建设程序，通过绿化工程验收的各类绿道长度总和	绿道长度以规划为基础，采用国土调查、地理国情普查、遥感监测等开展现状核实获取；人口来源于统计年鉴

国土空间总体规划

126

编号	指标项	范围	指标内涵	数据计算及来源
B-52	每万人拥有咖啡馆、茶舍、书吧等数量（个）	城区	指每万常住人口拥有咖啡馆、茶舍、书吧数量	咖啡馆、茶舍、书吧来源于专项调查或通过互联网数据分析识别；人口来源于统计年鉴
B-53	每10万人拥有的博物馆、图书馆、科技馆、艺术馆等文化艺术场馆数量（处）	城区	指每10万常住人口拥有的博物馆（包括文物馆、天文馆、陈列馆等综合或专项博物馆）、图书馆、科技馆、艺术馆（如美术馆、音乐厅）等文化艺术场馆数量。以上场馆为同一建筑空间的，不重复统计	场馆信息结合行业主管部门数据，采用地理国情普查、国土调查等辅助识别，必要时采用实地调查获取；人口来源于统计年鉴等统计调查资料
B-54	*轨道站点800m范围人口和岗位覆盖率（%）	城区	指轨道站点800m半径范围所覆盖的人口、岗位占现状总人口、岗位的比率	轨道站点位置结合国土调查、地理国情普查和遥感监测等手段确定；人口、岗位数据结合大数据技术分析识别
B-55	足球场地设施步行15分钟覆盖率（%）	城区	指5人制以上足球场地设施（包含学校的足球场地）1km半径范围覆盖的居住用地面积占居住用地总面积的比率	居住用地来源于全国国土调查及变更调查中的城镇住宅用地。足球场地设施位置来源于地理国情普查、实地调查等。以足球场为中心，测算周边1km范围覆盖居住用地面积占居住用地总面积的比率
B-56	平均每社区拥有老人日间照料中心数量（个）	城区	指为社区内生活不能完全自理、日常生活需要一定照料的半失能老年人提供膳食供应、个人照顾、保健康复、休闲娱乐等日间托养服务的设施数量与社区数量的比值	数据来源于民政部门
B-57	万人拥有幼儿园班数（班）	城区	指每万常住人口拥有幼儿园班级数量	幼儿园来源于教育部门；人口数据来源于统计年鉴
B-58	城镇年新增就业人数（万人）	全域	指全年新增的城镇就业人口数量	数据来源于统计年鉴等统计调查资料
B-59	*工作日平均通勤时间（min）	城区	指工作日居民通勤出行时间的平均值	数据来源于交通调查数据或依据一定时间序列的大数据分析识别通勤人口及其工作地、居住地，通过通勤人口的通勤总时长与通勤人口的比值计算获得

国土空间总体规划

续表

编号	指标项	范围	指标内涵	数据计算及来源
B-60	＊45分钟通勤时间内居民占比（％）	城区	指单程通勤时长在45分钟通勤时长以内通勤人口数量占总通勤人口的比率	数据来源于交通调查或依据一定时间序列的大数据分析识别通勤人口及其工作地、居住地，通过筛选通勤时长在45分钟以内通勤人口数量与总通勤人口的比值计算获得

注：① 关于城区范围：指在市辖区和不设区的市，区、市政府驻地的实际建设连接到的居民委员会所辖区域和其他区域。

② 关于大数据有关指标：鼓励有条件的地区，采用大数据技术进行城市问题的研究与分析。"＊"所列指标供各地参考使用，各地可结合地方实际进行创新实践。

真题演练

2022-024 下列关于生态空间、农业空间、城镇空间的说法，不准确的是(   )。

A. 明确农业生产城镇建设的最大合理规模和适宜空间是"双评价"工作的目标之一

B. 生态保护极重要区，重点识别的用地冲突类型有永久基本农田、公益林建设用地以及用海活动等

C. 农业生产适宜性评价中，若省级评价内容和精度可满足市县要求，市县评价可在省级基础上综合分析

D. 建设适应性评价可结合实际，针对矿产资源、历史文化和自然景观资源等开展必要的补充评价

【答案】B

【解析】根据《资源环境承载能力和国土空间开发适宜性评价指南（试行）》第5.3.2条，将生态保护重要性、农业生产及城镇建设适宜性评价结果与用地用海现状进行对比，重点识别以下冲突：生态保护极重要区中永久基本农田、园地、人工商品林、建设用地以及用海活动；种植业生产不适宜区中耕地、永久基本农田；城镇建设不适宜区中城镇用地；地质灾害高危险区内农村居民点。因此B选项错误，符合题意。

2021-026 下列评价中不属于"双评价"本底评价内容的是(   )。

A. 生态保护重要性评价　　　　　　　B. 规划环境影响评价

C. 农业生产适宜性评价　　　　　　　D. 城镇建设适宜性评价

【答案】B

【解析】根据《资源环境承载能力和国土空间开发适宜性评价指南（试行）》的"5.2本底评价"，将资源环境承载能力和国土空间开发适宜性作为有机整体，主要围绕水资源、土地资源、气候、生态、环境、灾害等要素，针对生态保护、农业生产（种植、畜牧、渔业）、城镇建设三大核心功能开展本底评价。选项B不属于本底评价内容，符合题意。

2020-087 根据《资源环境承载能力和国土空间开发适宜性评价指南（试行）》，生物多样性维护功能重要性应在哪三个层次进行评价？(   )

A. 生态系统　　　　　　　　　　　　B. 物种

C. 遗传资源　　　　　　　　　　　　D. 群落分布

E. 基因

【答案】ABC

【解析】根据《资源环境承载能力和国土空间开发适宜性评价指南（试行）》，生物多样性维护功能的重要性在生态系统、物种和遗传资源三个层次进行评价。因此 ABC 选项符合题意。

板块 4　城市总体规划的基础研究

历年考频

名称	2019 年	2020 年	2021 年	2022 年	2023 年	2024 年
城市总体规划的基础研究	5	1	1	0	2	1

知识点 1　城市总体规划作用及基本方法 【★★★】

1. 城市总体规划的作用

城市总体规划涉及城市的政治、经济、文化和社会生活等各个领域，在指导城市有序发展、提高建设和管理水平等方面发挥着重要的先导和统筹作用。城市总体规划已成为指导与调控城市发展建设的重要手段，具有公共政策属性。城市总体规划是城市规划的重要组成部分。经法定程序批准的城市总体规划文件，是编制城市近期建设规划、详细规划、专项规划和实施城市规划行政管理的法定依据。由于具有全局性和综合性，我国的城市总体规划不仅是专业技术，同时更重要的是引导和调控城市建设，保护和管理城市空间资源的重要依据和手段，因此也是城市规划参与城市综合性战略部署的工作平台。

2. 城市规划的基本分析方法

城市规划涉及的问题十分复杂和繁杂，必须运用科学和系统的方法，在众多的数据资料中分析出有价值的结论。城市规划常用的分析方法有三类，分别是定性分析、定量分析和空间模型分析。

城市规划的基本分析方法

类别	分析方法	说明
定性分析	因果分析法	城市规划分析中涉及的因素繁多，为了全面考虑问题，提出解决问题的方法，往往尽可能多地排列出相关因素，发现主要因素，找出因果关系
定性分析	比较分析法	在城市规划中常常会碰到一些难以定量分析又必须量化的问题，对此可以采用对比的方法找出其规律性。例如确定新区或新城的各类用地指标可参照相近的同类已建城市的指标
定量分析	频数和频率分析	频数分布是指一组数据中取不同值的个案的次数分布情况，它一般以频数分布的形式表达。在规划调查中经常有调查的数据是连续分布的情况，如人均居住面积，一般是按照一个区间来统计。频率分布是指一组数据中不同取值的频数相对于总数的比率分布情况，一般以百分比的形式表达
定量分析	集中量数分析	用一个典型的值来反映一组数据的一般水平，或者说反映这组数据向这个典型值集中的情况。常见的有平均数、众数。平均数是调查所得各数据之和除以调查数据的个数；众数是一组数据中出现次数最多的数值

国土空间总体规划

类别	分析方法	说明
定量分析	离散程度分析	用来反映数据离散程度的。常见的有极差、标准差、离散系数。极差是一组数据中最大值与最小值之差；标准差是一组数据对其平均数的偏差平方的算数平均数的平方根；离散系数是一组相对的表示离散程度的统计量，是指标准差与平均数的比值，以百分比的形式表示
	一元线性回归分析	利用两个要素之间存在比较密切的相关关系，通过试验或抽样调查进行统计分析，构造两个要素间的数学模型，以其中一个因素为控制因素（自变量），以另一个预测因素为因变量，从而进行试验和预测。例如，城市人口发展规模和时间之间的一元线性回归分析
	多元回归分析	是对多个要素之间构建模型。例如，可以在房屋的价格和土地的供给，建筑材料的价格与市场需求之间构造多元回归分析模型
	线性规划模型	如果在规划问题的数学模型中，决策变量为可控的联系变量，目标函数和约束条件都是线性的，则这类模型称为线性规划模型。城市规划中有很多问题都是在一定资源条件下进行统筹安排，使得在实现目标的过程中，在消耗资源最少的情况下获得最大的效益，即如何达到系统最优的目标
	系统评价法	包括矩阵综合评价法、概率评价法、投入产出法、德尔菲法。系统评价法常用于对不同方案的比较、评价、选择
	层次分析法	将复杂的问题分解成比原问题简单得多的若干层次系统，再进行分析、比较、量化、排序，再逐级进行综合。它可以灵活地应用于各类复杂的问题
	模糊评价法	应用模糊数学的理论对复杂的对象进行定量化评价，如可以对城市用地进行综合模糊评价
空间模型分析	实体模型法	实体模型除了可以用实物表达外，也可以用图纸表达，例如用投影法画的总平面图、剖面图、立面图，主要用于规划管理和实施；用透视法画的透视图、鸟瞰图，主要用于效果表达
	几何图形法	用不同色彩的集合形在平面上强调空间要素的特点与联系。常用于功能结构分析、交通分析、环境绿化分析。具体包括等值线法、方格网法及图表法

国土空间总体规划

3. 城市总体规划编制要求

城市总体规划编制要求

要求	说明
规范化	鉴于总体规划的重要作用和法律地位，无论是制定的程序还是编制的内容都必须严谨、规范，要保证与政策的高度一致性
针对性	总体规划的编制要针对城市的发展规律、所处的地理环境、发展的阶段等进行
科学性	总体规划涉及城市发展战略的重大问题，必须科学、严谨地对待
综合性	城市是一个巨系统，涉及的问题众多，总体规划理应综合考虑

知识点2　城市总体规划现状调查 【★★★★】

城市总体规划是对城市未来发展作出的预测，是实践很强的工作，对城市现实情况把握得准确与否决定了规划能否发现现实中的核心问题、提出切合实际的解决办法，从而真正起到指导城市发展与建设的关键作用。城市总体规划必须建立在科学的调查研究和分析基础上，弄清城市发展的自然、社会、历史、文化的背景以及经济发展的状况和生态条件，找出城市发展建设中要解决的重要矛盾和问题。调查研究也是对城市从感性认识上升到理性认识的必要过程，**调查研究所获得的基础资料是城市总体规划定性、定量分析的主要依据。**

1. 现状调查的内容

城市总体规划现状调查内容

调查类型		具体内容
区域环境调查	区域内的城市化水平调查	① 现状城市（镇）的数量，各城市（镇）的常住人口数以及各城市（镇）的非农业人口数； ② 区域内的城市化水平历年变化情况； ③ 农村各行业劳动力总数，各行业劳动生产率的变化情况和发展可能； ④ 农村耕地的总量及历年的变化情况； ⑤ 农村剩余劳动力的数量、流动方向以及不同流动方向上的数量； ⑥ 在该地区中，城市建设投资的数量以及城市人口规模扩大所需的城市建设投资增加的数量等
	城镇体系调查	主要是为了确定所规划城市在城镇体系中的作用和地位以及未来发展的潜力优势。 ① 区域的经济、社会、文化发展特征以及在更广区域范围内的作用和地位； ② 市域范围的资源种类、数量及分布状况； ③ 全市的经济结构、社会结构等； ④ 市域范围内的交通条件； ⑤ 市域内各城镇的社会、经济、文化、政治等方面的地位与作用； ⑥ 市域范围内的基础设施状况
历史环境调查		通过对城市形成和发展过程的调查，把握城市发展的动力和规律，探寻城市的历史特色与风貌，促进城市的持续发展 ① 自然环境的特色； ② 文物古迹的特色； ③ 城市格局的特色； ④ 城市轮廓景观； ⑤ 建筑风格； ⑥ 其他物质和精神的特色

调查类型	具体内容	
自然环境调查	自然地理环境	① 地理位置； ② 地理环境； ③ 地形地貌； ④ 工程地质； ⑤ 水文和水文地质
	自然气象因素	① 风象； ② 气温； ③ 降雨； ④ 太阳辐射（日照）
	自然生态因素	主要涉及城市及周边地区的野生动植物种类与分布，生物资源、自然植被、城市废弃物的处置与生态环境的影响等
社会环境调查	人口	① 人口的自然变动； ② 人口的迁移变动； ③ 人口的社会变动； ④ 人口的年龄结构
	社会组织和社会结构	主要涉及构成城市社会整体的各类群体及它们之间的相互关系
经济环境调查	① 城市整体的经济状况； ② 城市中各产业部门的状况； ③ 城市土地经济； ④ 城市建设资金的筹资、安排与分配	
广域规划及上位规划调查	城市规划将国土规划、区域规划以及城镇体系规划等具有更广泛空间范围的规划作为研究确定城市性质、规模等要素的依据之一	
城市土地使用调查	对规划区范围的所有用地进行现场踏勘调查，对各类土地使用的范围、界限、用地性质等在地形图上进行标注，完成土地使用的现状图	
城市道路与交通设施调查	掌握各项城市交通设施的现状，分析发现其中存在的问题，是规划能否形成完善合理的城市结构、提高城市运转效率的关键之一	
城市园林绿化、开敞空间及城市建设用地调查	了解城市现状各类公园、绿地、风景区、水面等开敞空间以及城市外围的大片农林牧业用地和生态保护绿地	
城市住房及居住环境调查	了解城市现状居住水平中低收入家庭住房状况、居民住房意愿、居住环境、当地住房政策	
市政公用工程系统调查	主要是了解城市现有给水、排水、供热、供电、燃气、环卫、通信设施和管网的基本情况，以及水源、能源供应状况和发展前景	
城市环境状况调查	与城市规划相关的城市环境资料主要来自两个方面：一是有关城市环境质量的监测数据，包括大气、水质、噪声等方面，主要反映现状中的城市环境质量水平；二是工矿企业等主要污染源的污染物排放监测数据	

国土空间总体规划

2. 现状调查的主要方法

现状调查的方法有：现场踏勘或观察调查、抽样调查或问卷调查、访谈和座谈会调查、文献资料的运用。

3. 城市自然资源条件分析

自然资源是自然界中一切能为人类利用的自然要素，包括矿产资源、土地资源、森林资源、水资源、海洋资源等。其中，土地资源、水资源和矿产资源影响到城市的产生和发展的全过程，决定城市的选址、城市性质和规模、城市空间结构及城市特色，是城市赖以生存和发展的三大资源。

拓展

城市自然资源条件分析

土地资源	**（1）土地在城乡建设发展中的作用** **承载功能**：土地由其物理特性，具有承载万物的功能，土地是人类生产、生活赖以存在的物质基础。 **生产功能**：土地具有肥力，是万物生长的重要来源，使各种生物得以生存、繁殖。 **生态功能**：景观功能以及具有维护生态平衡的作用 **（2）城市用地的特殊性** **区位的极端重要性**。用地间的**级差收益**不同也使土地使用的环境效益和社会效益发生联动变化。 **开发经营的集约性**。城市用地创造的**物质和精神财富**以及经济收益远大于自然状态的土地。 **土地使用功能的固定性**。土地的使用方式一般**不会轻易改变**，必须科学研究、谨慎决策。 **不同用地功能的整体性**。研究城市用地功能布局的合理性和完整性，以促使**城市协调、稳定、健康发展**
水资源	1）水资源是城市**产生和发展的基础**。 2）水资源制约工业项目的发展。 在工业生产中，水的利用方式有：①用作原料（饮料、食品等），②电镀工厂等用作化学反应媒介物，③用作搬运原料媒介物，④用作冷却水，⑤洗涤用水等。 3）丰富的水资源是城市的**特色和标志**，是一种特殊的生态景观资源。 4）正确评价水资源供应量是城市规划必须做的**基础工作**
矿产资源	1）矿产资源的开采和加工可促成新城市的产生。 2）矿产资源决定城市的性质和发展方向（针对**矿业城市**）。 3）矿产资源的开采决定城市的地域结构和空间形态（针对**矿业城市**）。 4）矿业城市必须制定可持续的发展战略

知识点 3 城市发展条件综合评价内容与方法 【★★★★★】

1. 城市用地的自然条件评价

城市用地的自然条件评价

类别	说明
工程地质条件	① 建筑土质与地基承载力。 ② 地形条件。从宏观尺度来看，地形一般可分为山地、丘陵和平原三类。其中，山地绝对高度为500m以上，相对高度为200m以上；平原绝对高度为200m以下，相对高度为50m以下；丘陵则介于两者之间。 ③ 冲沟，是由间断流水在地层表面冲刷形成的沟槽。 ④ 滑坡与崩塌。 ⑤ 岩溶。 ⑥ 地震
水文及水文地质条件	① 水文条件：一般指江河湖泊等地面水体的流量、流速、水位、水质等条件。 ② 水文地质条件：一般是指地下水的存在形式，含水层的厚度、矿化度、硬度、水温及水的流动状态等条件
气候条件	① 太阳辐射。 ② 风象。风是地面大气的水平移动，由风向与风速两个量表示。根据城市多年风向观测记录汇总所绘制的风向频率图和平均风速图又称风玫瑰图。 ③ 气温。 ④ 降水与湿度。降水是指降雨、降雪、降雹、降霜等气候现象的总称。降水量的大小和降水强度对城市较为突出的影响是排水设施。湿度的高低与降水的多少有着密切的联系

2. 城市用地的建设条件评价

城市用地的建设条件是指组成城市各物质要素的现有状况与它们在近期内建设或改进的可能以及它们的服务水平与质量。

城市用地的建设条件评价

类别	说明
城市用地布局结构	① 城市用地布局结构是否合理。主要体现在城市各项功能的组合与结构是否协调，以及城市总体运行的效率。 ② 城市用地布局结构能否适应发展需要。城市布局结构形态是封闭的还是开放的，将对城市空间发展、调整或改变的可能性产生影响。 ③ 城市用地布局对生态环境的影响。主要体现在城市工业排放物所造成的环境污染与城市布局的矛盾。 ④ 城市交通系统的协调性、矛盾与潜力，城市对外铁路、公路、水道、港口及空港等站场、线路的分布。 ⑤ 城市用地结构是否体现出城市性质的要求，或者反映出城市特定自然地理环境和历史文化积淀的特色等

类别	说明
城市市政设施和公共服务设施方面	① 了解城市现有给水、排水、供热、供电、燃气、环卫、通信设施和管网的基本情况，以及水源、能源供应状况和发展前景。 ② 公共服务设施数量、规模、类型、服务半径全方位评价
社会、经济构成方面	① 社会构成状况：主要表现在人口结构及其分布的密度，以及城市各项物质设施的分布及其容量，同居民需求之间的适应性。 ② 经济构成状况：城市经济的发展水平、城市的产业结构和相应的就业结构。 ③ 工程准备条件。 ④ 外部环境条件

3. 城市用地的经济评价

城市用地的经济评价是指根据城市土地的经济和自然两方面的属性及其在城市社会经济活动中所产生的作用，综合评价土地质量优劣差异，为土地使用与安排提供依据。

城市用地的经济评价

类别	说明
城市土地的基本特征	① 城市用地布局结构是否合理，主要体现在城市各项功能的组合与结构是否协调，以及城市总体运行的效率。 ② 城市用地布局结构能否适应发展需要，城市布局结构形态是封闭的还是开放的，将对城市空间发展、调整或改变的可能性产生影响。 ③ 城市用地布局对生态环境的影响，主要体现在城市工业排放物所造成的环境污染与城市布局的矛盾。 ④ 城市交通系统的协调性、矛盾与潜力，城市对外铁路、公路、水道、港口及空港等站场、线路的分布。 ⑤ 城市用地结构是否体现出城市性质的要求，或者反映出城市特定自然地理环境和历史文化积淀的特色等
城市市政设施和公共服务设施方面	① 了解城市现有给水、排水、供热、供电、燃气、环卫、通信设施和管网的基本情况，以及水源、能源供应状况和发展前景。 ② 公共服务设施数量、规模、类型、服务半径全方位评价

4. 城市用地的工程性评定

根据建设的需要，城市用地一般可分为三类。

城市用地的工程性评价

类别	说明
一类用地	即适宜修建的用地。其具体要求是： ① 地形坡度在10%以下，符合各项建设用地的要求； ② 土质能满足建筑物地基承载力的要求； ③ 地下水位低于建筑物、构筑物的基础埋置深度； ④ 没有被百年一遇的洪水淹没的危险； ⑤ 没有沼泽现象或采取简单的工程措施即可排除地面积水的地段； ⑥ 没有冲沟、滑坡、崩塌、岩溶等不良地质现象的地段

国土空间总体规划

类别	说明
二类用地	即基本上适宜修建的用地。其具体情况是： ① 土质较差，在修建建筑物时，地基需要采取人工加固措施； ② 地下水位距地表面的深度较浅，修建建筑物时，需降低地下水位或采取排水措施； ③ 属洪水轻度淹没区，淹没深度不超过 1~1.5m，需采取防洪措施； ④ 地形坡度较大，修建建筑物时，除需要采取一定的工程措施外，还需动用较大土石方工程； ⑤ 地表面有较严重的积水现象，需要采取专门的工程准备措施加以改善； ⑥ 有轻微的活动性冲沟、滑坡等不良地质现象，需要采取一定的工程准备措施等
三类用地	即不适宜修建的用地。其具体情况是： ① 地基承载力小于 60kPa 和厚度在 2m 以上的泥炭层或流沙层的土壤，需要采取很复杂的人工地基和加固措施才能修建； ② 地形坡度超过 20%，布置建筑物很困难； ③ 经常被洪水淹没，且淹没深度超过 1.5m； ④ 有严重的活动性冲沟、滑坡等不良地质现象，若采取防治措施需花费很大工程量和工程费用； ⑤ 农业生产价值很高的丰产农田，具有开采价值的矿藏埋藏，属给水水源卫生防护地段，存在其他永久性设施和军事设施等

5. 城市建设用地选择

1）选择有利的自然条件。一般是指地势较为平坦、地基承载力良好、不受洪水威胁、工程建设投资省，而且能够保证城市日常功能的正常运转等。

2）尽量少占农田。保护耕地是我国的一项基本国策，城市建设用地尽可能利用劣地、荒地、坡地，少占农田，不占良田。

3）保护古迹和矿藏。城市用地选择应避开有价值的历史文物古迹和已探明有开采价值的矿藏的分布地段。

4）满足主要建设项目的要求。

5）为城市合理布局创造条件。

6. 城市发展方向分析

城市总体规划必须对城市空间的发展方向作出分析和判断以应对城市用地的扩展或改造，适应城市人口的变化。由于当前我国正处于城市高速发展的阶段，城市化的特征主要体现在人口向城市地区的积聚，即城市人口的快速增长和城市用地规模的外延型扩张。因此，在城市的发展中，非城市建设用地向城市用地的转变仍是城市空间变化与拓展的主要形式。而当未来城市化速度放慢时，则有可能出现以城市更新、改造为主的城市空间变化与拓展模式。

影响城市发展方向的因素较多，可大致归纳为以下几种。

影响城市发展方向的因素

因素	说明
自然条件	地形地貌、河流水系、地质条件等土地的自然因素通常是制约城市用地发展的重要因素之一；同时，出于维护生态平衡、保护自然环境目的的各种对开发建设活动的限制也是城市用地发展的制约条件之一

国土空间总体规划

137

因素	说明
人工环境	高速公路、铁路、高压输电线等区域基础设施的建设状况以及区域产业布局和区域中各城市间的相对位置关系等因素均有可能成为制约或诱导城市向某一特定方向发展的重要因素
城市建设现状与城市形态结构	除个别完全新建的城市外，大部分城市均依托已有的城市发展。因此，城市现状的建设水平不可避免地影响到与新区的关系，进而影响到城市整体的形态结构。城市新区是依托旧城区在各个方向上均等发展，还是摆脱旧城区，在某一特定方向上另行建立完整新区，决定了城市用地的发展方向
规划及政策性因素	城市用地的发展方向也不可避免地受到政策性因素以及其他各种规划的影响。例如，文物部门所制定的有关文物保护的规划或政策，多限制城市用地向地下文化遗址或地上文物古迹集中地区的扩展
其他因素	除以上因素外，土地产权问题、农民土地征用补偿问题、城市建设中的城中村问题等社会问题也是需要关注和考虑的因素

知识点 4   城市发展目标和城市性质 【★★★★★】

1. 城市发展目标

城市发展目标是一定时期内**城市经济、社会、环境**的发展所达到的目的和指标，通常可分为以下四个方面的内容。

城市发展目标

类别	说明
经济发展目标	国内生产总值（GDP）等经济总指标 人均国民收入等经济效益指标 第一、二、三产业之间的比例等经济结构指标
社会发展目标	人口规模等人口总量指标 年龄结构等人口构成指标 平均寿命等反映居民生活水平的指标 居民受教育程度等人口素质指标
城市建设目标	建设规模 用地结构 人居环境质量 基础设施和社会公共设施配套水平
环境保护目标	城市形象与生态环境水平等方面的指标

2. 城市职能

城市职能是指城市在一定地域内的经济、社会发展中所发挥的作用和承担的分工。**城市职能的基本着眼点是城市的基本活动部分。**

城市职能类型

类别	说明
基本职能	是指城市为城市以外地区服务的职能，是城市发展的主动和主导促进因素
非基本职能	是城市为城市本身居民服务的职能

拓展

城市的主要职能是指城市基本职能中比较突出的、对城市发展起决定作用的职能。

3. 城市性质

城市性质是指城市在一定地区、国家以致更大范围内的政治、经济与社会发展中所处的地位和所担负的主要职能。

拓展

城市性质关注的是城市最主要的职能，是对主要职能的高度概括。

城市性质的意义、依据、方法与检验

内容	说明
城市性质的意义	不同城市的性质决定着城市发展不同的特点，对城市规模、城市空间结构和形态以及各种市政公用设施的水平起着重要的指导作用
确定城市发展性质的依据	① 国家的方针、政策及国家经济发展计划对该城市建设的要求（所承担的职能分工）； ② 该城市在所处区域的地位与所承担的任务； ③ 该城市自身所具备的条件，包括资源条件、自然地理条件、建设条件和历史及现状基础条件
确定城市性质的方法	① 从地区着手，由面到点，调查分析周围地区所能提供的资源条件，农业生产特点、发展水平和对工业的要求，以及与邻近城市的经济联系和分工协作关系等（从大区域背景中进行分析）； ② 全面调查分析本市所在地点的建设条件、自然条件，政治、经济、文化等历史发展特点和现有基础，以及附近的风景名胜和革命纪念地等（定性分析）； ③ 自上而下，充分了解各级有关主管部门对于发展本市生产和建设事业的意图和要求，特别是这些意图和要求的客观依据（定量分析）； ④ 在调查的基础上进行认真分析，从地区综合平衡出发，明确城市发展方向，从而确定城市性质（综合分析影响城市发展的主导因素及其特点）； ⑤ 一般采用"定性分析"与"定量分析"相结合，以定性分析为主的方法
城市性质确定的检验	① 是否符合国民经济发展计划和区域经济对该城市的任务与要求； ② 与城市本身所拥有的条件是否相符； ③ 是否反映了城市区域与城市的关系对城市性质的影响； ④ 主导部门的确定依据是否客观、合理； ⑤ 是否充分考虑了发展变化的因素； ⑥ 能否反映出城市的特点

知识点5 城市规模的预测方法 【★★★★★】

1. 城市规模的概念

是以城市人口和城市用地总量所表示的城市的大小。

2. 城市人口规模

城市人口规模就是城市人口总数。编制城市总体规划时，通常将城市建成区范围内的实际居住人口视作城市人口，即在建设用地范围中居住的户籍非农业人口、户籍农业人口以及暂住期在半年以上的暂住人口的总和。

城市人口的统计范围应与地域范围一致，即现状城市人口与现状建成区、规划城市人口与规划建成区要相对应。

城市建成区指城市行政区内实际成片开发建设、市政公用设施和公共设施基本具备的地区，包括城区集中连片的部分以及分散在近郊与核心区有着密切联系、具有基本市政设施的城市建设用地。

城市人口构成、变化和规模预测

内容	说明
城市人口的构成	城市人口构成涉及一定时期内人口的年龄、寿命、性别、家庭、婚姻、劳动、职业、文化程度、健康状况等方面的构成情况
城市人口的变化	一个城市的人口始终处于变化之中，它主要受到自然增长和机械增长的影响，两者之和便是城市人口的增长值
城市人口规模预测	城市人口规模预测是按照一定的规律对城市未来一段时间内人口发展动态所做出的判断。预测城市人口规模，既要从社会发展的一般规律出发、考虑经济发展的需求，也要考虑城市的环境容量。 城市人口规模预测的方法主要有以下几种： ① 综合平衡法：利用城市人口的自然增长率和机械增长率来估算城市人口发展规模。 ② 时间序列法：从人口增长与时间变化的关系中找出两者之间的规律，建立数学公式来进行预测。适用于相对封闭、历史长、影响发展因素稳定的城市。 ③ 相关分析法：找出与人口关系密切、有较长时序的统计数据，且易于把握的影响因素（如就业、产值）进行预测。如工矿城市、海港城市。 ④ 区位法：根据城市在区域中的地位、作用来对城市人口规模进行分析预测。 ⑤ 职工带眷系数法：根据职工人数与部分职工带眷情况来计算城市人口发展规模。适用于新建的工矿城市。 ⑥ 环境容量法（门槛约束法）：根据城市基础设施的支持能力和自然资源的供给能力计算城市的极限人口。 ⑦ 比例分配法：根据当特定地区的城镇化按照一定的速度发展，该地区城市人口总规模基本确定的前提下，按照某一城市的城市人口占地区城市人口规模的比例确定城市人口规模的方法。 ⑧ 类比法：通过与发展条件、阶段、现状规模和城市性质相类似的城市进行对比分析，根据类比对象城市人口发展速度、特征和规模来推测城市人口规模的方法

3. 城市用地规模

城市用地规模是指到规划期末城市规划区内各项城市建设用地的总和。

城市用地规模＝预测的城市人口规模×人均建设用地面积标准

计算范围应当与人口计算范围相一致，人口数宜以非农业人口数为准。人均建设用地指标按照国家的《城市用地分类与规划建设用地标准》GB 50137—2011 确定。

（1）规划人均城市建设用地面积标准

规划人均城市建设用地面积指标，应根据现状人均城市建设用地面积指标、城市（镇）所在的气候区以及规划人口规模，按规划人均城市建设用地面积指标一览表的规定综合确定，并应符合表中允许采用的规划人均城市建设用地面积指标和允许调整的幅度双因子的限制要求。

规划人均城市建设用地面积指标一览表（单位：m²／人）

气候区	现状人均城市建设用地面积指标	允许采用的规划人均城市建设用地面积指标	允许调整的幅度		
			规划人口规模≤20.0万人	规划人口规模20.1万人～50.0万人	规划人口规模＞50.0万人
Ⅰ、Ⅱ、Ⅵ、Ⅶ	≤65	65～85	＞0	＞0	＞0
	65.1～75	65～95	＋0.1～＋20	＋0.1～＋20	＋0.1～＋20
	75.1～85	75～105	＋0.1～＋20	＋0.1～＋20	＋0.1～＋15
	85.1～95	80～110	＋0.1～＋20	−5～＋20	−5～＋15
	95.1～105	90～110	−5～＋15	−10～＋15	−10～＋10
	105.1～115	95～115	−10～−0.1	−15～−0.1	−20～−0.1
	＞115	≤115	＜0	＜0	＜0
Ⅲ、Ⅳ、Ⅴ	≤65	65～85	＞0	＞0	＞0
	65.1～75	65～95	＋0.1～＋20	＋0.1～＋20	＋0.1～＋20
	75.1～85	75～100	−0.5～＋20	−0.5～＋20	−0.5～＋15
	85.1～95	80～105	−10～＋15	−10～＋15	−10～＋10
	95.1～105	85～105	−15～＋10	−15～＋10	−15～＋5
	105.1～115	90～110	−20～−0.1	−20～−0.1	−25～−5
	＞115	≤110	＜0	＜0	＜0

新建城市（镇）的规划人均建设用地面积指标宜在(85.1～105)m²/人内确定。

首都的规划人均城市建设用地面积指标应在(105.1～115)m²/人内确定。

边远地区、少数民族地区城市（镇）以及部分山地城市、人口较少的工矿业城市（镇）、风景旅游城市（镇）等，人均城市建设用地面积指标，应专门论证，且上限不得大于150m²/人。

（2）规划人均单项城市建设用地面积标准

人均居住用地面积指标，Ⅰ、Ⅱ、Ⅵ、Ⅶ气候区，28～38m²/人；Ⅲ、Ⅳ、Ⅴ气候区，23～36m²/人；

规划人均公共管理与公共服务设施用地面积不应小于 **5.5m²/人**；

规划人均道路与交通设施用地面积不应小于 **12m²/人**；

规划人均绿地与广场用地面积不应小于 **10m²/人**，其中人均公园绿地面积不应小于 **8m²/人**。

（3）规划城市建设用地结构

居住用地、公共管理与公共服务设施用地、工业用地、道路与交通设施用地以及绿地与广场用地五大类主要用地规划，占城市建设用地的比例宜符合下表。

用地名称	占城市建设用地比例（%）
居住用地	25～40
公共管理与公共服务设施用地	5～8
工业用地	15～30
道路与交通设施用地	10～25
绿地与广场用地	10～15

4. 城市环境容量

城市环境容量是指环境对于城市规模及人的活动提出的限度，具体地说：城市所在地域的环境，在一定的经济技术水平和安全卫生要求下，在满足城市生产、社会等各种活动正常进行的前提下，通过城市的自然条件、现状条件、经济条件、社会文化历史条件等的共同作用，对城市建设发展规模以及人们在城市中各项活动的状况提出的容许限度。

城市环境容量类型和制约条件

内容	说明
类型	**城市人口容量**：三个特性——有限性、可变性、稳定性。 **城市大气环境容量**：满足大气环境目标值，所能承受污染物的最大能力，或允许排放污染物的总量。 **城市水环境容量**：水资源环境所能承纳的最大污染物质的负荷量
制约条件	**城市自然条件**：自然条件是城市环境容量中最基本的因素，包括地质、地形水文及水文地质、气候、矿藏、植物等条件的状况及特征。 **城市现状条件**：城市的各项现有构成状况对城市发展建设及人们的活动都有容许限度。基础设施的规模量对整个城市环境容量有重要的制约作用。 **经济技术条件**：城市拥有的经济技术条件对城市发展规模提出容许限度。 **历史文化条件**：城市中历史文化的存在，对城市环境容量产生很大影响

知识点6 城区范围划定 【★★★★】

根据《城区范围确定规程》TD/T 1064—2021 要点整理。

1. 城区实体地域范围确定技术方法

城区实体地域范围确定技术方法

内容	说明
技术流程	
数据准备	**（1）基础数据** 城区实体地域范围的确定过程需要以下两种基础数据作为支撑。 ① 影像数据：最新的行政区内不低于 2m 分辨率的遥感影像。 ② 矢量数据：最新的行政区划矢量边界数据、全国国土调查或年度变更调查数据（主要包括地类图斑、城镇村等用地、行政区、村级调查区等数据）等。 **（2）数学基础** 城区实体地域范围的确定过程中涉及的基础数据需满足以下条件。 ① 投影：高斯—克吕格投影 3°分带。 ② 坐标系统：2000 国家大地坐标系。 ③ 高程基准：1985 国家高程基准。 **（3）计量单位** 长度单位采用米（m）；面积计算单位采用平方米（m²）；面积统计汇总单位采用公顷（hm²）
确定方法	**（1）城区初始范围确定方法** 　　首次确定城区初始范围时，以第三次全国国土调查（以下简称"三调"）数据为基底，从中选取三调属性代码为 201 及 201A 的图斑数据所明确的空间范围作为城区初始范围。以国土调查过程数据为城区初始范围的，完整使用，不作取舍；待该次国土调查成果发布后，替换更新。 **（2）确定待纳入城区实体地域范围的图斑** 　　以城区初始范围为基础，依次判断向外缓冲 100m 范围内（含与 100m 范围相交）的图斑地类是否符合《城区范围确定规程》TD/T 1064—2021 附录 A 表 A.1 规定的城区实体地物必选类别或候选类别。

国土空间总体规划

143

内容	说明
确定方法	① 若符合必选类别，则进行连接条件判断。 ② 若符合候选类别，则综合考虑城市实际情况，选择具备城市居住和承担城市休闲游憩、自然和历史文化保护及其他城市相关必要功能（如公共管理与公共服务功能、商业服务功能、交通运输功能、市政公用功能、生态绿化功能、文化展示功能、物流仓储功能）的地物，进行连接条件判断。 **（3）连接条件判断** 对于待纳入城区实体地域范围的图斑，判断其与由城区初始范围和已纳入城区实体地域范围的图斑构成的当前城区实体地域范围的连接状态，符合条件的纳入城区实体地域范围。 **（4）迭代更新判断** 重复确定待纳入城区实体地域范围的图斑和连接条件判断的步骤。当没有新的、符合条件的图斑纳入城区实体地域范围时，停止迭代。迭代次数原则上不超过 5 次，纳入图斑的空间范围不宜超出与最后一次迭代边界相交的城区最小统计单元管辖范围边界。最后一次迭代结束后，将延伸在集中连片面状城区实体地域范围外的道路和沟渠等线状特征地物进行截断删除，仅保留当前城区实体地域范围内的部分。 **不应参与迭代的有**：纳入城区实体地域范围中的湿地、林地、草地、水域及水利设施用地图斑；铁路用地、轨道交通用地、公路用地、城镇村道路用地、管道运输用地、沟渠等线状特征图斑；城区初始范围内部的空洞。城区初始范围中独立在外且小的图斑不宜参与迭代。 **（5）特殊情况判断** 对于已是城市的重要组成部分且承担必要城市功能的地类图斑，若其通过上述步骤无法纳入城区实体地域范围，分以下四类进行判断。 ① 与国家或城市未来发展战略对应的各类国家级或省级开发区、工业园区：经过国家、省两级自然资源主管部门参与审定确定的建成或部分建成并运行的，其建成运行部分纳入城区实体地域范围。 ② 重大交通基础设施：直接与城市交通干线连通，已建成且承担旅客、物流运输等城市经济发展功能的交通枢纽，如以市级行政区划地名命名的机场、火车站、港口等，纳入城区实体地域范围。 ③ 已建成的城市级或为更大范围内区域服务的功能区、市政公用设施：纳入城区实体地域范围。 ④ 承担城市必要功能且不可被城区实体地域范围具备同类功能的区域替代的相邻镇区，可结合城市体检评估佐证，局部或整体纳入城区实体地域范围，原则上不超过两处。 以上新纳入的地类图斑仅考虑集中连片的图斑，不纳入散落在集中连片之外的零星建成区，且均不参与迭代。 当镇区图斑作为特殊情况参与判断时，纳入区域不可超出通过迭代更新判断形成的城区实体地域范围外相邻镇的镇区范围。 **（6）边界核查** 城区实体地域范围不得跨越市级行政区边界，不得与生态保护红线、永久基本农田相冲突，不宜超出城镇开发边界。
范围更新	① 城区初始范围更新时，根据最新的自然资源主管部门核定的相关城区国土调查数据确定城区初始范围。 ② 城区实体地域范围更新时，利用最新的国土调查数据，根据确定待纳入城区实体地域范围的图斑、连接条件判断、迭代更新判断、特殊情况判断、边界核查规定的步骤进行更新
成果提交	城区实体地域范围确定后，需要提交以下成果。 ① 矢量数据：城区初始范围矢量数据、城区实体地域范围矢量数据，以及涉及城区实体地域范围边界的城区最小统计单元内部的所有矢量数据。 ② 栅格数据：城市行政区域遥感影像数据。 ③ 其他相关材料：举证材料、城区实体地域范围确定报告等

国土空间总体规划

2. 城区范围确定技术方法

城区范围确定技术方法

内容	说明
技术流程	在识别城区实体地域范围的基础上，延伸确定城区范围 城区实体地域范围 设施数据是否齐全 —— 否 —— 逐个判定各城区最小统计单元城区属性 是 叠加分析：边界上城区最小统计单元内城区实体地域范围图斑面积占该单元面积比 城区最小统计单元范围数据 市政公用设施和公共服务设施数据 判断 ≥50%？ —— 否 —— ≥20%且＜50%？ —— 否 是　　　　　　　　　　是 满足 —— 设施条件判断 —— 不满足 纳入城区范围　　　不纳入城区范围 城区范围
补充数据	城区范围的确定过程还需要补充以下基础数据作为支撑，如为矢量数据，还需满足数学基础的要求： ① 最新的城区最小统计单元管辖范围数据； ② 最新的城区最小统计单元市政公用设施和公共服务设施空间数据等
确定方法	1）不具备市政公用设施和公共服务设施数据的城市，结合四至边界清楚的城区最小统计单元行政管理现状，逐个判定各单元城区属性，汇总形成相对合理的、集中连片的城区范围。 2）具备市政公用设施和公共服务设施数据的城市，叠加城区最小统计单元管辖范围数据和城区实体地域范围，将区、市政府驻地所在城区最小统计单元、城区实体地域范围边界内的城区最小统计单元直接纳入城区范围；筛选出城区实体地域范围边界上的城区最小统计单元作为待纳入城区范围的单元，并按下述步骤进行判断。 ① 若该城区最小统计单元中城区实体地域范围面积占比小于20%，则不纳入城区范围。 ② 若该城区最小统计单元中城区实体地域范围面积占比大于等于50%，则将其直接纳入城区范围。 ③ 对于城区实体地域范围面积占比小于50%且大于等于20%的城区最小统计单元，开展市政公用设施和公共服务设施建设情况调查。若其属于生活居住功能为主的居住型城区最小统计单元，同时满足5项市政公用设施和3项公共服务设施条件后，纳入城区范围；若其属于非生活居住功能为主的非居住型城区最小统计单元，如商业金融、商务办公、工业生产、生态绿化、文化展示等，满足5项市政公用设施条件后，纳入城区范围；若其属于国家级、省级历史文化名城的历史文化街区，或由省、自治区、直辖市人民政府核实公布的历史文化街区，经出具相关举证材料后，纳入城区范围

国土空间总体规划

内容	说明
范围更新	城区范围更新时，利用城区最小统计单元管辖范围数据和更新后的城区实体地域范围，根据确定方法规定的步骤进行更新
成果提交	城区范围确定后，需要提交以下成果。 ① 矢量数据：城区范围矢量数据，在开展市政公用设施和公共服务设施建设情况调查时，如使用布局图，还需提交相关矢量数据。 ② 统计数据：涉及的城区最小统计单元的面积数据，市政公用设施和公共服务设施调查表、统计表。 ③ 其他相关材料：举证材料、城区范围确定报告等

真题演练

2023-016 国土空间规划中城市要结合资源要素和区位条件，逐步形成合理的发展格局。下列要素中不属于基本资源要素的是(　　)。

A. 土地

B. 资本

C. 劳动力

D. 文化

【答案】D

【解析】三大传统资源要素包括土地、资本、劳动力。资本是可再生性的，是三项要素中最具有持续性的。劳动也是可再生性的资源，以劳动投入的增加来获得。经济的增长将是不具有长期可持续性的。土地是三项生产要素中唯一不具有可再生性的。数字经济时代资源要素又包括劳动、土地、资本、技术、数据五种。故符合题意的是D。

2021-027 当前我国东部沿海经济增速较快的城市，城市人口变化最有可能出现的情况是(　　)。

A. 自然增长率较高，机械增长率较高

B. 自然增长率较高，机械增长率较低

C. 自然增长率较低，机械增长率较高

D. 自然增长率较低，机械增长率较低

【答案】C

【解析】城市的人口主要受到自然增长与机械增长的影响，两者之和便是城市人口的增长值。目前，我国城市人口自然增长的情况，已由高出生、低死亡、高增长的趋势转变为低出生、低死亡、低增长。机械增长是指由于人口迁移所形成的变化量，即一定时期内，迁入城市的人口与迁出城市的人口的净差值。东部沿海经济增速较快的城市经济集聚能力强，对外来人口吸引力高，该城市最有可能出现的情况是自然增长率较低，机械增长率较高。因此选项C正确。

板块 5 城镇发展布局规划

历年考频

名称	2019 年	2020 年	2021 年	2022 年	2023 年	2024 年
城镇发展布局规划	1	1	1	0	2	2

知识点 1 全国主体功能区规划【★★★★】

1. 主体功能区划分

我国国土空间分为以下主体功能区：**按开发方式，分为优化开发区域、重点开发区域、限制开发区域和禁止开发区域；按开发内容，分为城市化地区、农产品主产区和重点生态功能区；按层级，分为国家和省级两个层面。**

各类主体功能区，在全国经济社会发展中具有同等重要的地位，只是主体功能不同，开发方式不同，保护内容不同，发展首要任务不同，国家支持重点不同。对城市化地区主要支持其集聚人口和经济，对农产品主产区主要支持其增强农业综合生产能力，对重点生态功能区主要支持其保护和修复生态环境。

主体功能区划分类型

类型		说明
按开发内容分	城市化地区	城市化地区是以提供工业品和服务产品为主体功能的地区，也提供农产品和生态产品
	农产品主产区	农产品主产区是以提供农产品为主体功能的地区，也提供生态产品、服务产品和部分工业品
	重点生态功能区	重点生态功能区是以提供生态产品为主体功能的地区，也提供一定的农产品、服务产品和工业品
按开发方式分	优化开发区域	优化开发区域是经济比较发达、人口比较密集、开发强度较高、资源环境问题更加突出，从而应该优化进行工业化城镇化开发的城市化地区
	重点开发区域	重点开发区域是有一定经济基础、资源环境承载能力较强、发展潜力较大、集聚人口和经济的条件较好，从而应该重点进行工业化城镇化开发的城市化地区。优化开发和重点开发区域都属于城市化地区，开发内容总体上相同，开发强度和开发方式不同
	限制开发区域	限制开发区域分为两类：一类是农产品主产区，即耕地较多、农业发展条件较好，尽管也适宜工业化城镇化开发，但从保障国家农产品安全以及中华民族永续发展的需要出发，必须把增强农业综合生产能力作为发展的首要任务，从而应该限制进行大规模高强度工业化城镇化开发的地；一类是重点生态功能区，即生态系统脆弱或生态功能重要，资源环境承载能力较低，不具备大规模高强度工业化城镇化开发的条件，必须把增强生态产品生产能力作为首要任务，从而应该限制进行大规模高强度工业化城镇化开发的地区

类型		说明
按开发方式分	禁止开发区域	禁止开发区域是依法设立的各级各类自然文化资源保护区域，以及其他禁止进行工业化城镇化开发、需要特殊保护的重点生态功能区。国家层面禁止开发区域，包括国家级自然保护区、世界文化自然遗产、国家级风景名胜区、国家森林公园和国家地质公园。省级层面的禁止开发区域，包括省级及以下各级各类自然文化资源保护区域、重要水源地以及其他省级人民政府根据需要确定的禁止开发区域

2. 主体功能区与其他功能等的关系

（1）主体功能与其他功能的关系

主体功能不等于唯一功能。明确一定区域的主体功能及其开发的主体内容和发展的主要任务，并不排斥该区域发挥其他功能。优化开发区域和重点开发区域作为城市化地区，主体功能是提供工业品和服务产品，集聚人口和经济，但也必须保护好区域内的基本农田等农业空间，保护好森林、草原、水面、湿地等生态空间，也要提供一定数量的农产品和生态产品。限制开发区域作为农产品主产区和重点生态功能区，主体功能是提供农产品和生态产品，保障国家农产品供给安全和生态系统稳定，但也允许适度开发能源和矿产资源，允许发展那些不影响主体功能定位、当地资源环境可承载的产业，允许进行必要的城镇建设。对禁止开发区域，要依法实施强制性保护。政府从履行职能的角度，对各类主体功能区都要提供公共服务和加强社会管理。

（2）主体功能区与农业发展的关系

把农产品主产区作为限制进行大规模高强度工业化城镇化开发的区域，是为了切实保护这类农业发展条件较好区域的耕地，使之能集中各种资源发展现代农业，不断提高农业综合生产能力。同时，也可以使国家强农惠农的政策更集中地落实到这类区域，确保农民收入不断增长，农村面貌不断改善。此外，通过集中布局、点状开发，在县城适度发展非农产业，可以避免过度分散发展工业带来的对耕地过度占用等问题。

（3）主体功能区与能源和矿产资源开发的关系

能源和矿产资源富集的地区，往往生态系统比较脆弱或生态功能比较重要，并不适宜大规模高强度的工业化城镇化开发。能源和矿产资源开发，往往只是"点"的开发，主体功能区中的工业化城镇化开发，更多地是"片"的开发。将一些能源和矿产资源富集的区域确定为限制开发区域，并不是要限制能源和矿产资源的开发，而是应该按照该区域的主体功能定位实行"点上开发、面上保护"。

（4）主体功能区与区域发展总体战略的关系

推进形成主体功能区是为了落实好区域发展总体战略，深化细化区域政策，更有力地支持区域协调发展。把环渤海、长江三角洲、珠江三角洲地区确定为优化开发区域，就是要促进这类人口密集、开发强度高、资源环境负荷过重的区域，率先转变经济发展方式，促进产业转移，从而也可以为中西部地区腾出更多发展空间。把中西部地区一些资源环境承载能力较强、集聚人口和经济条件较好的区域确定为重点开发区域，是为了引导生产要素向这类区域集中，促进工业化城镇化，加快经济发展。把西部地区一些不具备大规模高强度工业化城镇化开发条件的区域确定为限制开发的重点生态功能区，是为了更好地保护这类区域的生态产品生产力，使国家支持生态环境保护和改善民生的政策能更集中地落实到这类区域，尽快改善当地公共服务和人民生活条件。

知识点 2   市域城镇空间组合与城市空间形态【★★★★★】

1. 市域城镇空间组合的基本类型

市域城镇空间由中心城区及周边其他城镇组成，主要类型包括：**均衡式、单中心集核式、分片组团式、轴带式。**

市域城镇空间组合类型

类型	特点
均衡式	市域范围内的中心城镇与其他城镇**分布较为均衡，没有呈现明显的聚集**
单中心集核式	中心城区集聚了市域范围内的大量资源，**首位度高**，其他城镇围绕中心城区分布，依赖其发展
分片组团式	市域范围内受到地形、经济、社会、文化等因素的影响，**形成若干分片布局的城镇聚集组团**
轴带式	市域城镇组合，由于**中心城区沿某种地理要素扩散，呈现"串珠"状发展形态**

2. 城市空间形态与布局结构

（1）城市空间形态的类型

以城市行政区划边界以内主体建成区总平面外轮廓形状为差别标准，城市空间形态可分为**集中型、带型、放射型、星座型、组团型和散点型**六大主要类型。

城市空间结构形态类型

类型	内容
集中型形态	城市建成区主轮廓**长短轴之比小于 4∶1**，是长期集中紧凑全方位发展状态，其中包括若干子类型，如方形、圆形、扇形等
带型形态	城市建成区主体平面的**长短轴之比大于 4∶1**，并明显呈单向或双向发展，其子形态有 U 形、S 形等
放射型形态	城市建成区总平面主体团块**有 3 个以上明确的发展方向，**包括指状、星状、花瓣状等子形态
星座型形态	城市总平面是由一个相当大规模的主体团块和三个以上较次一级的基本团块组成的**复合形态**
组团型形态	城市建成区是**由两个以上相对独立的主体团块和若干个基本团块组成**
散点型形态	城市没有明确的主体团块，各自基本团块在较大区域内**呈散点状分布**

（2）城市空间形态与布局结构

对一般中小规模城市的空间形态与布局结构分析定位是比较简单容易的。但对于人口和建成区用地规模很大并处于动态发展阶段的城市来说，需要分析未来城市空间形态的几种可能发展模式。特大城市形态布局最佳方案可以归纳为以下几种设想方案。

1）合理规划大城市人口和用地规模，抑制其无序扩展方式，以郊区环状绿带限制蔓延，改造城市中心地区，向空中和地下争取空间，为控制性方案。

2）保持强大的城市中心功能，按规划引导城市进一步沿主体轴线或多向扩展，形成更大的放射型形态，而且保留绿化间隔和楔形绿地。

3）适当分散城市功能，在大城市近郊外围培育建造一系列功能较单纯的新开发区或稍远的卫星城镇，形成更大规模的星座型形态。

4）在几座大城市之间，沿市际交通干线走廊重新配置城市功能，在特大城市周围形成多向串联的城镇系列。

5）在具有强大吸引力的大城市远郊范围，在一定距离的隔离绿色地带外，按环状配置新型的小城镇，保证其良好的生态环境。

6）在特大城市行政区附近建设具有独立功能或特殊性质的新城市或城市群。

7）在城市行政区范围内，大面积分散城市功能，将大城市分解转化为城市共同体或社区共同体，为充分分散方案。

8）从根本上避免形成单核心形态的大城市，而在保留的大型绿色核心区外围安排组织环状城镇群。

9）在城市物质空间形态与布局结构上，重视根据城市历史和现状保持并发展原来所具有的特征，规划设计上强调继承历史、文化、人文传统内涵以及地方性景观和城市美学建设。

知识点 3　转型期城市空间增长特点【★★★】

转型期城市空间增长特点

空间类型	特点
新产业空间	新产业空间出现并发展。如开发区、高新区、保税区等
新兴业态空间	新兴业态出现并迅速发展。如超市、大型购物中心、专业店、便利店、连锁店等形成并占据中国的商业市场
新居住空间	城市地区商品房社区建设、城中村的产生成为转型期城市居住的两个主要特征
大学园区	我国高校扩招，致使处于城市内部的众多高校发展举步维艰，纷纷谋求在郊区扩展，建立分校。同时，中国的社会支撑技术也正从传统的以工业技术为主转向以高速交通和通信技术为主，促进了知识创新、技术创新源的集聚，因此出现了大学城、大学园区等城市新空间
生态保护空间	转型期以来，城市规划和管理上都更加注重城市生态环境的可持续发展，重视城市河湖水面、绿地等开敞空间，城市通过点、线、面等的生态环境保护体系进行生态保护、生态隔离等来保证城市生态基底不受破坏
中央商务区	改革开放以来，伴随着经济全球化，作为城市对外开放窗口的中央商务区在我国经济增长的热点地区的中心城市出现
快速交通网络	随着城市的快速发展及空间结构的拉大，许多大城市为解决城市发展中的交通问题，开始兴建城市快速道路和轨道交通网

知识点 4　信息社会城市空间结构形态的演变发展趋势【★★★★】

1. 大分散小集中

信息化浪潮下的城市空间结构形态将从集聚走向分散，但分散之中又有集中，呈现大分散与小集中的局面。城市中心区和边缘区的聚集效应差别缩小，城乡界限变得模糊。城市的集中与分散都是相对的，但集中是一种趋势。

2. 从圈层走向网络

进入工业化后期，城市土地的利用方式出现明显的分化，形成不同的功能，城市形态呈现圈层式自内向外扩展。空间区位影响削弱。网络化的趋势使城市空间形散而神不散，城市结构正是在网络的作用下，以前所未有的紧密程度联系着，分散化与网络化的另一个影响是城市用地从相对独立走向兼容。

3. 新型集聚体出现

城市的集聚与以往不同，会因为阶层、收入和文化的差异而形成不同的集聚。城市结构的网络化重构也将出现多功能的新社区。

真题演练

2023-032 下列关于带型城市组团布局的说法，**不准确**的是( )。

A. 各组团应有作为发展主轴的城市交通干路串联

B. 各组团间应加强平行发展主轴的干路建设

C. 各组团应具有一定的规模，尽量安排相对应的居住和就业比例

D. 各组团中心应形成专业性公共中心，承担城市中心的部分职能

【答案】D

【解析】带型城市一般采用便于提供均衡服务的多中心公共中心体系，各个组团中心功能相对综合，而非专业，以此满足组团内市民的多元化生活需求。故不准确的是D。

2023-074 下列关于城市网格型结构的说法，**不正确**的是( )。

A. 是规划设计城市的常用模式

B. 提供了丰富多样的空间体验

C. 提供了简便的土地划分和交易模式

D. 具有较好的适应性

【答案】B

【解析】城市网格型结构是最常见的城市基本形式之一，城市道路网比较规整和单一，相比组团城市、带形城市等，难以提供丰富多样的空间体验。故不正确的是B。

板块 6　城市用地布局规划

历年考频

名称	2019 年	2020 年	2021 年	2022 年	2023 年	2024 年
城市用地布局规划	2	2	3	5	3	2
国土空间调查、规划、用途管制用地用海分类	0	0	4	2	1	3

知识点 1　国土空间调查、规划、用途管制用地用海分类【★★★★★】

根据《国土空间调查、规划、用途管制用地用海分类指南》要点整理。

1. 一般规定

(1) 分类规则

依据国土空间的主要配置利用方式、经营特点和覆盖特征等因素，对国土空间用地用海类型进行归纳、划分，反映国土空间利用的基本功能，满足自然资源管理需要。用地用海分类设置不重不漏。当用地用海具备多种用途时，应以其主要功能进行归类。

(2) 使用原则

用地用海二级类为国土调查、国土空间规划的主干分类。

全国国土调查以一级类和二级类为基础分类，三级类为专项调查和补充调查的分类。

国土调查工作中，为满足年度考核管理的需要，用途改变过程中，未达到新用途验收或变更标准的，按原用途确认。国土开发整治、生态修复等项目验收工作中有细化地类认定要求的，从其相关要求认定地类。

国土空间总体规划原则上以一级类为主，可细分至二级类；国土空间详细规划和市县层级涉及空间利用的相关专项规划，原则上使用二级类和三级类。具体使用按照相关国土空间规划编制要求执行。

国土空间用途管制、用地用海审批、规划许可、出让合同和确权登记应依据有关法律法规，将国土空间规划确定的用途分类作为管理的重要依据。

在保障安全、避免功能冲突的前提下，鼓励节约集约利用国土空间资源，国土空间详细规划可在《国土空间调查、规划、用途管制用地用海分类指南》的分类基础上确定用地用海的混合利用以及地上、地下空间的复合利用。

2. 用地用海分类

(1) 用地用海分类

用地用海分类采用三级分类体系，共设置 24 个一级类、113 个二级类及 140 个三级类。

用地用海分类及其名称、代码

一级类		二级类		三级类	
代码	名称	代码	名称	代码	名称
01	耕地	0101	水田		
		0102	水浇地		
		0103	旱地		
02	园地	0201	果园		
		0202	茶园		
		0203	橡胶园地		
		0204	油料园地		
		0205	其他园地		
03	林地	0301	乔木林地		
		0302	竹林地		
		0303	灌木林地		
		0304	其他林地		
04	草地	0401	天然牧草地		
		0402	人工牧草地		
		0403	其他草地		
05	湿地	0501	森林沼泽		
		0502	灌丛沼泽		
		0503	沼泽草地		
		0504	其他沼泽地		
		0505	沿海滩涂		
		0506	内陆滩涂		
		0507	红树林地		
06	农业设施建设用地	0601	农村道路	060101	村道用地
				060102	田间道
		0602	设施农用地	060201	种植设施建设用地
				060202	畜禽养殖设施建设用地
				060203	水产养殖设施建设用地
07	居住用地	0701	城镇住宅用地	070101	一类城镇住宅用地
				070102	二类城镇住宅用地
				070103	三类城镇住宅用地
		0702	城镇社区服务设施用地		
		0703	农村宅基地	070301	一类农村宅基地
				070302	二类农村宅基地
		0704	农村社区服务设施用地		

国土空间总体规划

153

一级类		二级类		三级类	
代码	名称	代码	名称	代码	名称
08	公共管理与公共服务用地	0801	机关团体用地		
		0802	科研用地		
		0803	文化用地	080301	图书与展览用地
				080302	文化活动用地
		0804	教育用地	080401	高等教育用地
				080402	中等职业教育用地
				080403	中小学用地
				080404	幼儿园用地
				080405	其他教育用地
		0805	体育用地	080501	体育场馆用地
				080502	体育训练用地
		0806	医疗卫生用地	080601	医院用地
				080602	基层医疗卫生设施用地
				080603	公共卫生用地
		0807	社会福利用地	080701	老年人社会福利用地
				080702	儿童社会福利用地
				080703	残疾人社会福利用地
				080704	其他社会福利用地
09	商业服务业用地	0901	商业用地	090101	零售商业用地
				090102	批发市场用地
				090103	餐饮用地
				090104	旅馆用地
				090105	公用设施营业网点用地
		0902	商务金融用地		
		0903	娱乐用地		
		0904	其他商业服务业用地		
10	工矿用地	1001	工业用地	100101	一类工业用地
				100102	二类工业用地
				100103	三类工业用地
		1002	采矿用地		
		1003	盐田		

国土空间总体规划

一级类		二级类		三级类	
代码	名称	代码	名称	代码	名称
11	仓储用地	1101	物流仓储用地	110101	一类物流仓储用地
				110102	二类物流仓储用地
				110103	三类物流仓储用地
		1102	储备库用地		
12	交通运输用地	1201	铁路用地		
		1202	公路用地		
		1203	机场用地		
		1204	港口码头用地		
		1205	管道运输用地		
		1206	城市轨道交通用地		
		1207	城镇村道路用地		
		1208	交通场站用地	120801	对外交通场站用地
				120802	公共交通场站用地
				120803	社会停车场用地
		1209	其他交通设施用地		
13	公用设施用地	1301	供水用地		
		1302	排水用地		
		1303	供电用地		
		1304	供燃气用地		
		1305	供热用地		
		1306	通信用地		
		1307	邮政用地		
		1308	广播电视设施用地		
		1309	环卫用地		
		1310	消防用地		
		1311	水工设施用地		
		1312	其他公用设施用地		
14	绿地与开敞空间用地	1401	公园绿地		
		1402	防护绿地		
		1403	广场用地		

国土空间总体规划

一级类		二级类		三级类	
代码	名称	代码	名称	代码	名称
15	特殊用地	1501	军事设施用地		
		1502	使领馆用地		
		1503	宗教用地		
		1504	文物古迹用地		
		1505	监教场所用地		
		1506	殡葬用地		
		1507	其他特殊用地		
16	留白用地				
17	陆地水域	1701	河流水面		
		1702	湖泊水面		
		1703	水库水面		
		1704	坑塘水面		
		1705	沟渠		
		1706	冰川及常年积雪		
18	渔业用海	1801	渔业基础设施用海		
		1802	增养殖用海		
		1803	捕捞海域		
		1804	农林牧业用岛		
19	工矿通信用海	1901	工业用海		
		1902	盐田用海		
		1903	固体矿产用海		
		1904	油气用海		
		1905	可再生能源用海		
		1906	海底电缆管道用海		
20	交通运输用海	2001	港口用海		
		2002	航运用海		
		2003	路桥隧道用海		
		2004	机场用海		
		2005	其他交通运输用海		
21	游憩用海	2101	风景旅游用海		
		2102	文体休闲娱乐用海		

国土空间总体规划

156

一级类		二级类		三级类	
代码	名称	代码	名称	代码	名称
22	特殊用海	2201	军事用海		
		2202	科研教育用海		
		2203	海洋保护修复及海岸防护工程用海		
		2204	排污倾倒用海		
		2205	水下文物保护用海		
		2206	其他特殊用海		
23	其他土地	2301	空闲地		
		2302	后备耕地		
		2303	田坎		
		2304	盐碱地		
		2305	沙地		
		2306	裸土地		
		2307	裸岩石砾地		
24	其他海域				

用地用海分类名称、代码和含义

代码	名称	含义
01	耕地	指利用地表耕作层种植粮、棉、油、糖、蔬菜、饲草饲料等农作物为主,每年可以种植一季及以上(含以一年一季以上的耕种方式种植多年生作物)的土地,包括熟地,新开发、复垦、整理地,休闲地(含轮歇地、休耕地);以及间有零星果树、桑树或其他树木的耕地;包括南方宽度小于1.0m,北方宽度小于2.0m固定的沟、渠、路和地坎(埂);包括直接利用地表耕作层种植的温室、大棚、地膜等保温、保湿设施用地
0101	水田	指用于种植水稻、莲藕等水生农作物的耕地,包括实行水生、旱生农作物轮种的耕地
0102	水浇地	指有水源保证和灌溉设施,在一般年景能正常灌溉,种植旱生农作物(含蔬菜)的耕地
0103	旱地	指无灌溉设施,主要靠天然降水种植旱生农作物的耕地,包括没有灌溉设施,仅靠引洪淤灌的耕地
02	园地	指种植以采集果、叶、根、茎、汁等为主的集约经营的多年生作物,覆盖度大于50%或每亩株数大于合理株数70%的土地,包括用于育苗的土地
0201	果园	指种植果树的园地
0202	茶园	指种植茶树的园地
0203	橡胶园地	指种植橡胶树的园地

国土空间总体规划

代码	名称	含义
0204	油料园地	指种植油茶、油棕、橄榄和文冠果等木本油料作物的园地
0205	其他园地	指种植桑树、可可、咖啡、花椒、胡椒、药材等其他多年生作物的园地，包括用于育苗的土地
03	林地	指生长乔木、竹类、灌木的土地。包括自然生长干果等林木的土地。不包括生长林木的湿地，城镇、村庄范围内的绿化林木用地，铁路、公路征地范围内的林木，以及河流、沟渠的护堤林用地
0301	乔木林地	指乔木郁闭度不小于0.2的林地，不包括森林沼泽
0302	竹林地	指生长竹类植物，郁闭度不小于0.2的林地
0303	灌木林地	指灌木覆盖度不小于40%的林地，不包括灌丛沼泽
0304	其他林地	指疏林地（树木郁闭度不小于0.1、小于0.2的林地）、未成林地，以及迹地、苗圃和符合国家规定标准的用于培育、贮存种子苗木等直接为林业生产经营服务的设施用地等
04	草地	指生长草本植物为主的土地，包括乔木郁闭度小于0.1的疏林草地、灌木覆盖度小于40%的灌丛草地，不包括生长草本植物的湿地
0401	天然牧草地	指以天然草本植物为主，用于放牧或割草的草地，包括实施禁牧措施的草地
0402	人工牧草地	指人工种植牧草的草地，不包括种植饲草饲料的耕地
0403	其他草地	指天然牧草地、人工牧草地以外的草地，不包括可用于开发补充耕地的土地
05	湿地	指陆地和水域的交汇处，水位接近或处于地表面，或有浅层积水，且处于自然状态的土地
0501	森林沼泽	指以乔木植物为优势群落、郁闭度不小于0.2的淡水沼泽
0502	灌丛沼泽	指以灌木植物为优势群落、覆盖度不小于40%的淡水沼泽
0503	沼泽草地	指以天然草本植物为主的沼泽化的低地草甸、高寒草甸
0504	其他沼泽地	指除森林沼泽、灌丛沼泽和沼泽草地外，地表经常过湿或有薄层积水，生长沼生或部分沼生和部分湿生、水生或盐生植物的土地，包括草本沼泽、苔藓沼泽、内陆盐沼等
0505	沿海滩涂	指沿海大潮高潮位与低潮位之间的潮浸地带，包括海岛的滩涂，不包括已利用的滩涂
0506	内陆滩涂	指河流、湖泊常水位至洪水位间的滩地，时令河、湖洪水位以下的滩地，水库正常蓄水位与洪水位间的滩地，包括海岛的内陆滩地，不包括已利用的滩地
0507	红树林地	指沿海生长红树植物的土地，包括红树林苗圃
06	农业设施建设用地	指对地表耕作层造成破坏的，为农业生产、农村生活服务的乡村道路用地以及种植设施、畜禽养殖设施、水产养殖设施建设用地
0601	农村道路	指在村庄范围外，南方宽度不小于1.0m，不大于8.0m，北方宽度不小于2.0m，不大于8.0m，用于村间、田间交通运输，并在国家公路网络体系（乡道及乡道以上公路）之外，以服务于农村农业生产为主要用途的道路（含机耕道）

国土空间总体规划

代码	名称	含义
060101	村道用地	指用于村间、田间交通运输，服务于农村生活生产的硬化型道路（含机耕道），不包括村庄内部道路用地和田间道
060102	田间道	指用于田间交通运输，为农业生产、农村生活服务的非硬化型道路
0602	设施农用地	指直接用于经营性畜禽养殖生产设施及附属设施用地；直接用于作物栽培或水产养殖等农产品生产的设施及附属设施用地；直接用于设施农业项目辅助生产的设施用地；晾晒场、粮食果品烘干设施、粮食和农资临时存放场所、大型农机具临时存放场所等规模化粮食生产所必需的配套设施用地
060201	种植设施建设用地	指工厂化作物生产和为生产服务的看护房、农资农机具存放所等，以及与生产直接关联的烘干晾晒、分拣包装、保鲜存储等设施用地，不包括直接利用地表种植的大棚、地膜等保温、保湿设施用地
060202	畜禽养殖设施建设用地	指经营性畜禽养殖生产及直接关联的圈舍、废弃物处理、检验检疫等设施用地，不包括屠宰和肉类加工场所用地等
060203	水产养殖设施建设用地	指工厂化水产养殖生产及直接关联的硬化养殖池、看护房、粪污处置、检验检疫等设施用地
07	居住用地	指城乡住宅用地及其居住生活配套的社区服务设施用地
0701	城镇住宅用地	指用于城镇生活居住功能的各类住宅建筑用地及其附属设施用地
070101	一类城镇住宅用地	指配套设施齐全、环境良好，以三层及以下住宅为主的住宅建筑用地及其附属道路、附属绿地、停车场等用地
070102	二类城镇住宅用地	指配套设施较齐全、环境良好，以四层及以上住宅为主的住宅建筑用地及其附属道路、附属绿地、停车场等用地
070103	三类城镇住宅用地	指配套设施较欠缺、环境较差，以需要加以改造的简陋住宅为主的住宅建筑用地及其附属道路、附属绿地、停车场等用地，包括危房、棚户区、临时住宅等用地
0702	城镇社区服务设施用地	指为城镇居住生活配套的社区服务设施用地，包括社区服务站以及托儿所、社区卫生服务站、文化活动站、小型综合体育场地、小型超市等用地，以及老年人日间照料中心（托老所）等社区养老服务设施用地，不包括中小学、幼儿园用地
0703	农村宅基地	指农村村民用于建造住宅及其生活附属设施的土地，包括住房、附属用房等用地
070301	一类农村宅基地	指农村用于建造独户住房的土地
070302	二类农村宅基地	指农村用于建造集中住房的土地
0704	农村社区服务设施用地	指为农村生产生活配套的社区服务设施用地，包括农村社区服务站以及村委会、供销社、兽医站、农机站、托儿所、文化活动室、小型体育活动场地、综合礼堂、农村商店及小型超市、农村卫生服务站、村邮站、宗祠等用地，不包括中小学、幼儿园用地

国土空间总体规划

代码	名称	含义
08	公共管理与公共服务用地	指机关团体、科研、文化、教育、体育、卫生、社会福利等机构和设施的用地，不包括农村社区服务设施用地和城镇社区服务设施用地
0801	机关团体用地	指党政机关、人民团体及其相关直属机构、派出机构和直属事业单位的办公及附属设施用地
0802	科研用地	指科研机构及其科研设施、企业科学研究和研发设施用地
0803	文化用地	指图书、展览等公共文化活动设施用地
080301	图书与展览用地	指公共图书馆、博物馆、科技馆、公共美术馆、纪念馆、规划建设展览馆等设施用地
080302	文化活动用地	指文化馆（群众艺术馆）、文化站、工人文化宫、青少年宫（青少年活动中心）、妇女儿童活动中心（儿童活动中心）、老年活动中心、综合文化活动中心、公共剧场等设施用地
0804	教育用地	指高等教育、中等职业教育、中小学教育、幼儿园、特殊教育设施等用地，包括为学校配建的独立地段的学生生活用地
080401	高等教育用地	指大学、学院、高等职业学校、高等专科学校、成人高校等高等学校用地，包括军事院校用地
080402	中等职业教育用地	指普通中等专业学校、成人中等专业学校、职业高中、技工学校等用地，不包括附属于普通中学内的职业高中用地
080403	中小学用地	指小学、初级中学、高级中学、九年一贯制学校、完全中学、十二年一贯制学校用地，包括职业初中、成人中小学、附属于普通中学内的职业高中用地
080404	幼儿园用地	指幼儿园用地
080405	其他教育用地	指除以上之外的教育用地，包括特殊教育学校、专门学校（工读学校）用地
0805	体育用地	指体育场馆、体育训练基地、溜冰场、跳伞场、摩托车场、射击场，以及水上运动的陆域部分等用地，不包括学校、企事业、军队等机构内部专用的体育设施用地
080501	体育场馆用地	指室内外体育运动用地，包括体育场馆、游泳场馆、大中型多功能运动场地、全民健身中心等用地
080502	体育训练用地	指为体育运动专设的训练基地用地
0806	医疗卫生用地	指医疗、预防、保健、护理、康复、急救、安宁疗护等用地
080601	医院用地	指综合医院、中医医院、中西医结合医院、民族医医院、各类专科医院、护理院等用地
080602	基层医疗卫生设施用地	指社区卫生服务中心、乡镇（街道）卫生院等用地，不包括社区卫生服务站、农村卫生服务站、村卫生室、门诊部、诊所（医务室）等用地
080603	公共卫生用地	指疾病预防控制中心、妇幼保健院、急救中心（站）、采供血设施等用地
0807	社会福利用地	指为老年人、儿童及残疾人等提供社会福利和慈善服务的设施用地

代码	名称	含义
080701	老年人社会福利用地	指为老年人提供居住、康复、保健等服务的养老院、敬老院、养护院等机构养老设施用地
080702	儿童社会福利用地	指为孤儿、农村留守儿童、困境儿童等特殊儿童群体提供居住、抚养、照护等服务的儿童福利院、孤儿院、未成年人救助保护中心等设施用地
080703	残疾人社会福利用地	指为残疾人提供居住、康复、护养等服务的残疾人福利院、残疾人康复中心、残疾人综合服务中心等设施用地
080704	其他社会福利用地	指除以上之外的社会福利设施用地，包括救助管理站等设施用地
09	商业服务业用地	指商业、商务金融以及娱乐康体等设施用地，不包括农村社区服务设施用地和城镇社区服务设施用地
0901	商业用地	指零售商业、批发市场及餐饮、旅馆及公用设施营业网点等服务业用地
090101	零售商业用地	指商铺、商场、超市、服装及小商品市场等用地
090102	批发市场用地	指以批发功能为主的市场用地
090103	餐饮用地	指饭店、餐厅、酒吧等用地
090104	旅馆用地	指宾馆、旅馆、招待所、服务型公寓、有住宿功能的度假村等用地
090105	公用设施营业网点用地	指零售加油、加气、充换电站、电信、邮政、供水、燃气、供电、供热等公用设施营业网点用地
0902	商务金融用地	指金融保险、艺术传媒、设计、技术服务、物流管理中心等综合性办公用地
0903	娱乐用地	指剧院、音乐厅、电影院、歌舞厅、网吧以及绿地率小于65%的大型游乐等设施用地
0904	其他商业服务业用地	指除以上之外的商业服务业用地，包括高尔夫练习场、赛马场、以观光娱乐为目的的直升机停机坪等通用航空、汽车维修站以及宠物医院、洗车场、洗染店、照相馆、理发美容店、洗浴场所、废旧物资回收站、机动车、电子产品和日用产品修理网点、物流营业网点等用地
10	工矿用地	指用于工矿业生产的土地
1001	工业用地	指工矿企业的生产车间、装备修理、自用库房及其附属设施用地，包括专用铁路、码头和附属道路、停车场等用地，包括工业生产必需的研发、设计、测试、中试用地，不包括采矿用地
100101	一类工业用地	指对居住和公共环境基本无干扰、污染和安全隐患，布局无特殊控制要求的工业用地
100102	二类工业用地	指对居住和公共环境有一定干扰、污染和安全隐患，不可布局于居住区和公共设施集中区内的工业用地
100103	三类工业用地	指对居住和公共环境有严重干扰、污染和安全隐患，布局有防护、隔离要求的工业用地
1002	采矿用地	指采矿、采石、采砂（沙）场，砖瓦窑等地面生产用地及排土（石）、尾矿堆放用地

国土空间总体规划

161

代码	名称	含义
1003	盐田	指用于以自然蒸发方式进行盐业生产的用地，包括晒盐场所、盐池及附属设施用地
11	仓储用地	指物资存放及物流仓储和战略性物资储备库用地
1101	物流仓储用地	指国家和省级战略性储备库以外，城镇、村庄用于物资存储、中转、配送等设施用地，包括附属设施、道路、停车场等用地
110101	一类物流仓储用地	指对居住和公共环境基本无干扰、污染和安全隐患，布局无特殊控制要求的物流仓储用地
110102	二类物流仓储用地	指对居住和公共环境有一定干扰、污染和安全隐患，不可布局于居住区和公共设施集中区内的物流仓储用地
110103	三类物流仓储用地	指用于存放易燃、易爆和剧毒等危险品，布局有防护、隔离要求的物流仓储用地
1102	储备库用地	指国家和省级的粮食、棉花、石油等战略性储备库用地
12	交通运输用地	指铁路、公路、机场、港口码头、管道运输、城市轨道交通、各种道路以及交通场站等交通运输设施及其附属设施用地，不包括其他用地内的附属道路、停车场等用地
1201	铁路用地	指铁路编组站、轨道线路（含城际轨道）等用地，不包括铁路客货运站等交通场站用地
1202	公路用地	指国道、省道、县道和乡道用地及附属设施用地，不包括已纳入城镇集中连片建成区，发挥城镇内部道路功能的路段，以及公路长途客货运站等交通场站用地
1203	机场用地	指民用及军民合用的机场用地，包括飞行区、航站区等用地，不包括净空控制范围内的其他用地
1204	港口码头用地	指海港和河港的陆域部分，包括用于堆场、货运码头及其他港口设施的用地，不包括港口客运码头等交通场站用地
1205	管道运输用地	指运输矿石、石油和天然气等地面管道运输用地，地下管道运输规定的地面控制范围内的用地应按其地面实际用途归类
1206	城市轨道交通用地	指独立占地的城市轨道交通地面以上部分的线路、站点用地
1207	城镇村道路用地	指城镇、村庄范围内公用道路及行道树用地，包括快速路、主干路、次干路、支路、专用人行道和非机动车道等用地，包括其交叉口用地
1208	交通场站用地	指交通服务设施用地，不包括交通指挥中心、交通队等行政办公设施用地
120801	对外交通场站用地	指铁路客货运站、公路长途客运站、港口客运码头及其附属设施用地
120802	公共交通场站用地	指城市轨道交通车辆基地及附属设施，公共汽（电）车首末站、停车场（库）、保养场，出租汽车场站设施等用地，以及轮渡、缆车、索道等的地面部分及其附属设施用地

国土空间总体规划

代码	名称	含义
120803	社会停车场用地	指独立占地的公共停车场和停车库用地（含设有充电桩的社会停车场），不包括其他建设用地配建的停车场和停车库用地
1209	其他交通设施用地	指除以上之外的交通设施用地，包括教练场等用地
13	公用设施用地	指用于城乡和区域基础设施的供水、排水、供电、供燃气、供热、通信、邮政、广播电视、环卫、消防、水工等设施用地
1301	供水用地	指取水设施、供水厂、再生水厂、加压泵站、高位水池等设施用地
1302	排水用地	指雨水泵站、污水泵站、污水处理、污泥处理厂等设施及其附属的构筑物用地，不包括排水河渠用地
1303	供电用地	指变电站、开关站、环网柜等设施用地，不包括电厂、可再生能源发电等工业用地。高压走廊下规定的控制范围内的用地应按其地面实际用途归类
1304	供燃气用地	指分输站、调压站、门站、供气站、储配站、气化站、灌瓶站和地面输气管廊等设施用地，不包括制气厂等工业用地
1305	供热用地	指集中供热厂、换热站、区域能源站、分布式能源站和地面输热管廊等设施用地
1306	通信用地	指通信铁塔、基站、卫星地球站、海缆登陆站、电信局、微波站、中继站等设施用地
1307	邮政用地	指邮政中心局、邮政支局（所）、邮件处理中心等设施用地
1308	广播电视设施用地	指广播电视的发射、传输和监测设施用地，包括无线电收信区、发信区以及广播电视发射台、转播台、差转台、监测站等设施用地
1309	环卫用地	指生活垃圾、医疗垃圾、危险废物处理和处置，以及垃圾转运、公厕、车辆清洗、环卫车辆停放修理等设施用地
1310	消防用地	指消防站、消防通信及指挥训练中心等设施用地
1311	水工设施用地	指人工修建的闸、坝、堤林路、水电厂房、扬水站等常水位岸线以上的建（构）筑物用地，包括防洪堤、防洪枢纽、排洪沟（渠）等设施用地
1312	其他公用设施用地	指除以上之外的公用设施用地，包括施工、养护、维修等设施用地
14	绿地与开敞空间用地	指城镇、村庄用地范围内的公园绿地、防护绿地、广场等公共开敞空间用地，不包括其他建设用地中的附属绿地
1401	公园绿地	指向公众开放，以游憩为主要功能，兼具生态、景观、文教、体育和应急避险等功能，有一定服务设施的公园和绿地，包括综合公园、社区公园、专类公园和游园等
1402	防护绿地	指具有卫生、隔离、安全、生态防护功能，游人不宜进入的绿地
1403	广场用地	指以游憩、健身、纪念、集会和避险等功能为主的公共活动场地

代码	名称	含义
15	特殊用地	指军事、外事、宗教、安保、殡葬，以及文物古迹等具有特殊性质的用地
1501	军事设施用地	指直接用于军事目的的设施用地
1502	使领馆用地	指外国驻华使领馆、国际机构办事处及其附属设施等用地
1503	宗教用地	指宗教活动场所用地
1504	文物古迹用地	指具有保护价值的古遗址、古建筑、古墓葬、石窟寺、近现代史迹及纪念建筑等用地，不包括已作其他用途的文物古迹用地
1505	监教场所用地	指监狱、看守所、劳改场、戒毒所等用地范围内的建设用地，不包括公安局等行政办公设施用地
1506	殡葬用地	指殡仪馆、火葬场、骨灰存放处和陵园、墓地等用地
1507	其他特殊用地	指除以上之外的特殊建设用地，包括边境口岸和自然保护地等的管理与服务设施用地
16	留白用地	指国土空间规划确定的城镇、村庄范围内暂未明确规划用途、规划期内不开发或特定条件下开发的用地
17	陆地水域	指陆域内的河流、湖泊、冰川及常年积雪等天然陆地水域，以及水库、坑塘水面、沟渠等人工陆地水域
1701	河流水面	指天然形成或人工开挖河流常水位岸线之间的水面，不包括被堤坝拦截后形成的水库区段水面
1702	湖泊水面	指天然形成的积水区常水位岸线所围成的水面
1703	水库水面	指人工拦截汇集而成的总设计库容不小于 10 万 m^3 的水库正常蓄水位岸线所围成的水面
1704	坑塘水面	指人工开挖或天然形成的蓄水量小于 10 万 m^3 的坑塘常水位岸线所围成的水面，含养殖坑塘
1705	沟渠	指人工修建，南方宽度不小于 1.0m、北方宽度不小于 2.0m 用于引、排、灌的渠道，包括渠槽、渠堤、附属护路林及小型泵站
1706	冰川及常年积雪	指表层被冰雪常年覆盖的土地
18	渔业用海	指为开发利用渔业资源、开展海洋渔业生产所使用的海域及无居民海岛（含农、林、牧业用岛）
1801	渔业基础设施用海	指用于渔船停靠、进行装卸作业和避风，以及用以繁殖重要苗种的海域，包括渔业码头、引桥、堤坝、养殖厂房、看护房、渔港港池（含开敞式码头前沿船舶靠泊和回旋水域）、渔港航道、取排水口及其他附属设施使用的海域及无居民海岛
1802	增养殖用海	指用于养殖生产或通过构筑人工鱼礁、半潜式平台、养殖工船等进行增养殖生产的海域及无居民海岛
1803	捕捞海域	指开展适度捕捞的海域
1804	农林牧业用岛	指用于农、林、牧业生产活动所使用的无居民海岛

国土空间总体规划

代码	名称	含义
19	工矿通信用海	指开展临海工业生产、工业仓储、海底电缆管道建设和矿产能源开发所使用的海域及无居民海岛
1901	工业用海	指开展海水综合利用、船舶制造修理、海产品加工、滨海核电、火电、石化等临海工业所使用的海域及无居民海岛
1902	盐田用海	指用于盐业生产的海域，包括盐业码头、引桥及港池（船舶靠泊和回旋水域）、盐田取排水口、蓄水池，以及取排水管道、蒸发池、结晶池、坨台、生产道路等附属设施等所使用的海域及无居民海岛
1903	固体矿产用海	指开采海砂及其他固体矿产资源的海域及无居民海岛
1904	油气用海	指开采油气资源的海域及无居民海岛
1905	可再生能源用海	指开展海上风能、太阳能、潮流能、波浪能等可再生能源利用的海域及无居民海岛
1906	海底电缆管道用海	指用于埋（架）设海底通信光（电）缆、电力电缆、输水管道及输送其他物质的管状设施所使用的海域
20	交通运输用海	指用于港口、航运、路桥、机场等交通建设的海域及无居民海岛
2001	港口用海	指供船舶停靠、进行装卸作业、避风和调动的海域，包括港口码头、引桥、平台、港池、堤坝及堆场（仓储场）、铁路和公路转运场站及其附属设施等所使用的海域及无居民海岛
2002	航运用海	指供船只航行、候潮、待泊、联检、避风及进行水上过驳作业的海域
2003	路桥隧道用海	指用于建设连陆、连岛等路桥工程及海底隧道海域，包括跨海桥梁、跨海和顺岸道路、海底隧道等及其附属设施所使用的海域及无居民海岛
2004	机场用海	指用于建设海上机场及其附属设施所使用的海域及无居民海岛
2005	其他交通运输用海	指用于港口、航运、路桥、海上机场以外的交通运输用海。不包括油气开采用连陆、连岛道路和栈桥等所使用的海域
21	游憩用海	指开发利用滨海和海上旅游资源，开展海上娱乐活动的海域及无居民海岛
2101	风景旅游用海	指开发利用滨海和海上旅游资源的海域及无居民海岛
2102	文体休闲娱乐用海	指旅游景区开发和海上文体娱乐活动场建设的海域，包括海上浴场、游乐场及游乐设施使用的海域及无居民海岛
22	特殊用海	指用于军事、科研教学、海洋保护修复及海岸防护工程、排污倾倒、海洋水下文化遗产等用途的海域及无居民海岛
2201	军事用海	指建设军事设施和开展军事活动的海域及无居民海岛
2202	科研教育用海	指专门用于科学研究、试验及教学活动的海域及无居民海岛
2203	海洋保护修复及海岸防护工程用海	指各类涉海自然保护地所使用的海域，各类海洋生态保护修复工程实施需使用的海域，以及为防范海浪、沿岸流的侵蚀及台风、气旋和寒潮大风等自然灾害的侵袭，保障沿海河口海域水利、通航安全，建造海堤（塘）、防潮闸（含通航孔）、船闸、护岸设施、人工防护林等海岸防护工程及其他附属和管理设施等所使用的海域及无居民海岛

代码	名称	含义
2204	排污倾倒用海	指用来排放污水和倾倒废弃物的海域
2205	水下文物保护用海	指用于发掘、保护各种水下文物和文化遗产所使用的海域
2206	其他特殊用海	指除军事用海、科研教学、海洋保护修复及海岸防护、排污倾倒、海洋水下文化遗产保护等以外的特殊用海用岛
23	其他土地	指上述地类以外的其他类型的土地，包括盐碱地、沙地、裸土地、裸岩石砾地等植被稀少的陆域自然荒野等土地以及空闲地、后备耕地、田坎
2301	空闲地	指城镇、村庄范围内尚未使用的建设用地。空闲地仅用于国土调查监测工作
2302	后备耕地	指现状为荒草地，可用于开发补充耕地的土地
2303	田坎	指梯田及梯状坡地耕地中，主要用于拦蓄水和护坡，南方宽度不小于1.0m、北方宽度不小于2.0m的地坎
2304	盐碱地	指表层盐碱聚集，生长天然耐盐碱植物、植被覆盖度不大于5%的土地。不包括沼泽地和沼泽草地
2305	沙地	指表层为沙覆盖、植被覆盖度不大于5%的土地。不包括滩涂中的沙地
2306	裸土地	指表层为土质，植被覆盖度不大于5%的土地。不包括滩涂中的泥滩
2307	裸岩石砾地	指表层为岩石或石砾，其覆盖面积不小于70%的土地。不包括滩涂中的石滩
24	其他海域	指需要限制开发，以及从长远发展角度应当予以保留的海域及无居民海岛

（2）城镇村及工矿用地分类

城镇村及工矿用地分类及其名称、代码

一级类		二级类	
代码	名称	代码	名称
20	城镇村及工矿用地	201	城市用地
		202	建制镇用地
		203	村庄用地
		204	采矿及盐田用地
		205	风景名胜及特殊用地

城镇村及工矿用地分类名称、代码和含义

代码	名称	含义
20	城镇村及工矿用地	指城乡居民点、独立居民点以及居民点以外的工矿、国防、名胜古迹等企事业单位用地，包括其内部交通、绿化用地
201	城市用地	指城市居民点，指市区政府、县级市政府所在地（镇级）辖区内的，以及与城市连片的商业服务业、住宅、工业、机关、学校等用地，包括其所属的，不与其连片的开发区、新区等建成区，及城市居民点范围内的其他各类用地（含城中村）

代码	名称	含义
202	建制镇用地	指建制镇居民点，指建制镇辖区内的商业服务业、住宅、工业、学校等用地，包括其所属的，不与其连片的开发区、新区等建成区，及建制镇居民点范围内的其他各类用地（含城中村）
203	村庄用地	指乡村居民点，指乡村所属的商业服务业、住宅、工业、学校等用地。包括乡政府所在地和乡村居民点范围内的其他各类用地
204	采矿及盐田用地	指城镇、村庄用地以外的采矿、采石、采砂（沙）场、盐田和砖瓦窑等地面生产用地及排土（石）、尾矿堆放用地
205	风景名胜及特殊用地	指城镇、村庄用地以外用于风景名胜、国防、涉外、宗教、监教、殡葬等的土地

（3）地下空间用途分类

地下空间用途补充分类及其名称、代码

一级类		二级类	
代码	名称	代码	名称
UG12	地下交通运输设施	UG1210	地下人行通道
UG13	地下公用设施	UG1314	地下市政管线
		UG1315	地下市政管廊
UG25	地下人民防空设施		
UG26	其他地下设施		

地下空间用途补充分类名称、代码和含义

代码	名称	含义
UG12	地下交通运输设施	指地下道路设施、地下轨道交通设施、地下公共人行通道、地下交通场站、地下停车设施等
UG1210	地下人行通道	指地下人行通道及其配套设施
UG13	地下公用设施	指利用地下空间实现城市给水、供电、供气、供热、通信、排水、环卫等市政公用功能的设施，包括地下市政场站、地下市政管线、地下市政管廊和其他地下市政公用设施
UG1314	地下市政管线	指地下电力管线、通信管线、燃气配气管线、再生水管线、给水配水管线、热力管线、燃气输气管线、给水输水管线、污水管线、雨水管线等
UG1315	地下市政管廊	指用于统筹设置地下市政管线的空间和廊道，包括电缆隧道等专业管廊、综合管廊和其他市政管沟
UG25	地下人民防空设施	指地下通信指挥工程、医疗救护工程、防空专业队工程、人员掩蔽工程等设施
UG26	其他地下设施	指除以上之外的地下设施

国土空间总体规划

知识点 2　各项城市建设用地间的相互关系及布局要求【★★★★★】

1. 城市用地空间布局的主要原则

（1）城乡结合、统筹安排

城市用地空间布局的综合性很强，要立足于城市全局，符合国家、区域和城市自身利益和长远发展的要求。城市与周围地区有密切联系，总体布局时应作为一个整体，统筹安排，同时还应与区域的土地利用、交通网络、山水生态相互协调。

（2）功能协调、结构清晰

城市规划用地结构清晰是城市用地功能组织合理性的一个标志，它要求城市各主要用地功能明确，各用地之间相互协调，同时有安全便捷的联系，保障城市功能的整体协调、安全和运转高效。

（3）依托旧区、紧凑发展

城市用地空间布局在充分发挥城市正常功能的前提下应力争布局的集中紧凑，节约用地，节约城市基础设施建设投资，有利于城市运营，方便城市管理；减轻交通压力，有利于城市生产和方便居民生活；依托旧区和现有对外交通干线，就近开辟新区，循序滚动发展。

（4）分期建设、留有余地

城市用地空间布局是城市发展与建设的战略部署，必须有长远观点和科学预见性，力求科学合理、方向明确、留有余地。

2. 自然条件对城市用地空间布局的影响

自然条件对城市用地空间布局的影响

自然条件	影响
地貌类型	地貌类型包括山地、高原、丘陵、盆地、平原、河流谷地等，它对城市的影响体现在选址、地域结构和空间形态等方面。 ① 平原地区因地势平坦，用地充裕，自然障碍较少，城市可以自由地扩展，因而其布局多采用集中式，如北京； ② 河谷地带和海岸线上的城市，由于海洋及山地和丘陵的限制，城市布局多呈狭长带状分布，如兰州； ③ 江南河网密布，用地分散，城市多呈分散式布局，如武汉、广州、福州、汕头等城市
地表形态	地表形态包括地面起伏度、地面坡度、地面切割度等。地表形态对城市布局的影响主要体现在： ① 山地丘陵城市的市中心一般选在山体的四周进行建设，将自然风光与城市环境有机结合，形成特色； ② 居住区一般布置在用地充裕、地表水丰富的谷地中； ③ 工业特别是污染工业应布置在地向较高、通风良好的城市下风向区域
地表水系	流域的水系分布、走向对污染较重的工业用地和居住用地的规划布局有直接影响，规划中居住用地、水源地，特别是取水口应布置在城市的上游地带
地下水	地下水的流向应与地面建设用地的分布以及其他自然条件一并考虑，以防止因地下水受污染，影响到居住区生活用水的质量
风向	在城市用地规划布局时，一定要考虑盛行风、静风所形成的工业污染对居住区的影响。尤其在一些位于盆地或峡谷的城市，静风频率往往很高

3. 城市用地空间布局的主要模式

城市用地空间布局是对不同城市形态的概括表述，城市形态与城市的性质规模、地理环境、发展进程、产业特点等相互关联，具有空间上的整体性、特征上的传承性和时间上的连续性。

城市用地空间布局的主要模式

模式	说明
集中式	**特点**：城市各项建设用地集中连片发展，就其道路网形式而言，可分为网络状、环状、环形放射状、混合状，以及沿江、沿海或沿主要交通干线带状发展等模式
	优点：布局紧凑，节约用地，节省建设投资；容易低成本配套建设各项生活服务设施和基础设施；居民工作、生活出行距离较短，城市氛围浓郁，交往需求易于满足
	缺点：城市用地大面积集中连片布置，不利于城市道路交通的组织，因为越往市中心，人口和经济密度越高，交通流量越大；城市进一步发展，会出现"摊大饼"的现象，即城市居住区与工业区层层包围，城市用地连绵不断地向四周扩散，城市总体布局可能陷入混乱
分散式	**特点**：城市分为若干相对独立的组团，组团之间大多被河流、山川等自然地形、矿藏资源或对外交通系统分隔，组团间一般都有便捷的交通联系
	优点：布局灵活，城市用地发展和城市容量具有弹性，容易处理好近期与远期的关系；接近自然、环境优美；各城市物质要素的布局关系井然有序，疏密有致
	缺点：城市用地分散，土地利用不集约；各城区不易统一配套建设基础设施，分开建设成本较高；如果每个城区的规模达不到一个最低要求，城市氛围就不浓郁；跨区工作和生活出行成本高，居民联系不便

4. 城市用地空间布局的基本内容

城市活动概括起来主要有**工作、居住、游憩、交通**四个方面，为了满足各项活动的较好开展，就应有相应的城市用地。城市中的各项活动是相互连接的、互动的，那么，相应的城市用地就应是相互关联的、相互依赖的，又互不干扰的。

城市用地空间布局

类型	内容
工业区的布局	**按组群方式布置工业企业。**将那些单独的、小型的、分散的工业企业按其性质、生产协作关系和管理系统组织成综合性的生产联合体，或按组群分工相对集中地布置成为工业区。 工业区要协调好与交通系统的配合，协调好与居住区的关系，控制好工业对居住区乃至对整个城市的环境影响（组群方式）
居住区的布局	居住区的布局按居住生活的层次性，在城市范围内，依据工作和游憩活动的布局，合理分布和安排居住区及其相应的公共服务设施（梯级方式）
城市绿化系统和休憩游乐场布局	应均衡分布在城市各功能组成要素之中，并尽可能与郊区大片绿地（或农田）相连接，与江河湖海水系相联系，形成较为完整的城市绿化体系，充分发挥绿地在用地空间布局中的功能作用

类型	内容
公共活动中心的布局	配合城市各功能要素，以及各种公共生活的特点，进行合理安排和布局
城市交通的组织	按交通性质和交通速度，划分城市道路，形成城市道路交通体系，并解决好城市各部分以及各功能区之间的便捷往来和生活组织

5. 城市用地空间布局的艺术问题

（1）城市用地布局艺术

城市用地布局艺术指用地布局上的艺术构思及其在空间的体现，把山川河湖、名胜古迹、园林绿地、有保留价值的建筑等有机组织起来，形成城市景观的整体框架。

（2）城市空间布局要充分体现城市审美要求

城市之美是自然美与人文美的结合，不同规模的城市要有适当的比例尺度。城市美在一定程度上反映在城市尺度的均衡、功能与形式的统一上。

（3）城市空间景观的组织

城市中心和干路的空间布局都是形成城市景观的重点，是反映城市面貌和个性的重要因素。城市用地空间布局应通过对节点、路径、界面、标志的有效组织，创造出具有特色的城市中心和城市干路的艺术风貌。

城市轴线是组织城市空间的重要手段。通过轴线，可以把城市空间组成一个有秩序、有韵律的整体，以突出城市空间的序列和秩序感。

（4）继承历史传统，突出地方特色

在城市用地空间布局中，要充分考虑每个城市的历史传统和地方特色，保护好有历史文化价值的建筑、建筑群、历史街区，使其融入城市空间环境之中，创造独特的城市环境和形象。

知识点 3　各类城市用地规划布局【★★★★★】

1. 主要城市建设用地规模的确定

影响不同类型城市用地规模的因素是不同的，即不同用途的城市用地在不同城市中变化的规律和变化的幅度是不同的。

主要城市建设用地规模的确定

类型	方法
居住用地	影响居住用地规模的因素相对单纯并且易于把握，在国家大的土地政策、经济水平以及居住模式一定的前提下，采用通过统计得出的数据（如居住区的人口密度或人均居住用地面积等），结合人口规模的预测，很容易计算出城市在未来某一时点所需居住用地的总体规模
工业用地	一般从两个角度出发进行预测。一个是按照各主要工业门类的产值预测和该门类工业的单位产值所需用地规模来推算；另一个是按照各主要工业门类的职工数与该门类工业人均用地面积来计算

类型	方法
商务商业用地	商务商业用地规模的准确预测最为困难。因为该类用地对市场的需求最为敏感,变化周期较短,而且其总规模与城市性质、服务对象的范围、当地的消费习惯等因素有关,难以以城市人口规模作为预测的依据。规划中通常可以采用将商务、批发商业、零售业、娱乐服务用地等分别计算的方法
道路、绿地	城市中的道路、绿地等可以按照城市总用地规模的一定比例计算出来
用途特殊、规模较大的用地	其规模只能按照实际需要逐项估算。例如,对外交通用地(尤其是机场、港口用地),教育科研用地,用于军事、外事等目的的用地等

2. 各类城市建设用地位置及其相互之间的关系

通常影响各种城市建设用地的位置及其相互之间关系的主要因素可以归纳为以下几种。

主要城市用地类型的空间分布特征表

用地种类	功能要求	地租承受能力	与其他用地关系	在城市中的区位
居住用地	较便捷的交通条件、较完备的生活服务设施、良好的居住环境	中等、较低(不同类型居住用地对地租的承受能力相差很大)	与工业用地、商务用地等就业中心保持密切联系,但不受其干扰	从城市中心至郊区,分布范围较广
商务商业用地(零售业)	便捷的交通、良好的城市基础设施	较高	需要一定规模的居住用地作为其服务范围	城市中心、副中心或社区中心
工业用地(制造业)	良好、廉价的交通运输条件、大面积平坦的土地	中等、较低	需要与居住用地之间保持便捷的交通,对城市其他种类的用地有一定的负面影响	下风向、河流下游的城市外围或郊外

3. 各类用地的规划布局

各类用地的规划布局

用地	内容	说明
居住用地	用地的选择	① 选择自然环境优良的地区,有适合的地形与工程地质条件,避免选择易受洪水、地震灾害和滑坡、沼泽、风口等不良条件的地区。在丘陵地区宜选择向阳通风的坡面。在可能情况下,尽量接近水面和风景优美的环境。 ② 居住用地的选择应协调与城市就业区和商业中心等功能地域的相互关系以减少居住—工作、居住—消费的出行距离与时间。 ③ 居住用地选择要十分注重用地自身及用地周边的环境污染影响。在接近工业区时,要选择在常年主导风向的上风向,并按环境保护等相关法规规定保持必要的防护距离,为营造卫生、安宁的居住生活空间提供环境保证。 ④ 居住用地选择应有适宜的规模与用地形状,从而合理地组织居住生活、经济有效地配置公共服务设施等。合适的用地形状将有利于居住区的空间组织和建设工程经济。

国土空间总体规划

用地	内容	说明
居住用地	用地的选择	⑤ 在城市外围选择居住用地，要考虑与现有城区的功能结构关系，利用旧城区公共设施、就业设施，有利于密切新区与旧区的关系，节省居住区建设的初期投资。 ⑥ 居住区用地选择要结合房产市场的需求趋向，考虑建设的可行性与效益。 ⑦ 居住用地选择要注意留有余地。在居住用地与产业用地相配合一体安排时，要考虑相互发展的趋势与需要，如产业有一定发展潜力与可能时，居住用地应有相应的发展安排与空间准备 **拓展——居住区规划设计标准相关知识** 居住区应选择在安全、适宜居住的地段进行建设，并应符合下列规定： ① 不得在有滑坡、泥石流、山洪等自然灾害威胁的地段进行建设； ② 与危险化学品及易燃易爆品等危险源的距离，必须满足有关安全规定； ③ 存在噪声污染、光污染的地段，应采取相应的降低噪声和光污染的防护措施； ④ 土壤存在污染的地段，必须采取有效措施进行无害化处理，并应达到居住用地土壤环境质量的要求。
	规划布局	① **集中布置**：当城市规模不大，有足够的用地且在用地范围内无自然或人为的障碍，而可以成片紧凑地组织用地时，常采用这种布置方式。用地的集中布置可以节约城市市政建设投资，密切城市各部分在空间上的联系，在便利交通，减少能耗、时耗等方面可获得较好的效果。 ② **分散布置**：当城市用地受到地形等自然条件的限制，或因城市的产业分布和道路交通设施布局的影响时，居住用地可采取分散布置。前者如在丘陵地区，居住用地沿多条谷地展开；后者如在矿区城市，居住用地与采矿点相伴而分散布置。 ③ **轴向布置**：当城市用地以中心地区为核心，沿着多条由中心向外围放射的交通干线发展时，居住用地依托交通干线（如快速路、轨道交通线等），在适宜的出行距离范围内，赋以一定的组合形态，并逐步延展。如有的城市因轨道交通的建设，带动了沿线房地产业的发展，居住区在沿线集结，呈轴线发展态势
公共设施用地	布局规划	① 公共设施项目要合理地配置：一是指整个城市各类公共设施应按城市的需要配套齐全；二是按城市的布局结构进行分级或系统的配置；三是在局部地域的设施按服务功能和对象予以成套的设置，某些专业设施集聚配置，以发挥联动效应。 ② 公共设施要按照与居民生活的密切程度确定合理的服务半径。 ③ 公共设施的布局要结合城市道路与交通规划考虑。根据服务半径确定其服务范围大小及服务人数的多少，以此推算公共设施的规模。一些商业设施可结合步行道路或是自行车专用道、公交站点形成以步行为主的商业街区。而对于大型体育场馆、展览中心等公共设施，由于对城市道路交通系统的依存关系，则应与城市干路相联结。 ④ 根据公共设施本身的特点及其对环境的要求进行布局。例如，医院一般要求有一个清洁安静的环境；露天剧场或球场的布置既要考虑自身发生的声响对周围的影响，同时也要防止外界噪声对表演和竞技的妨碍；学校、图书馆等单位一般不宜与剧场、市场、游乐场等紧邻，以免相互之间干扰。 ⑤ 公共设施布置要考虑城市景观组织的要求。 ⑥ 公共设施的布局要考虑合理的建设顺序，并留有余地。 ⑦ 公共设施的布置要充分利用城市原有基础

国土空间总体规划

用地	内容	说明
公共设施用地	城市公共中心的布置	① 按照城市的性质与规模，组合功能与空间环境。 ② 组织中心地区的交通。 ③ 城市公共中心的规划与建设标准要与城市的发展目标相适应。 ④ 慎重对待城市传统商业中心
工业用地	城市中工业布置的基本要求	① **工业用地的自身要求**：用地的形状和模式，地形要求，水源要求，能源要求，工程地质、水文地质与水温要求，工业的特殊要求等。 ② **交通运输要求**：铁路运输，水路运输，公路运输，连续运输等。 ③ **防止工业对城市环境的污染**：减少有害气体对城市的污染，防止废水污染，防止工业废渣污染，防止噪声干扰 **拓展——补充要求** ① 不应选在 7 级和 7 级以上的地震区，工业用地应避开洪水淹没地段，一般应高出当地最高洪水位 0.5 以上，大、中型企业最高洪水频率为百年一遇，小型企业为五十年一遇。 ② 工业用地应避开以下地区：城市中心区、军事用地、水利枢纽、大桥等战略目标以及矿物蕴藏地区、采空区、文物古迹埋藏地区以及生态保护与风景旅游区、埋有地下设备的地区。
	工业在城市中的布局	① **工业用地位于城市特定地区**。工业用地相对集中地位于城市中某一方位上，形成工业区，或者分布于城市周边。通常中小城市中的工业用地多呈此种形态布局，其特点是总体规模较小，与生活居住用地之间具有较密切的联系，但容易造成污染，并且当城市进一步发展时，有可能形成工业用地与生活居住用地相间的情况。 ② **工业用地与其他用地形成组团**。无论是由于地形条件所致，还是随城市不同发展时期逐渐形成，工业用地与生活居住等其他种类的用地一起形成相对明确的组团。这种情况常见于大城市或丘陵地区的城市，其优点是在一定程度上平衡组团内的就业和居住，但由于不同程度地存在工业用地与其他用地交叉布局的情况不利于局部污染的防范。城市整体的污染防范可以通过调整各组团中的工业门类来实现。 ③ **工业园或独立的工业卫星城**。与组团式的工业用地布局相似，在工业园或独立的工业卫星城中，通常也带有相关的配套生活居住用地。尤其是独立的工业卫星城中各项配套设施更加完备，有时可做到基本上不依赖主城区，但与主城区有快速便捷的交通相连。北京的亦庄经济技术开发区，上海的宝山、金山、松江等卫星城镇就是该类型的例。 ④ **工业地带**。当某一区域内的工业城市数量、密度与规模发展到一定程度时就形成了工业地带。这些工业城市之间分工合作，联系密切，但各自独立，德国著名的鲁尔地区在 20 世纪 80 年代之前就是一种典型的工业地带。事实上，对工业地带中工业及相关用地的规划布局已不属于城市总体规划的范畴，而更倾向于区域规划所应解决的问题
仓储用地	仓储用地布置的一般原则	满足仓储用地的一般技术要求，有利于交通运输，有利于建设、经营使用，节约用地，但有一定发展余地，注意城市环境保护，防止污染，保证城市安全，应满足有关卫生、安全方面的要求

国土空间总体规划

173

用地	内容	说明
仓储用地	仓储用地的布局	① 储备仓库一般应设在城市郊区、水陆交通条件方便的地方，有专用的独立地段。 ② 转运仓库也应设在城市边缘或郊区，并与铁路、港口等对外交通设施紧密结合。 ③ 收购仓库如属农副产品和当地土产收购的仓库，应设在货源来港的郊区入城干路口或水运必经的入口处。 ④ 供应仓库或一般性综合仓库要求接近其供应的地区，可布置在使用仓库的地区内或附近地段，并具有方便的市内交通运输条件。 ⑤ **蔬菜仓库**：地下水位不小于2.5m，食品和材料库地下水位不小于4m。蔬菜仓库应设于通向四郊的干路入口。 ⑥ **危险品仓库**：如易爆和剧毒等危险品仓库，要布置在城市远郊的独立地段。 ⑦ **冷藏品仓库**：多设于郊区河流沿岸，建有码头或专用线。 ⑧ **木材仓库**：建筑材料仓库运输量大、用地大，常设于城郊对外交通运输线或河流附近。 ⑨ **燃料及易燃材料仓库**：如石油、煤炭、天然气及其他易燃物品仓库，应满足防火要求，布置在郊区的独立地段。在气候干燥、风速大的城市，还必须布置在大风季节城市的下风向或侧风向

知识点4　城市用地布局与交通系统的关系【★★★★★】

1. 雅典宪章的启示

1）人的活动是城市交通的主要活动，也是城市交通的决定性因素。人的活动的需求、意愿和活动的能量决定了人的出行目的、出行方式、出行次数和出行的距离。人在城市用地中的分布和活动需求决定了城市交通的流动和分布。城市规划对城市交通的研究和安排都必须以人的活动及人在城市用地中的分布为基础。

2）城市用地是城市交通的决定性因素。城市道路网和公交网的结构和形态取决于城市用地的布局结构和形态，应该与城市的用地布局形态相协调。

3）要处理好城市用地布局与道路系统的合理关系，要有交通分流的思想和功能分工的思想，按照用地产生的交通的不同的功能要求，合理地布置不同类型和功能的道路，在不同功能的道路旁布置不同性质的建设用地，形成道路交通系统与城市用地布局的合理的配合关系。

2. 城市用地布局与交通系统的关系

城市用地布局与交通系统的关系

关系	内容
城市道路系统与城市用地的协调发展关系	城市道路的第一功能是"组织城市的骨架"；城市道路的第二功能是，"交通的通道"。城市道路系统始终伴随着城市的发展。城市由小城市发展到中等城市、到大城市、到特大城市，由用地集中式布局发展到组合型布局，城市道路系统的形式和结构也要随之发生根本性的变化。 ① **城市形成的初期**，城市是小城镇，规模小，多数呈现为单中心集中式布局，城市道路大多为规整的方格网式，一般分为主路、支路和街巷三级。

关系	内容
城市道路系统与城市用地的协调发展关系	② 城市发展到中等规模，城市仍可能**呈集中式布局**，但会出现次级中心，城市形成较为紧凑的**组团式布局**，城市道路网在中心组团仍维持旧城的基本格局，在外围组团则形成了适应机动交通的三级道路网。 ③ **城市发展到大城市**，逐渐形成相对分散的、**多中心**组团式布局。城市中心组团与外围组团间经由现代城市交通所需的城市快速路连接，城市道路系统开始向混合式道路网转化。 ④ 特大城市呈现**"组合型城市"**的布局，城市道路进一步发展形成混合型网，因为有了加强区间联系的需求，快速路网组合为城市的疏通性交通干线路网，城区间利用公路或高速公路相联系
城市用地布局形态与道路交通网络形式的配合关系	城市用地的布局形态大致可分为**集中型和分散型**两大类。 ① 集中型较适应规模较小的城市，其道路网形式多为方格网状。 ② 分散型城市，其道路网形式会因城市的分散模式而形成不同的网络形态。规模较小的城市大多受自然地形限制，常由若干交通性道路（或公路）将各个分散的城区道路网联系为一个整体；而规模较大的城市则应形成组团式的用地布局，组团式布局的城市的道路网络形态应该与组团结构形态相一致
城市用地布局结构与城市道路网络的功能配合关系	各级城市道路都是组织城市的骨架，又是城市交通的渠道。城市中各级道路的性质、功能与城市用地布局结构的关系表现为城市道路功能布局

真题演练

2023-030 根据《国土空间调查、规划、用途管制用地用海分类指南（试行）》，小学用地属于( )。

A. 公共管理与公共服务设施　　B. 居住用地
C. 公用设施用地　　D. 城镇社区服务设施用地

【答案】D

【解析】根据《国土空间调查、规划、用途管制用地用海分类指南》（已发布正式文件，不再是试行文件），小学用地属于公共管理与公共服务设施用地中的教育用地。故符合题意的是A。

2023-031 下列关于城市布局的说法，不属于集中式城市布局优点的是( )。

A. 居民工作生活出行距离较短
B. 城市用地发展和城市容量弹性较大
C. 生活服务设施配置效率较高
D. 布局紧凑、节约用地、节省投资

【答案】B

【解析】集中式城市布局的优点共三项，包括ACD，不包括B，B是分散式布局的优点。故符合题意的是B。

2023-033 下列关于城市布局的说法，错误的是( )。

A. 丘陵城市的市中心一般应选择在坡度适宜的地段进行建设

B. 城市工业区应布置在城市河流水系的下游

C. 北方城市为避免寒风侵袭，道路系统走向应与冬季盛行风向成一定角度

D. 居住区应布置在空气污染源所在地区全年最小频率风向的上风侧

【答案】D

【解析】居住用地在接近空气污染源时，要选择在地区常年主导风向的上风向，并保持必要的防护距离。故错误的是 D。

板块 7　城市综合交通规划

历年考频

名称	2019 年	2020 年	2021 年	2022 年	2023 年	2024 年
城市综合交通规划	10	13	8	10	9	7

知识点 1　城市综合交通规划的概念和基本要求【★★★★★】

1. 城市综合交通概念

城市综合交通包括出行的两段都在城区内的城市内部交通，和出行至少一端在城区外的城市对外交通（包括两端均在城区外，但通过城区组织的城市过境交通）。按照城市综合交通的服务对象可划分为城市客运与货运交通。

2. 城市综合交通体系规划一般规定

1）城市综合交通体系规划的范围与年限应与城市总体规划一致。

2）城市综合交通体系应优先发展绿色、集约的交通方式，引导城市空间合理布局和人与物的安全、有序流动，并应充分发挥市场在交通资源配置中的作用，保障城市交通的效率与公平，支撑城市经济社会活动正常运行。

3）规划的城市道路与交通设施用地面积应占城市规划建设用地面积的 **15%～25%**，人均道路与交通设施面积**不应小于 12m²**。城市综合交通体系规划与建设应集约、节约用地，并应优先保障步行、城市公共交通和自行车交通运行空间，合理配置城市道路与交通设施用地资源。

4）城市综合交通体系规划**应符合下列规定：**

① 城市内部客运交通中由步行与集约型公共交通、自行车交通承担的出行比例不应低于 **75%**；

② 应为规划范围内所有出行者提供多样化的出行选择，并应保障其交通可达性，满足无障碍通行要求；

③ 城市内部出行中，**95%** 的通勤出行的单程时耗，**规划人口规模 100 万及以上的城市应控制在 60 分钟以内**（规划人口规模超过 1000 万的超大城市可适当提高），**100 万以下城市应控制在 40 分钟以内**；

④ 应通过交通需求管理与交通设施建设保障城市道路运行的服务水平，城市干线道路交通高峰时段机动车平均行程车速不应低于下表的规定。

城市快速路、主干路交通高峰时段机动车平均行程车速低限（单位：km/h）

道路等级	城市中心区	其他地区
快速路	30	40
主干路	20	30

5）城市综合交通体系应与城市空间布局、土地使用相互协调，城市综合交通的各子系统之间，以及城市内部交通与城市对外交通之间应在发展目标、发展时序、建设标准、服务水平、运营组织等方面进行协调。

6）**城市综合交通体系的规划应符合城市所在地和城市不同发展分区的发展特征和发展阶段，并应符合下列规定：**

① 城市新区的规划应充分满足城市发展的需求，并充分考虑城市发展的不确定性，设施建设基本完成的城市建成区的规划**应以优化交通政策，改善步行、非机动车和公共交通，以及优化交通组织为重点；**

② **应能适应规划期内城市不同发展阶段空间组织的要求；**

③ **应符合城市不同发展分区的交通特征；**

④ **应为符合城市发展战略的新型交通方式提供发展条件。**

7）规划人口规模 100 万及以上城市的地下空间的开发和改造，应优先、统筹考虑公共交通和停车设施。

8）城市综合交通体系应符合城市的经济社会发展水平，在经济和财务上可持续，并应对重大交通基础设施的远景发展进行布局规划和用地控制。

9）城市综合交通体系规划必须符合城市防灾减灾的要求。

3. 城市综合交通体系规划主要内容

1）调查、评估与现状分析。

2）城市交通发展战略与政策。

3）对外交通系统规划。

4）城市交通系统组织。

5）交通枢纽。

6）公共交通系统。

7）步行与非机动车交通。

8）道路系统。

9）停车系统。

10）交通信息化。

11）近期建设。

12）保障措施。

4. 综合交通体系与城市空间布局

综合交通体系与城市空间布局关系

关系	内容
与城市空间布局协同规划	城市综合交通体系应与城市空间布局协同规划，通过用地布局优化引导城市职住空间的匹配、合理布局城市各级公共与生活服务设施，将居民出行距离控制在合理范围内，并**应符合下列规定：** ① 城区的居民通勤出行平均出行距离宜符合下表的规定，规划人口规模超过 1000 万人及以上的超大城市可适当提高。 居民通勤出行（单程）平均出行距离的控制要求 <table><tr><td>规划人口规模（万人）</td><td>≥500</td><td>300～500</td><td>100～300</td><td>50～100</td><td>＜50</td></tr><tr><td>通勤出行距离（km）</td><td>≤9</td><td>≤7</td><td>≤6</td><td>≤5</td><td>≤4</td></tr></table> ② 城区内生活出行，采用步行与自行车交通的出行比例**不宜低于 80%**

关系	内容
有效引导与优化城市空间布局	城市综合交通体系应有效引导与优化城市空间布局，协调交通系统在承载城市活动、引导城市集约高效开发、塑造城市特色风貌、提升城市环境质量等方面的功能，并应符合下列规定： ① 综合交通网络布局应与城市空间结构、交通走廊分布契合； ② 城市公共交通骨干系统应串联城市活动联系密切的城市功能地区
利用城市公共交通引导城市开发	应利用城市公共交通引导城市开发，依托城市公共交通走廊、城市客运交通枢纽布局城市的高强度开发。城市综合交通设施与服务应根据土地使用强度差异化提供，城市土地使用高强度地区应提高城市道路与公共交通设施的密度，加密步行与非机动车交通网络
城市建成区的更新地区要求	城市建成区的更新地区，交通系统规划与建设应符合以下规定： ① 应根据交通系统承载力确定城市更新的规模与用途； ② 应优先落实规划预留的各类交通设施及空间； ③ 应结合街区改造，提高城市次干路和支路的密度； ④ 应增加步行、城市公共交通与非机动车交通空间； ⑤ 应完善城市货物配送的交通设施及空间
城市交通瓶颈地区要求	城市交通瓶颈地区，交通系统规划与建设应符合以下规定： ① 应控制穿越交通瓶颈的交通总量； ② 应充分考虑城市远景发展规划，做好设施间协调与预留控制； ③ 穿越交通瓶颈的通道应优先保障公共交通路权； ④ 应通过通道设施布局、交通方式的多样性，提高穿越交通瓶颈的交通系统可靠性

5. 城市交通调查与分析

(1) 城市交通调查的目的和要求

城市交通调查是进行城市交通规划、城市道路系统规划和城市道路设计的基础工作。通过对城市交通现状的调查与分析，摸清城市道路上的交通状况，城市交通的产生、分布、运行规律以及现状存在的主要问题。

(2) 城市交通调查与分析内容

城市交通调查与分析内容

内容	说明
城市交通基础资料调查与分析	① 城市人口、就业、收入、消费、产值等社会、经济现状与发展资料； ② 城市公共交通客、货运总量，对外交通客、货运总量等运输现状与发展资料； ③ 城市各类车辆保有量、出行率，交通枢纽及停车设施等资料； ④ 城市道路与环境污染治理资料
城市道路交通调查与分析	① 选择城市道路的控制交叉口对全市道路网分别进行全年、全周、全日和高峰时段的机动车、非机动车、行人的流量、流向和车速观测； ② 对特殊路段、地段的特定交通进行调查； ③ 对过境交通的流量、流向进行调查； ④ 分析交通量在道路上的空间分布和时间分布，以及过境交通对城市道路网的影响

国土空间总体规划

内容	说明
交通出行 OD 调查与分析	**概念**：OD 调查就是交通出行的起终点调查。
	目的：是为了得到现状城市交通的流动特性。**主要包括居民出行抽样调查和货运抽样调查两类**，根据交通规划需要还可以分别进行流动人口出行调查、公共交通客流调查、对外交通客货流调查、出租车出行调查等
	交通区划分：为了对 OD 调查获得的资料进行科学分析，需要把调查区域分成若干个交通区，每个交通区又可以分为若干交通小区。 **划分交通区应符合下列条件**：交通区应与城市规划和人口等调查的划区相协调，以便于综合一个交通区的土地使用和出行生成的各种资料；应便于把该区的交通分配到交通网上，如城市干道网、公共交通网、地铁网等；应使一个交通区预期的土地使用动态和交通的增长大致相似；**交通区大小也取决于调查类型，交通区划得越小精度越高，但资料整理会越困难**
	OD 调查的分类 **（1）居民出行调查** **居民出行 OD 调查的对象**：**年满 6 岁以上的城市居民、暂住人口和流动人口。** **调查内容包括**：调查对象的社会经济属性和调查对象的出行特征。为了减少调查工作量，多采用抽样法，抽样率根据城市人口规模大小在 4%～20% 间选用。 **调查收集方法**：有家庭访问法、路旁询问法、邮寄回收法等，**其中专业调查人员家访法效果最佳。** **居民出行规律**：出行分布和出行特征。 **城市居民的出行特性有四项要素**：出行目的、出行方式、平均出行距离、日平均出行次数。 **（2）货运出行调查** 货运调查常采用**抽样发调查表或深入单位访问的方法**，调查各工业企业、仓库、批发部、货运交通枢纽，专业运输单位的土地使用特征、产销储运情况、货物种类、运输方式、运输能力、吞吐情况、货运车种、出行时间、路线、空驶率以及发展趋势等情况
现状城市道路交通问题分析	主要原因有： ① 城市道路交通设施的建设不能满足交通增长的需求； ② 城市道路交通网络存在系统缺陷； ③ 交通混杂、效率低下； ④ 城市道路交通节点拥堵严重

（3）城市综合交通体系规划依据

城市综合交通体系规划应以相关资料和交通调查为依据，并应符合下列规定。

1）基础资料宜包括城市和区域经济社会、历史文化保护、城市土地使用、交通工具和设施供给、交通政策、交通组织与管理、居民出行、对外客货运输、城市综合交通系统运行、交通投资、体制与机制、交通环境与安全等方面。

2）采用的基础资料应来源可靠、数据准确、内容完整。

3）反映现状的统计数据宜采用规划基年前 1 年的资料，特殊情况下可采用前 2 年的资料；用于发展趋势分析的数据资料不应少于连续的 5 个年度，且最近的年份不宜早于规划基年前 2 年；现状分析和交通模型建立应采用 5 年内的交通调查资料。

4）城市应根据规划的要求进行相关交通调查，交通调查的内容和精度应根据规划的分析要求确定。

5）调查应涵盖城市综合交通所涉及的各种交通方式、各类交通设施。

6）交通调查应包含不同调查项目之间相互校验的内容，以及与其他来源公开数据的一致性检查。

7）规划范围外与规划范围内通勤出行较大的地区，居民出行调查取样原则宜与规划范围内一致。

（4）交通需求分析

城市综合交通体系规划应采用宏观与微观相结合的分析手段进行交通需求分析，并应符合以下规定。

1）交通需求分析的范围应与城市综合交通体系规划的规划范围一致，并应统筹考虑规划范围内外部之间的通勤交通。

2）交通需求分析的年限一般应与城市总体规划一致，对城市轨道交通等城市重大交通基础设施还应进行远景年交通需求分析。

3）应建立交通需求分析模型，定量分析规划期内城市不同区域在不同发展阶段的交通需求特征。

4）交通需求分析模型应作为城市交通信息共享与应用平台的重要组成部分。

5）城市交通需求分析模型所采用的参数应通过调查数据标定。

6）模型精度必须保证规划控制指标计算的精确度。

6. 交通信息化

1）交通信息化规划应提出支持综合交通体系实施评估、建模分析等的交通信息采集、传输与处理要求，以及交通信息共享、发布的机制与设施、系统要求。

2）交通信息采集、存储包括城市和交通地理信息、土地使用与空间规划信息、交通参与者信息、交通出行信息、交通运行信息、交通事件和交通环境信息等。交通信息应整合政府与民间的信息资源、定期更新。

3）城市交通调查资料和需求分析数据应在保护个人隐私的前提下公开、共享。

4）交通信息采集设施应覆盖城区以及与城区联系紧密的城镇，采集对象应包括主要交通设施和交通参与者。规划人口规模 100 万及以上的城市宜提高交通信息采集的密度。

5）规划人口规模 100 万及以上的城市应建设城市交通信息共享与应用平台，平台应具备交通出行基础性信息服务、交通运行状态监测与预报、交通运营管理、交通规划与决策支持等功能，并与城市"多规合一"平台相衔接。

知识点 2　城市交通发展战略研究的要求和方法【★★★】

1. 城市综合交通发展战略的研究

（1）市域交通发展战略研究

市域综合交通发展战略研究首先要尊重国家铁路、高速公路、国道、省道、区域机场和港口的布局规划，满足区域交通的需要，同时要进一步研究市域内经济、社会的发展和城镇体系发展对城市对外交通的需要，提出市域内铁路网站、市（县）级公路骨架网络和市域内港口、航道的发展战略和调整意见。

（2）城市交通发展战略研究

城市交通发展战略研究要以城市经济社会发展、城市用地发展和现状分析为基础，注意把宏观城市布局及交通关系与中观城市用地布局及交通关系分开研究，不可混为一谈。要提出宏观对总体规划的指导性意见，中观对控制性详细规划的指导意见和调整意见。

2. 城市综合交通发展战略研究的基本内容

城市综合交通发展战略研究的基本内容

内容	说明
城市交通发展分析	① 经济、社会与城市空间发展的趋势与规律分析。 ② 预估城市交通总体发展水平。 ③ 可采用方法：弹性系数法、趋势外推法、千人拥有法
城市交通发展战略分析	**（1）指导思想** ① 适应城市经济、社会和城市空间发展的需要，为城市经济、社会和城市空间发展服务。 ② 贯彻以人为本和可持续发展的思想，提倡节能、减排、经济、安全、可靠。 ③ 不断完善城市交通系统，使城市交通系统始终保持高效、良性运作，以满足城市居民对城市交通出行的需求。 **（2）发展模式** ① 以小汽车为主体的交通模式； ② 以轨道公交为主、小汽车和地面公交为辅的交通模式； ③ 以小汽车为主、公交为辅的交通模式； ④ 以公交为主、小汽车为主导（公交与小汽车并重）的交通模式； ⑤ 以公交为主、小汽车为辅的交通模式。 **（3）发展目标** 城市交通发展战略的总目标就是要形成一个优质、高效、整合的城市交通系统来适应不断增长的交通需求，提升城市的综合竞争力，促进城市经济、社会和城市建设的全面发展。 **（4）发展策略** ① 制定适合城市交通发展的交通政策。 ② 整合城市的交通设施。 ③ 协调各类交通的运行，实现交通的综合科学管理。 ④ 建立强有力的综合协调管理机构，全面协调城市土地使用规划管理、综合交通规划建设、交通运营与管理
城市交通政策制定	**（1）城市交通政策的内容** ① 政策目标：说明该项政策所要解决的问题。 ② 政策背景：政策的确定所基于的某些特定背景的需要。 ③ 地域范围：政策所涵盖及施行的地区范围。 ④ 政策种类：政策依据的社会、经济及政治、文化环境，所需经费，所要达到的目标等。 ⑤ 政府执行机构：政策须列举各种规定事项的执行机构。 **（2）三大城市交通政策** ① 城市交通方式引导政策：先发展公共交通，合理使用私人小汽车和自行车等个体交通工具，创造良好的步行环境，实现客运交通系统多方式的协调发展。 ② 城市交通地域差别化发展政策：根据城市用地布局带来的城市交通特点的不同，在不同的城市地域实施不同的交通政策引导，如在城市核心地域依托公共交通的服务，限制小汽车的流量，在外围城区鼓励公共交通与小汽车的协调发展等。

内容	说明
城市交通政策制定	③ 城市道路交通设施建设与城市交通协调发展政策：要在加快城市道路、公交系统建设的同时，通过相关的政策和管理措施，调控城市中的机动车流量和在城市中的分布，保持道路交通设施与交通流量的协调发展，努力将运行状况维持在合理的水平。 **(3) 实施城市交通发展战略的相关政策**

拓展

一般对于中国特大城市，应该采用以轨道公交为主、小汽车和地面公交为辅的交通模式；大城市宜采用以公交为主、小汽车为主导的交通模式；其他中、小城市则应因地制宜采用不同的交通模式，如公共交通与自行车并重的交通模式等。

3. 城市交通结构与车辆发展预测

(1) 城市交通机动化发展分析

随着我国国民经济的迅速发展和人民生活水平的迅速提高，城市交通"机动化"的发展越来越快，城市交通机动化已成为我国交通发展的必然趋势，在相当一段时期必然呈上升的趋势。

(2) 城市交通结构预测

根据城市规模、城市形态、布局结构与空间关系、社会经济发展和居民生活水平、居民出行习惯，分析城市交通出行演变趋势，城市居民不同出行要求对出行方式的需求关系，从科学引导的角度，实事求是地对城市交通结构的发展做出判断。

(3) 车辆发展分析

城市各类车辆发展的预测按规范指导性指标，结合城市交通结构政策和经济、社会发展需求进行。

4. 城市交通预测

(1) 城市交通预测的基本思路

城市交通预测是基于城市用地布局和道路交通系统初步方案的工作，预测须充分考虑城市用地布局关系及由此决定的人在用地空间上的分布和流动关系。

(2) 城市交通流预测

按照出行生成、出行分布、出行方式划分、交通分配四阶段进行。

知识点3 城市交通体系协调【★★★★】

城市交通体系协调对象应为城市各交通子系统，应包括城市公共交通，小客车、摩托车等个体机动化客运交通方式，步行、自行车等非机动化客运交通方式，以及机动化与非机动化货运交通方式。

城市综合交通体系规划应根据不同城市和城市不同地区的交通特征，差异化确定综合交通体系内不同交通方式的功能定位、优先规则、组织方式和资源配置。城市客运交通体系应优先保障步行、城市公共交通和自行车等绿色交通方式的运行空间与环境，引导小客车、摩托车等个体机动化交通方式有序发展、合理使用。

城市综合交通体系应通过交通政策、服务价格、空间分配和系统组织，协调各种交通方式的运行和各种交通工具的停放。停车设施的供给应结合城市交通网络承载能力和运行状态、区位和用地功能等因素差异化确定。

城市宜根据产业发展和客货运交通组织要求协调货运通道和物流场站布局，加强不同方式货运系统之间的协作，提高运输效率。货运交通组织应与客运交通适度分离，主要货运线路不应穿越城市中心区和居住区等客流密集地区。

1. 城市客运交通

不同规模城市的客运交通系统规划、不同土地使用强度地区的客运交通系统，应根据交通特征差异化规划，并应符合下表规定，带形城市可按其上一档规划人口规模城市确定。

城市客运交通系统规划规定

类型	详细划分	规定
不同规模城市的客运交通系统	规划人口规模500万及以上的城市	应确立大运量城市轨道交通在城市公共交通系统中的主体地位，以中运量及多层次普通运量公交为基础，以个体机动化客运交通方式作为中长距离客运交通的补充。规划人口规模达到1000万及以上时，应构建快线、干线等多层次大运量城市轨道交通网络
	规划人口规模300万～500万的城市	应确立大运量城市轨道交通在城市公共交通系统中的骨干地位，以中运量及多层次普通运量公交为主体，引导个体机动化交通方式的合理使用
	规划人口规模100万～300万的城市	宜以大、中运量公共交通为城市公共交通的骨干，多层次普通运量公交为主体，引导个体机动化客运交通方式的合理使用
	规划人口规模50万～100万的城市	客运交通体系宜以中运量公交为骨干，普通运量公交为基础，构建有竞争力的公共交通服务网络
	规划人口规模50万以下的城市	客运交通体系应以步行和自行车交通为主体，普通运量公交为基础，鼓励城市公共交通承担中长距离出行
不同土地使用强度地区的客运交通系统	城市中心区	城市中心区应优先保障公共交通路权，加密城市公共交通网络和站点，并应优先保障城市公共交通枢纽用地；应构建独立、连续、高密度的步行网络，紧密衔接各类公共交通站点与周边建筑，以及在适合自行车骑行的地区构建安全、连续、高密度的非机动车网络；应严格控制机动车出行停车位规模，降低个体机动化交通出行需求和使用强度
	城市其他地区	城市其他地区的公共交通走廊应保障公共交通优先路权；构建安全、连续的步行和非机动车网络；控制机动车出行停车位规模，调控高峰时段个体机动化通勤交通需求

高峰期城市公共交通全程出行时间宜控制在小客车出行时间的 1.5 倍以内。城市公共交通站点、客运枢纽应与步行、非机动车系统良好衔接。

在交通拥堵常发地区，应优先保障城市公共交通、步行与非机动车交通路权，对小客车、摩托车等个体机动化出行需求进行管控。

旅游城市应结合旅游交通特征，依托城市综合客运枢纽和城市公共交通枢纽等设置旅游交通集散中心，发展以城市公共交通、步行与自行车交通为主体的旅游交通系统。

2. 城市货运交通

城市道路网络布局与通行管理应保障城市货物运输网络的完整性。

城市干线道路系统应为城市主要工业区、仓储区与货运枢纽及主要对外公路之间的联系提供高品质运输服务条件。

城市外围货运交通枢纽应与物流园区、物流配送中心、货运中心等货运节点结合布置，或设置便捷的联系通道。

城市各类货运枢纽与货运节点应配建与其规模相适应的停车设施，停车设施的类型与服务能力应与载运工具相匹配。

3. 交通需求管理

城市应综合利用法律法规、经济、行政等交通需求管理手段，合理调节交通需求的总量、时空分布和方式结构，引导小客车、摩托车等个体机动化交通合理出行，提高步行、自行车、城市公共交通方式的出行比例。

对小客车、摩托车等个体机动化出行的调控，宜从拥有、使用、停放和淘汰等环节综合制定对策。

城市中心区应优先采取交通需求管理措施抑制个体机动化出行需求，保持道路交通运行状况在可接受的水平。

城市中各类保护区，应根据规划确定的保护要求，制定与城市综合交通体系发展相适应的交通需求管理措施。

知识点 4　城市对外交通规划【★★★★★】

1. 一般规定

1）城市对外交通衔接应符合以下规定：

① 城市的各主要功能区对外交通组织均应高效、便捷；

② 各类对外客货运系统，应优先衔接可组织联运的对外交通设施，在布局上结合或邻近布置；

③ 规划人口规模 100 万及以上城市的重要功能区、主要交通集散点，以及规划人口规模 50 万～100 万的城市，应能 15 分钟到达高、快速路网，30 分钟到达邻近铁路、公路枢纽，并至少有一种交通方式可在 60 分钟内到达邻近机场。

2）对外交通设施规划应符合下列规定：

① 城市重大对外交通设施规划要充分考虑城市的远景发展要求；

② 市域内对外交通通道、综合客运枢纽和城乡客运设施的布局应符合市域城镇发展要求；

③ 承担城市通勤交通的对外交通设施，其规划与交通组织应符合城市交通相关标准及要求，并与城市内部交通体系一规划；

④ 城市规划区内，同一对外交通走廊内相同走向的铁路、公路线路宜集中设置；

⑤ 城市道路上过境交通量大于等于 10000pcu/d，宜布局独立的过境交通通道。

3）城市对外交通走廊或场站规划，应预留与之相交的城市主干路及以上等级道路、重要次干路的穿越通道，减少对城市的分割。

4）承担国家或区域性综合交通枢纽职能的城市，城市主要综合客运枢纽间交通连接转换时间**不宜超过 1 小时**。

2. 铁路规划

（1）分类

一类是直接与城市生产、生活有密切关系的客、货运设施，如客运站、综合性货运站及货场等；另一类是与城市生产、生活没有直接关系的铁路专用设施，如编组站、客车整备场、迂回线等。

（2）铁路站场在城市中的位置

铁路应综合考虑线路功能与等级、市域城镇布局、城市空间布局与沿线城市用地开发、环境保护要求等，合理布局线路，确定敷设方式和车站位置。

规划人口规模 100 万及以上的城市，应根据城市空间布局和对外联系方向均衡布局铁路客运站；其他城市的铁路客运站宜根据城市空间布局和铁路线网合理设置。

高、快速铁路主要客站应布置在中心城区内，并宜与普通铁路客运站结合设置，中心城区外规划人口规模 50 万人及以上的城市地区，宜设置高、快速铁路客运站。

城际铁路客运站应**靠近中心城镇和城市主要中心设置**；承担城市通勤的铁路，其车站布局应与城市用地结合，并应满足城市交通组织的要求。

铁路货运场站应与城市产业布局相协调，宜**与公路、港口等货运枢纽和货运节点结合设置**，并应具有便捷的集疏运通道。

（3）客运站

中、小城市客运站可以布置在城区边缘，大城市可能有多个客运站，应深入城市中心区边缘布置。

客运站的布置方式有**通过式、尽端式和混合式**三种。中、小城市客运站常采用通过式的布局形式，可以提高客运站的通过能力；大城市、特大城市的客运站常采用尽端式或混合式的布置，可减少干线铁路对城市的分割。

客运站必须与城市的主要干路相衔接，以方便联系城市各部分及其他联运对外交通设施（车站、码头等）；要协调好铁路与市区公交、长途汽车和商业服务的关系，做到功能互补和利益共享，实现地区发展目标。

（4）货运站

中小城市一般设置一个综合性货运站或货场，其位置既要满足货物运输的经济合理要求，也要尽量减少对城市的干扰。

大城市、特大城市的货运站应按其性质分别设于其服务的地段：**①以到发为主的综合性货运站（特别是零担货物）一般应接近货源或结合货物流通中心布置；②以某几种大宗货物为主的专业性货运站应接近其供应的工业区、仓库区等大宗货物集散点，一般应设在市区外围；③不为本市服务的中转货物装卸站则应设在郊区，结合编组站或水陆联运码头设置；④危险品（易爆、易燃、有毒）及有碍卫生（如牧畜货场）的货运站应设在市郊，要有一定的安全隔离地带。**

（5）编组站

编组站根据作业量和在路网中的作用，分为路网性编组站、区域性编组站和地方性编组站。

编组站规模大、占地多，应设置在中心城区外。编组站应尽量避免割裂城市，应符合城市布局要求。

（6）中间站

中间站是客货合一的小车站，多设在中小城市，采用横列式布置。按客运站、货场和城市三者的相对位置关系，有客货城同侧布置、客货对侧、客城同侧布置三种布置方式。

城市规划应尽可能将铁路布置在城市一侧，货场设置要方便货运，减少对城市的干扰，尽量减少城市跨铁路交通。

（7）集装箱中心站

集装箱中心站应设置在中心城区外，具有便捷的集疏运通道，与铁路干线顺畅连接，与公路有便捷的联系。

3. 公路规划

（1）分类分级

1）**公路分类**：根据公路的性质和作用，及其在国家公路网中的位置对公路进行分类，分为国道（国家级干线公路）、省道（省级干线公路）、县道（县级干线公路，联系各乡镇）和乡道。设市城市可设置市道，作为市区联系市属各县城的公路。

2）**公路分级**：按公路的使用任务、功能和适应的交通量对公路的分级，可分为高速公路，一级、二级、三级、四级公路。高速公路为封闭的汽车专用路，是国家级和省级的干线公路；一、二级公路常用作联系高速公路和中等以上城市的干线公路；三级公路常用作联系县和城镇的集散公路；四级公路常用作沟通乡、村的地方公路。

（2）公路布置的一般规定

1）**干线公路应与城市主干路及以上等级的道路衔接**。规划人口规模 500 万及以上的城市，主要对外高速公路出入口宜根据城市空间布局，靠近城市承担区域服务职能的主要功能区设置。

2）进入中心城区内的公路，道路横断面除满足对外交通需求外，还应考虑步行、非机动车和城市公共交通的通行要求。

（3）公路在市域内的布置

国道、省道等过境公路应以切线或环线绕城而过，县道也要绕村、镇而过。作为公路枢纽的大城市、特大城市，应在城市道路网的外围布置连接各条干线公路的公路环线，再与城市道路网联系。高速公路应与城市快速路相连，一般等级公路应与城市常速交通性干路相连。要逐步改变公路直接穿过小城镇的状况，并注意防止新的沿公路进行建设的现象发生。

（4）公路汽车站场布置

公路汽车站又称为长途汽车站，按其性质可分为客运站、货运站、技术站和混合站。

公路汽车站场布置

类型	规划要求
客运站	① 大城市、特大城市和作为地区公路交通枢纽的城市，公路客货流量和交通量都很大，常为多个方向的长途客运设置多个客运站，并与货运站和技术站分开设置。客运站常设在城市中心区边缘，用城市交通性干路与公路相连。 ② 中、小城市因规模不大，车辆数不多，为便于管理和精简人员，一般可设一个长途客运站，或将客运站与货运站合并，也可与技术站组织在一起。 ③ 在铁路客运量和长途汽车客运量都不大时，将长途汽车站与铁路车站、城市公共交通首末站结合布置，形成城市对外客运交通枢纽，既方便旅客，又有益于布局的合理

类型	规划要求
货运站	供应城市日常生活用品的货运站应布置在城市中心区边缘；以工业产品、原料和中转货物为主的货运站应布置在工业区、仓库区或货物较为集中的地区，亦可设在铁路货运站、货运码头附近
技术站	一般设在市区外围靠近公路线附近，与客、货站都能有方便的联系，要注意避免对居住区的干扰
过境车辆服务站	为了减少进入市区的过境交通量，可在对外公路交会的地点或城市入口处设置公路过境车辆服务设施，这些设施也可与城市边缘的小城镇结合设置，亦有利于小城镇的发展

4. 港口规划

（1）分类

城市港口分为客运港和货运港。港口城市的规划要妥善处理岸线使用、港区布置及城市布局之间的关系，综合考虑船舶航行、货物装卸、库场储存及后方集疏四个环节的布置。

（2）一般规定

1）**大型货运港口应优先发展铁路、水路集疏运方式，并应规划独立的集疏运道路，集疏运道路应与国家和省级高速公路网络顺畅衔接。**

2）**城市客运港口宜与城市公共交通枢纽、公路客运站等交通枢纽结合设置。**

3）宜根据港口运输特征的变化和城市发展状况适时调整港口功能，协调港口与城市建设的关系。

（3）选址与规划原则

1）港口选址应与城市总体规划布局相互协调。

2）港口建设应与区域交通综合考虑。在经过城市地段的位置，有条件时可以设置货运交通走廊与城市相对隔离。疏港公路可以有限地与城市货运交通干路连接，实现为城市的服务。

3）港口建设与工业布置要紧密结合。

4）合理进行岸线分配与作业区布置。**岸线分配应遵循"深水深用，浅水浅用，避免干扰，各得其所"的原则。**水深10m的岸线可停万吨级船舶，应充分用作港口泊位；接近城市生活区的位置应留出一定长度的岸线为城市生活休憩使用。

5）加强水陆联运的组织。

（4）客运港与旅游码头在城市中的布置

1）按港口所在城市的地位、客运量的大小和航线特征分为三个等级，客运量不大的港口可以设置客货联合码头。

2）**客运港应选在与城市生活性用地相近、交通联系方便的位置，综合考虑港口作业、站房设施、站前广场、站前配套服务设施等的布置，以及与城市干路相衔接。**

3）需设置旅游码头的旅游城市，应根据旅游路线的组织、旅游道路的布置选定旅游码头的位置，要注意避免与高峰小时拥挤的地段和道路接近。旅游码头附近还应考虑配套服务设施的布置。

4）客运港和旅游码头都应配套建设停车设施。

5. 航空港规划

（1）分类

民用航空港（机场）按其航线性质可分为国际航线机场和国内航线机场。民用机场又可按航线布局分为枢纽机场、干线机场和支线机场。

（2）一般规定

1）衔接机场的铁路与道路系统布局应与机场的客货运服务腹地范围一致。年旅客吞吐量 2000 万人次及以上的机场宜与城际铁路、高速铁路衔接，年旅客吞吐量 1000 万人次及以上的机场，应布局与主要服务城市之间的机场专用道路，并宜设置城市航站楼。

2）机场集疏运交通组织应鼓励采用集约型公共交通方式。

3）布局有多个机场的城市，机场之间应设置快捷的联系道路或轨道交通。

4）年旅客吞吐量 1000 万人次及以上的机场应规划城市公共汽电车、出租汽车、机场专线巴士等衔接设施；年旅客吞吐量 20 万人次及以上的机场，宜规划机场专线巴士、出租汽车等衔接设施；年旅客吞吐量小于 20 万人次及货运为主的机场、通用机场，应结合货邮吞吐量、旅客吞吐量和服务水平标准等规划衔接设施。

（3）布局规划

在城市分布比较密集的区域，应在各城市使用都方便的位置设置若干城市共用的航空港，高速公路的发展有利于多座城市共用一个航空港。随着航空事业的进一步发展，一个特大城市周围可能布置有若干个机场。

从净空限制的角度分析，航空港的选址应尽可能使跑道轴线方向避免穿过市区，最好位于与城市侧面相切的位置，机场跑道中心与城区边缘的最小距离以 5～7km 为宜；如果跑道轴线方向通过城市，则跑道靠近城市的一端与城区边缘的距离，要保持在 15km 以上。这种布置方式也有益于减少飞机起飞、降落时噪声对城市的影响。

随着现代航空技术的发展，要达到机场选址的要求，国际航空港与城区的距离一般都应超过 10km。我国城市城区与航空港的距离一般为 20～30km，必须努力争取在满足机场选址的要求前提下，尽量缩短航空港与城区距离。

为了充分发挥航空运输的快速特点，加强城市与航空港之间的联系，有必要建设航空港与城市之间直接的、高速的、通畅的道路交通系统。常采用专用高速公路的方式，使航空港与城市间的时间距离保持在 30 分钟以内。有条件时亦可采用高速列车（包括悬挂单轨车）、专用铁路、地铁和直升飞机等方式实现航空港与城市的快捷联系。

知识点 5　客运枢纽【★★★★★】

1. 客运规划一般要求

1）城市客运枢纽按其承担的交通功能、客流特征和组织形式分为城市综合客运枢纽和城市公共交通枢纽两类。城市综合客运枢纽服务于航空、铁路、公路、水运等对外客流集散与转换，可兼顾城市内部交通的转换功能。城市公共交通枢纽服务于以城市公共交通为主的多种城市客运交通之间的转换。

2）城市客运枢纽应保障不同客运交通系统的客流安全、有序、高效地集散与转换。

3）城市客运枢纽应鼓励立体综合开发，充分利用地下空间。在用地紧张地区建设的城市客运枢纽，应适当缩减枢纽用地面积，进行立体开发。

4）城市客运枢纽中不同功能、方式、线路间的客流服务设施应共享或合并设置。

2. 城市综合客运枢纽

1）城市综合客运枢纽应依据城市空间布局布置，应便于连接城市对外联系通道，服务城市主要活动中心。

189

2）城市综合客运枢纽宜与城市公共交通枢纽结合设置。城市综合客运枢纽必须设置城市公共交通衔接设施，规划有城市轨道交通的城市，主要的城市综合客运枢纽应有城市轨道交通衔接。**枢纽内主要换乘交通方式出入口之间旅客步行距离不宜超过 200m。**

3）城市综合客运枢纽中对外交通集散规模超过 5000 人次/d，应规划对外客流集散与转换用地，用地面积（不包括对外交通场站）**应符合下列规定：**

① 公共汽电车衔接设施面积应按 $100\sim120m^2$/标准车计算；

② 出租车服务点面积宜按 $26\sim32m^2$/辆计算；

③ 机动车停车场宜按 $15\sim30m^2$/标准停车位计算；

④ 非机动车停车场应按 $1.5\sim1.8m^2$/辆计算；

⑤ **承担城乡客运组织、旅游交通组织职能和包含航空运输方式的城市综合客运枢纽，可适当增加集散与转换用地。**

3. 城市公共交通枢纽

1）**城市公共交通枢纽宜与城市大型公共建筑、公共汽电车首末站以及轨道交通车站等合并布置，并应符合城市客流特征与城市客运交通系统的组织要求。**

2）城市公共交通枢纽高峰小时客流转换规模（不包括城市轨道交通车站内部换乘量）**达到 2000 人次/h**，应规划城市公共交通枢纽用地。根据高峰小时转换客流规模（不包括城市轨道交通内部换乘量），城市公共交通枢纽用地在城市中心区宜按照 $0.5\sim1m^2$/人次控制，其他地区宜按照 $1\sim1.5m^2$/人次控制，且总用地规模宜符合下表的规定。

城市公共交通枢纽用地规模

客运枢纽区位	用地规模（m²）
城市中心区	2000～5000
其他地区	2000～10000

3）城市公共交通枢纽衔接交通设施的配置应符合下表的规定。

城市公共交通枢纽衔接交通设施配置要求

客运枢纽区位	交通设施配置要求
城市中心区	① 宜设置城市公共汽电车首末站； ② 应设置便利的步行交通系统； ③ 宜设置非机动车停车设施； ④ 宜设置出租车和社会车辆上、落客区
其他地区	① 应设置城市公共汽电车首末站； ② 应设置便利的步行交通系统； ③ 宜设置非机动车停车设施； ④ 应设置出租车上、落客区； ⑤ 宜设置社会车辆立体停车设施

4）**公交换乘枢纽：**城市公共交通不同方式、不同线路之间的换乘距离不宜大于 200m，换乘时间应控制在 10 分钟之内。

5）公共交通的站距应符合下表规定。

公共交通站距表

公共交通方式	市区线（m）	郊区线（m）
公共汽车与电车	500～800	800～1000
公共汽车大站快车	1500～2000	1500～2500
中运量快速轨道交通	800～1200	1000～1500
大运量快速轨道交通	1000～2000	1500～2000

知识点6　城市公共交通【★★★★】

1. 城市客运交通系统的规划思想

（1）优先发展公共交通的政策

1）公共交通运输对城市发展的引导

《马丘比丘宪章》主张，"将来的城区交通政策应使私人汽车从属于公共运输系统的发展"，即在城市中确立"优先发展公共交通的原则"。因此，在城市规划中，应注意发挥交通运输系统对城市布局结构的能动作用，通过交通运输系统的变革引导城市用地向合理的布局结构形态发展。

世界各国的城市规划和城市交通专家学者都一致认为：**优先发展公共交通是解决城市交通问题首选的战略措施。**

2）城市道路系统对城市发展的引导

城市公共交通运输的形成与道路系统的建立关系密切，城市道路，尤其是交通性道路对城市的发展有着更为重要的引导作用。

3）"优先发展公共交通"的思想内涵

其目的是为城市居民提供方便、快捷、优质的公共交通服务，以吸引更多的客流，使城市交通结构更为合理，运行更为畅通。根据居民的出行需要来布置城市的公共交通线网，在城市主要道路上设置公交专用道，改革公交的票务制度。

公共交通出行的特点：公共交通出行由步行、候车、乘车、步行四个过程组成，因此，要求公共汽车站距短、车速低、发车频率大，步行距离短、候车时间短；地铁和轻轨的站距长，车速高，发车频率小，步行距离长，候车时间较长。

自行车作为重要的出行方式应纳入公共交通系统之中，解决公交末端出行的补充。因此，在城市重要的公共交通枢纽、大型公共设施以及居住社区应设置公共自行车租赁站点。不同交通方式适宜的出行距离：**适宜步行出行的范围为1000m以内，适宜自行车出行的范围为8km以内，适宜公共交通出行的范围在20km以内，适宜小汽车出行的范围在10～40km。**

（2）城市客运交通系统的整体协调发展

城市客运系统除公共交通外，还包括了步行、自行车、小汽车等交通，以及其他各类形式的客运交通。在城市中要解决好客运、货运及其他交通对城市道路、用地和空间资源的使用与利用。

城市规划不但要满足发展公共交通的需要，也同样要满足步行交通、自行车交通、小汽车交通和货运交通的需要。随着城市和城市交通需求的发展，要逐渐促进城市客运系统的不断完善，根据城市居民对不同交通出行的需要和各种交通方式本身的功能要求，合理组织城市的各种交通，合理分配城市的道路、用地和空间资源，使城市交通处于高效率、高服务质量的良性循环状况，这即是"优先发展公共交通"原则所倡导的目标。

2. 城市公共交通规划一般规定

城市应提供与其经济社会发展相适应的多样化、高品质、有竞争力的城市公共交通服务。

各种方式的城市公共交通应一体化发展。修建轨道交通的城市，应根据轨道交通网络的建设与开通，及时对公共汽电车系统进行相应调整。城际铁路、城际公交、城乡客运班线、镇村公交应与城市客运枢纽相衔接。

（1）中心城区集约型公共交通服务

1）集约型公共交通站点 500m 服务半径覆盖的常住人口和就业岗位，在规划人口规模 100 万以上的城市不应低于 90%；

2）采用集约型公共交通方式的通勤出行，单程出行时间宜符合下表的规定。

采用集约型城市公共交通的通勤出行单程出行时间控制要求

规划人口规模（万人）	采用集约型公交 95% 的通勤出行时间最大值（min）
≥500	60
300～500	50
100～300	45
50～100	40
20～50	35
<20	30

3）城市公共交通不同方式、不同线路之间的换乘距离不宜大于 200m，换乘时间宜控制在 10 分钟以内。

（2）城市公共交通走廊

城市公共交通走廊按照高峰小时单向客流量或客流强度可分为高、大、中与普通客流走廊四个层级。城市公共交通走廊应设置专用公共交通路权。各层级城市公共交通走廊客流特征应符合下表的规定。

城市公共交通走廊层级划分

层级	客流规模	宜选择的运载方式
高客流走廊	高峰小时单向客流量≥6 万人次/h 或客运强度≥3 万人次/（km·d）	城市轨道交通系统
大客流走廊	高峰小时单向客流量 3 万人次/h～6 万人次/h 或客运强度 2 万人次/（km·d）～3 万人次/（km·d）	
中客流走廊	高峰小时单向客流量 1 万人次/h～3 万人次/h 或客运强度 1 万人次/（km·d）～2 万人次/（km·d）	城市轨道交通或快速公共汽车（BRT）或有轨电车系统
普通客流走廊	高峰小时单向客流量 0.3 万人次/h～1 万人次/h	公共汽电车系统或有轨车系统

3. 现代城市公共交通系统规划的基本理念

（1）规划目标与原则

目标：根据城市发展规模、用地布局和道路网规划，在客流预测的基础上，确定公共交通系统结构，配置公共交通的车辆、线路网、换乘枢纽和站场设施等，使公交和客运的能力满足城市高峰客流的需要。

原则：符合优先发展公交的政策，为居民出行提供多样、便捷、舒适的公交服务；公交系统模式应与城市用地布局相匹配，适应并能促进城市发展；满足一定时期城市客运交通发展的需要，并留有余地；与城市其他客运方式相协调；与城市道路系统相协调；运行快捷、使用方便、高效、节能、经济。

（2）现代化城市公共交通系统结构

公交系统按高效运行的要求，将公交线路设置为主要线路和次要线路，中远距离为主要线路，以体现"大运量"和"快速"的交通服务特征，站距可较长；短距离为次要线路，站距应短一些，以体现"方便"的交通服务性。按城市的功能结构设置市级换乘枢纽和组团级换乘枢纽。

线路与枢纽之间形成合理对接：城市换乘枢纽之间，城市换乘枢纽与组团换乘枢纽之间、组团枢纽与组团枢纽之间，应设置主要线路，解决长距离快速运送；组团之中采用次要线路，形成短距离运输，解决方便乘降。

交通工具的合理选择：长距离适宜采用轨道交通或 BRT 等大运力的公交形式；短距离适宜采用小型车，在城市次干道和之路上运行。

（3）公共交通线网布置与用地布局、道路的关系

公交普通线路与城市服务性道路布置思路和方式相同。公交普通线路要体现为乘客服务的方便性，同服务性道路一样要与城市用地密切联系，应布置在城市服务性道路上。

城市快速道路与快速公共交通布置的思路和方式不同。城市快速道路应尽可能与城市用地分离，与城市组团布局形成"藤与瓜"的关系；快速公交线路要与客流集中的用地或节点衔接，以满足客流的需要。所以，快速公交线路应尽可能将各城市中心和对外客运枢纽串接起来，与城市组团布局形成"串糖葫芦"的关系。

在我国，城市快速轨道交通线路应该使用专用通道，与城市道路分离而不宜互相组合；准快速的公交快车线路则应主要布置在主干道上，设置公交专用道以保障其通行条件。各种公交线路与城市道路的匹配关系见下表。

公交线路与城市道路的匹配关系

与道路分离的专用道	城市道路				
	城市快速路	交通行主干道	生活性主干道	次干道	支路
地铁高架 轻轨 BRT	公交直达快车线	公交大站快车线 （公交专用道） 公交普通线	公交大站快车线 公交普通线 （公交专用道）	公交普通线	公交普通线

注：城市快速路上不设置公交专用道，不设置公交亭车站；城市交通性主干道可在快车道上为快车线路设置公交专用道，生活性主干道上的公交专用道为所有的公交线路服务。BRT 应在专用道路上运行，不宜与其他交通组织在一个道路断面上。

4. 公共交通线路网规划

（1）系统的确定

1）要根据不同的城市规模、布局和居民出行特征进行选定：小城镇可以不设公共交通线路，或所设的公共交通线路只起联系城市中心、对外交通枢纽、工业中心、体育游憩设施和乡村的辅助作用；中等城市应形成以公共汽车为主体的公共交通线路系统；大城市和特大城

市，应形成以快速大运量的轨道公共交通为骨干的公共交通网。

2）最理想的系统是：快速轨道交通承担组团间、组团与市中心以及联系市一级大型人流集散点（如体育场、市级公园、市级商业服务中心等）的客运。

3）公共汽车分为两类：一类是联系相邻组团及市一级大型人流集散点的市级公共汽车网，解决快速轨道交通所不能解决的横向交通联系；另一类以组团中心的轨道交通站点为中心（形成客运换乘枢纽）联系次一级（组团级）的人流集散点的地方公共汽车网。

4）为了满足居民夜间活动的需要，**一些城市需要设置三套公共交通线路网，即：平时线路网；平时线路网上增加高峰小时线路（高峰线、区间线和大站快车线）；通宵公共交通线路网。**

5）一般城市公共交通线路网类型有五种：**棋盘型、中心放射型（又分中心放射型和多中心放射型）、环线型、混合型、主辅线型。**轨道公共交通线路网通常为放射型加环线。

（2）线路规划

城市公共汽电车线路分为干线、普线和支线三个层级。干线沿客流走廊串联主要客流集散点；普线是大城市分区内部线路或中小城市内部的主要线路；支线深入社区内部，是干线或普线的补充。

城市公共交通线路规划

内容	说明
规划依据	① 城市土地使用规划确定的用地和主要人流集散点布局； ② 城市交通运输体系规划方案； ③ 城市交通调查和交通规划的出行形态分布资料
规划原则	① 首先满足城市居民上下班出行的乘车需要，其次还需满足生活出行、旅游等乘车需要； ② 合理地安排公交线路，提高公交覆盖面积，使客流量尽可能均匀并与运载能力相适应； ③ 尽可能在城市主要人流集散点（如对外交通枢纽、大型商业文体中心、大居住区中心等）之间开辟直接线路，线路走向必须与主要客流流向一致； ④ 综合考虑市区线、近郊线和远郊线的密切衔接，在主要客流的集散点设置不同交通方式的换乘枢纽，方便乘客停车与换乘，尽可能减少居民乘车出行的换乘次数
基本步骤	① 根据城市性质、规模、总体规划的用地布局结构，确定公共交通线路网的系统类型； ② 分析城市主要活动中心的空间分布及相互之间的关系； ③ 在城市居民出行调查和交通规划的客运交通分配的基础上，分析城市主要客流； ④ 综合各活动中心客流相互流动的空间分布要求，初步确定在主要客流流向上满足客流量要求，并把各居民出行的主要起终点联系起来的公共交通线路网方案； ⑤ 根据城市总体客流量的要求及公共交通运营的要求进行线路网的优化设计，满足各项规划指标，确定规划的公共交通线路网； ⑥ 随着城市的发展，逐步开辟公交线路，并不断根据客流的变化和需求进行调整

5. 城市公共汽电车

（1）城市公共汽电车线路服务要求

城市公共汽电车线路宜分为干线、普线和支线三个层级，城市可根据公交客流特征选择线路层级构成。不同层级的城市公共汽电车线路的功能与服务要求宜符合下表的规定。

不同层级城市公共汽电车线路功能与服务要求

线路层级	干线	普线	支线
线路功能	沿客流走廊，串联主要客流集散点	大城市分区内部线路，或中小城市内部的主要线路	深入社区内部，是干线或普线的补充
运送速度（km/h）	≥20	≥15	—
单向客运能力（千人次/h）	5～15	2～5	<2
高峰期发车间隔（min）	<5	<10	与干线协调

（2）城市公共汽电车车站要求

城市公共汽电车的车站服务区域，以300m半径计算，不应小于规划城市建设用地面积的50%；以500m半径计算，不应小于90%。城市公共汽电车的车辆规模与发展要求，应综合考虑运载效率、乘坐舒适性和环保要求。

（3）城市公共汽电车站场要求

1）站场分类与设施配置要求

城市公共汽电车场站分类与设施配置要求

类型	设施配置要求
首末站	① 应配备乘客候车、上落客等设施； ② 首站应设置城市公共汽电车运营组织调度设施； ③ 根据用地条件宜配套设置司乘人员服务设施； ④ 根据用地条件宜设置车辆停放设施
停车场	① 应设置运营车辆停放、简单维修设施； ② 宜设置修车材料、燃料储存空间； ③ 应设置燃料添加（加油、加气、充电等）、车辆清洗等服务设施； ④ 宜配套设置司乘人员的服务设施
保养场	① 应具有运营车辆保养、维修、配件加工、修制等设施； ② 应设置修车材料、燃料储存空间； ③ 宜设置燃料添加（加油、加气、充电等）、车辆清洗等服务设施； ④ 根据用地条件宜与车辆停放设施结合布置

2）站场用地规模和用地指标要求

城市公共汽电车场站总用地规模应根据城市公共汽电车车辆发展的规模和要求确定，场站用地总面积按照每标台150～200m² 控制。各类公共汽电车场站应节约用地，鼓励立体建设。可根据需求与用地条件，整合停车场与保养场。各类场站用地指标应符合以下规定：

① 停车场、保养场用地指标宜按照每标台120～150m² 控制；

② 当城市公共汽电场站建有加油、加气设施时，其用地应按现行国家标准《汽车加油加气加氢站技术标准》GB 50156 的规定另行核算面积后加入场站总用地面积中；

③ 电车整流站用地规模应根据其所服务的车辆类型和车辆数确定，单座整流站用地面积不应大于500m²；

④ 充换电站应结合各类公共汽电车场站设置；

⑤ 首末站宜结合居住区、城市各级中心、交通枢纽等主要客流集散点设置，当500m服务半径的人口和就业岗位数之和达到下表的规定时，宜配建首末站。单个首末站的用地面积

国土空间总体规划

不宜低于 **2000m²**。在用地紧张地区，首末站可适当简化功能、缩减面积，但不应低于 **1000m²**。无轨电车首末站用地面积应乘以 1.2 的系数。

配建首末站的人口与就业岗位要求

城市规模 类别	规划人口规模 100 万人以下	规划人口规模 100 万人及以上	
		有轨道交通	无轨道交通
500m 半径范围内的人口与就业岗位 数（个）之和（人）	8000	15000	12000

6. 城市轨道交通

（1）基本原则

高峰期 **95%**的乘客在轨道交通系统内部（轨道交通站间）单程出行时间不宜大于 **45 分钟**。

（2）城市轨道交通分类

城市轨道交通线路分为快线和干线，功能层次划分和运送速度宜符合下表的规定。

城市轨道交通线路功能层次划分和运送速度

大类	小类	运送速度（km/h）
快线	A	≥65
	B	45～60
干线	A	30～40
	B	20～30（不含）

（3）城市轨道交通站点和就业规模关系

城市轨道交通线网的规划和建设规模应与城市的经济社会发展水平相适应。中心城区轨道交通站点 800m 半径范围内覆盖的人口与就业岗位占规划总人口与就业岗位的比例，宜符合下表的规定。

轨道交通站点 800m 半径范围内覆盖的人口与就业岗位比例

规划人口规模（万人）	覆盖目标（%）
≥1000	≥65
500～1000	≥50
300～500	≥35
150～300	≥20

（4）城市轨道交通系统布局

城市轨道交通系统布局应符合下列规定。

1）城市轨道交通线路走向应与客流走廊主方向一致。

2）城市轨道交通快线宜布局在中客流及以上等级客流走廊，客流密度不宜小于 **10 万人·km/（km·d）**。干线 A 宜布局在大客流及以上等级客流走廊，干线 B 宜布局在大、中客流走廊。

3）城市轨道交通线路长度大于 **50km** 时，宜选用快线 A；**30～50km** 时，宜选用快线 B；

干线宜布局在中心城区内。

4）根据客流走廊的客流特征和运量等要求，可在同一客流走廊内布设多条轨道交通线路。

5）城市轨道交通主要换乘站应与城市各级中心结合布局，并方便乘客的换乘需求和轨道交通的组织。城市土地使用高强度地区，应提高轨道交通站点的密度。

6）城市轨道交通快线宜进入城市中心区，并应加强与城市轨道交通干线的换乘衔接。

（5）城市轨道交通站点衔接换乘设施配置

城市轨道交通站点的衔接交通设施应结合站点所在区位和周边用地特征设置，并应符合下列规定。

1）城市轨道交通应优先与集约型公共交通及步行、自行车交通衔接。

2）城市轨道交通站点周边 800m 半径范围内应布设高可达、高服务水平的步行交通网络。

3）城市轨道交通站点非机动车停车场选址宜在站点出入口 50m 内。

4）城市轨道交通站点与公交首末站衔接时，站点出入口与首末站的换乘距离不宜大于 100m；与公交停靠站衔接，换乘距离不宜大于 50m。

5）城市轨道交通外围末端型车站可根据周边用地条件设置小客车换乘停车场，并应立体布设。

6）城市轨道交通站点衔接换乘设施配置应符合下表的规定。

城市轨道交通站点衔接换乘设施配置

站点类型		外围末端型	中心型	一般型
换乘设施类型	非机动停车场	▲	△	▲
	公交停靠站	▲	▲	▲
	公交车首末站	▲	△	△
	出租车上落客点	▲	△	△
	出租车蓄车区	△	—	—
	社会车辆上落客点	▲	△	△
	社会车辆停车场	△	—	—

注：▲表示应配备的设施，△表示宜配备的设施。

（6）城市轨道交通车辆基地布局

1）车辆基地选址应靠近正线，有良好的接轨条件。考虑上盖开发时，宜靠近车站设置。一条城市轨道交通线路应至少设一处定修车辆段，当线路长度超过 20km 时，应增设停车场。

2）车辆基地应资源共享，占地面积总规模宜按每千米正线 0.8～1.2hm² 控制，车辆段的用地面积宜按 25～35hm²/座控制，停车场的用地面积宜按 10～20hm²/座控制，综合维修基地用地宜按 30～40hm²/座控制。

（7）城市轨道交通线路的通道、车站及附属设施用地要求

城市轨道交通线路的通道、车站及附属设施用地均应满足建设及运营要求，轨道交通线路通道与车站的规划控制边界应符合下列规定。

1）线路通道建设控制区宽度宜为 30m，2 线及以上线路通道应结合运营要求确定用地控制范围。

2）标准地下车站控制区长度宜为 200～300m，宽度宜为 40～50m。标准地面、高架车站控制区长度宜为 150～200m，宽度宜为 50～60m。起终点车站、编组数大于 6 节或股道数大于 2 线的车站、采用铁路制式的车站，应根据具体情况确定用地控制范围。

7. 快速公共汽车交通系统与有轨电车

1）城市快速公共汽车交通系统与有轨电车宜布设在城市的中客流和普通客流走廊上，并与城市的公共汽电车系统、城市轨道交通系统良好衔接。

2）快速公共汽车交通系统的停车场宜设置在线路起、终点附近，应按需求和用地条件配置保养、维修、加油、加气、充换电等设施，并宜与其他公共汽电车场站合并设置。

3）城市有轨电车线路与车辆基地控制应符合下列规定：

① 城市有轨电车宜采用地面敷设方式，线路（车站除外）用地控制宽度不宜小于 8m；

② 城市有轨电车车辆基地占地面积宜按每千米正线 $0.3～0.5hm^2$ 控制。

8. 辅助型公共交通

城市应鼓励校车和各类定制班车等辅助型公共交通的发展，其他辅助型公共交通宜根据城市发展实际需求确定。

城市出租汽车发展政策宜根据城市性质与交通需求特征，结合集约型公共交通、其他辅助型公共交通的发展情况以及道路交通运行状况综合确定。

配置分时租赁自行车系统的城市区域，租赁点服务半径应根据城市用地功能与开发强度确定，分时租赁自行车的停车需求应纳入非机动车停车设施规划统筹考虑。

对轮渡、索道、缆车等辅助型公共交通方式应做好其相关设施用地的规划控制。

知识点 7 步行与非机动车交通【★★★★】

1. 一般规定

1）步行与非机动车交通系统由各级城市道路的人行道、非机动车道、过街设施，步行与非机动车专用路（含绿道）及其他各类专用设施（如：楼梯、台阶、坡道、电扶梯、自动人行道等）构成。步行与非机动车交通系统应安全、连续、方便、舒适。

2）步行与非机动车交通通过城市主干路及以下等级道路交叉口与路段时，应优先选择平面过街形式。城市宜根据用地布局，设置步行与非机动车专用道路，并提高步行与非机动车交通系统的通达性。河流和山体分隔的城市分区之间，应保障步行与非机动车交通的基本连接。城市内的绿道系统应与城市道路上布设的步行与非机动车通行空间顺畅衔接。当机动车交通与步行交通或非机动车交通混行时，应通过交通稳静化措施，将机动车的行驶速度限制在行人或非机动车安全通行速度范围内。

2. 步行交通

1）步行交通是城市最基本的出行方式。除城市快速路主路外，城市快速路辅路及其他各级城市道路红线内均应优先布置步行交通空间。根据地形条件、城市用地布局和街区情况，宜设置独立于城市道路系统的人行道、步行专用通道与路径。

2）人行道最小宽度不应小于 2.0m，且应与车行道之间设置物理隔离。

3）大型公共建筑和大、中运量城市公共交通站点 800m 范围内，人行道最小通行宽度不应低于 4.0m；城市土地使用强度较高地区，各类步行设施网络密度不宜低于 14km/km²，其他地区各类步行设施网络密度不应低于 8km/km²。

4）人行道、行人过街设施应与公交车站、城市公共空间、建筑的公共空间顺畅衔接。

5）城市应结合各类绿地、广场和公共交通设施设置连续的步行空间；当不同地形标高的人行系统衔接困难时，应设置步行专用的人行梯道、扶梯、电梯等连接设施。

3. 非机动车交通

（1）一般规定

非机动车交通是城市中、短距离出行的重要方式，是接驳公共交通的主要方式，并承担物流末端配送的重要功能。适宜自行车骑行的城市和城市片区，除城市快速路主路外，城市快速路辅路及其他各级城市道路均应设置连续的非机动车道；并宜根据道路条件、用地布局与非机动车交通特征设置非机动车专用路。当非机动车道内电动自行车、人力三轮车和物流配送非机动车流量较大时，非机动车道宽度应适当增加。

（2）非机动车道的布局与宽度要求

适宜自行车骑行的城市和城市片区，非机动车道的布局与宽度应符合下列规定。

1）最小宽度不应小于 2.5m。

2）城市土地使用强度较高和中等地区各类非机动车道网络密度不应低于 8km/km²。

3）非机动车专用路、非机动车专用休闲与健身道、城市主次干路上的非机动车道，以及城市主要公共服务设施周边、客运走廊 500m 范围内城市道路上设置的非机动车道，单向通行宽度不宜小于 3.5m，双向通行不宜小于 4.5m，并应与机动车交通之间采取物理隔离。

4）不在城市主要公共服务设施周边及客运走廊 500m 范围内的城市支路，其非机动车道宜与机动车交通之间采取非连续性物理隔离，或对机动车交通采取交通稳静化措施。

（3）其他要求

当非机动车道内电动自行车、人力三轮车和物流配送非机动车流量较大时，非机动车道宽度应适当增加。

知识点 8　城市货运交通【★★★★★】

1. 一般规定

1）城市货运交通系统包括城市对外货运枢纽及其集疏运交通、城市内部货运、过境货运和特殊货运交通。

2）城市货运交通系统布局应保障城市生产、生活及商业活动的正常运转，并能适应技术发展、产业组织和商业模式改变带来的货运需求变化。

3）重大件货物、危险品货物以及海关监管等特殊货物应根据货物属性、运输特征和货运需求规划专用货运通道。

2. 城市对外货运枢纽及其集疏运交通

（1）城市对外货运枢纽规划要求

城市对外货运枢纽包括各类对外运输方式的货运枢纽，及其延伸的地区性货运中心和内陆港。其布局应依托港口、铁路和机场货运枢纽或者仓储物流用地设置，并应符合下列规定。

1）地区性货运中心应邻近对外货运交通枢纽，或设置与其相连接的专用货运通道。

2）内陆港应贴近货源生成地或集散地，并与铁路货运站、水运码头或高速公路衔接便捷。

3）地区性货运中心和内陆港与居住区、医院、学校等的距离不应小于 1km。

4）单个地区性货运中心及内陆港的用地面积不宜超过 1km²。

（2）城市对外货运枢纽的集疏运系统规划

城市对外货运枢纽的集疏运系统规划应符合下列规定。

1）依托航空、铁路、公路运输的城市货运枢纽，应设置高速公路集疏运通道，或设置与高速公路相衔接的城市快速路、主干路集疏运通道。

2）依托海港、大型河港的城市货运枢纽应加强水路集疏运通道建设，并与高速公路相衔接。高速公路集疏运通道的数量应根据货物属性和吞吐量确定。年吞吐量超亿吨的货运枢纽宜至少与两条高速公路集疏运通道衔接；大型集装箱枢纽、以大宗货物为主的货运枢纽应设置铁路集疏运通道。

3）油、气、液体货物集疏运宜采用管道交通方式，管道不得通过居住区和人流集中的区域。

4）城市货运枢纽到达高速公路（或其他高等级公路）通道的时间不宜超过20分钟。

（3）过境货运交通要求

过境货运交通禁止穿越城市中心区，且不宜通过中心城区。

3. 城市内部货运交通

1）城市内部货运交通包括生产性货运交通与生活性货运交通。生活性货运交通包括城市应急、救援品储备中心，生活性货运集散点以及城市货运配送网络。

2）生产性货物集聚区域，宜设置生产性货运中心，选址与规模应按照生产组织特征、货物属性、货运量确定。选址宜依托工业用地或仓储物流用地设置。

3）生产性货运中心、生活性货物集散点不应设置在居住用地内。

4）生活性货物集散点应具备与城市对外货运枢纽便捷连接的设施条件，并宜邻近居住用地、商业服务中心，分散布局。

5）城市应根据配送需求，在居住、商业和办公类用地设置专用的配送车辆装卸车位。

知识点9　城市道路体系【★★★★★】

1. 道路系统规划的一般规定

1）城市道路系统应保障城市正常经济社会活动所需的步行、非机动车和机动车交通的安全、便捷与高效运行。

2）城市道路系统规划应结合城市的自然地形、地貌与交通特征，因地制宜进行规划，并应符合以下原则：

① 与城市交通发展目标相一致，符合城市的空间组织和交通特征；

② 道路网络布局和道路空间分配应体现以人为本、绿色交通优先，以及窄马路、密路网、完整街道的理念；

③ 城市道路的功能、布局应与两侧城市的用地特征、城市用地开发状况相协调；

④ 体现历史文化传统，保护历史城区的道路格局，反映城市风貌；

⑤ 为工程管线和相关市政公用设施布设提供空间；

⑥ 满足城市救灾、避难和通风的要求。

3）承担城市通勤交通功能的公路应纳入城市道路系统统一规划。

4）中心城区内道路系统的密度不宜小于8km/km²。

2. 城市道路系统规划基本知识

（1）影响城市道路系统布局的因素

城市道路系统是组织城市各种功能用地的"骨架"，是城市进行生产和生活活动的"动脉"。城市道路系统布局是否合理，直接关系到城市是否可以合理、经济地运转和发展。

影响城市道路系统布局的因素主要有三个：**城市在区域中的位置（城市外部交通联系和自然地理条件）、城市用地布局形态（城市骨架关系）、城市交通运输系统（市内交通联系）。**

（2）城市道路系统规划的程序

城市道路系统规划是城市总体规划的重要组成部分，它不是一项单独的工程技术规划设计，而是受到很多因素的影响和制约。一般规划程序如下。

1）现状调查和资料准备：①城市用地现状和地形图包括城市市域或区域范围两种图，比例分别为1：25000（或1：50000）、1：10000（或1：5000）；②城市发展经济资料包括城市发展期限、性质、规模、经济和交通运输发展资料；③城市交通现状调查资料包括城市机动车、非机动车数量统计资料，城市道路及交叉口的机动车、非机动车、行人交通量分布资料和过境交通资料；④城市用地布局和交通系统初步方案；⑤城市土地使用规划方案。

2）提出城市道路系统初步规划方案。

3）研究交通规划初步方案。

4）修改道路系统规划方案。

5）绘制道路系统规划图：道路系统规划图包括平面图及横断面图。平面图要根据总体规划（或详细规划）的编制规定，标出干道网（或道路网）的中心线及控制点的位置（坐标、高程、平曲线要素），广场及各种交通设施用地、位置，以及交叉口形式和平面形状方案，亦可同时标注城市主要用地的功能布局，比例为1：20000～1：5000。横断面图要标出各种类型道路的红线控制宽度、断面形式及标准横断面尺寸，比例为1：500或1：200。

6）编制道路系统规划文字说明。

（3）城市道路网类型

城市干道网类型，常见的城市道路网可归纳为四种类型。

城市道路网类型

类型	内容
方格网式	① 方格网式又称棋盘式，是最常见的一种道路网类型。**适用于地形平坦的城市。** ② **优点**：道路划分的街坊形状整齐，有利于建筑布置，交通分散，灵活性大。 ③ **缺点**：**对角线方向的交通联系不便，非直线系数（道路距离与空间距离之比）大，**容易形成不必要的穿越中心区的交通
环形放射式	① **优点**：这种道路系统的放射形干道的优点是有利于市中心同外围市区和郊区的联系，环形干道又有利于中心城区外的市区及郊区的相互联系。 ② **缺点**：**放射形干道容易把外围的交通迅速引入市中心，**引起交通在市中心过分的集中，同时会出现许多不规则街坊，交通灵活性不如方格网道路
自由式	① 自由式道路常是由于地形起伏变化较大，道路结合自然地形呈不规则状布置而形成的。 ② **特点**：这种类型的路网没有一定的格式，变化很多，**非直线系数较大。** ③ **优点**：如果综合考虑城市用地的布局、建筑的布置、道路工程及创造城市景观等因素精心规划，**不但能取得良好的经济效果和人车分流效果，而且可以形成生动活泼、丰富的景观效果**
混合式	① 在城市不同的历史发展阶段中，有的地区受地形条件约束，形成了不同的道路形式。 ② 有的则是在不同的建设规划思想下形成了不同的路网，从而在同一城市中同时存在几种类型的道路网，组合而成为混合式的道路系统。 ③ 还有一些城市，在现代城市规划思想的影响下，结合各种类型道路网优点，对原有道路结构进行调整和改造，形成新型的混合式的道路系统

3. 城市道路的功能等级和分类

（1）不同连接类型与用地服务特征所对应的城市道路功能等级

按照城市道路所承担的城市活动特征，城市道路应分为干线道路、支线道路以及联系两者的集散道路三个大类，城市快速路、主干路、次干路和支路四个中类和八个小类。不同城市应根据城市规模、空间形态和城市活动特征等因素确定城市道路类别的构成，并应符合下列规定。

1）干线道路应承担城市中、长距离联系交通，集散道路和支线道路共同承担城市中、长距离联系交通的集散和城市中、短距离交通的组织。

2）应根据城市功能的连接特征确定城市道路中类。城市道路中类划分与城市功能连接、城市用地服务的关系应符合下表的规定。

不同连接类型与用地服务特征所对应的城市道路功能等级

连接类型/用地服务	为沿线用地服务很少	为沿线用地服务较少	为沿线用地服务较多	直接为沿线用地服务
城市主要中心之间连接	快速路	主干路	—	—
城市分区（组团）间连接	快速路/主干路	主干路	主干路	—
分区（组团）内连接	—	主干路/次干路	主干路/次干路	—
社区级渗透性连接	—	—	次干路/支路	次干路/支路
社区到达性连接	—	—	支路	支路

（2）城市道路分级分类

干线道路、支线道路以及联系两者的集散道路三个大类，城市快速路、主干路、次干路和支路四个中类和八个小类的划分与规划要求见下表。

城市道路功能等级划分与规划要求

大类	中类	小类	功能说明	设计速度（km/h）	高峰小时服务交通量推荐（双向 pcu）
干线道路	快速路	Ⅰ级快速路	为城市长距离机动车出行提供快速、高效的交通服务	80～100	3000～12000
		Ⅱ级快速路	为城市长距离机动车出行提供快速交通服务	60～80	2400～9600
	主干路	Ⅰ级主干路	为城市主要分区（组团）间的中、长距离联系交通服务	60	2400～5600
		Ⅱ级主干路	为城市分区（组团）间联系以及分区（组团）内部主要交通联系服务	50～60	1200～3600
		Ⅲ级主干路	为城市分区（组团）间联系以及分区（组团）内部中等距离交通联系提供辅助服务，为沿线用地服务较多	40～50	1000～3000

大类	中类	小类	功能说明	设计速度（km/h）	高峰小时服务交通量推荐（双向pcu）
集散道路	次干路	次干路	为干线道路与支线道路的转换以及城市内中、短距离的地方性活动组织服务	30～50	300～2000
支线道路	支路	Ⅰ级支路	为短距离地方性活动组织服务	20～30	—
		Ⅱ级支路	为短距离地方性活动组织服务的街坊内道路、步行、非机动车专用路等	—	—

城市道路的分类与统计应符合下列规定。

1）城市快速路统计应仅包含快速路主路，快速路辅路应根据承担的交通特征，计入Ⅲ级主干路或次干路。

2）公共交通专用路应按照Ⅲ级主干路，计入统计。

3）承担城市景观展示、旅游交通组织等具有特殊功能的道路，应按其承担的交通功能分级并纳入统计。

4）Ⅱ级支路应包括可供公众使用的非市政权属的街坊内道路，根据路权情况计入步行与非机动车路网密度统计，但不计入城市道路面积统计。

5）中心城区内的公路应按照其承担的城市交通功能分级，纳入城市道路统计。

（3）按功能划分城市道路

城市道路按功能分类的依据是道路与城市用地的关系，按道路两旁用地所产生的交通流性质来确定道路的功能。城市道路按功能可分为两类。

1）**交通性道路**：是以满足交通运输的要求为主要功能的道路，承担城市主要的交通流量及与对外交通的联系。其特点为车速高，车辆多，车行道宽，道路线形要符合快速行驶的要求，道路两旁要求避免布置吸引大量人流的公共建筑。

2）**生活性道路**：是以满足城市生活性交通要求为主要功能的道路，主要为城市居民购物、社交、游憩等活动服务，以步行和自行车交通为主，机动车交通较少，道路两旁多布置为生活服务的、人流较多的公共建筑及居住建筑，要求有较好的公共交通服务条件。

4. 城市道路网布局

（1）基本要求

1）城市道路网络规划应综合考虑城市空间布局的发展与控制要求、开发密度、用地性质、客货交通流量流向、对外交通等，结合既有道路系统布局特征，以及地形、地物、河流走向和气候环境等因地制宜确定。

2）城市道路经过历史城区、历史文化街区、地下文物埋藏区和风景名胜区时，必须符合相关规划的保护要求；城市建成区的道路网改造时，必须兼顾历史文化、地方特色和原有路网形成的历史，对有历史文化价值的街道应予以保护。

3）**干线道路系统应相互连通，集散道路与支线道路布局应符合不同功能地区的城市活动特征。**

4）**道路交叉口相交道路不宜超过4条。**

5）道路系统走向应满足城市道路的功能，以及通风和日照要求（避免东西向道路）。

6）道路选线应避开泥石流、滑坡、崩塌、地面沉降、塌陷、地震断裂活动带等自然灾害易发区；当不能避开时，必须在科学论证的基础上提出工程和管理措施，保证道路的安全运行。

（2）城市中心区的道路网络规划要求

1）中心区的道路网络应主要承担中心区内的城市活动，并宜以Ⅲ级主干路、次干路和支路为主。

2）城市Ⅱ级主干路及以上等级干线道路不宜穿越城市中心区。

（3）城市规划环路要求

1）规划人口规模100万及以上规模城市外围可布局外环路，宜以Ⅰ级快速路或高速公路为主，为城市过境交通提供绕行服务。

2）历史城区外围、规划人口规模100万及以上城市中心区外围，可根据城市形态布局环路，分流中心区的穿越交通。

3）环路建设标准不应低于环路内最高等级道路的标准，并应与放射性道路衔接良好。

（4）水网与山地城市道路网络规划

1）道路宜平行或垂直于河道布置。

2）滨水道路应保证沿线人行道、非机动车道的连续。

3）跨越通航河道的桥梁，应满足桥下通航净空要求。

4）跨河通道与穿山隧道布局应符合城市的空间布局和交通需求特征，集约使用，布局宜符合下表的规定。

规划（预留）跨河通道的道路等级规定

河道宽度 D（m）	应跨越的道路等级
$D \leqslant 50$	次干路及以上
$50 < D \leqslant 150$	Ⅲ级主干路及以上
$150 < D \leqslant 300$	Ⅱ级主干路及以上
$300 < D \leqslant 500$	Ⅰ级主干路及以上
$D > 500$	快速路

规划（预留）穿山隧道的道路等级规定

隧道长度 L（m）	应穿越的道路等级
$L \leqslant 100$	Ⅲ级主干路及以上
$100 < L \leqslant 500$	Ⅱ级主干路及以上
$500 < L \leqslant 1000$	Ⅰ级主干路及以上
$L > 1000$	快速路

5）行道、机动车道可处于不同标高。

5. 城市道路红线宽度和道路断面

（1）城市道路红线宽度

1）道路红线的概念：是道路用地和两侧建筑用地的分界线，即道路横断面中各种用地总宽度的边界线。

2）道路红线内的用地：包括**车行道、步行道、绿化带、分隔带**四部分。

3）城市规划各阶段的道路红线划示要求：在城市总体规划阶段，常根据交通规划、绿地规划和工程管线规划要求确定道路红线的大致的宽度要求，并满足交通、敷设地下管线、绿化、通风日照和建筑景观等的要求；在详细规划阶段，应该根据毗邻道路用地和交通的实际需要确定道路的红线宽度；也可以根据具体用地建设要求，适当后退红线，以求得好的景观效果，并为将来的发展留有余地。

4）确定道路红线时，要避免两种不良倾向：一是过于担心拆迁损失将红线定得过窄，结果造成道路建成不久就不能满足交通发展要求；二是将红线定得过宽，造成建设成本过高。

5）城市道路的红线宽度应优先满足城市公共交通、步行与非机动车交通通行空间的布设要求，并应根据城市道路承担的交通功能和城市用地开发状况，以及工程管线、地下空间、景观风貌等布设要求综合确定。

6）城市道路红线宽度（快速路包括辅路）：**规划人口规模50万及以上城市不应超过70m，20万～50万的城市不应超过55m，20万以下城市不应超过40m。**

7）对城市公共交通、步行与非机动车，以及工程管线、景观等无特殊要求的城市道路，**红线宽度取值应符合下表规定。**

无特殊要求的城市道路红线宽度取值

道路分类	快速路 （不包括辅路）		主干路			次干路	支路	
	I	II	I	II	III		I	II
双向车道数 （条）	4～8	4～8	6～8	4～6	4～6	2～4	2	—
道路红线宽度 （m）	25～35	25～40	40～45	40～45	40～45	20～35	14～20	—

（2）城市道路横断面

1）横断面类型

通常按车行道的布置命名道路横断面类型。

城市道路横断面类型

类型	内容
一块板	① 不用分隔带划分车行道的横断面称为一块板断面。 ② 一块板道路的车行道可以用作机动车专用道、自行车专用道以及大量作为机动车与非机动车混合行驶的次干路及支路。 ③ 能适应"钟摆式"交通流；可利用自行车和机动车高峰在不同时间出现的状况，调节横断面的使用宽度；占地小、投资省、通过交叉口时间短、交叉口通行效率高
二块板	① 用分隔带划分车行道为两部分的横断面称为两块板断面。 ② 二块板道路通常是利用中央分隔带（可布置低矮绿化）将车行道分成两部分。 ③ 当道路设计车速大于50km/h时，解决对向机动车流的相互干扰问题时，有较高的景观、绿化要求时，两个方向车行道布置在不同平面上时，采用二块板的形式

类型	内容
三块板	① 用分隔带将车行道划分为三部分的横断面称为三块板断面。 ② 三块板道路用两条分隔带将机动车与非机动车分道行驶。 ③ 一般三块板横断面适用于机动车交通量不十分大而又有一定的车速和车流畅通要求，自行车交通量较大的生活性道路或交通性客运干道
四块板	① 用分隔带将车行道划分为四部分的横断面称为四块板断面。 ② 四块板道路比三块板的道路增加一条中央分隔带，解决对向机动车相互干扰问题。 ③ 当道路上机动车和非机动车都比较多时可采用这种形式

2）布置要求

道路横断面布置应符合所承载的交通特征，并应符合下列规定：

① 道路空间分配应符合不同运行速度交通的安全行驶要求；

② 城市道路的横断面布置应与道路承担的交通功能及交通方式构成相一致，当道路横断面变化时，道路红线应考虑过渡段的设置要求；

③ 设置公交港湾、人行立体过街设施、轨道交通站点出入口等的路段，不应压缩人行道和非机动车道的宽度，红线宜适当加宽；

④ 城市Ⅰ级快速路可根据情况设置应急车道；

⑤ 城市道路规划设计应在道路红线与建筑后退红线构成的街道空间内，统筹考虑道路的交通、景观、市政和公共空间等功能，合理安排街道各类要素布局。

6. 干线道路系统

（1）干线道路的规模及承担的机动化交通周转量比例

干线道路规划应以提高城市机动化交通运行效率为原则。干线道路承担的机动化交通周转量（车·km）应符合下表的规定，带形城市取高值，组团城市取低值。

干线道路的规模及承担的机动化交通周转量比例

规划人口规模（万人）	<50	50～100	100～300	≥300
周转量（车·km）比例（%）	45～55	50～70	60～75	70～80
干线道路里程比例（%）	10～20	10～20	15～20	15～25

（2）干线道路选择要求

1）不同规模城市干线道路的选择宜符合下表的规定。

城市干线道路等级选择要求

规划人口规模（万人）	最高等级干线道路
≥200	Ⅰ级快速路或Ⅱ级快速路
100～200	Ⅱ级快速路或Ⅰ级主干路
50～100	Ⅰ级主干路
20～50	Ⅱ级主干路
≤20	Ⅲ级主干路

2）带形城市可参照上一档规划人口规模的城市选择。**当中心城区长度超过30km时，宜**

规划Ⅰ级快速路；超过**20km**时，宜规划Ⅱ级快速路。

（3）不同规模城市的干线道路网络密度

不同规划人口规模城市的干线道路网络密度可按下表规划。城市建设用地内部的城市干线道路的间距不宜超过**1.5km**。

不同规模城市的干线道路网络密度

规划人口规模（万人）	干线道路网络密度（km/km²）
≥200	1.5～1.9
100～200	1.4～1.9
50～100	1.3～1.8
20～50	1.3～1.7
≤20	1.5～2.2

（4）干线道路设计要求

1）干线道路上的步行、非机动车道应与机动车道隔离。

2）干线道路不得穿越历史文化街区与文物保护单位的保护范围，以及其他历史地段。

3）干线道路桥梁与隧道车行道布置及路缘带宽度宜与衔接道路相同。

4）干线道路上交叉口间距应有利于提高交通控制的效率。

5）规划人口规模100万及以上的城市，放射性干线道路的断面应留有潮汐车道设置条件。

7. 集散道路与支线道路

1）城市集散道路和支线道路系统应保障步行、非机动车和城市街道活动的空间，避免引入大量通过性交通。

2）次干路主要起交通的集散作用，其里程占城市总道路里程的比例宜为**5%～15%**。

3）城市不同功能地区的集散道路与支线道路密度，应结合用地布局和开发强度综合确定，街区尺度宜符合下表的规定。城市不同功能地区的建筑退线应与街区尺度相协调。

不同功能区的街区尺度推荐值

类别	街区尺度（m）		路网密度（km/km²）
	长	宽	
居住区	≤300	≤300	≥8
商业区与就业集中的中心区	100～200	100～200	10～20
工业区、物流园区	≤600	≤600	≥4

4）城市居住街坊内道路应优先设置为步行与非机动车专用道路。

8. 道路衔接与交叉

1）城市主要对外公路应与城市干线道路顺畅衔接，规划人口规模50万以下的城市可与次干路衔接。

2）城市道路与公路交叉时，若有一方为封闭路权道路，应采用立体交叉。

3）支线道路不宜直接与干线道路形成交叉连通。

4）交叉口应优先满足公共交通、步行和非机动车交通安全、方便通行的要求。交叉口的类型应符合国家标准《城市道路交叉口规划规范》GB 50647—2011 第3.2.3条的规定。山地城市Ⅱ级主干路及以上等级道路相交时，交叉口可根据地形条件按立交用地进行控制。

5）当道路与铁路交叉时，若采用平面交叉类型，道路的上、下行交通应分幅布置；此外，还应符合国家标准《城市道路交叉口规划规范》GB 50647—2011 第 6 章"道路与铁路交叉规划"的相关规定。

9. 城市道路绿化

（1）城市道路绿化布置要求

1）道路绿化布置应便于养护。

2）路侧绿带宜与相邻的道路红线外侧其他绿地相结合。

3）人行道毗邻商业建筑的路段，路侧绿带可与行道树绿带合并。

4）道路两侧环境条件差异较大时，宜将路侧绿带集中布置在条件较好的一侧。

5）干线道路交叉口红线展宽段内，道路绿化设置应符合交通组织要求。

6）轨道交通站点出入口、公共交通港湾站、人行过街设施设置区段，道路绿化应符合交通设施布局和交通组织的要求。

（2）城市道路路段的绿化覆盖率要求

城市道路路段的绿化覆盖率宜符合下表的规定。城市景观道路可在下表的基础上适度增加城市道路路段的绿化覆盖率；城市快速路宜根据道路特征确定道路绿化覆盖率。

城市道路路段绿化覆盖率要求

城市道路红线宽度（m）	＞45	30～45	15～30	＜15
绿化覆盖率（%）	20	15	10	酌情设置

注：城市快速路主辅路并行的路段，仅按照其辅路宽度适用上表。

10. 其他功能道路

1）承担城市防灾救援通道的道路应符合下列规定：

① 次干路及以上等级道路两侧的高层建筑应根据救援要求确定道路的建筑退线；

② 立体交叉口宜采用下穿式；

③ 道路宜结合绿地与广场、空地布局；

④ 7 度地震设防的城市每个疏散方向应有不少于 2 条对外放射的城市道路；

⑤ 承担城市防灾救援的通道应适当增加通道方向的道路数量。

2）城市滨水道路规划应符合下列规定：

① 结合岸线利用规划滨水道路，在道路与水岸之间宜保留一定宽度的自然岸线及绿带；

② 沿生活性岸线布置的城市滨水道路，道路等级不宜高于Ⅲ级主干路，并应降低机动车设计车速，优先布局城市公共交通、步行与非机动车空间；

③ 通过生产性岸线和港口岸线的城市道路，应按照货运交通需要布局。

3）旅游道路、公交专用路、非机动车专用路、步行街等具有特殊功能的道路，其断面应与承担的交通需求特征相符合。以旅游交通组织为主的道路应减少其所承担的城市交通功能。

知识点 10　城市停车设施与公共加油加气站【★★★★★】

1. 一般规定

1）停车场是调节机动车拥有与使用的主要交通设施，停车位的供给应结合交通需求管理与城市建设情况，分区域差异化供给。

2）停车场按停放车辆类型可分为非机动车停车场和机动车停车场；按用地属性可分为建筑物配建停车场和公共停车场。停车位按停车需求可分为基本车位和出行车位。

3）停车场规划布局与规模应符合城市综合交通体系发展战略，与城市用地相协调，集约、节约用地。

4）机动车停车场应规划电动汽车充电设施。公共建筑配建停车场、公共停车场应设置不少于总停车位 10% 的充电停车位。

2. 非机动车停车场

1）非机动车停车场应满足非机动车的停放需求，宜在地面设置，并与非机动车交通网络相衔接。可结合需求设置分时租赁非机动车停车位。

2）公共交通站点及周边，非机动车停车位供给宜高于其他地区。

3）非机动车路内停车位应布设在路侧带内，但不应妨碍行人通行。

4）非机动车停车场可与机动车停车场结合设置，但进出通道应分开布设。

5）非机动车的单个停车位面积宜取 1.5～1.8m²。

3. 机动车停车场

1）应根据城市综合交通体系协调要求确定机动车基本车位和出行车位的供给，调节城市的动态交通。应分区域差异化配置机动车停车位，公共交通服务水平高的区域，机动车停车位供给指标应低于公共交通服务水平低的区域。

2）机动车停车位供给应以建筑物配建停车场为主、公共停车场为辅。

3）建筑物配建停车位指标的制定应符合以下规定：

① 住宅类建筑物配建停车位指标应与城市机动车拥有量水平相适应；

② 非住宅类建筑物配建停车位指标应结合建筑物类型与所处区位差异化设置。医院等特殊公共服务设施的配建停车位指标应设置下限值，行政办公、商业、商务建筑配建停车位指标应设置上限值。

4）机动车公共停车场规划应符合以下规定：

① 规划用地总规模宜按人均 0.5～1.0m² 计算，规划人口规模 100 万及以上的城市宜取低值；

② 在符合公共停车场设置条件的城市绿地与广场、公共交通场站、城市道路等用地内可采用立体复合的方式设置公共停车场；

③ 规划人口规模 100 万及以上的城市公共停车场宜以立体停车楼（库）为主，并应充分利用地下空间；

④ 单个公共停车场规模不宜大于 500 个车位；

⑤ 应根据城市的货车停放需求设置货车停车场，或在公共停车场中设置货车停车位（停车区）。

5）机动车路内停车位属临时停车位，其设置应符合以下规定：

① 不得影响道路交通安全及正常通行；

② 不得在救灾疏散、应急保障等道路上设置；

③ 不得在人行道上设置；

④ 应根据道路运行状况及时、动态调整。

6）地面机动车停车场用地面积，宜按每个停车位 25～30m² 计。停车楼（库）的建筑面积，宜按每个停车位 30～40m² 计。

4. 公共加油加气站及充换电站

（1）配置要求

1）公共加油加气站的服务半径宜为 1～2km，公共充换电站的服务半径宜为 2.5～4km。城市土地使用高强度地区、山地城市宜取低值。

2）公共加油加气站及充换电站的选址，应符合现行国家相关标准要求。

3）公共加油加气站及充换电站宜沿城市主、次干路设置，**其出入口距道路交叉口不宜小于 100m。**

4）每 2000 辆电动汽车应配套一座公共充电站。

5）公共汽车加油加气站及充换电站应结合城市公共交通场站设置。

（2）用地面积指标

公共加油站、加气站宜合建，公共加油加气站用地面积宜符合下表的规定。城市中心区宜设置三级加油加气站。公共充电站用地面积宜控制在 2500～5000m²；公共换电站用地面积宜控制在 2000～2500m²。

公共加油加气站用地面积指标

昼夜加油（气）的车次数	加油加气站等级	用地面积（m²）
2000 以上	一级	3000～3500
1500～2000	二级	2500～3000
300～1500	三级	800～2500

注：对外主要通道附近的加油站用地面积宜取上限。

知识点 11　《城市道路交叉口规划规范》GB 50647—2011 要点【★★★】

1. 城市道路交叉口分类、功能及选型

（1）交叉口类型

1）平面交叉口应分为信号控制交叉口（平 A 类）、无信号控制交叉口（平 B 类）和环形交叉口（平 C 类）。

2）信号控制交叉口应分为进、出口道展宽交叉口（平 A1 类）和进、出口道不展宽交叉口（平 A2 类）。

3）**无信号控制交叉口应分为支路只准右转通行交叉口（平 B1 类）、减速让行或停车让行标志交叉口（平 B2 类）和全无管制交叉口（平 B3 类）。**

4）**立体交叉应分为枢纽立交（立 A 类）、一般立交（立 B 类）和分离立交（立 C 类）。**

（2）各类交叉口的功能和基本要求

各类交叉口的功能和基本要求

类型	功能和基本要求
快—快交叉口	应满足快速路主线车流快速、连续通行，车行道应为机动车专用车道，主线上不得因设置匝道而使匝道进出口上游与下游通行能力严重不匹配，并应符合下列规定： ① 在主要公共交通客流通道的快速路应规划快速公共交通专用车道及港湾式停靠站； ② 行人、非机动应与机动车分层通行

类型	功能和基本要求
快—主交叉口	应满足快速路主线车流快速、连续通行，车行道应为机动车专用车道，主线上不得因设置匝道而使匝道进出口上游与下游通行能力严重不匹配，并应符合下列规定： ① 主干路上应按公共交通客流需求规划快速公共交通或主干公交专用车道及港湾式停靠站； ② 行人、非机动车应与快速路上机动车分层通行，主干路的人行过街横道中间应设安全岛，并应采用专用信号控制
快—次交叉口	应满足快速路主线交通快速、连续通行功能和次干路局部生活功能，并应符合下列规定： ① 次干路—快速路间提供必要流向的转向、集散交通通道； ② 次干路应按公交客流需求规划主干公交或区域公交专用车道及港湾式停靠站； ③ 次干路人行过街横道中间应设安全岛，并应采用专用信号控制
主—主交叉口	应满足主干路主要流向车流畅通、能以中等速度间断通行、以交通功能为主，并应符合主干路的基本要求
主—次交叉口	应满足主干路畅通及次干路—主干路间转向交通需求、能以中等速度间断通行、以集散交通功能为主、兼有次干路局部生活功能，并应符合主、次干路的要求以及交叉口通行能力与转向交通需求相匹配的要求
主—支交叉口	应满足主干路畅通、能以中等速度连续通行，支路应右转进出主干路，有必要时，经论证可选用其他相交形式；主干路应以交通功能为主，支路应以生活功能为主，并应符合主、支道路的要求
次—次交叉口	应满足次干路主要流向车流畅通、能以中等速度间断通行，应兼具交通与生活功能，并应符合次干路的要求
次—支交叉口	应满足次干路集散交通功能和支路的生活功能，当不采用信号控制时，应保证次干路车流连续通行，并应符合次、支道路的要求
支—支交叉口	应满足生活功能，并应符合支路的要求

2. 平面交叉口规划

(1) 控制性详细规划中的交叉口规划要求

控制性详细规划中的交叉口规划应对总体规划阶段确定的平面交叉口间距、形状进行优化调整，并应符合下列规定。

1) 新建道路交通网规划中，规划干路交叉口不应规划超过 4 条进口道的多路交叉口、错位交叉口、畸形交叉口；相交道路的交角不应小于 70°，地形条件特殊困难时，不应小于 45°。

2) 交通信号控制的各平面交叉口间距宜相等。

(2) 道路外侧规划用地建筑物机动车出入口规划

1) 道路外侧规划用地建筑物机动车出入口不得规划在新建交叉口范围内，应设置在支路或专为道路外侧规划用地建筑物集散车辆所建的内部道路上。

2) 改建、治理交叉口规划，道路外侧规划用地建筑物机动车出入口应符合下列规定：

① 应设在交叉口规划范围之外的路段上，或设在道路外侧规划用地建筑物离交叉口的最

远端；

②干路上道路外侧规划用地建筑物出入口的进出交通组织应为右进右出。

（3）常规环形交叉口

1）常规环形交叉口不宜用于大城市干路相交的交叉口上，仅在交通量不大的支路上可选用环形交叉口。新建道路交叉口交通量不大，且作为过渡形式或圈定道路交叉用地时，可设环形交叉。

2）常规环形交叉口各组成要素的规划，应包括中心岛形式和大小、交织段长度、环道车道数及其宽度与横断面、环道外缘形状、进出口转角半径、交通岛、人行横道等。

3）常规环形交叉口中心岛的形状宜采用圆形、椭圆形、圆角菱形。中心岛曲线半径宜为15～20m。中心岛内不得布置人行道。中心岛内的交通与绿化设施应符合行车安全的要求。

3. 立体交叉口规划

（1）立体交叉形式选择

在控制性详细规划阶段，除应按《城市道路交叉口规划规范》GB 50647—2011中的表3.2.3的规定选择立体交叉类型外，还应根据交通需求和周围环境限制条件等因素，并按下列规定确定具体立体交叉形式。

1）枢纽立交应选择全定向、半定向、组合型等立交形式。一般立交可选择全苜蓿叶形、部分苜蓿叶形、喇叭形、菱形以及环形或组合型等立交形式。

2）直行和转弯交通量均较大并需高速度集散车辆的快速路与快速路相交的枢纽型立交，应选用全定向型或半定向型立交；左转弯交通量差别较大的枢纽立交，可选用组合型立交。

3）相交道路等级相差较大，且转弯交通量不大的一般立交，可选用菱形、部分苜蓿叶形或喇叭形立交形式。

4）城市中不宜选用占地较大的全苜蓿叶形立交；如需设置同侧的环形左转匝道时，应在两相邻左转环形匝道间设置集散车道。

5）左转交通量较大的立交不应选用环形立交。

（2）城市快速路立体交叉系统规划

1）应根据城市综合交通规划中的快速路网规划布局和快速路与干路规划交叉口的位置及转向交通的需求，规划立体交叉的布点。

2）快速路主线基本车道数应在立体交叉系统中保持一致；当主线基本车道数减少时，应进行通行能力分析。

3）立体交叉匝道出入口形式应统一，出入口均应布设在主线右侧。出口应布设在立体交叉构筑物上游，当出口布设在立体交叉构筑物下游时，应设置集散车道将分流点提前到构筑物的上游。

4）立体交叉系统各组成部分技术要求应相互协调。

5）相邻互通立交交叉点间的间距，应大于上下游匝道出入口间变速车道与交织段长度之和及满足设置必要交通标志的要求，且不宜小于1.5km。

<h1 style="text-align:center">真题演练</h1>

2023-046 下列关于对外交通规划的说法，不准确的是（　　　）。

A.承担通勤的对外交通设施，应与城市内部交通体系一规划、统一标准要求

B. 高速铁路主要客站应布置在中心城区内，宜与普速铁路客站分开布置

C. 同一对外交通走廊相同走向的铁路、公路宜集中布置

D. 机场集疏运交通组织应鼓励采用集约型公共交通

【答案】B

【解析】依据《城市综合交通体系规划标准》GB/T 51328—2018，高、快速铁路主要客站应布置在中心城区内，并宜与普通铁路客运站结合设置，中心城区外规划人口规模 50 万人及以上的城市地区，宜设置高、快速铁路客运站。故不准确的是 B。

2023-047 依据《城市综合交通体系规划标准》，下列关于客运枢纽规划的说法，不准确的是( )。

A. 承担城乡客运组织、旅游交通组织职能的城市综合客运枢纽，可适当增加集散与转换用地

B. 城市公共交通枢纽宜与城市大型公共建筑、公共汽车首末站等合并设置

C. 城市综合交通枢纽内主要换乘方式出入口之间乘客步行距离不宜超过 200m

D. 城市中心区以外地区的客运枢纽，可不设置出租车上、落客区

【答案】D

【解析】依据《城市综合交通体系规划标准》GB/T 51328—2018，城市中心区以外的其他地区，应设置出租车、落客区。故符合题意的是 D。

2023-048 下列关于城市道路规划的说法，不准确的是( )。

A. 城市道路应为工程管线布设提供空间

B. 环路建设标准应采用环路内次高等级道路的标准

C. 山地城市的穿山隧道应结合城市交通需求特征集约使用

D. 滨水道路应保证沿线人行道非机动车道的连续

【答案】B

【解析】根据《城市综合交通体系规划标准》GB/T 51328—2018，环路建设标准不应低于环路内最高等级道路的标准，并应与放射性道路衔接良好。故不准确的是 B。

2023-092 下列关于步行与非机动车交通规划原则的说法，正确的有( )。

A. 城市快速路及其各级城市道路红线内均应优先布置步行交通空间

B. 城市应结合各类绿地、广场、公共交通设施设置连续的步行空间

C. 城市被山体分割依靠隧道联通时，宜提供基本的步行和非机动车交通空间

D. 非机动车道内电动自行车、人力三轮车和物流配送非机动车流量较大时，应设置非机动车专用路

E. 步行与非机动车交通通过城市主干路及以下等级的道路交叉口与路段时；应优先选择平面过街形式

【答案】BCE

【解析】《城市综合交通体系规划标准》GB/T 51328—2018 的相关条款如下。

10.1.3　步行与非机动车交通通过城市主干路及以下等级道路交叉口与路段时，应优先选择平面过街形式（E 正确）。

10.1.4　城市宜根据用地布局，设置步行与非机动车专用道路，并提高步行与非机动车交通系统的通达性。河流和山体分隔的城市分区之间，应保障步行与非机动车交通的基本连接（C 正确）。

10.2.6　城市应结合各类绿地、广场和公共交通设施设置连续的步行空间；当不同地

形标高的人行系统衔接困难时，应设置步行专用的人行梯道、扶梯、电梯等连接设施（B正确）。

10.3.4　当非机动车道内电动自行车、人力三轮车和物流配送非机动车流量较大时，非机动车道宽度应适当增加（D错误）。

12.4.1　城市道路的红线宽度应优先满足城市公共交通、步行与非机动车交通通行空间的布设要求，并应根据城市道路承担的交通功能和城市用地开发状况，以及工程管线、地下空间、景观风貌等布设要求综合确定（A错误）。

板块 8　城市历史文化遗产保护规划

历年考频

名称	2019 年	2020 年	2021 年	2022 年	2023 年	2024 年
城市历史文化遗产保护规划	9	8	8	7	7	5

知识点 1　历史文化遗产保护的相关概念及内容【★★★★】

1. 历史文化遗产的组成

（1）物质文化遗产

是具有历史、艺术和科学研究价值的文物，包括古遗址、古墓葬、古建筑、石窟寺、石刻、壁画、近现代重要史迹及代表性建筑等不可移动文物，历史上各时代的重要实物、艺术品、文献、手稿、图书资料等可移动文物；以及在建筑式样、分布均匀或与环境景色结合方面具有突出普遍价值的历史文化名城（街区、村镇）。

（2）非物质文化遗产

是指各种以非物质形态存在的与群众生活密切相关、世代相承的传统文化表现形式，包括口头传统、传统表演艺术、民俗活动和礼仪节庆、有关自然结合宇宙的民间传统知识实践、传统手工艺技能等以及与上述传统文化表现形式相关的文化空间。

2. 历史文化遗产保护的意义

（1）城市历史文化遗产的概念

泛指城市地域内的地上地下所有的有形遗存和无形文化积累。

（2）历史文化遗产保护的意义

城市是历史文化发展的载体，每个时代都在城市中留下自己的痕迹。保护历史的连续性，保存城市的记忆是人类现代生活发展的必然需要。

文化遗产是全人类的财富，保护文化遗产不仅是每个国家的重要职责，也是整个国际社会的共同义务。

3. 相关概念

（1）历史文化名城

经国务院、省级人民政府批准公布的保护文物特别丰富并且具有重大历史价值和革命纪念意义的城市。

（2）历史文化街区

经省、自治区、直辖市人民政府核定公布的保存文物特别丰富、历史建筑集中成片、能够较完整和真实地体现传统格局和历史风貌，并具有一定规模的区域。

（3）历史建筑

经城市、县人民政府确定公布的具有一定保护价值，能够反映历史风貌和地方特色，未

215

公布为文物保护单位，也未登记为不可移动文物的建筑物、构筑物。

（4）历史环境要素

反映历史风貌的古井、围墙、石阶、铺地、驳岸、古树名木等。

（5）文物古迹

人类在历史上创造的具有价值的不可移动的实物遗存，包括地面、地下与水下的古遗址、古建筑、古墓葬、石窟寺、石刻、近现代史迹及纪念建筑等。

（6）保护

对保护项目及其环境所进行的科学的调查、勘测、评估、登录、修缮、维修、改善、利用的过程。

（7）修缮

对文物古迹的保护方式，包括日常保养、防护加固、现状修整、重点修复等。

（8）维修

对建筑物、构筑物进行的不改变外观特征的维护和加固。

（9）改善

对建筑物、构筑物采取的不改变外观特征，调整、完善内部布局及设施的保护方式。

（10）整治

为历史文化名城和历史文化街区风貌完整性的保持、建成环境品质的提升所采取的各项活动。

4. 审定工作中要掌握的几个原则

1）不仅要看城市的历史，还要着重看当前是否保存有较为丰富、完好的文物古迹和具有重大的历史、科学、艺术价值。

2）历史文化名城和文物保护单位是有区别的。历史文化名城的现状格局和风貌应保留历史特色，并具有一定的代表城市传统风貌的街区。

3）文物古迹主要分布在城市市区或郊区，保护和合理使用这些历史文化遗产对该城市的性质、布局、建设方针有重要影响。

5. 我国历史文化名城的数量与类型

（1）数量

我国的历史文化名城分三批公布，后又经多次增补，截至2022年6月共有140座。

（2）类型

历史文化名城的类型

类型	含义	范例
古都型	以都城时代的历史遗存物、古都的风貌为特点的城市	北京、西安、洛阳、开封、安阳等
传统风貌型	保留了某一时期及几个历史时期积淀下来的完整建筑群体的城市	平遥、韩城、镇远、榆林等
风景名胜型	自然环境往往对城市特色的形成起着决定性的作用，由于建筑与山水环境的叠加而显示出其鲜明的个性特征	桂林、肇庆、承德、镇江、苏州、绍兴等
地方及民族特色型	位于民族地区的城镇由于地域差异、文化环境、历史变迁的影响，而显示出不同的地方特色或独自的个性特征，民族风情、地方文化、地域特色已构成城市风貌的主体	拉萨、喀什、丽江、大理等

类型	含义	范例
近现代史迹型	以反映历史的某一事件或某个阶段的建筑物或建筑群为其显著特色的城市	上海、天津、重庆、遵义、延安等
特殊职能型	城市中的某种职能在历史上有极突出的地位，并且在某种程度上成为城市的特征	"盐都"自贡、"瓷都"景德镇、"药都"亳州等
一般史迹型	以分散在全城各处的文物古迹作为历史传统体现的主要方式的城市	如长沙、济南、正定、吉林、襄樊等城市

（3）历史建筑保护利用试点城市

北京市、山东省烟台市、广东省广州市、江苏省苏州市、江苏省扬州市、浙江省杭州市、浙江省宁波市、福建省福州市、福建省厦门市、安徽省黄山市 10 个城市入选首批历史建筑保护利用试点城市。

6. 历史保护的发展

历史保护的发展

地域	发展
国外	**（1）1964 年《威尼斯宪章》（即《国际古迹保护与修复宪章》）——提出古迹与其环境不可分离** 历史古迹的概念不仅包括单个建筑物，而且包括能从中找出一种独特的文明，一种有意义的发展或一个历史事件见证的城市或乡村环境，单看这里的每一栋建筑，其价值可能尚不足以作为文物加以保护，但它们加在一起形成的整体面貌却能反映出城镇历史风貌的特点。 **（2）1987 年《华盛顿宪章》（即《保护历史城镇与城区宪章》）——提出历史地段的保护内容** 宪章所涉及的历史城区，包括城市、城镇以及历史中心或居住区，也包括这里的自然和人工环境，"它们不仅可以作为历史的见证，而且体现了城镇传统文化的价值。"宪章列举了"历史地段"中应该保护的五项内容：①地段和街道的格局空间形式；②建筑物和绿化、旷地的空间关系；③史性建筑的内外面貌，包括体量形式、建筑风格、材料、色彩、建筑装饰等；④地段与周围环境的关系，包括与自然和人工环境的关系；⑤该地段历史上的功能和作用
国内	2002 年 12 月 3 日颁布修改的文物法，提出了"历史文化街区"的法定概念； 2003 年 12 月 17 日建设部颁布的《城市紫线管理办法》，规定在编制城市规划时应当划定保护历史文化街区和历史建筑的紫线； 2008 年 4 月 22 日国务院公布的《历史文化名城名镇名村保护条例》，进一步规定了历史文化街区的保护要求； 2018 年 11 月 1 日住房城乡建设部发布的《历史文化名城保护规划标准》GB/T 50357—2018，自 2019 年 4 月 1 日起开始实施，历史文化街区的保护要求越来越制度化

知识点 2　历史文化名城名镇名村保护【★★★★★】

1. 申报与审批

（1）申报条件

具备下列条件的城市、镇、村庄，可以申报历史文化名城、名镇、名村：

1）保存文物特别丰富；

2）历史建筑集中成片；

3）保留着传统格局和历史风貌；

4）历史上曾作为政治、经济、文化、交通中心或者军事要地，或者发生过重要历史事件，或者其传统产业、历史上建设的重大工程对本地区的发展产生过重要影响，或者能够集中反映本地区建筑文化特色、民族特色。

申报历史文化名城的，在所申报的历史文化名城保护范围内还应当有 **2** 个以上的历史文化街区。

（2）申报材料

申报历史文化名城、名镇、名村，应当提交所申报的历史文化名城、名镇、名村的下列材料：

1）历史沿革、地方特色和历史文化价值的说明；

2）传统格局和历史风貌的现状；

3）保护范围；

4）不可移动文物、历史建筑、历史文化街区的清单；

5）保护工作情况、保护目标和保护要求。

（3）申报和批准部门

历史文化名城名镇名村申报审批单位

类型	申请	论证	批准
申报历史文化名城	省、自治区、直辖市人民政府	国务院建设主管部门会同国务院文物主管部门	国务院
申报历史文化名镇、名村	县级人民政府	省、自治区、直辖市人民政府确定的保护主管部门会同同级文物主管部门	省、自治区、直辖市人民政府

（4）申报的其他情况

1）对符合规定的条件而没有申报历史文化名城的城市，国务院建设主管部门会同国务院文物主管部门可以向该城市所在地的省、自治区人民政府提出申报建议；仍不申报的，可以直接向国务院提出确定该城市为历史文化名城的建议。

2）对符合规定的条件而没有申报历史文化名镇、名村的镇、村庄，省、自治区、直辖市人民政府确定的保护主管部门会同同级文物主管部门可以向该镇、村庄所在地的县级人民政府提出申报建议；仍不申报的，可以直接向省、自治区、直辖市人民政府提出确定该镇、村庄为历史文化名镇、名村的建议。

3）国务院建设主管部门会同国务院文物主管部门可以在已批准公布的历史文化名镇、名村中，严格按照国家有关评价标准，选择具有重大历史、艺术、科学价值的历史文化名镇、名村，经专家论证，确定为中国历史文化名镇、名村。

4）已批准公布的历史文化名城、名镇、名村，因保护不力使其历史文化价值受到严重影响的，批准机关应当将其列入濒危名单，予以公布，并责成所在地城市、县人民政府限期采取补救措施，防止情况继续恶化，并完善保护制度，加强保护工作。

2. 保护规划

历史文化名城名镇名村保护规划

内容	说明
编制审批单位	① 历史文化名城批准公布后，历史文化名城人民政府应当组织编制历史文化名城保护规划。 ② 历史文化名镇、名村批准公布后，所在地县级人民政府应当组织编制历史文化名镇、名村保护规划。 ③ 保护规划应当自历史文化名城、名镇、名村批准公布之日起 1 年内编制完成
保护规划内容	① 保护原则、保护内容和保护范围。 ② 保护措施、开发强度和建设控制要求。 ③ 传统格局和历史风貌保护要求。 ④ 历史文化街区、名镇、名村的核心保护范围和建设控制地带。 ⑤ 保护规划分期实施方案
规划期限	① 历史文化名城、名镇保护规划的规划期限应当与城市、镇总体规划的规划期限相一致。 ② 历史文化名村保护规划的规划期限应当与村庄规划的规划期限相一致
听证	① 保护规划报送审批前，保护规划的组织编制机关应当广泛征求有关部门、专家和公众的意见；必要时，可以举行听证。 ② 保护规划报送审批文件中应当附具意见采纳情况及理由；经听证的，还应当附具听证笔录
审批	① 保护规划由省、自治区、直辖市人民政府审批。 ② 保护规划的组织编制机关应当将经依法批准的历史文化名城保护规划和中国历史文化名镇、名村保护规划，报国务院建设主管部门和国务院文物主管部门备案
修改	① 经依法批准的保护规划，不得擅自修改。 ② 确需修改的，保护规划的组织编制机关应当向原审批机关提出专题报告，经同意后，方可编制修改方案。 ③ 修改后的保护规划，应当按照原审批程序报送审批
监督	① 国务院建设主管部门会同国务院文物主管部门应当加强对保护规划实施情况的监督检查。 ② 县级以上地方人民政府应当加强对本行政区域保护规划实施情况的监督检查，并对历史文化名城、名镇、名村保护状况进行评估；对发现的问题，应当及时纠正、处理。

3. 保护措施

历史文化名城、名镇、名村应当整体保护，保持传统格局、历史风貌和空间尺度，不得改变与其相互依存的自然景观和环境。

历史文化名城、名镇、名村所在地县级以上地方人民政府应当根据当地经济社会发展水平，按照保护规划，控制历史文化名城、名镇、名村的人口数量，改善历史文化名城、名镇、名村的基础设施、公共服务设施和居住环境。

历史文化名城名镇名村保护措施

保护措施	内容
保护范围内的保护措施	1）在历史文化名城、名镇、名村保护范围内从事建设活动，应当符合保护规划的要求，不得损害历史文化遗产的真实性和完整性，不得对其传统格局和历史风貌构成破坏性影响。 2）在历史文化名城、名镇、名村保护范围内禁止进行下列活动： ① 开山、采石、开矿等破坏传统格局和历史风貌的活动；

保护措施	内容
保护范围内的保护措施	② 占用保护规划确定保留的园林绿地、河湖水系、道路等； ③ 修建生产、储存爆炸性、易燃性、放射性、毒害性、腐蚀性物品的工厂、仓库等； ④ 在历史建筑上刻划、涂污。 3）在历史文化名城、名镇、名村保护范围内进行下列活动，应当保护其传统格局、历史风貌和历史建筑；制订保护方案，并依照有关法律、法规的规定办理相关手续： ① 改变园林绿地、河湖水系等自然状态的活动； ② 在核心保护范围内进行影视摄制、举办大型群众性活动； ③ 其他影响传统格局、历史风貌或者历史建筑的活动
核心保护范围内的保护措施	1）对历史文化街区、名镇、名村核心保护范围内的建筑物、构筑物，应当区分不同情况，采取相应措施，实行分类保护。历史文化街区、名镇、名村核心保护范围内的历史建筑，应当保持原有的高度、体量、外观形象及色彩等。 2）在历史文化街区、名镇、名村核心保护范围内，不得进行新建、扩建活动。但是，新建、扩建必要的基础设施和公共服务设施除外。 ① 在历史文化街区、名镇、名村核心保护范围内，新建、扩建必要的基础设施和公共服务设施的，城市、县人民政府城乡规划主管部门核发建设工程规划许可证、乡村建设规划许可证前，应当征求同级文物主管部门的意见。 ② 在历史文化街区、名镇、名村核心保护范围内，拆除历史建筑以外的建筑物、构筑物或者其他设施的，应当经城市、县人民政府城乡规划主管部门会同同级文物主管部门批准。 ③ 历史文化街区、名镇、名村核心保护范围内的消防设施、消防通道，应当按照有关的消防技术标准和规范设置。确因历史文化街区、名镇、名村的保护需要，无法按照标准和规范设置的，由城市、县人民政府公安机关消防机构会同同级城乡规划主管部门制订相应的防火安全保障方案
历史建筑的保护措施	1）城市、县人民政府应当对历史建筑设置保护标志，建立历史建筑档案。历史建筑档案应当包括下列内容： ① 建筑艺术特征、历史特征、建设年代及稀有程度； ② 建筑的有关技术资料； ③ 建筑的使用现状和权属变化情况； ④ 建筑的修缮、装饰装修过程中形成的文字、图纸、图片、影像等资料； ⑤ 建筑的测绘信息记录和相关资料。 2）历史建筑的所有权人应当按照保护规划的要求，负责历史建筑的维护和修缮。县级以上地方人民政府可以从保护资金中对历史建筑的维护和修缮给予补助。历史建筑有损毁危险，所有权人不具备维护和修缮能力的，当地人民政府应当采取措施进行保护。任何单位或者个人不得损坏或者擅自迁移、拆除历史建筑。 3）建设工程选址，应当尽可能避开历史建筑；因特殊情况不能避开的，应当尽可能实施原址保护。 ① 对历史建筑实施原址保护的，建设单位应当事先确定保护措施，报城市、县人民政府城乡规划主管部门会同同级文物主管部门批准。 ② 因公共利益需要进行建设活动，对历史建筑无法实施原址保护、必须迁移异地保护或者拆除的，应当由城市、县人民政府城乡规划主管部门会同同级文物主管部门，报省、自治区、直辖市人民政府确定的保护主管部门会同同级文物主管部门批准。 ③本条规定的历史建筑原址保护、迁移、拆除所需费用，由建设单位列入建设工程预算。 4）对历史建筑进行外部修缮装饰、添加设施以及改变历史建筑的结构或者使用性质的，应当经城市、县人民政府城乡规划主管部门会同同级文物主管部门批准，并依照有关法律、法规的规定办理相关手续

知识点 3 历史文化名城保护规划【★★★★★】

1. 总体要求

1) 保护规划必须应保尽保，并应遵循下列原则：

① 保护历史真实载体的原则；

② 保护历史环境的原则；

③ 合理利用、永续发展的原则；

④ 统筹规划、建设、管理的原则。

2) 历史文化名城三个层次的保护体系：

① 历史文化名城；

② 历史文化街区；

③ 文物保护单位。

3) 历史文化名城保护规划内容

① 城址环境保护；

② 传统格局与历史风貌的保持与延续；

③ 历史地段的维修、改善与整治；

④ 文物保护单位和历史建筑的保护和修缮。

4) 历史文化名城保护规划的一般要求：

① 应划定历史城区、历史文化街区和其他历史地段、文物保护单位、历史建筑和地下文物埋藏区的保护界线，并应提出相应的规划控制和建设要求；

② 历史文化名城保护规划应优化调整历史城区的用地性质与功能，调控人口容量，疏解城区交通，改善市政设施等，并提出规划的分期实施及管理建议；

③ 历史文化名城保护规划应对地下文物埋藏区保护界线范围内的道路交通设施建设、市政管线建设、房屋建设、绿化建设以及农业活动等提出相应的管控措施，不得危及地下文物的安全；

④ 历史城区应明确延续历史风貌的要求；

⑤ 历史文化名城保护规划应结合实施、管理，制定切实可行的政策机制和保障措施。

2. 保护界线

1) 历史文化名城保护规划应划定历史城区范围，可根据保护需要划定环境协调区。

2) 历史文化名城保护规划应划定历史文化街区的保护范围界线，保护范围应包括核心保护范围和建设控制地带。对未列为历史文化街区的历史地段，可参照历史文化街区的划定方法确定保护范围界线。

3) 历史文化名城保护规划中，文物保护单位保护范围和建设控制地带的界线，应以各级人民政府公布的具体界线为基本依据。

4) 历史文化名城保护规划应当划定历史建筑的保护范围界线。历史文化街区内历史建筑的保护范围应为历史建筑本身，历史文化街区外历史建筑的保护范围应包括历史建筑本身和必要的建设控制地带。

5) 当历史文化街区的保护范围与文物保护单位的保护范围和建设控制地带出现重叠时，应坚持从严保护的要求，应按更为严格的控制要求执行。

3. 格局与风貌

1）历史文化名城保护规划应对城址环境的自然山水和人文要素提出保护措施，对城址环境提出管控要求。

2）历史文化名城保护规划应对体现历史城区传统格局特征的城垣轮廓、空间布局、历史轴线、街巷肌理、重要空间节点等提出保护措施，并应展现文化内在关联。

3）历史文化名城保护规划应运用城市设计方法，对体现历史城区历史风貌特征的整体形态以及建筑的高度、体量、风格、色彩等提出总体控制和引导要求；并应强化历史城区的风貌管理，延续历史文脉，协调景观风貌。

4）历史文化名城保护规划应明确历史城区的建筑高度控制要求，包括历史城区建筑高度分区、重要视线通廊及视域内建筑高度控制、历史地段保护范围内的建筑高度控制等。

4. 道路交通

1）历史城区应保持或延续原有的道路格局，保护有价值的街巷系统，保持特色街巷的原有空间尺度和界面。

2）历史文化名城应通过完善综合交通体系，改善历史城区的交通条件。历史城区的交通组织应以疏导为主，应将通过性的交通干路、交通换乘设施、大型机动车停车场等安排在历史城区外围。

3）历史城区应优先发展公共交通、步行和自行车交通；应选择合适的公共交通车型，提高公共交通线网的覆盖率；宜结合整体交通组织，设置自行车和行人专用道、步行区，营造人性化的交通环境。

4）历史城区应控制机动车停车位的供给，完善停车收费和管理制度，采取分散、多样化的停车布局方式。不宜增建大型机动车停车场。

5）历史城区内道路及交叉口的改造，应充分考虑历史街道的原有空间特征。

6）历史城区内道路、桥梁、轨道、公交、停车场、加油站等交通设施的形式应满足历史风貌的管理要求，对现有风貌不协调的交通设施应予以整治。

5. 市政工程

历史城区市政设施建设应与历史城区整体风貌相协调。

1）历史城区内应积极改善市政基础设施，与用地布局、道路交通组织等统筹协调，并应符合下列规定：

① 历史城区的市政基础设施规划应充分借鉴和延续传统方法和经验，充分发挥历史遗留设施的作用；

② 对现状已存在的大型市政设施，应进行统筹优化，提出调整措施；历史城区内不应保留污水处理厂、固体废弃物处理厂（场）、区域锅炉房、高压输气与输油管线和贮气与贮油设施等环境敏感型设施；不宜保留枢纽变电站、大中型垃圾转运站、高压配气调压站、通信枢纽局等设施；

③ 历史城区内不应新设置区域性大型市政基础设施站点，直接为历史城区服务的新增市政设施站点宜布置在历史城区周边地带；

④ 有条件的历史城区，应以市政集中供热为主；不具备集中供热条件的历史城区宜采用燃气、电力等清洁能源供热；

⑤ 当市政设施及管线布置与保护要求发生矛盾时，应在满足保护和安全要求的前提下，采取适宜的技术措施进行处理。

2）历史城区市政管线布置和市政管线建设应结合用地布局、道路条件、现状管网情况以

及市政需求预测结果确定，并应符合下列规定：

① 应根据居民基本生活需求，合理确定市政管线建设的优先次序；

② 应因地制宜确定排水体制，在有条件的地区推广雨水低影响开发建设模式；

③ 管线宜采取地下敷设的方式，当受条件限制需要采用架空或沿墙敷设的方式时，应进行隐蔽和美化处理；

④ 当在狭窄地段敷设管线无法满足国家现行相关标准的安全间距要求时，可采用新技术、新材料、新工艺，以满足管线安全运营管理要求。

6. 防灾和环境保护

1）防灾和环境保护设施应满足历史城区历史风貌的保护要求。历史城区必须健全防灾安全体系。

2）**历史城区内不得设置生产、贮存易燃易爆、有毒有害危险物品的工厂和仓库。**

3）历史城区内应重点发展与历史文化名城相匹配的相关产业，**不得保留或设置二、三类工业用地，不宜保留或设置一类工业用地。**当历史城区外的污染源对历史城区造成大气、水体、噪声等污染时，应提出治理、调整、搬迁等要求。

4）历史城区防洪堤坝工程设施应与自然环境、历史环境相协调，保持滨水特色。对历史留存下的防洪构筑物、码头等应提出保护与利用措施。

5）历史城区的内涝防治措施应根据地形特点、水文条件、气候特征、雨水管渠系统、防洪设施现状和内涝防治要求等综合分析后确定，并应与城市竖向规划、防洪规划相协调。

知识点 4　历史文化街区保护规划【★★★★★】

1. 历史文化街区的概念和划定原则

（1）概念

历史文化街区的概念源自国际上通用的历史性地区（Historic Area）概念。2002 年 12 月 3 日颁布修改的文物法，提出了"历史文化街区"的法定概念，是指保存有一定数量和规模的历史建筑、构筑物，并且传统风貌完整的生活地域。

我国文物保护法明确：保存文物特别丰富并且具有重大历史价值或者革命纪念意义的城镇、街道、村庄，由省、自治区、直辖市人民政府核定公布为历史文化街区、村镇，并报国务院备案。

（2）特征

1）历史文化街区是有一定的规模，并具有较完整或可整治的景观风貌，没有严重的视觉环境干扰，能反映某历史时期某一民族及某个地方的鲜明特色，在这一地区的历史文化上占有重要地位。

2）有一定比例的真实遗存，携带着真实的历史信息。

3）历史文化街区应在城镇生活中起着重要的作用，是生生不息的、具有活力的社区，这也就决定了历史文化街区不但记载了过去城市的大量的文化信息，而且还不断并继续记载着当今城市发展的大量信息。

（3）划定原则

1）**应有比较完整的历史风貌。**

2）**构成历史风貌的历史建筑和历史环境要素应是历史存留的原物。**

3）**历史文化街区核心保护范围面积不应小于 1hm²。**

4）历史文化街区核心保护范围内的文物保护单位、历史建筑、传统风貌建筑的总用地面积不应小于核心保护范围内建筑总用地面积的**60%**。

2. 分类保护要求

1）历史文化街区保护规划应达到详细规划深度要求。历史文化街区保护规划应对保护范围内的建筑物、构筑物提出分类保护与整治要求。

2）对核心保护范围应提出建筑的高度、体量、风格、色彩、材质等具体控制要求和措施，并应保护历史风貌特征。

3）建设控制地带应与核心保护范围的风貌协调，至少应提出建筑高度、体量、色彩等控制要求。

3. 保护界线划定

1）**核心保护范围界线的划定和确切定位**：①应保持重要眺望点视线所及范围的建筑物外观界面及相应建筑物的用地边界完整；②应保持现状用地边界完整；③应保持构成历史风貌的自然景观边界完整。

2）**建设控制地带界线的划定和确切定位**：①应以重要眺望点视线所及范围的建筑外观界面相应的建筑用地边界为界线；②应将构成历史风貌的自然景观纳入，并应保持视觉景观的完整性；③应将影响核心保护范围风貌的区域纳入，宜兼顾行政区划管理的边界。

3）文物保护单位的保护范围和建设控制地带应以各级人民政府公布的**具体界线**为依据。

4. 保护与整治

应对历史文化街区内需要保护建筑物、构筑物的位置信息、建造年代、结构材料、建筑层数、历史使用功能、现状使用功能、建筑面积、用地面积进行逐项调查统计。应对历史文化街区内的历史环境要素进行调查统计，提出分类保护措施。

历史文化街区建筑物、构筑物的保护与整治方式

分类	文物保护单位	历史建筑	传统风貌建筑	其他建筑物、构筑物	
				与历史风貌无冲突的其他建筑物、构筑物	与历史风貌有冲突的其他建筑物、构筑物
保护与整治方式	修缮	修缮维修改善	维修改善	保留维修改善	整治（拆除重建、拆除不建）

应对历史文化街区内与历史风貌相冲突的其他环境要素进行整治、拆除。

当对历史文化街区内与历史风貌有冲突的建筑物、构筑物采取拆除重建的方式时，应符合历史风貌的保护要求；当采取拆除不建的方式时，宜多增加公共开放空间，提高历史文化街区的宜居性。

5. 道路交通要求

1）宜在历史文化街区以外更大的空间范围内统筹交通设施的布局，**历史文化街区内不应设置高架道路、立交桥、高架轨道、客货运枢纽、大型停车场、大型广场、加油站等交通设施。地下轨道选线不应穿越历史文化街区。**

2）历史文化街区宜采用宁静化的交通设计，可结合保护的需要，划定机动车禁行区；应优化步行和自行车交通环境，提高公共交通出行的可达性；街道宜采用历史上的原有名称。

3）历史文化街区内道路的宽度、断面、路缘石半径、消防通道的设置应符合历史风貌的保护要求，道路的整修宜采用传统的路面材料及铺砌方式。

6. 市政设施

（1）基本要求

历史文化街区内宜采用小型化、隐蔽型的市政设施，有条件的可采用地下、半地下或与建筑相结合的方式设置，其设施形式应与历史文化街区景观风貌相协调。

历史文化街区应因地制宜确定排水体制，完善排水设施和污水截流设施，粪便污水应经化粪池处理后排放。

当街巷狭窄，管线敷设受到空间限制时，可采取提高管线强度和承载能力、加强管线保护等适宜性工程措施，并应合理调整管线净距，满足工程管线的安全、检修等要求。

在有条件的街巷，宜采用综合管廊、管沟的方式敷设工程管线。

（2）工程管线种类和敷设方式要求

工程管线种类和敷设方式应根据需求及道路宽度、管线尺寸等因素综合确定，并应符合下列规定。

1）市政工程管线应以地下敷设方式为主，各种工程管线不宜在垂直方向上重叠直埋敷设。

2）排水管道宜选用强度高、接口可靠、便于在狭窄场地施工的管材。

3）当历史文化街区的街巷宽度受到限制以及不符合管线安全防护要求时，不应新建高压、次高压燃气管线。

4）热力管线宜采用直埋敷设，建筑改造应预留出热力管线走廊。

5）电力、通信管线宜采用地下敷设方式，因条件限制可采用架空或沿墙敷设方式，并应进行隐蔽化处理。

7. 防灾环境保护

历史文化街区宜设置专职消防场站，并应配备小型、适用的消防设施和装备，建立社区消防机制。在不能满足消防通道及消防给水管径要求的街巷内，应设置水池、水缸、沙池、灭火器及消火栓箱等小型、简易消防设施及装备。

在历史文化街区外围宜设置环通的消防通道。

知识点5　文物保护单位与历史建筑保护【★★★★★】

1）应对具有一定历史价值、科学价值、艺术价值的建筑物、构筑物进行全面普查、整理、确定，并应提出列入历史建筑保护名录的建议。

2）应科学评估历史建筑的历史价值、科学价值、艺术价值以及保存状况，提出历史建筑的场地环境、平面布局、立面形式、装饰细部等具体的修缮维护要求，所有修缮维护、设施添加或结构改变等行为均不得破坏历史建筑的历史特征、艺术特征、空间和风貌特色。

3）保护规划应对历史建筑保护范围内的各项建设活动提出管控要求，历史建筑保护范围内新建、扩建、改建的建筑，应在高度、体量、立面、材料、色彩、功能等方面与历史建筑相协调，并不得影响历史建筑风貌的展示。

4）历史建筑应保持和延续原有的使用功能；确需改变功能的，应保护和提示原有的历史文化特征，并不得危害历史建筑的安全。

5）保护规划应对历史建筑周边各类建设工程选址提出要求，应避开历史建筑；因特殊情况不能避开的，应实施原址保护，并提出必要的工程防护措施。

6）保护规划应加强对文化线路、文化景观、工业遗产等新类型遗产历史文化价值的研究，根据遗产特点提出针对性的保护措施。

知识点 6　《历史文化名城名镇名村街区保护规划编制审批办法》要点【★★★★】

1. 应纳入城市、镇总体规划的内容

历史文化名城、名镇保护规划应当单独编制，下列内容应当纳入城市、镇总体规划。

1）保护原则和保护内容。

2）保护措施、开发强度和建设控制要求。

3）传统格局和历史风貌保护要求。

4）核心保护范围和建设控制地带。

5）需要纳入的其他内容。

2. 历史文化名城保护规划内容

1）评估历史文化价值、特色和存在问题。

2）确定总体保护目标和保护原则、内容和重点。

3）提出总体保护策略和市（县）域的保护要求。

4）划定文物保护单位、地下文物埋藏区、历史建筑、历史文化街区的核心保护范围和建设控制地带界线，制定相应的保护控制措施。

5）划定历史城区的界限，提出保护名城传统格局、历史风貌、空间尺度及其相互依存的地形地貌、河湖水系等自然景观和环境的保护措施。

6）描述历史建筑的艺术特征、历史特征、建设年代、使用现状等情况，对历史建筑进行编号，提出保护利用的内容和要求。

7）提出继承和弘扬传统文化、保护非物质文化遗产的内容和措施。

8）提出完善城市功能、改善基础设施、公共服务设施、生产生活环境的规划要求和措施。

9）提出展示、利用的要求和措施。

10）提出近期实施保护内容。

11）提出规划实施保障措施。

3. 历史文化名镇名村保护规划内容

1）评估历史文化价值、特色和存在问题。

2）确定保护原则、内容和重点。

3）提出总体保护策略和镇域保护要求。

4）提出与名镇名村密切相关的地形地貌、河湖水系、农田、乡土景观、自然生态等景观环境的保护措施。

5）确定保护范围，包括核心保护范围和建设控制地带界线，制定相应的保护控制措施。

6）提出保护范围内建筑物、构筑物和环境要素的分类保护整治要求，对历史建筑进行编号，分别提出保护利用的内容和要求。

7）提出继承和弘扬传统文化、保护非物质文化遗产的内容和措施。

8）提出改善基础设施、公共服务设施、生产生活环境的规划方案。

9）保护规划分期实施方案。

10）提出规划实施保障措施。

国土空间总体规划

4. 历史文化街区保护规划内容

1）**评估**历史文化价值、特点和存在问题。

2）**确定**保护原则和保护内容。

3）**确定**保护范围，包括核心保护范围和建设控制地带界线，制定相应的保护控制措施。

4）**提出**保护范围内建筑物、构筑物和环境要素的分类保护整治要求，对历史建筑进行编号，分别提出保护利用的内容和要求。

5）**提出**延续继承和弘扬传统文化、保护非物质文化遗产的内容和规划措施。

6）**提出**改善交通等基础设施、公共服务设施、居住环境的规划方案。

7）**提出**规划实施保障措施。

知识点7 《自然资源部 国家文物局关于在国土空间规划编制和实施中加强历史文化遗产保护管理的指导意见》要点【★★★★】

1. 将历史文化遗产空间信息纳入国土空间基础信息平台

各地文物主管部门要会同自然资源主管部门，在第三次全国国土调查和第三次全国文物普查的基础上，进一步做好文物资源专题调查和专项调查，按照国土空间基础信息平台数据标准，结合建立历史文化遗产资源数据库，及时将文物资源的空间信息纳入同级平台，建立数据共享与动态维护机制。

2. 对历史文化遗产及其整体环境实施严格保护和管控

1）在市、县、乡镇国土空间总体规划中统筹划定**包括文物保护单位保护范围和建设控制地带、水下文物保护区、地下文物埋藏区、城市紫线等在内的历史文化保护线**，并纳入国土空间规划"一张图"，实施严格保护。

2）针对历史文化资源富集、空间分布集中的地域，以及非物质文化遗产高度依存的自然环境和历史文化空间，明确区域整体保护和活化利用的空间管控要求。

3）**历史文化保护线及空间形态控制指标和要求是国土空间规划的强制性内容，作为实施用途管制和规划许可的重要依据。**国土空间规划中涉及文物保护利用的部分应征求同级文物主管部门意见。

3. 加强历史文化保护类规划的编制和审批管理

1）各级文物主管部门要做好文物保护单位保护规划等文物保护类专项规划编制工作。

2）**文物保护类专项规划、历史文化名城名镇名村街区保护规划应与同级国土空间规划同步启动编制**，落实和深化国土空间规划要求。

3）**有条件的地区可将历史文化名村保护规划与村庄规划、将历史文化街区保护规划与详细规划合并编制。**

4）历史文化保护类规划中涉及自然环境、传统格局、历史风貌等方面的空间管控要求要纳入同级国土空间规划。待国土空间规划批复后，依据国土空间规划，深化细化保护规划内容后按程序报批。

5）文物保护类专项规划、历史文化名城名镇名村街区保护规划报批前，省级人民政府自然资源主管部门应对保护规划成果是否符合国土空间规划进行审查。国家历史文化名城保护规划成果编制阶段，省级人民政府自然资源主管部门应提请自然资源部组织审查；文物保护类专项规划、历史文化名城名镇名村街区保护规划批复前，省级人民政府自然资源主管部门应核实保护规划与相关国土空间规划衔接及"一张图"核对情况。

6）经批复的文物保护类专项规划、历史文化名城名镇名村街区保护规划主要内容要纳入详细规划，并叠加到国土空间规划"一张图"监督实施。

7）保存文物特别丰富、历史建筑集中成片、能够较完整和真实地体现传统格局和历史风貌的历史文化街区在核定公布前，街区所在地的省级人民政府自然资源主管部门应基于国土空间规划"一张图"，核实历史文化街区空间范围和相关的空间管控要求。

4. 严格历史文化保护相关区域的用途管制和规划许可

1）经依法批准的详细规划是各类开发建设活动的依据，不得以历史文化遗产保护利用设计方案、实施方案等取代详细规划实施规划许可。

2）自然资源主管部门严格依据详细规划，细化落实历史文化遗产保护利用的用途管制要求，依法核发建设项目用地预审与选址意见书、建设用地规划许可证、建设工程规划许可证和乡村建设规划许可证，并按程序予以规划核实。

3）坚持先规划后建设的原则，实施城市更新和乡村振兴行动，防止大拆大建破坏文物等各类历史文化遗存本体及其环境，严禁违反规划或擅自调整规划在历史文化名城名镇名村相关区域建设高层建筑、大型雕塑等高大构筑物。

4）对历史建筑实施原址保护、迁移异地保护、拆除和修缮改造的，应当报市县自然资源主管部门会同同级文物主管部门履行相关批准手续，并及时纳入国土空间规划"一张图"监管。

5）文物保护单位的保护范围和建设控制地带内进行建设工程，应依法履行批准手续。

5. 健全"先考古，后出让"的政策机制

1）经文物主管部门核定可能存在历史文化遗存的土地，要实行"先考古、后出让"制度，在依法完成考古调查、勘探、发掘前，原则上不予收储入库或出让。具体空间范围由文物主管部门商自然资源主管部门确定。

2）在文物主管部门完成考古工作，认定确需依法保护的文物，并提出具体保护要求后，自然资源主管部门在国土空间规划编制、土地出让中落实。暂不具备考古前置条件的，文物主管部门应在土地出让前完成考古工作。

3）文物主管部门应及时向自然资源主管部门通报本文印发前已完成考古发掘且无文物原址保护要求的具体地块信息，该类地块在入库或出让时，原则上无需再进行事先考古；确需进行补充考古，文物主管部门应及时告知，并尽快组织开展考古工作。

6. 促进历史文化遗产活化利用

1）在不对生态功能造成破坏的前提下，允许在生态保护红线内、自然保护地核心保护区外，开展经依法批准的考古调查、勘探、发掘和文物保护活动，以及适度的参观旅游和相关必要的公共设施建设，促进文化和自然遗产的合理利用。

2）各地自然资源主管部门对国家考古遗址公园建设等重大历史文化遗产保护利用项目的合理用地需求应予保障。考古和文物保护工地建设临时性文物保护设施、工地安全设施、后勤设施的，可按临时用地规范管理。

3）鼓励各地自然资源主管部门商文物主管部门结合实际探索历史风貌分类管控机制，研究制定引导历史文化遗产合理利用的规划、土地等支持政策。

7. 加强监督管理

1）各级自然资源主管部门、文物主管部门应建立协调机制，增强工作联动，将历史文化遗产保护纳入国土空间规划实施监督体系，有关执行情况纳入城市体检评估和自然资源执法监督范围。

2）对违反国土空间规划约束性指标和刚性管控要求审批专项规划，违反详细规划核发规划许可，未取得规划许可实施新建、改建、扩建工程，以及随意拆建造成对历史文化遗存本体及环境破坏等行为，依法依规严肃处理。

知识点8　《关于在城乡建设中加强历史文化保护传承的意见》 要点 【★★★★】

在城乡建设中系统保护、利用、传承好历史文化遗产，对延续历史文脉、推动城乡建设高质量发展、坚定文化自信、建设社会主义文化强国具有重要意义。为进一步在城乡建设中加强历史文化保护传承，提出如下意见。

1. 总体要求

（1）指导思想

以习近平新时代中国特色社会主义思想为指导，深入贯彻党的十九大和十九届二中、三中、四中、五中全会精神，紧紧围绕统筹推进"五位一体"总体布局和协调推进"四个全面"战略布局，始终把保护放在第一位，以系统完整保护传承城乡历史文化遗产和全面真实讲好中国故事、中国共产党故事为目标，本着对历史负责、对人民负责的态度，加强制度顶层设计，建立分类科学、保护有力、管理有效的城乡历史文化保护传承体系。

完善制度机制政策、统筹保护利用传承，做到空间全覆盖、要素全囊括，既要保护单体建筑，也要保护街巷街区、城镇格局，还要保护好历史地段、自然景观、人文环境和非物质文化遗产，着力解决城乡建设中历史文化遗产屡遭破坏、拆除等突出问题，确保各时期重要城乡历史文化遗产得到系统性保护，为建设社会主义文化强国提供有力保障。

（2）工作原则

1）**坚持统筹谋划、系统推进。**坚持国家统筹、上下联动，充分发挥各级党委和政府在城乡历史文化保护传承中的组织领导和综合协调作用，统筹规划、建设、管理，加强监督检查和问责问效，促进历史文化保护传承与城乡建设融合发展，增强工作的整体性、系统性。

2）**坚持价值导向、应保尽保。**以历史文化价值为导向，按照真实性、完整性的保护要求，适应活态遗产特点，全面保护好古代与近现代、城市与乡村、物质与非物质等历史文化遗产，在城乡建设中树立和突出各民族共享的中华文化符号和中华民族形象，弘扬和发展中华优秀传统文化、革命文化、社会主义先进文化。

3）**坚持合理利用、传承发展。**坚持以人民为中心，坚持创造性转化、创新性发展，将保护传承工作融入经济社会发展、生态文明建设和现代生活，将历史文化与城乡发展相融合，发挥历史文化遗产的社会教育作用和使用价值，注重民生改善，不断满足人民日益增长的美好生活需要。

4）**坚持多方参与、形成合力。**鼓励和引导社会力量广泛参与保护传承工作，充分发挥市场作用，激发人民群众参与的主动性、积极性，形成有利于城乡历史文化保护传承的体制机制和社会环境。

（3）主要目标

1）到2025年，多层级多要素的城乡历史文化保护传承体系初步构建，城乡历史文化遗产基本做到应保尽保，形成一批可复制可推广的活化利用经验，建设性破坏行为得到明显遏制，历史文化保护传承工作融入城乡建设的格局基本形成。

2）到2035年，系统完整的城乡历史文化保护传承体系全面建成，城乡历史文化遗产得到有效保护、充分利用，不敢破坏、不能破坏、不想破坏的体制机制全面建成，历史文化保护传承工作全面融入城乡建设和经济社会发展大局，人民群众文化自觉和文化自信进一步提升。

2. 构建城乡历史文化保护传承体系

（1）准确把握保护传承体系基本内涵

城乡历史文化保护传承体系是以具有保护意义、承载不同历史时期文化价值的城市、村镇等复合型、活态遗产为主体和依托，保护对象主要包括历史文化名城、名镇、名村（传统村落）、街区和不可移动文物、历史建筑、历史地段，与工业遗产、农业文化遗产、灌溉工程遗产、非物质文化遗产、地名文化遗产等保护传承共同构成的有机整体。建立城乡历史文化保护传承体系的目的是在城乡建设中全面保护好中国古代、近现代历史文化遗产和当代重要建设成果，全方位展现中华民族悠久连续的文明历史、中国近现代历史进程、中国共产党团结带领中国人民不懈奋斗的光辉历程、中华人民共和国成立与发展历程、改革开放和社会主义现代化建设的伟大征程。

（2）分级落实保护传承体系重点任务

建立城乡历史文化保护传承体系三级管理体制。国家、省（自治区、直辖市）分别编制全国城乡历史文化保护传承体系规划纲要及省级规划，建立国家级、省级保护对象的保护名录和分布图，明确保护范围和管控要求，与相关规划做好衔接。市县按照国家和省（自治区、直辖市）要求，落实保护传承工作属地责任，加快认定公布市县级保护对象，及时对各类保护对象设立标志牌、开展数字化信息采集和测绘建档、编制专项保护方案，制定保护传承管理办法，做好保护传承工作。具有重要保护价值、地方长期未申报的历史文化资源可按相关标准列入保护名录。

3. 加强保护利用传承

（1）明确保护重点

划定各类保护对象的保护范围和必要的建设控制地带，划定地下文物埋藏区，明确保护重点和保护要求。保护文物本体及其周边环境，大力实施原址保护，加强预防性保护、日常保养和保护修缮。保护不同时期、不同类型的历史建筑，重点保护体现其核心价值的外观、结构和构件等，及时加固修缮，消除安全隐患。保护能够真实反映一定历史时期传统风貌和民族、地方特色的历史地段。保护历史文化街区的历史肌理、历史街巷、空间尺度和景观环境，以及古井、古桥、古树等环境要素，整治不协调建筑和景观，延续历史风貌。保护历史文化名城、名镇、名村（传统村落）的传统格局、历史风貌、人文环境及其所依存的地形地貌、河湖水系等自然景观环境，注重整体保护，传承传统营建智慧。保护非物质文化遗产及其依存的文化生态，发挥非物质文化遗产的社会功能和当代价值。

（2）严格拆除管理

在城市更新中禁止大拆大建、拆真建假、以假乱真，不破坏地形地貌、不砍老树，不破坏传统风貌，不随意改变或侵占河湖水系，不随意更改老地名。切实保护能够体现城市特定发展阶段、反映重要历史事件、凝聚社会公众情感记忆的既有建筑，不随意拆除具有保护价值的老建筑、古民居。对于因公共利益需要或者存在安全隐患不得不拆除的，应进行评估论证，广泛听取相关部门和公众意见。

（3）推进活化利用

坚持以用促保，让历史文化遗产在有效利用中成为城市和乡村的特色标识和公众的时代记忆，让历史文化和现代生活融为一体，实现永续传承。加大文物开放力度，利用具备条件的文物建筑作为博物馆、陈列馆等公共文化设施。活化利用历史建筑、工业遗产，在保持原有外观风貌、典型构件的基础上，通过加建、改建和添加设施等方式适应现代生产生活需要。探索农业文化遗产、灌溉工程遗产保护与发展路径，促进生态农业、乡村旅游发展，推动乡村振兴。促进非物质文化遗产合理利用，推动非物质文化遗产融入现代生产生活。

（4）融入城乡建设

统筹城乡空间布局，妥善处理新城和老城关系，合理确定老城建设密度和强度，经科学论证后，逐步疏解与历史文化保护传承不相适应的工业、仓储物流、区域性批发市场等城市功能。按照留改拆并举、以保留保护为主的原则，实施城市生态修复和功能完善工程，稳妥推进城市更新。加强重点地段建设活动管控和建筑、雕塑设计引导，保护好传统文化基因，鼓励继承创新，彰显城市特色，避免"千城一面、万楼一貌"。依托历史文化街区和历史地段建设文化展示、传统居住、特色商业、休闲体验等特定功能区，完善城市功能，提升城市活力。采用"绣花""织补"等微改造方式，增加历史文化名城、名镇、名村（传统村落）、街区和历史地段的公共开放空间，补足配套基础设施和公共服务设施短板。加强多种形式应急力量建设，制定应急处置预案，综合运用人防、物防、技防等手段，提高历史文化名城、名镇、名村（传统村落）、街区和历史地段的防灾减灾救灾能力。统筹乡村建设与历史文化名镇、名村（传统村落）及历史地段、农业文化遗产、灌溉工程遗产的保护利用。

（5）弘扬历史文化

在保护基础上加强对各类历史文化遗产的研究阐释工作，多层次、全方位、持续性挖掘其历史故事、文化价值、精神内涵。分层次、分类别串联各类历史文化遗产，构建融入生产生活的历史文化展示线路、廊道和网络，处处见历史、处处显文化，在城乡建设中彰显城市精神和乡村文明，让广大人民群众在日用而不觉中接受文化熏陶。加大宣传推广力度，组织开展传统节庆活动、纪念活动、文化年等形式多样的文化主题活动，创新表达方式，以新闻报道、电视剧、电视节目、纪录片、动画片、短视频等多种形式充分展现中华文明的影响力、凝聚力和感召力。

4. 建立健全工作机制

（1）加强统筹协调

住房城乡建设、文物部门要履行好统筹协调职责，加强与宣传、发展改革、工业和信息化、民政、财政、自然资源、水利、农业农村、商务、文化和旅游、应急管理、林草等部门的沟通协商，强化城乡建设与各类历史文化遗产保护工作协同，加强制度、政策、标准的协调对接。加强跨区域、跨流域历史文化遗产的整体保护，结合国家文化公园建设保护等重点工作，积极融入国家重大区域发展战略。

（2）健全管理机制

建立历史文化资源调查评估长效机制，持续开展调查、评估和认定工作，及时扩充保护对象，丰富保护名录。坚持基本建设考古前置制度，建立历史文化遗产保护提前介入城乡建设的工作机制。推进保护修缮的全过程管理，优化对各类保护对象实施保护、修缮、改造、迁移的审批管理，加强事中事后监管。探索活化利用底线管理模式，分类型、分地域建立项目准入正负面清单，定期评估，动态调整。建立全生命周期的建筑管理制度，结合工程建设项目审批制度改革，加强对既有建筑改建、拆除管理。

（3）推动多方参与

鼓励各方主体在城乡历史文化保护传承的规划、建设、管理各环节发挥积极作用。明确所有权人、使用人和监管人的保护责任，严格落实保护管理要求。简化审批手续，制定优惠政策，稳定市场预期，鼓励市场主体持续投入历史文化保护传承工作。

（4）强化奖励激励

鼓励地方政府研究制定奖补政策，通过以奖代补、资金补助等方式支持城乡历史文化保护传承工作。开展绩效跟踪评价，及时总结各地保护传承工作中的好经验好做法，对保护传承工作成效显著、群众普遍反映良好的，予以宣传推广。对在保护传承工作中作出突出贡献的组织和个人，按照国家有关规定予以表彰、奖励。

（5）加强监督检查

建立城乡历史文化保护传承日常巡查管理制度，市县根据当地实际情况将巡查工作纳入社区网格化管理、城市管理综合执法等范畴。建立城乡历史文化保护传承评估机制，定期评估保护传承工作情况、保护对象的保护状况。健全监督检查机制，严格依法行政，加强执法检查，及时发现并制止各类违法破坏行为。国家相关主管部门及时开展抽查检查。鼓励公民、法人和其他组织举报涉及历史文化保护传承的违法违规行为。加强对城乡历史文化遗产数据的整合共享，提升监测管理水平，逐步实现国家、省（自治区、直辖市）、市县三级互联互通的动态监管。

（6）强化考核问责

将历史文化保护传承工作纳入全国文明城市测评体系。强化对领导干部履行历史文化保护传承工作中经济责任情况的审计监督，审计结果以及整改情况作为考核、任免、奖惩被审计领导干部的重要参考。对列入保护名录但因保护不力造成历史文化价值受到严重影响的历史文化名城、名镇、名村（传统村落）、街区和历史建筑、历史地段，列入濒危名单，限期进行整改，整改不合格的退出保护名录。对不尽责履职、保护不力，造成已列入保护名录的保护对象或应列入保护名录而未列入的历史文化资源的历史文化价值受到严重破坏的，依规依纪依法对相关责任人和责任单位作出处理。加大城乡历史文化保护传承的公益诉讼力度。

5. 完善保障措施

（1）坚持和加强党的全面领导

各级党委和政府要深刻认识在城乡建设中加强历史文化保护传承的重要意义，始终把党的领导贯穿保护传承工作的各方面各环节，确保党中央、国务院有关决策部署落到实处。

（2）完善法律法规

修改《历史文化名城名镇名村保护条例》，加强与文物保护法等法律法规的衔接，制定修改相关地方性法规，为做好城乡历史文化保护传承工作提供法治保障。

（3）加大资金投入

健全城乡历史文化保护传承工作的财政保障机制，中央和地方财政要依据各级事权做好资金保障。地方政府要将保护资金列入本级财政预算，重点支持国家级、省级重大项目和革命老区、民族地区、边疆地区、脱贫地区的历史文化保护传承工作。鼓励按照市场化原则加大金融支持力度，拓展资金渠道。

（4）加强教育培训

在各级党校（行政学院）、干部学院相关班次中增加培训课程，提高领导干部在城乡建设中保护传承历史文化的意识和能力。围绕典型违法案例开展领导干部专项警示教育。加强高等学校、职业学校相关学科专业建设。加强专业人才队伍建设，建设城乡历史文化保护传承国家智库。开展技术人员和基层管理人员的专业培训，建立健全修缮技艺传承人和工匠的培训、评价机制，弘扬工匠精神。

知识点 9　《国土空间历史文化遗产保护规划编制指南》 TD/T 1090—2023 要点【★★★★】

1. 省级国土空间规划中的历史文化遗产保护

（1）保护名录

结合省内实际，系统整理世界遗产、文物保护单位、历史文化名城名镇名村、历史文化街区、传统村落、民族村寨、大遗址、地下文物埋藏区、水下文物保护区、水利工程遗产、交通遗产、工业遗产、农业文化遗产、海洋文化遗产、文化景观、革命根据地旧址等红色文化遗产、社会主义建设不同时期的新中国文化财富、非物质文化遗产等各类历史文化遗产，明确省级保护级别以上名录及空间落位。

（2）历史文化保护线

收集梳理省级保护级别以上历史文化遗产的历史文化保护线现状数据，明确系统保护的空间管控引导要求和合理利用的空间需求。重点对大尺度、跨行政区域的历史文化保护线所在区域范围研判提出与耕地和永久基本农田、生态保护红线、城镇开发边界以及自然保护地、海洋生态空间和海洋开发利用空间等方面相互协调的原则性要求与指导性措施。

（3）地域特色分区

结合本省份自然地理、历史沿革、生态环境、景观资源和建成环境特色，梳理省域历史文化遗产本体及其依存的人文与自然条件，研究地域特色分区，对相关市（县）提出延续历史文脉、突出地域特色方面的指导性措施。

关注历史文化遗产富集区域，加强空间要素整合，鼓励通过叠加功能，优化完善相关区域的主体功能定位。对跨省及省内跨地区的历史文化遗产和自然遗产整体保护和系统活化利用提出协调要求。

（4）遗产本体及其环境安全韧性

宜从下列方面提升历史文化遗产本体及其环境安全韧性。

1）区域性防灾减灾。结合灾害风险区划，系统评估自然灾害对历史文化遗产可能带来的安全风险，重点针对本体脆弱、分布集中或与地质环境风险区域紧邻的历史文化遗产对象，提出地质灾害防治、防洪排涝抗旱、消防安全等方面的原则性要求和指导性措施。重大防灾设施选址布局尽可能避免对历史文化遗产本体及其环境产生负面影响。

2）区域生态保护修复。针对历史文化遗产本体及其环境生态脆弱或已遭受生态功能破坏的区域，提出开展有利于历史文化遗产保护的山水林田湖草沙等生态系统保护修复和土地综合整治的协同策略。

（5）非物质文化遗产

整体保护非物质文化遗产项目集中的文化空间和相关区域，促进地域特色和民族特色的保护传承。

（6）基础设施

宜从下列方面提供基础设施保障并协调相关布局。

1）改善区域交通条件。优化重要历史文化遗产所处区域的对外交通组织，改善可达性，促进快旅慢游交通网络建设。

2）促进系统活化利用。以流域或区域为单元，整体保护流域内和交通走廊沿线的自然生态环境、历史景观环境与历史文化遗产，明确促进活化利用的重点地区，提出用地保障的指

国土空间总体规划

导性措施。

　　3）**引导差别化资源配置**。结合城镇体系布局，针对历史文化遗产富集区域和活化利用的重点地区，提出城乡公共服务设施和基础设施配置改善的总体方向及原则性要求，制定文化旅游、生态康养、休闲农业、特色体育等特色产业用地保障的指导性措施。

　　4）**避让重点遗产区域**。协调交通、水利、能源、信息等重大基础设施项目布局，合理避让世界遗产保护区、大遗址保护区、地下文物埋藏区等。

　　（7）特殊区域

　　宜结合地方实际对下列区域制定针对性措施。

　　1）**沿海省份**。注重历史文化遗产与海洋生态空间、海洋开发利用空间的联系，整体保护水下文物与地下文物分布密集的海岸带区域、与传统海洋生产活动相关的物质和非物质文化遗产集中区域、具有重要历史纪念意义的海域（例如重大历史事件发生地）等。引导控制陆海相接区域的建设强度及规模，协调交通运输、工矿通信、渔业等用海布局，提出对历史文化遗产保护可能产生负面影响的海洋开发活动的限制条件。

　　2）**历史文化遗产资源丰富的脱贫地区、革命老区**。结合历史文化遗产资源特色，研究制定精准、可持续的民生保障、基础设施改善、文化生态旅游融合、特色文化产业培育等扶持政策。

　　2. 市（县）国土空间总体规划中的历史文化遗产保护

　　（1）保护名录

　　在省级保护名录基础上，补充市、县文物保护单位，尚未核定公布为文物保护单位的不可移动文物、历史建筑等，明确市、县级保护级别以上名录及空间落位。

　　（2）历史文化保护线

　　统筹整合划定包括文物保护单位保护范围和建设控制地带、世界文化遗产的遗产区和缓冲区、水下文物保护区、地下文物埋藏区、城市紫线等在内的各类历史文化保护线，分类划设、分级管理。对于纳入历史文化遗产保护名录但暂不具备历史文化保护线划定基础的，经相关部门共同研究后，及时落实动态补划。

　　根据整体性保护原则，宜从下列方面制定相关空间管控措施。

　　1）**整体保护周边山水环境**。注重历史文化遗产与周边山水环境的依托关系，明确重要视线通廊、天际线、高度控制等历史景观环境保护的空间管控引导要求。

　　2）**协同保护农业、生态空间**。深入分析历史文化遗产与所在地域农业、生态空间的内在系统联系，加强与历史文化遗产保护相适应的地域生态环境保护修复，制定针对生态修复工程、土地综合整治和高标准农田建设等的指导性措施。

　　3）**协调涉及建设活动的空间**。分析历史文化保护线与城镇开发边界、矿业权项目等重叠情况，明确避免集中建设对历史文化遗产本体及其环境造成负面影响的控制性要求和指导性措施，提出符合历史文化遗产保护利用要求的建设项目准入的正负面清单。

　　（3）遗产本体及其环境安全韧性

　　积极应对气候变化，基于分析自然基础环境中气候条件、地理环境、灾害类型对历史文化遗产本体及其环境的潜在风险，在遗产周边生态功能关系紧密的地域布局安全缓冲空间和风险管控重点区域，以自然解决方案为基础，协同制定应急防灾减灾预案。宜从下列方面制定相关措施。

　　1）**防洪排涝**。考虑历史文化遗产本体及其环境的防洪需求，统筹区域防洪和城市防涝排水功能，科学布局防洪设施、蓄滞洪区等，消除洪涝灾害对历史文化遗产安全的影响。

2）**地质灾害防治**。加强山体崩塌、滑坡、泥石流、地面塌陷、地裂缝、地面沉降等地质灾害防治，并针对地上、地下历史文化遗产本体及其环境保护制定应急防灾减灾预案。

3）**风沙治理**。通过科学的防治风蚀沙化手段，协同生态保护修复与历史文化遗产保护。

4）**区域环境质量**。针对历史文化遗产的环境中存在的对历史文化遗产本体及其环境安全产生危害的大气、水体、土壤、噪声、光等污染源，提出治理措施。

5）**其他类型灾害**。针对历史文化遗产本体及其环境安全产生危害的雷电、干旱、海平面上升等其他类型灾害，制定相应治理措施，减缓或消除危害。

（4）非物质文化遗产

合理安排非物质文化遗产保护传承场所，鼓励结合公共空间系统布局传统戏曲、传统手工艺等非遗活动传承展示地。

（5）基础设施

宜从下列方面提供基础设施保障并协调相关布局。

1）**协同蓝绿空间布局**。保护具有重要历史文化价值的山水园林，加强历史文化遗产与自然保护地、城市蓝绿空间的协同保护与统筹利用。注意保护历史水系的历史走向与岸线特征，严格控制对历史水系进行大规模改道拓宽。传统风貌区域不宜新布局破坏历史环境的景观水面。

2）**引导道路交通配置**。结合跨市域历史文化遗产的分布情况，提出优化完善综合交通体系的指导性措施，改善交通条件，并满足历史风貌管理要求。对历史城区、历史文化街区等历史格局相对完整、历史文化资源分布密集的区域，保持或延续原有的道路格局，明确永不拓宽的街巷名录，保护有价值的街巷系统，保持特色街巷的原有空间尺度和界面。

3）**协调市政公用设施**。市政公用设施选址需符合历史文化遗产本体及其环境管理要求。重大市政公用设施选址布局及开发建设前，依照相关规定开展建设影响评估，避免对历史文化遗产本体及其环境造成负面影响。

4）**优化城市公共空间**。强化历史文化遗产与公共空间的联系，结合城市特色文化空间，完善公共服务设施体系。

（6）地上空间地下空间统筹

宜从下列方面统筹协调地上空间地下空间利用。

1）**协调大遗址地上空间地下空间环境与功能**。落实"先考古、后出让"政策，在保障大遗址地下空间安全的基础上，宜衔接 WW/Z0072—2015 中 4.11、4.12、4.13 提出的大遗址区位类型与保护措施内容，合理规划地上功能布局，协调大遗址保护利用。

2）**基础设施建设合理避让地下文物**。地铁及其他地下工程选址选线合理避让地下文物埋藏区，避免对地下文物造成扰动和破坏。确实难以避让的，应充分论证基础设施建设必要性和布局优化方案。

3）**科学利用地下空间进行展示宣传**。优化历史文化遗产相关区域的地下空间展陈等功能布局，作为地上设施的补充。

3. 乡镇国土空间规划中的历史文化遗产保护

参照市（县）国土空间总体规划工作方法，整体保护历史文化遗产本体及其环境。其中，对于历史文化保护线，宜细化落实市（县）国土空间总体规划确定的位置和空间管控引导要求。对涉及历史文化保护线的乡村旅游、农业生产、公共服务设施建设等活动，在保障历史文化遗产本体及其环境安全的前提下，提出准入和退出的空间管控正负面清单。

国土空间总体规划

4. 详细规划中的历史文化遗产保护

传导落实总体规划确定的历史文化保护利用要求，完成历史文化保护线的空间精准定位，细化落实历史文化保护线的空间形态管控引导要求，并重点从下列方面补充完善相关措施。

1）城镇开发边界内详细规划。系统布局和深化设计具有历史文化特色、居民可达性强的场所空间，促进具有地域特色的城市风貌塑造。

2）城镇开发边界外村庄规划。尊重村庄生活、生产、生态空间的布局规律，结合地方建筑特色和民风民俗，合理确定宅基地及其他乡村建设项目的布局、规模及空间形态。明确用途管制和规划许可要求，鼓励有条件的地区细化提出历史建筑保护、村庄建筑风貌整治、土地使用和建设项目空间准入正负面清单等措施建议。统筹历史文化遗产保护与乡村振兴、生态保护修复、文化旅游建设等空间布局关系，在地下文物埋藏区和地表分布有古城垣等历史文化遗迹的地区，应在土地综合整治规划中明确保护要求，避免村庄土地平整、机械耕作和产业设施建设等行为破坏历史文化遗产本体及其环境。

> **拓展**
>
> 市级国土空间总体规划统筹划定市域范围内的历史文化保护线。县级国土空间总体规划统筹划定县域范围内的历史文化保护线。
>
> 1）已有法定保护规划明确范围的，依原范围纳入。
>
> 2）有保护名录但未明确范围的，可由自然资源部门与相关部门合作补划。
>
> 3）已有遗产分布范围的，需由自然资源部门与相关部门合作开展评估确定保护范围后纳入。
>
> 4）不具备保护控制界线的历史文化遗产，结合实际数据条件，按照名录管理与落位管控的方式，将空间位置或本体范围纳入。
>
> 5）风景名胜区需依据自然保护地整合优化后经批准的范围界线和核心景区范围纳入。

真题演练

2023-043 下列保护范围中，应划入城市紫线管控的是( )。

A. 国家历史文化名城内的历史风貌区的保护范围

B. 省级历史文化名城内的历史文化街区的保护范围

C. 一般城市的各级文保单位的保护范围

D. 国家历史文化名城内传统风貌建筑的保护范围

【答案】B

【解析】根据《城市紫线管理办法》，城市紫线是指国家历史文化名城内的历史文化街区和省、自治区、直辖市人民政府公布的历史文化街区的保护范围界线，以及历史文化街区外经县级以上人民政府公布保护的历史建筑的保护范围界线。故符合题意的是 B。

2023-050 依据《国家历史文化名城申报管理办法（试行）》，国家历史文化名城申报条件中，历史建筑的数量不得少于( )处。

A. 10   B. 20   C. 30   D. 40

【答案】B

【解析】依据《国家历史文化名城申报管理办法（试行）》，国家历史文化名城申报条件中，体现特定历史时期的城市格局风貌、历史文化街区和历史建筑保存完好。**历史文化街区不少于 2 片，**每片**历史文化街区的**核心保护范围面积不小于 1hm²、50m 以上历史街巷不少于 4 条、**历史建筑不少于 10 处。**故符合题意的是 B（2 个不少于 10 处）。

2023-051 **下列关于历史文化名城保护规划内容的说法，不准确的是(　　)。**

　　A. 应对地下文物埋藏区保护界线范围内的建设活动提出管控措施

　　B. 可根据需要划定历史城区的环境协调区

　　C. 应优化调整中心城市的用地性质与功能

　　D. 应划定历史文化街区的核心保护范围和建设控制地带

【答案】C

【解析】根据《历史文化名城保护规划标准》GB/T 50357—2018，历史文化名城保护规划应优化调整历史城区的用地性质与功能，而非中心城市。故不准确的是 C。

板块 9 其他主要专项规划

历年考频

名称	2019 年	2020 年	2021 年	2022 年	2023 年	2024 年
市政设施规划	6	5	4	3	3	4
其他专项规划	3	9	3	2	6	8

知识点 1 城市绿地系统规划【★★★★】

1. 城市绿地系统规划

城市绿地系统规划相关内容

<table>
<tr><th colspan="2">内容</th><th>说明</th></tr>
<tr><td rowspan="5">城市绿地系统</td><td>概念</td><td>指城市中具有一定数量和质量的各类绿化及其用地，相互联系并具有生态效益、社会效益和经济效益的有机整体</td></tr>
<tr><td>作用与功能</td><td>① 改善城市气候，调节气温和湿度；
② 改善城市卫生环境，改变城市空气质量；
③ 减少地表径流，减缓暴雨积水，涵养水源，蓄水防洪；
④ 防灾功能；
⑤ 显著改善城市景观；
⑥ 承载游憩活动；
⑦ 城市节能</td></tr>
<tr><td>分类</td><td>① **公园绿地（G1）**，包括了：综合公园（G11）、社区公园（G12）、专类公园（G13）和游园（G14）四类中类，是向公众开放，以游憩为主要功能，兼具生态、景观、文教和应急避险等功能，有一定游憩和服务设施的绿地（综合公园（G11）规模大于 $10hm^2$，社区公园（G12）规模宜大于 $1hm^2$）。
② **防护绿地（G2）**，不再进行划分，其功能就是为道路、铁路、高压走廊和公用设施等设置的具有卫生、隔离、安全、生态防护功能的游人不宜进入的绿地。
③ **广场用地（G2）**，是指以游憩、纪念、集会和避险等功能为主的城市公共活动场地。
④ **附属绿地（XG）**，是指除附属于绿地广场用地以外各类城市建设用地的绿化用地，包括：居住用地附属绿地（RG）、公共管理和公共服务设施用地附属绿地（AG）、商业服务业设施用地附属绿地（BG）、工业用地附属绿地（MG）、物流仓储用地附属绿地（WG）、道路与交通用地附属绿地（SG）、公用设施用地附属绿地（UG）等用地中的绿地。
⑤ **区域绿地（EG）**，是指位于城市建设用地之外，具有城乡生态环境及自然资源和文化资源保护、游憩健身、安全防护隔离、物种保护、园林苗木生产等功能的绿地。包括：风景游憩绿地（EG1）、生态保育绿地（EG2）、区域设施防护绿地（EG3）、生产绿地（EG4）四类（不参与建设用地汇总）</td></tr>
</table>

内容		说明
城市绿地系统规划	任务	通过规划手段，对城市绿地及其物种在类型、规模、空间、时间等方面进行系统化配置及相关安排。 城市绿化系统规划有两种形式： ① 城市总体规划的多个专项规划之一； ② 单独编制的专业规划
	内容	① 依据城市经济社会发展规划和城市总体规划的战略要求，确定城市绿地系统规划的指导思想和原则； ② 调查、分析、评价城市绿化现状、发展条件及存在问题； ③ 研究确定城市绿化的发展目标和主要指标； ④ 参与综合研究城市绿化布局结构，确定城市绿化系统的用地布局； ⑤ 统筹安排各类城市绿地，确定公园绿地、生产绿地、防护绿地的位置、范围、性质及主要功能、指标，划定保护范围（绿线）； ⑥ 提出城市生物多样性保护与建设的目标、任务和保护建设措施； ⑦ 对城市古树名木的保护进行统筹安排； ⑧ 确定分期建设步骤和近期实施项目，提出城市绿地系统规划的实施措施
	布局原则	① 整体性原则； ② 均匀原则； ③ 自然原则； ④ 地方性原则
	空间布局形式	① 块状绿地布局； ② 带状绿地布局； ③ 楔形绿地布局； ④ 混合式绿地布局

国土空间总体规划

拓展——《城市绿线管理办法》考点

1) 城市绿线内的用地，不得改作他用，不得违反法律法规、强制性标准以及批准的规划进行开发建设。

有关部门不得违反规定，批准在城市绿线范围内进行建设。

因建设或者其他特殊情况，需要临时占用城市绿线内用地的，必须依法办理相关审批手续。

在城市绿线范围内，不符合规划要求的建筑物、构筑物及其他设施应当限期迁出。

2) 任何单位和个人不得在城市绿地范围内进行拦河截溪、取土采石、设置垃圾堆场、排放污水以及其他对生态环境构成破坏的活动。

近期不进行绿化建设的规划绿地范围内的建设活动，应当进行生态环境影响分析，并按照城乡规划法的规定，予以严格控制。

2. 城市景观系统规划

城市景观系统规划

内容	说明
概念	城市景观包括自然、人文、社会诸要素，它的通常含义是通过视觉所感知的城市物质形态和文化形态。 在城市总体规划阶段，城市景观系统规划指对影响城市总体形象的关键因素及城市开放空间结构，所进行的统筹与总体安排
主要内容	① 依据城市自然、历史文化特点和经济社会发展规划的战略要求，确定城市景观系统规划的指导思想和规划原则； ② 调查发掘与分析评价城市景观资源、发展条件及存在问题； ③ 研究确定城市景观的特色与目标； ④ 研究城市用地的结构布局与城市景观的结构布局，确定符合社会思想的城市景观结构； ⑤ 划定有关城市景观控制区，如城市背景、制高点、门户、景观轴线及重点视廊视域、特征地带等，并提出相关安排； ⑥ 划定需要保留、保护、利用和开发建设的城市户外活动空间，整体安排客流集散中心、闹市、广场、步行街、名胜古迹、亲水地带和开敞绿地的结构布局； ⑦ 确定分期建设步骤和近期实施项目； ⑧ 提出实施管理建议； ⑨ 编制城市景观系统规划的图纸和文件
基本原则	① 舒适性原则； ② 城市审美原则； ③ 生态环境原则； ④ 因借原则； ⑤ 历史文化保护原则； ⑥ 整体性原则

知识点 2 　城市市政公用设施规划【★★★★】

1. 城市市政公用设施规划的基本概念

市政公用设施，泛指由国家各种公益部门建设管理、为社会生活和生产提供基本服务的行业和设施。市政公用设施是城市发展的基础，是保障城市可持续发展的关键性设施。

2. 城市市政公用设施规划的主要任务

（1）城市总体规划阶段

根据确定的城市发展目标、规模和总体布局以及本系统上级主管部门的发展规划确立本系统的发展目标，提出保障城市可持续发展的水资源、能源利用与保护战略；合理布局本系统的重大关键性设施和网络系统，制定本系统主要的技术政策、规定和实施措施；综合协调并确定城市供水、排水、防洪、供电、通信、燃气、供热、消防、环卫等设施的规模和布局。

规划图中应标明水源保护区、河湖湿地水系蓝线、重要市政走廊等控制范围；标明水源、水厂、污水处理厂、热电站或几种锅炉房、气源、调压站、电厂、变电站、电信中心或邮电局、电台等设施位置；标明城市给水、排水、热力、燃气、电力、通信等干线系统走向。

（2）城市分区规划阶段

依据城市总体规划，结合本分区的现状基础、自然条件等，从市政公用设施方面分析论证城市分区规划布局的可行性、合理性，提出调整、完善等意见和建议，落实城市总体规划中市政公用设施规划提出的资源利用与保护、河湖湿地水系控制蓝线、重要市政走廊限制性空间条件。确定市政公用设施在分区内的主要设施规模、布局和工程管网。

（3）城市详细规划阶段

依据城市总体规划和分区规划结合详细规划范围内的各种现状情况，从市政公用设施方面对城市详细规划的布局提出相应的完善、调整意见。

根据城市总体规划和分区规划中市政公用设施规划和详细规划，**具体布置规划范围内市政公用设施和工程管线，提出相应的工程建设技术和实施措施。**

3. 城市市政公用设施规划的主要内容

城市市政公用设施规划

类型	项目	内容
城市水资源规划	主要任务	根据城市和区域水资源的状况，最大限度地保护和合理利用水资源；按照可持续发展原则科学合理预测城乡生态、生产、生活等需水量，充分利用再生水、雨洪水等非常规水资源，进行资源供需平衡分析；确定城市水资源利用与保护战略，提出水资源节约利用目标、对策，制定水资源的保护措施
	主要内容	① 水资源开发利用现状分析：区域、城市的多年平均降水量、年均降水量，地表水资源量、地下水资源量和水资源总量。 ② 供用水现状分析：从地表水、地下水、外调水量、再生水等几方面分析供水现状及趋势，从生活用水、工业用水、农业用水及生态环境用水等几方面分析用水现状及趋势，横向及纵向分析城市用水效率水平及发展趋势。 ③ 供需水量预测及平衡分析：根据本地地表水、地下水、再生水及外调水等现状情况及发展趋势，预测规划期内可供水资源，提出水资源承载能力；根据城市经济社会发展规划，结合城市总体规划方案，预测城市需水量，进行水资源供需平衡分析。 ④ 水资源保障战略：结合水资源承载能力，按照节流、开源、水源保护并重的规划原则，提出城市水资源规划目标，制定水资源保护、节约用水、雨洪及再生水利用、开辟新水源、水资源合理配置及水资源应急管理等战略保障措施
城市给水工程规划	主要任务	根据城市和区域水资源的状况，合理选择水源，科学合理确定用水量标准，预测城乡生产、生活等需水量，确定城市自来水厂等设施的规模与布局；布置净水设施和各级供水管网系统，满足用户对水质、水量、水压等要求
	主要内容	① 城市总体规划中的主要内容：确定用水量标准，预测城市总用水量；平衡供需水量，选择水源，确定取水方式和位置；确定给水系统形式、水厂供水能力和厂址，选择处理工艺；布置输配水干管、输水管网和供水重要设施，估算干管管径。 ② 城市分区规划中的主要内容：估算分区用水量；进一步确定供水设施规模，确定主要设施位置和用地范围；对总规中供水管的走向、位置、线路、进行落实或修正补充，估算控制管径。 ③ 城市详细规划中的主要内容：计算用水量，提出对用水水质、水压的要求；布置给水设施和给水管网；计算输配水管管径，校核配水管网水量及水压
	系统构成	① 取水工程：功能是将原水取、送到城市净水工程，为城市提供足够的水量。 ② 净水工程：功能是将原水净化处理成符合城市用水水质标准的净水，并加压输入城市供水管网。 ③ 输配水工程：功能是将净水按水质、水量、水压的要求输送至用户

类型	项目	内容
城市再生水利用规划	主要任务	根据城市水资源供需紧缺状况，结合城市污水处理厂规模、布局，在满足不同用水水质标准条件下，考虑将城市污水处理再生后用于生态用水、市政杂用水、工业用水等，确定城市再生水厂等设施的规模、布局；布置再生水设施和各级再生水管网系统，满足用户对水质、水量、水压等的要求
	主要内容	① 城市总体规划中的主要内容：确定再生水利用对象、用水量标准、水质标准，预测城市再生水需水量；结合城市污水处理厂规模、布局，合理确定水厂布局、规模和服务范围；布置再生水输配干管、输水管网和供水设施。 ② 城市分区规划中的主要内容：估算分区再生水需水量；进一步确定再生水设施规模，确定主要设施位置和用地规模；对总体规划中再生水输配水干管的走向、位置、线路，进行落实或修正补充，估算控制管径。 ③ 城市详细规划中的主要内容：计算再生水用水量，提出对用水水压的要求；布置再生水设施和管网；计算输配水管管径，校核配水管网水量及水压
城市排水工程规划	主要任务	根据城市用水状况和自然条件，确定规划期内污水处理量，污水处理设施的规模与布局，布置各级污水管网系统；确定城市雨水排除与利用系统规划标准、雨水排除出路、雨水排放与利用设施的规模与布局
	主要内容	① 城市总体规划中的主要内容：确定排水制度；划分排水区域，估算雨水、污水总量，制定不同地区污水排放标准；进行排水管、渠系统规划布局，确定雨水、污水主要泵站数量、位置，以及水闸位置；确定污水处理厂数量、分布、规模、处理等级以及用地范围；确定排水干管、渠走向和出口位置；提出污水综合处理措施。 ② 城市分区规划中的主要内容：估算分区的雨水、污水排放量；按照确定的排水体制划分排水系统；确定排水干管位置、走向、服务范围、控制管径以及主要工程设施的位置和用地范围。 ③ 城市详细规划中的主要内容：对污水排放量和雨水量进行具体的统计计算；对排水系统的布局、管线走向、管径进行计算复核；确定管线平面位置、主要控制点标高；对污水处理工艺提出初步方案
	系统构成	① 雨水排放工程：功能是及时收集与排放区域雨水等降水，抗御洪水和潮汐侵袭，避免和迅速排除城区积水。 ② 污水处理与排放工程：功能是收集与处理城市各种生活污水、生产污水，综合利用，妥善排放处理后的污水，控制与治理城市污染，保护城市与区域的水环境
城市河湖水系规划	主要任务	根据城市自然环境条件和城市规模等因素，确定城市防洪标准和主要河流治理标准；结合城市功能布局确定河道功能定位；划定河湖水系、湿地的蓝线，提出河道两侧绿化隔离宽度；落实河道补水水源，布置河道截污设施
	主要内容	① 城市总体（分区）规划中的主要内容：确定城市防洪标准和河道治理标准；结合城市功能布局确定河湖水系布局和功能定位，确定城市河湖水系水环境指令标准；划分河道流域范围，估算河道洪水量，确定河道规划蓝线和两侧绿化隔离带宽度；确定湿地保护范围；落实景观河道补水水源，布置河道污水截留设施。 ② 城市详细规划中的主要内容：根据河道治理标准和流域范围计算河道洪水量，确定河道规划中心线和蓝线位置；协调河道与城市雨水管道高程衔接关系，计算河道洪水位，确定河道横断面形式，河道规划高程；确定补水水源方案和河道截流方案

国土空间总体规划

类型	项目	内容
城市能源规划	主要任务	通过制定城市能源发展战略，保证城市能源供应安全；优化能源结构，落实节能减排措施；实现能源的优化配置和合理利用，协调社会经济发展和能源资源的高效利用与生态环境保护的关系，促进和保障城市经济社会可持续发展
	主要内容	① 确定能源规划的基本原则； ② 预测城市能源需求； ③ 平衡能源供需（包括能源总量和能源品种），并进一步优化能源结构； ④落实能源供应保障措施及空间布局规划； ⑤落实节能技术措施和节能工作； ⑥制定能源保障措施
城市电力工程规划	主要任务	根据城市和区域电力资源状况，合理确定规划期内的城市用电量、用电负荷，进行城市电源规划；确定城市输配电设施的规模、布局以及电压等级；布置变电所（站）等变电设施和输配电网络；制定各类供电设施和电力线路的保障措施
	主要内容	① 城市总体规划中的主要内容：预测城市供电负荷；选择城市供电电源；确定城市电网供电电压等级和层次；确定城市变电站容量和数量；布局城市高压送电网和高压走廊；提出城市高压配电网规划技术原则。 ② 城市分区规划中的主要内容：预测分区供电负荷；确定分区供电电源方位；选择分区变、配电站容量和数量；进行高压配电规划布局。 ③ 城市详细规划中的主要内容：计算电负荷；选择和布局规划范围内的变、配电站；规划设计 10kV 电网；规划设计低压电网
	系统构成	① 电源：城市电源具有自身发电或从区域电网上获取电源，为城市提供电能的功能。 ② 电力网：电力网具有将城市电源输入城区，并将电源变压进入城市配电网的功能
城市燃气工程规划	主要任务	根据城市和区域燃料资源状况，选择城市燃气气源，合理确定规划期内各种燃气的用量，进行城市燃气气源规划；确定各种工期设施的规模、布局；选择确定城市燃气管网系统；科学布置气源气化站等产、供气设施和输配气管网；制定燃气设施和管道的保护措施
	主要内容	① 城市总体规划中的主要内容：预测城市燃气负荷；选择城市气源种类；确定城市气源厂和储配站的数量、位置与容量；选择城市燃气输配管网的压力级制；布局城市输气干管。 ② 城市分区规划中的主要内容：确定燃气输配设施的分布、容量和用地；确定燃气输配管网的级配等级，布局输配干线管网；估算分区燃气的用气量；在市区规划阶段，确定规划范围内生命线系统的布局，以及维护措施。 ③ 城市详细规划中的主要内容：计算燃气用量；规划布局燃气输配设施，确定其位置、容量和用地；规划布局燃气输配管网；计算燃气管网管径
	系统构成	① 气源：具有为城市提供可靠的燃气气源的功能（城市燃气类型主要有：天然气、煤制气、油制气、液化气等）。 ② 储气工程：具有储存、调配，提高供气可靠性的功能。 ③ 输配气工程：具有间接、直接供给用户用气的功能

国土空间总体规划

243

类型	项目	内容
城市供热工程规划	主要任务	根据当地气候条件，结合生活与生产需要，确定城市集中供热对象、供热标准、供热方式；确定城市供热量和负荷，选择并进行城市热源规划，确定城市热电厂、热力站等供热设施的规模和布局；布置各种供热设施和供热管网；制定节能保温的对策与措施，以及供热设施的防护措施
	主要内容	① 城市总体规划中的主要内容：预测城市热负荷；选择城市热源和供热方式；确定热源的供热能力、数量和布局；布局城市供热重要设施和供热干线管网。 ② 城市分区规划中的主要内容：估算城市分区的热负荷；布局分区供热设施和供热干管；计算城市供热干管的管径。 ③ 城市详细规划中的主要内容：计算规划范围内热负荷；布局供热设施和供热管网；计算供热管道管径
	系统构成	① 热源：包含城市热电厂、区域锅炉房等。 ② 供热管网工程：包括不同压力等级的蒸汽管道、热水管道及换热站等设施
城市通信工程规划	主要任务	根据城市通信实况和发展趋势，确定规划期内城市通信发展目标，预测通信需求；确定邮政、电信、广播、电视等各种通信设施和通信线路；制定通信设施综合利用对策与措施，以及通信设施的保护措施
	主要内容	① 城市总体规划中的主要内容：宏观预测城市近期和远期通信需求量，预测与确定城市近远期电话普及率和装机容量，确定邮政、移动通信、广播、电视等的发展目标和规模；提出城市通信规划的原则及其主要技术措施；研究和确定城市长途电话网近远期规划；确定近远期邮政、电话局所的分布范围、局所规模和局所址；确定近远期广播及电话台、站的规模和选址，拟定有线广播、有线电视网的主干路规划和管道规划；划分无线电收发信区，并制定相关措施；确定城市微波通道，并制定相应的控制与保护措施。 ② 城市分区规划中的主要内容：依据城市通信总体规划和城市分区规划，对分区内的近远期电信、邮政作微观预测；确定分区长途电话规划；勘定新建邮政局所；明确分区内近远期广播、电视台站规模给予留用地面积；明确分区内无线电收发信区，并制定相关措施；确定分区电话、有线电视近远期主干路和主要配线路。 ③ 城市详细规划中的主要内容：计算规划范围内的通信需求量；确定邮政、电信局所、广播等设施的具体位置、用地及规模；确定通信线路的位置、敷设方式、管孔数、管道埋深等；划定规划范围内电台、微波站、卫星通信设施控制保护界线
	系统构成	包括邮政、电信、广播、电视、网络等系统
城市环境卫生设施规划	主要任务	根据城市发展目标和城市布局，确定城市环境卫生设施配置标准和垃圾集运、处理方式；确定主要环境卫生设施的数量、规模和布局；布置垃圾处理场等各种环境卫生设施，制定环境卫生设施的隔离与防护措施；提出垃圾回收利用的对策与措施
	主要内容	① 城市总体规划（含分区规划）中的主要内容：测算城市固体废弃物产生量、分析其组成和发展趋势，提出污染控制目标；确定城市固体废弃物的收运方案；选择城市固体废弃物处理和处置方法；布局各类环境卫生设施，确定服务范围、设置规模、设置标准、动作方式、用地指标等；进行可行性的技术经济方案比较。 ② 城市详细规划中的主要内容：估算规划范围内固体废弃物产量；提出规划区的环境卫生控制要求；确定垃圾收运方式；布局弃物箱、垃圾箱、垃圾收集点、垃圾转运站、公厕、环卫管理机构等，并确定其位置、服务半径、用地防护隔离措施等

国土空间总体规划

244

类型	项目	内容
城市环境 卫生设施 规划	系统 构成	包括垃圾处理厂（场）、垃圾填埋场、垃圾收集站、转运站、车辆清洗场、环卫车辆场、公共厕所及城市环境卫生管理设施。 　① **生活垃圾转运站**：生活垃圾转运站按照设计日转运能力分为大、中、小型三大类和Ⅰ、Ⅱ、Ⅲ、Ⅳ、Ⅴ五小类。当生活垃圾运输距离超过经济运距且运输量较大时，宜设置垃圾转运站。服务范围内垃圾运输平均距离超过 10km 时，宜设置垃圾转运站；平均距离超过 20km 时，宜设置大、中型垃圾转运站。 　② **生活垃圾填埋场**：综合考虑协调城市发展空间、选址的经济性和环境要求，新建生活垃圾卫生填埋场不应位于城市主导发展方向上，且用地边界距 20 万人口以上城市的规划建成区不宜小于 5km，距 20 万人口以下城市的规划建成区不宜小于 2km。 　③ **餐厨垃圾**应在源头进行单独分类、收集并密闭运输，餐厨垃圾集中处理设施宜与生活垃圾处理设施或污水处理设施集中布局

4. 城市工程管线综合规划

（1）城市工程管线种类

1）按工程管线性能和用途分类：给水管道、排水管道、电力线路、电信线路、热力管道、可燃或助燃气体管道、空气管道、灰渣管道、城市垃圾输送管道、液体燃料管道、工业生产专用管道。

2）按工程管线输送方式分类：压力管道、重力自流管道。

3）按工程管线敷设方式分类：架空线、地铺管线、地埋管线。

4）按工程管线弯曲程度分类：可弯曲管线和不易弯曲管线。

5）通常进行综合的城市工程管线为：给水、排水、电力、电讯、热力、燃气管线。

（2）敷设原则

1）工程管线综合布置时，应减少管线在道路交叉口处交叉。

2）工程管线竖向避让原则：

① 压力管线宜避让重力流管线；

② 易弯曲管线宜避让不易弯曲管线；

③ 分支管线宜避让主干管线；

④ 小管径管线宜避让大管径管线；

⑤ 临时管线宜避让永久管线。

3）管线共沟敷设原则：

① 热力管不应与电力、通信电缆和压力管道共沟；

② 排水管道应布置在沟底，当沟内有腐蚀性介质管道时，排水管应位于其上面；

③ 腐蚀介质管道的标高应低于沟内其他管线；

④ 火灾危害性属于甲、乙、丙类的液体、液化石油气、可燃气体、毒性气体和液体以及腐蚀性介质管道，不应共沟敷设；

⑤ 凡有可能产生相互影响的管线，不应共沟敷设。

（3）城市地下综合管廊工程规划编制指引

1）管廊工程规划应根据城市总体规划、地下管线综合规划、控制性详细规划编制，与地下空间规划、道路规划等保持衔接。

国土空间总体规划

2）管廊工程规划应合理确定管廊建设区域和时序，划定管廊空间位置、配套设施用地等三维控制线，纳入城市黄线管理。

3）管廊建设区域内的所有管线应在管廊内规划布局。

4）敷设两类及以上管线的区域可划为管廊建设区域。高强度开发和管线密集地区应划为管廊建设区域。主要是：

① 城市中心区，商业中心，城市地下空间高强度成片集中开发区，重要广场，高铁、机场、港口等重大基础设施所在区域；

② 交通流量大、地下管线密集的城市主要道路以及景观道路；

③ 配合轨道交通、地下道路、城市地下综合体等建设工程地段和其他不宜开挖路面的路段等。

5）根据城市功能分区、空间布局、土地使用、开发建设等，结合道路布局，确定管廊的系统布局和类型等。

6）根据管廊建设区域内有关道路、给水、排水、电力、通信、广电、燃气、供热等工程规划和新（改、扩）建计划，以及轨道交通、人防建设规划等，确定入廊管线，分析项目同步实施的可行性，确定管线入廊的时序。

拓展——《城市工程管线综合规划规范》GB 50289—2016 考点

4.1.3 工程管线从道路红线向道路中心线方向平行布置的次序宜为：电力、通信、给水（配水）、燃气（配气）、热力、燃气（输气）、给水（输水）、再生水、污水、雨水。

4.1.4 工程管线在庭院内由建筑线向外方向平行布置的顺序，应根据工程管线的性质和埋设深度确定，其布置次序宜为：电力、通信、污水、雨水、给水、燃气、热力、再生水。

4.1.6 各种工程管线不应在垂直方向上重叠敷设。

4.1.12 当工程管线交叉敷设时，管线自地表面向下的排列顺序宜为：通信、电力、燃气、热力、给水、再生水、雨水、污水。给水、再生水和排水管线应按自上而下的顺序敷设。

4.2.1 当遇下列情况之一时，工程管线宜采用综合管廊敷设。

① 交通流量大或地下管线密集的城市道路以及配合地铁、地下道路、城市地下综合体等工程建设地段；

② 高强度集中开发区域、重要的公共空间；

③ 道路宽度难以满足直埋或架空敷设多种管线的路段；

④ 道路与铁路或河流的交叉处或管线复杂的道路交叉口；

⑤ 不宜开挖路面的地段。

4.2.3 干线综合管廊宜设置在机动车道、道路绿化带下，支线综合管廊宜设置在绿化带、人行道或非机动车道下。

5. 海绵城市建设的有关内容

（1）基本概念

海绵城市是指城市能够像海绵一样，在适应环境变化和应对自然灾害等方面具有良好的"弹性"，下雨时吸水、蓄水、渗水、净水，需要时将蓄存的水"释放"并加以利用。海绵城市建设应遵循生态优先等原则，将自然途径与人工措施相结合，在确保城市排水防涝安全的前提下，最大限度地实现雨水在城市区域的积存、渗透和净化，促进雨水资源的利用和生态环境保护。在海绵城市建设过程中，应统筹自然降水、地表水和地下水的系统性，协调给水、排水等水循环利用各环节，并考虑其复杂性和长期性。

（2）适用范围

适用于以下三个方面：**一是指导海绵城市建设各层级规划编制过程中低影响开发内容的落实；二是指导新建、改建、扩建项目配套建设低影响开发设施的设计、实施与维护管理；三是指导城市规划、排水、道路交通、园林等有关部门指导和监督海绵城市建设有关工作。**

（3）基本原则

1）**规划引领**。城市各层级、各相关专业规划以及后续的建设程序中，应落实海绵城市建设、低影响开发雨水系统构建的内容，先规划后建设，体现规划的科学性和权威性，发挥规划的控制和引领作用。

2）**生态优先**。城市规划中应科学划定蓝线和绿线。城市开发建设应保护河流、湖泊、湿地、坑塘、沟渠等水生态敏感区，优先利用自然排水系统与低影响开发设施，实现雨水的自然积存、自然渗透、自然净化和可持续水循环，提高水生态系统的自然修复能力，维护城市良好的生态功能。

3）**安全为重**。以保护人民生命财产安全和社会经济安全为出发点，综合采用工程和非工程措施提高低影响开发设施的建设质量和管理水平，消除安全隐患，增强防灾减灾能力，保障城市水安全。

4）**因地制宜**。各地应根据本地自然地理条件、水文地质特点、水资源禀赋状况、降雨规律、水环境保护与内涝防治要求等，合理确定低影响开发控制目标与指标，科学规划布局和选用下沉式绿地、植草沟、雨水湿地、透水铺装、多功能调蓄等低影响开发设施及其组合系统。

5）**统筹建设**。地方政府应结合城市总体规划和建设，在各类建设项目中严格落实各层级相关规划中确定的低影响开发控制目标、指标和技术要求，统筹建设。低影响开发设施应与建设项目的主体工程同时规划设计、同时施工、同时投入使用。

6. 城市市政公用设施规划的强制性内容

城市总体规划中，提出：划定湿地、水源保护区等应当控制开发建设的生态敏感区范围，落实城市水源地及其保护区范围和其他重大市政基础设施。

1）饮用水水源保护区：**一般划分为一级保护区和二级保护区，必要时可增设准保护区。各级保护区应有明确的地理界线。**

2）河湖水系及湿地保护区：**应划定湿地、河湖、水系等蓝线范围。**

3）落实并控制城市重要市政基础设施：**包括水源、水厂、污水处理厂、热电站或集中锅炉房、气源、调压站、电厂、变电站、电信中心或邮电局、电台等。**

7. 《城市给水工程规划规范》GB 50282—2016 要点整理

（1）基本规定

1）城市给水工程规划中的水压应根据城市供水分区布局特点确定，并满足城市直接供水建筑层数的最小服务水头。

2）城市给水工程规划的阶段与期限应与城市规划的阶段与期限相一致。

（2）综合生活用水量

综合生活用水为城市居民生活用水与公共设施用水之和，不包括市政用水和管网漏失水量。

（3）城市水资源

1）城市水资源和城市用水量之间应保持平衡。在几个城市共享同一水源或水源在城市规划区以外时，应进行市域或区域、流域范围的水资源供需平衡分析。

2）以地表水为城市给水水源时，取水量应符合流域水资源开发利用规划的规定，供水保证率宜达到 90%～97%。缺水城市应加强污水收集、处理，再生水利用率不应低于 20%。

3）当选用地下水为水源时，水源地应设在不易受污染的富水区域。

（4）城市给水系统

1）布局

① 地形起伏大或供水范围广的城市，宜采用分区分压给水系统。

② 根据用户对水质的不同要求，可采用分质给水系统。

③ 有多个水源可供利用的城市，应采用多水源给水系统。

④ 有地形可供利用的城市，宜采用重力输配水系统。

2）安全性

① 规划长距离输水管道时，输水管不宜少于 2 根。当城市为多水源给水或具备应急备用水源等条件时，也可采用单管输水。

② 配水管网应布置成环状。

③ 城市给水系统中的调蓄水量宜为给水规模的 10%～20%。

④ 城市给水系统主要工程设施供电等级应为一级负荷。

（5）水厂

1）地表水水厂的位置应根据给水系统的布局确定。应选择在不受洪水威胁、有良好的工程地质条件、供电安全可靠、交通便捷和水厂生产废水处置方便的地方。

2）地下水水厂的位置应根据水源地的地点和取水方式确定，选择在取水构筑物附近。

3）水厂厂区周围应设置宽度不小于 10m 的绿化带。

（6）输配水

1）城市配水干管应根据给水规模并结合城市规划布局确定，其走向应沿现有或规划道路布置，并宜避开城市交通主干道。

2）对供水距离较长或地形起伏较大的城市，宜在配水管网中设置加压泵站。

3）加压泵站的位置应进行技术经济比较后确定，其位置宜为配水管网水压较低处，并靠近用水集中区域。

4）泵站周围应设置宽度不小于 10m 的绿化带，并宜与城市绿化用地相结合。

8.《城市给水工程项目规范》GB 55026—2022 要点整理

（1）建设要求

1）城市给水工程主要设施的抗震设防类别应为重点设防类。

2）城市给水工程的防洪标准不得低于当地的设防要求。

3）城市给水工程中主要构筑物的主体结构和输配水管道，其结构设计工作年限不应小于 50 年，安全等级不应低于二级。

4）城市给水工程中，取水工程、净（配）水工程、转输厂站的供电负荷等级见下表。

248

城市规模	永久性设施		临时性设施
	主要厂站	次要厂站	
中等及以上城市	一级负荷	二级负荷	三级负荷
小城市	一级负荷	二级负荷	三级负荷

（2）水源和取水工程

1）单一水源供水的城市应建设应急水源或备用水源，备用水源应能与常用水源互为备用、切换运行。

2）取水工程的设计取水量应包括水厂最高日供水量、处理系统自用水量及原水输水管（渠）漏损水量。

3）当水源为地下水时，取水量不应超过允许开采量。

4）当水源为地表水时，设计枯水流量年保证率和设计枯水位保证率不应低于90%，水源地必须位于水体功能区划规定的取水段。

5）水库取水构筑物的防洪标准应与水库大坝等主要建筑物的防洪标准相同，并应采用设计和校核两级标准。

6）地表水源一级保护区或地表水取水构筑物上游1000m至下游100m范围内，必须进行巡视管理。有潮汐的河道应根据实际情况确定是否扩大巡视管理范围。

（3）给水管网

1）给水管网应采取防止污染侵入的防护措施，严禁给水管网与非生活饮用水管道连通。严禁擅自将自建供水设施与给水管网连接。

2）严禁在城市公共给水管道上直接接泵抽水。

3）城市公共给水管网的漏损率不应大于10%。

4）配水管网应保障城市最高日最高时用水量和最不利点的供水压力需求，并应满足消防时和事故时用水需求。设计事故供水量不应小于设计水量的70%。

9.《城市排水工程规划规范》GB 50318—2017 要点整理

（1）基本规定

1）一般规定

城市建设应根据气候条件、降雨特点、下垫面情况等，因地制宜地推行低影响开发建设模式，削减雨水径流、控制径流污染、调节径流峰值、提高雨水利用率、降低内涝风险。

2）排水范围

① 城市雨水系统的服务范围，除规划范围外，还应包括其上游汇流区域。

② 城市污水系统的服务范围，除规划范围外，还应兼顾距离污水处理厂较近、地形地势允许的相邻地区，包括乡村或独立居民点。

3）排水体制

同一城市的不同地区可采用不同的排水体制。除干旱地区外，城市新建地区和旧城改造地区的排水系统应采用分流制；不具备改造条件的合流制地区可采用截流式合流制排水体制。

4）排水管渠

① 排水管渠应以重力流为主，宜顺坡敷设。当受条件限制无法采用重力流或重力流不经济时，排水管道可采用压力流。

② 排水管渠应布置在便于雨、污水汇集的慢车道或人行道下，不宜穿越河道、铁路、高

速公路等。截流干管宜沿河流岸线走向布置。道路红线宽度大于 40m 时，排水管渠宜沿道路双侧布置。

③ 规划有综合管廊的路段，排水管渠宜结合综合管廊统一布置。

④ 排水管渠出水口内顶高程宜高于受纳水体的多年平均水位。有条件时宜高于设计防洪（潮）水位。

5）排水系统的安全性

① 排水工程中的厂站不应设置在不良地质地段和洪水淹没区。排水工程中厂站的抗震和防洪设防标准不应低于所在城市相应的设防标准。

② 雨水管道系统之间或合流管道系统之间可根据需要设置连通管，合流制管道不得直接接入雨水管道系统，雨水管道接入合流制管道时，应设置防止倒灌设施。

（2）污水系统

1）排水分区

城市污水处理厂可按集中、分散或集中与分散相结合的方式布置，新建污水处理厂应含污水再生系统。独立建设的再生水利用设施布局应充分考虑再生水用户及生态用水的需要。

2）污水量

城市污水量应包括城市综合生活污水量和工业废水量。地下水渗入量宜根据实测资料确定，当资料缺乏时，可按不低于污水量的 10% 计入。

3）污水泵站

① 污水泵站规模应根据服务范围内远期最高日最高时污水量确定。

② 污水泵站应与周边居住区、公共建筑保持必要的卫生防护距离。防护距离应根据卫生、环保、消防和安全等因素综合确定。

4）污水处理厂

① 城市污水处理厂的规模应按规划远期污水量和需接纳的初期雨水量确定。

② 城市污水处理厂选址，宜根据下列因素综合确定：一是便于污水再生利用，并符合供水水源防护要求。二是宜选址在城市夏季最小频率风向的上风侧。三是与城市居住及公共服务设施用地保持必要的卫生防护距离。四是宜选址在工程地质及防洪排涝条件良好的地区。五是有扩建的可能。

③ 污水处理厂应设置卫生防护用地，新建污水处理厂卫生防护距离，在没有进行建设项目环境影响评价前，根据污水处理厂的规模进行配置，见下表。

城市污水处理厂卫生防护距离

污水处理厂规模（万 m³/d）	≤5	5～10	≥10
卫生防护距离（m）	150	200	300

5）污水处理与处置

① 城市污水处理厂的污泥应进行减量化、稳定化、无害化、资源化的处理和处置。

② 污泥处理处置设施宜采用集散结合的方式布置。应规划相对集中的污泥处理处置中心，也可与城市垃圾处理厂、焚烧厂等统筹建设。

（3）雨水系统

1）排水分区与系统布局

城市总体规划应充分考虑防涝系统蓄排能力的平衡关系，统筹规划，防涝系统应以河、湖、沟、渠、洼地、集雨型绿地和生态用地等地表空间为基础，结合城市规划用地布局和生态安全格局进行系统构建。控制性详细规划、专项规划应落实具有防涝功能的防涝系统用地需求。

2）雨水量

采用数学模型法计算雨水设计流量时，宜采用当地设计暴雨雨型。

3）城市防涝空间

城市新建区域，防涝调蓄设施宜采用地面形式布置。建成区的防涝调蓄设施宜采用地面和地下相结合的形式布置。

城市防涝空间规模计算应符合下列规定。

① 防涝调蓄设施（用地）的规模，应按照建设用地外排雨水设计流量不大于开发建设前或规定值的要求，根据设计降雨过程变化曲线和设计出水流量变化曲线经模拟计算确定。

② 城市防涝空间应按路面允许水深限定值进行推算。道路路面横向最低点允许水深不超过30cm，且其中一条机动车道的路面水深不超过15cm。

（4）合流制排水系统

1）进入合流制污水处理厂的合流水量应包括城市污水量和截流的雨水量。

2）合流制排水系统截流倍数宜采用2～5，具体数值应根据受纳水体的环境保护要求确定；同一排水系统中可采用不同的截流倍数。

3）合流制污水处理厂的规模应按规划远期的合流水量确定。

4）合流制区域应优先通过源头减排系统的构建，减少进入合流制管道的径流量，降低合流制溢流总量和溢流频次。

10. 《城市电力规划规范》GB/T 50293—2014 要点整理

（1）城市用电负荷

1）城市用电负荷分类

城市用电负荷按产业和生活用电性质分类，可分为第一产业用电、第二产业用电、第三产业用电、城乡居民生活用电。

城市用电负荷按城市负荷分布特点，可分为一般负荷（均布负荷）和点负荷两类。

2）城市用电负荷预测

城市总体规划阶段的电力规划负荷预测宜包括下列内容：①市域及中心城区规划最大负荷；②市域及中心城区规划年总用电量；③中心城区规划负荷密度。

城市详细规划阶段电力规划负荷预测宜包括下列内容：①详细规划范围内最大负荷；②详细规划范围内规划负荷密度。

（2）城市供电电源

1）城市供电电源种类和选择

城市供电电源可分为城市发电厂和接受市域外电力系统电能的电源变电站。

以系统受电或以水电供电为主的大城市，应规划建设适当容量的本地发电厂，以保证城市用电安全及调峰的需要。

有足够稳定的冷、热负荷的城市，电源规划宜与供热（冷）规划相结合，建设适当容量的冷、热、电联产电厂，并应符合下列规定：①以煤（燃气）为主的城市，宜根据热力负荷分布规划建设热电联产的燃煤（燃气）电厂，同时与城市热力网规划相协调。②城市规划建设的集中建设区或功能区，宜结合功能区规划用地性质的冷热电负荷特点，规划中小型燃气冷、热、电三联供系统。

2）城市发电厂规划布局

① 燃煤（气）电厂的厂址宜选用城市非耕地，并应符合现行国家标准《城市用地分类与规划建设用地标准》GB 50137 的有关要求。

② 大、中型燃煤电厂应安排足够容量的燃煤储存用地；燃气电厂应有稳定的燃气资源，并应规划设计相应的输气管道。

③ 燃煤电厂选址宜在城市最小风频上风向，并应符合国家环境保护的有关规定。

④ 供冷（热）电厂宜靠近冷（热）负荷中心，并与城市热力网设计相匹配。

3）城市电源变电站布局

规划新建的电源变电站，应避开国家重点保护的文化遗址或有重要开采价值的矿藏。

为保证可靠供电，应在城区外围建设高电压等级的变电站，以构成城市供电的主网架。

（3）城市供电设施

1）城市变电站

城市变电站规划选址：①应与城市总体规划用地布局相协调；②应靠近负荷中心；③应便于进出线；④应方便交通运输；⑤应减少对军事设施、通信设施、飞机场、领（导）航台、国家重点风景名胜区等设施的影响；⑥应避开易燃、易爆危险源和大气严重污秽区及严重盐雾区；⑦220～500kV 变电站的地面标高，宜高于 100 年一遇洪水位；35～110kV 变电站的地面标高，宜高于 50 年一遇洪水位；⑧应选择良好地质条件的地段。

规划新建城市变电站的结构形式选择：①在市区边缘或郊区，可采用布置紧凑、占地较少的全户外式或半户外式；②在市区内宜采用全户内式或半户内式；③在市中心地区可在充分论证的前提下结合绿地或广场建设全地下式或半地下式；④在大、中城市的超高层公共建筑群区、中心商务区及繁华、金融商贸街区，宜采用小型户内式；可建设附建式或地下变电站。

2）开关站

高电压线路伸入市区，可根据电网需求，建设 110kV 及以上电压等级开关站。

10（20）kV 开关站宜与 10（20）kV 配电室联体建设，且宜考虑与公共建筑物混合建设。

3）环网单元

环网单元是用于 10kV 电缆线路分段、联络及分接负荷的配电设施，也称环网柜或开闭器。

10kV（20kV）环网单元宜在地面上建设，也可与用电单位的供电设施共同建设。与用电单位的建筑共同建设时，宜建在首层或地下一层。

（4）城市电力线路

城市电力线路分为架空线路和地下电缆线路两类。

城市架空电力线路的路径选择：①应根据城市地形、地貌特点和城市道路网规划，沿道路、河渠、绿化带架设，路径应短捷、顺直，减少同道路、河流、铁路等的交叉，并应避免跨越建筑物；②35kV 及以上高压架空电力线路应规划专用通道，并应加以保护；③规划新建的 35kV 及以上高压架空电力线路，不宜穿越市中心地区、重要风景名胜区或中心景观区；④宜避开空气严重污秽区或有爆炸危险品的建筑物、堆场、仓库；⑤应满足防洪、抗震要求。

规划新建的 35kV 及以上电力线路，在下列情况下，宜采用地下电缆线路：①在市中心地区、高层建筑群区、市区主干路、人口密集区、繁华街道等；②重要风景名胜区的核心区和对架空导线有严重腐蚀性的地区；③走廊狭窄，架空线路难以通过的地区；④电网结构或运行安全的特殊需要线路；⑤沿海地区易受热带风暴侵袭的主要城市的重要供电区域。

11. 《城镇燃气规划规范》GB/T 51098—2015 要点整理

(1) 用气负荷预测

负荷预测前，应合理选择用气负荷：①应优先保证居民生活用气，同时兼顾其他用气；②应根据气源条件及调峰能力，合理确定高峰用气负荷，包括采暖用气、电厂用气等；③应鼓励发展非高峰期用户，减小季节负荷差，优化年负荷曲线；④宜选择一定数量的可中断用户，合理确定小时负荷系数、日负荷系数；⑤不宜发展非节能建筑采暖用气。

燃气负荷预测应包括下列内容：①燃气气化率，包括居民气化率、采暖气化率、制冷气化率、汽车气化率等；②年用气量及用气结构；③可中断用户用气量和非高峰期用户用气量；④年、周、日负荷曲线；⑤计算月平均日用气量，计算月高峰日用气量，高峰小时用气量；⑥负荷年增长率，负荷密度；⑦小时负荷系数和日负荷系数；⑧最大负荷利用小时数和最大负荷利用日数；⑨时调峰量，季（月、日）调峰量，应急储备量。

(2) 燃气气源

燃气气源宜优先选择天然气、液化石油气和其他清洁燃料。当选择人工煤气作为气源时，应综合考虑原料运输、水资源因素及环境保护、节能减排要求。

气源点的布局、规模、数量等应根据上游来气方向、交接点位置、交接压力、高峰日供气量、季节调峰措施等因素，经技术经济比较确定。门站负荷率宜取 50%～80%。

中心城区规划人口大于 100 万人的城镇输配管网，宜选择 2 个及以上的气源点。气源选择时应考虑不同种类气源的互换性。

(3) 燃气管网布置

城镇燃气管网敷设要求：①燃气主干管网应沿城镇规划道路敷设，减少穿跨越河流、铁路及其他不宜穿越的地区；②应减少对城镇用地的分割和限制，同时方便管道的巡视、抢修和管理；③应避免与高压电缆、电气化铁路、城市轨道等设施平行敷设。

中心城区规划人口大于 100 万人的城市，燃气主干管应选择环状管网。长输管道应布置在规划城镇区域外围。长输管道和城镇高压燃气管道的走廊，应在城市、镇总体规划编制时进行预留，并与公路、城镇道路、铁路、河流、绿化带及其他管廊等的布局相结合。

城镇高压燃气管道布线要求：①高压燃气管道不应通过军事设施、易燃易爆仓库、历史文物保护区、飞机场、火车站、港口码头等地区，当受条件限制，确需在本款所列区域内通过时，应采取有效的安全防护措施；②高压管道走廊应避开居民区和商业密集区；③多级高压燃气管网系统间应均衡布置联通管线，并设调压设施；④大型集中负荷应采用较高压力燃气管道直接供给。

城镇中压燃气管道布线要求：①宜沿道路布置，一般敷设在道路绿化带、非机动车道或人行步道下；②宜靠近用气负荷，提高供气可靠性；③当为单一气源供气时，连接气源与城镇环网的主干管线宜采用双线布置。

(4) 燃气厂站

1）天然气厂站

门站站址应根据长输管道走向、负荷分布、城镇布局等因素确定，宜设在规划城市或镇建设用地边缘。规划有 2 个及以上门站时，宜均衡布置。

储配站站址应根据负荷分布、管网布局、调峰需求等因素确定，宜设在城镇主干管网附近。

当城镇有 2 个及以上门站时，储配站宜与门站合建；但当城镇只有 1 个门站时，储配站宜根据输配系统具体情况与门站均衡布置。

高中压调压站不宜设置在居住区和商业区内；居住区及商业区内的中低压调压设施，宜采用调压箱。

2）液化石油气厂站

液化石油气供应站的站址选择应符合下列规定：①应选择在全年最小频率风向的上风侧；②应选择在地势平坦、开阔，不易积存液化石油气的地段。

液化石油气气化、混气、瓶装站的选址，应结合供应方式和供应半径确定，且宜靠近负荷中心。

3）汽车加气站

汽车加气站站址宜靠近气源或输气管线，方便进气、加气，且便于交通组织。

汽车加气站建设应避免影响城镇燃气的正常供应，并宜符合下列规定：①常规加气站宜建在中压燃气管道附近；②加气母站宜建在高压燃气厂站或靠近高压燃气管道的地方。

4）人工煤气厂站

人工煤气厂站应布置在该地区全年最小频率风向的上风侧。

人工煤气储配站站址应根据负荷分布、管网布局、调峰需求等因素确定，宜设在城镇主干管网附近。人工煤气储配站宜与人工煤气厂对置布置。

12.《城市供热规划规范》GB/T 51074—2015 要点整理

(1) 供热方式

以煤炭为主要供热能源的城市，应采取集中供热方式，并应符合下列规定：①具备电厂建设条件且有电力需求时，应选择以燃煤热电厂系统为主的集中供热；②不具备电厂建设条件时，宜选择以燃煤集中锅炉房为主的集中供热；③有条件的地区，燃煤集中锅炉房供热应逐步向燃煤热电厂系统供热或清洁能源供热过渡。

大气环境质量要求严格并且天然气供应有保证的地区和城市，宜采取分散供热方式。对大型天然气热电厂供热系统应进行总量控制。对于新规划建设区，不宜选择独立的天然气集中锅炉房供热。在水电和风电资源丰富的地区和城市，可发展以电为能源的供热方式。能源供应紧张和环境保护要求严格的地区，可发展固有安全的低温核供热系统。能源供应紧张和环境保护要求严格的地区，可发展固有安全的低温核供热系统。太阳能条件较好地区，应选择太阳能热水器解决生活热水需求，并应增加太阳能供暖系统的规模。

历史文化街区或历史地段，宜采用电、天然气、油品、液化石油气和太阳能等为能源的供热系统；设施建设应符合遗产保护和景观风貌的要求。

(2) 热电厂

燃煤或燃气热电厂的建设应"以热定电"，合理选取热化系数，并应符合以下规定：①以工业热负荷为主的系统，季节热负荷的峰谷差别及日热负荷峰谷差别不大的，热化系数宜取0.8～0.9；②以供暖热负荷为主的系统，热化系数宜取0.5～0.7；③既有工业热负荷又有采暖热负荷的系统，热化系数宜取0.6～0.8。

燃煤热电厂与单台机组发电容量400MW及以上规模的燃气热电厂规划应符合下列规定：①燃煤热电厂应有良好的交通运输条件；②单台机组发电容量400MW及以上规模的燃气热电厂应具有接入高压天然气管道的条件；③热电厂厂址应便于热网出线和电力上网；④热电厂宜位于居住区和主要环境保护区的全年最小频率风向的上风侧；⑤热电厂厂址应满足工程建设的工程地质条件和水文地质条件，应避开机场、断裂带、潮水或内涝区及环境敏感区，厂址标高应满足防洪要求；⑥热电厂应有供水水源及污水排放条件。

（3）集中锅炉房

燃煤集中锅炉房规划设计应符合下列规定：①应有良好的道路交通条件，便于热网出线；②宜位于居住区和环境敏感区的采暖季最大频率风向的下风侧；③应设置在地质条件良好，满足防洪要求的地区。

燃气集中锅炉房规划设计应符合下列规定：①应便于热网出线；②应便于天然气管道接入；③应靠近负荷中心；④地质条件良好，厂址标高应满足防洪要求，并应有可靠的防洪排涝措施。

（4）热网布置

热网的布置形式包括枝状和环状两种方式，并应符合下列规定：①蒸汽管网应采用枝状管网布置方式；②供热面积大于 1000 万 m² 的热水供热系统采用多热源供热时，各热源热网干线应连通，在技术经济合理时，热网干线宜连接成环状管网。

热网应采用地下敷设方式，工业园区的蒸汽管网在环境景观、安全条件允许时可采用地上架空敷设方式。

13. 《城市工程管线综合规划规范》GB 50289—2016 要点整理

（1）基本规定

工程管线的平面位置和竖向位置均应采用城市统一的坐标系统和高程系统。

工程管线综合规划应符合下列规定：①工程管线应按城市规划道路网布置；②各工程管线应结合用地规划优化布局；③工程管线综合规划应充分利用现状管线及线位；④工程管线应避开地震断裂带、沉陷区以及滑坡危险地带等不良地质条件区。

当工程管线竖向位置发生矛盾时，宜按下列规定处理：①压力管线宜避让重力流管线；②易弯曲管线宜避让不易弯曲管线；③分支管线宜避让主干管线；④小管径管线宜避让大管径管线；⑤临时管线宜避让永久管线。

（2）直埋、保护管及管沟敷设

1）严寒或寒冷地区给水、排水、再生水、直埋电力及湿燃气等工程管线应根据土壤冰冻深度确定管线覆土深度；非直埋电力、通信、热力及干燃气等工程管线以及严寒或寒冷地区以外地区的工程管线应根据土壤性质和地面承受荷载的大小确定管线的覆土深度。

2）工程管线应根据道路的规划横断面布置在人行道或非机动车道下面。位置受限制时，可布置在机动车道或绿化带下面。

3）工程管线在道路下面的规划位置宜相对固定，分支线少、埋深大、检修周期短和损坏时对建筑物基础安全有影响的工程管线应远离建筑物。工程管线从道路红线向道路中心线方向平行布置的次序宜为：电力、通信、给水（配水）、燃气（配气）、热力、燃气（输气）、给水（输水）、再生水、污水、雨水。工程管线在庭院内由建筑线向外方向平行布置的顺序，应根据工程管线的性质和埋设深度确定，其布置次序宜为：电力、通信、污水、雨水、给水、燃气、热力、再生水。

4）沿城市道路规划的工程管线应与道路中心线平行，其主干线应靠近分支管线多的一侧。工程管线不宜从道路一侧转到另一侧。道路红线宽度超过 40m 的城市干道宜两侧布置配水、配气、通信、电力和排水管线。各种工程管线不应在垂直方向上重叠敷设。

5）沿铁路、公路敷设的工程管线应与铁路、公路线路平行。工程管线与铁路、公路交叉时宜采用垂直交叉方式布置；受条件限制时，其交叉角宜大于 60°。

6）当工程管线交叉敷设时，管线自地表面向下的排列顺序宜为：通信、电力、燃气、热力、给水、再生水、雨水、污水。给水、再生水和排水管线应按自上而下的顺序敷设。

7）工程管线交叉点高程应根据排水等重力流管线的高程确定。

（3）综合管廊敷设

宜采用综合管廊敷设的情况：①交通流量大或地下管线密集的城市道路以及配合地铁、地下道路、城市地下综合体等工程建设地段；②高强度集中开发区域、重要的公共空间；③道路宽度难以满足直埋或架空敷设多种管线的路段；④道路与铁路或河流的交叉处或管线复杂的道路交叉口；⑤不宜开挖路面的地段。

干线综合管廊宜设置在机动车道、道路绿化带下，支线综合管廊宜设置在绿化带、人行道或非机动车道下。综合管廊覆土深度应根据道路施工、行车荷载、其他地下管线、绿化种植以及设计冰冻深度等因素综合确定。

（4）架空敷设

架空线线杆宜设置在人行道上距路缘石不大于1m的位置，有分隔带的道路，架空线线杆可布置在分隔带内，并应满足道路建筑限界要求。架空电力线与架空通信线宜分别架设在道路两侧。

架空电力线及通信线同杆架设应符合下列规定：①高压电力线可采用多回线同杆架设；②中、低压配电线可同杆架设；③高压与中、低压配电线同杆架设时，应进行绝缘配合的论证；④中、低压电力线与通信线同杆架设应采取绝缘、屏蔽等安全措施。

14.《城市环境卫生设施规划标准》GB/T 50337—2018 要点整理

（1）环境卫生收集设施

1）生活垃圾收集点

生活垃圾收集点的服务半径不宜超过70m，宜满足居民投放生活垃圾不穿越城市道路的要求；市场、交通客运枢纽及其他生活垃圾产量较大的场所附近应单独设置生活垃圾收集点。

生活垃圾收集点宜采用密闭方式。生活垃圾收集点可采用放置垃圾容器或建造垃圾容器间的方式，采用垃圾容器间时，建筑面积不宜小于10m²。

2）生活垃圾收集站

收集站的服务半径应符合下列规定：①采用人力收集，服务半径宜为0.4km，最大不宜超过1km；②采用小型机动车收集，服务半径不宜超过2km。

大于5000人的居住小区（或组团）及规模较大的商业综合体可单独设置收集站。

3）废物箱

设置在道路两侧的废物箱，其间距宜按道路功能划分：①在人流密集的城市中心区、大型公共设施周边、主要交通枢纽、城市核心功能区、市民活动聚集区等地区的主干路，人流量较大的次干路，人流活动密集的支路，以及沿线土地使用强度较高的快速路辅路设置间距为30~100m；②在人流较为密集的中等规模公共设施周边、城市一般功能区等地区的次干路和支路设置间距为100~200m；③在以交通性为主、沿线土地使用强度较低的快速路辅路、主干路，以及城市外围地区、工业区等人流活动较少的各类道路设置间距为200~400m。

4）水域保洁及垃圾收集设施

水域保洁管理站应按河道分段设置，宜按每12~16km河道长度设置1座。水域保洁管理站使用岸线每处不宜小于50m，有条件的城市陆上用地面积不宜少于800m²。

（2）环境卫生转运设施

1）一般规定

环境卫生转运设施一般包括生活垃圾转运站和垃圾转运码头、粪便码头。环境卫生转运设施宜布局在服务区域内并靠近生活垃圾产量多且交通运输方便的场所，不宜设在公共设施集中区域和靠近人流、车流集中区段。环境卫生转运设施的布置应满足作业要求并与周边环境协调，便于垃圾分类收运、回收利用。

2）生活垃圾转运站

生活垃圾转运站按照设计日转运能力分为大、中、小型三大类和Ⅰ、Ⅱ、Ⅲ、Ⅳ、Ⅴ五小类。

当生活垃圾运输距离超过经济运距且运输量较大时，宜设置垃圾转运站。服务范围内垃圾运输平均距离超过10km时，宜设置垃圾转运站；平均距离超过20km时，宜设置大、中型垃圾转运站。

3）垃圾转运码头、粪便码头

垃圾转运码头、粪便码头应设置在人流活动较少及距居住区、商业区和客运码头等人流密集区较远的地方，不应设置在城市上风方向、城市中心区域和用于旅游观光的主要水面岸线上，并重视环境保护，与周围环境相协调。

垃圾转运码头、粪便码头综合用地按每米岸线配备不少于15m²的陆上作业场地，垃圾转运码头周边应设置宽度不少于5m的绿化隔离带，粪便码头周边应设置宽度不少于10m的绿化隔离带。

（3）环境卫生处理及处置设施

1）一般规定

城市环境卫生处理及处置设施一般包括：生活垃圾焚烧厂、生活垃圾卫生填埋场、生活垃圾堆肥处理设施、餐厨垃圾处理设施、建筑垃圾处理设施、粪便处理设施、其他固体废弃物处理厂（处置场）等。

2）生活垃圾焚烧厂

新建生活垃圾焚烧厂不宜邻近城市生活区布局，其用地边界距城乡居住用地及学校、医院等公共设施用地的距离一般不应小于300m。

生活垃圾焚烧厂单独设置时，用地内沿边界应设置宽度不小于10m的绿化隔离带。

3）生活垃圾卫生填埋场

生活垃圾卫生填埋场应设置在城市规划建成区外、地质情况较为稳定、符合防洪要求、取土条件方便、具备运输条件、人口密度低、土地及地下水利用价值低的地区，并不得设置在水源保护区、地下蕴矿区及影响城市安全的区域内，距农村居民点及人畜供水点不应小于0.5km。

综合考虑协调城市发展空间、选址的经济性和环境要求，新建生活垃圾卫生填埋场不应位于城市主导发展方向上，且用地边界距20万人口以上城市的规划建成区不宜小于5km，距20万人口以下城市的规划建成区不宜小于2km。

生活垃圾卫生填埋场用地内沿边界应设置宽度不小于10m的绿化隔离带，外沿周边宜设置宽度不小于100m的防护绿带。

生活垃圾卫生填埋场使用年限不应小于10年。

4）堆肥处理设施

生物降解有机垃圾可采用堆肥处理。堆肥处理设施宜位于城市规划建成区的边缘地带，用地边界距城乡居住用地不应小于0.5km。

堆肥处理设施在单独设置时，用地内沿边界应设置宽度不小于10m的绿化隔离带。

5）餐厨垃圾集中处理设施

餐厨垃圾应在源头进行单独分类、收集并密闭运输，餐厨垃圾集中处理设施宜与生活垃坂处理设施或污水处理设施集中布局。

餐厨垃圾集中处理设施用地边界距城乡居住用地等区域不应小于0.5km。

餐厨垃圾集中处理设施在单独设置时，用地内沿边界应设置宽度不小于10m的绿化隔离带。

6）粪便处理设施

粪便应逐步纳入城市污水管网统一处理。在城市污水管网未覆盖的地区及化粪池使用较为普遍的地区，未纳入城市污水管网统一处理的粪便与化粪池粪渣污泥应单独设置粪便处理设施进行处理。

粪便处理设施应优先选择在污水处理厂或污水主干管网、生活垃圾卫生填埋场的用地范围内或附近；规模不宜小于50t/d。

粪便处理设施与住宅、公共设施等的间距不应小于50m。粪便处理设施在单独设置时用地内沿边界应设置宽度不小于10m的绿化隔离带。

7）建筑垃圾处理、处置设施

建筑垃圾填埋场宜在城市规划建成区外设置，应选择具有自然低洼地势的山坳，采石场废坑，地质情况较为稳定、符合防洪要求、具备运输条件、土地及地下水利用价值低的地区，并不得设置在水源保护区、地下蕴矿区及影响城市安全的区域内，距农村居民点及人畜供水点不应小于0.5km。

建筑垃圾产生量较大的城市宜设置建筑垃圾综合利用厂，对建筑垃圾进行回收利用。建筑垃圾综合利用厂宜结合建筑垃圾填埋场集中设置。

(4) 其他环境卫生设施

1）公共厕所

根据城市性质和人口密度，城市公共厕所平均设置密度应按每平方千米规划建设用地3~5座选取；人均规划建设用地指标偏低、居住用地及公共设施用地指标偏高的城市，山地城市，旅游城市可适当提高。

公共厕所设置应符合下列要求：①设置在人流较多的道路沿线、大型公共建筑及公共活动场所附近；②公共厕所应以附属式公共厕所为主，独立式公共厕所为辅，移动式公共厕所为补充；③附属式公共厕所不应影响主体建筑的功能，宜在地面层临道路设置，并单独设置出入口；④公共厕所宜与其他环境卫生设施合建；⑤在满足环境及景观要求的条件下，城市公园绿地内可以设置公共厕所。

2）环境卫生车辆停车场

环境卫生车辆停车场应设置在环境卫生车辆的服务范围内并避开人口稠密和交通繁忙的区域。

知识点3　城市防灾系统规划【★★★★】

1. 城市综合防灾减灾规划的主要任务

根据城市自然环境、灾害区划和城市定位，确定城市各项防灾标准，合理确定各项防灾设施的等级、规模；科学布局各项防灾措施；充分考虑防灾设施与城市常用设施的有机结合，制定防灾设施的统筹建设、综合利用、防护管理等对策与措施。

2. 城市综合灾减灾规划的原则

1）城市综合防灾减灾规划必须按照有关法律规范和标准进行编制。

2）城市综合防灾减灾规划应与各级城市规划及各专业规划相协调。

3）城市综合防灾减灾规划应结合当地实际情况，确定城市和地区的设防标准、确定防灾对策、合理布置各项防灾设施，做到近远期规划结合。

4）城市综合防灾减灾规划应注重防灾工程设施的综合使用和有效管理。

3. 城市综合防灾减灾规划的主要内容

1）**城市总体规划中的主要内容：** 确定城市消防、防洪、人防、抗震等设防标准；布局城市消防、防洪、人防等设施；制定防灾对策与措施；组织城市防灾生命线系统。

2）**城市详细规划中的主要内容：** 确定规划范围内各种消防设施的布局及消防通道间距等；确定规划范围内地下防空建筑的规模、数量、配套内容、抗力等级、位置布局，以及平战结合的用途；确定规划范围内的防洪堤标高、排涝泵站位置等；确定规划范围内疏散通道、疏散场地布局。

4. 城市防灾减灾专项规划的主要内容

城市防灾减灾各专项规划的主要内容

类型	内容
城市消防工程设施专项规划	① 根据城市性质和发展规划，合理安排消防分区，全面考虑易燃易爆工厂、仓库和火灾危险较大的建筑、仓库的布局及安全要求。 ② 提出大型公共建筑（如商场、剧场、车站、港口、机场等）消防工程设施规划。 ③ 提出城市广场，主要干路的消防工程设施规划。 ④ 提出火灾危险性较大的工厂、仓库、汽车加油站等保障安全的有效措施。 ⑤ 提出城市古建筑、重点文物单位安全保护措施。 ⑥ 提出燃气管道、液化气站安全保护措施。 ⑦ 制定城市旧区改造消防工程设施规划。 ⑧ 初步确定城市消防站、点的分布规划。 ⑨ 初步确定城市消防给水规划、消防水池设置规划。 ⑩ 初步确定消防瞭望、消防通信及调度指挥规划。 ⑪ 确定消防训练、消防车通路的规划
城市防洪工程设施专项规划	① 对城市历史洪水特点、现有堤防情况、抗洪能力进行分析。 ② 被保护对象在城市总体规划和国民经济中的地位，以及洪灾可能影响的程度。选定城市防洪设计标准和计算现有河道的行洪能力。 ③ 确定规划目标和规划原则。 ④ 制定城市防洪规划方案，包括河道综合治理规划、蓄滞洪区规划、非工程措施规划等
城市抗震工程设施专项规划	① 抗震防灾规划的指导思想、目标和措施，规划的主要内容和依据等。 ② 易损性分析和防灾能力评价，地震危险性分析，地震对城市的影响及危害程度估计，不同强度地震下的震害预测等。 ③ 城市抗震规划目标、抗震设防标准。 ④ 建设用地评价与要求。 ⑤ 抗震防灾措施。 ⑥ 防止次生灾害规划。主要包括水灾、火灾、爆炸、溢毒、疫病流行以及放射性辐射等次生灾害的危害程度、防灾对策和措施。 ⑦ 震前应急准备及震后抢险救灾规划。 ⑧ 抗震防灾人才培训等

类型	内容
城市防空工程设施专项规划	① 城市总体防护要求：对城市总体规模、布局、道路、建筑物密度、绿地、广场水面等提出防护和控制要求，对城市的经济目标，城市的供水、供电、供热、煤气、通信等基础设施提出防护要求；对生产储存危险或有害物质的工厂与仓库的选择、迁移、疏散方案及降低次生灾害程度的应急措施，城市市区、市际交通线路系统的选线、布局及防护、输运方案，人防报警器的布置和选点提出要求。 ② 人防工程建设规划：确定城市人防工程的总体规模、防护等级和配套布局，人防指挥部、通信、人员掩蔽、医疗救护、物资储备、防空专业队伍、疏散干道等工程以及配套设施的规模和布局，居住小区人防工程建设规模等；提出已建人防的改造和平时利用方案。 ③ 人防工程建设与城市地下空间开发利用相结合规划：确定人防工程建设与地下空间开发利用相结合的主要方面和内容；确定规划期内相结合建设项目的性质、规模和总体布局；确定近期开发建设项目并进行投资估算
城市地质灾害规划	地质灾害主要有崩塌滑坡、泥石流、矿山采空塌陷、地面沉降、土地沙化、地裂缝、沙土液化以及活动断裂等。 城市地质灾害规划是在对地质灾害自然背景及发育现状调查分析基础上，进行地质灾害易发区划，作为限制性空间条件指导确定城市规划布局，避免和减轻致灾地质作用给人民生命和财产造成的损失。 城市地质灾害规划的内容有：地质灾害致灾自然背景及发育现状调查、地质灾害易发区划（可分为突发性地质灾害易发区、缓变性地质灾害易发区和地质灾害非易发区；对城市规划布局具有重要指导意义）、地质灾害防灾减灾规划措施
其他综合防灾减灾规划	除以上灾害的种类外，各城市可根据需要的防抗灾害具体情况，编制突发事件应急系统、气象灾害、森林防火、防危险化学品事故灾害等专项规划

5. 《国土空间综合防灾规划编制规程》TD/T 1086—2023 要点整理

(1) 省级国土空间综合防灾规划的任务和内容

① 落实国家级综合防灾规划；

② 判识省域主要灾害风险，确定省域主要灾害类型；

③ 确定全省综合防灾规划目标和主要灾害防灾标准；

④ 构建省域国土空间防灾安全格局；

⑤ 划设国土空间灾害风险区，协调省际和统筹省内跨地区的国土空间灾害风险区；

⑥ 布局省级及以上主要灾害空间和重要防灾设施，衔接跨省际防灾空间和防灾设施；

⑦ 提出省域国土空间重大灾害的防治原则和空间管控引导措施；

⑧ 对省级单灾种防灾专项规划和市级国土空间综合防灾规划编制提出传导要求和规划指引。

(2) 市、县国土空间综合防灾规划的任务与内容

① 细化落实上位国土空间综合防灾规划的传导要求；

② 判识市、县主要灾害风险，确定市、县域国土空间主要灾害类型；

③ 确定市、县域综合防灾规划目标和主要灾害防灾标准；

④ 构建市、县域国土空间防灾安全格局；

⑤ 划设市、县域国土空间主要灾害风险区和主要灾害风险控制线；

⑥ 布局市、县域和中心城区的主要防灾空间、重要防灾设施和国土空间灾害防治项目，制定防灾空间、防灾设施和国土空间灾害防治项目的空间管控引导措施，衔接跨市、县际防灾空间和防灾设施；

⑦ 对乡镇级国土空间综合防灾规划和详细规划中的综合防灾规划提出传导要求和规划指引。

6. 《城市社区应急避难场所建设标准》建标 180—2017 要点整理

（1）总则

1）城市社区应急避难场所是指为应对突发性灾害，用于避难人员疏散和临时避难，具有一定规模的应急避难生活服务设施的场地和建筑。

2）城市社区应急避难场所建设应遵循"以人为本、安全可靠、平灾结合、就近避难"的原则。

3）城市社区应急避难场所建设应符合所在地城市规划要求，统一规划，一次或分期实施。

（2）建设规模与项目构成

1）城市社区应急避难场所建设规模应依据社区规划人口或常住人口数量确定。

2）城市社区应急避难场所项目应包括避难场地、避难建筑和应急设施。

3）避难场地应包括应急避难休息、应急医疗救护、应急物资分发、应急管理、应急厕所、应急垃圾收集、应急供电、应急供水等各功能区。

4）避难建筑应由应急避难生活服务用房和辅助用房构成。其中，生活服务用房宜包括避难休息室、医疗救护室、物资储备室等，辅助用房宜包括管理室、公共厕所等。

5）应急设施应包括应急供电、应急供水、应急排水、应急广播和消防等。

（3）选址与布局规划

1）城市社区应急避难场所的选址应符合所在城市居住区规划，遵循场地安全、交通便利和出入方便的原则，并应符合下列规定：应选择地势较高、平坦、开阔、地质稳定、易于排水、适宜搭建帐篷的场地；应避开周围的地质灾害隐患和易燃易爆危险源；应选择利于人员和车辆进出的地段；应选择便于应急供水、应急供电等设施接入的地段。

2）城市社区应急避难场所宜优先选择社区花园、社区广场、社区服务中心等公共服务设施进行规划建设，并应符合避难场地和避难建筑的要求。

3）城市社区应急避难场所的服务半径不宜大于 500m。

4）城市社区应急避难场所应有 2 条及以上不同方向的安全通道与外部相通，通道的有效宽度不应小于 4m。

（4）场地、建筑与设施

1）避难场地宜根据社区规划人口或常住人口数划分若干应急避难休息区，每个避难休息区人数不宜大于 2000 人，且每个避难休息区之间应采用宽度不小于 3m 的人行通道作为缓冲区进行分隔。

2）避难场地的应急医疗救护区、应急物资分发区和应急管理区宜设置在硬质地面上。

3）避难建筑宜为低层建筑。与社区公共服务设施合建时，避难休息室和医疗救护室应设置在建筑物底层，并应符合无障碍设计要求。

4）避难建筑的防火等级不应低于二级。

5）避难场地应配置给水接入管，给水接入管应与市政供水管连接。

261

6）避难建筑宜按二级及以上负荷供电，避难建筑的照明和用电设备应安装到位。

7.《防灾避难场所设计规范》GB 51143—2015 要点整理

（1）一般规定

1）避难场所按照其配置功能级别、避难规模和开放时间，可划分为紧急避难场所、固定避难场所和中心避难场所三类。固定避难场所按预定开放时间和配置应急设施的完善程度可划分为短期固定避难场所、中期固定避难场所和长期固定避难场所三类。

2）避难场所应满足其责任区范围内避难人员的避难需求以及城市级应急功能配置要求，并应符合下列规定：①中心避难场所和中期及长期固定避难场所配置的城市级应急功能服务范围，宜按建设用地规模不大于 $30km^2$、服务总人口不大于 30 万人控制，并不应超过建设用地规模 $50km^2$、服务总人口 50 万人；②中心避难场所的城市级应急功能用地规模按总服务人口 50 万人不宜小于 $20hm^2$，按总服务人口 30 万人不宜小于 $15hm^2$；③承担固定避难任务的中心避难场所的控制指标尚宜满足长期固定避难场所的要求。

（2）设防要求

1）避难场所，设定防御标准所对应的地震影响不应低于本地区抗震设防烈度相应的罕遇地震影响，且不应低于 7 度地震影响。

2）防风避难场所的设定防御标准所对应的风灾影响不应低于 100 年一遇的基本风压对应的风灾影响，防风避难场所设计应满足临灾时期和灾时避难使用的安全防护要求，龙卷风安全防护时间不应低于 3 小时，台风安全防护时间不应低于 24 小时。

3）位于防洪保护区的防洪避难场所的设定防御标准应高于当地防洪标准所确定的淹没水位，且避洪场地的应急避难区的地面标高应按该地区历史最大洪水水位确定，且安全超高不应低于 0.5m。

4）避难场所排水工程设计应符合下列规定：①避难场所建筑屋面排水设计重现期不应低于 5 年，室外场地不应低于 3 年；②中心避难场所及其周边区域的排水设计重现期不应低于 5 年；③固定避难场所及其周边区域的排水设计重现期不应低于 3 年；④防台风避难场所排水设计应保证在 100 年一遇的台风暴雨条件下，场所内避难建筑首层地面不被淹没。

（3）应急交通保障措施

避难场所的应急交通保障措施应符合下列规定：应急通道的有效宽度，救灾主干道不应小于 15m，疏散主干道不应小于 7m，疏散次干道不应小于 4m。

（4）避难场所

1）避难场所设置

避难场所应优先选择场地地形较平坦、地势较高、有利于排水、空气流通、具备一定基础设施的公园、绿地、广场、学校、体育场馆等公共建筑与设施，其周边应道路畅通、交通便利，并应符合下列规定：①中心避难场所宜选择在与城镇外部有可靠交通连接，易于伤员转运和物资运送，并与周边避难场所有疏散道路联系的地段；②固定避难场所宜选择在交通便利，有效避难面积充足，能与责任区内居住区建立安全避难联系，便于人员进入和疏散的地段；③紧急避难场所可选择居住小区内的花园、广场、空地和街头绿地等；④固定避难场所和中心避难场所可利用相邻或相近的且抗灾设防标准高、抗灾能力好的各类公共设施，按充分发挥平灾结合效益的原则整合而成。

2）紧急避难场所

紧急避难场所宜根据责任区内所属居住区情况，结合应急医疗卫生救护和应急物资分发需要设置场所管理点。场所管理点宜根据避难容量，按不小于每万人 $50m^2$ 用地面积预留配置。

紧急避难场所宜设置应急休息区，且宜根据避难人数适当分隔为避难单元，并应符合下列规定：①应急休息区的避难单元避难人数不宜大于2000人，避难单元间宜利用常态设施或设置缓冲区进行分隔；②缓冲区的宽度应根据其分隔聚集避难人数确定，且人数小于等于2000人时，不宜小于3m；人数大于2000人且小于等于8000人时，不宜小于6m；人数大于8000人且小于等于20000人时，不宜小于12m。

3）固定避难场所

固定避难场所应设置避难宿住区，且应根据避难人数分隔为相对独立的避难单元，分级配置相关应急保障基础设施和辅助设施，并应符合下列规定：①中期、长期固定避难场所内的避难单元间宜利用常态设施或缓冲区进行分隔，并应满足防火要求；②避难场所的人员主出入口以及避难人数大于等于3.5万人的避难宿住区之间应设置宽度不小于28m的缓冲区。

固定避难场所的责任区级应急物资储备分发和应急医疗卫生救护设施应设置在场所内相对独立地段或场所周边。当利用周边设施时，其与避难场所的通行距离不应大于500m。

4）中心避难场所

中心避难场所宜独立设置应急指挥区；应急指挥区应配置应急停车区、应急直升机使用区及其配套的应急通信、供电等设施；中心避难场所宜设置应急救灾演练、应急功能演示或培训设施。

（5）总体布局设计

避难场地可根据自然地形坡度，采用平坡、台阶或混合式；当自然地形坡度小于8%时，可采用平坡式；当自然地形坡度大于8%时，宜采用台阶式，且台阶高度宜为1.5m～3m，台阶之间应设挡土墙或护坡。

（6）应急交通

1）避难场所主要、次要和专用出入口的确定应符合下列规定：①中心避难场所和长期固定避难场所应至少设4个不同方向的主要出入口，中期和短期固定避难场所及紧急避难场所应至少设置2个不同方向的主要出入口；②主要出入口宜在不同方向分散设置，应与灾害条件下避难场所周边和内部应急交通及人员的走向、流量相适应，并应根据避难人数、救灾活动的需要设置集散广场或缓冲区；③中心避难场所和中长期固定避难场所的主要出入口宜满足人员和车辆出入通行要求；④城市级应急功能区宜设置专用出入口，并满足专用车辆通行要求；⑤紧邻避难人数超过4000人的避难单元的围挡设施可设置次要出入口；⑥用于避难人员疏散的所有出入口的总宽度不应小于10m/万人。

2）避难场所内的通道可按主通道、次通道、支道和人行道分级设置。避难场所内主通道通道有效宽度不小于7m，次通道通道有效宽度不小于4m，支道通道有效宽度不小于3.5m，人行道通道有效宽度不小于1.5m。

（7）消防与疏散

1）对于避难场所的防火安全疏散距离，当避难场所有可靠的应急消防水源和消防设施时不应大于50m，其他情况不应大于40m。对于婴幼儿、高龄老人、行动困难的残疾人和伤病员等特定群体的专门避难区的防火安全疏散距离不应大于20m，当避难场所有可靠的应急消防水源和消防设施时不应大于25m。

2）避难场所内消防通道设置应符合下列规定：供消防车取水的天然水源和消防水池应设置消防取水平台，并应连接车道；消防车道的净宽度和净空高度不应小于4m。

3）避难场所内消防通道设置尚应符合下列规定：①避难场所内宜设置环形网状消防通

道，应急功能区可供消防车通行的通道间距不宜大于160m；②避难场所内可供消防车通行的尽端式通道的长度不宜大于120m，并应设置长度和宽度均不小于12m的回车场地；③供消防车停留的车道及空地坡度不宜大于3%。

8.《建筑抗震设计规范》GB 50011—2010（2016年版）要点整理

（1）建筑抗震地段划分

建筑抗震地段划分

地段类别	地质、地形、地貌
有利地段	稳定基岩，坚硬土，开阔、平坦、密实、均匀的中硬度等
一般地段	不属于有利、不利和危险的地段
不利地段	软弱土，液化土，条状突出的山嘴，高耸孤立的山丘，陡坡，陡坎，河岸和边坡的边缘，平面分布上成因、岩性、状态明显不均匀的土层，高含水量的可塑黄土，地表存在结构性裂缝等
危险地段	地震时可能发生滑坡、崩塌、地陷、地裂、泥石流等及发震断裂带上可能发生地表位错的部位

（2）可忽略发震断裂错动对地面建筑的影响的情况

1）抗震设防烈度小于8度。

2）非全新世活动断裂。

3）抗震设防烈度为8度和9度时，隐伏断裂的土层覆盖厚度分别大于60m和90m。

9.《城市防洪规划规范》GB 51079—2016要点整理

（1）城市防洪标准

1）城市总体规划确定的中心城区集中防洪保护区或独立防洪保护区内的常住人口规模。

2）城市的社会经济地位。

3）洪水类型及其对城市安全的影响。

4）城市历史洪灾成因、自然及技术经济条件。

5）流域防洪规划对城市防洪的安排。

（2）城市用地防洪安全布局

城市用地布局应按高地高用、低地低用的用地原则，并应符合下列规定。

1）城市防洪安全性较高的地区应布置城市中心区、居住区、重要的工业仓储区及重要设施。

2）城市易涝低地可用作生态湿地、公园绿地、广场、运动场等。

3）城市发展建设中应加强自然水系保护，禁止随意缩小河道过水断面，并保持必要的水面率。

4）当城市建设用地难以避开易涝低地时，应根据用地性质，采取相应的防洪排涝安全措施。

（3）城市防洪体系

1）城市防洪体系应包括工程措施和非工程措施。工程措施包括挡洪工程、泄洪工程、蓄滞洪工程及泥石流防治工程等，非工程措施包括水库调洪、蓄滞洪区管理、暴雨与洪水预警预报、超设计标准暴雨和超设计标准洪水应急措施、防洪工程设施安全保障及行洪通道保护等。

2）不同类型地区的城市防洪工程的构建应符合下列规定：

① 山地丘陵地区城市防洪工程措施应主要由护岸工程、河道整治工程、堤防等组成；

② 平原地区河流沿岸城市防洪应采取以堤防为主体，河道整治工程、蓄滞洪区相配套的防洪工程措施；

③ 河网地区城市防洪应根据河流分割形态，分片建立独立防洪保护区，其防洪工程措施由堤防、防洪（潮）闸等组成；

④ 滨海城市防洪应形成以海堤、挡潮闸为主，消浪措施为辅的防洪工程措施。

10.《城市消防规划规范》GB 51080—2015 要点整理

（1）城市消防安全布局

1）易燃易爆危险品场所或设施的消防安全应符合下列规定：

① 易燃易爆危险品场所或设施应按国家现行相关标准的规定控制规模，并应根据消防安全的要求合理布局；

② 易燃易爆危险品场所或设施应设置在城市的边缘或相对独立的安全地带，大、中型易燃易爆危险品场所或设施应设置在城市建设用地边缘的独立安全地区，不得设置在城市常年主导风向的上风向、主要水源的上游或其他危及公共安全的地区，对周边地区有重大安全影响的易燃易爆危险品场所或设施，应设置防灾缓冲地带和可靠的安全设施；

③ 易燃易爆危险品场所或设施与相邻建筑、设施、交通线等的安全距离应符合国家现行有关标准的规定，城市建设用地范围内新建易燃易爆危险品生产、储存、装卸、经营场所或设施的安全距离，应控制在其总用地范围内；

④ 城市建设用地范围内应控制汽车加油站、加气站和加油加气合建站的规模和布局；

⑤ 城市燃气系统应统筹规划，区域性输油管道和压力大于1.6MPa的高压燃气管道不得穿越军事设施、国家重点文物保护单位、其他易燃易爆危险品场所或设施用地、机场（机场专用输油管除外）、非危险品车站和港口码头，城市输油、输气管线与周围建筑和设施之间的安全距离应符合国家现行有关标准的规定；

⑥ 合理安排易燃易爆危险品运输线路及通行时段；

⑦ 现有影响城市消防安全的易燃易爆危险品场所或设施，应结合城市更新改造，进行规模调整、技术改造、搬迁或拆除等，构成重大隐患的，应采取停用、搬迁或拆除等措施，并应纳入近期建设规划。

2）城市建设用地内，应建造一、二级耐火等级的建筑，控制三级耐火等级的建筑，严格限制四级耐火等级的建筑。

3）历史城区及历史文化街区的消防安全应符合下列规定：①历史城区应建立消防安全体系，因地制宜地配置消防设施、装备和器材；②历史城区不得设置生产、储存易燃易爆危险品的工厂和仓库，不得保留或新建输气、输油管线和储气、储油设施，不宜设置配气站，低压燃气调压设施宜采用小型调压装置；③历史城区的道路系统在保持或延续原有道路格局和原有空间尺度的同时，应充分考虑必要的消防通道；④历史文化街区应配置小型、适用的消防设施、装备和器材，不符合消防车通道和消防给水要求的街巷，应设置水池、水缸、沙池、灭火器等消防设施和器材；⑤历史文化街区外围宜设置环形消防车通道；⑥历史文化街区不得设置汽车加油站、加气站。

4）城市与森林、草原相邻的区域，应根据火灾风险和消防安全要求，划定并控制城市建设用地边缘与森林、草原边缘的安全距离。

（2）消防站

1）城市消防站应分为陆上消防站、水上消防站和航空消防站。陆上消防站分为普通消防站、特勤消防站和战勤保障消防站。普通消防站分为一级普通消防站和二级普通消防站。

2）陆上消防站设置应符合以下规定：①城市建设用地范围内应设置一级普通消防站；②城市建成区内设置一级普通消防站确有困难的区域，经论证可设二级普通消防站；③地级及以上城市、经济较发达的县级城市应设置特勤消防站和战勤保障消防站，经济发达且有特勤任务需要的城镇可设置特勤消防站；④消防站应独立设置。特殊情况下，设在综合性建筑物中的消防站应有独立的功能分区，并应与其他使用功能完全隔离，其交通组织应便于消防车应急出入。

3）陆上消防站布局应符合以下规定：①城市建设用地范围内普通消防站布局，应以消防队接到出动指令后 5 分钟内可到达其辖区边缘为原则确定；②普通消防站辖区面积不宜大于7km²，设在城市建设用地边缘地区、新区且道路系统较为畅通的普通消防站，应以消防队接到出动指令后 5 分钟内可到达其辖区边缘为原则确定其辖区面积，其面积不应大于 15km²，也可通过城市或区域火灾风险评估确定消防站辖区面积；③特勤消防站应根据其特勤任务服务的主要对象，设在靠近其辖区中心且交通便捷的位置，特勤消防站同时兼有其辖区灭火救援任务的，其辖区面积宜与普通消防站辖区面积相同；④消防站辖区划定应结合城市地域特点、地形条件和火灾风险等，并应兼顾现状消防站辖区，不宜跨越高速公路、城市快速路、铁路干线和较大的河流，当受地形条件限制，被高速公路、城市快速路、铁路干线和较大的河流分隔，年平均风力在 3 级以上或相对湿度在 50％以下的地区，应适当缩小消防站辖区面积。

4）陆上消防站的建设用地面积规定：①一级普通消防站 3900～5600m²；②二级普通消防站 2300～3800m²；③特勤消防站 5600～7200m²；④战勤保障消防站 6200～7900m²。

5）有水上消防任务的水域应设置水上消防站。水上消防站设置和布局规定：①水上消防站应设置供消防艇靠泊的岸线，岸线长度不应小于消防艇靠泊所需长度，河流、湖泊的消防艇靠泊岸线长度不应小于100m；②水上消防站应设置陆上基地，陆上基地用地面积应与陆上二级普通消防站的用地面积相同；③水上消防站布局，应以消防队接到出动指令后 30 分钟内可到达其辖区边缘为原则确定，消防队至其辖区边缘的距离不大于 30km。

6）水上消防站选址应符合以下规定：①水上消防站应靠近港区、码头，避开港区、码头的作业区，避开水电站、大坝和水流不稳定水域，内河水上消防站宜设置在主要港区、码头的上游位置；②当水上消防站辖区内有危险品码头或沿岸有危险品场所或设施时，水上消防站及其陆上基地边界距危险品部位不应小于 200m；③水上消防站趸船与陆上基地之间的距离不应大于 500m，且不得跨越高速公路、城市快速路、铁路干线。

7）航空消防站设置应符合以下规定：①人口规模 100 万人及以上的城市和确有航空消防任务的城市，宜独立设置航空消防站，并应符合当地空管部门的要求；②除消防直升机站场外，航空消防站的陆上基地用地面积应与陆上一级普通消防站用地面积相同；③结合其他机场设置消防直升机站场的航空消防站，其陆上基地建筑应独立设置，当独立设置确有困难时，消防用房可与机场建筑合建，但应有独立的功能分区；④航空消防站飞行员、空勤人员训练基地宜结合城市现有资源设置。

（3）消防供水

1）城市消防用水可由城市给水系统、消防水池及符合要求的其他人工水体、天然水体、再生水等供给。

2）市政消火栓、消防水鹤设置应符合下列规定：①市政消火栓应统一型号规格，市政消火栓宜采用地上式，采用地下式消火栓应有明显标志，寒冷地区设置的市政消火栓应采取防冻措施；②寒冷地区可设置消防水鹤，其服务半径不宜大于1000m；③火灾风险较高的区域可适当增加市政消火栓或消防水鹤的设置密度，加大供水量和水压。

3）当有下列情况之一时，应设置城市消防水池：①无市政消火栓或消防水鹤的城市区域；②无消防车通道的城市区域；③消防供水不足的城市区域或建筑群。

（4）消防车通道

1）消防车通道的设置应符合下列规定：①消防车通道之间的中心线间距不宜大于160m；②环形消防车通道至少应有两处与其他车道连通，尽端式消防车通道应设置回车道或回车场地；③消防车通道的净宽度和净空高度均不应小于4m，与建筑外墙的距离宜大于5m；④消防车通道的坡度不宜大于8%，转弯半径应符合消防车的通行要求，举高消防车停靠和作业场地坡度不宜大于3%。

2）供消防车取水的天然水源、消防水池及其他人工水体应设置消防车通道，消防车通道边缘距离取水点不宜大于2m，消防车距吸水水面高度不应超过6m。

知识点 4　《城市综合防灾规划标准》GB/T 51327—2018 要点整理【★★★★】

1. 城市综合防灾内容

（1）城市总体规划中的防灾规划内容

包括城市防灾体系建设目标和任务，防灾设施建设标准，重大防灾设施空间布局要求，重点防御灾害的规划对策和措施，涉及城市发展全局安全的防灾控制界线、防灾管控措施等内容。

（2）城市综合防灾专项规划内容

除应包括上面的内容外，尚应包括：综合防灾评估，设定防御标准和灾害防御指引，城市防灾安全布局，城市应急保障基础设施和应急服务设施规划，重要防护对象、重要应急保障对象、重要设防对象及规划管控措施，近期实施的防灾设施及其他重点防灾建设项目。

2. 基本规定

（1）城市综合防灾规划灾害防御重点内容

城市综合防灾规划宜以主要灾害防御为主线，综合考虑其他灾害和突发事件影响，统筹考虑公共安全应对、人防工程建设，建立完善城市防灾和应急体系，并将下列内容纳入灾害防御重点。

城市综合防灾规划灾害防御重点内容

内容	说明
自然灾害防御重点内容	① 抗震防灾。 ② 受江河洪水、风暴潮、暴雨山洪或内涝威胁城市的防洪治涝。 ③ 遭受地质灾害威胁地区的泥石流、滑坡、崩塌等地质灾害防治。 ④ 可能遭受台风、龙卷风、暴风雪、雨雪冰冻等极端天气灾害影响地区的对应类型气象灾害防御

内容	说明
事故灾难防御 重点内容	① 统筹考虑火灾、重大危险源和其他灾害次生灾害的综合防御。 ② 可能发生特大灾害损失或特大灾难性事故后果的设施和地区的防范。 ③ 易发生重大或特大事故后果的地下管线、地下综合管廊等地下空间设施的防范。 ④ 灾害高风险片区、重大灾害源点、重大危险源点及重要防护对象的规划管控措施

（2）城市综合防御目标

1）当遭受相当于工程抗灾设防标准的较大灾害影响时，城市应能够全面应对灾害，应无重大人员伤亡；防灾设施应有效发挥作用，城市功能基本不受影响，城市可保持正常运行。

2）当遭受相当于设定防御标准的重大灾害影响时，城市能有效减轻灾害，城市不应发生特大灾害效应，应无特大人员伤亡；防灾设施应能基本发挥作用，重大危险源以及可能发生特大灾难性事故后果的设施和地区应能得到有效控制。

3）当遭受高于设定防御标准的特大灾害影响时，应能保证对外疏散和对内救援可有效实施。

（3）城市灾害设定防御标准

1）设定防御标准所对应的地震影响不应低于本地区抗震设防烈度对应的罕遇地震影响。

2）设定防御标准所对应的风灾影响不应低于重现期为 100 年的基本风压对应的风灾影响；临灾时期和灾时的应急救灾和避难的安全防护时间对龙卷风不应低于 3 小时，对台风不应低于 24 小时。

（4）提出更高的设防标准或防灾要求的地区或工程设施

1）城市发展建设特别重要的地区。

2）可能导致特大灾害损失或特大灾难性事故后果的设施和地区。

3）保障城市基本运行，灾时需启用或功能不能中断的工程设施。

4）承担应急救援和避难疏散任务的防灾设施、城市重要公共空间、公共建筑和公共绿地等重要公共设施。

（5）强制性内容

1）设定防御标准、工程抗灾设防标准。

2）限制建设和不宜建设的用地范围，限制使用要求和用地防灾管控措施。

3）重大危险源、灾害高风险区、应急保障服务薄弱片区、可能造成特大灾难性后果设施和地区的规划措施。

4）防灾设施布局、规划用地控制要求。

5）城市重要防护对象、重要应急保障对象与重要设防对象的防灾设施配置要求和空间安全保障的规划控制要求。

6）防灾规划管控要求和措施。

3. 用地安全评估

1）用地布局安全评估时，应对居住区、中小学校、医院、养老设施等人员密集地点、弱势人群聚集地点的潜在安全风险，针对下述内容进行评估：

① 所面临的灾害及潜在安全风险、影响程度、预防措施；

② 灾害设防标准及抗灾措施；

③ 重大危险源可能危害程度、个人及社会风险、防护措施有效性；

④ 应急预案、避险疏散安置对策与措施。

2）用地布局安全评估时，下列设施或地区宜作为可能发生特大灾害损失和特大灾难性事故的重点防范对象：

① 核材料生产储存设施、核设施；

② 可能发生地表断错的发震断裂；

③ 水面高于城市用地标高，发生决堤、溃坝等事故，可能威胁到城市发展全局安全的河流、水库、湖泊、堰塞湖等大面积水域；

④ 储存规模特别大的重大危险品储罐区、库区、生产企业、尾矿库等对城市用地有重大安全影响的设施；

⑤ 灾害的遇合影响、耦合效应、连锁效应或规模效应可能特别突出的地区。

4. 城市防灾安全布局

城市综合防灾规划应以"平灾结合、多灾共用、分区互助、联合保障"为原则，统筹协调和综合安排防灾设施，保障城市用地安全，应对防灾设施进行空间整治和有效整合，满足灾害防御和应急救灾的需求。城市规划宜采取下列措施整合各类设施，完善防灾体系，提高防灾效能。

1）整合应急通道和绿地、生态设施，连接应急服务设施，形成安全廊道。

2）应急指挥、消防、避难、医疗卫生、物资储备、综合演练等设施可综合设置或毗邻布局。

3）以防灾设施为支撑，整合应急服务设施周边公共服务场所和设施，进行空间整治，形成防灾分区的安全据点和应急服务体系。

5. 用地安全布局

（1）城市用地安全布局规定

1）用地安全布局应划定灾害高风险片区、有条件适宜地段和不适宜地段、可能造成特大灾难性事故的设施和地区，并应确定相应的规划管控要求和防灾措施。

2）用地安全布局规划应针对城市功能分区、用地布局、建设用地选择和重大项目建设提出控制或减缓用地风险的规划要求和防灾措施制定防灾规划管控措施。

3）城市发展主导方向、城镇密集区、城镇走廊、新建城镇及区域重大设施布局等，应避开灾害风险高、用地防灾适宜性差的区域和地段，优先选择灾害风险低、用地防灾适宜性好的区域和地段。工程项目选址应避免因工程建设诱发新的灾害。

4）较适宜地段、有条件适宜地段和不适宜地段采取工程措施后方可作为城乡建设用地。建设项目选址应优先考虑适宜地段、较适宜地段，对有条件适宜地段和不适宜地段，应明确限制或禁止使用要求。

5）城市规划建设用地安排应充分考虑竖向设计，不宜将重要设施布置在易发生内涝、积水的低洼地带。

6）城市规划应根据流域防洪规划有关要求分类分区建设和管理蓄滞洪区。城乡建设不得减少蓄滞洪总量。滞洪区应保留足够的开敞空间面积，留有洪水通道，并保持畅通。

7）城市与森林、草原相邻的区域，应根据火灾风险和消防安全要求，划定并控制城市建设用地边缘与森林、草原边缘的安全距离。

（2）火灾高风险区防灾隔离带设置要求

火灾高风险区防灾隔离带设置要求

级别	最小宽度（m）	设置条件
一	40	防止特大规模次生火灾蔓延；需保护建设用地规模 7～12km²
二	28	防止重大规模次生火灾蔓延；需保护建设用地规模 4～7km²
三	14	一般街区分隔

6. 防灾分区

（1）防灾分区的划分

1）水体、山体等天然界限宜作为防灾分区的分界，防灾分区划分尚应考虑道路、铁路、桥梁等工程设施分隔作用。

2）防灾分区划分宜考虑规划协调、工程建设和运营维护的日常管理要求。

3）防灾分区可依据灾后应急状态时的行政事权分级管理划分。

（2）防灾分区的规划控制

1）防灾分区的分级设置应符合下列规定：

① 人口规模为 3 万人～10 万人级别的防灾分区，宜设置固定避难场所、应急取水和储水设施、不低于Ⅱ级应急通道，应急医疗救护场地、应急物资储备分发场地（此级别防灾分区宜与城市规划管理单元相衔接，协调落实规划控制内容和防灾措施）；

② 人口规模为 20 万人～50 万人级别或区级的防灾分区，宜设置中心避难场所、市区级应急指挥中心、Ⅰ级应急保障医院、救灾物资储备库、应急保障水源及应急保障水厂、Ⅰ级应急疏散通道、市区级应急医疗救护场地和应急物资储备分发场所。

2）通往每个防灾分区的应急通道不应少于 2 条。缺少应急通道的，应增加城市广场，预留直升机起降场地。

3）防灾分区间应满足防止灾害蔓延的要求。

4）防灾分区应制定应急保障水厂、应急保障医院、避难场所等重要防灾设施与城市主要应急通道、供电设施、通信设施的联接设施的规划要求。

5）防灾分区应针对人员密集公共设施的紧急避险和紧急避难提出应急保障基础设施和应急服务设施配置及安全保障空间的规划要求和防灾措施。

7. 防灾设施和重要公共设施布局

（1）应急通道防灾管控措施和建设要求

1）城市保证一个主要灾害源发生最大可能灾害影响时可有效通行的疏散救援出入口数量，大城市不得少于 4 个、中等城市和小城市不得少于 2 个，特大城市、超大城市应按城市组团分别考虑疏散救援出入口设置。

2）城市疏散救援出入口应与城市内救灾干道和区域高等级公路连接，并宜与航空、铁路、航运等交通设施连接，形成高冗余度相互支撑的交通走廊形式，保障对内救援和对外疏散可有效实施。

3）100 万人口及以上的城市组团应考虑灾害规模效应和组团内部的应急通行，提高救灾干道、疏散主通道的有效宽度设置标准，并宜分别考虑救援和疏散要求分开设置。

4）沿海、沿江河的城市以及山地城市宜采取建设应急码头、直升机起降场地等措施增强应急交通能力。

5）城市应急通道应与应急保障对象和城市重要公共设施的出入口相衔接。

（2）城市应急服务设施规模

1）应急服务设施的规模应考虑建筑工程可能破坏和潜在次生灾害影响因素，按满足其服务范围内设定最大灾害效应下所核算需提供应急服务人口的需要来确定。

2）固定避难人口数量应以避难场所服务责任区范围内常住人口为基准核定，且不宜低于常住人口的15%，其中长期固定避难人口数量不宜低于常住人口的5%。紧急避难人口数量应包括常住人口和流动人口，核算单元不宜大于 2km²。人流集中的公共场所周边地区核算时，宜按不小于年度日最大流量的80%核算流动人口数量。

3）应急医疗卫生救助人口数量宜按总人口核算，其中受伤及疫病人员数量不宜低于城市常住人口的2%。

8. 应急保障基础设施

1）城市应急交通、供水、供电、通信等应急保障基础设施的应急功能保障级别应划分为Ⅰ、Ⅱ和Ⅲ级。

2）应急通道的宽度和净空限高要求应符合下列规定：

① 应急通道的有效宽度，救灾干道不应小于15m，疏散主通道不应小于7m，疏散次通道不应小于4m；

② 跨越应急通道的各类工程设施，应保证通道净空高度不小于4.5m。

9. 应急服务设施

（1）防洪应急服务设施的设置

承担城市防洪疏散避难场所的设定防洪标准应高于城市防洪标准，且避洪场地的应急避难区的地面标高宜按该地区历史最大洪水水位考虑，其安全超高不宜低于0.5m。

（2）应急保障医院的设置

1）Ⅰ级应急保障医院的服务人口规模宜为20万人～50万人，Ⅱ级应急保障医院的服务人口规模宜为10万人～20万人。

2）应急保障医院应考虑灾后建筑破坏条件下，安排临时应急医疗卫生场地。

3）城市规划宜对急救、手术等重要医疗救护功能基本不中断的应急保障医院提出建设目标和规划要求。

（3）避难场所设置要求

1）中心避难场所应与城市救灾干道有可靠通道连接，并与周边避难场所有应急通道联系，满足应急指挥和救援、伤员转运和物资运送的需要。

2）城市固定避难宜采取以居住地为主就近疏散的原则，紧急避难宜采取就地疏散的原则。

3）固定避难场所设置可选择城市公园绿地、学校、广场、停车场和大型公共建筑，并确定避难服务范围；紧急避难场所设置可选择居住小区内的绿地和空地等设施。

4）固定避难场所出入口及应急避难区与周边危险源、次生灾害源及其他存在潜在火灾高风险建筑工程之间的安全间距不应小于30m。

5）雨洪调蓄区、危险源防护带、高压走廊等用地不宜作为避难场地。确需作为避难场地的，应提出具体防护措施确保安全。

6）防风避难场所应选择避难建筑。

7）洪灾避难场所可选择避洪房屋、安全堤防、安全庄台和避水台等形式。

10. 城市用地防灾适宜性评估要求

城市用地防灾适宜性评估分类

类别	地质、地形、地貌等适宜性条件和用地特征	说明
适宜	不存在或存在轻微影响的场地破坏因素，一般无需采取场地整治措施或仅需简单整治。 ① 稳定基岩，坚硬土场地，开阔、平坦、密实、均匀的中硬土场地；土质较均匀、地基稳定的场地；土质较均匀、密实，地基较稳定的中硬土或中软土场地。 ② 地质环境条件简单无地质灾害影响或影响轻微，易于整治；地震震陷和液化危害轻微、无明显其他地震破坏效应；地质环境条件复杂、稳定性差、地质灾害影响大，较难整治但预期整治效果较好。 ③ 无或轻微不利地形灾害放大影响。 ④ 地下水对工程建设无影响或影响轻微。 ⑤ 地形起伏较大但排水条件好或易于整治形成完善的排水条件	建筑抗震有利地段、一般地段；无地质灾害破坏作用影响或影响轻微，易于整治地段；其他灾害影响轻微地段；无其他防灾限制使用条件
较适宜	存在严重影响的场地不利于或破坏因素，整治代价较大但整治效果可以保证，可采取工程抗灾措施减轻其影响到可接受程度。 ① 场地不稳定，动力地质作用强烈，环境工程地质条件严重恶化，不易整治。 ② 土质极差，地基存在严重失稳的可能性。 ③ 软弱土或液化土大规模发育，可能发生严重液化或软土震陷。 ④ 条状突出的山嘴和高耸孤立的山丘；非岩质的陡坡、河岸和边坡的边缘；成因、岩性、状态在平面分布上明显不均匀的土层；高含水量的可塑黄土，地表存在结构性裂缝等地质环境条件复杂、潜在地质灾害危险性较大。 ⑤ 地形起伏大，易形成内涝。 ⑥ 洪水或地下水对工程建设有严重威胁	场地地震破坏效应影响严重的建筑抗震不利地段，地质灾害规模小且整治效果可以保证地段
有条件适宜	存在尚未查明或难以查明、整治困难的危险性场地破坏因素或存在其他限制使用条件。 ① 存在潜在危险性但尚未查明或不太明确的滑坡、崩塌、地陷、地裂、泥石流、地震地表断错等。 ② 地质灾害破坏作用影响严重，环境工程地质条件严重恶化，难以整治或整治效果难以预料。 ③ 具严重潜在威胁的重大灾害源的直接影响范围。 ④ 稳定年限较短或其稳定性尚未明确的地下采空区。 ⑤ 地下埋藏有待开采的矿藏资源。 ⑥ 过洪滩地、排洪河渠用地、河道整治用地。 ⑦ 液化等级为中等液化和严重液化的故河道、现代河滨、海滨的液化侧向扩展或流滑及其影响区。 ⑧ 存在其他方面对城市用地的限制使用条件	潜在危险性较大或后果严重的地段
不适宜	存在可能产生重大或特大灾害影响的场地破坏因素，通常难以整治的危险地段或存在其他不适宜适用条件。 ① 存在可能发生滑坡、崩塌、地陷、地裂、泥石流等地质灾害，地震地表断错等。 ② 难以整治和防御的地震、洪涝、地质灾害等灾害高危害影响区。 ③ 存在其他方面对城市用地的不适宜使用条件	危险地段

知识点 5 城市环境保护规划【★★★★】

1. 基本概念

城市环境保护是对城市环境保护的未来行动进行规范化的系统筹划，是为有效地实现预期环境目标的一种综合性手段。

2. 基本任务

主要是两方面：**一是生态环境保护；二是环境污染综合防治。**

3. 主要内容

城市环境规划可分为大气环境保护规划、水环境保护规划、固体废弃物污染控制规划、噪声污染控制规划。

(1) 大气环境保护规划的主要内容

1）大气环境质量规划。

2）大气污染控制规划。

(2) 水环境保护规划的主要内容

1）饮用水源保护规划。

2）水污染控制规划。

(3) 噪声污染控制规划的主要内容

1）噪声污染控制规划目标。

2）噪声污染控制方案。

(4) 固体废物污染控制规划的主要内容

1）固体废物污染控制规划目标。

2）固体废物污染物防治规划指标主要包括：**工业固体废物的处置率、综合利用率；生活垃圾；城镇生活垃圾分类收集率、无害化处理率、资源化利用率；危险废物的安全处置率；废旧电子电器的收集率、资源化利用率。**

3）规划内容涉及：生活垃圾污染控制规划、工业固体废物污染控制规划、危险废物污染控制规划、医疗废物安全处置规划等。

知识点 6 城市竖向规划【★★★】

1. 城市用地竖向规划的目的

在城市规划工作中利用地形达到工程合理、造价经济、景观美好的重要途径。

2. 城市竖向规划工作内容

1）结合城市用地选择，分析研究自然地形，充分利用地形，对一些需要采用工程措施才能用于城市建设的地段提出工程措施方案。

2）综合解决城市规划用地的各项标高问题，如防洪堤、排水干管出口、桥梁和道路交叉等。

3）使城市道路的纵坡度既能配合地形又能满足交通上的要求。

4）合理组织城市用地的排水。

5）经济合理地组织好城市用地的土石方工程，考虑填方和挖方的平衡。

6）考虑配合地形，注意城市环境的立体空间美观要求。

国土空间总体规划

273

3. 总体规划阶段的竖向规划

1）城市用地组成及城市干路网。

2）城市干路交叉点的控制标高，干路的控制纵坡度。

3）城市其他一些主要控制点的控制标高，包括铁路与城市干路的交叉点、防洪堤、桥梁等标高。

4）分析地面坡向、分水岭、汇水沟、地面排水走向，还应有文字说明及对土方平衡的初步估算。

4. 详细规划阶段的竖向规划的方法

1）**等高线法**：以居住区为例，根据生活区规划结构，需要确定道路线路、红线、纵断面、交叉点及变坡点的标高，布置建筑物，应尽量配合原地形，采用多种方式，争取平行等高线。

2）**高程箭头法**：规划设计工作量较小，图纸制作较快，且易于变动、修改，为居住区竖向设计一般常用的方法，但是比较粗略，确定标高要有充分经验，有些部位的标高不明确，准确性差，仅适用于地形变化比较简单的情况。

3）**纵横断面法**：多用于地形比较复杂的地区。

5.《城乡建设用地竖向规划规范》CJJ 83—2016 要点整理

（1）竖向用地布局及建筑布置

1）城乡建设用地选择及用地布局应充分考虑竖向规划的要求，并应符合下列规定：①城镇中心区用地应选择地质、排水防涝及防洪条件较好且相对平坦和完整的用地，其自然坡度宜小于20%，规划坡度宜小于15%；②居住用地宜选择向阳、通风条件好的用地，其自然坡度宜小于25%，规划坡度宜小于25%；③工业、物流用地宜选择便于交通组织和生产工艺流程组织的用地，其自然坡度宜小于15%，规划坡度宜小于10%；④超过8m的高填方区宜优先用作绿地、广场、运动场等开敞空间；⑤应结合低影响开发的要求进行绿地、低洼地、滨河水系周边空间的生态保护、修复和竖向利用；⑥乡村建设用地宜结合地形，因地制宜，在场地安全的前提下，可选择自然坡度大于25%的用地。

2）根据城乡建设用地的性质、功能，结合自然地形，规划地面形式可分为平坡式、台阶式和混合式。用地自然坡度小于5%时，宜规划为平坡式；用地自然坡度大于8%时，宜规划为台阶式；用地自然坡度为5%～8%时，宜规划为混合式。

3）台阶式和混合式中的台地规划应符合下列规定：①台地划分应与建设用地规划布局和总平面布置相协调，应满足使用性质相同的用地或功能联系密切的建（构）筑物布置在同一台地或相邻台地的布局要求；②台地的长边宜平行于等高线布置；③台地高度、宽度和长度应结合地形并满足使用要求确定。

4）街区竖向规划应与用地的性质和功能相结合，并应符合下列规定：①公共设施用地分台布置时，台地间高差宜与建筑层高接近；②居住用地分台布置时，宜采用小台地形式；③大型防护工程宜与具有防护功能的专用绿地结合设置。

5）挡土墙高度大于3m且邻近建筑时，宜与建筑物同时设计，同时施工，确保场地安全。高度大于2m的挡土墙和护坡，其上缘与建筑物的水平净距不应小于3m，下缘与建筑物的水平净距不应小于2m；高度大于3m的挡土墙与建筑物的水平净距还应满足日照标准要求。

（2）竖向与道路、广场

1）城镇道路机动车车行道规划纵坡应符合下表的规定；山区城镇道路和其他特殊性质道路，经技术经济论证，最大纵坡可适当增加；积雪或冰冻地区快速路最大纵坡不应超过

3.5%，其他等级道路最大纵坡不应大于 6%。内涝高风险区域，应考虑排除超标雨水的需求。非机动车车行道规划纵坡宜小于 2.5%。道路的横坡宜为 1%～2%。

城镇道路机动车车行道规划纵坡

道路类别	设计速度（km/h）	最小纵坡（%）	最大纵坡（%）
快速路	60～100		4～6
主干路	40～60		6～7
次干路	30～50	0.3	6～8
支（街坊）路	20～40		7～8

2）广场竖向规划除满足自身功能要求外，尚应与相邻道路和建筑物相协调。广场规划坡度宜为 0.3%～3%。地形困难时，可建成阶梯式广场。

3）步行系统中需要设置人行梯道时，竖向规划应满足建设完善的步行系统的要求，并应符合下列规定：

① 人行梯道按其功能和规模可分为三级，一级梯道为交通枢纽地段的梯道和城镇景观性梯道，二级梯道为连接小区间步行交通的梯道，三级梯道为连接组团间步行交通或入户的梯道；

② 梯道宜设休息平台，每个梯段踏步不应超过 18 级，踏步最大步高宜为 0.15m，二、三级梯道连续升高超过 5m 时，除设置休息平台外，还宜设置转向平台，且转向平台的深度不应小于梯道宽度。

（3）竖向与排水

城乡建设用地竖向规划应符合下列规定。

1）满足地面排水的规划要求；地面自然排水坡度不宜小于 0.3%；小于 0.3% 时，应采用多坡向或特殊措施排水。

2）除用于雨水调蓄的下凹式绿地和滞水区等之外，建设用地的规划高程宜比周边道路的最低路段的地面高程或地面雨水收集点高出 0.2m 以上，小于 0.2m 时应有排水安全保障措施或雨水滞蓄利用方案。

知识点 7 城市地下空间规划【★★★★】

1. 地下空间规划的相本概念、意义与作用

（1）城市地下空间规划的相本概念

1）城市地下空间：地表以下，为满足人类社会生产、生活、交通、环保、能源、安全、防灾减灾等需求而进行开发、建设与利用的空间。

2）地下空间资源：一是依附于土地而存在的资源蕴藏量；二是依据一定的技术经济条件合理开发利用的资源总量；三是一定社会发展时期内有效开发利用的地下空间总量。

3）地下空间需求预测：根据城市的社会、经济、规模、交通、防灾与环境等发展需求，在城市总体规划基础上，对当前及未来城市地下空间资源开发利用的功能、规模、形态与发展趋势等方面做出科学预测。

4）城市公共地下空间：一般包括下沉式广场、地下商业服务设施、轨道交通车站等。

（2）城市地下空间开发利用的意义

地下空间是城市重要的、宝贵的空间资源，科学、有序的开发和利用，是节约土地资源、建设紧凑型城市、提高运行效率、增强城市防灾减灾能力的有效途径之一。

(3) 城市地下空间规划的作用

编制城市地下空间规划，能规范城市地下空间的开发利用，指导城市地下空间的有序规划建设。

2. 城市地下空间规划的主要内容

(1) 城市地下空间总体规划的主要内容

1) 城市地下空间开发利用的现状评价。

2) 城市地下空间资源的评估。

3) 城市地下空间开发利用的指导思想与发展战略。

4) 城市地下空间开发利用的需求。

5) 城市地下空间开发利用的总体布局。

6) 地下空间开发利用的分层规划。

7) 地下空间开发利用的各专项设施规划。

8) 地下空间规划的实施。

9) 地下空间近期建设规划。

(2) 城市地下空间控制性详细规划的主要内容

1) 根据上层规划的要求，确定规划范围内各专项地下空间设施的总体规模、平面布局和竖向分层等关系。

2) 对地块之间的地下空间连接做出指导性控制。

(3) 城市地下空间修建性详细规划的主要内容

1) 根据上位规划的要求，进一步确定规划区地下空间资源综合开发利用的功能定位、开发规模以及地下空间各层的平面和竖向布局。

2) 结合地区公共活动特点，合理组织规划区的公共性活动空间，进一步明确地下空间体系中的公共活动系统。

3) 根据地区自然环境、历史文化和功能特征，进行地下空间的形态设计，优化地下空间的景观品质，提高地下空间的安全防灾性能。

4) 根据地下空间控制性详细规划确定的指标和管理要求，进一步明确公共性地下空间的各层功能、与城市公共空间和周边地块的连通方式；明确地下各项设施的位置和出入交通组织；明确开发地块内必须开放或鼓励开放的公共性地下空间范围、功能和连通方式等控制要求。

3. 城市地下空间的规划编制

城市地下空间的规划编制应注意保护和改善城市的生态环境，科学预测城市发展的需要，坚持因地制宜，远近兼顾，全面规划，分步实施，使城市地下空间的开发利用同国家和地方的经济技术发展水平相适应。城市地下空间规划应实行竖向分层立体综合开发，横向相关空间互相连通，地面建筑与地下工程协调配合。

4. 《城市地下空间规划标准》GB/T 51358—2019 要点整理

(1) 基本规定

城市地下空间可分为浅层（0～－15m）、次浅层（－15m～－30m）、次深层（－30m～－50m）和深层（－50m以下）四层。城市地下空间利用应遵循分层利用，由浅入深的原则。

(2) 地下空间资源评估和分区管理

1) 城市地下空间资源评估应以资源开发利用的战略性、前瞻性与长效性为基础，按照对

276

资源的影响和利用导向确定评估要素，应包括但不限于下表中要素。

城市地下空间资源评估要素

要素	说明
自然要素	地形地貌、工程地质与水文地质条件、地质灾害区、地质敏感区、矿藏资源埋藏区和地质遗迹等
环境要素	园林公园、风景名胜区、生态敏感区、重要水体和水资源保护区等
人文要素	古建筑、古墓葬、遗址遗迹等不可移动文物和地下文物埋藏区等
建设要素	新增建设用地、更新改造用地、现状建筑地下结构基础、地下建（构）筑物及设施、地下交通设施、地下市政公用设施和地下防灾设施分布等

2）城市地下空间规划应以地下空间资源评估为基础，对城市规划区内地下空间资源划定管制范围，划定城市地下空间禁建区、限建区和适建区，提出管制措施要求。

（3）地下空间布局

1）城市地下空间总体规划应根据城市总体规划的功能和空间布局要求将城市地下空间适建区划分为重点建设区和一般建设区。城市地下空间重点建设区包括城市重要功能区、交通枢纽和重要车站周边区域，其开发应满足功能综合、复合利用的要求。城市地下空间一般建设区应以配建功能为主。

2）城市地下空间应优先布局地下交通设施、地下市政公用设施、地下防灾设施和人民防空工程等，适度布局地下公共管理与公共服务设施、地下商业服务业设施和地下物流仓储设施等，不应布置居住、养老、学校（教学区）和劳动密集型工业设施等。

3）城市地下空间利用的竖向布局应便于人流疏散，人流密集的空间应在人流较少的空间之上。当特殊情况下将公共管理与公共服务设施、商业服务设施设置于地下时，应布局在浅层空间。

4）建设用地地下空间退让地块红线应保障相邻地块的安全及地下设施的安全，退让地块红线距离不宜小于3m。

5）城市地下空间开发利用及地下轨道交通线路、车站建设时，应预留地下市政管线所需的浅层地下空间。当道路下建设地下空间时，其覆土深度不宜小于3m。

（4）地下交通设施

1）地下交通场站设施

与地下轨道交通车站或地下空间连通的客运交通场站可设置于地下。当有双层巴士停放时，净高不宜小于4.6m。

2）地下道路设施

当地下道路相交时，宜采用单向交通组织形式。当地下道路与地下轨道交通线路区间相交时，地下道路宜布局在轨道线路区间上层。当地下道路与地下轨道交通车站相交时，地下道路应经专题研究确定。

3）地下公共人行通道

当通道长度超过50m时，应适当拓宽人行通道和增加集散广场、出入口、采光竖井等设施。

（5）地下市政公用设施

1）地下市政公用设施宜布局在浅层地下空间；有特殊要求的地下市政公用设施可布局在

次浅层、次深层或深层地下空间。地下市政管线综合管廊宜布局在城市道路下，地下燃气、输油等危险品管线应单独规划和建设专用通道。

2）下列几种情况下宜将市政场站建于地下：①建在地下更适于发挥市政场站的使用功能；②建在地面难以满足城市景观和环境要求；③城市用地紧张，地面空间难以满足市政场站的用地需求；④位于城市重点开发地区。

3）地下市政场站应与地面设施协调和一体化设计，符合下列规定：地下污水处理厂、再生水厂、大中型泵站、雨水调蓄池等地下市政场站的地面宜建设公园、绿地、广场和开敞型体育活动设施等，覆土深度应满足植被种植要求；在满足消防、环保和安全等前提下，可在详细规划中结合商业服务业设施用地、居住用地或公共管理与公共服务用地等规划配建地下变电站、通信机房、小型泵站、垃圾转运站等地下市政场站。

真题演练

2023-038 下列关于合流制排水系统规划的说法，正确的是(　　)。

A. 合流制污水处理厂的规模应按规划远期的污水量和需要纳入的初期雨水量确定

B. 合流制排水系统在确定排水分区时，可不考虑再生利用需求的因素

C. 合流制排水应优先通过建设大容量截流管道的方式降低溢流频次

D. 合流制排水在同一排水系统中可采用不同的截流倍数

【答案】D

【解析】《城市排水工程规划规范》GB 50318—2017 的相关条文如下。6.4.1 合流制污水处理厂的规模应按规划远期的合流水量确定。6.2.1 进入合流制污水处理厂的合流水量应包括城市污水量和截流的雨水量（A 不准确）。6.1.2 合流制排水系统的分区应根据城市的规模与用地布局结合地形地势、道路交通、竖向规划、风向、受纳水体位置与环境容量、再生利用需求、污泥处理处置出路及经济因素等综合确定，并宜与河流、湖泊、沟塘、洼地等的天然流域分区一致（需要考虑再生利用需求，B 错误）。6.5.1 合流制区域应优先通过源头减排系统的构建，减少进入合流制管道的径流量，降低合流制溢流总量和溢流频次（C 错误）。6.2.2 合流制排水系统截流倍数宜采用 2～5，具体数值应根据受纳水体的环境保护要求确定；同一排水系统中可采用不同的截流倍数（D 正确）。故选 D。

2023-040 下列关于城市环境卫生处理及处置设施规划原则的说法，不准确的是(　　)。

A. 环境卫生处理及处置设施可形成综合处理园区

B. 确定环境卫生处理及处置设施规划规模时，应统筹考虑镇（乡）村地区需求

C. 餐厨垃圾集中处理设施宜与污水处理设施集中布局

D. 生活垃圾焚烧处理厂应在用地外沿周边设置一定宽度的隔离绿带

【答案】D

【解析】《城市环境卫生设施规划标准》GB/T 50337—2018 的相关条文如下。2.0.5 环境卫生设施应集约建设。环境卫生处理及处置设施宜集中布局，条件允许时可形成综合处理园区；其他环境卫生设施在满足卫生及防疫要求的条件下，可结合城市其他建设项目设置（A 正确）。3.1.3 确定环境卫生处理及处置设施规划规模时，应统筹考虑镇（乡）村地区的需求（B 正确）。6.5.1 餐厨垃圾应在源头进行单独分类、收集并密闭运输，餐厨垃圾集中处理设施宜与生活垃圾处理设施或污水处理设施集中布局（C 正确）。6.2.3 生活垃圾焚烧厂单独设置时，用地内沿边界应设置宽度不小于 10m 的绿化隔离带（不是用地外沿，故 D 说法不准确）。故选 D。

2023-042 下列关于城市竖向规划的说法，错误的是(　　　)。

A. 用地自然坡度为 5% ~ 8% 时，宜规划为台阶式

B. 公共设施用地分台布置时，台地间高差宜与建筑层高接近

C. 居住用地分台布置时，宜采用小台地形式

D. 高度大于 3m 的挡土墙与建筑物的水平净距应满足日照标准要求

【答案】A

【解析】当用地自然坡度大于 8% 时，宜规划台阶式较好。故说法错误的是 A。

国土空间详细规划

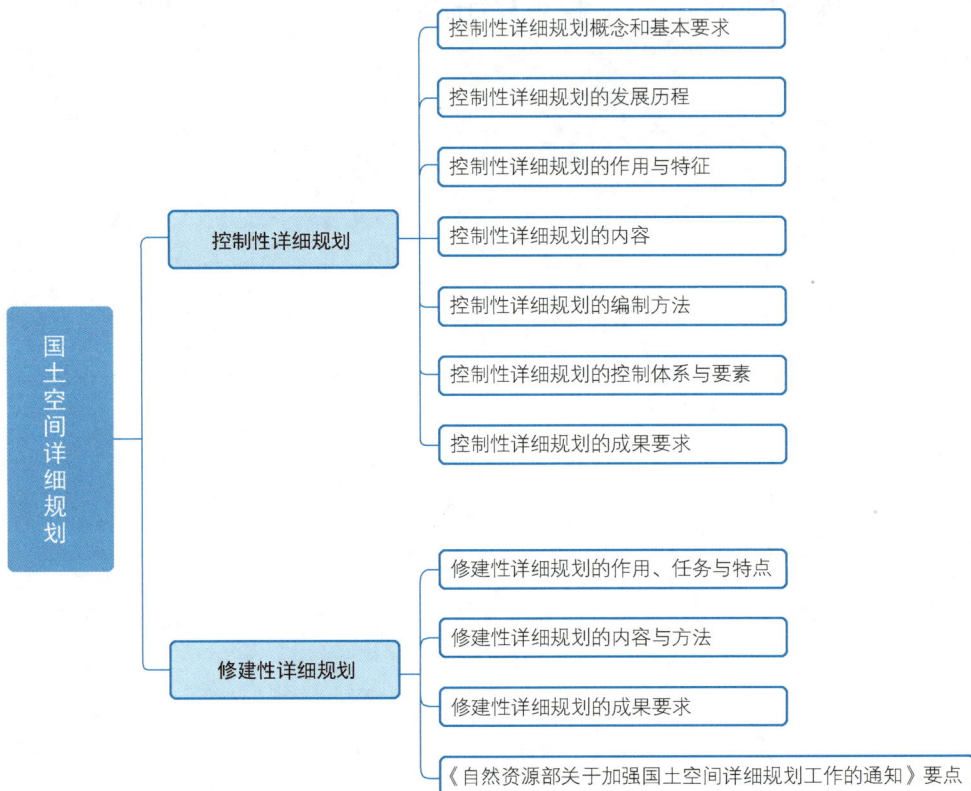

```
                                        ┌─────────────────────────────┐
                                        │ 控制性详细规划概念和基本要求  │
                                        └─────────────────────────────┘
                                        ┌─────────────────────────────┐
                                        │ 控制性详细规划的发展历程       │
                                        └─────────────────────────────┘
                                        ┌─────────────────────────────┐
                                        │ 控制性详细规划的作用与特征     │
                                        └─────────────────────────────┘
                        ┌──────────────┐┌─────────────────────────────┐
                        │ 控制性详细规划 ││ 控制性详细规划的内容          │
                        └──────────────┘└─────────────────────────────┘
                                        ┌─────────────────────────────┐
                                        │ 控制性详细规划的编制方法       │
                                        └─────────────────────────────┘
   ┌──────────┐                         ┌─────────────────────────────┐
   │ 国土空间  │                         │ 控制性详细规划的控制体系与要素  │
   │ 详细规划  │                         └─────────────────────────────┘
   └──────────┘                         ┌─────────────────────────────┐
                                        │ 控制性详细规划的成果要求       │
                                        └─────────────────────────────┘

                                        ┌─────────────────────────────┐
                                        │ 修建性详细规划的作用、任务与特点 │
                                        └─────────────────────────────┘
                        ┌──────────────┐┌─────────────────────────────┐
                        │ 修建性详细规划 ││ 修建性详细规划的内容与方法     │
                        └──────────────┘└─────────────────────────────┘
                                        ┌─────────────────────────────┐
                                        │ 修建性详细规划的成果要求       │
                                        └─────────────────────────────┘
                                        ┌──────────────────────────────────────┐
                                        │《自然资源部关于加强国土空间详细规划工作的通知》要点│
                                        └──────────────────────────────────────┘
```

板块 1　控制性详细规划

历年考频

名称	2019 年	2020 年	2021 年	2022 年	2023 年	2024 年
控制性详细规划	7	5	3	4	2	2

知识点 1　控制性详细规划概念和基本要求 【★★★★】

控制性详细规划概念和基本要求

内容	说明
概念	①控制性详细规划是以总体规划（或分区规划）为依据，以规划的综合性研究为基础，以数据控制和图纸控制为手段，以规划设计与管理相结合的法规为形式，对城市建设和设施建设实施控制性的管理。把规划研究、规划设计与规划管理结合在一起的规划方法。 ② 控制性详细规划是在对用地进行细分的基础上，规定用地性质、建筑量及有关环境、交通、绿化、空间、建筑形体等的控制要求，通过立法实现对用地建设的规划控制并为土地有偿使用提供依据。 ③ 控制性详细规划为修建性详细规划和各项专业规划设计提供准确的规划依据，全面解决综合开发及配套建设中可能出现的漏洞，并从城市整体环境设计的要求上，提出意象性的城市设计和建筑环境的空间设计准则和控制要求，也为下一步修建性详细规划提供依据，同时也可作为工程建设项目规划管理的依据。 ④ 控制性详细规划是规划与管理的结合，是由技术管理向法制管理的转变，编制要保持一定的简洁性、程序性和易查性。 ⑤ 控制性详细规划是我国特有的规划类型，是通过规划研究确定的对建设用地使用数据控制进行管理的规划
关注点	控制性详细规划应重点关注城市发展建设中公共利益的保障，明确社会各阶层、团体、个人在城市建设发展中的责、权、利关系，并积极运用城市设计手段控制良好的城市空间环境
基本特点	①**地域适宜性**：规划的内容和深度，在不同城市或同一城市的不同地段，规划内容、控制要求和规划深度各有不同，但应与周围地段整体协调（地域性）。 ②**管制法制化**：控制性详细规划是规划与管理的结合，是将管理由技术性转变为法制化，编制要保持一定的简洁性，编导要有一定的程序性和易查性（法制化管理）
基本要求	控制性详细规划要保证规划的科学性和管理的法制化、规范化、程序化及与权威性相容的灵活性，使规划管理人员在规划实施管理中有章可循、有理可争、有法可依，以"法治"取代"人治"
与修建性详细规划的关系	两种规划均为城市详细规划，由于各自规划形式的差异，控制性详细规划为修建性详细规划提供规划依据，同时也可作为工程建设项目规划管理的依据

知识点 2　控制性详细规划的发展历程　【★★★】

　　控制性详细规划是伴随我国的改革开放和市场经济体制的改革，适应土地有偿使用制度和城市开发建设方式的转变，改革原有详细规划的模式，借鉴**美国区划**（zoning）的经验，结合我国的规划实践，逐步形成的具有中国特色的规划类型。

　　控制性详细规划是在我国从计划经济向市场经济转变的过程中，伴随城市土地使用制度的建立而逐步发展起来的，其规划发展历程可分为初始探索期、法定化探索期和面向管理的探索期三大阶段。

控制性详细规划的发展历程

时期	内容
初始探索期 （20 世纪 80 年代初至 90 年代中）	① **尝试**：1982 年上海虹桥新区详细规划。 ② **基本定型**：1987 年桂林中心区控制性详细规划、1989 年温州市旧城改造控制性详细规划等控制性详细规划的编制。 ③ **规范化**：1991 年和 1995 年相继出台的《城市规划编制办法》和《城市规划编制办法实施细则》，标志着控制性详细规划编制的技术框架基本形成，也使控制性详细规划步入了法制化的轨道
法定化探索期 （20 世纪 90 年代中至 2000 年初）	① 由于市场经济发展的需要，地方政府（以深圳、广州、上海为代表）自下而上地对既有的控制性详细规划制度做了调整与完善，设置了法定图则制度，赋予了控制性详细规划法律效力。 ② 以上海的"控制性编制单元规划"、北京"单元控规"等为代表，以国家主管部门制定的《城市规划编制办法》为基础，进一步推进了控制性详细规划的**法制化建设**
面向管理的探索期 （2000 年初至 2008 年）	控制性详细规划在注重技术性、法制性和公共性的基础上，更加关注和强调实用性和对城市空间特色实现的引导和调控作用。主要体现在： ① 由全方位控制转向"四线"和公共服务设施等核心控制； ② 由局部地块控制转向区域性和通则性控制； ③ 规划成果由技术文件向管理文件转化； ④ 提出意向性城市设计和建筑环境的空间设计准则和控制要求
进一步的发展	2011 年 1 月 1 日起实施了《城市、镇控制性详细规划编制审批办法》，并将控制性详细规划提高到了城市规划行业廉政建设需要的地位，以期通过规划形成对开发地块指标的法律效力，杜绝"人治"因素，以到达廉政的目的

知识点 3　控制性详细规划的作用与特征　【★★★★】

1. 作用

1）**是规划与管理、规划与实施之间衔接的重要环节。**城乡规划主管部门**依据**控制性细规划**核发**建设用地规划许可证；**依据**控制性详细规划，**提出**规划条件，**作为**国有土地使用权出让合同的组成部分；在规划区内进行建设，城乡规划主管部门**依据控制性详细规划和规划条件，核发建设工程规划许可证；**建设过程中对规划条件提出变更的，变更内容必须符合控制性详细规划。

2）**是宏观与微观、整体与局部有机衔接的关键层次。**控制性详细规划以量化指标和控制要求将城市总体规划的二维平面、定性、宏观的控制分别转化为城市建设的**三维空间、定量和微观控制。**

3）**是城市设计控制与管理的重要手段。**控制性详细规划通过具体的设计要求、指标体系、设计导则以及设计标准与准则的方式，进行引导和控制，使城市设计的成果得以在建设中实施。

4）**是协调各利益主体的公共政策平台。**控制性详细规划由于直接涉及城市建设中的各个方面的利益，是城市政府意图、公众利益和个体利益平衡协调的平台。

2. 基本特征

1）**通过数据控制落实规划意图。**通过一系列的指标、图表、图则等方式将城市总体规划的宏观、平面、定性的内容具体为微观、立体、定量的内容。

2）**具有法律效应和立法空间。**控制性详细规划中的量化内容可以积极的方式形成法律条文，提高其在规划管理中的权威地位。

3）**横向综合性的规划控制汇总。**以控制性详细规划的尺度可将土地利用规划、公共设施规划、市政设施规划、道路交通规划、保护规划、景观规划、城市设计等进行横向综合，相互协调并分别落实相关规划控制要求。

4）**刚性与弹性相结合的控制方式。**控制性详细规划的控制内容分为规定性和引导性两种，这样就给开发建设留有了弹性。

知识点 4　控制性详细规划的内容　【★★★★★】

1. 《城市规划编制办法》规定的控制性详细规划编制内容

1）确定规划范围内**不同性质用地**的界线、确定各类用地内**适建、不适建或者有条件地允许建设**的建筑类型。

2）确定各地块建筑高度、建筑密度、容积率、绿地率等控制指标；确定公共设施配套要求、**交通出入口方位、停车泊位、建筑后退红线距离**等要求。

3）提出各地块的**建筑体量、体型、色彩**等城市设计指导原则。

4）根据交通需求分析，确定**地块出入口位置、停车泊位、公共交通场站用地范围和站点位置、步行交通以及其他交通设施。**规定**各级道路的红线、断面、交叉口形式及渠化措施、控制点坐标和标高。**

5）根据规划建设容量，确定**市政工程管线位置、管径和工程设施的用地界线**，进行管线综合；确定地下空间开发利用具体要求。

6）制定相应的<u>土地使用与建筑管理</u>规定。

2.《城市、镇控制性详细规划编制审批办法》所列的控制性详细规划基本内容

1）<u>土地使用性质及其兼容性等用地功能控制要求。</u>

2）<u>容积率、建筑高度、建筑密度、绿地率等用地指标。</u>

3）<u>基础设施、公共服务设施、公共安全设施的用地规模、范围及具体控制要求，地下管线控制要求。</u>

4）<u>基础设施用地的控制界线（黄线）、各类绿地范围的控制线（绿线）、历史文化街区和历史建筑的保护范围界线（紫线）、地表水体保护和控制的地域界线（蓝线）等"四线"及控制要求。</u>

知识点 5　控制性详细规划的编制方法 【★★★★★】

1. 控制性详细规划编制的工作步骤

控制性详规划的编制通常划分为<u>现状分析研究、规划研究、控制研究和成果编制</u>四个阶段，工作步骤如下。

1）<u>现状调研与前期研究</u>。主要包括上一层次规划即城市总体规划或分区规划对控规的要求，其他非法定规划提出的相关要求等，还应该包括各类专项研究，研究成果应该作为编制控制性详细规划的依据。

2）<u>规划方案与用地划分</u>。通过深化研究和综合，对编制范围的<u>功能布局、规划结构、公共设施、道路交通、历史文化环境、建筑空间体型环境、绿地景观系统、城市设计以及市政工程</u>等方面，依据规划原理和相关专业设计要求做出统筹安排，形成规划方案。在规划方案的基础上进行用地细分，细分到地块，地块成为控制性详细规划实施具体控制的基本单位，不允许无限细分。

3）<u>指标体系与指标确定</u>。按照规划编制办法，选取符合规划要求和规划意图的若干规划控制指标组成综合指标体系，并根据研究分析分别赋值。指标确定一般采用四种方法：<u>测算法</u>——由研究计算得出；<u>标准法</u>——根据规范和经验确定；<u>类比法</u>——借鉴同类型城市和地段的相关案例比较总结；<u>反算法</u>——通过试做修建规划和形体设想方案估算。

4）<u>成果编制</u>。编制规划图纸、分图控制图则、文本和管理技术规定。

2. 控制性详细规划的控制方式

1）<u>指标量化。</u>

2）<u>条文规定。</u>

3）<u>图则标定。</u>

4）<u>城市设计引导。</u>

5）<u>规定性与指导性。</u>

3. 控制性详细规划的规定性内容（强制性内容）

1）<u>各地块的主要用途。</u>

2）<u>建筑密度。</u>

3）<u>建筑高度。</u>

4）<u>容积率。</u>

5）<u>绿地率。</u>

6）<u>基础设施和公共服务设施配套规定。</u>

4.《城市、镇控制性详细规划编制审批办法》的相关要求

1）编制大城市和特大城市的控制性详细规划，可以根据本地实际情况，结合城市空间布局、规划管理要求，以及社区边界、城乡建设要求等，将建设地区划分为若干规划控制单元，组织编制单元规划。

2）镇控制性详细规划可以根据实际情况，适当调整或者减少控制要求和指标。规模较小的建制镇的控制性详细规划，可以与镇总体规划编制相结合，提出规划控制要求和指标。

3）控制性详细规划组织编制机关应当制定控制性详细规划编制工作计划，分期、分批地编制控制性详细规划。

4）中心区、旧城改造地区、近期建设地区，以及拟进行土地储备或者土地出让的地区，应当优先编制控制性详细规划。

5）控制性详细规划草案编制完成后，组织编制机关应当依法将控制性详细规划草案予以公告，并采取论证会、听证会或者其他方式征求专家和公众的意见。

6）**公告的时间不得少于30日**。公告的时间、地点及公众提交意见的期限、方式，应当在政府信息网站以及当地主要新闻媒体上公布。

> **理解区分——工作日与日的区别**
>
> 工作日：是指法律规定的劳动者应当进行工作的日子，通常不包括法定节假日和休息日。工作日可以理解为除法定节假日和休息日以外的日子。
>
> 日：日通常指的是自然日（包括法定节假日和休息日）。

知识点6　控制性详细规划的控制体系与要素 【★★★★★】

控制性详细规划的控制体系与要素

体系	要素
土地使用	① **土地使用控制**：用地性质、用地边界、用地面积及土地使用兼容性； ② **使用强度控制**：容积率、建筑密度、居住密度及绿地率
建筑建造	① **建筑建造控制**：建筑高度、建筑后退及建筑间距； ② **城市设计引导**：建筑体量、建筑色彩、建筑形式、历史保护、景观风貌要求、建筑空间组合及建筑小品设置等
设施配套	① **市政设施配套**：给水设施、排水设施、供电设施以及其他设施等； ② **公共设施配套**：教育设施、医疗卫生设施、商业服务设施、行政管理设施、文娱体育设施及其附属设施等
行为活动	① **交通活动控制**：车行交通组织、步行交通组织、公共交通组织、配建停车位及其他交通设施； ② **环境保护规定**：噪声振动等允许标准值、水污染允许排放量、水污染允许排放浓度、废气污染允许排放量及固体废弃物控制
其他控制	**历史保护、五线控制、竖向设计、地下空间利用、奖励与补偿**

在《城市、镇控制性详细规划编制审批办法》中相关要素还包括：资源条件、环境状况、历史文化遗产、公共安全以及土地权属等因素。

知识点 7　控制性详细规划的成果要求　【★★★★★】

控制性详细规划的成果包括规划文本、图件和附件。图件由图纸和图则两部分组成，规划说明、基础资料和研究报告收入附件。

控制性详细规划的成果要求

成果	要求
文本内容	**总则：**制定规划的依据、原则、适用范围、主管部门和管理权限
	土地使用和建筑规划管理通则： ① 用地分类标准、原则与说明； ② 用地细分标准、原则与说明； ③ 控制指标系统说明； ④ 各类使用性质的一般控制要求； ⑤ 道路交通系统的控制规定； ⑥ 配套设施的一般控制规定； ⑦ 其他通用性规定
	城市设计引导： ① 城市设计系统控制； ② 具体控制引导要求
	关于规划调整的相关规定： ① 调整范畴； ② 调整程序； ③ 调整的技术规范
	奖励与补偿的相关措施规定
	附则：阐明规划成果组成、使用方式、规划生效、解释权、相关名词解释等
	附表： ①《用地分类表一览表》； ②《现状与规划用地汇总（平衡）表》； ③《土地使用兼容控制表》； ④《地块控制指标一览表》； ⑤《公共服务设施规划控制表》； ⑥《市政公用设施规划控制表》； ⑦《各类用地与设施规划建筑面积汇总表》。 控制性详细规划的文本应附地块控制图则，旧城改造区控制性详细规划应附基础资料汇编
图纸内容	**规划图：** ① 位置图（比例不限）； ② 用地现状图（1：2000～1：5000）； ③ 土地使用规划图（1：2000～1：5000）； ④ 道路交通规划图（1：2000～1：5000）；

成果	要求
图纸内容	⑤ 绿地景观规划图（1：2000～1：5000）； ⑥ 各项工程管线规划图（1：2000～1：5000）； ⑦ 其他各相关规划图（1：2000～1：5000） **规划图则：** ① 用地编码图（1：2000～1：5000）； ② 总图则（1：2000～1：5000）； ③ 地块控制总图则； ④ 设施控制总图则； ⑤ "五线"控制总图则； ⑥ 分图图则（1：500～1：2000）
附件	包括规划说明、基础资料和研究报告

拓展——《城市国有土地使用权出让转让规划管理办法》

第五条　出让城市国有土地使用权，**出让前应当制定控制性详细规划。**

出让的地块，必须具有城市规划行政主管部门提出的规划设计条件及附图。

第六条　规划设计条件应当包括：**地块面积、土地使用性质、容积率、建筑密度、建筑高度、停车泊位、主要出入口、绿地比例、须配置的公共设施、工程设施、建筑界线、开发期限以及其他要求。**

附图应当包括：地块区位和现状，地块坐标、标高，道路红线坐标、标高，出入口位置，建筑界线以及地块周围地区环境与基础设施条件。

第七条　城市国有土地使用权出让、转让合同必须附具规划设计条件及附图。

规划设计条件及附图，出让方和受让方不得擅自变更。在出让、转让过程中确需变更的，必须经城市规划行政主管部门批准。

（该扩展内容为高频考点，且在实务中也占有一定比例。）

真题演练

2023-063 下列关于控制性详细规划控制指标的说法，不准确的是（　　）。

A. 容积率也可以称为楼板面积率或建筑面积密度

B. 建筑密度均应采用上限控制的方式

C. 人口密度是衡量城市居住环境品质的一项重要指标

D. 绿地率的确定应考虑城市景观风貌要求

【答案】B

【解析】建筑密度一般采取上限控制的方式，必要时可采用下限控制方式（一般来说以工业用地和仓储用地居多），以保障土地集约使用的要求。故不准确的是 B。

2023-096 下列控制性详细规划的控制内容中，属于指导性内容的有（　　）。

A. 人口容量　　　　　　　　　　B. 土地使用兼容性

C. 建筑后退　　　　　　　　　　D. 建筑体量

E. 建筑空间组合

【答案】ADE

【解析】控制性详细规划的控制内容分为规定性和指导性两大类。规定性是在实施规划控制和管理时必须遵守执行的，体现为一定的"刚性"原则，如用地界线、用地性质、建筑密度、建筑限高、容积率、绿地率配建设施等。指导性内容是在实施规划控制和管理时需要参照执行的内容，这部分内容多为引导性和建议性，体现为一定的弹性和灵活性，如人口容量、城市设计引导等内容。

1）规定性指标：用地性质、用地面积、建筑密度建筑高度、建筑后退红线距离、容积率、绿地率交通出入口方位、停车泊位及其他需要配置的公共设施。

2）指导性指标：人口容量、建筑形式、体量、色彩、风格、环境要求规定性指标与指导性指标的选择不是绝对的，应根据城市特色、地方传统、规划范围的实际情况、规划控制重点等因素灵活确定。

2022-045 下列关于控制性详细规划的表述，不准确的是（　　）。

A. 控制性详细规划是纵向综合性的规划控制汇总

B. 通过数据控制落实规划意图

C. 具有法律效应和立法空间

D. 刚性与弹性相结合的控制方式

【答案】A

【解析】控制性详细规划是横向综合性的规划控制汇总，而非纵向的，因此 A 选项错误，应选 A。

板块 2 修建性详细规划

历年考频

名称	2019 年	2020 年	2021 年	2022 年	2023 年	2024 年
修建性详细规划	0	3	1	1	1	0
《自然资源部关于加强国土空间详细规划工作的通知》	0	0	0	0	1	1

知识点 1 修建性详细规划的作用、 任务与特点 【★★★】

1. 作用

依据已批准的控制性详细规划及城乡规划建设主管部门提出的规划条件对所在地块的建设提出**具体的安排和设计**，用以**指导建筑设计和各项工程施工设计**。

2. 任务

按照城市总体规划、分区规划以及控制性详细规划的指导、控制和要求，以城市中准备实施开发建设的待建地区为对象，对其中的各项物质要素，例如建筑物、各级道路、广场、绿化以及市政基础设施进行统一的空间布局。修建性详细规划**侧重于具体开发建设项目的安排和直观表达，注重实施的技术经济条件及其具体的工程施工设计**。

3. 特点

1）以**具体、详细**的建设项目为依据，实施性较强。

2）通过**形象的方式**表达城市空间与环境。

3）**多元化**的编制主体（政府与开发商都可以是编制主体，也可以是拥有土地使用权的业主）。

知识点 2 修建性详细规划的内容与方法 【★★★★】

修建性详细规划的内容与方法

项目	说明
基本原则	坚持以人为本、因地制宜、环境协调
编制要求	① **应当依据已经依法批准的控制性详细规划，对所在地块的建设提出具体的安排和设计**； ② 应当充分听取政府有关部门的意见，保证有关专业规划的空间落实
编制内容	① 建设**条件分析及综合技术经济论证**； ② **建筑、道路和绿地等的空间布局**和**景观规划设计，布置总平面图**（注意区分：总平面图不等同于建筑平面图，考试中经常会存在混淆概念）； ③ 室外空间与环境设计；

项目	说明
编制内容	④ 对住宅、医院、学校和托幼等建筑进行日照分析（用地性质不同日照标准不同）； ⑤ 根据交通影响分析，提出交通组织方案和设计； ⑥市政工程管线规划设计和管线综合； ⑦竖向规划设计； ⑧ 估算工程量、拆迁量和总造价，分析投资效益
编制方法	① 建设用地条件分析； ② 建筑布局与规划设计； ③ 室外空间与环境设计； ④ 道路交通规划； ⑤ 场地竖向设计； ⑥ 建筑日照影响分析； ⑦ 投资效益分析和综合技术经济论证； ⑧ 市政工程管线规划设计和管线综合

知识点3　修建性详细规划的成果要求　【★★★★】

修建性详细规划的成果要求

内容	说明
成果的内容与深度	成果的技术深度应能够指导建设项目的总平面设计、建筑设计和施工图设计，满足委托方的规划设计要求和国家现行的相关标准、规范的技术规定
规划说明书	① 规划背景； ② 现状分析； ③ 规划设计原则与指导思想； ④ 规划设计构思； ⑤ 规划设计方案； ⑥ 日照分析； ⑦ 场地与竖向设计； ⑧ 规划实施； ⑨ 主要技术经济指标
规划图纸	① 规划地段位置图（标明规划地段在城市的位置以及和周围地区的关系）； ② 规划地段现状图（图纸比例为1∶500～1∶2000）； ③ 场地分析图（图纸比例为1∶500～1∶2000）； ④ 规划总平面图（图纸比例为1∶500～1∶2000）； ⑤ 道路交通规划图（图纸比例为1∶500～1∶2000）； ⑥ 竖向规划图（图纸比例为1∶500～1∶2000）； ⑦ 市政设施规划图（图纸比例为1∶500～1∶2000）； ⑧ 绿化景观规划图（图纸比例为1∶500～1∶2000）； ⑨ 表达规划意图的透视图、鸟瞰图或模型，多媒体演示等

国土空间详细规划

知识点4 《自然资源部关于加强国土空间详细规划工作的通知》要点 【★★★★】

1. 积极发挥详细规划法定作用

详细规划是**实施国土空间用途管制和核发建设用地规划许可证、建设工程规划许可证、乡村建设规划许可证**等城乡建设项目规划许可证及**实施城乡开发建设、整治更新、保护修复活动**的**法定依据**，是优化城乡空间结构、完善功能配置、激发发展活力的实施性政策工具。**详细规划包括城镇开发边界内详细规划、城镇开发边界外村庄规划及风景名胜区详细规划等类型**。各地在"三区三线"划定后，应全面开展详细规划的编制（新编或修编，下同），并结合实际依法在既有规划类型未覆盖地区探索其他类型详细规划。

2. 分区分类推进详细规划编制

要按照城市是一个有机生命体的理念，结合行政事权统筹生产、生活、生态和安全功能需求划定详细规划编制单元，**将上位总体规划战略目标、底线管控、功能布局、空间结构、资源利用等方面的要求分解落实到各规划单元**，加强单元之间的系统协同，作为深化实施层面详细规划的基础。各地可根据新城建设、城市更新、乡村建设、自然和历史文化资源保护利用的需求和产城融合、城乡融合、区域一体、绿色发展等要求，**因地制宜划分不同单元类型，探索不同单元类型、不同层级深度详细规划的编制和管控方法**。

3. 提高详细规划的针对性和可实施性

要以**国土调查、地籍调查、不动产登记等法定数据为基础**，加强人口、经济社会、历史文化、自然地理和生态、景观资源等方面调查，按照《国土空间规划城市体检评估规程》，深化规划单元及社区层面的体检评估，通过综合分析资源资产条件和经济社会关系，准确把握地区优势特点，找准空间治理问题短板，明确功能完善和空间优化的方向，切实**提高详细规划的针对性和可实施性**。

4. 城镇开发边界内存量空间要推动内涵式、集约型、绿色化发展

围绕建设"人民城市"要求，按照《社区生活圈规划技术指南》，以**常住人口**为基础，针对后疫情时代实际服务人口的全面发展需求，因地制宜优化功能布局，逐步形成**多中心、组团式、网络化**的空间结构，提高城市服务功能的均衡性、可达性和便利性。要补齐就近就业和教育、健康、养老等公共服务设施短板，完善慢行系统和社区公共休闲空间布局，提升生态、安全和数字化等新型基础设施配置水平。要融合低效用地盘活等土地政策，统筹地上地下，鼓励开发利用地下空间、土地混合开发和空间复合利用，有序引导单一功能产业园区向**产城融合的产业社区转变**，提升存量土地节约集约利用水平和空间整体价值。要强化对历史文化资源、地域景观资源的保护和合理利用，**在详细规划中合理确定各规划单元范围内存量空间保留、改造、拆除范围，防止"大拆大建"**。

5. 城镇开发边界内增量空间要强化单元统筹，防止粗放扩张

要根据人口和城乡高质量发展的实际需要，以规划单元统筹增量空间功能布局、整体优

国土空间详细规划

291

化空间结构，促进产城融合、城乡融合和区域一体协调发展，避免增量空间无序、低效。要严格控制增量空间的开发，确需占用耕地的，**应按照"以补定占"原则同步编制补充耕地规划方案，明确补充耕地位置和规模。总体规划确定的战略留白用地，一般不编制详细规划，**但要加强开发保护的管控。

6. 强化详细规划编制管理的技术支撑

重点地区编制详细规划，自然资源部门应按照《国土空间规划城市设计指南》要求开展城市设计，城市设计方案经比选后，按法定程序将有关建议统筹纳入详细规划管控引导要求。适应新产业、新业态和新生活方式的需要，鼓励地方按照"多规合一"、节约集约和安全韧性的原则，结合城市更新和新城建设的实际，因地制宜制定或修订基础设施、公共服务设施和日照、间距等地方性规划标准，体现地域文化、地方特点和优势，防止"千城一面"。**要加快推进规划编制和实施管理的数字化转型，**依托国土空间基础信息平台和国土空间规划"一张图"系统，按照统一的规划技术标准和数据标准，有序实施详细规划编制、审批、实施、监督全程在线数字化管理，提高工作质量和效能。

7. 加强详细规划组织实施

市县自然资源部门是详细规划的主管部门，省级自然资源部门要加强指导。应当委托具有城乡规划编制资质的单位编制详细规划，并**探索建立详细规划成果由注册城乡规划师签字的执业规范**。要健全公众参与制度，在详细规划编制中做好公示公开，主动接受社会监督。

真题演练

2023-064 下列关于修建性详细规划编制内容的说法，不正确的是( )。

A. 应对城市经济社会发展水平、市民生活习惯及行为意愿进行调查研究

B. 应对场地的工程地质条件和水文地质条件进行分析，选择可建设用地

C. 应对室外铺地、座椅、路灯等室外家具进行布局，确定建筑小品位置

D. 应提出交通组织设计方案

【答案】B

【解析】在修建性详细规划中，要对场地的高度、坡度、坡向进行分析，进而选择可建设用地，研究地形变化对用地布局、道路选线、景观设计的影响。故不正确的是 B。

2023-061 下列关于国土空间详细规划针对城镇开发边界内存量空间利用要求的说法，不准确的是( )。

A. 提高城市服务功能的均衡性、可达性和便利性

B. 补齐就近就业和教育、健康、养老等公共服务设施短板

C. 鼓励开发利用地下空间、土地混合开发和空间复合利用

D. 系统确定各规划单元内的重建范围

【答案】D

【解析】根据《自然资源部关于加强国土空间详细规划工作的通知》，城镇开发边界内存量空间要推动内涵式、集约型、绿色化发展；提高城市服务功能的均衡性、可达性和便利性；要补齐就近就业和教育、健康、养老等公共服务设施短板；统筹地上地下，鼓励开发利用地下空间、土地混合开发和空间复合利用，有序引导单一功能产业园区向产城融合的产业社区转变；在详细规划中合理确定各规划单元范围内存量空间保留、改造、拆除范围，防止"大拆大建"。故不准确的是 D。

2022-042 下列关于修建性详细规划的表述，不准确的是(　　)。

A. 修建性详细规划应符合控制性详细规划要求

B. 拥有土地使用权的业主可编制修建性详细规划

C. 通过形象的方式表达城市空间与环境

D. 修建性详细规划中有关建筑的内容应达到初步设计的深度

【答案】D

【解析】修建性详细规划中有关建筑的内容只涉及建筑布局、建筑高度及体量设计以及建筑立面及风格设计。而初步设计属于建筑工程设计阶段，深度要深于修建性详细规划，因此 D 不准确，符合题意。

国土空间详细规划

镇、乡和村庄规划

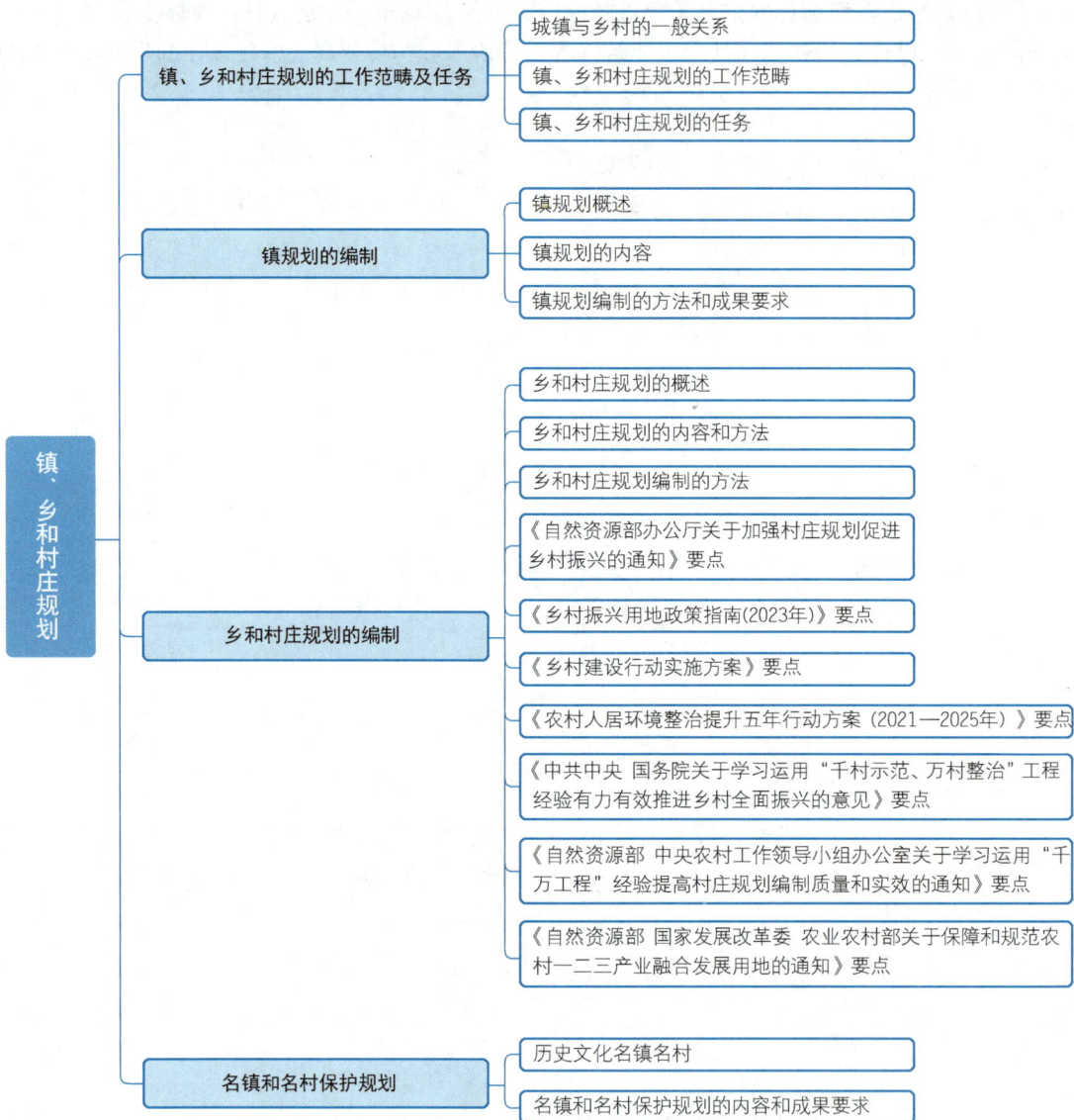

镇、乡和村庄规划的工作范畴及任务
- 城镇与乡村的一般关系
- 镇、乡和村庄规划的工作范畴
- 镇、乡和村庄规划的任务

镇规划的编制
- 镇规划概述
- 镇规划的内容
- 镇规划编制的方法和成果要求

镇、乡和村庄规划

乡和村庄规划的编制
- 乡和村庄规划的概述
- 乡和村庄规划的内容和方法
- 乡和村庄规划编制的方法
- 《自然资源部办公厅关于加强村庄规划促进乡村振兴的通知》要点
- 《乡村振兴用地政策指南(2023年)》要点
- 《乡村建设行动实施方案》要点
- 《农村人居环境整治提升五年行动方案（2021—2025年）》要点
- 《中共中央 国务院关于学习运用"千村示范、万村整治"工程经验有力有效推进乡村全面振兴的意见》要点
- 《自然资源部 中央农村工作领导小组办公室关于学习运用"千万工程"经验提高村庄规划编制质量和实效的通知》要点
- 《自然资源部 国家发展改革委 农业农村部关于保障和规范农村一二三产业融合发展用地的通知》要点

名镇和名村保护规划
- 历史文化名镇名村
- 名镇和名村保护规划的内容和成果要求

板块 1　镇、乡和村庄规划的工作范畴及任务

历年考频

名称	2019 年	2020 年	2021 年	2022 年	2023 年	2024 年
镇、乡和村庄规划的工作范畴及任务	0	0	0	0	0	0

知识点 1　城镇与乡村的一般关系 【★★】

1. 我国的城乡划分

（1）我国的城乡行政体系

城镇是指我国市镇建制和行政区划的基础区域，城镇包括城区和镇区。乡村是指城镇以外的其他区域。

（2）城乡行政建制的构成

1）设市城市，也称建制市，在我国指人口数量达到一定规模，人口、劳动力结构与产业结构达到一定要求，基础设施达到一定水平，或有军事、经济、民族、文化等的特殊要求，并经国务院批准设置的具有一定行政级别的行政单元。

2）镇是指除建制市以外的城市聚落。其中，具有一定人口规模，人口、劳动力结构与产业结构达到一定要求，基础设施达到一定水平，并被省（直辖市、自治区）人民政府批准设置的镇为建制镇，其余为集镇。

3）县城关镇是县人民政府所在地的镇，其他镇是县级建制以下的一级行政单元，其中不包含集镇。

4）镇和乡一般是同级行政单元。传统意义上的乡属于农村范畴，乡政府驻地一般是乡域的中心村或集镇。集镇不是一级行政单元。

5）镇的含义则更多。其一，镇的建制中存在镇区，可属于小城镇；其二，镇与农村的关系密切，是农村的中心社区；其三，镇具有乡村商业服务中心的作用。

（3）我国城乡建制的设置特点

1）市是指其行政辖区，既包括主城区，也包括主城区之外的城镇和乡村地区，也就是所称的市域；镇既包括镇区，同时又包括所辖的集镇和乡村区域，也即为通常所称的镇域；市的社会经济活动是以"城"为中心，镇的社会经济活动是以"乡村"为服务对象的。

2）乡的设置是针对农村地区的属性，其社会经济活动不具备聚集性，乡政府的职能主要是行政管理和服务。

2. 我国设镇的标准

1984 年，《民政部关于调整建镇标准的报告》中规定：①总人口在 20000 人以下的乡，乡政府驻地非农业人口超过 2000 人的，或人口在 20000 人以上的乡，乡政府驻地非农业人口占全乡人口 10％以上的，可以设建制镇；②少数民族地区、人口稀少的边远地区、山区和小型

工矿区、小港口、风景旅游区、边境口岸等地，非农业人口不足 2000 人，如确有必要，也可以设置镇的建制。

3. "小城镇"的基本含义

"小城镇"是建制镇和集镇的总称，但不是一个行政建制的概念，却具有一定的政策属性。"小"是相对于城市而言，只是人口规模、地域范围、经济总量影响能力等较小而已。

知识点 2　镇、乡和村庄规划的工作范畴　【★★】

1. 镇、乡和村庄规划的法律地位

城乡规划法把镇规划与乡规划作为法定规划，含在同一规划体系内，纳入同一法律管辖范畴，明确了镇政府和乡政府的规划责任。同时城乡规划法将镇规划单独列出，顺应了我国城镇化建设的需求，有助于促进城乡协调发展。

1）镇规划的法律地位。城乡规划法顺应体制改革的需求和部分小城镇迅猛发展的现实，赋予一些小城镇拥有部分规划行政许可权利。对于镇规划建设重点，则提出了有别于城市和村庄的要求，这是考虑镇自身特点提出的，是统筹城乡发展的重要制度安排。

2）乡规划和村庄规划的法律地位。城乡规划法明确了乡规划和村庄规划的编制内容等，将城镇体系规划、城市规划、镇规划、乡规划和村庄规划统一纳入一个法律管理，确立了乡规划和村规划的法律地位。

2. 镇规划的工作范畴

1）镇规划所划定的范围也即为规划区：一是镇域范围为镇人民政府行政的地域，二是镇区范围为镇人民政府驻地的建成区和规划建设发展区。

2）县城关镇规划的工作范畴：《镇规划标准》GB 50188 认为，县人民政府所在地镇与其他镇虽同为镇建制，但两者从其管辖的地域模式、性质职能、机构设置和发展前景来看却截然不同，两者并不处在同一层次上。县人民政府所在地镇的规划参照城市的规划标准编制。

3）一般建制镇规划的工作范畴：一般建制镇规划介乎于城市和乡村之间，服务于农村，有其特定的侧重面，既是有着经济和人口聚集作用的城镇，又是服务于广大农村地区的村镇。

3. 乡和村庄规划的工作范畴

1）《村庄和集镇规划建设管理条例》中所称的集镇，是指乡、民族乡人民政府所在地，和经县级人民政府确认由集市发展而成作为农村一定区域经济、文化和生活服务中心的非建制镇。规划区是指集镇建成区和因集镇建设及发展需要实现规划控制的区域。

2）《镇规划标准》GB 50188 明确，乡规划可按其执行。

3）村庄是指农村村民居住和从事各种生产的居民点。规划区是指村庄建成区和因村庄建设及发展需要实行规划控制的区域。

4. 镇、乡和村庄规划任务的属性

1）确定不同乡镇的规划范畴。

2）经济发达的镇、乡和村庄规划采用更高层次。

3）不具备实现发达条件的乡镇范畴采用低一层次。

知识点 3 镇、乡和村庄规划的任务 【★★】

1. 镇规划的作用

镇规划是对镇行政区内的土地利用、空间布局以及各项建设的综合部署，是管制空间资源开发，保护生态环境和历史文化遗产，创造良好生活生产环境的重要手段，是指导与调控镇发展建设的重要公共政策之一，是一定时期内镇的发展、建设和管理必须遵守的基本依据。

2. 镇规划的主要任务

镇规划的主要任务

任务	内容
镇总体规划的任务	落实市（县）社会经济发展战略及城镇体系规划提出的要求，综合研究和确定城镇的性质、规模和空间发展形态，统筹安排城镇各项建设用地，合理配置城镇各项基础设施，处理好远期发展与近期建设的关系，指导城镇合理发展
镇区控制性详细规划的任务	以镇区总体规划为依据，控制建设用地性质、使用强度和空间环境
镇区修建性详细规划的任务	对镇区近期需要进行建设的重要地段做出具体的安排和规划设计
镇规划的具体任务	① 收集和调查基础资料，研究满足镇的经济社会发展目标的条件和措施； ② 研究确定城镇的发展战略，预测发展规模，拟定分期建设的技术经济指标； ③ 确定城镇功能和空间布局，合理选择用地，并考虑城镇用地的长远发展方向； ④ 提出镇（乡）域镇村体系规划，确定镇（乡）域基础设施规划原则和方案； ⑤ 拟定新区开发和旧区更新的原则、步骤和方法； ⑥ 确定城镇各项市政设施和工程设施的原则和技术方案； ⑦ 拟定城镇建设用地布局的原则和要求，提出实施规划的措施和步骤； ⑧ 控制性详细规划应详细制定用地的各项控制指标和其他管理要求； ⑨ 修建性详细规划直接对建设做出具体的安排和规划设计

3. 镇规划的特点

镇规划的特点

特点	内容
对象特点	① 镇的数量多、分布广、差异大、地域性强； ② 产业结构单一、经济具有较强的灵活性和可变性； ③ 社会关系、生活方式、价值观念处于转型期，具有不确定性和可塑性； ④ 基础设施相对滞后，需要较大的投入； ⑤ 环境质量有待提高，生态建设有待改善，综合防灾减灾能力亟待加强； ⑥ 依赖性较强，需要在区域内寻求互补与协作； ⑦ 一般多沿交通走廊和经济轴线发展，交通可达性好
技术特点	① 镇规划技术层次较少，成果内容不同于城市规划； ② 规划内容和重点应因地制宜，解决问题要具有目的性； ③ 规划技术指标体系地域性较强，具有特殊性； ④ 规划资料收集及调查对象相对集中，但因基数小，数据资料具有较大的变动性； ⑤ 原有规划技术水平和管理技术水平相对较低，需要正确引导以达到规划的科学性与合理性； ⑥ 规划注重近期建设规划，强调可操作性

特点	内容
实施特点	① 更需要具体实施的指导性； ② 需要更多技术支持和政策倾斜性； ③ 规划实施强调因地制宜； ④ 根据自身特点，采用适宜技术并形成特色； ⑤ 强调示范性和带动性； ⑥ 强调节约土地、保护生态环境； ⑦ 强调动态性

4. 乡和村庄规划的主要任务

乡和村庄规划的主要任务

项目	内容
规划的作用	是做好农村地区各项建设工作的先导和基础，是各项建设管理工作的基本依据，对改变农村落后的面貌，加强农村地区生产生活服务设施、公益事业等各项建设，推进社会主义新农村建设，统筹城乡发展、构建社会主义和谐社会具有重大意义
规划的任务	① 从农村实际出发，尊重农民意愿，科学引导，体现地方和农村特色； ② 坚持以促进生产发展、服务农业为出发点，处理好新农村建设与工业化、城镇化快速发展之间的关系，加快农业产业化发展，改善农民生活质量与水平； ③ 贯彻"节水、节地、节能、节材"的建设要求，保护耕地与自然资源，科学、有效、集约利用资源，促进广大农村地区的可持续发展； ④ 加强农村基础设施、生产生活服务设施建设以及公益事业建设的引导与管理，促进农村精神文明建设

板块 2　镇规划的编制

历年考频

名称	2019 年	2020 年	2021 年	2022 年	2023 年	2024 年
镇规划的编制	0	0	0	0	0	0

知识点 1　镇规划概述 【★★】

镇规划概述

内容		说明
镇规划的依据	法律法规依据	①《中华人民共和国城乡规划法》； ②《中华人民共和国土地管理法》； ③《中华人民共和国环境保护法》； ④《城市规划编制办法》； ⑤《城市规划编制办法实施细则》； ⑥《城镇体系规划编制审批办法》； ⑦《村庄和集镇规划建设管理条例》； ⑧ 各级政府的村镇规划技术规定、村镇规划建设管理规定和村镇规划编制办法
镇规划的依据	规划技术依据	①《镇规划标准》GB 50188； ②《村镇规划卫生规范》GB 18055； ③《镇（乡）域规划导则（试行）》
	政策依据	① 国家小城镇战略； ② 国家和地方对小城镇发展制定的相关文件； ③ 各级政府对本地区小城镇的发展战略要求； ④ 地方政府国民经济和社会发展计划； ⑤ 地方政府的政府工作报告； ⑥ 上级政府及相关职能部门对小城镇建设发展的指导思想和具体意见
镇规划的原则	宏观指导性原则	① 人本主义原则； ② 可持续发展原则； ③ 区域协同、城乡协调发展原则； ④ 因地制宜原则； ⑤ 市场与政府调控相结合原则
	规划技术原则	① 科学合理性原则； ② 完整性原则； ③ 独特性原则； ④ 灵活性原则； ⑤ 创新性原则； ⑥ 集约性原则； ⑦ 连续性原则； ⑧ 可操作性原则

内容	说明
指导思想	必须以建立构建资源节约型、环境友好型城镇、构建和谐社会、服务"三农"、促进社会主义新农村建设为目标,坚持城乡统筹的指导思想
阶段和层次划分	① 县人民政府所在地的镇规划,分为总体规划和详细规划,总体规划之前可增加规划纲要阶段; ② 镇规划包括镇域规划和镇区规划,县人民政府所在地的镇总体规划,包括县域城镇体系规划和县城区规划; ③ 镇可以在总体规划指导下编制控制性详细规划和修建性详细规划,也可直接编制修建性详细规划
规划的期限	① 镇总体规划的期限为 20 年; ② 近期建设规划可以为 5～10 年

知识点 2　镇规划的内容 【★★】

镇规划的内容

项目		内容
县人民政府所在地镇规划编制的内容		该类镇的规划应执行城市规划的办法,按照省(自治区、直辖市)域城镇体系规划以及所在市的城市总体规划提出的要求,对县域镇乡和所辖村庄的合理发展与空间布局、基础设施和社会公共服务设施的配置等内容提出引导和控制措施
一般建制镇规划编制的内容	镇区总体规划	① 对现有居民点与生产基地进行布局调整,明确各自在村镇体系中的地位; ② 确定各个主要居民点与生产基地的性质和发展方向,明确它们在村镇体系中的职能分工; ③ 确定乡(镇)域及规划范围内主要居民点的人口发展规模和建设用地规模; **拓展** 　人口发展规模的确定:用人口的自然增长加机械增长的方法计算出规划期末乡(镇)域的总人口;在计算人口的机械增长时,应当根据产业结构调整的需要,分别计算出从事一二三产业所需要的人口数,估算规划期内有可能进入和迁出规划范围的人口数,预测人口的空间分布。 　建设用地规模的确定:根据现状用地分析、土地资源总量以及建设发展的需要,按照《镇规划标准》GB 50188 确定人均建设用地标准;结合人口的空间分布,确定各主要居民点与生产基地的用地规模和大致范围。 ④ 安排交通、供水、排水、供电、通信等基础设施,确定工程管网走向和技术选型等; ⑤ 安排卫生院、学校、文化站、商店、农业生产服务中心等对全乡(镇)域有重要影响的主要公共建筑; ⑥ 提出实施规划的政策措施
	镇域镇村体系规划	① 预测一二三产业的发展前景以及劳动力和人口的流动趋势; ② 落实镇区规划人口规模,划定镇区用地规划发展的控制范围; ③ 提出村庄的建设调整设想; ④ 确定镇域内主要道路交通、公用工程设施、公共服务设施以及生态环境、历史文化保护、防灾减灾防疫系统

项目		内容
一般建制镇规划编制的内容	镇区建设规划	① 在分析土地资源状况、建设用地现状和经济社会发展需要的基础上，根据《镇规划标准》GB 50188确定人均建设用地指标，计算用地总量，再确定各项用地的构成比例和具体数量； ② 进行用地布局，确定居住、公共建筑、生产、公用工程、道路交通系统、仓储、绿地等建筑与设施建设用地的空间布局，做到联系方便、分工明确，划清各项不同使用性质用地的界线； ③ 确定历史文化保护及地方传统特色保护的内容及要求； ④ 根据村镇总体规划提出的原则要求，对规划范围的供水、排水、供热、供电、通信、燃气等设施及其工程管线进行具体安排，按照各专业标准规定，确定空中线路、地下管线的走向与布置，并进行综合协调； ⑤ 确定旧镇区改造和用地调整的原则、方法和步骤； ⑥ 对中心地区和其他重要地段的建筑体量、体型、色彩提出原则性要求； ⑦ 确定道路红线宽度、断面形式和控制点坐标标高，进行竖向设计，保证地面排水顺利，尽量减少土石方量； ⑧ 综合安排环保和防灾等方面的设施； ⑨ 编制镇区近期建设规划
镇规划的强制性内容		① 规划范围； ② 规划建设用地规模； ③ 基础设施和公共服务设施用地； ④ 水源地和水系； ⑤ 基本农田绿化用地； ⑥ 环境保护的规划目标与治理措施； ⑦ 自然与历史文化遗产保护及利用的目标与要求； ⑧ 防灾减灾工程
镇区详细规划编制的内容	控制性详细规划	① 确定规划区内不同用地性质的界线； ② 确定各地块主要建设指标的控制要求与城市设计指导原则； ③ 确定地块内的各类道路交通设施布局与设置要求； ④ 确定各项公用工程设施建设的工程要求； ⑤ 制定相应的土地使用与建筑管理规定
	修建性详细规划	① 建设条件分析及综合技术经济论证； ② 建筑、道路和绿地等的空间布局和景观规划设计； ③ 提出交通组织方案和设计； ④ 进行竖向规划设计以及公用工程管线规划设计和管线综合； ⑤ 估算工程造价，分析投资效益

镇、乡和村庄规划

知识点 3　镇规划编制的方法和成果要求　【★★】

镇规划编制的方法和成果要求

项目	要求
编制方法	① 基础资料的收集、整理与分析； ② 确定村镇性质； ③ 预测村镇人口，确定村镇规模； ④ 确定总体规划经济技术指标； ⑤ 确定村镇总体布局； ⑥ 应当明确安排村镇重要公共建筑和主要基础设施的位置与规模，制定实施规划和政策措施
镇总体规划 的成果	① 图纸应当包括： a　乡（镇）域现状分析图（比例尺 1：10000，根据规模大小可在 1：5000～1：25000 之间选择）； b　村镇总体规划图［比例尺必须与乡（镇）域现状分析图一致］。 ② 文字资料应当包括： a　规划文本，主要对规划的各项目标和内容提出规定性要求； b　经批准的规划纲要； c　规划说明书，主要说明规划的指导思想、内容、重要指标选取的依据，以及在实施中要注意的事项； d　基础资料汇编
镇区建设 规划的成果	① 图纸应当包括： a　镇区现状分析图（比例尺 1：2000，根据规模大小可在 1：1000～1：5000 之间选择）； b　镇区建设规划图（比例尺必须与现状分析图一致）； c　镇区工程规划图（比例尺必须与现状分析图一致）； d　镇区近期建设规划图（可与建设规划图合并，单独绘制时比例尺采用 1：200～1：1000）。 ② 文字资料应当包括规划文本、说明书、基础资料三部分。镇区建设规划与村镇总体规划同时报批时，其文字资料可以合并

板块 3　乡和村庄规划的编制

历年考频

名称	2019 年	2020 年	2021 年	2022 年	2023 年	2024 年
乡和村庄规划的编制相关政策文件	2	2	4	1	1	3

知识点 1　乡和村庄规划的概述 【★★★】

乡和村庄规划的指导思想和原则

项目	说明
基本目标	以服务农业、农村和农民为基本目标
指导思想	① 因地制宜； ② 循序渐进； ③ 统筹兼顾； ④ 协调发展
规划原则	① 根据国民经济和社会发展计划，结合当地经济发展的现状和要求，以及自然环境、资源条件和历史状况等，统筹兼顾，综合部署村庄和集镇的各项建设； ② 处理好近期建设与远景发展、改造与新建的关系，使村庄、集镇的性质和建设的规模、速度和标准，同经济发展和农民生活水平相适应； ③ 合理用地、节约用地，各项建设应当相对集中，充分利用原有建设用地，新建扩建工程及住宅应当尽量不占用耕地和林地； ④ 有利生产、方便生活，合理安排住宅、乡（镇）企业、乡（镇）村公共设施和公益事业的建设布局，促进农村各项事业协调发展，并适当留有发展余地； ⑤ 保护和改善生态环境，防治污染和其他公害，加强绿化和村容村貌、环境卫生建设
阶段和层次	① 乡规划分为乡总体规划和乡驻地建设规划两个阶段； ② 村庄、集镇规划一般分为总体规划和建设规划两个阶段
规划期限	① 乡总体规划期限为 20 年，近期建设规划可以为 5～10 年； ② 村庄规划期限比较灵活，一般整治规划考虑近期为 3～5 年左右

知识点 2　乡和村庄规划的内容和方法　【★★★】

乡和村庄规划的内容和方法

规划类型		内容
乡规划编制的内容	乡域规划的主要内容	① 提出乡产业发展目标以及促进生产发展的措施建议，落实相关生产设施、生活服务设施以及公益事业等各项建设的空间布局； ② 确定规划期内各阶段人口规模与人口分布； ③ 确定乡的职能规模，明确乡政府驻地的规划建设标准与规划范围； ④ 确定中心村、基层村的层次与等级，提出村庄集约建设的分阶段目标及实施方案； ⑤ 统筹配置各项公共设施、道路和各项公用工程设施，制定各专项规划，并提出自然和历史文化保护、防灾减灾、防疫等要求； ⑥ 提出实施规划的措施和有关建议； ⑦ 明确规划强制性内容
	村庄、集镇总体规划的主要内容	① 乡级行政区域的村庄、集镇布点； ② 村庄和集镇的位置、性质、规模和发展方向； ③ 村庄和集镇的交通、供水、供电、商业、绿化等生产和生活服务设施的配置
	乡驻地规划的主要内容	① 确定规划区内各类用地布局，提出道路网络建设与控制要求； ② 对规划区内的工程建设进行规划安排； ③ 建立环境卫生系统和综合防疫系统； ④ 确定规划区内生态环境与优化目标，划定主要水体保护和控制范围； ⑤ 确定历史文化保护及地方传统特色保护的内容及要求； ⑥ 划定历史文化街区、历史建筑保护范围，确定各级文物保护单位、特色风貌保护重点区域范围及保护措施； ⑦ 划定建设容量、确定公用工程管线位置、管径和工程设施的用地界线，进行管网综合
村庄规划编制的内容		① 安排村域范围内的农业生产用地布局及为其配套服务的各项设施； ② 确定村庄居住、公共设施、道路、工程设施等用地布局； ③ 确定村庄内的给水、排水、供电等工程设施及其管线走向、敷设方式； ④ 确定垃圾分类及转运方式，明确垃圾收集点、公厕等环境卫生设施的分布、规模； ⑤ 确定防灾减灾、防疫设施分布和规模； ⑥ 对村口、主要水体、特色建筑、街景、道路以及其他重点地区的景观提出规划设计； ⑦ 对村庄分期建设时序进行安排，提出3～5年内近期项目的具体安排，并对近期建设的工程量、总造价、投资效益等进行估算和分析； ⑧ 提出保障规划实施的措施和建议

知识点 3　乡和村庄规划编制的方法　【★★★】

　　乡规划和村庄规划编制的方法与镇规划编制的方法相同。村庄规划编制的重点是：村庄用地功能布局、产业发展与空间布局、人口变化分析、公共设施和基础设施、发展时序、防灾减灾。

1. 村庄规划的现状调研和分析

村庄规划的现状调研和分析

内容	说明
工作重点	① 现场调查：对村庄的基本情况进行调查，如人口、经济、产业、用地布局、配套设施、历史文化等。 ② 分析问题：找出当地社会经济发展、村庄规划建设、配套服务设施等方面的问题和原因
具体内容	① 村庄背景情况：周围情况，自然条件，地质条件，历史沿革等。 ② 社会经济发展：产业发展、人均年收入、村集体企业、出租土地厂房、村民福利（儿童、老人、五保户等）等。 ③ 人口劳动力：人口数量、劳动力、就业安置、教育、人口变化情况等。 ④ 用地及房屋：村域用地现状、村庄建设用地现状图、建筑质量、建筑高度、控制房屋等。 ⑤ 道路市政：现状道路、机动车、农用车普及情况、停车管理，饮用水达标、黑水（厕所冲水）、灰水（洗漱用水）和雨水的收集与处理，供电、通信、网络、有线电视，采暖方式、燃料来源、垃圾收集处理等。 ⑥ 公共配套：商业设施、文化站、阅览室、医疗室、中小学、托幼、敬老院、公共活动场所、公园、健身场地、公共厕所、公共浴室等。 ⑦ 其他：历史文化和地方特色（古庙、传说等），村民住房形式和施工方式、室内装修、家电设备、建设成本，民风民俗，民主管理公共事务，村民合作组织等。 ⑧ 现状照片：场地、建筑、设施的照片，村民活动、民风民俗、座谈和访谈会、入户调查、现场工作场景。 ⑨ 相关规划：乡镇域规划、村庄体系规划、村庄发展规划设想、有关的专项规划、历史进行过的村庄改造项目等

2. 村庄规划编制的技术要点和应注意的问题

村庄规划编制的技术要点和应注意的问题

内容	说明
技术要点	① 村庄规划应是以行政村为单位编制的； ② 村庄规划应在乡（镇）域规划、土地利用规划等有关规划的指导下进行编制； ③ 村庄规划重点规划好公共服务设施、道路交通、市政基础设施、环境卫生设施等内容； ④ 村庄规划要合理保护和利用当地资源、尊重当地文化和传统，充分体现"四节"原则
应注意的问题	① 要重视安全问题； ② 村庄发展用地，可以在乡、镇规划中统筹考虑； ③ 结合村庄道路规划，安排消防通道； ④ 市政、道路等公用设施的规划充分结合当地条件，因地制宜； ⑤ 配套公共服务设施的配置不能缺项； ⑥ 新农村建设，应避免大拆大建，力求有地方特色

3. 村庄整治规划

村庄整治规划是村庄规划广泛应用的重要类型之一，符合我国现有村庄发展的实际需要，是一项改善农村人居环境的重要举措。2013 年 12 月 17 日中华人民共和国住房和城乡建设部发布了《村庄整治规划编制办法》，即日起开始实施。

村庄整治规划

项目	说明
编制要求	① 编制村庄整治规划应以改善村庄人居环境为主要目的，以保障村民基本生活条件、治理村庄环境、提升村庄风貌为主要任务。 ② 尊重现有格局。在村庄现有布局和格局基础上，改善村民生活条件和环境，保持乡村特色，保护和传承传统文化，方便村民生产，慎砍树、不填塘、少拆房，避免大拆大建和贪大求洋。 ③ 注重深入调查。采取实地踏勘、入户调查、召开座谈会等多种方式，全面收集基础资料，准确了解村庄实际情况和村民需求。 ④ 坚持问题导向。找准村民改善生活条件的迫切需求和村庄建设管理中的突出问题，针对问题开展规划编制，提出有针对性的整治措施。 ⑤ 保障村民参与。尊重村民意愿，发挥村民主体作用，在规划调研、编制等各个环节充分征询村民意见，通过简明易懂的方式公示规划成果，引导村民积极参与规划编制全过程，避免大包大揽
编制内容	① 编制村庄整治规划要按依次推进、分步实施的整治要求，因地制宜确定规划内容和深度，首先保障村庄安全和村民基本生活条件，在此基础上改善村庄公共环境和配套设施，有条件的可按照建设美丽宜居村庄的要求提升人居环境质量。 ② 在保障村庄安全和村民基本生活条件方面，可根据村庄实际重点规划以下内容：村庄安全防灾整治、农房改造、生活给水设施整治、道路交通安全设施整治。 ③ 在改善村庄公共环境和配套设施方面，可根据村庄实际重点规划以下内容：环境卫生整治、排水污水处理设施、厕所整治、电杆线路整治、村庄公共服务设施完善、村庄节能改造。 ④ 在提升村庄风貌方面，可包括以下内容：村庄风貌整治、历史文化遗产和乡土特色保护。 ⑤ 根据需要可提出农村生产性设施和环境的整治要求和措施。 ⑥ 编制村庄整治项目库，明确项目规模、建设要求和建设时序。 ⑦ 建立村庄整治长效管理机制。鼓励规划编制单位与村民共同制定村规民约，建立村庄整治长效管理机制。防止重整治建设、轻运营维护管理
编制成果	① 村庄整治规划成果应满足易懂、易用的基本要求，具有前瞻性、可实施性，能切实指导村庄建设整治，具体形式和内容可结合地方村庄整治工作实际需要进行补充、调整。 ② 村庄整治规划成果原则上应达到"一图二表一书"的要求。 ③ "一图"主要包括：整治规划图（地形图比例尺为 1∶500～1∶1000）。 ④ "二表"主要包括：主要指标表（包括村庄用地规模、人口规模、户数、各类用地指标）、整治项目表（包括整治项目的名称、内容、规模、建设要求、经费概算、总投资量以及实施进度计划等）。 ⑤ "一书"是指规划说明书，内容包括：村庄现状及问题分析，附现状图（地形图比例尺为 1∶500～1∶1000）；整治项目内容和整治措施说明；工程量及投资估算；规划实施保障措施以及有关政策建议等

4. 统筹推进村庄规划

统筹推进村庄规划

内容	说明
明确村庄规划工作的总体要求	① 以多样化为美，突出地方特点、文化特色和时代特征，保留村庄特有的民居风貌、农业景观、乡土文化，防止"千村一面"； ② 因地制宜、详略得当规划村庄发展，做到与当地经济水平和群众需要相适应； ③ 坚持保护建设并重，防止调减耕地和永久基本农田面积、破坏乡村生态环境、毁坏历史文化景观； ④ 发挥农民主体作用，充分尊重村民的知情权、决策权、监督权，打造各具特色、不同风格的美丽村庄
合理划分县域村庄类型	各地要结合乡村振兴战略规划编制实施，逐村研究村庄人口变化、区位条件和发展趋势，明确县域村庄分类。 ① 将现有规模较大的中心村，确定为集聚提升类村庄； ② 将城市近郊区以及县城城关镇所在地村庄，确定为城郊融合类村庄； ③ 将历史文化名村、传统村落、少数民族特色村寨、特色景观旅游名村等特色资源丰富的村庄，确定为特色保护类村庄； ④ 将位于生存条件恶劣、生态环境脆弱、自然灾害频发等地区的村庄，因重大项目建设需要搬迁的村庄，以及人口流失特别严重的村庄，确定为搬迁撤并类村庄
统筹谋划村庄发展	① 结合村庄资源禀赋和区位条件，引导产业集聚发展，尽可能把产业链留在乡村，让农民就近就地就业增收。按照节约集约用地原则，提出村庄居民点宅基地控制规模，严格落实"一户一宅"法律规定。 ② 综合考虑群众接受、经济适用、维护方便，有序推进村庄垃圾治理、污水处理和厕所改造。按照硬化、绿化、亮化、美化要求，规划村内道路，合理布局村庄绿化、照明等设施，有效提升村容村貌。 ③ 依据人口规模和服务半径，合理规划供水排水、电力电信等基础设施，统筹安排村民委员会、综合服务站、基层综合性文化服务中心、卫生室、养老和教育等公共服务设施。按照传承保护、突出特色要求，提出村庄景观风貌控制性要求和历史文化景观保护措施

知识点4 《自然资源部办公厅关于加强村庄规划促进乡村振兴的通知》要点 【★★★★】

1. 村庄规划的总体要求

（1）规划定位

村庄规划是法定规划，是国土空间规划体系中乡村地区的详细规划，是开展国土空间开发保护活动、实施国土空间用途管制、核发乡村建设项目规划许可、进行各项建设等的法定依据。要整合村土地利用规划、村庄建设规划等乡村规划，实现土地利用规划、城乡规划等有机融合，编制"多规合一"的实用性村庄规划。村庄规划范围为村域全部国土空间，可以一个或几个行政村为单元编制。

（2）工作原则

坚持先规划后建设，通盘考虑土地利用、产业发展、居民点布局、人居环境整治、生态保护和历史文化传承。坚持农民主体地位，尊重村民意愿，反映村民诉求。坚持节约优先、保护优先，实现绿色发展和高质量发展。坚持因地制宜、突出地域特色，防止乡村建设"千村一面"。坚持有序推进、务实规划，防止一哄而上，片面追求村庄规划快速全覆盖。

（3）工作目标

力争到 2020 年底，结合国土空间规划编制在县域层面基本完成村庄布局工作，有条件、有需求的村庄应编尽编。暂时没有条件编制村庄规划的，应在县、乡镇国土空间规划中明确村庄国土空间用途管制规则和建设管控要求，作为实施国土空间用途管制、核发乡村建设项目规划许可的依据。对已经编制的原村庄规划、村土地利用规划，经评估符合要求的，可不再另行编制；需补充完善的，完善后再行报批。

2. 村庄规划的主要任务（主要任务板块基本都是重点，需要认真细读）

（1）统筹村庄发展目标

落实上位规划要求，充分考虑人口资源环境条件和经济社会发展、人居环境整治等要求，研究制定村庄发展、国土空间开发保护、人居环境整治目标，明确各项约束性指标。

（2）统筹生态保护修复

落实生态保护红线划定成果，明确森林、河湖、草原等生态空间，尽可能多地保留乡村原有的地貌、自然形态等，系统保护好乡村自然风光和田园景观。加强生态环境系统修复和整治，慎砍树、禁挖山、不填湖，优化乡村水系、林网、绿道等生态空间格局。

（3）统筹耕地和永久基本农田保护

落实永久基本农田和永久基本农田储备区划定成果，落实补充耕地任务，守好耕地红线。统筹安排农、林、牧、副、渔等农业发展空间，推动循环农业、生态农业发展。完善农田水利配套设施布局，保障设施农业和农业产业园发展合理空间，促进农业转型升级。

（4）统筹历史文化传承与保护

深入挖掘乡村历史文化资源，划定乡村历史文化保护线，提出历史文化景观整体保护措施，保护好历史遗存的真实性。防止大拆大建，做到应保尽保。加强各类建设的风貌规划和引导，保护好村庄的特色风貌。

（5）统筹基础设施和基本公共服务设施布局

在县域、乡镇域范围内统筹考虑村庄发展布局以及基础设施和公共服务设施用地布局，规划建立全域覆盖、普惠共享、城乡一体的基础设施和公共服务设施网络。以安全、经济、方便群众使用为原则，因地制宜提出村域基础设施和公共服务设施的选址、规模、标准等要求。

（6）统筹产业发展空间

统筹城乡产业发展，优化城乡产业用地布局，引导工业向城镇产业空间集聚，合理保障农村新产业新业态发展用地，明确产业用地用途、强度等要求。除少量必需的农产品生产加工外，一般不在农村地区安排新增工业用地。

（7）统筹农村住房布局

按照上位规划确定的农村居民点布局和建设用地管控要求，合理确定宅基地规模，划定宅基地建设范围，严格落实"一户一宅"。充分考虑当地建筑文化特色和居民生活习惯，因地制宜提出住宅的规划设计要求。

（8）统筹村庄安全和防灾减灾

分析村域内地质灾害、洪涝等隐患，划定灾害影响范围和安全防护范围，提出综合防灾减灾的目标以及预防和应对各类灾害危害的措施。

（9）明确规划近期实施项目

研究提出近期急需推进的生态修复整治、农田整理、补充耕地、产业发展、基础设施和公共服务设施建设、人居环境整治、历史文化保护等项目，明确资金规模及筹措方式、建设主体和方式等。

> **拓展**
>
> 　　注意区分在村庄规划层级，生态保护红线、永久基本农田和永久基本农田储备区、乡村历史文化保护线是落实划定。

3. 村庄规划的政策支持

（1）优化调整用地布局

允许在不改变县级国土空间规划主要控制指标情况下，优化调整村庄各类用地布局。涉及永久基本农田和生态保护红线调整的，严格按国家有关规定执行，调整结果依法落实到村庄规划中。

（2）探索规划"留白"机制

各地可在乡镇国土空间规划和村庄规划中预留不超过5%的建设用地机动指标，村民居住、农村公共公益设施、零星分散的乡村文旅设施及农村新产业新业态等用地可申请使用。对一时难以明确具体用途的建设用地，可暂不明确规划用地性质。建设项目规划审批时落地机动指标、明确规划用地性质，项目批准后更新数据库。机动指标使用不得占用永久基本农田和生态保护红线。

4. 村庄规划的编制要求

（1）强化村民主体和村党组织、村民委员会主导

乡镇政府应引导村党组织和村民委员会认真研究审议村庄规划并动员、组织村民以主人翁的态度，在调研访谈、方案比选、公告公示等各个环节积极参与村庄规划编制，协商确定规划内容。村庄规划在报送审批前应在村内公示30日，报送审批时应附村民委员会审议意见和村民会议或村民代表会议讨论通过的决议。村民委员会要将规划主要内容纳入村规民约。

（2）开门编规划

综合应用各有关单位、行业已有工作基础，鼓励引导大专院校和规划设计机构下乡提供志愿服务、规划师下乡蹲点，建立驻村、驻镇规划师制度。激励引导熟悉当地情况的乡贤、能人积极参与村庄规划编制。支持投资乡村建设的企业积极参与村庄规划工作，探索规划、建设、运营一体化。

（3）因地制宜，分类编制

根据村庄定位和国土空间开发保护的实际需要，编制能用、管用、好用的实用性村庄规划。要抓住主要问题，聚焦重点，内容深度详略得当，不贪大求全。对于重点发展或需要进行较多开发建设、修复整治的村庄，编制实用的综合性规划。对于不进行开发建设或只进行简单的人居环境整治的村庄，可只规定国土空间用途管制规则、建设管控和人居环境整治要求作为村庄规划。对于综合性的村庄规划，可以分步编制，分步报批，先编制近期急需的人居环境整治等内容，后期逐步补充完善。对于紧邻城镇开发边界的村庄，可与城镇开发边界内的城镇建设用地统一编制详细规划。各地可结合实际，合理划分村庄类型，探索符合地方实际的规划方法。

（4）简明成果表达

规划成果要吸引人、看得懂、记得住，能落地、好监督，鼓励采用"前图后则"（即"规划图表＋管制规则"）的成果表达形式。规划批准之日起20个工作日内，规划成果应通过

"上墙、上网"等多种方式公开，30个工作日内，规划成果逐级汇交至省级自然资源主管部门，叠加到国土空间规划"一张图"上。

> **归纳记忆——日与工作日"3-2-3"**
>
> 村庄规划在报送审批前应在村内公示30日。
>
> 规划批准之日起20个工作日内，规划成果应通过"上墙、上网"等多种方式公开。
>
> 30个工作日内，规划成果逐级汇交至省级自然资源主管部门，叠加到国土空间规划"一张图"上。

5. 村庄规划的组织实施

（1）加强组织领导

村庄规划由乡镇政府组织编制，报上一级政府审批。地方各级党委政府要强化对村庄规划工作的领导，建立政府领导、自然资源主管部门牵头、多部门协同、村民参与、专业力量支撑的工作机制，充分保障规划工作经费。自然资源部门要做好技术指导、业务培训、基础数据和资料提供等工作，推动测绘"一村一图""一乡一图"，构建"多规合一"的村庄规划数字化管理系统。

（2）严格用途管制

村庄规划一经批准，必须严格执行。乡村建设等各类空间开发建设活动，必须按照法定村庄规划实施乡村建设规划许可管理。确需占用农用地的，应统筹农用地转用审批和规划许可，减少申请环节，优化办理流程。确需修改规划的，严格按程序报原规划审批机关批准。

（3）加强监督检查

市、县自然资源主管部门要加强评估和监督检查，及时研究规划实施中的新情况，做好规划的动态完善。国家自然资源督察机构要加强对村庄规划编制和实施的督察，及时制止和纠正违反该文件的行为。鼓励各地探索研究村民自治监督机制，实施村民对规划编制、审批、实施全过程监督。

各省（区、市）可按照该文件要求，制定符合地方实际的技术标准、规范和管理要求，及时总结经验，适时开展典型案例宣传和经验交流，共同做好新时代的村庄规划编制和实施管理工作。

知识点5　《乡村振兴用地政策指南（2023年）》要点 【★★★★】

1. 规划管理

（1）规划符合性

把加强国土空间规划管理作为乡村振兴的基础性工作，实现规划管理全覆盖。按照先规划后建设的原则，各地根据国土空间总体规划，在"三区三线"划定基础上，结合实际加快推进城镇国土空间详细规划和村庄规划的编制（修编）和审批，为开发建设、乡村建设行动以及实施乡村建设规划许可等提供法定依据。

（2）规划布局

完善县镇村规划布局。强化县域国土空间规划管控，统筹划定落实永久基本农田、生态保护红线、城镇开发边界。统筹县城、乡镇、村庄规划建设，明确村庄分类布局。推进县域产业发展、基础设施、公共服务、生态环境保护等一体规划，加快形成县乡村功能衔接互补的建管格局。科学编制村庄规划，允许在不改变县级国土空间规划主要控制指标情况下，优化调整村庄各类用地布局。涉及永久基本农田和生态保护红线调整的，严格按国家有关规定执行，调整结果依法落实到村庄规划中。

严格落实"一户一宅"，引导农村宅基地集中布局。在县、乡级国土空间规划和村庄规划中，要**为农村村民住宅建设用地预留空间**，已有村庄规划的，要严格落实。没有村庄规划的，要统筹考虑宅基地规模和布局，与未来规划做好衔接。强化县城综合服务能力，把乡镇建成服务农民的区域中心，统筹布局村基础设施、公益事业设施和公共设施。

2. 新增建设用地计划保障

新编县乡级国土空间规划应安排不少于10%的建设用地指标，重点保障乡村产业发展用地。省级制定土地利用年度计划时，应安排至少5%新增建设用地指标保障乡村重点产业和项目用地。

每个脱贫县每年安排**新增建设用地计划指标600亩**，戴帽专项下达脱贫县；**原深度贫困地区新增建设用地计划指标不足的，由所在省份协调解决。**

在年度全国土地利用计划中单列农村村民住宅建设用地计划，专项用于符合"一户一宅"和国土空间规划要求的农村村民住宅建设，单独组卷报批，实行实报实销。

市县要优先安排农村产业融合发展新增建设用地计划，不足的由省（区、市）统筹解决。

对革命老区列入国家有关规划和政策文件的建设项目，纳入国家重大建设项目范围并按规定加大用地保障力度。支持探索革命老区乡村产业发展用地政策。

落实好设施农业用地政策，指导各地国土空间规划编制同步考虑设施农业用地用海需求和布局。

3. 建设用地审批与规划许可

在村庄建设边界外，具备必要的基础设施条件、使用规划预留建设用地指标的农村产业融合发展项目，在不占用永久基本农田、严守生态保护红线、不破坏历史风貌和影响自然环境安全的前提下，办理用地审批手续时，可不办理用地预审与选址意见书。

建设项目用地审批包含**农用地转为建设用地的审批、集体所有土地征收为国家所有土地**的审批。**乡村振兴用地涉及农用地转为建设用地的，应当依法办理农用地转用审批手续。**确需征收农民集体所有的土地的，应当符合土地管理法第四十五条规定的情形和条件，并依法实施征收。

农村村民住宅用地，由乡镇政府审核批准，鼓励地方将乡村建设规划许可证由乡镇发放，并以适当方式公开。在乡、村庄规划区内使用原有宅基地进行农村村民住宅建设的，可按照省（区、市）有关规定办理规划许可。在尊重乡村地域风貌特色的前提下，鼓励各地提供农村村民住宅、污水处理设施、垃圾储运、公厕等简易的通用设计方案，并简化乡村建设规划许可的审批流程。

4. 土地利用与供应

（1）使用农村集体建设用地的情形

1）乡镇企业、乡（镇）村公共设施、公益事业、农村村民住宅等乡（镇）村建设。

2）农村集体经济组织兴办企业或者与其他单位、个人以土地使用权入股、联营等形式共同举办企业的。

3）矿产资源开采、文化和旅游经营、选址在国土空间规划确定的**城镇开发边界外的露营旅游经营性营地和自驾车旅居车营地的特定功能区、乡村民宿、养老服务设施**等用地可以按规定使用集体建设用地**（可以使用集体建设用地的其他情况）**。

（2）盘活利用农村集体建设用地

1）有序开展县域乡村**闲置集体建设用地、闲置宅基地、村庄空闲地、厂矿废弃地、道路改线废弃地、农业生产与村庄建设复合用地及"四荒地"**（荒山、荒沟、荒丘、荒滩）**等土地综合整治**，盘活建设用地重点**用于乡村新产业新业态和返乡入乡创新创业。**

2）县级以上地方人民政府应当推进节约集约用地，提高土地使用效率，依法采取措施盘活农村存量建设用地，激活农村土地资源，完善农村新增建设用地保障机制，满足乡村产业、公共服务设施和农民住宅用地合理需求。

3）在符合国土空间规划确定的用地类型、控制性高度、乡村风貌、基础设施和用途管制要求、确保安全的前提下，鼓励对依法登记的宅基地等农村建设用地进行复合利用，发展乡村民宿、农产品初加工、电子商务、民俗体验、文化创意等农村产业。

4）鼓励盘活利用乡村闲置校舍、厂房等建设敬老院、老年活动中心等乡村养老服务设施。

5）在充分保障农民宅基地用益物权的前提下，探索农村集体经济组织以出租、入股、合作等方式盘活利用闲置宅基地和农房，按照规划要求和用地标准，改造建设乡村旅游接待和活动场所。

5. 农村不动产确权登记

（1）集体土地所有权确权登记

集体土地经依法征收的，有关地方人民政府在转发的土地征收批准文件中，应明确市、县不动产登记机构要依此办理集体土地所有权注销或变更登记。其他情形导致集体土地所有权发生变化的，要及时组织有关农民集体申请办理登记。自2024年起，市、县自然资源主管部门要结合年度国土变更调查，每年组织对集体土地所有权确权登记成果进行整理核实、查缺补漏，予以更新。

（2）宅基地使用权及房屋所有权登记

对权属合法、登记要件齐全的宅基地及房屋均未登记的，要加快办理房地一体确权登记颁证；宅基地已登记、房屋未登记的，根据群众需求及时办理房地一体登记，换发房地一体不动产权证书；已登记的宅基地及房屋自然状况和权利状况发生变化的，依法办理相关登记。落实相关费用减免政策，除收取不动产权属证书工本费外，不得违规向群众收取登记费等，确保不增加群众负担。

对违反国土空间规划管控要求建房，城镇居民非法购买宅基地、小产权房等，不得办理登记，严禁通过不动产登记将违法用地或违法建设合法化。

6. 乡村自然资源保护

（1）耕地利用优先序

落实"长牙齿"的耕地保护硬措施。实行耕地保护党政同责，严守**18亿亩**耕地红线。分类明确耕地用途，严格落实耕地利用优先序。**一般耕地**应主要用于**粮食和棉、油、糖、蔬菜等农产品及饲草饲料生产**，在不破坏耕地耕作层且不造成耕地地类改变的前提下，可以适度种植其他农作物。**永久基本农田**是依法划定的优质耕地，要重点用于**发展粮食生产，特别是保障稻谷、小麦、玉米三大谷物的种植面积。高标准农田原则上全部用于粮食生产。**

（2）占用永久基本农田

一般建设项目不得占用永久基本农田；符合相关法律和规范性文件规定的重大建设项目选址确实难以避让永久基本农田的，报自然资源部用地预审，农用地转用和土地征收依法报批。2024年1月2日前，原深度贫困地区、集中连片特困地区、国家扶贫开发工作重点县省级以下基础设施、民生发展等建设项目，确实难以避让永久基本农田的，可以纳入重大建设项目范围，由省级自然资源主管部门办理用地预审，并按照规定办理农用地转用和土地征收。

（3）耕地"占补平衡"

国家实行占用耕地补偿制度。非农业建设经批准占用耕地，按照"占多少、垦多少"的原则，由占用耕地的单位负责开垦与所占用耕地的数量和质量相当的耕地；没有条件开垦或者开垦的耕地不符合要求的，应当按照省、自治区、直辖市的规定缴纳耕地开垦费，专款用于开垦新的耕地。对符合可以占用永久基本农田情形规定的重大建设项目，在2024年3月31日前允许以承诺方式落实耕地"占补平衡"。

（4）耕地"进出平衡"

将耕地转为林地、草地、园地等其他农用地及农业设施建设用地的，通过统筹林地、草地、园地等其他农用地及农业设施建设用地整治为耕地等方式，补足同等数量、质量的可以长期稳定利用的耕地，落实"进出平衡"。其中水库淹没区占用耕地的，用地报批前应当先行落实耕地"进出平衡"。"进出平衡"首先在县域范围内落实，县域范围内无法落实的，在市域范围内落实；市域范围内仍无法落实的，在省域范围内统筹落实。县级人民政府应组织编制年度耕地"进出平衡"总体方案，明确耕地转为林地、草地、园地等其他农用地及农业设施建设用地的规模、布局、时序和年度内落实"进出平衡"的安排，并组织实施。

（5）涉及生态保护红线

生态保护红线内，自然保护地核心保护区原则上禁止人为活动，其他区域严格禁止开发性、生产性建设活动，在符合现行法律法规前提下，仅允许对生态功能不造成破坏的有限人为活动和国家重大项目占用。

7. 宅基地用地政策

宅基地是农村村民用于建造住宅及其附属设施的集体建设用地，包括住房、附属用房和庭院等用地。农村宅基地归本集体成员集体所有。宅基地使用权人依法对集体所有的土地享有占有和使用的权利，有权依法利用该土地建造住宅及其附属设施。

8. 设施农业用地

（1）设施农业用地范围

设施农业用地范围包括农业生产中直接用于作物种植和畜禽水产养殖的设施用地。其中，作物种植设施用地包括作物生产和为生产服务的看护房、农资农机具存放场所等，以及与生产直接关联的烘干晾晒、分拣包装、保鲜存储等设施用地；畜禽水产养殖设施用地包括养殖生产及直接关联的粪污处置、检验检疫等设施用地，不包括屠宰和肉类加工场所用地等。

（2）设施农业用地选址

各地要依据国土空间总体规划和村庄规划，引导设施农业合理选址。严格控制畜禽养殖设施、水产养殖设施和破坏耕作层的种植业设施等农业设施建设用地使用一般耕地，确需使用的，应经批准并符合相关标准，落实耕地"进出平衡"，严禁占用永久基本农田。

9. 增减挂钩与土地综合整治

（1）城乡建设用地增减挂钩

实施增减挂钩原则上在县域范围内开展，依据当地生产生活实际，充分征求农民意见，编制项目区实施方案，经批准后实施。增减挂钩腾出的建设用地，首先要复垦为耕地，在优先满足农村各种发展建设用地后，经批准将节约的指标少量调剂给城镇使用的，其土地增值收益必须及时全部返还农村。增减挂钩项目立项批准、实施验收均应按规定在自然资源部城乡建设用地增减挂钩在线监管应用系统备案。

（2）土地综合整治

各级人民政府应该实施国土综合整治和生态修复，加强森林、草原、湿地等保护修复，开展荒漠化、石漠化、水土流失综合治理，改善乡村生态环境。应当坚持取之于农、用之于农的原则，按照国家有关规定调整土地使用权出让收入使用范围，提高农业农村投入比例，重点用于农村土地综合整治等。

拓展——三权分置制度

1）2016 年，国务院颁布《关于完善农村土地所有权承包权经营权分置办法的意见》，将农村土地产权中的土地承包经营权进一步划分为承包权和经营权，实行**所有权、承包权、经营权**分置并行，这一意见的出台在现阶段具有非常重要的意义，是继家庭联产承包责任制后农村改革又一重大制度创新。

2）完善承包地"三权分置"制度有利于落实农村集体的土地所有权，推动土地资源的规范使用。

3）完善承包地"三权分置"制度有利于保障承包农户的土地承包权，促进土地资源的优化配置。农村土地产权主要包括所有权和用益物权两个方面。

拓展——村庄卫生厕所的类型

根据《村庄整治技术标准》GB/T 50445—2019 第 8.2.2 条，村庄卫生厕所的类型选择宜符合下列规定：①具备上、下水设施且水资源充沛的村庄，宜建造水冲式厕所；②饲养牲畜的村民宜建造三联通沼气池式厕所；③干旱、无水、少水、寒冷地区宜建造粪尿分集式生态卫生厕所；④干旱地区的村庄宜建造双坑交替式、阁楼堆肥式或双瓮漏斗式厕所；⑤寒冷地区的村庄宜建造深坑式厕所；⑥非农牧业地区的村庄，不宜建造粪尿分集式生态卫生厕所。

知识点 6　《乡村建设行动实施方案》要点【★★★★】

1. 指导思想

以习近平新时代中国特色社会主义思想为指导，坚持农业农村优先发展，把乡村建设摆在社会主义现代化建设的重要位置，顺应农民群众对美好生活的向往，以普惠性、基础性、兜底性民生建设为重点，强化规划引领，统筹资源要素，动员各方力量，加强农村基础设施和公共服务体系建设，建立自下而上、村民自治、农民参与的实施机制，既尽力而为又量力而行，求好不求快，干一件成一件，努力让农村具备更好生活条件，建设宜居宜业美丽乡村。

2. 工作原则

1）尊重规律、稳扎稳打。

2）因地制宜、分类指导。

3）注重保护、体现特色。

4）政府引导、农民参与。

5）建管并重、长效运行。

6）节约资源、绿色建设。

3. 重点任务

(1) 加强乡村规划建设管理

坚持县域规划建设一盘棋，明确村庄布局分类，细化分类标准。合理划定各类空间管控边界，优化布局乡村生活空间，因地制宜界定乡村建设规划范围，严格保护农业生产空间和乡村生态空间，牢牢守住18亿亩耕地红线。严禁随意撤并村庄搞大社区、违背农民意愿大拆大建。积极有序推进村庄规划编制。发挥村庄规划指导约束作用，确保各项建设依规有序开展。建立政府组织领导、村民发挥主体作用、专业人员开展技术指导的村庄规划编制机制，共建共治共享美好家园。

(2) 实施农村道路畅通工程

继续开展"四好农村路"示范创建，推动农村公路建设项目更多向进村入户倾斜。以县域为单元，加快构建便捷高效的农村公路骨干网络，推进乡镇对外快速骨干公路建设，加强乡村产业路、旅游路、资源路建设，促进农村公路与乡村产业深度融合发展。推进较大人口规模自然村（组）通硬化路建设，有序推进建制村通双车道公路改造、窄路基路面拓宽改造或错车道建设。加强通村公路和村内道路连接，统筹规划和实施农村公路的穿村路段建设，兼顾村内主干道功能。积极推进具备条件的地区城市公交线路向周边重点村镇延伸，有序实施班线客运公交化改造。开展城乡交通运输一体化示范创建。加强农村道路桥梁、临水临崖和切坡填方路段安全隐患排查治理。深入推进农村公路"安全生命防护工程"。加强农村客运安全监管。强化消防车道建设管理，推进林区牧区防火隔离带、应急道路建设。

(3) 强化农村防汛抗旱和供水保障

加强防汛抗旱基础设施建设，防范水库垮坝、中小河流洪水、山洪灾害等风险，充分发挥骨干水利工程防灾减灾作用，完善抗旱水源工程体系。稳步推进农村饮水安全向农村供水保障转变。强化水源保护和水质保障，推进划定千人以上规模饮用水水源保护区或保护范围，配套完善农村千人以上供水工程净化消毒设施设备，健全水质检测监测体系。实施规模化供水工程建设和小型供水工程标准化改造，更新改造一批老旧供水工程和管网。有条件地区可由城镇管网向周边村庄延伸供水，因地制宜推进供水入户，同步推进消防取水设施建设。按照"补偿成本、公平负担"的原则，健全农村集中供水工程合理水价形成机制。

(4) 实施乡村清洁能源建设工程

巩固提升农村电力保障水平，推进城乡配电网建设，提高边远地区供电保障能力。发展太阳能、风能、水能、地热能、生物质能等清洁能源，在条件适宜地区探索建设多能互补的分布式低碳综合能源网络。按照先立后破、农民可承受、发展可持续的要求，稳妥有序推进北方农村地区清洁取暖，加强煤炭清洁化利用，推进散煤替代，逐步提高清洁能源在农村取暖用能中的比重。

(5) 实施农产品仓储保鲜冷链物流设施建设工程

加快农产品仓储保鲜冷链物流设施建设，推进鲜活农产品低温处理和产后减损。依托家庭农场、农民合作社等农业经营主体，发展产地冷藏保鲜，建设通风贮藏库、机械冷库、气调贮藏库、预冷及配套设施设备等农产品冷藏保鲜设施。面向农产品优势产区、重要集散地和主要销区，完善国家骨干冷链物流基地布局建设，整合优化存量冷链物流资源。围绕服务产地农产品集散和完善销地冷链物流网络，推进产销冷链集配中心建设，加强与国家骨干冷链物流基地间的功能对接和业务联通，打造高效衔接农产品产销的冷链物流通道网络。完善农产品产地批发市场。实施县域商业建设行动，完善农村商业体系，改造提升县城连锁商超和物流配送中心，支持有条件的乡镇建设商贸中心，发展新型乡村便利店，扩大农村电商覆盖面。健全县乡村三级物流配送体系，引导利用村内现有设施，建设村级寄递物流综合服务站，发展专业化农产品寄递服务。宣传推广农村物流服务品牌，深化交通运输与邮政快递融合发展，提高农村物流配送效率。

（6）实施数字乡村建设发展工程

推进数字技术与农村生产生活深度融合，持续开展数字乡村试点。加强农村信息基础设施建设，深化农村光纤网络、移动通信网络、数字电视和下一代互联网覆盖，进一步提升农村通信网络质量和覆盖水平。加快建设农业农村遥感卫星等天基设施。建立农业农村大数据体系，推进重要农产品全产业链大数据建设。发展智慧农业，深入实施"互联网＋"农产品出村进城工程和"数商兴农"行动，构建智慧农业气象平台。推进乡村管理服务数字化，推进农村集体经济、集体资产、农村产权流转交易数字化管理。推动"互联网＋"服务向农村延伸覆盖，推进涉农事项在线办理，加快城乡灾害监测预警信息共享。深入实施"雪亮工程"。深化乡村地名信息服务提升行动。

（7）实施村级综合服务设施提升工程

推进"一站式"便民服务，整合利用现有设施和场地，完善村级综合服务站点，支持党务服务、基本公共服务和公共事业服务就近或线上办理。加强村级综合服务设施建设，进一步提高村级综合服务设施覆盖率。加强农村全民健身场地设施建设。推进公共照明设施与村内道路、公共场所一体规划建设，加强行政村村内主干道路灯建设。加快推进完善革命老区、民族地区、边疆地区、欠发达地区基层应急广播体系。因地制宜建设农村应急避难场所，开展农村公共服务设施无障碍建设和改造。

（8）实施农房质量安全提升工程

推进农村低收入群体等重点对象危房改造和地震高烈度设防地区农房抗震改造，逐步建立健全农村低收入群体住房安全保障长效机制。加强农房周边地质灾害综合治理。深入开展农村房屋安全隐患排查整治，以用作经营的农村自建房为重点，对排查发现存在安全隐患的房屋进行整治。新建农房要避开自然灾害易发地段，顺应地形地貌，不随意切坡填方弃渣，不挖山填湖、不破坏水系、不砍老树，形成自然、紧凑、有序的农房群落。农房建设要满足质量安全和抗震设防要求，推动配置水暖厨卫等设施。因地制宜推广装配式钢结构、木竹结构等安全可靠的新型建造方式。以农村房屋及其配套设施建设为主体，完善农村工程建设项目管理制度，省级统筹建立从用地、规划、建设到使用的一体化管理体制机制，并按照"谁审批、谁监管"的要求，落实安全监管责任。建设农村房屋综合信息管理平台，完善农村房屋建设技术标准和规范。加强历史文化名镇名村、传统村落、传统民居保护与利用，提升防火防震防垮塌能力。保护民族村寨、特色民居、文物古迹、农业遗迹、民俗风貌。

（9）实施农村人居环境整治提升五年行动

推进农村厕所革命，加快研发干旱、寒冷等地区卫生厕所适用技术和产品，因地制宜选择改厕技术模式，引导新改户用厕所基本入院入室，合理规划布局公共厕所，稳步提高卫生厕所普及率。统筹农村改厕和生活污水、黑臭水体治理，因地制宜建设污水处理设施，基本消除较大面积的农村黑臭水体。健全农村生活垃圾收运处置体系，完善县乡村三级设施和服务，推动农村生活垃圾分类减量与资源化处理利用，建设一批区域农村有机废弃物综合处置利用设施。加强入户道路建设，构建通村入户的基础网络，稳步解决村内道路泥泞、村民出行不便、出行不安全等问题。全面清理私搭乱建、乱堆乱放，整治残垣断壁，加强农村电力线、通信线、广播电视线"三线"维护梳理工作，整治农村户外广告。因地制宜开展荒山荒地荒滩绿化，加强农田（牧场）防护林建设和修复，引导鼓励农民开展庭院和村庄绿化美化，建设村庄小微公园和公共绿地。实施水系连通及水美乡村建设试点。加强乡村风貌引导，编制村容村貌提升导则。

（10）实施农村基本公共服务提升行动

发挥县域内城乡融合发展支撑作用，强化县城综合服务功能，推动服务重心下移、资源下沉，采取固定设施、流动服务等方式，提高农村居民享受公共服务的可及性、便利性。优先规划、持续改善农村义务教育学校基本办学条件，支持建设城乡学校共同体。多渠道增加农村普惠性学前教育资源供给。巩固提升高中阶段教育普及水平，发展涉农职业教育，建设一批产教融合基地，新建改扩建一批中等职业学校。加强农村职业院校基础能力建设，进一步推进乡村地区继续教育发展。改革完善乡村医疗卫生体系，加快补齐公共卫生服务短板，完善基层公共卫生设施。支持建设紧密型县域医共体。加强乡镇卫生院发热门诊或诊室等设施条件建设，选建一批中心卫生院。持续提升村卫生室标准化建设和健康管理水平，推进村级医疗疾控网底建设。落实乡村医生待遇，保障合理收入，完善培养使用、养老保障等政策。完善养老助残服务设施，支持有条件的农村建立养老助残机构，建设养老助残和未成年人保护服务设施，培育区域性养老助残服务中心。发展农村幸福院等互助型养老，支持卫生院利用现有资源开展农村重度残疾人托养照护服务。推进乡村公益性殡葬服务设施建设和管理。开展县乡村公共服务一体化示范建设。

（11）加强农村基层组织建设

深入抓党建促乡村振兴，充分发挥农村基层党组织领导作用和党员先锋模范作用。大力开展乡村振兴主题培训。选优配强乡镇领导班子特别是党政正职。充实加强乡镇工作力量。持续优化村"两委"班子特别是带头人队伍，推动在全面推进乡村振兴中干事创业。派强用好驻村第一书记和工作队，健全常态化驻村工作机制，做到脱贫村、易地扶贫搬迁安置村（社区）、乡村振兴任务重的村、党组织软弱涣散村全覆盖，推动各级党组织通过驻村工作有计划地培养锻炼干部。加大在青年农民特别是致富能手、农村外出务工经商人员中发展党员力度。强化县级党委统筹和乡镇、村党组织引领，推动发展壮大村级集体经济。常态化整顿软弱涣散村党组织。完善党组织领导的乡村治理体系，推行网格化管理和服务，做到精准化、精细化，推动建设充满活力、和谐有序的善治乡村。推进更高水平的平安法治乡村建设，依法严厉打击农村黄赌毒、侵害农村妇女儿童人身权利等各种违法犯罪行为，切实维护农村社会平安稳定。

（12）深入推进农村精神文明建设

深入开展习近平新时代中国特色社会主义思想学习教育，广泛开展中国特色社会主义和中国梦宣传教育，加强思想政治引领。弘扬和践行社会主义核心价值观，推动融入农村发展和农民生活。拓展新时代文明实践中心建设，广泛开展文明实践志愿服务。推进乡村文化设施建设，建设文化礼堂、文化广场、乡村戏台、非遗传习场所等公共文化设施。深入开展农村精神文明创建活动，持续推进农村移风易俗，健全道德评议会、红白理事会、村规民约等机制，治理高价彩礼、人情攀比、封建迷信等不良风气，推广积分制、数字化等典型做法。

知识点 7　《农村人居环境整治提升五年行动方案 (2021—2025 年)》要点 【★★★★】

1. 指导思想

以习近平新时代中国特色社会主义思想为指导，深入贯彻党的十九大和十九届二中、三中、四中、五中、六中全会精神，坚持以人民为中心的发展思想，践行绿水青山就是金山银山的理念，深入学习推广浙江"千村示范、万村整治"工程经验，以农村厕所革命、生活污水垃圾治理、村容村貌提升为重点，巩固拓展农村人居环境整治三年行动成果，全面提升农村人居环境质量，为全面推进乡村振兴、加快农业农村现代化、建设美丽中国提供有力支撑。

2. 工作原则

1）坚持因地制宜，突出分类施策。
2）坚持规划先行，突出统筹推进。
3）坚持立足农村，突出乡土特色。
4）坚持问需于民，突出农民主体。
5）坚持持续推进，突出健全机制。

3. 主要任务

农村人居环境整治提升五年行动方案主要任务

任务	内容
扎实推进农村厕所革命	① 逐步普及农村卫生厕所； ② 切实提高改厕质量； ③ 加强厕所粪污无害化处理与资源化利用
加快推进农村生活污水治理	① 分区分类推进治理； ② 加强农村黑臭水体治理
全面提升农村生活垃圾治理水平	① 健全生活垃圾收运处置体系； ② 推进农村生活垃圾分类减量与利用
推动村容村貌整体提升	① 改善村庄公共环境； ② 推进乡村绿化美化； ③ 加强乡村风貌引导
建立健全长效管护机制	① 持续开展村庄清洁行动； ② 健全农村人居环境长效管护机制
充分发挥农民主体作用	① 强化基层组织作用； ② 普及文明健康理念； ③ 完善村规民约

知识点 8　《中共中央 国务院关于学习运用"千村示范、万村整治"工程经验有力有效推进乡村全面振兴的意见》要点【★★★★】

推进中国式现代化，必须坚持不懈夯实农业基础，推进乡村全面振兴。习近平总书记在浙江工作时亲自谋划推动"千村示范、万村整治"工程（以下简称"千万工程"），从农村环境整治入手，由点及面、迭代升级，20年持续努力造就了万千美丽乡村，造福了万千农民群众，创造了推进乡村全面振兴的成功经验和实践范例。要学习运用"千万工程"蕴含的发展理念、工作方法和推进机制，把推进乡村全面振兴作为新时代新征程"三农"工作的总抓手，坚持以人民为中心的发展思想，完整、准确、全面贯彻新发展理念，因地制宜、分类施策，循序渐进、久久为功，集中力量抓好办成一批群众可感可及的实事，不断取得实质性进展、阶段性成果。

做好2024年及今后一个时期"三农"工作，要以习近平新时代中国特色社会主义思想为指导，全面贯彻落实党的二十大和二十届二中全会精神，深入贯彻落实习近平总书记关于"三农"工作的重要论述，坚持和加强党对"三农"工作的全面领导，锚定建设农业强国目标，以学习运用"千万工程"经验为引领，以确保国家粮食安全、确保不发生规模性返贫为底线，以提升乡村产业发展水平、提升乡村建设水平、提升乡村治理水平为重点，强化科技和改革双轮驱动，强化农民增收举措，打好乡村全面振兴漂亮仗，绘就宜居宜业和美乡村新画卷，以加快农业农村现代化更好推进中国式现代化建设。

知识点 9　《自然资源部 中央农村工作领导小组办公室关于学习运用"千万工程"经验提高村庄规划编制质量和实效的通知》要点【★★★★】

1. 加强县域统筹，整体优化宜居宜业和美乡村布局

各地要结合县级国土空间规划编制，统筹新型城镇化和乡村全面振兴，优化细化县域镇村体系布局，明确重点发展村庄，引导人口、产业适度集聚紧凑布局；促进城乡融合发展，统筹优化县域产业园区、公共服务设施、基础设施等空间布局，形成宜居宜业和美乡村建设的县域整体优势。在符合"三区三线"管控要求，确保县域村庄建设边界规模不超过2020年度国土变更调查村庄用地（203）规模的前提下，可结合县乡级国土空间规划优化村庄建设边界，并预留部分规模作为规划"留白"机动指标，为未来发展留有余地。

2. 从实际出发，分类有序推进村庄规划编制

各地要结合实际加强村庄规划编制分类指导，推进有需求、有条件的村庄编制村庄规划，不下达完成指标和完成时限，不盲目追求村庄规划编制"全覆盖"，不要求编制工作进度"齐步走"和成果深度"一刀切"。对没有需求、不具备条件的村庄可暂不编制规划，对个别地方此前作出的下指标、定进度等要求，要及时予以整改纠正。重点发展村庄可单独编制村庄规划，或多个村庄合并编制，或与乡镇级国土空间规划联合编制；城镇开发边界内及边界处已明确城镇化任务的村庄，可纳入城镇控制性详细规划统筹编制；其他村庄可制定"通则式"规划管理规定，明确村庄建设边界以及"三区三线"、自然灾害风险防控线、历史文化保护线和风貌特色等控制引导要求，纳入县乡级国土空间规划，依法报批后作为乡村规划建设管理依据。通过上述方式，实现乡村地区空间规划管理全覆盖。"多规合一"改革前已批准的村庄规划，经评估符合要求或补充完善后符合要求的，可继续使用。历史文化名村、传统村落等特色保护类的村庄规划编制和实施应将各类遗产保护利用管理要求统一纳入，明确土地利用、空间形态风貌的规划管控引导要求，防止搞成"两张皮"。

3. 发掘地域资源资产优势，提升村庄规划编制质量

各地要立足本地资源禀赋特点和资产关系，扎实开展田野调查，规划应深入挖掘村庄自然资源和历史文化内涵，突出地域特色和比较优势，不简单套用城市规划方法，避免造成"千村一面"。要因地制宜开展乡村空间设计，塑造美丽乡村特色风貌，统筹乡村经济、生活、生态和安全需求，统筹自然、历史、乡土文化和农耕景观资源，统筹人口、产业、土地和资产关系，优化土地利用和功能布局，适应乡村生产生活方式现代化新要求，满足村民养老、托幼、殡葬等乡村公共服务的合理空间需求。要结合县乡级国土空间规划合理确定乡村社区健康安全单元，划定灾害风险防控区域，合理布局疏散空间和通道，衔接县域安全应急的公共服务设施和基础设施，提升乡村地区安全韧性。其中，超大特大城市周边乡村地区要确定"平急两用"重点区域，结合村庄规划明确"平急两用"公共基础设施的功能转换和用途管制要求。

4. 加强规划和土地政策融合，提高规划的实效性

各地要以村庄规划（或县乡级国土空间规划）为依据，用好全域土地综合整治、城乡建设用地增减挂钩、主体功能区等政策工具，优化乡村农业、生态和建设空间，引导耕地"数量质量生态"系统连片保护、各类建设用地高效集聚。探索村庄建设用地兼容和农业、生态空间复合利用，优先保障农村一二三产业融合发展的空间需求。发展农产品初加工、休闲观光旅游必需的配套设施建设，可在村庄就近布局；规模较大、工业化程度较高、分散布局配套设施成本较高的产业项目要进产业园区；对空间区位有特殊要求、确需在村庄建设边界外选址的零星文化旅游设施、农业设施、邻避设施项目等，在符合耕地保护等政策要求的基础上，可使用规划"留白"机动指标予以保障。

5. 加强政策宣传解读，引导农民参与村庄规划编制

各地要采取农民喜闻乐见的形式，讲清编制"多规合一"的实用性村庄规划的意义和主要内容。要有效发挥村级组织作用，动员村民参与村庄规划编制，引导农村致富带头人、新型农业经营主体、外出务工经商人员等献计献策，增强村庄规划的针对性和可实施性。要严格落实村级事务民主决策程序，做好村民讨论、方案比选、方案公示等工作，保障村民知情权、参与权、决策权、监督权。村庄规划成果可制作直观易懂的版本，让农民看得懂、好操作、能监督。

6. 健全村庄规划编制和实施保障机制，加强全生命周期管理和服务

各地要建立健全政府领导、自然资源主管部门统筹、相关部门协同、村民和集体组织全程参与的规划编制和实施保障机制，提高乡村建设和治理的实效。要依托国土空间基础信息平台，应用信息化手段提升村庄规划编制和实施的指导服务能力，有效控制规划编制和实施成本。要将村庄规划成果及时纳入国土空间规划"一张图"，并结合年度国土变更调查等开展规划实施体检评估，推动建立村庄规划编制、审批、实施、监督的全周期管理工作机制。要加强和规范乡村地区用途管制，做好乡村建设规划许可证核发，优化乡村用地办理程序，完善地方相关技术标准和政策规则。要建立健全乡村责任规划师制度，完善注册城乡规划师继续教育内容，探索将城乡规划编制单位和规划师下乡开展公益服务编制村庄规划，作为单位业绩考核和规划师职称评定的加分项，积极培养在地规划人才。

知识点 10　《自然资源部 国家发展改革委 农业农村部关于保障和规范农村一二三产业融合发展用地的通知》要点【★★★★】

为贯彻落实党中央、国务院优先发展农业农村、全面推进乡村振兴的决策部署，发展县域经济，顺应农村产业发展规律，保障农村一二三产业融合发展合理用地需求，为农村产业发展壮大留出用地空间，要求如下。

农村一二三产业融合发展用地要求

要求	说明
用地范围	农村一二三产业融合发展用地是以农业农村资源为依托，拓展农业农村功能，延伸产业链条，涵盖农产品生产、加工、流通、就地消费等环节，用于农产品加工流通、农村休闲观光旅游、电子商务等混合融合的产业用地，土地用途可确定为工业用地、商业用地、物流仓储用地等
统筹布局	把县域作为城乡融合发展的重要切入点，科学编制国土空间规划，因地制宜合理安排建设用地规模、结构和布局及配套公共服务设施、基础设施，有效保障农村产业融合发展用地需要。 ① 规模较大、工业化程度高、分散布局配套设施成本高的产业项目要进产业园区； ② 具有一定规模的农产品加工要向县城或有条件的乡镇城镇开发边界内集聚； ③ 直接服务种植养殖业的农产品加工、电子商务、仓储保鲜冷链、产地低温直销配送等产业，原则上应集中在行政村村庄建设边界内； ④ 利用农村本地资源开展农产品初加工、发展休闲观光旅游而必需的配套设施建设，可在不占用永久基本农田和生态保护红线、不突破国土空间规划建设用地指标等约束条件、不破坏生态环境和乡村风貌的前提下，在村庄建设边界外安排少量建设用地，实行比例和面积控制，并依法办理农用地转用审批和供地手续； ⑤ 具体用地准入条件、退出条件等由各省（区、市）制定，并可根据休闲观光等产业的业态特点和地方实际探索供地新方式
集体建设用地使用途径	① 农村集体经济组织兴办企业或者与其他单位、个人以土地使用权入股、联营等形式共同举办企业的，可以依据《土地管理法》第六十条规定使用规划确定的建设用地； ② 单位或者个人也可以按照国家统一部署，通过集体经营性建设用地入市的渠道，以出让、出租等方式使用集体建设用地
盘活农村存量建设用地	① 在充分尊重农民意愿的前提下，可依据国土空间规划，以乡镇或村为单位开展全域土地综合整治，盘活农村存量建设用地，腾挪空间用于支持农村产业融合发展和乡村振兴； ② 探索在农民集体依法妥善处理原有用地相关权利人的利益关系后，将符合规划的存量集体建设用地，按照农村集体经营性建设用地入市； ③ 在符合国土空间规划前提下，鼓励对依法登记的宅基地等农村建设用地进行复合利用，发展乡村民宿、农产品初加工、电子商务等农村产业

要求	说明
保障设施农业发展用地	① 支持现代农业发展，农业生产中直接用于作物种植和畜禽水产养殖的设施用地，可按照《关于设施农业用地管理有关问题的通知》要求使用； ② 对于作物种植和畜禽水产养殖设施建设对耕地耕作层造成破坏的，应认定为农业设施建设用地并加强管理； ③ 农村产业融合发展所需建设用地不符合设施农业用地要求的，应依法办理农用地转用审批手续
优化用地审批和规划许可流程	① 在村庄建设边界外，具备必要的基础设施条件、使用规划预留建设用地指标的农村产业融合发展项目，在不占用永久基本农田、严守生态保护红线、不破坏历史风貌和影响自然环境安全的前提下，可暂不做规划调整； ② 市县要优先安排农村产业融合发展新增建设用地计划，不足的由省（区、市）统筹解决； ③ 办理用地审批手续时，可不办理用地预审与选址意见书； ④ 除依法应当以招标拍卖挂牌等方式公开出让的土地外，可将建设用地批准和规划许可手续合并办理，核发规划许可证书，并申请办理不动产登记
强化用地监管	① 落实最严格的耕地保护制度，坚决制止耕地"非农化"行为，严禁违规占用耕地进行农村产业建设，防止耕地"非粮化"，不得造成耕地污染； ② 农村产业融合发展用地不得用于商品住宅、别墅、酒店、公寓等房地产开发，不得擅自改变用途或分割转让转租； ③ 各级自然资源主管部门要将农村产业融合发展用地情况纳入国土空间基础信息平台和国土空间规划"一张图"进行动态监管，并结合国土变更调查进行年度评估； ④ 各地对村庄建设边界外分散布局的用地管理，要与本通知一致，各省（区、市）要结合实际制订实施细则

真题演练

2023-065 依据中共中央办公厅、国务院办公厅印发的《乡村建设行动实施方案》，下列关于乡村建设行动实施指导思想的说法，不准确的是（　　）。

A. 以普惠性、基础性、兜底性民生建设为重点

B. 强化规划引领，加强农村基础设施和公共服务体系建设

C. 建立政府统筹、自上而下、农民参与的实施机制

D. 既尽力而为又量力而行，求好不求快

【答案】C

【解析】根据《乡村建设行动实施方案》，其指导思想包括"顺应农民群众对美好生活的向往，以普惠性、基础性、兜底性民生建设为重点，强化规划引领，统筹资源要素，动员各方力量，加强农村基础设施和公共服务体系建设，建立自下而上、村民自治、农民参与的实施机制，既尽力而为又量力而行，求好不求快，干一件成一件，努力让农村具备更好生活条件，建设宜居宜业美丽乡村"。故不准确的是 C。

2022-041 根据《农村人居环境整治提升五年行动方案（2021—2025年)》，下列关于不同类型村庄整治重点的表述，不准确的是(   )。

    A. 集聚提升类村庄重在完善人居环境基础设施，推动农村人居环境与产业发展互促互进

    B. 城郊融合类村庄重在加快实现城乡人居环境基础设施共建共享、互联互通

    C. 特色保护类村庄重在保护自然历史文化特色资源，尊重原住居民生活形态和生活习惯

    D. 搬迁撤并类村庄重在普及农村卫生厕所，推进生活垃圾分类减量与利用

【答案】D

【解析】根据《农村人居环境整治提升五年行动方案（2021—2025年)》的"（二十四）加强分类指导"，应顺应村庄发展规律和演变趋势，优化村布局，强化规划引领，合理确定村庄分类，科学划定整治范围，统筹考虑主导产业、人居环境、生态保护等村庄发展。集聚提升类村庄重在完善人居环境基础设施，推动农村人居环境与产业发展互促互进，提升建设管护水平，保护保留乡村风貌。城郊融合类村庄重在加快实现城乡人居环境基础设施共建共享、互联互通。特色保护类村庄重在保护自然历史文化特色资源、尊重原住居民生活形态和生活习惯，加快改善人居环境。"空心村"、已经明确的搬迁撤并类村庄不列入农村人居环境整治提升范围，重在保持干净整洁，保障现有农村人居环境基础设施稳定运行。对一时难以确定类别的村庄，可暂不作分类。因此D错误，符合题意。

2021-064 下列关于村庄卫生厕所类型选址的表述，错误的是(   )。

    A. 具备上下水设施且水资源充沛的村庄，宜建造中心厕所

    B. 干旱地区的村庄宜建造双坑交替式、阁楼堆肥式或双瓮漏斗式厕所

    C. 寒冷地区的村庄不宜建造深坑式厕所

    D. 非农牧业地区的村庄，不宜建造粪尿分集式生态卫生厕所

【答案】C

【解析】根据《村庄整治技术标准》GB/T 50445—2019第8.2.2条，村庄卫生厕所的类型选择宜符合下列规定：①具备上下水设施且水资源充沛的村庄，宜建造水冲式厕所；②饲养牲畜的村民宜建造三联通沼气池式厕所；③干旱、无水、少水、寒冷地区宜建造粪尿分集式生态卫生厕所；④干旱地区的村庄宜建造双坑交替式、阁楼堆肥式或双瓮漏斗式厕所；⑤寒冷地区的村庄宜建造深坑式厕所；⑥非农牧业地区的村庄，不宜建造粪尿分集式生态卫生厕所。C错误。

板块 4 名镇和名村保护规划

历年考频

名称	2019 年	2020 年	2021 年	2022 年	2023 年	2024 年
名镇和名村保护规划	2	0	0	1	0	0

知识点 1 历史文化名镇名村 【★★★★】

从 2003 年起，建设部、国家文物局分期分 5 批公布了国家历史文化名镇和国家历史文化名村，并制定了《中国历史文化名镇（村）评选办法》。对入选的镇（村）提出了如下的基本条件和标准。

历史文化名镇名村条件和标准

项目	条件和标准
历史价值与风貌特色	① 在一定历史时期内对推动全国或某一地区的社会经济发展起过重要作用，具有全国或地区范围的影响； ② 系当地水陆交通中心，成为闻名遐迩的客流、货流、物流集散地； ③ 在一定历史时期内建设过重大工程，并对保障当地人民生命财产安全、保护和改善生态环境有过显著效益且延续至今； ④ 在革命历史上发生过重大事件，或曾为革命政权机关驻地而闻名于世； ⑤ 历史上发生过抗击外来侵略或经历过改变战局的重大战役，以及曾为著名战役军事指挥机关驻地； ⑥ 能体现我国传统的选址和规划布局经典理论，或反映经典营造法式和精湛的建造技艺； ⑦ 能集中反映某一地区特色和风情、民族特色传统建造技术； ⑧ 建筑遗产、文物古迹和传统文化比较集中，能较完整地反映某一历史时期的传统风貌、地方特色和民族风情，具有较高的历史、文化、艺术和科学价值，现存有清代以前建造或在中国革命历史中有重大影响的成片历史传统建筑群、纪念物、遗址等，基本风貌保持完好
原状保存程度	① 镇（村）内历史传统建筑群、建筑物及其建筑细部乃至周边环境**基本上原貌保存完好**； ② 因年代久远，原建筑群、建筑物及其周边环境虽曾倒塌破坏，但已按原貌整修恢复； ③ 原建筑群及其周边环境虽部分倒塌破坏，但"骨架"尚存，部分建筑细部亦保存完好，依据保存实物的结构、构造和样式可以整体修复原貌
现状具有一定规模	符合上述两项条件，**且镇的现存历史传统建筑的总建筑面积须在 5000m² 以上，村的现存历史传统建筑的总建筑面积须在 2500m² 以上。**

知识点 2　名镇和名村保护规划的内容和成果要求 【★★★★】

1. 规划内容

1) 保护原则、保护内容和保护范围。
2) 保护措施、开发强度和建设控制要求。
3) 传统格局和历史风貌保护要求。
4) 历史文化街区、名镇、名村的核心保护范围和建设控制地带。
5) 保护规划分期实施方案。

历史文化名城、名镇保护规划的规划期限应当与城市、镇总体规划的规划期限相一致；历史文化名村保护规划的规划期限应当与村庄规划的规划期限相一致。

2. 成果要求

历史文化名镇名村保护规划的成果，一般由规划文本、图纸和附件三部分组成。附件包括规划说明、基础资料和专题报告。

历史文化名镇名村保护规划成果要求

成果	要求
规划文本	① 村镇历史文化价值概述。 ② 保护原则和保护工作重点。 ③ 整体层次上保护历史文化名村、名镇的措施，包括功能的改善、用地布局的选择或调整、空间形态和视廊的保护、村镇周围自然历史环境的保护等。 ④ 各级文物保护单位的保护范围、建设控制地带以及各类历史文化街区的范围界线，保护和整治的措施要求。 ⑤ 对重要历史文化遗存修整、利用和展示的规划意见。 ⑥ 重点保护、整治地区的详细规划意向方案。 ⑦ 规划实施管理措施等
图纸	① **区位结构分析图**：标注地理位置，分析与周边地区的关系。 ② **土地利用现状图**：标注现状各类用地的性质、占地范围，用地性质要达到村镇规划标准中的小类；标注文物古迹、历史建筑、历史街巷、山体河流、古树名木等基本资源的位置。 ③ **建筑质量评价图**：标注历史保护区内的各个建筑物和构筑物的建造年代、建筑高度和风貌、建筑质量等级等内容；标注保护类和整治类建筑物。 ④ **资源景观分析图**：标注资源的布局，分析景观风貌、文化特色。 ⑤ **保护规划总平面图**：划定历史保护区、建设控制区、风貌协调区等三个保护层次的范围、面积和界线。 ⑥ **建筑高度控制图**：标注保护视线、视廊，标注各个区域的建筑物控制高度。 ⑦ **重点地段和院落保护规划图**：标注重要节点、街巷和院落的保护范围，提出相应整治措施，规定立面形式、高度、色彩等控制指标。 ⑧ **保护与更新规划图**：在历史保护区内标注保护类和整治类建筑，作出保护与更新规划，提出相应的保护和整治方式。 ⑨ **分期保护规划图**：标注分期实施保护与整治项目的位置、名称、规模和范围，提出相应的保护与整治措施。 ⑩ **旅游规划图**：标注旅游景点位置、景区布局及旅游线路组织。 ⑪ **道路绿化规划图**：标注路网结构、交通组织，标注历史保护区内的绿化系统和周边地区的绿化范围，保护自然生态环境。 ⑫ **基础设施规划图**：标注历史保护区内的给水排水、供电通信、燃气供热等公用设施的配置等。 ⑬ **保护规划鸟瞰图**

成果	要求
附件	① **规划说明**：对保护规划中重要观点进行分析，重要思路进行论证，重要指标进行解释，重要措施进行说明。 ② **基础资料**：基础资料汇编，包括历史资料、建筑资料、用地资料、经济资料、社会资料、人口资料和环境资料等。 ③ **专题报告**：对重要问题通过深入研究，形成的专题论证材料等

真题演练

2022-065 根据《中国历史文化名镇（村）评选办法》，下列关于评选条件的表述，不准确的是（　　）。

A. 镇现存历史传统建筑总面积在 5000m² 以上

B. 辖区内存有 50 年以上或有重大影响的历史传统建筑群

C. 村现存历史传统建筑总面积在 2500m² 以上

D. 原貌基本保存完好，或已按照原貌整修恢复，或骨架尚存、可以整体修复原貌

【答案】B

【解析】根据《中国历史文化名镇（村）评选办法》，对传统建筑群的要求为现存有清代以前建造或在中国革命历史中有重大影响的成片历史传统建筑群、纪念物、遗址等，基本风貌保持完好，并未规定具体年限。因此 B 错误，符合题意。

2019-065 中国历史文化名村现存历史传统建筑的最小规模是（　　）。

A. 建筑总面积 500m²　　　　　　　　B. 建筑总面积 1500m²

C. 建筑总面积 2500m²　　　　　　　　D. 建筑总面积 5000m²

【答案】D

【解析】《中国历史文化名镇（村）评选办法》规定，历史文化名镇（村）评选，镇的总现存历史传统建筑的建筑面积须在 5000m² 以上，村的现存历史传统建筑的建筑面积须在 2500m² 以上。因此历史文化名村现存历史传统建筑的最小规模是 2500m²，C 符合题意。

2019-098 属于历史文化名镇（村）保护规划成果基本内容的有（　　）。

A. 村镇历史文化价值概述、保护原则和工作重点

B. 村镇文化旅游资源评价及保护利用要求

C. 各级文保单位保护范围、建设控制地带

D. 村镇全域产业发展策略研究

E. 重点保护、整治地区的详细规划意向方案

【答案】ACE

【解析】历史文化名镇（村）保护规划成果一般包括以下内容：村镇历史文化价值概述；保护原则和保护工作重点；整体层次上保护历史文化名村、名镇的措施，包括功能的改善、用地布局的选择或调整、空间形态和视廊的保护、村镇周围自然历史环境的保护等；各级文物保护单位的保护范围、建设控制地带以及各类历史文化街区的范围界线，保护和整治的措施要求；对重要历史文化遗存修整、利用和展示的规划意见；重点保护、整治地区的详细规划意向方案；规划实施管理措施等。因此 ACE 符合题意。

其他主要规划类型

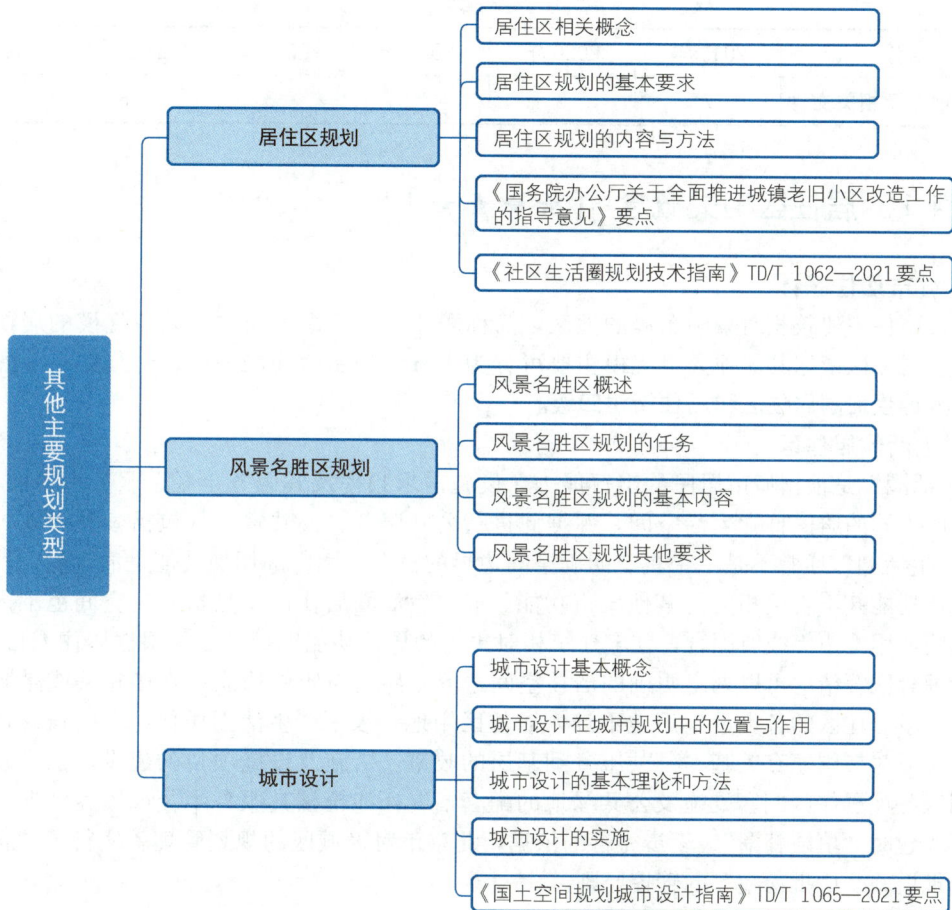

```
                          ┌─ 居住区相关概念
                          │
                          ├─ 居住区规划的基本要求
                          │
              居住区规划 ──┼─ 居住区规划的内容与方法
                          │
                          ├─《国务院办公厅关于全面推进城镇老旧小区改造工作
                          │   的指导意见》要点
                          │
                          └─《社区生活圈规划技术指南》TD/T 1062—2021要点


                          ┌─ 风景名胜区概述
                          │
其他主要                   ├─ 风景名胜区规划的任务
规划类型 ──┼─ 风景名胜区规划 ─┤
                          ├─ 风景名胜区规划的基本内容
                          │
                          └─ 风景名胜区规划其他要求


                          ┌─ 城市设计基本概念
                          │
                          ├─ 城市设计在城市规划中的位置与作用
                          │
              城市设计 ───┼─ 城市设计的基本理论和方法
                          │
                          ├─ 城市设计的实施
                          │
                          └─《国土空间规划城市设计指南》TD/T 1065—2021要点
```

板块 1　居住区规划

历年考频

名称	2019 年	2020 年	2021 年	2022 年	2023 年	2024 年
居住区规划及相关文件	7	6	5	3	6	3

知识点 1　居住区相关概念 【★★★★】

1. 城市居住区

城市中住宅建筑相对集中布局的地区，简称居住区。泛指不同居住人口规模的居住生活聚居地。居住区依据其居住人口规模主要可分为**十五分钟生活圈居住区、十分钟生活圈居住区、五分钟生活圈居住区和居住街坊四级。**

2. 生活圈居住区

"生活圈"是根据城市居民的出行能力、设施需求频率及其服务半径、服务水平的不同，划分出的不同的居民日常生活空间，并据此进行公共服务、公共资源（包括公共绿地等）的配置。"生活圈"通常不是一个具有明确空间边界的概念，圈内的用地功能是混合的，里面包括与居住功能并不直接相关的其他城市功能。但"生活圈居住区"是指一定空间范围内，由城市道路或用地边界线所围合，住宅建筑相对集中的居住功能区域；通常根据居住人口规模、行政管理分区等情况可以划定明确的居住空间边界，界内与居住功能不直接相关或是服务范围远大于本居住区的各类设施用地不计入居住区用地。采用"生活圈居住区"的概念，既有利于落实或对接国家有关基本公共服务到基层的政策、措施及设施项目的建设，也可以用来评估旧区各项居住区配套设施及公共绿地的配套情况，如校核其服务半径或覆盖情况，并作为旧区改建时"填缺补漏"、逐步完善的依据，北京市对老城区的规划管理就实行了"查漏补缺、先批设施、后批住宅"的管控原则。

3. 十五分钟生活圈居住区

以居民步行十五分钟可满足其物质与生活文化需求为原则划分的居住区范围；一般由城市干路或用地边界线所围合、**居住人口规模为 50000～100000 人**（约 17000～32000 套住宅）、**配套设施完善的地区。**十五分钟生活圈居住区的**用地面积规模约为 130～200hm²。**

4. 十分钟生活圈居住区

以居民步行十分钟可满足其基本物质与生活文化需求为原则划分的居住区范围；一般由城市干路、支路或用地边界线所围合，**居住人口规模为 15000～25000 人**（约 5000～8000 套住宅），**配套设施齐全的地区。**十分钟生活圈居住区的**用地面积规模约为 32～50hm²。**

5. 五分钟生活圈居住区

以居民步行五分钟可满足其基本生活需求为原则划分的居住区范围；一般由支路及以上级城市道路或用地边界线所围合，**居住人口规模为 5000～12000 人**（约 1500～4000 套住宅）、**配建社区服务设施的地区。**五分钟生活圈居住区的**用地面积规模约为 8～18hm²。**

6. 居住街坊

由支路等城市道路或用地边界线围合的住宅用地，是住宅建筑组合形成的居住基本单元，**居住人口规模在 1000～3000 人**（约 300 套～1000 套住宅），**配建有便民服务设施**，居住街坊的**用地面积规模约为 2～4hm²**。

7. 公共绿地

公共绿地是为各级生活圈居住区配建的公园绿地及街头小广场。对应城市用地分类 G 类用地（绿地与广场用地）中的公园绿地（G1）及广场用地（G3），**不包括城市级的大型公园绿地及广场用地，也不包括居住街坊内的绿地**。

8. 邻里单位

1929 年由美国社会学家**克莱伦斯·佩里**提出的以控制居住区内部车辆交通、保障居民安全的理论。**主要原则有：邻里单位周边为城市道路所包围，城市道路不穿越邻里单位内部；邻里单位内部道路限制外部车辆穿越，一般采用尽端式道路；以小学的合理规模控制邻里单位的人口规模，使小学不必穿过城市道路，一般邻里单位的规模是 5000 人左右，规模小的 3000～4000 人；邻里单位的中心是小学，与其他服务设施一起布置在中心广场或绿地中；邻里单位占地约 160 英亩（约合 65hm²），每英亩 10 户，保证儿童上学距离不超过半英里 (0.8km)；邻里单位内小学周边设有商店、教堂、图书馆和公共活动中心**。

9. 居住小区

伦敦警察特里普为解决伦敦交通拥挤问题而提出"划区"的理论，即在城市中开辟城市干路用以疏通交通，并把城市划分为大街坊的做法。苏联提出了扩大街坊的居住区规划原则，与邻里单位十分相似，只是在住宅的布局上更强调周边式布置。缺点就是存在日照通风死角、过于形式化、不利于利用地形等问题，在此后的居住区规划中没有继续采用。基本特征有：①以城市道路或自然界限（如河流）划分，不为城市交通干路所穿越的完整地段；②小区内有一套完善的居民日常使用的配套设施，包括服务设施、绿地道路等；③小区规模与配套设施相对应，一般以小学的最小规模对应的小区人口规模的下限，以公共服务设施的最大服务半径作为控制用地规模上限的依据。

10. 居住综合体

指将居住建筑与配套服务设施组成一体的综合大楼或建筑组合体。这种居住综合体早在 20 世纪 40 年代末法国建筑师勒·柯布西耶设计的马赛公寓中得到体现，苏联在 20 世纪 70 年代中期作为试点的齐廖摩什卡新生活大楼比马赛公寓规模更大，服务设施的内容也更丰富。其布局形式有**"行列式""周边式"和"点群式"**，是住宅群体空间的三种基本形式。**行列式**是板式住宅按一定间距和朝向重复排列，可以保证所有住宅的物理性能，但是空间较呆板，领域感和识别性都较差；**周边式**是住宅四面围合的布局形式，其特点是内部空间安静、领域感强，并且容易形成较好的街景，但也存在东西向住宅的日照条件不佳和局部的视线干扰等问题；**点群式**是底层独立式住宅或多层、高层塔式住宅成组成行的布局形式，日照通风条件好，对地形的适应性强，但也存在外墙多，不利于保温、视线干扰大的问题，有的还会出现较多东西向和不通透的住宅套型。

知识点 2 居住区规划的基本要求 【★★★★★】

1. 居住区的规划设计，应遵循下列基本原则

居住区规划设计应坚持**以人为本**的基本原则，遵循**适用、经济、绿色、美观**的建筑方针，

并应符合下列规定。

1）应**符合**城市总体规划及控制性详细规划。

2）应**符合**所在地气候特点与环境条件、经济社会发展水平和文化习俗。

3）应**遵循**统一规划、合理布局，节约土地、因地制宜，配套建设、综合开发的原则。

4）应**为**老年人、儿童、残疾人的生活和社会活动提供便利的条件和场所。

5）应**延续**城市的历史文脉、保护历史文化遗产并与传统风貌协调。

6）应**采用**低影响开发的建设方式，并应采取有效措施促进雨水的自然积存、自然渗透与自然净化。

7）应**符合**城市设计对公共空间、建筑群体、园林景观、市政等环境设施的有关控制要求。

8）**不得在有滑坡、泥石流、山洪等自然灾害威胁的地段进行建设。**

9）**与危险化学品及易燃易爆品等危险源的距离，必须满足有关安全规定。**

10）**存在噪声污染、光污染的地段，应采取相应的降低噪声和光污染的防护措施。**

11）**土壤存在污染的地段，必须采取有效措施进行无害化处理，并应达到居住用地土壤环境质量的要求。**

> **拓展**
>
> 应选择安全，适宜的地段进行建设。

2. 用地、建筑与空间布局

（1）各级生活圈居住区用地控制指标

十五分钟生活圈居住区用地控制指标

建筑气候划区	住宅建筑平均层数类别	人均居住区用地面积（m²/人）	居住区用地容积率	居住区用地构成（%）				
				住宅用地	配套设施用地	公共绿地	城市道路用地	合计
Ⅰ、Ⅶ	多层Ⅰ类（4层～6层）	40～54	0.8～1.0	58～61	12～16	7～11	15～20	100
Ⅱ、Ⅵ		38～51	0.8～1.0					
Ⅲ、Ⅳ、Ⅴ		37～48	0.9～1.1					
Ⅰ、Ⅶ	多层Ⅱ类（7层～9层）	35～42	1.0～1.1	52～58	13～20	9～13	15～20	100
Ⅱ、Ⅵ		33～41	1.0～1.2					
Ⅲ、Ⅳ、Ⅴ		31～39	1.1～1.3					
Ⅰ、Ⅶ	高层Ⅰ类（10层～18层）	28～38	1.1～1.4	48～52	16～23	11～16	15～20	100
Ⅱ、Ⅵ		27～36	1.2～1.4					
Ⅲ、Ⅳ、Ⅴ		26～34	1.2～1.5					

注：居住区用地容积率是生活圈内，住宅建筑及其配套设施地上建筑面积之和与居住用地总面积的比值。

十分钟生活圈居住区用地控制指标

建筑气候划区	住宅建筑平均层数类别	人均居住区用地面积（m²/人）	居住区用地容积率	居住区用地构成（%）				
				住宅用地	配套设施用地	公共绿地	城市道路用地	合计
Ⅰ、Ⅶ	低层（1层～3层）	49～51	0.8～0.9	71～73	5～8	4～5	15～20	100
Ⅱ、Ⅵ		45～51	0.8～0.9					
Ⅲ、Ⅳ、Ⅴ		42～51	0.8～0.9					
Ⅰ、Ⅶ	多层Ⅰ类（4层～6层）	35～47	0.8～1.1	68～70	8～9	4～6	15～20	100
Ⅱ、Ⅵ		33～44	0.9～1.1					
Ⅲ、Ⅳ、Ⅴ		32～41	0.9～1.2					
Ⅰ、Ⅶ	多层Ⅱ类（7层～9层）	30～35	1.1～1.2	64～67	9～12	6～8	15～20	100
Ⅱ、Ⅵ		28～33	1.2～1.3					
Ⅲ、Ⅳ、Ⅴ		26～32	1.2～1.4					
Ⅰ、Ⅶ	高层Ⅰ类（10层～18层）	23～31	1.2～1.6	60～64	12～14	7～10	15～20	100
Ⅱ、Ⅵ		22～28	1.3～1.7					
Ⅲ、Ⅳ、Ⅴ		21～27	1.4～1.8					

注：居住区用地容积率是生活圈内，住宅建筑及其配套设施地上建筑面积之和与居住用地总面积的比值。

五分钟生活圈居住区用地控制指标

建筑气候划区	住宅建筑平均层数类别	人均居住区用地面积（m²/人）	居住区用地容积率	居住区用地构成（%）				
				住宅用地	配套设施用地	公共绿地	城市道路用地	合计
Ⅰ、Ⅶ	低层（1层～3层）	46～47	0.7～0.8	76～77	3～4	2～3	15～20	100
Ⅱ、Ⅵ		43～47	0.8～0.9					
Ⅲ、Ⅳ、Ⅴ		39～47	0.8～0.9					
Ⅰ、Ⅶ	多层Ⅰ类（4层～6层）	32～43	0.8～1.1	74～76	4～5	2～3	15～20	100
Ⅱ、Ⅵ		31～40	0.9～1.2					
Ⅲ、Ⅳ、Ⅴ		29～37	1.0～1.2					
Ⅰ、Ⅶ	多层Ⅱ类（7层～9层）	28～31	1.2～1.3	72～74	5～6	3～4	15～20	100
Ⅱ、Ⅵ		25～29	1.2～1.4					
Ⅲ、Ⅳ、Ⅴ		23～28	1.3～1.6					
Ⅰ、Ⅶ	高层Ⅰ类（10层～18层）	20～27	1.4～1.8	69～72	6～8	4～5	15～20	100
Ⅱ、Ⅵ		19～25	1.5～1.9					
Ⅲ、Ⅳ、Ⅴ		18～23	1.6～2.0					

注：居住区用地容积率是生活圈内，住宅建筑及其配套设施地上建筑面积之和与居住用地总面积的比值。

（2）居住街坊用地与建筑控制指标

居住街坊用地与建筑控制指标

建筑气候划区	住宅建筑平均层数类别	住宅用地容积率	建筑密度最大值（%）	绿地率最小值（%）	住宅建筑高度控制最大值（m）	人均住宅用地面积最大值（m²/人）
Ⅰ、Ⅶ	低层（1层～3层）	1.0	35	30	18	36
	多层Ⅰ类（4层～6层）	1.1～1.4	28	30	27	32
	多层Ⅱ类（7层～9层）	1.5～1.7	25	30	36	22
	高层Ⅰ类（10层～18层）	1.8～2.4	20	35	54	19
	高层Ⅱ类（19层～26层）	2.5～2.8	20	35	80	13
Ⅱ、Ⅵ	低层（1层～3层）	1.0～1.1	40	28	18	36
	多层Ⅰ类（4层～6层）	1.2～1.5	30	30	27	30
	多层Ⅱ类（7层～9层）	1.6～1.9	28	30	36	21
	高层Ⅰ类（10层～18层）	2.0～2.6	20	35	54	17
	高层Ⅱ类（19层～26层）	2.7～2.9	20	35	80	13
Ⅲ、Ⅳ、Ⅴ	低层（1层～3层）	1.0～1.2	43	25	18	36
	多层Ⅰ类（4层～6层）	1.3～1.6	32	30	27	27
	多层Ⅱ类（7层～9层）	1.7～2.1	30	30	36	20
	高层Ⅰ类（10层～18层）	2.2～2.8	22	35	54	16
	高层Ⅱ类（19层～26层）	2.9～3.1	22	35	80	12

注：① 住宅用地容积率是居住街坊内，住宅建筑及其便民服务设施地上建筑面积之和与住宅用地总面积的比值；

② 建筑密度是居住街坊内，住宅建筑及其便民服务设施建筑基底面积与该居住街坊用地面积的比率（%）；

③ 绿地率是居住街坊内绿地面积之和与该居住街坊用地面积的比例（%）。

（3）低层或多层高密度居住街坊用地与建筑控制指标

低层或多层高密度居住街坊用地与建筑控制指标

建筑气候划区	住宅建筑平均层数类别	住宅用地容积率	建筑密度最大值（%）	绿地率最小值（%）	住宅建筑高度控制最大值（m）	人均住宅用地面积最大值（m²/人）
Ⅰ、Ⅶ	低层（1层～3层）	1.0、1.1	42	25	11	32～36
	多层Ⅰ类（4层～6层）	1.4、1.5	32	28	20	24～26
Ⅱ、Ⅵ	低层（1层～3层）	1.1、1.2	47	23	11	30～32
	多层Ⅰ类（4层～6层）	1.5～1.7	38	28	20	21～24
Ⅲ、Ⅳ、Ⅴ	低层（1层～3层）	1.2、1.3	50	20	11	27～30
	多层Ⅰ类（4层～6层）	1.6～1.8	42	25	20	20～22

注：① 住宅用地容积率是居住街坊内，住宅建筑及其便民服务设施地上建筑面积之和与住宅用地总面积的比值；

② 建筑密度是居住街坊内，住宅建筑及其便民服务设施建筑基底面积与该居住街坊用地面积的比率（%）；

③ 绿地率是居住街坊内绿地面积之和与该居住街坊用地面积的比例（%）。

（4）居住区的用地布局原则

应综合考虑周边环境、路网结构、公建与住宅布局、群体组合、绿地系统及空间环境等的内在联系，构成一个完善的、相对独立的有机整体，并应遵循下列原则：

1）方便居民生活，有利安全防卫和物业管理；

2）组织与居住人口规模相对应的公共活动中心，方便经营、使用和社会化服务；

3）合理组织人流、车流和车辆停放，创造安全、安静、方便的居住环境。

（5）居住区的空间与环境设计原则

应统筹庭院、街道、公园及小广场等公共空间形成连续、完整的公共空间系统，并遵循下列原则：

1）宜通过建筑布局形成适度围合、尺度适宜的庭院空间；

2）应结合配套设施的布局塑造连续、宜人、有活力的街道空间；

3）应构建动静分区合理、边界清晰连续的小游园、小广场；

4）宜设置景观小品美化生活环境。

3. 住宅的布置要求

1）住宅建筑的规划设计，应综合考虑用地条件、选型、朝向、间距、绿地、层数与密度、布置方式、群体组合、空间环境和不同使用者的需要等因素确定。

2）住宅间距，应以满足日照要求为基础，综合考虑**采光、通风、防灾、管线埋设、视觉卫生**等要求确定。

3）**住宅日照标准与特定情况的规定：**

① **老年人居住建筑不应低于冬至日日照2小时的标准；**

② **在原设计建筑外增加任何设施不应使相邻住宅原有日照标准降低，既有住宅建筑进行无障碍改造加装，加装电梯除外；**

③ 旧区改建的项目内新建住宅日照标准可酌情降低，但**不应低于大寒日日照1小时的标准。**

住宅建筑日照标准

建筑气候区划	Ⅰ、Ⅱ、Ⅲ、Ⅶ气候区		Ⅳ气候区		Ⅴ、Ⅵ气候区
城区常住人口（万人）	≥50	<50	≥50	<50	无限定
日照标准日	大寒日			冬至日	
日照时数（h）	≥2	≥3		≥1	
有效日照时间带（当地真太阳时）	8时～16时			9时～15时	
日照时间计算起点	底层窗台面				

注：底层窗台面是指距室内地坪0.9m高的外墙位置。

4. 配套设施

（1）配套设施的设置要求

为促进公共服务均等化，配套设施配置应对应居住区分级控制规模，以居住人口规模和设施服务范围（服务半径）为基础分级提供配套服务，这种方式既有利于满足居民对不同层次公共服务设施的日常使用需求，体现设施配置的均衡性和公平性，也有助于发挥设施使用的规模效益，体现设施规模化配置的经济合理性。配套设施应步行可达，为居住区居民的日常生活提供方便。结合居民对各类设施的使用频率要求和设施运营的合理规模，配套设施分为四级，包括十五分钟、十分钟、五分钟三个生活圈居住区层级的配套设施和居住街坊层级的配套设施。

十五分钟、十分钟两级生活圈居住区配套设施用地属于城市级设施，主要包括公共管理与公共服务设施用地（A类用地）、商业服务业设施用地（B类用地）、交通场站设施用地（S4类用地）和公用设施用地（U类用地）；五分钟生活圈居住区的配套设施，即社区服务设施属于居住用地中的服务设施用地（R12、R22、R32）；居住街坊的便民服务设施属于住宅用地可兼容的配套设施（R11、R21、R31）。

各层级居住区配套设施的设置为非包含关系。

（2）居住区配套设施设置规定

1）十五分钟生活圈居住区、十分钟生活圈居住区配套设施类别包括公共管理和公共服务设施、商业服务业设施、市政公用设施、交通场站。

2）十五分钟生活圈居住区应配建的项目有初中、大型多功能运动场地、卫生服务中心（社区医院）、门诊部、养老院、老年养护院、文化活动中心（含青少年、老年活动中心）、社区服务中心（街道级）、街道办事处、司法所等公共管理和公共服务设施，商场、餐饮设施、银行营业网点、电信营业网点、邮政营业场所等商业服务设施，开闭所等市政公用设施，公交车站等交通场站。

3）十分钟生活圈居住区应配建的项目有小学、中型多功能运动场地等公共管理和公共服务设施，商场、菜市场或生鲜超市、餐饮设施、银行营业网点、电信营业网点等商业服务设施，公交车站等交通场站。

4）五分钟生活圈居住区配套设施类别为社区服务设施，应建设社区服务站（含居委会、治安联防站、残疾人康复室）、文化活动站（含青少年活动站、老年活动站）、小型多功能运动（球类）场地、室外综合健身场地（含老年户外活动场地）、幼儿园、老年人日间照料中心（托老所）、社区商业网点（超市、药店、洗衣店、美发店等）、再生资源回收点、生活垃圾收集站、公共厕所等。

5）居住街坊配套设施类别为便民服务设施，应配建物业管理与服务、儿童与老年人活动场地、室外健身器械、便利店（菜店、日杂等）、邮件和快递送达设施、生活垃圾收集点、居民非机动车停车场（库）、居民机动车停车场（库）等。

（3）居住区配套设施建设布局规定

1）十五分钟和十分钟生活圈居住区配套设施，应依照其服务半径相对集中布局。

2）十五分钟生活圈居住区配套设施中，文化活动中心、社区服务中心（街道级）、街道办事处等服务设施宜联合建设并形成街道综合服务中心，其用地面积不宜小于1hm²。

3）五分钟生活圈居住区配套设施中，社区服务站、文化活动站（含青少年、老年活动站）、老年人日间照料中心（托老所）、社区卫生服务站、社区商业网点等服务设施，宜集中布局、联合建设，并形成社区综合服务中心，其用地面积不宜小于0.3hm²。

4）旧区改建项目应根据所在居住区各级配套设施的承载能力合理确定居住人口规模与住宅建筑容量；当不匹配时，应增补相应的配套设施或对应控制住宅建筑增量。

（4）居住区内相对集中设置且人流较多的配套设施配建停车场（库）规定

1）停车场（库）的停车位控制指标，不宜低于下表规定。

2）商场、街道综合服务中心机动车停车场（库）宜采用地下停车、停车楼或机械式停车设施。

3）配建的机动车停车场（库）应具备公共充电设施安装条件。

配建停车场（库）的停车位控制指标（单位：车位/100m² 建筑面积）

名称	非机动车	机动车
商场	≥7.5	≥0.45
菜市场	≥7.5	≥0.30
街道综合服务中心	≥7.5	≥0.45
社区卫生服务中心 （社区医院）	≥1.5	≥0.45

（5）居住区配套设置居民机动车和非机动车停车场（库）要求

1）地上停车位应优先考虑设置多层停车或机械式停车设施，地面停车位数量**不宜超过住宅总套数的 10%（注意：是不超过住宅总套数，而非是总停车位数）**。

2）机动车停车场（库）应设置无障碍机动车位，并应为老年人、残疾人专用车等新型交通工具和辅助工具留有必要的发展余地。

3）非机动车停车场（库）应设置在方便居民使用的位置。

4）居住街坊应配置临时停车位。

5）新建居住区配建机动车停车位应具备充电基础设施安装条件。

5. 绿地规划布置要求

（1）各级生活圈居住区绿地规划布置要求

新建各级生活圈居住区应配套规划建设公共绿地，并应集中设置具有一定规模，且能开展休闲、体育活动的居住区公园。

公共绿地控制指标

类别	人均公共绿地面积（m²/人）	居住区公园		备注
		最小规模（hm²）	最小宽度（m）	
十五分钟生活圈居住区	2.0	5.0	80	**不含**十分钟生活圈及以下级居住区的公共绿地指标
十分钟生活圈	1.0	1.0	50	**不含**五分钟生活圈及以下居住区的公共绿地指标
五分钟生活圈居住区	1.0	0.4	30	**不含**居住街坊的公共绿地指标

注：居住区公园中应设置 **10%~15%** 的体育活动场地。

当旧区改建确实无法满足上述条件时，可采取多点分布以及立体绿化等方式改善居住环境，但**人均公共绿地面积不应低于相应控制指标的 70%**。

（2）居住街坊内集中绿地的布置要求

1）新区建设不应低于 **0.5m²/人**，旧区改建不应低于 **0.35m²/人**；

2）宽度不应小于 **8m**；

3）在标准的建筑日照阴影线范围之外的绿地面积不应少于 **1/3**，其中应设置老年人、儿童活动场地。

(3) 居住区内绿地的建设及其绿化要求

应遵循适用、美观、经济、安全的原则，并应符合下列规定：

1) 宜保留并利用已有树木和水体；

2) 应种植适宜当地气候和土壤条件、对居民无害的植物；

3) 应采用乔、灌、草相结合的复层绿化方式；

4) 应充分考虑场地及住宅建筑冬季日照和夏季遮阴的需求；

5) 适宜绿化的用地均应进行绿化，并可采用立体绿化的方式丰富景观层次、增加环境绿量；

6) 有活动设施的绿地应符合无障碍设计要求并与居住区的无障碍系统相衔接；

7) 绿地应结合场地雨水排放进行设计，并宜采用雨水花园、下凹式绿地、景观水体、干塘、树池、植草沟等具备调蓄雨水功能的绿化方式。

6. 道路规划要求

(1) 居住区路网系统的规划建设要求

1) 居住区道路的规划建设应体现以人为本，提倡绿色出行，综合考虑城市交通系统特征和交通设施发展水平，满足城市交通通行的需要，融入城市交通网络，采取尺度适宜的道路断面形式，优先保证步行和非机动车的出行安全、便利和舒适，形成宜人宜居、步行友好的城市街道。

2) 居住区应采取"小街区、密路网"的交通组织方式，路网密度不应小于 8km/km²；城市道路间距不应超过 300m，宜为 150~250m，并应与居住街坊的布局相结合。

3) 居住区内的步行系统应连续、安全、符合无障碍要求，并应便捷连接公共交通站点。

4) 在适宜自行车骑行的地区，应构建连续的非机动车道。

5) 旧区改建，应保留和利用有历史文化价值的街道、延续原有的城市肌理。

(2) 各级道路规划建设要求

1) 两侧集中布局了配套设施的道路，应形成尺度宜人的生活性街道；道路两侧建筑退线距离，应与街道尺度相协调。

2) 支路：红线宽度宜为 14~20m；应采取交通稳静化措施，适当控制机动车行驶速度。

3) 道路断面形式：应满足适宜步行及自行车骑行的要求，人行道宽度不应小于 2.5m。

4) 附属道路：主要附属道路至少应有两个车行出入口连接城市道路，其路面宽度不应小于 4m；其他附属道路的路面宽度不宜小于 2.5m；人行出口间距不宜超过 200m；最小纵坡不应小于 0.3%。

附属道路最大纵坡控制指标（%）

道路类别及其控制内容	一般地区	积雪或冰冻地区
机动车道	8	6
非机动车道	3	2
步行道	8	4

7. 各项指标计算的规定

(1) 总用地范围计算规定

1) 居住区范围内与居住功能不相关的其他用地以及本居住区配套设施以外的其他公共服务设施用地，不应计入居住区用地。

2) 当周界为自然分界线时，居住区用地范围应算至用地边界。

3) 当周界为城市快速路或高速路时，居住区用地边界应算至道路红线或其防护绿地边界。快速路或高速路及其防护绿地不应计入居住区用地。

4）当周界为城市干路或支路时，各级生活圈的居住区用地范围应算至道路中心线。

5）居住街坊用地范围应算至周界道路红线，且不含城市道路。

6）当与其他用地相邻时，居住区用地范围应算至用地边界。

7）当住宅用地与配套设施（不含便民服务设施）用地混合时，其用地面积应按住宅和配套设施的地上建筑面积占该栋建筑总建筑面积的比率分摊计算，并应分别计入住宅用地和配套设施用地。

（2）居住街坊内绿地面积计算规定

1）满足当地植树绿化覆土要求的屋顶绿地可计入绿地。

2）当绿地边界与城市道路临接时，应算至道路红线；当与居住街坊附属道路临接时，应算至路面边缘；当与建筑物临接时，应算至距房屋墙脚1m处；当与围墙、院墙临接时，应算至墙脚。

3）当集中绿地与城市道路临接时，应算至道路红线；当与居住街坊附属道路临接时，应算至距路面边缘1m处；当与建筑物临接时，应算至距房屋墙脚1.5m处。

理解区分——两率两度

1）**容积率**

十五分钟生活圈≤1.5。

十分钟生活圈≤1.8。

五分钟生活圈Ⅰ、Ⅶ分区最大1.8；Ⅱ、Ⅵ分区最大1.9；Ⅲ、Ⅳ、Ⅴ分区最大2.0。

居住街坊：

Ⅰ、Ⅶ气候分区（10层~18层）≤2.4，（19层~26层）≤2.8；

Ⅱ、Ⅵ气候分区（10层~18层）≤2.6，（19层~26层）≤2.9；

Ⅲ、Ⅳ、Ⅴ气候分区（10层~18层）≤2.8，（19层~26层）≤3.1。

2）**绿地率**：居住街坊高层≥35%，多层≥30%。

3）**建筑密度**：高层Ⅰ、Ⅱ、Ⅵ、Ⅶ分区≤20%；Ⅲ、Ⅳ、Ⅴ分区≤22%

4）**建筑高度**：≤80m。

知识点3　居住区规划的内容与方法　【★★★★】

1. 居住区规划的内容

居住区规划设计的任务根据住区类型的不同其内容也不同，一般都包括如下一些内容。

1）选择和确定规划用地的位置、范围。

2）根据用地在城市的区位，研究居住区的定位。

3）根据居住区的定位和用地规模确定居住区的人口及户数，估算各类用地的大小。

4）拟定应配建的公共设施和允许建设的生产性建筑的项目、规模、数量、分布及布置方式等。

5）拟定居住建筑的类型、数量、层数及布置方式等。

6）拟定居住区的道路交通系统的构成，各级道路的宽度、断面形式，出入口的位置与数量，机动车与非机动车的停泊数量和停泊方式。

7）拟定绿地、户外休憩与活动设施的类型、数量、分布和布置方式等。

8）利用居住区的自然、人文等要素，拟定景观环境规划。

9）拟定有关市政工程设施规划方案。

10）拟定各项技术经济指标和造价估算。

2. 规划的编制方法

1）场地调研与资料收集。

2）居住对象分析与定性定量分析。

3）方案研究与比较。

4）成果表达。

知识点 4 《国务院办公厅关于全面推进城镇老旧小区改造工作的指导意见》要点 【★★★】

1. 总体要求

（1）指导思想

以习近平新时代中国特色社会主义思想为指导，全面贯彻党的十九大和十九届二中、三中、四中全会精神，按照党中央、国务院决策部署，坚持以人民为中心的发展思想，坚持新发展理念，按照高质量发展要求，大力改造提升城镇老旧小区，改善居民居住条件，推动构建"纵向到底、横向到边、共建共治共享"的社区治理体系，让人民群众生活更方便、更舒心、更美好。

（2）基本原则

1）坚持以人为本，把握改造重点。从人民群众最关心最直接最现实的利益问题出发，征求居民意见并合理确定改造内容，重点改造完善小区配套和市政基础设施，提升社区养老、托育、医疗等公共服务水平，推动建设安全健康、设施完善、管理有序的完整居住社区。

2）坚持因地制宜，做到精准施策。科学确定改造目标，既尽力而为又量力而行，不搞"一刀切"、不层层下指标；合理制定改造方案，体现小区特点，杜绝政绩工程、形象工程。

3）坚持居民自愿，调动各方参与。广泛开展"美好环境与幸福生活共同缔造"活动，激发居民参与改造的主动性、积极性，充分调动小区关联单位和社会力量支持、参与改造，实现决策共谋、发展共建、建设共管、效果共评、成果共享。

4）坚持保护优先，注重历史传承。兼顾完善功能和传承历史，落实历史建筑保护修缮要求，保护历史文化街区，在改善居住条件、提高环境品质的同时，展现城市特色，延续历史文脉。

5）坚持建管并重，加强长效管理。以加强基层党建为引领，将社区治理能力建设融入改造过程，促进小区治理模式创新，推动社会治理和服务重心向基层下移，完善小区长效管理机制。

（3）工作目标

2020年新开工改造城镇老旧小区 3.9 万个，涉及居民近 700 万户；到 2022 年，基本形成城镇老旧小区改造制度框架、政策体系和工作机制；到"十四五"期末，结合各地实际，力争基本完成 2000 年底前建成的需改造城镇老旧小区改造任务。

2. 明确改造任务

（1）明确改造对象范围

城镇老旧小区是指城市或县城（城关镇）建成年代较早、失养失修失管、市政配套设施不完善、社区服务设施不健全、居民改造意愿强烈的住宅小区（含单栋住宅楼）。各地要结合实际，合理界定本地区改造对象范围，重点改造2000年底前建成的老旧小区。

（2）合理确定改造内容

城镇老旧小区改造内容可分为基础类、完善类、提升类3类。

基础类： 为满足居民安全需要和基本生活需求的内容，主要是市政配套基础设施改造提升以及小区内建筑物屋面、外墙、楼梯等公共部位维修等。其中，改造提升市政配套基础设施包括改造提升小区内部及与小区联系的供水、排水、供电、弱电、道路、供气、供热、消防、安防、生活垃圾分类、移动通信等基础设施，以及光纤入户、架空线规整（入地）等。

完善类： 为满足居民生活便利需要和改善型生活需求的内容，主要是环境及配套设施改造建设、小区内建筑节能改造、有条件的楼栋加装电梯等。其中，改造建设环境及配套设施包括拆除违法建设，整治小区及周边绿化、照明等环境，改造或建设小区及周边适老设施、无障碍设施、停车库（场）、电动自行车及汽车充电设施、智能快件箱、智能信包箱、文化休闲设施、体育健身设施、物业用房等配套设施。

提升类： 为丰富社区服务供给、提升居民生活品质、立足小区及周边实际条件积极推进的内容，主要是公共服务设施配套建设及其智慧化改造，包括改造或建设小区及周边的社区综合服务设施、卫生服务站等公共卫生设施、幼儿园等教育设施、周界防护等智能感知设施，以及养老、托育、助餐、家政保洁、便民市场、便利店、邮政快递末端综合服务站等社区专项服务设施。

（3）编制专项改造规划和计划

各地要进一步摸清既有城镇老旧小区底数，建立项目储备库。区分轻重缓急，切实评估财政承受能力，科学编制城镇老旧小区改造规划和年度改造计划，不得盲目举债铺摊子。建立激励机制，优先对居民改造意愿强、参与积极性高的小区（包括移交政府安置的军队离退休干部住宅小区）实施改造。养老、文化、教育、卫生、托育、体育、邮政快递、社会治安等有关方面涉及城镇老旧小区的各类设施增设或改造计划，以及电力、通信、供水、排水、供气、供热等专业经营单位的相关管线改造计划，应主动与城镇老旧小区改造规划和计划有效对接，同步推进实施。国有企事业单位、军队所属城镇老旧小区按属地原则纳入地方改造规划和计划统一组织实施。

3. 建立健全组织实施机制

（1）建立统筹协调机制

各地要建立健全政府统筹、条块协作、各部门齐抓共管的专门工作机制，明确各有关部门、单位和街道（镇）、社区职责分工，制定工作规则、责任清单和议事规程，形成工作合力，共同破解难题，统筹推进城镇老旧小区改造工作。

（2）健全动员居民参与机制

城镇老旧小区改造要与加强基层党组织建设、居民自治机制建设、社区服务体系建设有机结合。建立和完善党建引领城市基层治理机制，充分发挥社区党组织的领导作用，统筹协调社区居民委员会、业主委员会、产权单位、物业服务企业等共同推进改造。搭建沟通议事平台，利用"互联网＋共建共治共享"等线上线下手段，开展小区党组织引领的多种形式基层协商，主动了解居民诉求，促进居民形成共识，发动居民积极参与改造方案制定、配合施工、参与监督和后续管理、评价和反馈小区改造效果等。组织引导社区内机关、企事业单位积极参与改造。

（3）建立改造项目推进机制

区县人民政府要明确项目实施主体，健全项目管理机制，推进项目有序实施。积极推动设计师、工程师进社区，辅导居民有效参与改造。为专业经营单位的工程实施提供支持便利，禁止收取不合理费用。鼓励选用经济适用、绿色环保的技术、工艺、材料、产品。改造项目涉及历史文化街区、历史建筑的，应严格落实相关保护修缮要求。落实施工安全和工程质量责任，组织做好工程验收移交，杜绝安全隐患。充分发挥社会监督作用，畅通投诉举报渠道。结合城镇老旧小区改造，同步开展绿色社区创建。

（4）完善小区长效管理机制

结合改造工作同步建立健全基层党组织领导，社区居民委员会配合，业主委员会、物业服务企业等参与的联席会议机制，引导居民协商确定改造后小区的管理模式、管理规约及业主议事规则，共同维护改造成果。建立健全城镇老旧小区住宅专项维修资金归集、使用、续筹机制，促进小区改造后维护更新进入良性轨道。

4. 建立改造资金政府与居民、社会力量合理共担机制

（1）合理落实居民出资责任

按照谁受益、谁出资原则，积极推动居民出资参与改造，可通过直接出资、使用（补建、续筹）住宅专项维修资金、让渡小区公共收益等方式落实。研究住宅专项维修资金用于城镇老旧小区改造的办法。支持小区居民提取住房公积金，用于加装电梯等自住住房改造。鼓励居民通过捐资捐物、投工投劳等支持改造。鼓励有需要的居民结合小区改造进行户内改造或装饰装修、家电更新。

（2）加大政府支持力度

将城镇老旧小区改造纳入保障性安居工程，中央给予资金补助，**按照"保基本"的原则，重点支持基础类改造内容。中央财政资金重点支持改造 2000 年底前建成的老旧小区，可以适当支持 2000 年后建成的老旧小区，但需要限定年限和比例。**省级人民政府要相应做好资金支持。市县人民政府对城镇老旧小区改造给予资金支持，可以纳入国有住房出售收入存量资金使用范围；要统筹涉及住宅小区的各类资金用于城镇老旧小区改造，提高资金使用效率。支持各地通过发行地方政府专项债券筹措改造资金。

（3）持续提升金融服务力度和质效

支持城镇老旧小区改造规模化实施运营主体采取市场化方式，运用公司信用类债券、项目收益票据等进行债券融资，但不得承担政府融资职能，杜绝新增地方政府隐性债务。国家开发银行、农业发展银行结合各自职能定位和业务范围，按照市场化、法治化原则，依法合规加大对城镇老旧小区改造的信贷支持力度。商业银行加大产品和服务创新力度，在风险可控、商业可持续前提下，依法合规对实施城镇老旧小区改造的企业和项目提供信贷支持。

（4）推动社会力量参与

鼓励原产权单位对已移交地方的原职工住宅小区改造给予资金等支持。公房产权单位应出资参与改造。引导专业经营单位履行社会责任，出资参与小区改造中相关管线设施设备的改造提升；改造后专营设施设备的产权可依照法定程序移交给专业经营单位，由其负责后续维护管理。通过政府采购、新增设施有偿使用、落实资产权益等方式，吸引各类专业机构等社会力量投资参与各类需改造设施的设计、改造、运营。支持规范各类企业以政府和社会资本合作模式参与改造。支持以"平台＋创业单元"方式发展养老、托育、家政等社区服务新业态。

（5）落实税费减免政策

专业经营单位参与政府统一组织的城镇老旧小区改造，对其取得所有权的设施设备等配

其他主要规划类型

套资产改造所发生的费用，可以作为该设施设备的计税基础，按规定计提折旧并在企业所得税前扣除；所发生的维护管理费用，可按规定计入企业当期费用税前扣除。在城镇老旧小区改造中，为社区提供养老、托育、家政等服务的机构，提供养老、托育、家政服务取得的收入免征增值税，并减按90%计入所得税应纳税所得额；用于提供社区养老、托育、家政服务的房产、土地，可按现行规定免征契税、房产税、城镇土地使用税和城市基础设施配套费、不动产登记费等。

5. 完善配套政策

(1) 加快改造项目审批

各地要结合审批制度改革，精简城镇老旧小区改造工程审批事项和环节，构建快速审批流程，积极推行网上审批，提高项目审批效率。可由市县人民政府组织有关部门联合审查改造方案，认可后由相关部门直接办理立项、用地、规划审批。不涉及土地权属变化的项目，可用已有用地手续等材料作为土地证明文件，无需再办理用地手续。探索将工程建设许可和施工许可合并为一个阶段，简化相关审批手续。不涉及建筑主体结构变动的低风险项目，实行项目建设单位告知承诺制的，可不进行施工图审查。鼓励相关各方进行联合验收。

(2) 完善适应改造需要的标准体系

各地要抓紧制定本地区城镇老旧小区改造技术规范，明确智能安防建设要求，鼓励综合运用物防、技防、人防等措施满足安全需要，及时推广应用新技术、新产品、新方法。因改造利用公共空间新建、改建各类设施涉及影响日照间距、占用绿化空间的，可在广泛征求居民意见基础上一事一议予以解决。

(3) 建立存量资源整合利用机制

各地要合理拓展改造实施单元，推进相邻小区及周边地区联动改造，加强服务设施、公共空间共建共享。加强既有用地集约混合利用，在不违反规划且征得居民等同意的前提下，允许利用小区及周边存量土地建设各类环境及配套设施和公共服务设施。其中，对利用小区内空地、荒地、绿地及拆除违法建设腾空土地等加装电梯和建设各类设施的，可不增收土地价款。整合社区服务投入和资源，通过统筹利用公有住房、社区居民委员会办公用房和社区综合服务设施、闲置锅炉房等存量房屋资源，增设各类服务设施，有条件的地方可通过租赁住宅楼底层商业用房等其他符合条件的房屋发展社区服务。

(4) 明确土地支持政策

城镇老旧小区改造涉及利用闲置用房等存量房屋建设各类公共服务设施的，可在一定年期内暂不办理变更用地主体和土地使用性质的手续。增设服务设施需要办理不动产登记的，不动产登记机构应依法积极予以办理。

6. 强化组织保障

(1) 明确部门职责

住房城乡建设部要切实担负城镇老旧小区改造工作的组织协调和督促指导责任。各有关部门要加强政策协调、工作衔接、调研督导，及时发现新情况新问题，完善相关政策措施。研究对城镇老旧小区改造工作成效显著的地区给予有关激励政策。

(2) 落实地方责任

省级人民政府对本地区城镇老旧小区改造工作负总责，要加强统筹指导，明确市县人民政府责任，确保工作有序推进。市县人民政府要落实主体责任，主要负责同志亲自抓，把推进城镇老旧小区改造摆上重要议事日程，以人民群众满意度和受益程度、改造质量和财政资金使用效率为衡量标准，调动各方面资源抓好组织实施，健全工作机制，落实好各项配套支持政策。

(3) 做好宣传引导

加大对优秀项目、典型案例的宣传力度，提高社会各界对城镇老旧小区改造的认识，着力引导群众转变观念，变"要我改"为"我要改"，形成社会各界支持、群众积极参与的浓厚氛围。要准确解读城镇老旧小区改造政策措施，及时回应社会关切。

知识点5 《社区生活圈规划技术指南》TD/T 1062—2021 要点 【★★★】

1. 总体原则

(1) 社区生活圈规划宜遵循的原则

1) 坚持以人民为中心的思想。围绕城乡居民美好生活需要，坚持保基本和提品质统筹兼顾，在补齐民生短板、确保均衡布局、满足便捷使用的同时，主动适应未来发展趋势，引领全年龄段不同人群的全面发展，促进社区融合，激发社区活力，不断提高人民群众的获得感、幸福感、安全感，塑造"宜业、宜居、宜游、宜养、宜学"的社区"有机生命体"。

2) 贯彻新发展理念。鼓励绿色出行模式，倡导低碳技术应用，增强社区韧性，实现服务设施空间的动态适应与弹性预留，提高社区应对各类灾害和突发事件的事先预防、应急响应和灾后修复的能力，建设安全、低碳的健康社区，促进人与社会、自然之间的协调发展。

3) 突出问题导向和目标导向。加强现状评估和居民意愿调查，深入分析存在问题，充分了解居民诉求，统一认识，明确目标、多策并举，缓解生活不便、职住失衡、交通拥堵等城市病。

4) 强化系统治理。以系统思维整合社区资源，按照节约集约、科学布局、有机衔接和时空统筹等空间治理方法，合理安排各类功能，推进社区各类资源的开放共享和复合利用。调动在地企业、社会组织和社区居民多方式、多途径地参与社区事务，形成共商、共建、共治的社区治理格局。

5) 因地制宜塑造特色生活圈。根据不同社区特征，结合资源禀赋，注重文化性、地域性、民族性等元素，加强分类引导、差异管控、特色塑造和有序实施，提供多样化的公共服务、住房、休闲和交往场所等，塑造社区独特魅力。

(2) 不同层面社区生活圈规划工作要求

1) **总体规划层面**：以补齐服务要素短板、契合社会发展趋势为导向，市级国土空间规划宜充分对接城市"多中心、网格化"的空间格局，提出城镇与乡村社区生活圈的发展目标、配置标准和布局要求；县级国土空间规划宜突出乡村社区生活圈的发展要求和布局引导。

2) **详细规划层面**：可开展社区生活圈规划专题研究，明确不同社区生活圈的发展特点，全面查找问题和制定对策，结合详细规划空间单元的划分，落实各类功能用地的布局及各类服务要素配置的具体内容、规划要求和空间方案，形成行动任务。

3) **专项规划层面**：结合城市体检和专项评估工作，协调好社区生活圈规划与相关专项规划的关系，可从补短板、提品质、强特色等角度，对部分重点专项领域开展深入研究。

> **拓展——社区生活圈工作重点**
>
> 国土空间总体规划层面重在布局引导，详细规划层面重在具体落实，专项规划层面重在有效衔接。

2. 城镇社区生活圈

城镇社区生活圈

内容		说明
配置层级	**15分钟层级**	宜基于街道社区、镇行政管理边界，结合居民生活出行特点和实际需要确定社区生活圈范围，并按照出行安全和便利的原则，尽量避免城市主干路、河流、山体、铁路等对其造成分割。**该层级内配置面向全体城镇居民、内容丰富、规模适宜的各类服务要素**
	5～10分钟层级	宜结合城镇居委社区服务范围，配置城镇居民日常使用，**特别是面向老人、儿童的基本服务要素**
服务要素	**基础保障型服务要素**	① **夯实社区基础服务。** 按"15分钟、5～10分钟"两个层级，**配置满足居民日常生活所需**的健康管理、为老服务、终身教育、文化活动、体育健身、商业服务、行政管理和其他设施。 ② **提供基层就业援助。** 依托15分钟社区生活圈配置社区就业服务中心，为就业困难人群提供职业技能培训和信息共享，引导各类企业、公益组织等提供就业岗位。 ③ **保障基本居住需求。** 依托15分钟社区生活圈，根据本地住房保障政策，提供标准合理、规模适宜的保障性住房；建设面向就业人群的租赁住房，商务社区、产业社区可适当提高比例。 ④ **倡导绿色低碳出行。** 依托15分钟社区生活圈，构建由城市道路、绿道、街巷、公共通道等组成的高密度慢行网络，实现通畅顺达、尺度宜人，提升慢行安全性和舒适性；配置公交车站，并**满足500m服务半径范围全覆盖，其中人口密集地区宜满足300m服务半径范围全覆盖。** ⑤ **布局均衡休闲空间。** 按"15分钟、5～10分钟"两个层级配置公共绿地，并结合附属绿地挖潜，形成大小结合、层次丰富、体现人文特色的休憩空间。 ⑥ **构建社区防灾体系。** 按"15分钟、5～10分钟"两个层级配置避难场所、应急通道和防灾设施，充分利用现有资源，建立分级响应的空间转换方案，有效应对各类灾害
	品质提升型服务要素	① **提供多元社区服务。** 根据社区类型和居民需求，在条件允许的情况下，增加健康管理、为老服务、终身教育、文化活动、体育健身、商业服务等品质提升型服务要素。 ② **合理有序配置停车。** 系统灵活布局停车空间，鼓励采用开放配建停车、分时共享等方式提供停车空间，制定差异化的停车管理办法。 ③ **塑造宜人空间环境。** 依托各类公园绿地、附属绿地、绿道、小微公共空间等，构建覆盖均衡、点线面相结合的绿色开放空间网络。多利用边角地建设口袋公园。根据活动类型和人群特征进行设计，营造尺度宜人的活动场地和丰富的活动设施，满足社区文化表演、小型展览与集市等活动需求
	特色引导型服务要素	① **打造具有附加功能的特色社区。** 契合社区发展的新需求，配置面向不同人群、体现创新性和多样化的服务要素，不断探索、迭代优化。如共享办公、居家办公等灵活就业和创新创业空间；提升素养、陶冶性情的青少年活动设施；嵌入式、多功能的居家养老服务设施；定制化、特色化的健康管理和养生保健设施；主题型、专业化的文化展示场馆和体育运动场馆等。 ② **构建面向未来的社区生活场景。** 运用智能化手段，改善服务要素的空间布局和服务效能

其他主要规划类型

内容		说明
布局指引	空间布局	① 空间结构。与"**多中心、网络化、组团式**"城市空间发展格局相衔接，加强社区生活圈与各级公共活动中心、交通枢纽节点的功能融合和便捷联系，倡导TOD导向，形成功能多元、集约紧凑、有机链接、层次明晰的空间布局模式。 ② **要素布局。**社区服务等各类服务要素选址宜遵循方便居民、利于慢行、相对集中、适度均衡的原则，优先布局在人口密集、公共交通方便的地区，增强可达性，可包括如下方面。 　a **强化服务要素功能关联。**将功能关联度高的服务要素相对集中布局，促进共享办公、终身教育、文化活动、体育健身等服务要素与商业服务业用地混合布局，鼓励地上地下空间综合开发，倡导医养结合、文体结合。 　b **分层级引导服务要素合理布局。15分钟层级宜形成综合性的社区服务中心，**涵盖就业引导、社区服务、生态休闲等服务要素，可依托社区资源培育特色功能。**5～10分钟层级服务要素宜灵活均衡布局，**并与生活性街道、公共空间、绿道邻近设置，保障老人、儿童的便捷友好使用。 　c **以慢行网络链接服务要素。**构建"小街区、密路网"的社区生活圈空间结构，通过慢行网络加强就业、居住、社区服务、生态休闲等服务要素之间的有机串联，设置活力界面和休憩设施，优化绿化环境，提升出行体验。城市更新地区可通过开放内部或增加街巷、设置空中连廊和地下通道等方式织密慢行网络。 ③ **共享使用。**鼓励学校、单位附属设施等向社区开放共享、分时使用。 ④ **弹性适应。**适应未来人口结构、生活方式与行为特征、技术条件等变化趋势，预留弹性发展空间
	环境提升	① 场所营造。深入挖掘社区自然环境、历史风貌资源，注重文脉保护与传承，可植入人文、美学、艺术等元素。提升街道、广场空间的舒适度与场所感，推进无障碍和老人、儿童友好型设计，配置充足的休憩、观赏、健身、照明等设施。 ② 环境改善。制定服务要素的选址与建筑场地设计等精细化要求，鼓励绿色低碳技术的应用，促进生态绿化、环境美化与景观优化

3. 乡村社区生活圈

乡村社区生活圈

内容		说明
配置层级	乡集镇层级	**宜依托乡集镇所在地，统筹布局满足乡村居民日常生活、生产需求的各类服务要素，形成乡村社区生活圈的服务核心。**县城可在完善自身服务要素配置的同时，强化综合服务能力，实现对周边乡集镇的辐射
	村/组层级	**宜依托行政村集中居民点或自然村组，**综合考虑乡村居民**常用交通方式，**按照15分钟可达的空间尺度，配置满足就近使用需求的服务要素，并**注重相邻村庄之间服务要素的错位配置和共享使用**
服务要素	乡集镇层级	完善社区基础设施配置的同时，加强为农服务功能；有条件地区可结合实际情况，提升医疗、教育、文化、体育、交通等方面的服务品质，兼顾对村庄的服务延伸。服务要素可包括下列内容。 ① **一般情况下，**宜配置卫生服务站、老年活动室、老年人日间照料中心、幼儿园、小学、初中、文化活动室、室外综合健身场地、菜市场、邮政营业场所以及生活垃圾收集站、公共厕所等服务要素；配置满足农民生产所需的农业服务中心和集贸市场；配置保障日常便捷出行的公交换乘车站；建设具有一定规模、能开展各类休闲活动的公园绿地；构建由避难场所、应急通道和防灾设施组成的救援服务体系。

内容		说明
服务要素	乡集镇层级	② 有条件情况下，面向农民就业创业需求，发展职业技术教育与技能培训；人口达到一定规模的乡集镇，可配置乡镇卫生院、养老院、高中、乡镇文化活动中心、乡镇体育中心等服务要素；配置公交首末站，提升公共交通可达性
	村/组层级	保障乡村基本公共服务水平，实现生产生活设施的便利化；有条件地区可结合实际情况，完善各类公共服务，加强人居环境整治和公共空间品质提升。服务要素可包括下列内容。 ① 一般情况下，宜配置村卫生室、老年活动室、文化活动室、农家书屋、便民农家店、村务室等服务要素；改造提升农村寄递物流基础设施，推进电子商务进农村和农产品出村进城；完善通村组道路和入户道路建设，实施道路畅通工程；保障村庄应急通道畅通，提升乡村防灾能力。 ② 有条件情况下，可配置村级幸福院、老年人日间照料中心、村幼儿园、乡村小规模学校、红白喜事厅、特色民俗活动点、健身广场、金融电信服务点以及垃圾收集点、公共厕所、小型排污设施等服务要素；适当提高住房建设标准，改善村容村貌；加强村级客运站点、公交站点建设，完善乡村交通设施
布局指引	乡集镇层级的布局指引	① 倡导多元和谐的空间结构。科学把握不同类型乡集镇的发展规模、区位条件、资源禀赋、建设阶段等情况，协调产业、住宅、公共服务、生态环境、安全防灾等布局关系，形成尊重历史、融合自然、适度集聚、有机联系的空间格局。 ② 构建活力便捷的乡集镇中心。文化、体育、医疗、教育等服务要素宜临近生活性街道、交通节点、公园水系等布局，形成功能复合、便捷可达、环境宜人的乡集镇公共活动中心
	村/组层级的布局	① 因地制宜布局村庄居民点。坚持节约集约用地原则，顺应村庄发展规律和传统肌理格局，合理布局村庄居民点。居民点迁建和撤并应尊重民意，留住乡愁。 ② 引导要素适度集聚。打造生活生产生态融合、服务要素适度集中、空间尺度舒适宜人的空间格局，各类服务要素可结合乡村生产生活及出行休闲习惯统筹布局，围绕现状公共空间、公交站点、特色公建、古树名木等打造村公共活动中心，作为居民日常活动、办事、交往的主要场所。 ③ 弹性预留发展空间。为适应乡村地区产业发展和生活品质需求的变化，宜预留一定空间，使各类服务要素功能、类型和规模有条件弹性转换
环境提升		① 风貌彰显。尊重山水格局、保育田林资源，推动生活、生产、生态等空间的环境整治，营造山水相依、林田交织、师法自然、淳朴整洁的乡村特色风貌。新建乡村建筑宜采用自然乡土的手法，在空间肌理、高度形态、色彩材质、屋顶立面等方面传承地方特色。 ② 场所营造。融合传统文化，汲取乡土元素、鼓励就地取材，营造具有本地特色的村落公共空间和村民交往场所，增强乡村社区的归属感

4. 差异引导

差异引导

内容	说明
基本方法	立足地方实际，统筹经济能力和资源条件，结合居民需求，评估主要影响因素，差异化确定各类服务要素的内容和指标

其他主要规划类型

内容	说明
原则	① **尊重地区发展差异**。结合当地社会经济发展水平和城乡建设阶段目标，优先确保基础保障型服务要素的配置，按照实际需求和条件配置品质提升型和特色引导型服务要素。 ② **应对不同人群需求**。结合当地人口空间分布和生活方式，有针对性地配置品质提升型和特色引导型服务要素，并确定配置指标。 ③ **适应建用地条件**。结合当地人均建设用地和地形条件，合理布局服务要素，优先保障服务要素的建筑规模，并弹性确定其他配置指标。 ④ **符合地方环境特点**。结合当地自然环境和地域风貌特色，确定服务要素的配置指标
分区引导的内容	① **经济发展水平**。根据不同地区的发展阶段、经济发达程度和财政支付能力等，评估当地社区生活圈服务要素的供给能力，确定服务要素内容。经济欠发达地区可优先配置紧缺的基础保障型服务要素，并为其他服务要素的规划留有余地；经济发达地区可按需配置各类品质提升型和特色引导型服务要素。 ② **建设用地水平**。城镇社区生活圈根据当地人均建设用地水平，兼顾地形条件确定服务要素的规模性和覆盖性指标。人均建设用地指标较低的地区可适度降低服务要素的用地规模指标，鼓励各类服务要素综合设置；人均建设用地指标较高的地区宜确保独立占地服务要素的用地充裕。根据人群出行距离和使用频率，结合人口密度确定服务要素的覆盖性指标，山地、丘陵地区服务要素的覆盖性指标要求可适度放宽。 ③ **地形条件**。乡村社区生活圈根据当地村庄布局，结合地形条件确定服务要素的规模性、覆盖性和效率性指标。位于平原地区、布局相对集中、规模较大的村庄，各类服务要素可适度集中布局，并满足其规模要求；位于山地丘陵、草原等地区，布局分散、规模较小的村庄，各类服务要素可相对分散布局、灵活设置。部分规模敏感型服务要素可设置在规模较大的中心村，规模较小村庄的各类服务要素宜综合设置与共享利用。 ④ **环境特点**。根据不同地区的自然气候、地域风貌等特点，确定服务要素的规模性和品质性指标。高纬度地区有日照要求的服务要素，其用地规模指标可适度提高。各类服务要素的建筑与环境设计宜与自然环境和气候条件相适应，并体现不同地区的地域风貌特色
分类引导的内容	① **城镇居住社区**。满足居住人口的生活服务及就近就业需求，其中老年人比例较高的居住社区宜加强为老服务、健康管理等服务要素的配置；婴幼儿和学龄儿童比例较高的居住社区宜加强托儿所、学龄儿童养育托管中心等服务要素的配置；青年人比例较高的居住社区宜加强租赁住房、文化活动、体育健身等服务要素的配置。 ② **城镇商务社区和产业社区**。在满足一般居住社区需求的基础上，兼顾就业人群的就近居住及生产生活服务需求，适当配置居住、公共管理与公共服务用地，增配租赁住宅、就餐服务、职业教育等服务要素，并配置会议展示、行业交流、产业孵化等产业服务要素。 ③ **乡村社区生活圈**。根据乡村区位条件确定服务要素配置标准，城市近郊区或邻近县城的乡集镇和村/组，宜充分依托城镇已有服务要素基础，推进基础设施和服务要素共建共享；远郊区规模较大的乡集镇和村/组，宜在原有基础上集聚提升，配置功能综合、相对完善的服务要素；远离集镇的村/组，宜加强与邻近中心村服务要素的衔接，纳入同一乡村生活圈统筹考虑。根据不同村庄的资源禀赋和农林渔畜牧业等生产特点，在满足一般乡村社区生活圈需求的基础上，可配置相应的旅游、文创、科技等服务要素，如旅游资源丰富的村庄，可设置游客综合服务中心、特色民宿及餐饮等设施；具备乡村文创、科技等优势特色产业基础的村庄，可加强培育乡村创新创业空间，提供生产培训和生活服务要素

其他主要规划类型

5. 实施要求

实施要求

内容	说明
建立全生命周期工作机制	社区生活圈规划宜包含下列工作阶段。 ① 开展现状评估。结合城市体检工作，全面评估社区生活圈的实际建设情况与服务要素需求，研判社区发展趋势。结合既有服务要素的功能规模、人员编制和运营情况，查找服务盲区，形成问题清单。 ② 制定空间方案。针对各类问题明确社区生活圈的发展目标和关键策略，梳理空间资源，针对性完善各类服务要素内容，补足规模缺口；契合服务对象、出行规律及使用频率等要求，统筹时空关系，优化空间布局，高效利用土地。 ③ 推进实施行动。结合需求紧迫性、实施难易度和实施主体积极性等因素，形成分阶段建设目标和计划，落实实施主体和经费。结合老旧小区改造和乡村建设行动等政策要求，推动项目实施。 ④ 动态监测维护。利用大数据等信息与智慧技术，依托国土空间基础信息平台实时监测服务要素的运营情况和需求反馈，纳入国土空间规划"一张图"进行管理，定期开展评估，及时调整规划及实施计划
因地制宜推动有序实施	宜针对不同发展阶段，落实如下工作重点。 ① 新建地区。宜按照国家相关标准编制详细规划，科学合理确定社区生活圈各类服务要素的配置要求和空间布局等内容。社区公共服务设施和住宅开发宜同步规划、建设、验收与交付。 ② 城市更新地区。可结合地块出让和有机更新完善各类服务要素。创新土地和空间的增效、挖潜及奖励政策，鼓励政府及物权所有人通过自主更新，积极释放存量空间，提供社区服务要素。 ③ 老旧小区。可依托空间挖潜和功能转换等方式补短板，改善品质，并推进社区生活圈之间各类服务要素的共建共享
调动各方力量共治共建	① 部门加强协同。省级自然资源主管部门宜在本级政府领导下，承担社区生活圈规划的整体统筹工作。各级自然资源主管部门宜加强与相关主管部门的工作衔接，与住房和城乡建设、卫生健康、文化旅游、体育、教育、商业、社会保障等主管部门一同组织规划评估和实施行动。街道办事处、乡镇人民政府宜协同做好规划实施，负责组织公众参与、需求调查、规划协商等工作，并负责公益性设施的运营、管理和维护。 ② 公众深度参与。实现全过程、分阶段、多方式的公众参与。在规划评估阶段，广泛征求在地居民、企业、社会团体和相关部门、专家等的意见。在规划和实施阶段，鼓励多方参与制定方案，积极向公众宣传推广相关成果，针对居民的获得感等开展效果评价。 ③ 社会多维共建。建立社区责任规划师制度。鼓励搭建乡村规划综合服务平台，引导专业技术人员下乡服务。鼓励公益组织、社会企业、集体经济组织和物业公司等参与社区生活圈的建设、运营和管理。鼓励搭建各类基于互联网、大数据的规划众筹平台，运用智慧技术解决社区热点难点问题

真题演练

2023-058 依据《国务院办公厅关于全面推进城镇老旧小区改造工作的指导意见》，下列改造类型中，不属于城镇老旧小区改造内容分类的是( )。

　　A. 基础类改造　　　　　　　　　　　B. 整治类改造

C. 完善类改造　　　　　　　　　　　　D. 提升类改造

【答案】B

【解析】根据《国务院办公厅关于全面推进城镇老旧小区改造工作的指导意见》，城镇老旧小区改造内容分为基础类、完善类、提升类三类。故符合题意的是 B。

2023-070 依据《社区生活圈规划技术指南》，下列关于社区生活圈基本概念的说法，错误的是( )。

A. 在适宜的公共交通出行范围内

B. 满足城乡居民全生命周期工作与生活等各需求的基本单元

C. 融合"宜业、宜居、宜游、宜养、宜学"多元功能

D. 引领面向未来、健康低碳的美好生活方式

【答案】A

【解析】根据《社区生活圈规划技术指南》TD/T 1062—2021，关于其基本概念表述为"在适宜的日常步行范围内，满足城乡居民全生命周期工作与生活等各类需求的基本单元，融合'宜业、宜居、宜游、宜养、宜学'多元功能，引领面向未来、健康低碳的美好生活方式。"故符合题意的是 A。

2023-072 依据《城市居住区规划设计标准》，下列关于居住区用地容积率的说法，正确的是( )。

A. 居住区用地容积率也称为"净容积率"

B. 居住区用地容积率是各地块容积率的加权平均值

C. 容积率计算公式的分子是住宅建筑及其配套设施地上建筑面积之和

D. 容积率计算公式的分母是居住区范围内的居住用地面积

【答案】C

【解析】根据《城市居住区规划设计标准》GB 50180—2018，居住区用地容积率是生活圈内，住宅建筑及其配套设施地上建筑面积之和与居住用地总面积的比值。故正确的是 C。

板块 2 风景名胜区规划

历年考频

名称	2019 年	2020 年	2021 年	2022 年	2023 年	2024 年
风景名胜区规划	0	0	0	0	1	0

知识点 1 风景名胜区概述 【★★★】

1. 风景名胜区的概念、特征和类型

风景名胜区是我国珍贵的自然和文化遗产资源。国务院于 2006 年 9 月 19 日颁布，并于 2006 年 12 月 1 日实施的《风景名胜区条例》，是我国风景名胜保护、利用和管理的法律依据。

2019 年 3 月 1 日实施的《风景名胜区总体规划标准》GB/T 50298—2018 是有效保护风景名胜资源，全面发挥风景名胜区的功能和作用，服务美丽中国建设和风景区可持续发展，提高风景区的规划、管理水平和规范化程度的依据。

风景名胜区的概念、特征和类型

内容	说明
概念	风景名胜区是指具有观赏、文化或者科学价值，自然景观、人文景观比较集中，环境优美，可供人们游览或者进行科学、文化活动的区域
基本特征	①应当区别于其他区域的能够反映独特的自然风貌或具有独特的历史文化特色的比较集中的景观； ②应当具有观赏、文化或科学价值，是这些价值和功能的综合体； ③应当具备游览和进行科学文化活动的多重功能，对风景名胜区的保护，是基于其价值可为人们所利用，可以用来进行旅游开发、游览观光以及科学研究等活动
特点	①风景名胜区是由各级人民政府审核批准后命名的； ②相对于地质公园、森林公园，风景名胜区管理依据的法律地位较高； ③相对于自然保护区，风景名胜区具有提供社会公众的游览、休憩功能，具有较强的旅游属性
分类	风景名胜区按用地规模可分为： ① 小型风景区（20km² 以下）； ② 中型风景区（21～100km²）； ③ 大型风景区（101～500km²）； ④ 特大型风景区（500km² 以上）。 风景名胜区按照其资源的主要特征分为 14 类：

内容	说明
分类	① 历史圣地类，指中华文明始祖遗存集中或重要活动，以及中华文明形成和发展关系密切的风景名胜区，不包括一般的名人或宗教胜迹； ② 山岳类，以山岳地貌为主要特征的风景名胜区，具有较高生态价值和观赏价值； ③ 岩洞类，包括溶蚀、侵蚀、塌陷等成因形成的岩石洞穴； ④ 江河类，含自然河流和人工河流，季节性河流、峡谷、运河等； ⑤ 湖泊类，以宽阔水面为主要特征，天然湖泊、人工湖泊均可； ⑥ 海滨海岛类，以海滨地貌为风景名胜区的主要特征，可以包括海滨基岩、岬角、沙滩、滩涂、泻湖和海岛岩礁等； ⑦ 特殊地貌类，包括火山熔岩、热田汽泉、沙漠碛滩、蚀余景观、地质珍迹、草原、戈壁等地貌； ⑧ 城市风景类，位于城市边缘，兼有城市公园绿地、日常休闲、娱乐功能的风景名胜区； ⑨ 生物景观类，指以生物景观为主要特征； ⑩ 壁画石窟类，以古代石窟造像、壁画、岩画为主要特征； ⑪ 纪念地类，名人故居、军事遗址、遗迹为主要特征； ⑫ 陵寝类，以帝王、名人陵寝为主要内容，风景名胜区包括陵区的地上、地下文物和文化遗存，以及陵区环境； ⑬ 民俗风情类，以传统民居、民俗风情和特色物产为主要特征； ⑭ 其他类，未包括在上述类别中的

2. 《风景名胜区总体规划标准》GB/T 50298—2018 中风景名胜资源分类

风景名胜资源应进行分类筛选。

风景名胜区资源分类

大类	中类	小类	大类	中类	小类
自然景源	天景	① 日月星光 ② 虹霞蜃景 ③ 风雨阴晴 ④ 气候景象 ⑤ 自然声象 ⑥ 云雾景观 ⑦ 冰雪霜露 ⑧ 其他天景	自然景源	水景	① 泉井 ② 溪流 ③ 江河 ④ 湖泊 ⑤ 潭池 ⑥ 瀑布跌水 ⑦ 沼泽滩涂 ⑧ 海湾海域 ⑨ 冰雪冰川 ⑩ 其他水景
	地景	① 大尺度山地 ② 山景 ③ 奇峰 ④ 峡谷 ⑤ 洞府 ⑥ 石林石景 ⑦ 沙景沙漠 ⑧ 火山熔岩 ⑨ 土林雅丹 ⑩ 洲岛屿礁 ⑪ 海岸景观 ⑫ 海底地形 ⑬ 地质珍迹 ⑭ 其他地景		生景	① 森林 ② 草地草原 ③ 古树名木 ④ 珍稀生物 ⑤ 植物生态类群 ⑥ 动物群栖息地 ⑦ 物候季相景观 ⑧ 其他生物景观

大类	中类	小类	大类	中类	小类
人文景源	园景	① 历史名园 ② 现代公园 ③ 植物园 ④ 动物园 ⑤ 庭宅花园 ⑥ 专类游园 ⑦ 陵坛墓园 ⑧ 游娱文体园区 ⑨ 其他园景	人文景源	胜迹	① 遗址遗迹 ② 摩崖题刻 ③ 石窟 ④ 雕塑 ⑤ 纪念地 ⑥ 科技工程 ⑦ 古墓葬 ⑧ 其他胜迹
	建筑	① 风景建筑 ② 民居宗祠 ③ 宗教建筑 ④ 宫殿衙署 ⑤ 纪念建筑 ⑥ 文娱建筑 ⑦ 商业建筑 ⑧ 工交建筑 ⑨ 工程构筑物 ⑩ 特色村寨 ⑪ 特色街区 ⑫ 其他建筑		风物	① 节假庆典 ② 民族民俗 ③ 宗教礼仪 ④ 神话传说 ⑤ 民间文艺 ⑥ 地方人物 ⑦ 地方物产 ⑧ 民间技艺 ⑨ 其他风物

知识点2　风景名胜区规划的任务 【★★★】

风景名胜区规划是为了实现风景名胜区的发展目标而制定的一定时期内的系统性的优化行动计划的决策过程。它决定风景名胜区诸如性质、特征、作用、价值、利用目的、开发方针、保护范围、规模容量、景区划分、功能分区、游览组织、工程技术、管理措施和投资效益等重大问题的对策；提出正确处理保护与使用、远期与近期、整体与局部、技术与艺术等关系的方法以达到风景区与外界有关的各项事业协调发展的目的。

风景区规划是驾驭整个风景区保护、建设、管理、发展的依据和手段，是在一定空间和时间范围内对各种规划要素的系统分析和安排，这种综合与协调职能，涉及所在地的资源、环境、历史、现状、经济社会发展态势等广泛领域。

风景名胜区规划是切实地保护、合理地开发建设和科学地管理风景名胜区的综合部署，是风景名胜区保护、建设和管理工作的依据。

其他主要规划类型

知识点 3　风景名胜区规划的基本内容　【★★★】

风景名胜区规划的基本内容

类型	说明
风景名胜区总体规划	风景名胜区总体规划应当包括下列内容：风景资源评价；生态资源保护措施、重大建设项目布局、开发利用强度；风景名胜区的功能结构和空间布局；禁止开发和限制开发的范围；风景名胜区的游客容量；有关专项规划。其中包括： ① 保护培育规划； ② 风景游赏规划； ③ 典型景观规划； ④ 游览解说系统规划； ⑤ 旅游服务设施规划； ⑥ 道路交通规划； ⑦ 综合防灾避险规划； ⑧ 基础工程规划； ⑨ 居民社会调控规划； ⑩ 经济发展引导规划； ⑪ 土地利用协调规划； ⑫ 分期发展规划。 **风景名胜区总体规划成果包括：** ① 规划文本； ② 规划说明书； ③ 规划图纸； ④ 基础资料汇编
风景名胜区详细规划	① 风景名胜区详细规划编制应当依据总体规划确定的要求，对详细规划地段的景观与生态资源进行评价与分析，对风景游览组织、旅游服务设施安排、生态保护和植物景观培育、建设项目控制、土地使用性质与规模、基础工程建设安排等作出明确要求与规定，能够直接用于具体操作与项目实施。 ② 详细规划的核心问题是要正确地对总体规划的思路和要求加以具体地体现。其编制工作是总体规划的编制的延续。编制详细规划要直接利用总体规划的各种基础资料，并从中研究和提取与详细规划直接相关的资料内容。另外，除一些基本统一的规划内容要求外，有些风景名胜区涉及防震、防洪、人防、消防、供热、供气等工程项目，可以根据实际需要，补充增加相应的专项规划内容。 ③ 风景名胜区详细规划不一定要对整个风景名胜区规划的范围进行全面覆盖，但是风景名胜区总体规划确定的核心景区、重要景区和功能区、重点开发建设地区以及其他需要进行严格保护或需要编制控制性、修建性详细规划的区域，必须依照国家有关规定与要求编制

知识点 4　风景名胜区规划其他要求　【★★★】

风景名胜区规划其他要求

要求	内容
编制主体	① 国家级风景名胜区规划编制的主体是由所在省、自治区人民政府建设主管部门或者直辖市人民政府风景名胜区主管部门组织编制。 ② 省级风景名胜区规划编制主体是由所在地县级人民政府组织编制

要求	内容
编制单位资质	编制风景名胜区规划的编制单位必须具备相应的资质要求，即《国务院对确需保留的行政审批项目设定行政许可的决定》中规定的城市规划编制单位资质，包括甲级、乙级、丙级。 ① 依照建设部发布的《国家重点风景名胜区规划编制审批管理办法》和《国家重点风景名胜区总体规划编制报批管理规定》，国家级风景名胜区的规划编制要求具备甲级规划编制资质单位承担。 ② 省级风景名胜区的规划编制只要求具备规划设计资质，但并没有明确其资格等级。但一般应由具备乙级以上（甲级或乙级）规划编制资质的单位承担
编制依据	编制风景名胜区的法律、法规和技术规范依据主要有： ①《中华人民共和国城乡规划法》； ②《中华人民共和国文物保护法》； ③《中华人民共和国土地管理法》； ④《中华人民共和国环境保护法》； ⑤《中华人民共和国环境影响评价法》； ⑥《中华人民共和国森林法》； ⑦《中华人民共和国海洋环境保护法》； ⑧《中华人民共和国水土保持法》； ⑨《中华人民共和国水污染防治法》； ⑩《风景名胜区条例》； ⑪《中华人民共和国自然保护区条例》； ⑫《宗教事务条例》； ⑬《风景名胜区总体规划标准》GB/T 50298—2018； ⑭《国家重点风景名胜区规划编制审批管理办法》； ⑮《国家重点风景名胜区总体规划编制报批管理规定》； ⑯《保护世界文化和自然文化遗产公约》（简称《世界遗产公约》）； ⑰《实施世界遗产公约操作指南》； ⑱《生物多样性公约》； ⑲《关于特别是作为水禽栖息地的国际重要湿地公约》（简称《湿地公约》）
审查审批	**国家级风景名胜区规划的审查审批** ① 国家级风景名胜区总体规划编制完成后，应征求发展和改革、国土、水利、环保、林业、旅游、文物、宗教等省有关部门以及专家和公众的意见，作为进一步修改完善的依据。修改完善后，报省、自治区、直辖市人民政府审查，经审查通过后，由省、自治区、直辖市人民政府报国务院审批。 ② 国家级风景名胜区详细规划编制完成后，由省、自治区级人民政府建设主管部门或直辖市风景名胜区主管部门组织专家对规划内容进行评审，提出评审意见。修改完善后，再由省、自治区级人民政府建设主管部门或直辖市风景名胜区主管部门报国务院建设主管部门审批 **省级风景名胜区规划的审查审批** ① 省级风景名胜区总体规划编制完成后，应参照国家级风景名胜区总体规划的审查程序进行审查审批，具体办法由各地自行制定。 ② 省级风景名胜区详细规划编制完成后，由县级（或县级以上）人民政府组织专家对规划内容进行评审，提出评审意见。修改完善后，再由县级（或县级以上）人民政府报省、自治区级人民政府建设主管部门或直辖市风景名胜区主管部门审批

其他主要规划类型

353

要求		内容
修改和修编	修改	① 经批准的风景名胜区规划具有法律效力、强制性和严肃性，不得擅自改变。 ② 风景名胜区总体规划确需修改的，凡涉及范围、性质、保护目标、生态资源保护措施、重大建设项目布局、开发利用强度以及功能结构、空间布局、游客容量等重要内容的，应当将修改后的风景名胜区总体规划报原审批机关批准后，方可实施。 ③ 风景名胜区详细规划确需修改的，也应当按照有关审批程序，报原审批机关批准
	修编	风景名胜区总体规划期届满两年，规划组织编制单位应组织专家对规划实施情况进行评估。规划修编工作应当在原规划有效期截止之日前完成总体规划的编制报批工作。因特殊情况，原规划期限到期后，新规划未获得批准的，原规划继续有效
禁止行为		编制国家级风景名胜区规划，不得在核心景区内安排下列项目、设施或者建筑物： ① **索道、缆车、铁路、水库、高等级公路等重大建设工程项目；** ② **宾馆、招待所、培训中心、疗养院等住宿疗养设施；** ③ **大型文化、体育和游乐设施；** ④ **其他与核心景区资源、生态和景观保护无关的项目、设施或者建筑物**

真题演练

2023-053 下列风景名胜资源分类中，不属于胜迹类人文景源的是(　　)。

A. 洞府
B. 陵坛墓园
C. 摩崖题刻
D. 古树名木

【答案】D

【解析】根据《风景名胜区总体规划标准》GB/T 50298—2018，胜迹类人文景源主要是指以自然形成的独特、稀有或绝妙的自然现象、地貌或具有罕见自然美的地带地物类景观，或以人工形成的名胜古迹类、名人故居、军事和其他历史事件遗迹、遗址为核心风景资源的风景名胜区。故符合题意的是 D。

2020-056 （法规科目）根据《风景名胜区总体规划标准》，风景区按用地规模可分为小型风景区、中型风景区、大型风景区和特大型风景区，特大型风景区的用地规模为 (　　) km²以上。

A. 200
B. 300
C. 400
D. 500

【答案】D

【解析】根据《风景名胜区总体规划标准》GB/T 50298—2018 第 3.0.1 条，风景区按用地规模可分为小型风景区（20km²以下）、中型风景区（21～100km²）、大型风景区（101～500km²）、特大型风景区（500km²以上）。故选 D。

板块 3 城市设计

历年考频

名称	2019 年	2020 年	2021 年	2022 年	2023 年	2024 年
城市设计	7	4	5	3	3	4

知识点 1 城市设计基本概念 【★★★】

1. 基本概念

城市设计不同于城市规划和建筑设计，它可以广义地理解为对物质要素，诸如地形、水体、房屋、道路、广场及绿地等进行综合设计，包括使用功能、工程技术及空间环境的艺术处理。

2. 城市设计与城市规划

（1）古代城市设计与城市规划的关系

工业革命以前，城市规划和城市设计基本上相同，并附属于建筑学。

（2）现代城市规划与城市设计的形成

18 世纪工业革命以后，现代城市规划学科逐渐发展成为一门独立的学科。现代城市规划在发展的初期包含了城市设计的内容，经过多年的努力和探索，现代城市规划逐渐发展成为一个成熟的学科，研究领域进一步扩大，从物质形态发展到了人口、交通、环境、社会、经济等复合性社会问题。

20 世纪 60 年代起，在新的城市问题不断产生的情况下，为了恢复对基本环境问题的重视，美国再次提出了城市设计问题。到了 20 世纪 70 年代，城市设计已经作为一个单独的研究领域在世界范围内确立起来。

（3）城市设计在我国城市规划体系中的位置

在我国城市规划体系中，城市设计依附于城市规划体制，主要是作为一种技术方法而存在；我国的城市规划界认为，在编制城市规划的各个阶段，都可以运用城市设计的手法，综合考虑自然环境、人文环境和居民生产、生活的需求，对城市环境作出统一规划，提高城市环境质量、生活质量和城市景观的艺术水平。

> **拓展**
>
> 现代城市设计的概念是从西方城市美化运动起源的。

知识点 2 城市设计在城市规划中的位置与作用 【★★★★】

1. 城市设计在城市规划中的位置

作为传统城市规划和设计的延伸，现代城市设计经历了与城市规划一起脱离建筑学、现代城市规划学科独立形成、城市设计学科自身发展这一系列过程。城市设计是一门正在完善和发展中的研究领域，它有其相对的独立的基本原理和理论方法。城市设计与城市规划都具有整体性和综合性的特点，而且都是多学科交叉的领域，两者的研究对象、基本目标和指导思想也基本一致。从规划实施的角度出发，城市设计是城市规划的组成部分，从城市规划和开发的一开始就要考虑城市设计问题。在具体的城市设计工作中，建筑师比较注重最终物质形式的结果，而规划师大多从城市发展过程的角度看待问题，城市设计师介乎这双重身份之间，城市设计的实践则介乎建筑设计与城市规划之间。

2. 城市设计在城市规划中的作用

城市建设常在城市规划、建筑设计及其他工程设计之间缺乏衔接环节，这导致城市体形空间环境的不良，这个环节就需要做城市设计。城市设计有承上启下的作用，从城市空间总体构图引导项目设计。城市设计的重要作用还表现在为人类创造更亲切美好的人工与自然结合的城市生活空间环境，促进人的居住文明和精神文明的提高。

知识点 3 城市设计的基本理论和方法 【★★★★】

1. 城市设计主要理论的发展过程

城市设计主要理论的发展

发展阶段	主要代表	观点
强调建筑与空间的视觉质量	卡米洛·西谛	呼吁城市建设者向过去丰富而自然的城镇形态学习，他对城镇建设的基本规律进行了生动的探讨，尤其仔细研究了古代优秀的公共广场和建筑物的形式特征及相互关系，在近代历史上首次明确表述空间设计的艺术原则。他理想中美丽而有机的城镇具有以下基本特征： ① 城镇建设自由灵活、不拘程式； ② 城镇应通过建筑物与广场、环境之间恰当的相互协调，形成和谐统一的有机体； ③ 广场和街道应构成有机的围合空间
	戈登·库仑等	① 认为视觉组合在城镇景观中应处于绝对支配地位。 ② 他用图画来捕捉经过空间时运动的感觉，有效地解释了城镇空间的复杂层次。 ③ 他用艺术家对画面的感觉研究了穿过空间的序列流动性，通过对比例转换的透视序列，强调了三维视觉的作用，提供了设计和评价的方法，提出了景观序列观念
	埃德蒙·N. 培根	城市设计的目的就是通过纪念性要素构成城市的脉络结构来满足市民感性的城市体验。因此，他强调城市形态的美学关系和视觉感受，例如建筑物与天空的关系、建筑物与地面的关系、建筑物之间的关系等。 ① 特别注重整体性原则。城市应建立起有机的系统，形成统一整体。 ② 强调空间的重要性，专门讨论了一系列空间问题。形式空间、界定空间、表现空间、空间和时间、空间和运动、建筑与空间等，为现代城市设计拓展了一个重要领域。 ③ 在注重纪念性的城市脉络结构之外，还强调艺术要表现时代与人民的生活

发展阶段	主要代表	观点
强调建筑与空间的视觉质量	以阿尔多·罗西、罗伯·克里尔和里昂·克里尔为代表	代表的新理性主义倡导重新认识公共空间的重要意义，通过重建城市空间秩序来整顿现代城市的面貌。 ① 阿尔多·罗西认为经由历史发展起来的各种城市本身已经从类型学的角度为今天的城市提供了方案，实际上各种类型的城市形态不是新的创造，而是以城市本身作为来源，重新应用已有的类型而已。 ② 罗伯·克里尔在《城市空间》一书中收集和定义各种街道、广场，将其视为构成城市空间的基本要素，并称之为"城市空间的形态系列"
与人、空间和行为的社会特征密切相关	埃利尔·沙里宁	① 强调社会环境的重要性，关心城市所表达出的文化气质与精神内涵，提倡物质与精神完整统一的城市设计方法。 ② 沙里宁首先把社会学方面的问题纳入城市设计考虑的范畴。他强调全面的社会调查，以便按照调查的结果来发展城市的物质组织
	十次小组（TEAM10）	① 其设计思想的基本出发点是对人的关怀和对社会的关注。 ② 十次小组认为现代城市是复杂多样的，应该表现为各种流动形态的和谐交织，如建筑群与交通系统有机结合、城市的空中街道网贯通多层的城市结构。 ③ 任何东西都是在旧机体中生长出来的，城市的发展不能推翻重建，而应保持旧有城市的生命韵律，在不破坏原有复杂关系的条件下不断更新。因此，城市的形态必须从生活本身的结构中发展而来，城市和建筑空间是人们行为方式的表现，设计者应该把社会生活引入人们所创造的空间中去
	凯文·林奇	① 1960 年首次出版的《城市意象》成为城市设计领域最为著名的著作之一，其中的城市视觉特征调查分析和社会使用方法是对城市设计的一项开拓性研究。 ② 认知意象要求城市具有可读性和意象性，其构成要素包括路径、边缘、地标、节点和地区，为设计者与使用者的沟通提供了更为明确的依据
	简·雅各布斯	① 研究社会与空间关系，在其著作《美国大城市的死与生》中，她严厉抨击了现代主义者的城市设计基本观念，并宣扬了当代城市设计的理念。 ② 关注街道、步行道和公园的社会功能，强调其作为居民日常活动的容器和社会交往的场所。 ③ 极力推崇城市多样性带来的魅力，呼吁以不同密度和尺度的开发保证城市的多样性和丰富性。 ④ 还从传统街道的自我防卫机制中得到"街道眼"的概念，认为可以通过社区的尺度来加强邻里的安全
	扬·盖尔	在北欧对公共空间的研究产生了广泛的影响，他的著作《交往与空间》从当代社会生活中的室外活动入手研究，对人们如何使用街道、人行道、广场、庭院、公园等公共空间进行了深入调查分析，同时进行社会关系、社会结构、基本尺度等前提研究，进而对城市与小区规划，以及空间、小品、人的活动距离、路线等细部设计进行全面的剖析，研究怎样的建筑和环境设计能够更好地支持社会交往和公共生活，提出户外空间规划设计的有效途径

其他主要规划类型

发展阶段	主要代表	观点
与人、空间和行为的社会特征密切相关	克里斯托弗·亚历山大	① 尊重城市的有机生长，强调使用者参与过程，在《俄勒冈实验》中，基于校园整体形态及不同使用者的功能需求，他提出有机秩序、参与、分片式发展、模式、诊断和协调六个建设原则。 ② 1987 年出版的《城市设计新理论》更加系统地探讨了城市设计的实践方法，指出传统城市之所以令人感动，并不仅因为城市的外部形态，还由于城市自身的有机成长所带来的整体感。 ③ 他提出了一套初步法则，共有七条：渐进发展、较大整体性的发展、构想、积极的城市空间、大型建筑的设计、施工、中心的形成。在《形式合成的纲要》和《城市并非树形》中，亚历山大反思了传统设计哲学只考虑形式，而不考虑内容，忽略了行为与空间之间丰富、多种多样的交错和联系的问题。 ④ 他进一步发展了自己的思想，提出了"模式"概念，每一个建筑和每一个城市都是由空间模式所组成的，而模式必须有所有居民的主动参与才有意义。 ⑤ 1977 年出版的《模式语言》从城镇、邻里、住宅、花园和房间等多种尺度描述了 253 个模式，通过模式的组合，使用者可以创造出很多变化
	威廉·H. 怀特	20 世纪 70 年代对纽约的小型城市广场、公园与其他户外空间的使用情况进行了长达 3 年的观察和研究，在他的著作《小型城市空间的社会生活》中，描述了城市空间质量与城市活动之间的密切关系。事实证明，物质环境的一些小小改观，往往能显著地改善城市空间的使用状况
创造场所	克里斯汀·诺伯格-舒尔茨	在《场所精神》中提出了行为与建筑环境之间应有的内在联系。他认为，城市形式并不仅是一种简单的构图游戏，形式背后蕴含着某种深刻的涵义，每个场景都有一个故事，这涵义与城市的历史、传统、文化、民族等一系列主题密切相关，这些主题赋予了城市空间以丰富的意义，使之成为市民喜爱的"场所"，简而言之，场所是由自然环境和人造环境相结合的有意义的整体。这个整体反映了在某一特定地段中人们的生活方式及其自身的环境特征，因此，场所不仅具有实体空间的形式，而且还有精神上的意义。他还进一步指出，场所的空间特性与风格，取决于围合的形式，而场所的意义则取决于认同感及归属感，场所精神可以通过区位、空间形态和自身的特色表达出来

2. 城市设计目标的探索

关于什么是好的城市设计，在理论探索和实践中，主要有以下几种框架体系。

城市设计目标的探索

纲领性文件	城市设计目标
《经由设计》	① **特征**：场所自身的独特性。 ② **连续与封闭**：场所中公共与私人的部分应该清晰地区别。 ③ **公共领域的质量**：公共空间应该是有吸引力的室外场所。 ④ **通达性**：公共场所应该易于到达并可以穿行。 ⑤ **可识别性**：场所有清晰的意象，且易于认识与熟悉。 ⑥ **适应性**：场所的功能可以比较方便地转化。 ⑦ **多样性**：场所的功能应该富于变化和提供选择

纲领性文件	城市设计目标
《关于美好城市形态的理论》	① **生命力**：衡量场所形态与功能契合的程度，以及满足人的生理需求的能力。 ② **感觉**：场所能被使用者清晰感知并构建于相关时空的程度。 ③ **适宜性**：场所的形态与空间肌理要符合使用者存在和潜在的行为模式。 ④ **可达性**：接触其他的人、活动、资源、服务、信息和场所的能力，包括可接触的要素的质量与多样性。 ⑤ **控制性**：使用场所和在其中工作或居住的人创造、管理可达空间和活动的程度
《城市设计宣言》	① **宜居性**：一座城市应该是所有人都能安居的地方。 ② **可识别性与控制性**：居民应该感受到环境中有"属于"他们的地方，不论那里的产权是否属于他们。 ③ **获得机遇、想象力与欢乐的权利**：居民应该可以在城市中告别过去、面向未来并获得欢乐。 ④ **真实性及意义**：居民应该能够理解他们的城市，包括其基本规划、公共功能和机构及其所能提供的机会。 ⑤ **社区与公众生活**：城市应该鼓励其居民参与社区与公众生活。 ⑥ **城市自给**：城市应该尽可能满足城市发展所需能源和其他稀缺资源的自给。 ⑦ **公共环境**：好的城市环境是所有居民的，每个市民都有权利获得最低程度的环境居住性、可识别性与控制性及发展的机会
《建筑环境共鸣设计》	可达性、多样性、可识别性、活力、视觉适宜性、丰富性、个性化
十条城市设计原则（弗朗西斯·蒂巴尔兹提出）	① 先于建筑考虑场所； ② 虚心学习过去，尊重文脉； ③ 鼓励城镇中的混合使用； ④ 以人的尺度进行设计； ⑤ 鼓励步行自由； ⑥ 满足社区各方的需要，并尊重其意见； ⑦ 建立可识别（易辨认、易熟悉）的环境； ⑧ 进行持久性和适应性强的建设； ⑨ 避免同时发生太大的变化； ⑩ 尽一切可能创造丰富、欢乐和优美的环境
《新都市主义宪章》	① 邻里在用途与人口构成上的多样性； ② 社区应该对步行和机动车交通同样重视； ③ 城市必须由形态明确和普遍易达的公共场所和社区设施所形成； ④ 城市场所应当由反映地方历史、气候、生态和建筑传统的建筑设计和景观设计所构成

其他主要规划类型

3. 城市设计的内容

城市设计的内容

内容	说明
城市形态与空间	城市形态的构成要素主要有**土地用途、建筑形式、地块划分**和**街道类型。** ① **土地用途**是一个相对间接的影响要素，它决定了地块上的建筑功能，土地用途的改变会引起地块的合并或者是细分，甚至是街道类型等一系列的变化。 ② 建筑是城市中街区的主要组成要素，建筑的形体、组合和体量限定了城市中的街道和广场空间。 ③ 地块划分和建筑有一定关联，不同尺度的地块往往对应了不同的建筑类型和形式，地块很少会被细分，地块的合并通常是为了建造更大的建筑，较大的地块甚至占据了整个城市街区。 ④ 街道是城市街区之间的空间，街道的格局往往承载了城市发展的历史信息，街道和街区、地块以及建筑共同反映了城市肌理。 建筑形式的变化是城市空间形态结构变化的一个主要原因，道路网络是城市空间形态变化的另一个主要原因
城市设计中的感知和体验	**城市意象领域的重要著作是凯文·林奇的《城市意象》，通过研究，他发现对城市中区域、地标和路径观察可以被很容易地确定并组成一个完整的图示，产生了一个称为"可意象性"的概念**：即物质环境的一种特性，对任何观察者都很可能唤起强烈的意象。他认为有效的环境意象需要三个特征。 ① **个性**：作为一个独立实体，物体与其他事物的区别。 ② **结构**：与观察者和其他物体的空间联系。 ③ **意义**：物体对于观察者的使用或情感意义
城市设计中的审美和视觉	① **戈登·库仑提出了"景观序列"的概念**，认为城市环境可以从一个运动中的人的视角来设计，对于这个人来说，整个城市变成了一种可塑的体验，一次经历压力和真空的旅行，一系列的开敞与围合、收缩和释放。 ② **室外空间可以分为积极空间和消极空间**。积极空间相对围合，具有明确和独特的形状，而消极空间大多缺乏可以感知的连续边缘或形状，比如**建筑物周围的空地**。虽然积极的城市空间呈现出不同的大小和形状，但**主要有两种类型：街道和广场**
城市设计中的功能问题	① 城市设计中的功能问题，也就是如何使用环境，关系到视觉审美、社会用途和场所营造等其他问题。功能包括公共空间的使用、建筑密度和混合使用、物理环境设计三个方面的问题。 ② **公共空间中的步行活动是体验城市的核心**，也是产生生活和活动的一个重要因素。因此，要设计成功的公共空间，就必须了解和研究人的步行活动方式。根据比尔·希利尔的研究，在城市中的步行活动具有三个元素：出发点、目的地、路径上所经历的一系列空间。在步行过程中，有些路径可能比其他路径更容易产生交流，城市的空间形态、土地用途、视觉渗透性都会影响到这种交流的可能。足够的人口密度常常被认为是活力的前提条件，也是混合使用的先决条件，而这两点都属于城市设计中应当考虑的功能问题

内容	说明
城市设计中的社会问题	① **扬·盖尔把公共空间中的活动分为三类：必要性活动**，这类活动很少受到物质环境的影响，如上班、上学、购物；**可选择性活动**，如果时间和场所允许，而且天气和环境适宜的话，自愿发生的活动，如散步、喝咖啡、观看路人；依赖于公共空间中其他人的存在，如问候和交谈。他认为，在低水平的公共空间中，只有必要性活动发生，而在高质量的公共空间中，更多的选择性和社会性活动才会产生。 ② **简·雅各布斯强调了"街道眼"的监督作用，以及公共空间和私密空间的明确划分，她认为人行道的使用者、邻近建筑中的居民都可以使路人感觉安全。** ③ **奥斯卡·纽曼在《可防御空间》中进一步强调了监督和领域界定的必要性**，他认为邻居间不认识、建筑内部缺乏监视和易于逃离的路线是导致居住社区犯罪率增长的主要因素，而设置具体或象征性的障碍，明确限定其控制区域，提高监督的能力，这几项措施可以使环境处于居民的控制中

4. 城市设计的方法

形体分析方法：视觉秩序分析、图形—背景分析、关联耦合分析。

文脉分析方法：场所结构分析、城市活力分析、认知意识分析、文化生态分析、社区空间分析。

相关线—域面分析法。

城市空间分析技艺：基地分析、心智地图、标志性节点空间影响分析、序列视景分析、空间注记分析、空间分析辅助技术、电脑分析技术。

知识点 4　城市设计的实施　【★★★★】

1.《城市设计管理办法》的颁布与实施

我国经过了多年丰富的城市设计实践，于 2017 年 3 月 14 日颁布，2017 年 6 月 1 日开始实施了《城市设计管理办法》。

《城市设计管理办法》内容

内容	说明
定性	城市设计是落实城市规划、指导建筑设计、塑造城市特色风貌的有效手段，**贯穿于城市规划建设管理全过程**
要求	通过城市设计，从整体平面和立体空间上统筹城市建筑布局、协调城市景观风貌，体现地域特征、民族特色和时代风貌
分类	城市设计分为**总体城市设计**和**重点地区城市设计**
总体城市设计要求	城市风貌特色，保护自然山水格局，优化城市形态格局，明确公共空间体系，并**可与城市（县人民政府所在地建制镇）总体规划一并报批**
重点地区城市设计要求	应当塑造城市风貌特色，注重与山水自然的共生关系，协调市政工程，组织城市公共空间功能，注重建筑空间尺度，提出建筑高度、体量、风格、色彩等控制要求

内容	说明
应编制城市设计的重点地区	① 城市核心区和中心地区； ② 体现城市历史风貌的地区； ③ 新城新区； ④ 重要街道，包括商业街； ⑤ 滨水地区，包括沿河、沿海、沿湖地带； ⑥ 山前地区； ⑦ 其他能够集中体现和塑造城市文化、风貌特色，具有特殊价值的地区
重点地区的城市设计编制内容	① 历史文化街区和历史风貌保护相关控制地区开展城市设计，应当根据相关保护规划和要求，整体安排空间格局，保护延续历史文化，明确新建建筑和改扩建建筑的控制要求。 ② 重要街道、街区开展城市设计，应当根据居民生活和城市公共活动需要，统筹交通组织，合理布置交通设施、市政设施、街道家具，拓展步行活动和绿化空间，提升街道特色和活力。 ③ 城市设计重点地区范围以外地区，可以根据当地实际条件，依据总体城市设计，单独或者结合控制性详细规划等开展城市设计，明确建筑特色、公共空间和景观风貌等方面的要求

2. 城市设计的落实与实施

重点地区城市设计的内容和要求应当纳入控制性详细规划，并落实到控制性详细规划的相关指标中。重点地区的控制性详细规划未体现城市设计内容和要求的，应当及时修改完善。单体建筑设计和景观、市政工程方案设计应当符合城市设计要求。以出让方式提供国有土地使用权，以及在城市、县人民政府所在地建制镇规划区内的大型公共建筑项目，应当将城市设计要求纳入规划条件。

城市、县人民政府城乡规划主管部门负责组织编制本行政区域内总体城市设计、重点地区的城市设计，并报本级人民政府审批。

拓展——编制审批时间

根据《城市设计管理办法》：

第十三条，编制城市设计时，组织编制机关应当通过座谈、论证、网络等多种形式及渠道，广泛征求专家和公众意见。审批前应依法进行公示，公示时间不少于30日。

城市设计成果应当自批准之日起20个工作日内，通过政府信息网站以及当地主要新闻媒体予以公布。

其他主要规划类型

知识点 5 《国土空间规划城市设计指南》 TD/T 1065—2021 要点 【★★★★】

1. 总则

(1) 城市设计方法在国土空间规划中的运用类型

总体规划中城市设计方法的运用、详细规划中城市设计方法的运用、专项规划中城市设计方法的运用、用途管制中的城市设计要求。

(2) 城市设计方法在国土空间规划中的运用原则

1) **整体统筹**。从人与山水林田湖草沙生命共同体的整体视角出发，坚持区域协同、陆海统筹、城乡融合，协调生态、生产和生活空间，系统改善人与环境的关系。

2) **以人为本**。坚持以人民为中心，满足公众对于国土空间的认知、审美、体验和使用需求，不断提升人民群众的安全感、获得感和幸福感。

3) **因地制宜**。尊重地域特点，延续历史脉络，结合时代特征，充分考虑自然条件、历史人文和建设现状，营建有特色的城市空间。

4) **问题导向**。分析城市功能、空间形态、风貌与品质方面存在的主要问题，从目标定位、空间组织、实施机制等方面提出解决方案和实施措施。

(3) 城市设计方法在国土空间规划中的运用基本要求

充分了解公众需求，践行公众参与，体现公众意愿。明确表达城市设计的意图与管控要求，简洁明了，便于规划管理和实施。通过形象易懂的**图、文、表格、三维模型、视频**等方式进行交流展示。

2. 总体规划中城市设计方法的运用

总体规划中城市设计方法的运用

层面	内容
跨区域层面	在都市圈、城镇群层面运用城市设计思维，加强对大尺度自然山水、历史文化等方面的研究，协同构建自然与人文并重、生产生活生态空间相融合的国土空间开发保护格局。 ① **优化重大设施选址及重要管控边界确定**。综合考虑自然地理特征、历史文化要素对重大设施选址、重要管控边界确定的影响，统筹开展选址与边界确定工作。 ② **提出自然山水环境保护开发的整体要求**。结合自然山水环境特征，构建大尺度开放空间系统，提出跨区域山脉、水系等空间类型的框架性导控要求。 ③ **提出历史文化要素的保护与发展要求**。识别历史文化要素特征，明确区域历史文化脉络，提出区域历史文化聚集地、历史遗存遗迹、重要景观节点等空间类型的框架性导控要求。 ④ **形成共识性的设计规则和协同行动方案**。根据区域空间组织与空间营造特点，拟定需要共同遵守的空间设计规则，汇集各地区的相关诉求，凝聚共识，建立协同行动的机制
乡村层面	在乡村层面应体现尊重自然、传承文化、以人为本的理念，保护乡村自然本底，营造富有地域特色的"田水路林村"景观格局，传承空间基因，延续当地空间特色，运用本土化材料，展现独特的村庄建设风貌，忌简单套用城市空间的设计手法

层面	内容
市（县）域层面	在市（县）域层面运用城市设计方法，强化生态、农业和城镇空间的全域全要素整体统筹，优化市（县）域的整体空间秩序。 ① 统筹整体空间格局。落实宏观规划中自然山水环境与历史文化要素方面的相关要求，协调城镇乡村与山水林田湖草沙的整体空间关系，对优化空间结构和空间形态提出框架性导控建议。 ② 提出大尺度开放空间的导控要求。梳理并划定市县全域尺度开放空间，结合形态与功能对结构性绿地、水体等提出布局建议，辅助规划形成组织有序、结构清晰、功能完善的绿色开放空间网络。 ③ 明确全域全要素的空间特色。根据市（县）域自然山水、历史文化、都市发展等资源禀赋，结合规划明确的市（县）性质、发展定位、功能布局、制约条件，并结合公众意愿等，总结市（县）域整体特色风貌，提出需重点保护的特色空间、特色要素及其框架性导控要求
中心城区层面	在中心城区层面运用城市设计方法，整体统筹、协调各类空间资源的布局与利用，合理组织开放空间体系与特色景观风貌系统，提升城市空间品质与活力，分区分级提出城市形态导控要求。 ① 确立城市空间特色。细化落实宏观规划中关于城市特色的相关要求，明确自然环境、历史人文等特色内容在城市空间中的落位。对城市中心、空间轴带和功能布局等内容分别进行梳理，确定城市特色空间结构并提出城市功能布局优化建议，对城市特色空间提出结构性导控要求。 ② 提出空间秩序的框架。明确重要视线廊道及其导控要求，对城市高度、街区尺度、城市天际线、城市色彩等内容进行有序组织，并提出结构性导控要求。 ③ 明确开放空间与设施品质提升措施。组织多层级、多类型的开放空间体系及其联系脉络，提出拟采取的规划政策和管控措施，提升公共服务设施及市政基础设施的集约复合性与美观实用性。 ④ 划定城市设计重点控制区。根据城市空间结构、特色风貌等影响因素，划定城市设计一般控制区和重点控制区。在有条件的市（县）中心城区可对重点控制区进一步进行精细化设计
总体规划中的城市设计成果内容	① 跨区域层面。规划成果包括但不限定于：区域层面山水—城镇的总体格局、区域绿色开放空间体系导控图、历史文化空间体系导控图，自然山水环境与历史文化等方面要素的相关空间组织要求。 ② 乡村层面。可因地制宜、根据实际需要确定。 ③ 市（县）域层面。规划成果包括但不限定于：市（县）域特色空间结构导控图、市（县）域绿色开放空间体系导控图、市（县）域特色空间体系导控图。 ④ 中心城区层面。规划成果包括但不限定于：特色空间结构导控图、城市高度分区导控图、开放空间体系导控图、城市设计重点控制区导控图

其他主要规划类型

3. 详细规划中城市设计方法的运用

（1）城市一般片区

城市一般片区应落实总体规划中的各项设计要求，通过三维形态模拟等方式，进一步统筹优化片区的功能布局和空间结构，明确景观风貌、公共空间、建筑形态等方面的设计要求，营造健康、舒适、便利的人居环境。统筹优化片区的功能布局和空间结构，明确景观风貌、公共空间、建筑形态等方面的设计要求，营造健康、舒适、便利的人居环境。

1）**打造人性化的公共空间。**结合自然山水、历史人文、公共设施等资源，优化片区公共空间系统，明确广场、公园绿地、滨水空间等重要开敞空间的位置、范围和设计要求。重点组织慢行系统、游览线路等公共活动通道，打造开放舒适、生态宜人的行为场所体系。

2）**营造清晰有序的空间秩序。**合理确定地块建筑高度、密度和开发强度，对重要地块进行细化控制引导。组织建筑群落关系，强化空间艺术性，形成建筑群体的整体特征，谨慎处理高层高密度住宅与新建超高层建筑的外部空间形态组织。对重要街道的沿街立面、建筑退线、底层功能与形态、立面与檐口等提出较为详细的导控要求。

（2）重点控制区

重点控制区是影响城市风貌的重点区域，应在满足城市一般片区设计要求的基础上，更加关注其特殊条件和核心问题，通过精细化设计手段，打造具有更高品质的城市地区。结合不同片区功能提出建筑体量、界面、风格、色彩、第五立面、天际线等要素的设计原则，塑造凸显地域特色的城市风貌；从人的体验和需求出发，深化研究各类公共空间的规模尺度与空间形态，营造以人为本、充满魅力的景观环境。兼具多种特殊条件的重点控制区，应统筹考虑各类设计导控要求，采用协同式方法，实现综合价值的最优化。

1）**对城市结构框架有重要影响作用的区域。**如城市门户、城市中心区、重要轴线、节点等。建立与城市整体框架相衔接的空间结构与形态；在设施布局、公共空间、路网密度、街道尺度、建筑高度、开发强度等方面进行详细设计，使空间秩序与区位特征相匹配。

2）**具有特殊重要属性的功能片区。**如交通枢纽区、商务中心区、产业园区核心区、教育园区等。强化与周边组团的区域联动，合理进行业态布局引导；强调土地的多元混合、高效使用、弹性预留；注重核心区域公共空间系统建设和场所营造，鼓励地上地下综合开发、一体化设计；加强对外交通与片区内部交通的接驳和流线的组织。

3）**城市重要开敞空间。**如山前地区、滨水地区、重要公园与广场、生态廊道等。优先识别和保护特色自然资源，延续特色景观风貌的本土原真性；保护延续空间整体格局，营造适宜的空间肌理、建构筑物尺度与形态；通过对特色要素与重要界面的塑造，提升开敞空间活力，营造富有特色、充满魅力的景观风貌。

4）**城市重要历史文化区域。**如历史风貌与文化遗产保护区、传统历史街区、老城复兴区、工业遗产等。细化梳理各类历史文化资源特征，延续城市文脉；加强对周边控制地带的建设高度、建筑风貌的设计导控，形成良好的文化衔接，防止大拆大建。

5）**具体设计方法和注意事项如下。**

① 城市中心区：**以紧凑高效发展、提升公共活力、彰显空间特色为主要设计目标。**明确中心区的职能定位，鼓励功能混合与空间高效紧凑利用。构建以人为本、富有特色的公共空间系统。加强建筑高度、形体和界面的设计引导，鼓励建筑底层与街道空间的互动。建立功能与交通组织的有机联系，充分利用地下空间进行建设。

② 交通枢纽区：**以提升换乘效率、促进站城融合、提升城市形象为主要设计目标。**提倡公交与步行优先，整合地上地下空间，合理组织交通流线和换乘设施。紧凑布局枢纽周边的街区和建筑群体，鼓励功能混合和空间复合利用。对枢纽建筑单体、站前空间界面、视线通廊等提出控制引导要求。

③ 商务中心区：**以紧凑高效发展、提升公共活力、彰显空间特色为主要设计目标。**科学确定开发建设容量，实现空间高效紧凑利用，为未来发展预留弹性，鼓励功能与业态混合。构建多基面公共空间系统和立体交通网络，构建连续便捷的慢行系统。落实建筑高度细分，明确塔楼等标志性建筑物布局，强化重要城市界面塑造，设置景观节点与公共艺术。

④ 产业园区核心区：**以引领带动产业园区高品质开发为主要设计目标。**尊重自然生态本底，注重空间布局与自然生态的有机融合。充分对接产业发展和人的诉求，优化产业空间布局，营造便于交往的公共空间。明确特色空间结构，优化公共空间体系，提出整体高度控制分区。充分挖掘地域自然环境、历史人文特色，加强对城市风貌的设计指引，注重重要界面、标志性景观的塑造。

⑤ 山前地区：**以保护自然山体、合理利用景观资源为主要设计目标。**山前地区宜采用有机松散、分片集中的布局，同时进行水平和垂直的双向建设管控。强调建筑天际轮廓线与山脊线的协调、慢行风景道与沿山开敞空间的融合，形成丰富多样、步移景异的山地景观序列。

⑥ 滨水地区：**以塑造特色滨水空间、提升空间活力为主要设计目标。**空间布局和场地设计宜减少对水岸、山地、植被等原生地形地貌的破坏。合理布局各类设施，提升滨水活力。**重点对滨水建筑界面、高度、公共空间、视线通廊等提出导控要求**，实现城市空间与滨水景观的融合、渗透。

⑦ 历史风貌与文化遗产保护区：**以传承文脉、激发活力、有机更新为主要设计目标。**严格遵循保护规划的要求，深入挖掘历史内涵，加强整体格局的保护及历史资源的活化、展示与体验，提升片区活力。鼓励建筑风格的新旧和谐对话，明确新建和改扩建的建（构）筑物的高度、体量、肌理、风格、色彩、材质等具体控制引导要求，建立设计负面清单。

⑧ 老城复兴区：**以重塑活力、改善民生为主要设计目标。**深入挖掘旧城特色资源，突出地方文化特色。注重整体空间格局的保护以及存量低效用地的更新带动，焕发地区活力。织补旧城公共空间网络，通过渐进式的更新改造，实现旧城空间品质的整体提升。

（3）详细规划中的城市设计成果内容

1）城市一般片区。规划成果包括但不限定于：现状特色资源分布图、公共空间系统图、空间形态控制图，与图纸匹配的文本内容应一并纳入。

2）重点控制区。在城市一般片区设计成果基础上，重点对特色空间、景观风貌、开放空间、交通组织、建筑布局、建筑色彩、第五立面、天际线等内容进一步开展详细设计或专项设计，必要时可附加城市设计图则和其他需要特别控制的要素系统图，与图纸匹配的文本内容应一并纳入。

4. 专项规划中城市设计方法的运用

在专项规划中要充分运用城市设计思维，**在选址、选线过程**中不能仅考虑便利与造价等工程因素，还应考虑融合自然、保护人文及美学要求；在设施建设中应有相关设计指引，不仅满足设施的基本功能要求，还应**考虑美观、隐蔽与结合自然；近人尺度的设施建设也应兼顾考虑人的活动行为。**具体运用要点如下。

特殊地域类专项规划城市设计方法运用要点

类型	运用要点
自然保护地专项规划	① 以风景道串联历史人文节点，打造自然与人文相融合的风景序列； ② 注重自然保护地与周边的城镇空间、农业空间之间的界面塑造与衔接； ③ 严格控制建设项目规模，并对其提出设计指引
海岸带专项规划	① 从自然和谐、空间特色和人文体验视角协同确定区域内建设用地的空间布局； ② 加强滨海风貌的分段导控，明确各段风貌控制要求； ③ 建设项目不宜对海岸线产生大面积遮挡； ④ 注重保护山、树和礁石等自然山体背景轮廓，塑造疏密有致、高低起伏的滨海轮廓线； ⑤ 注重滨海慢行道、公共活动节点以及必要的休闲服务设施的建设，形成活力开放的滨海公共空间
环湖沿江地带专项规划	① 加强环湖沿江地带的分段导控，明确各段风貌控制要求； ② 对于城镇边界与江湖交接的生态边缘地区宜进行灵活的小聚落式轻开发，并加强建筑与景观风貌控制； ③ 在滨湖沿江地区规划连续多样的慢行风景道，串联生态空间和景观节点
沿山地带专项规划	① 加强沿山地带特色风景廊道和重要景观节点的塑造与系统联通； ② 沿山地带建设空间宜采用有机松散、分片集中的布局结构； ③ 注重沿山地区建筑风貌、高度和视廊控制，做到显山透绿

特定领域类专项规划城市设计方法运用要点

类型	运用要点
综合交通体系专项规划	① 选址和线路选择应避免对自然山体、湖泊和人文景观资源的扰动和破坏，避免削山填湖； ② 避免公路、铁轨等工程设施对城市生态环境的分隔和负面视觉影响； ③ 路权划分需注重空间体验，体现公共属性
生态绿地系统专项规划	① 在严守生态保护红线的基础上，提升绿色空间活力； ② 注重绿地空间与开发界面的融合，协调周边风貌； ③ 加强对生态绿地系统的特色景观引导
历史文化保护类专项规划	① 从城市设计角度，综合视廊、天际线等要素协同划定保护范围、建设控制地带等各类保护控制区域； ② 注重对历史街区、历史建筑等保护要素的活力激发； ③ 加强对过渡区域的设计引导
公共服务设施专项规划	① 公共服务设施的布局在满足功能性要求的基础上，统筹考虑城市场所营造、城市风貌、特色格局、开敞空间等的城市设计要求； ② 提升公共服务设施的公共审美价值
地下空间专项规划	① 加强地下空间与地上空间的一体化衔接； ② 注重地下空间的体验感受和特色塑造

类型	运用要点
市政基础设施专项规划	① 市政基础设施的地面构筑物应强调与城市环境相协调； ② 注意电力走廊等大型线性设施在国土空间中的视觉影响； ③ 提升变电站、泵站和垃圾站等小型市政设施的外观品质
生态修复与国土空间整治专项规划	① 注重受损生态空间的修复与地域景观、城市风貌的融合； ② 将生态修复与人的使用相结合，提高生态修复空间的人文属性，激发空间活力； ③ 国土空间整治中注重农业设施建设与农业景观的协调，形成具有地域特色的农耕大地景观

5. 用途管制中的城市设计要求

（1）生态、农业空间中的注意事项

依据总体规划、详细规划和专项规划，在用途管制中处理好生态、农业和城镇的空间关系，注重生态景观、地形地貌保护、农田景观塑造、绿色开放空间与活动场所以及人工建设协调等内容。

（2）从城市设计角度研究建设项目规划选址的合理性

依据上位规划和设计，可从空间形态、风貌协调性和功能适宜性等角度提出建设项目准入条件和建设项目选址引导，为建设项目用地预审和选址提供决策依据。对空间形态重点管控区用地提出建设项目准入条件和景观风貌注意事项。为城市重要公共建筑、标志性建构筑物等重要建设项目选址提供引导和参考。

（3）在特殊地块开展城市设计的精细化研究

有特殊要求的地块，可在遵守详细规划的前提下，结合发展意愿、产业布局、用地权属、空间影响性、利害关系人意见等，开展编制面向实施的精细化城市设计，提出建筑和环境景观设计条件。

（4）规划许可中的城市设计内容

规划许可中的城市设计内容宜包括界面、高度、公共空间、交通组织、地下空间、建筑引导、环境设施等，必要时可附加城市设计图则。

6. 工作方法与成果形式

（1）工作方法

1）信息采集与数据管理。在掌握上位及相关规划设计基础上，采取科学合理方式，收集历史文化、生态、产业、交通、市政等相关专项资料。鼓励基于大数据分析手段和 BIM、CIM 等数字集成技术获取空间现状、使用习惯、人群需求、城市意象等各类高精度、高时效性的基础数据。

2）认知分析与方案制定。从因地制宜、以人为本的角度出发，积极运用数据处理、模拟仿真等先进技术，综合分析各项基础信息，进行设计方案的合理推演和比对，同时重视各相关方的意见征求和协商，形成科学合理、适应当地、凝聚共识的设计方案和结论，以求提高方案的可实施性和稳定性。

3）监管监测与公众参与。根据地方实际，通过座谈调研、图件公示、媒体宣传、城市管理信息化平台等方式建立部门审查监管、公众参与和监督的平台，直观展示现状与规划成果信息。鼓励探索自动化分析和数字化审查等技术，促进提高国土空间精治、共治、法治水平。

其他主要规划类型

（2）成果形式

城市设计的成果一般包括文本、图件，鼓励采用实体模型、数字化模型、多媒体等更为直观、高效的表达形式，可纳入各级政府的相关政策、标准、规则及数字化规划管理平台等。

国土空间规划中的城市设计成果内容需满足相应国土空间规划的成果要求，其他内容可根据现实条件及工作需求，灵活采用多种形式，以更好地展示城市设计成果，便于规划建设管理人员使用和公众监督。

真题演练

2023-075 在城市设计与场所营造中，场所的意义在于（　　）。

A. 自然与人工环境　　　　　　　B. 风格与空间特性

C. 围合感与安全感　　　　　　　D. 认同感与归属感

【答案】D

【解析】克里斯汀·诺伯格-舒尔茨在《场所精神》中提出，场所的意义取决于认同感和归属感。场所精神可以通过区位、空间形态和自身特色表达出来。故符合题意的选项是D。

2023-076 下列现代城市设计基本方法中，属于物质—形体分析方法的是（　　）。

A. 视觉秩序分析　　　　　　　　B. 城市活力分析

C. 认知意象分析　　　　　　　　D. 场所文脉分析

【答案】A

【解析】物质形体分析方法包括视觉秩序分析、图形—背景分析和关联耦合分析三种，故符合题意的是A。

2022-078 城市设计概念中"空间"转化为"场所"，根据的因素是（　　）。

A. 界面与围合　　　　　　　　　B. 人性化尺寸

C. 活动与意义　　　　　　　　　D. 景观与设施

【答案】C

【解析】克里斯汀·诺伯格-舒尔茨在《场所精神》中提出了行为与建筑环境之间应有的内在联系。他认为，城市形式并不仅是一种简单的构图游戏，形式背后蕴含着某种深刻的涵义，每个场景都有一个故事，这涵义与城市的历史、传统、文化、民族等一系列主题密切相关，这些主题赋予了城市空间以丰富的意义，使之成为市民喜爱的"场所"。因此C选项正确，符合题意。

其他主要规划类型

城乡规划实施

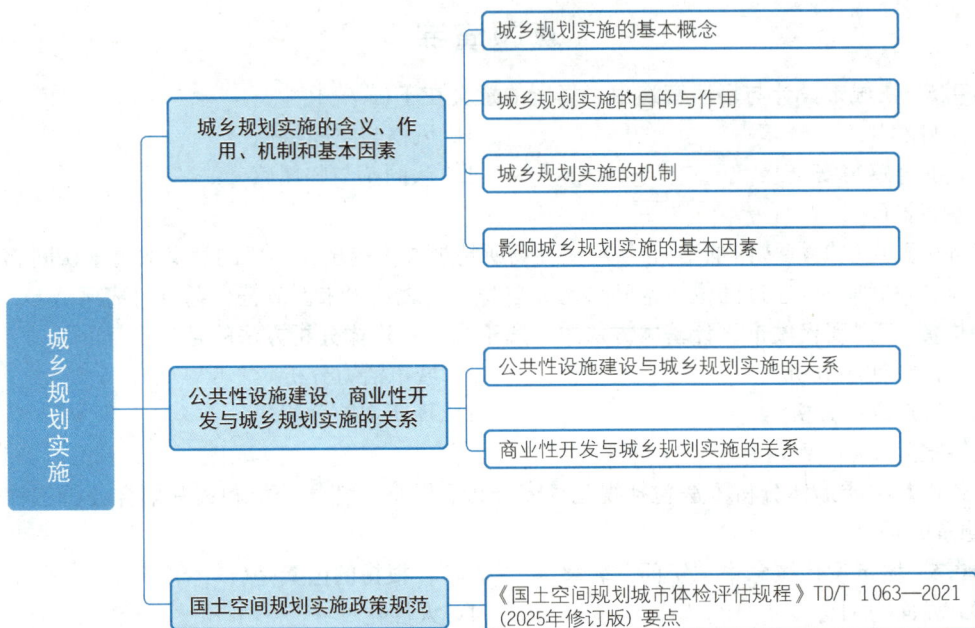

城乡规划实施

- 城乡规划实施的含义、作用、机制和基本因素
  - 城乡规划实施的基本概念
  - 城乡规划实施的目的与作用
  - 城乡规划实施的机制
  - 影响城乡规划实施的基本因素

- 公共性设施建设、商业性开发与城乡规划实施的关系
  - 公共性设施建设与城乡规划实施的关系
  - 商业性开发与城乡规划实施的关系

- 国土空间规划实施政策规范
  - 《国土空间规划城市体检评估规程》TD/T 1063—2021（2025年修订版）要点

板块 1　城乡规划实施的含义、作用、机制和基本因素

历年考频

名称	2019 年	2020 年	2021 年	2022 年	2023 年	2024 年
城乡规划实施	2	0	0	0	0	0

知识点 1　城乡规划实施的基本概念　【★★★】

城市规划实施就是将预先协调好的行动纲领和确定的计划付诸行动，并最终得到实现。

城市规划实施是一个综合性的概念，从理想的角度讲，城市规划实施包括了城市发展和建设过程中的所有建设行为。

1. 实施城乡规划的政府行为

政府根据法律授权负责城市规划实施的组织与管理，其主要的手段包括以下四个方面。

1）**规划手段。** 政府运用规划编制和实施的行政权力，**通过各类规划的编制来推进城市规划的实施。** 如土地出让计划、各项市政公用设施的实施计划等。

2）**政策手段。** 政府根据城市规划的目标和内容，**从规划实施的角度制定相关政策来引导城市的发展。** 例如，可根据城市的性质和职能，制定产业发展政策，促进城市产业结构的调整和完善。也可以通过规划实施的政策，引导城市开发建设的行为。

3）**财政手段。** 政府运用公共财政的手段，调节、影响甚至改变城市建设的需要和进程，保证城市规划目标的实现。这类手段有两种：① 政府运用公共财政直接参与到建设性活动中，如建设道路、给排水设施、学校等公共设施，**建设活动包括政府通过市政公用设施和公益性设施的建设；** ② 政府通过对特定地区或类型的建设活动进行财政奖励，引导私人开发接受城市规划所确定的目标和内容，其措施如减免税收、提供资金奖励或补偿、信贷保证等。

4）**管理手段。** 政府根据法律授权，通过对开发项目的规划管理，保证城市规划所确立的目标、原则和具体内容在城市开发和建设行为中得到贯彻。**从管理实质来看，是通过对具体建设项目的开发建设进行控制来达到规划实施的目的。** 从管理行为来看，是根据城市建设项目的申请来实施管理的，同时通过对建设活动、建设项目的结果及其使用等的监督检查等，保证城市中的各项建设不偏离城市规划确立的目标。

2. 实施城乡规划的非公共部门行为

1）城乡规划实施的组织与管理，主要是由政府来承担，但这并不意味着城乡规划都是由政府部门来实施的。大量的建设活动是城市中的各类组织、机构、团体甚至个人在城市中的建设性活动，都可以看作是对城乡规划的实施行为。

2）私人部门的建设活动是出于自身利益而进行的，但只要遵守城乡规划的有关规定，符合城乡规划的要求，客观上看就是实施了城乡规划。

3）除以实质性的投资、开发活动来实施城乡规划外，各类组织、机构、团体或者个人通

过对各项建设活动的监督，及时纠正建设活动中的偏差，以保证规划目标的实现，这也是在实施城乡规划。

知识点 2　城乡规划实施的目的与作用 【★★★】

1. 城乡规划实施的目的

城乡规划实施的根本目的是对城市空间资源加以合理配置，使城市经济、社会活动及建设活动能够高效、有序、持续地按照既定规划进行，从而实现城乡规划对城市建设和发展的引导和控制作用。

2. 城乡规划实施的作用

城乡规划就是为了使城市的功能与物质性设施及空间组织之间不断取得平衡与协调。其作用表现如下。

1）**使城市发展与社会经济发展相适应。**为经济发展服务，与经济发展形成互动的良性循环；适应城市社会的变迁，满足不同人群的需要及平衡不同集团的利益和相互关系。

2）**为城市发展做好物质环境与基础设施的建设的准备。**根据城市发展的需要，在空间和时序上有序安排城市各项物质设施的建设，使城市的功能、各项物质性设施的建设在满足各自要求的基础上相互之间能够协调、相辅相成，促进城市协调发展。

3）**依公众利益，提升与优化城市功能。**根据城市的公众利益，实施建设满足各类城市活动所需的公共设施，推进城市各项功能的不断优化。

4）**平衡各集团利益，维护社会公平。**适应城市社会的变迁，在满足不同人群和不同利益集团的利益需求的基础上，取得相互之间的平衡，同时又不损害城市的公共利益。

5）**维护城市公共安全与环境友好。**处理好城市物质性建设与保障城市安全、保护城市的自然和人文环境等关系，全面改善城市和乡村的生产和生活条件，推进城市的可持续发展。

知识点 3　城乡规划实施的机制 【★★★】

1. 城乡规划实施的组织

城乡规划的实施组织和管理是各级人民政府的重要职责。城乡规划法规定："地方各级人民政府应当根据当地经济社会发展水平，量力而行，尊重群众意愿，有计划、分步骤地组织实施城乡规划。"

城乡规划实施的组织

类型	组织
城市的建设和发展	应当优先安排基础设施以及公共服务设施的建设，妥善处理新区开发与旧区改建的关系，统筹兼顾进城务工人员生活和周边农村经济社会发展、村民生产与生活的需要
镇的建设和发展	应当结合农村经济社会发展和产业结构调整，优先安排供水、排水、供电、供气、道路、通信、广播电视等基础设施和学校、卫生院、文化站、幼儿园、福利院等公共服务设施的建设，为周边农村提供服务

类型	组织
乡、村庄的建设和发展	应当因地制宜、节约用地，发挥村民自治组织的作用，引导村民合理进行建设，改善农村生产、生活条件
城市新区的开发和建设	应当合理确定建设规模和时序，充分利用现有市政基础设施和公共服务设施，严格保护自然资源和生态环境，体现地方特色
开发区和新区的设立	在城市总体规划、镇总体规划确定的建设用地范围以外，不得设立各类开发区和城市新区
旧城区的改建	应当保护历史文化遗产和传统风貌，合理确定拆迁和建设规模，有计划地对危房集中、基础设施落后等地段进行改建

2. 城乡规划实施的管理

城乡规划实施的管理主要是指对城市建设项目进行规划管理，即对各项建设活动实行审批或许可、监督检查以及对违法建设行为进行查处等管理工作。

知识点 4　影响城乡规划实施的基本因素　【★★★★★】

城乡规划的实施涉及城市中的各个方面，甚至可以说，组成城市的各项要素的变化都会给城乡规划的实施带来影响。

就影响城乡规划实施最为直接的要素来看，大致可以将这些因素分为以下几个方面。

影响城乡规划实施的基本因素

因素	内容
政府组织管理	① 城乡规划是各级政府的重要职责，而各级政府的机构组织、管理行为的方式方法以及政府间的相互关系等都会对城乡规划的实施产生影响。 ② 现代社会中由于社会结构和社会运行本身的复杂性，城乡政府为了有效地进行管理，必然会设立一定数量的工作部门，由各个工作部门来主管指定的事务，并在协同合作的基础上完成整体的管理工作
城乡发展状况	① 城乡规划的实施都是需要通过一定的社会经济手段才能进行的，因此，城乡发展的状况就决定了城乡规划实施的基本途径和可能。 ② 城乡社会经济发展的状况也会对政府的财政状况产生影响，政府运用于城乡建设的投资就会具有不同的特征，这将直接关系到公共设施、城乡基础设施方面的投资。当然，这还不仅仅涉及经济的因素，同时也与政府的政策导向有着极大的关联
社会意愿与公众参与	① 城乡规划是一项全社会的事业，城乡规划的实施是由城乡社会整体共同进行的，因此，城乡社会中各个方面的参与及其态度、意愿等，是城乡规划能否得到有效实施的关键。 ②社会公众对城乡规划的认知程度、对城乡规划作用的认识以及公众对城乡规划编制时的参与程度及其作用，往往决定了公众是否有意愿来遵守和执行城乡规划，同时也决定了城乡规划实施阶段的参与情况

因素	内容
法律保障	城乡规划既是政府行为的重要组成部分，同时又与社会各个方面的利益有直接关系，而社会利益又具有多样性，在这样的条件下，只有通过法律制度的建设和保障，才有可能更好地调节社会利益关系，从而保证城乡规划的实施
城乡规划的体制	① 城乡规划的体制直接关系到规划实施的开展，同样关系到规划实施过程中出现的问题的处理方式，因此，不同的规划体制就有可能导致不同的规划实施的成效。 ② 城乡规划实施管理中的规划许可是否与经法定程序批准的规划相符合，或者说使法定规划成为城乡建设的依据，也需要有体制上的保证，只有这样才能更好地实施规划

拓展——《中共中央 国务院关于建立国土空间规划体系并监督实施的若干意见》

（十四）监督规划实施。依托国土空间基础信息平台，建立健全国土空间规划动态监测评估预警和实施监管机制。上级自然资源主管部门要会同有关部门组织对下级国土空间规划中各类管控边界、约束性指标等管控要求的落实情况进行监督检查，将国土空间规划执行情况纳入自然资源执法督察内容。健全资源环境承载能力监测预警长效机制，建立国土空间规划定期评估制度，结合国民经济社会发展实际和规划定期评估结果，对国土空间规划进行动态调整完善。

真题演练

2019-078 下列关于城市规划实施的表述，错误的是（   ）。

A. 城市社会经济发展状况，决定规划实施的基本路径与可能性

B. 规划实施需要社会共同遵守与参与，必然涉及法律保障与社会运作机制等内容

C. 社会公众对规划的认知和参与程度，影响其是否愿意遵守与执行规划

D. 下层次规划的编制、实施不会对上层次规划的实施结果产生影响

【答案】D

【解析】城市规划的实施都是需要通过一定的社会经济手段才能进行的，因此，城市发展的经济状况就决定了城市规划实施的基本途径和可能，城市规划的实施需要社会共同遵守和共同参与，这就必然涉及法律保障和社会运作机制等方面的内容，而法律法规的制定以及社会运作机制等本身就是社会选择的结果。社会公众对城市规划的认知程度、对城市规划作用的认识以及公众对城市规划编制时的参与程度及其作用等，往往决定了公众是否有意愿遵守和执行城市规划，同时也决定了城市规划实施阶段的参与情况。因此，ABC正确。城市规划编制的成果是规划实施的基础，而不同层次的规划成果间的关系直接决定了上层次规划是否能够得到有效实施，故D符合题意。

板块 2 公共性设施建设、商业性开发与城乡规划实施的关系

历年考频

名称	2019 年	2020 年	2021 年	2022 年	2023 年	2024 年
公共性设施建设、商业性开发与城乡规划实施的关系	1	0	0	0	0	0

知识点 1 公共性设施建设与城乡规划实施的关系 【★★★】

公共性设施建设与城乡规划实施的关系

内容	说明
公共性设施开发及其特征	**概念**：公共性设施是指社会公众所共享的设施，主要包括公共绿地、公立的学校和医院等，也包括城市道路和各项市政基础设施。这些设施的开发建设通常是由政府或公共投资进行的。 **特质**：一般来说，公共性设施主要是由政府公共部门进行开发的，因为公共性设施是最为典型的公共物品，具有非排他性和非竞争性。 **作用**：在城市建成环境中，公共性设施开发起着主导性作用，既为社会公众提供必要的设施条件，同时也为非公共领域或商业性的开发提供了可能性和规定性。 **投资渠道**：公共设施的开发主要是由政府使用公共资金进行投资和建设的，因此，其投资是政府财政安排的结果
开发建设的过程	公共设施的开发建设，通常分为以下几个阶段。 ① **项目设想阶段**。公共设施项目的提出，大致分为弥补型和发展型两种类型。就政府行为而言，前者是被动的，是出现问题之后的应对；后者是主动的，是在问题产生之前的有意识引导。 ② **可行性研究阶段**。在确定了所要建设的项目内容的基础上，对项目本身的实施需要进行可行性研究。可行性研究是项目决策的关键性步骤。 ③ **项目决策阶段**。在可行性研究成果的基础上，政府部门需要对是否投资建设、何时投资建设等作出决策。一旦作出建设的决策，就需要将项目列入政府的财政预算，预算确定后即付诸实施。 ④ **项目实施阶段**。项目实施就是根据预算所确定的投资额和相应的财政安排，从对项目的初步构想开始一步一步地付诸实施，直到最后建成。在一般情况下，项目实施至少可以分为两个阶段，即项目设计阶段和项目施工阶段。 ⑤ **项目投入使用阶段**。项目施工完成后，经验收通过即可投入使用，并发挥其效用

内容	说明
公共性设施开发建设与城乡规划实施	**公共性设施开发建设是典型的政府行为，是政府运用公共资金来满足社会公众的使用需求。**就城乡规划而言，一方面，公共性设施的开发建设是政府有目的地、积极地实施城乡规划的重要内容和手段；另一方面，公共性设施的开发建设对私人的商业性开发具有引导作用。就公共性设施的开发建设过程而言，以上划分的每一个阶段与城乡规划的过程也有非常密切的关系。 ① **项目设想阶段，**政府部门应当根据城市规划中所确定的各项公共设施分步骤地纳入各自的建设计划之中，并予以实施，尤其是对于发展型公共设施开发。 ② **项目可行性研究阶段，**城市规划必须为这些项目的开发建设进行选址，确定项目建设用地的位置和范围，提出在特定地点进行建设的规划设计条件。只有这样，项目的可行性研究才能开展下去，所得出的结论才是可靠的。 ③ **项目决策阶段，**城乡规划不仅是项目本身决策的一项重要依据，而且，对于不同公共设施项目之间的抉择以及它们之间的配合等也提供了基础。 ④ **项目实施阶段，**公共设施项目的设计必须符合相应的规划条件，这些条件既是保证设施将来使用和运营的需要，同时也是为了避免产生不利的外部性，避免对他人利益的不利影响。在项目施工阶段，城乡规划管理部门有权对实施中的项目进行监督管理，此外，项目建设单位在未经规划主管部门核实建设项目是否符合规划条件或者经核实不符合规划条件的情况下，不得组织竣工验收。 ⑤ **后期使用阶段，**在项目投入使用后，必须按照项目本身的使用功能使用，不能随意改变用途

知识点2　商业性开发与城乡规划实施的关系 【★★★】

商业性开发与城乡规划实施的关系

内容	说明
商业性开发及其特征	商业性开发是指以营利为目的的开发建设活动。除了政府投资的公共设施开发之外的所有开发都可以称为商业性开发。因此，所有的商业性开发的决策都是在对项目的经济效益和相关风险进行评估的基础上作出的
开发的过程	① **项目构想与策划阶段。**项目的构想与策划是投资人在对是否要从事开发、从事怎样的开发、在什么地方进行开发以及做出什么样的产品等进行分析、研究和思考的过程。 ② **建设用地的获得。**前一个阶段还仅仅是一种构想，要想进入到操作层面，则需要视其获得相应的建设用地的可能性来作出更为具体的决定。商业性开发通常都是通过市场的方法获得土地的，只有能够获得相应的符合开发愿望的土地，开发商的开发活动才能进行下去。 ③ **项目融资阶段。**开发商进行的商业性开发，大多需要通过各种途径的投融资来获得开发建设的资金，因此，只有获得了土地和相应的资金，开发活动才能开展。 ④ **项目实施阶段。**项目实施阶段同样划分为两个方面的内容，即项目设计与项目施工阶段。 ⑤ **销售与经营。**在施工展开或建设完成后，如果是以销售为目的的，开发商就会进行销售的相关工作；如果是自己经营为主的，则需要为经营做准备

内容	说明
商业性开发与城乡规划实施	商业性开发以私人利益为出发点，城乡规划关注的核心是公共利益。商业性开发对私人利益的过度追求有可能侵害到他人利益和公共利益，这就需要政府的干预。 　　就商业性开发过程的各个阶段而言，它们与城乡规划之间都存在着密切的关联。 　　① 项目构想与策划阶段，为保证商业性开发能够有效展开，必须对项目所在地城乡的城乡规划有充分的认识，城乡规划要充分引导商业性开发。 　　② 建设用地获得阶段，土地使用的规划条件必须成为土地（使用权）交易的重要基础，并且在此后的实施过程中得到全面的贯彻，这是保证商业性开发活动能够为城乡规划实施作出贡献的重要条件。 　　③ 项目实施阶段，城乡规划部门通过对项目设计的成果进行控制，保证规划意图在项目的设计阶段能够得到体现，避免项目的实施造成对社会公共利益以及周边地区他人利益的损害。 　　④ 项目建成后的销售和经营阶段，销售的合同应当执行和延续规划条件，即应杜绝不符合规划条件的使用。因为一旦使用功能发生改变，周边的配套条件等都会发生变化，进而影响到整体效益的变化

真题演练

2019-079 下列关于城市公共性设施开发的表述，不准确的是（　　　）。

A. 公共性设施开发建设是政府有目的地、积极地实施城市规划的重要内容和手段

B. 公共性设施开发建设是政府运用公共资金，主要满足市政基础设施的使用需求

C. 对于不同公共性设施项目之间的抉择及其配合，城市规划是项目决策的重要依据与基础

D. 各项公共性设施应在城市规划中分步骤纳入相关建设计划，并予以实施

【答案】B

【解析】公共性设施的开发主要是由政府使用公共资金进行投资和建设的，因此，其投资是政府财政安排的结果。公共性设施开发建设是典型的政府行为，就城市规划而言，一方面，公共性设施的开发建设是政府有目的地、积极地实施城市规划的重要内容和手段；另一方面，公共性设施的开发建设对私人的商业性开发具有引导作用，从整体上保证城市规划的实施。在项目决策阶段，城市规划不仅是项目本身决策的一项重要依据，而且对于不同公共性设施项目之间的抉择以及它们之间的配合等也提供了基础。项目设想阶段，政府部门应当将城市规划中所确定的各项公共性设施分步骤地纳入各自的建设计划之中，并予以实施，尤其是对发展型公共性设施开发。因此，ACD正确。公共性设施开发建设是政府运用公共资金，主要为满足公共事业建设，一方面是市政基础设施建设，另一方面为公共建筑的建设。因此B不准确，符合题意。

板块 3 国土空间规划实施政策规范

历年考频

名称	2019 年	2020 年	2021 年	2022 年	2023 年	2024 年
《国土空间规划城市体检评估规程》	0	0	1	1	2	1

知识点 1 《国土空间规划城市体检评估规程》 TD/T 1063—2021 (2025 年修订版) 要点 【★★★★】

1. 术语和定义

（1）国土空间规划城市体检评估

按照**"定期体检和五年一评估"的方式，对城市发展阶段特征及国土空间总体规划实施效果定期进行分析和评价，**是促进城市高质量发展、提高国土空间规划实施有效性的重要工具，分为**定期体检和五年评估**（以下简称体检评估），**定期检查原则上每年开展一次，即年度体检，根据需要可适当调整频次。**

（2）年度体检

聚焦规划实施的关键变量和核心任务，对国土空间总体规划实施情况进行的年度监测和评价。

（3）五年评估

对照国土空间总体规划确定的总体目标、阶段目标和任务措施等，系统分析城市发展趋势，对规划实施情况进行的阶段性综合评估。

2. 工作总则

（1）坚持以人民为中心的发展思想，建设人民城市

坚持"人民城市人民建，人民城市为人民"的理念，为人民群众有序参与城市治理提供平台，查找人民群众最关心最直接最现实的宜业、宜居、宜乐、宜游方面的突出问题，提升人民群众的获得感、幸福感、安全感。

（2）坚持新发展理念，统筹发展和安全，促进城市高质量发展

贯彻创新、协调、绿色、开放、共享的新发展理念，坚持总体国家安全观，通过体检评估揭示城市治理中的风险、短板和挑战，促进城市发展方式转变，推动城市更高质量、更有效率、更加公平、更可持续、更为安全地发展。

（3）坚持目标导向、问题导向和结果导向相结合，提高城市治理现代化水平

坚持目标导向，对照国土空间规划确定的总体目标和阶段目标，着重监测规划约束性指标和强制性内容的执行情况，科学评估规划实施绩效。坚持问题导向，着力发现城市在国土生态安全、资源节约集约利用、国土空间开发保护、民生保障、实施时序、政策配套等方面的突出矛盾和问题。坚持结果导向，从规模、结构、布局、质量、效率、时序等多角度查找产生问题的原因，提出有针对性的政策举措。

（4）坚持一张蓝图干到底，实施全生命周期管理

落实"统一底图、统一标准、统一规划、统一平台"要求，依托国土空间"一张图"实施监督信息系统和国土空间规划实施监测网络等，提升体检评估功能模块智能化水平，建立健全规划实时监测评估预警能力，形成贯穿规划编制、任务分解、体检评估、督查问责、反馈落实的规划全生命周期管理机制，衔接国土调查、用途管制、执法督察等自然资源全过程管理。

（5）坚持一切从实际出发，注重科学简明可操作

构建科学管用、便于操作、符合实际的评估指标体系。充分利用自然资源主管部门国土空间数据优势，加快推进各类空间数据和关联管理数据的有序共享，保证数据的客观性、易获取性和可操作性。鼓励利用大数据等先进技术，提高对空间治理问题的动态精准识别能力。

3. 工作组织

体检评估工作由城市人民政府组织，城市自然资源主管部门结合国土空间规划编制、审批、动态维护、实施监督等职责负责具体实施。可采取自体检评估和第三方体检评估相结合的方式。

4. 工作流程

（1）制定工作方案

各城市结合规划实施的重点难点、突出问题和新的发展要求，制定年度体检或五年评估工作方案，明确总体要求、主要任务、进度计划、责任分工、组织保障等内容，有序指导体检评估工作开展。

（2）构建指标体系

各城市按安全韧性、创新高效、协调集约、绿色低碳、开放繁荣和共享幸福六个维度建立指标体系，包括基本指标、推荐指标和自选指标。在基本指标的基础上，可结合本地发展阶段选择推荐指标，也可与地方实际紧密结合，另行增设城市发展中与时空紧密关联，体现质量、效率、结构和品质的自选指标。各指标报送周期应与年度体检、五年评估工作相适应，同时，为更有效检测指标实施进展，可结合实际情况和技术水平，适当加密填报频率，提升实时体检能力。

体检评估指标体系

一级	二级	指标项	指标类别
安全韧性	水安全	用水总量（亿 m³）	基本
		人均年用水量（m³）	推荐
		浅层地下水埋深（m）	基本
		地下水质量Ⅰ—Ⅲ类占比（%）	基本
		水源地数量（处）	推荐
	粮食安全	永久基本农田保护面积（万亩）	基本
		永久基本农田范围内高标准农田占比（%）	基本
		永久基本农田范围内建设用地面积（km²）	推荐
		永久基本农田范围内林地草地面积（km²）	基本
		现状耕地面积（万亩）	基本
		城区范围及周边20公里农用地面积（万亩）	推荐

城乡规划实施

一级	二级	指标项	指标类别
安全韧性	生态安全	生态保护红线面积（km²）	基本
		生态保护红线范围内城乡建设用地面积（km²）	基本
		生态保护红线范围内耕地面积（km²）	基本
		生态保护红线内生态功能用地面积（km²）	基本
		自然保护地陆域面积占陆域国土面积比例（%）	推荐
		水域空间保有量（km²）	推荐
		湿地保护率（%）	推荐
		大陆自然岸线保有率（自然岸线保有率）（%）	推荐
	文化安全	自然和文化遗产（处）	基本
	雨洪安全	防洪堤防达标率（%）	推荐
		蓄滞洪区和城镇开发边界重叠面积（km²）	推荐
		城区透水表面占比（%）	推荐
		城市内涝积水点数量（处）	推荐
	市政安全	分布式清洁能源设施覆盖面积（km²）	推荐
	公共卫生安全	每千人口医疗卫生机构床位数（张）	基本
		二级及以上等级医院2千米覆盖率（%）	推荐
		公共卫生应急预控用地面积（km²）	推荐
	城市韧性	人均应急避难场所面积（m²）	基本
		消防救援5分钟可达覆盖率（%）	基本
		超高层建筑数量（幢）	基本
		综合减灾示范社区比例（%）	推荐
		年地面沉降量大于50mm面积（km²）	推荐
		地质灾害隐患点数量（处）	推荐
创新高效	发展模式	全员劳动生产率（万元/人）	推荐
		高等学校数量（所）	推荐
		土地出让收入占政府预算收入比例（%）	基本
		工业用地地均增加值（亿元/km²）	推荐
		城乡工业用地占城乡建设用地的比例（%）	基本
		城乡居住用地占城乡建设用地的比例（%）	基本
		城区道路网密度（km/km²）	基本
	存量盘活	土地闲置率（%）	基本
		存量用地供应比例（%）	基本
		新增城市更新改造用地面积（km²）	推荐

一级	二级	指标项	指标类别
协调集约	人口集聚	常住人口数量（万人）	基本
		实际服务管理人口数量（万人）	推荐
		城镇年新增就业人数（万人）	推荐
		人口自然增长率（‰）	推荐
		常住人口城镇化率（%）	推荐
		城区常住人口密度（万人/km²）	基本
	空间集约	城区实体地域面积（km²）	推荐
		建设用地总面积（km²）	基本
		城乡建设用地面积（km²）	基本
		城镇开发边界范围内新增城镇建设用地面积（km²）	基本
		城镇开发边界范围外新增城镇建设用地面积（km²）	基本
		城区建筑总量（亿 m²）	推荐
		城区建筑密度（%）	推荐
		人均地下空间面积（m²）	推荐
	城乡融合	人均城镇建设用地面积（m²）	推荐
		人均城镇住宅用地面积（m²）	推荐
		人均村庄建设用地面积（m²）	推荐
		等级医院交通 30 分钟行政村覆盖率（%）	推荐
		行政村等级公路通达率（%）	推荐
		农村自来水普及率（%）	推荐
		城乡居民人均可支配收入比（%）	推荐
	空间治理	被认定的违法违规调整规划、用地用海等事件数量（件）	推荐
		近新增违法建设占用耕地面积（亩）	基本
绿色低碳	环境优美	森林覆盖率（%）	推荐
		林地保有量（hm²）	推荐
		草地面积（km²）	推荐
	资源效率	每万元 GDP 地耗（m²）	基本
		每万元 GDP 水耗（m²）	推荐
		每万元 GDP 能耗（tce）	推荐
		城镇生活垃圾回收利用率（%）	推荐
		农村生活垃圾处理率（%）	推荐
		绿色交通出行比例（%）	推荐

城乡规划实施

一级	二级	指标项	指标类别
开放繁荣	对外联通	定期国际通航城市数量（个）	推荐
		1 小时到达中心城市国际机场或干线机场的县级单元比例（%）	推荐
		城市对外日均人流联系量（万人次）	推荐
		民航运输机场旅客吞吐量（万人次）	推荐
		民航运输机场货邮吞吐量（万人次）	推荐
		国内年旅游人数（万人次/年）	推荐
		入境年旅游人数（万人次/年）	推荐
		对外贸易进出口总额（亿元）	推荐
	空间资产	城市商服用地地价（元/m²）	推荐
		城市住宅用地地价（元/m²）	推荐
		城市工业用地地价（元/m²）	推荐
共享幸福	宜业宜居	15 分钟社区生活圈覆盖率（%）	基本
		轨道交通站点 800 米半径服务覆盖率（%）	推荐
		社区卫生服务设施步行 15 分钟覆盖率（%）	基本
		每万人拥有幼儿园班数（班）	推荐
		社区小学步行 10 分钟覆盖率（%）	基本
		社区中学步行 15 分钟覆盖率（%）	基本
		每千名老年人养老床位数（张）	推荐
		社区养老设施步行 5 分钟覆盖率（%）	基本
		殡葬用地面积（km²）	推荐
		社区文化活动设施步行 15 分钟覆盖率（%）	基本
		人均体育用地面积（m²）	推荐
		社区体育设施步行 15 分钟覆盖率（%）	基本
		足球场地设施步行 15 分钟覆盖率（%）	基本
		菜市场（生鲜超市）步行 10 分钟覆盖率（%）	推荐
		每 10 万人拥有的博物馆、图书馆、科技馆、艺术馆等文化艺术场馆数量（处）	推荐
		城镇人均住房面积（m²）	基本
		年新增政策性住房占比（%）	推荐
		公共租赁住房套数（套）	推荐
	宜乐宜游	公园绿地、广场步行 5 分钟覆盖率（%）	推荐
		人均公园绿地面积（m²）	基本
		人均绿道长度（m）	推荐
		年空气质量优良天数（d）	推荐

一级	二级	指标项	指标类别
共享幸福	职住平衡	城乡职住用地比例（1∶X）	推荐
		工作日单程平均通勤时间（min）	推荐
		45分钟通勤时间内居民占比（%）	推荐
		都市圈1小时人口覆盖率（%）	推荐

（3）规范和夯实数据基础

以国土空间法定数据为基础，包括自然资源主管部门掌握的全国国土调查及年度变更调查、自然资源专项调查、城市国土空间监测、航空航天遥感影像等基础现状数据，详细规划和相关专项规划等各级各类国土空间规划编制和实施数据，用地审批、土地供应、执法督察等管理数据；以相关法定统计调查数据为补充，包括经济社会发展统计数据，各部门专项调查统计数据等；以时空大数据为参考，依据自然资源主管部门相关标准和规定，使用公开发布或合法获取的手机信令数据、兴趣点（POI）数据、交通IC卡数据、企业信息、位置服务、夜间灯光数据、市民服务热线数据等。

对于体检评估指标，可收集多年连续数据，反映指标的变化趋势；对于突出问题，可开展实地专题调研，掌握第一手资料；对于公众需求，可采取问卷调查、舆情监测等多种方式了解在住房保障、公共服务设施、市政公用设施、公共空间、城市安全韧性、历史文化保护等方面的问题及意见建议。

（4）分析评价

充分利用数据技术。将体检评估指标数据及功能应用纳入国土空间规划"一张图"实施监督信息系统和国土空间规划实施监测网络建设，使体检评估工作效能和信息系统建设同步提升。基于国土空间规划"一张图"和数据资料，采用差异对比、趋势研判、横向比较、空间分析、社会调查等方法，结合大数据、人工智能等新技术和新方法的应用，对各项指标现状年与基期年、目标年或未来预期进行比照，分析指标实施进展、规划实施等情况。对年度关键变量、实施缓慢的指标，可结合体检评估内容进行重点分析，综合单个关键指标、多项指标交叉、补充指标体系外的数据等多种方式，并结合典型案例，研判存在的问题和原因。

面向实施管理需求。结合规划实施和城市治理重点，在城市全域、中心城区、城区、社区等不同尺度开展分析评价。梳理详细规划和专项规划对总体规划的传导落实情况。结合城市更新、社区生活圈规划等重点工作，对照规划目标，分析与人民群众获得感、幸福感、安全感相关的各类设施的供给数量、空间布局同居民现实需求的匹配情况，关注规划实施中公益性、民生性等重点设施应建未建现象。

（5）编制成果

体检评估成果由体检评估报告及附件组成。报告应简明扼要、重点突出。应逐步提高体检评估成果可视化表达水平，注重运用城市体征测量仪、表情图等先进手段，优化提升城市画像能力。

（6）汇交成果

体检评估成果应由城市自然资源主管部门按程序在线汇交至国土空间规划"一张图"实施监督信息系统。汇交文件需提交文本文档，体检评估指标表需另提交表格文件。

（7）成果应用

上级自然资源主管部门应将体检评估成果与规划审批和实施监督、用地计划、用途管制、

城乡规划实施

383

示范创建、改革试点等自然资源管理业务挂钩，并为执法督察、绩效考核、离任审计等提供参考。

各城市应将体检评估成果应用于规划编制、实施监督、调整优化等规划管理工作中，**加强动态预警能力**，支撑国民经济和社会发展规划、政府工作报告、投资项目计划等政府综合事务决策，促进城市空间治理水平提升。

体检评估成果宜适时将非涉密内容向社会公开，保障市民对规划实施的知情权、参与权与监督权。

5. 时间安排

年度体检宜结合**国土变更调查和城市国土空间监测**每年开展，**五年评估原则上与国民经济和社会发展五年规划周期保持一致。开展五年评估的当年不单独开展年度体检。**体检评估工作应与最新年度国土变更调查数据、城市国土空间监测数据、相关统计数据发布成果衔接，**最晚于每年第三季度**完成。因重大战略实施或规划实施中的重大调整等确需体检评估的，可适时开展。

6. 体检评估内容

（1）总体要求

围绕**战略定位、底线管控、规模结构、空间布局、支撑体系和实施保障**六个方面的评估内容（各城市可根据具体情况进行调整），把握城市发展形势、对照规划批复要求、结合政府重点工作实施情况等，开展成效、问题、原因及对策分析。

（2）战略定位

分析实施国家和区域重大战略、落实城市发展目标、强化城市主要职能、优化调整城市功能等方面的成效及问题。分析**区域协调发展战略、区域重大战略、主体功能区战略的叠加效应**对城市发展的带动效果，以及部分城市在保障国家战略腹地和关键产业备份中的工作成效。

（3）底线管控

分析**耕地和永久基本农田、生态保护红线、城镇开发边界、地质洪涝灾害、历史文化遗产保护等底线管控，**以及**全域约束性自然资源保护（包含山水林田草沙海全要素）**目标落实等方面的成效及问题。分析耕地、林地、草地、园地空间管控存在冲突的区域、情形及数量，以及其他在国土空间安排上的矛盾冲突，将**矛盾冲突图斑等信息**纳入国土空间规划"一张图"实施监督信息系统。分析"三区三线"**需要优化的区域、情形及理由**，作为局部正向优化的依据。

（4）规模结构

分析优化人口、就业、用地和建筑的规模、结构和布局，提升土地使用效益，推进城市更新等工作的成效及问题。丰富细化体检评估内容，对**存量土地规模、结构、效益，商办空置情况**等进行分析，对照城市空间总体规划确定的空间结构和空间布局优化目标，明确存量空间盘活利用的要求和潜力。

（5）空间布局

分析区域协同、城乡统筹、产城融合、分区发展、重点和薄弱地区建设等空间优化调整方面的成效及问题。对**城市空间支撑发展新质生产力、提振消费、促进文化旅游业发展、提高生态产品价值**等重点工作进行分析评估。

（6）支撑体系

分析生态环境、住房保障、公共服务、综合交通、市政公用设施、城市安全韧性、城市空间品质等方面的成效及问题。结合城市治理重点，对老旧燃气管网改造进度及管道安全距离控制、电动自行车停车场所空间保障、建筑垃圾处置场地设施空间保障等重点任务推进情况进行分析评估。

（7）实施保障

分析实施总体规划所开展的行动计划、执法督察、政策机制保障、信息化平台建设，以及落实总体规划的详细规划、相关专项规划及县级或乡镇级总体规划的编制、实施等方面的成效及问题。

7. 年度体检要求

（1）内容要求

年度体检报告基于六个方面的内容分析，聚焦年度规划实施中的关键变量和核心任务，总结当年城市运行和规划实施中存在的问题和难点，并从年度实施计划、规划、应对措施、配套政策机制等方面有针对性地提出建议。

鼓励具备条件的城市，在完成年度体检报告基础上，围绕**"三区三线"、耕地占补平衡和国土绿化、碳达峰碳中和、城市更新、社区生活圈**等方面开展专项体检工作。

（2）成果构成

年度体检报告主要包括总体结论、规划实施成效、存在问题及原因分析、对策建议等。**体检成果要对上一年体检发现问题的整改情况进行说明。**

8. 五年评估要求

（1）内容要求

五年评估报告应全面对照国土空间总体规划和上级政府对国土空间总体规划的批复要求，以六个方面的规划实施情况为重点，开展阶段性的全面评估和总结，对国土空间规划各项目标和指标落实情况、强制性内容执行情况、各项政策机制的建立和对规划实施的影响等方面进行系统深入分析，结合国家和地方发展战略，考查规划面临的新形势和新要求，对未来发展趋势做出判断，并对规划的动态维护及下一个五年规划实施措施、政策机制等方面提出建议。

（2）成果构成

五年评估报告主要包括总体结论、规划实施成效、存在问题及原因分析、对策建议等。

真题演练

2023-079 下列关于国土空间规划城市体检评估时间安排的说法，正确的是（　　）。

A. 一年一体检、两年一评估

B. 一年一体检、三年一评估

C. 一年一体检、五年一评估

D. 一年一体检、八年一评估

【答案】C

【解析】依据《国土空间规划城市体检评估规程》TD/T 1063—2021（2025 年修订版）的"3.1 国土空间规划城市体检评估"，按照定期体检和五年一评估的方式，对城市发展阶段特征及国土空间总体规划实施效果定期进行分析和评价，是促进城市高质量发展、提高国土空间规划实施有效性的重要工具。分为定期体检和五年评估（以下简称"体检评估"），定期体检原则上每年开展一次，即年度体检，根据需要可适当调整频次。故符合题意的是 C。

（注：《国土空间规划城市体检评估规程》TD/T 1063—2021（2025 年修订版）更新后，考点无明显

变化，需按新规程记。）

2023-080 依据《国土空间规划城市体检评估规程》，下列体检评估指标类型中属于安全类的是(   )。

    A. 发展模式指标   B. 集聚集约指标

    C. 生态保护指标   D. 城市韧性指标

【答案】D

【解析】依据《国土空间规划城市体检评估规程》TD/T 1063—2021（2025 年修订版）表
B.2 "体检评估指标体系"，安全韧性类评估指标主要包括水安全、粮食安全、生态安全、文
化安全、雨洪安全、市政安全、公共卫生安全与城市韧性四个二级分类。故符合题意的是 D。

（注：《国土空间规划城市体检评估规程》TD/T 1063—2021（2025 年修订版）更新后，考点无明显
变化，需按新规程记。）

2022-066 （改）根据《国土空间规划城市体检评估规程》，属于基本指标的是(   )。

    A. 耕地保有量   B. 重点河流水质率

    C. 历史文化保护线面积   D. 超高层建筑数量

【答案】D

【解析】根据《国土空间规划城市体检评估规程》TD/T 1063—2021（2025 年修订版）表
B.1 "体检评估基本指标"，ABC 均错误，D 选项属于基本指标，符合题意。可参见前文表格。

（注：《国土空间规划城市体检评估规程》TD/T 1063—2021（2025 修订版）更新后，考点有明显变
化，需按新规程记。）

2024 年真题与解析

一、单项选择题（共 80 题，每题 1 分。每题备选项中只有一个最符合题意。）

001. 下列关于城市起源的认识，不正确的是（　　）。
　　A. 交换集市说
　　B. 军事防御说
　　C. 宗教中心说
　　D. 文化复兴说

002. 下列对城市特点的认识，不准确的是（　　）。
　　A. 集聚性
　　B. 独立性
　　C. 多样化
　　D. 非农化

003. 各国设市标准差别较大，下列不属于划分标准的是（　　）。
　　A. 人口集聚规模标准
　　B. 人口密度标准
　　C. 服务设施情况标准
　　D. 建筑景观标准

004. 下列我国城乡发展现象的说法，与"离土不离乡，进厂不进城"相对应的是（　　）。
　　A. 乡村工业化
　　B. 乡村拟城镇化
　　C. 城乡二元分立
　　D. 半城镇化

005. 下列不属于有形城镇化内涵的是（　　）。
　　A. 人口集中
　　B. 人们生活方式的变化
　　C. 地域空间形态的变化
　　D. 经济社会结构的变化

006. 威尼斯圣马可广场是（　　）的城市建设典型代表。
　　A. 古典时期
　　B. 中世纪时期
　　C. 文艺复兴时期
　　D. 绝对君权时期

007. 下列属于解释城市空间形态组织机制的理论是（　　）。
　　A. 田园城市理论
　　B. 级差地租理论
　　C. 线型城市理论
　　D. 同心圆理论

008. 下列我国古代城市中，具有贯穿全域轴线、对称布局特点的是（　　）。
　　A. 汉长安城
　　B. 吴建邺城
　　C. 宋临安城
　　D. 元大都城

009. 下列关于近代中国城市发展的说法，错误的是（　　）。
　　A. 现代工业开始成为近代中国城市发展的重要动力
　　B. 1908 年清政府颁布《城镇乡地方自治章程》标志着城乡一体行政系统的形成
　　C. 20 世纪初的 30 余年间，是近代中国城市化发展的较快时期
　　D. 抗战时期，西部地区的一些城市因东部大量人口和经济设施的迁入，出现了较快的发展

010. 下列关于企业集群的说法，正确的是（　　）。
　　A. 创新企业是形成企业集群的基本条件
　　B. 传统的资源型产业难以形成企业集群
　　C. 企业在地方网络中密集交易、交流和互动是企业集群的主要特征
　　D. 个性化需求、创造力替代区位、市场，成为企业集聚的关键因素

011. 下列关于城市规划促进社会公平的说法，不准确的是(　　)。

　　A. 倡导性规划和公平规划为社会弱势群体提供了表达意愿的途径

　　B. 创意理念鲜明和全面宏观的规划，有助于促进社会公平

　　C. 使用者导向、问题导向的规划，有助于实现公平发展的目标

　　D. 规划师必须成为促进社会公平具体行动的长期参与者

012. 下列关于社区生活圈规划应遵循的原则，不准确的是(　　)。

　　A. 坚持以人民为中心　　　　　　　B. 贯彻新发展理念

　　C. 注重设施均值均好　　　　　　　D. 强化系统治理

013. 下列关于节约集约用地要求的说法，不准确的是(　　)。

　　A. 合理确定新增建设用地规模

　　B. 完善市场主导的城镇低效用地再开发政策体系

　　C. 强化节约集约用地评价

　　D. 大力推广节地模式

014. 国土空间规划实现"多规合一"需要融合的规划不包括(　　)。

　　A. 主体功能区规划

　　B. 国民经济和社会发展规划

　　C. 土地利用规划

　　D. 海洋功能区划

015. 国土空间规划一经批复，任何部门和个人不得随意修改。涉及特殊情形的，需先经规划审批机关同意后，方可按法定程序进行修改。这些特殊情形不包括(　　)。

　　A. 国家重大战略调整　　　　　　　B. 重大项目建设

　　C. 行政区划调整　　　　　　　　　D. 产业结构调整

016. 下列关于国土空间规划改革重大意义的说法，不准确的是(　　)。

　　A. 推进生态文明建设　　　　　　　B. 促进高质量发展

　　C. 缔造高品质生活　　　　　　　　D. 促进国家法制体系现代化

017. 依据《资源环境承载能力和国土空间开发适宜性评价指南（试行）》，下列关于生态服务功能重要性评价的说法，错误的是(　　)。

　　A. 一般将累计水源涵养量最高的前 50％区域，确定为水源涵养极重要区

　　B. 将坡度不小于 15 度，且植被覆盖度不小于 60％的森林、灌丛和草地确定为水土保持极重要区

　　C. 将土壤、沙砾含量不小于 85％，大风天数不小于 30 天，植被覆盖度不小于 15％的森林、灌丛、草地生态系统确定为防风固沙极重要区

　　D. 将重要的野生农作物，水产、畜牧等种质资源的主要天然分布区域确定为生物多样性维护极重要区

018. 在市县国土空间开发保护现状评估工作中，下列属于评估基本指标的是(　　)。

　　A. 高标准农田面积占耕地总面积的比例

　　B. 常住人口城镇化率

　　C. 河湖水面率

　　D. 防洪堤防达标率

019. 不属于主体功能分区必备类型区的是(　　)。

　　A. 城市化发展区　　　　　　　　　B. 农产品主产区

C. 战略性矿产保障区　　　　　　　　D. 重点生态功能区

020. 依据《市级国土空间总体规划编制指南（试行）》，下列属于规划约束性指标的是(　　)。

　　A. 中心城区公园绿地、广场步行 5 分钟覆盖率

　　B. 中心城区社会公共服务设施步行 15 分钟覆盖率

　　C. 中心城区人均公园绿地面积

　　D. 中心城区人均体育用地面积

021. 依据《市级国土空间总体规划编制指南（试行）》，下列不属于一级规划分区的是(　　)。

　　A. 生态控制区　　　　　　　　　　　B. 乡村发展区

　　C. 城镇弹性发展区　　　　　　　　　D. 矿产能源发展区

022. 依据《市级国土空间总体规划编制指南（试行）》，不属于国土空间规划强制性内容的是(　　)。

　　A. 生态控制区

　　B. 生态保护红线

　　C. 自然保护地体系

　　D. 生态屏障、生态廊道和生态系统保护格局

023. 依据《主体功能区优化完善技术指南》，下列不纳入生态功能优势度评估体系的要素是(　　)。

　　A. 生态保护红线　　　　　　　　　　B. 自然保护地

　　C. 生态脆弱性　　　　　　　　　　　D. 生态保护重要性

024. 依据《自然资源部 中央农村工作领导小组办公室关于学习运用"千万工程"经验提高村庄规划编制质量和实效的通知》，下列关于村庄规划编制的说法，不准确的是(　　)。

　　A. 在符合"管控要求，确保县域村庄建设边界规模不增加的前提下，可结合县乡级国土空间规划优化村庄建设边界

　　B. 结合实际加强村庄规划编制分类指导，尽快实现村庄规划编制全覆盖

　　C. 重点发展村庄可单独编制村庄规划，或多个村庄合并编制

　　D. 城镇开发边界内及边界处已明确城镇化任务的村庄，可纳入城镇控制性详细规划统筹编制

025. 依据《国土空间规划调查、规划、用途管制用地用海分类指南》，下列不属于相同一级地类的是(　　)。

　　A. 水浇地　　　　　　　　　　　　　B. 水田

　　C. 园地　　　　　　　　　　　　　　D. 旱地

026. 依据《市级国土空间总体规划编制指南（试行）》，下列关于规划分区说法，错误的是(　　)。

　　A. 农田保护区指永久基本农田相对集中需要严格保护区域

　　B. 城镇发展区是城镇开发边界围合的范围

　　C. 城镇发展区由集中建设区、弹性发展区、特别用途区构成

　　D. 生态控制区指生态保护红线集中划定的区域

027. 依据《自然资源部办公厅关于严守底线规范开展全域土地综合整治工作有关要求的试点通知》，下列关于土和土地综合整治的说法，错误的是(　　)。

　　A. 确需要对少量破碎的耕地和永久基本农田进行布局调整的，按总体稳定、优化微调原则稳妥有序推进

B. 已建高标准农田、有良好水利灌溉设施的耕地，应当优先划入永久基本农田，已划入的原则上不得调出

C. 确需对生态保护红线用地边界进行调整的，在确保红线面积不减少、生态系统功能不降低前提下，稳妥有序实施

D. 原则上不得以土地综合整治名义调整城镇开发边界

028. 下列设施用海空间属于交通运输用海区的是（　　）。

A. 渔港码头　　　　　　　　　　　　B. 军港码头

C. 游艇码头　　　　　　　　　　　　D. 邮轮码头

029. 下列关于带形城市空间结构与形态特征的说法，正确的是（　　）。

A. 城市建成区轮廓长短轴比小于 4：1

B. 除主中心区外，往往需要形成分区中心

C. 只有一个中心属于一元化结构

D. 由两个以上相对独立主体团块和若干基本团块组成

030. 下列关于不同地貌类型城市布局形态说法，正确的是（　　）。

A. 平原地区城市可以自由拓展，多呈分散式布局

B. 丘陵山地城市依托地形，采用放射型布局

C. 海边城市多呈狭长带布局

D. 河网地区的城市，多采用集中式布局

031. 下列关于风向风速对城市用地布局影响说法，正确的是（　　）。

A. 全年只有一个盛行风向时，工业用地应放置在最小风频的下风向

B. 全年有两个盛行风向时，工业区与居住区一般可分别布置在盛行风向的两侧

C. 静风占优势的城市居住用地可与工业用地穿插布局

D. 有台风、季风风暴威胁的城市道路走向和绿地分布宜顺应其盛行风向

032. 下列关于城市仓储用地布局的说法，正确的是（　　）。

A. 小城市仓储用地宜分散布置

B. 大城市仓储用地宜分散布置

C. 占地大的仓储用地宜布置在城区

D. 仓储用地布置宜靠近铁路车站、公路或河流

033. 下列关于城市用地布局与交通系统关系的说法，不正确的是（　　）。

A. 快速路、主干路是城市的骨架，主要服务城市长距离机动车交通出行

B. 次干路联系主干路与支路，主要服务城市中距离交通出行

C. 支路在城市形成完整的路网，主要服务短距离交通出行

D. 快速路、主干路、次干路，支路需要合理的级配和结构

034. 下列关于城市综合交通体系规划原则的说法，不正确的是（　　）。

A. 满足私人小汽车出行需求

B. 优化发展各类共享交通模式

C. 构建多样化、多层次的公共交通服务体系

D. 强化公共交通对城市功能提升的引导作用

035. 下列关于城市道路系统规划的说法，不正确的是（　　）。

A. 工业区道路围合的街区尺度相对较大

B. 商业区道路围合的街区尺度相对较小

C. 次干路和支路路网密度与城市规模关系大

D. 快速路和主干路路网密度与城市规模关系小

036. 下列关于城市公共交通规划的说法，不准确的是(　　)。

A. 城市公共交通走廊宜设置专用公共交通路权

B. 城市公共汽电车场站一般在城区内均衡设置

C. 城市快速公共汽电车交通停车场宜设置在线路起、终点附近

D. 城市轨交起、终点站宜设置在城市主要客流集散点

037. 下列关于城市用地与交通系统规划的说法，不准确的是(　　)。

A. 推动人、城、产、交通一体化发展

B. 鼓励公交站点周边土地混合使用

C. 强化机动车交通对城市空间优化的引导作用

D. 增强区域、市域、城乡交通服务

038. 下列关于打造绿色安全慢行系统的说法，不准确的是(　　)。

A. 强化互联网租赁自行车环境治理

B. 构建连续的步行和自行车网络系统

C. 加快实施机非分离，减少混合交通

D. 推进轨交站点周边机动车行车环境整治

039. 下列关于城市客运枢纽规划的说法，不准确的是(　　)。

A. 城市综合客运枢纽应方便连接对外交通联系通道

B. 城市综合客运枢纽应设置城市公共交通衔接设施

C. 城市公共交通枢纽宜设置社会机动车立体停车设施

D. 城市公共交通枢纽宜与城市大型公共建筑合并设置

040. 下列属于防洪体系中工程措施的是(　　)。

A. 水库调洪

B. 泥石流防治

C. 行洪通道维护

D. 蓄滞洪区管理

041. 下列关于水源保护的说法，不正确的是(　　)。

A. 城市规划水源和备用水源都应划定水源保护区

B. 采用暗渠输水的供水工程应在其两侧一定范围划定水源保护区

C. 地表水饮用水水源保护区包含一定范围的水域和陆域

D. 对滨海城市的地下水源，应采取限制隔离等措施，防止海水入侵

042. 燃气管道埋设覆土厚度为 0.5m 时，下列适用的情形是(　　)。

A. 埋设在水田下

B. 埋设在机动车道下

C. 埋设在非机动车道下

D. 埋设在机动车不可能达到的地方

043. 下列关于生活垃圾收集点布局的说法，不准确的是(　　)。

A. 封闭式住宅小区应设置生活垃圾收集点

B. 新建住宅小区应设置装修垃圾收集点

C. 城市高层写字楼应指定大件垃圾投放场所

D. 村庄生活垃圾收集点应按行政村设置

044. 依据防洪法，下列不属于防洪规划主要内容的是（　　）。

A. 确定河湖水系的位置和容量

B. 确定防洪对象、治理目标和任务

C. 规定洪泛区、蓄滞洪区和防洪保护区

D. 规定蓄滞洪区的使用原则

045. 下列关于城市消防安全布局的说法，不准确的是（　　）。

A. 城市建设用地范围内应控制汽车加油站的规模和布局

B. 城市建设用地范围内新建易燃易爆危险品场所或设施安全距离，应控制在其总用地范围内

C. 城市地下空间应严格限制建设规模，避免大面积相互贯通连接

D. 特勤消防站的辖区面积应大于普通消防站的辖区面积

046. 下列关于供热管网布置形式的说法，不准确的是（　　）。

A. 蒸汽管网应采用枝状管网布置

B. 蒸汽管网可采用地上架空敷设

C. 热水管网应连接成环状管网

D. 热水管网应采用地下敷设

047. 下列关于推进历史文化遗产活化利用的说法，不准确的是（　　）。

A. 坚持以用促保，让历史文化遗产在有效利用当中促进城市和乡村的公众时代记忆

B. 加大文物开放力度，利用具备条件的文物建筑作为博物馆等文化设施

C. 通过加建、改建和添加设施等方式活化历史建筑、工业建筑等，使之符合时代生产生活需要

D. 探索农业文化遗产、灌溉工程遗产保护与发展路径，促进生态旅游发展，推动乡村振兴

048. 下列关于市县国土空间总体规划中优化全域空间秩序的说法，不正确的是（　　）。

A. 以城镇空间为主，对优化空间结构和空间形态提出框架性导控建议

B. 梳理并制定适合全域尺度开放空间，结合形态与功能对结构性绿地、水体等提出布局建议

C. 提出大尺度开放空间的导控要求，组织有序、结构清晰、功能完善的绿色开放空间网络

D. 总结市县域整体特色风貌，提出需重点保护的特色空间特色要素及其框架性导控要求

049. 下列关于历史文化街区内建构筑物保护利用要求的说法，不准确的是（　　）。

A. 核心保护物范围内新建必要的基础设施和公共服务设施应与历史风貌协调

B. 街区内建筑物的使用应根据居民当代生活需要改善内部设施，确保安全合理利用

C. 建设控制地带内新建、改建建筑的高度、体量、色彩、肌理等应与核心保护范围内的历史风貌协调

D. 历史建筑设置户外广告应不破坏建筑外观和景观环境

050. 下列关于历史文化名城保护规划中各类保护界限划定的说法，不准确的是（　　）。

A. 应划定历史城区范围，可根据保护需要划定环境协调区

B. 对未列入历史文化街区的历史地段，可参照历史文化街区的划定方法确定保护范围界线

C. 文物保护单位保护范围和建设控制地带的界线应以各级人民政府公布的界线为基本依据

D. 历史文化名城内历史建筑的保护范围应为历史建筑本身和必要的建设控制地带

051. 历史文化街区保护范围内的文物保护单位、历史建筑、传统风貌建筑的总用地面积不应小于核心保护范围内建筑总用地面积的(　　)。

A. 60%　　　　　　　B. 65%　　　　　　　C. 70%　　　　　　　D. 75%

052. 下列关于历史文化名镇、名村的总体保护策略和规划措施，不准确的是(　　)。

A. 协调新镇区与老镇区、新村与老村的发展关系

B. 对常规消防车辆无法通行的街巷提出具体的改扩建措施

C. 应对布置在保护范围内的生产、储存爆炸性、易燃性、放射性、毒害性、腐蚀性物品的工厂、仓库等，提出迁移方案

D. 应对保护范围内污水、废气、噪声、固体废弃物等环境污染提出具体治理措施

053. 依据《中华人民共和国国民经济和社会发展第十四个五年规划和 2035 年远景目标纲要》，下列片区中，不属于城市更新中改造提升存量片区的是(　　)。

A. 城中村　　　　　　　　　　　　　　B. 旧城镇

C. 老旧小区　　　　　　　　　　　　　D. 老旧厂区

054. 依据自然资源部办公厅《支持城市更新的规划与土地政策指引（2023 版）》，下列属于国土空间总体规划阶段城市更新工作内容的是(　　)。

A. 明确重点推进的更新区域和重大更新项目

B. 对更新对象组合采用保护传承整治改善、改造提升、再开发和微改造等更新方式

C. 确定更新实施单元的主导功能

D. 应用城市设计理念和方法，提高城市空间场所品质

055. 依据《全国湿地保护规划（2022—2030 年）》，下列不属于"三区四带"国家生态储群期保护修复格局中"三区"的是(　　)。

A. 黄河重点生态区　　　　　　　　　　B. 长江重点生态区

C. 青藏高原生态屏障区　　　　　　　　D. 北方防沙生态屏障区

056. 依据自然资源部办公厅《支持城市更新的规划与土地政策指引（2023 版）》，将城市更新要求融入国土空间规划体系，下列说法错误的是(　　)。

A. 拟定近期城市更新任务清单，并纳入国土空间总体规划的近期行动计划

B. 国土空间详细规划是实施整治更新的法定依据

C. 更新实施单元详细规划是更新规划单元详细规划编制的依据

D. 将有关城市更新的国土空间规划要求纳入国土空间规划"一张图"实施监督

057. 下列关于市级国土空间总体规划中近期行动计划重点内容的说法，正确的是(　　)。

A. 划分详细规划单元，加强对详细规划的指引和传导

B. 编制重大项目清单，提出规划实施的支撑政策

C. 建立多渠道的公众参与和社会协同机制

D. 落实和细化主体功能区等政策，提出有针对性、可操作的规划实施政策措施

058. 下列关于提高国土空间详细规划针对性和可实施性的说法，错误的是(　　)。

A. 以国土调查、地籍调查、不动产登记等法定数据为基础

B. 加强人口、经济社会、历史文化、自然地理和生态、景观资源等方面调查

C. 按照《国土空间规划城市体检评估规程》，深化规划地块的体检评估

D. 找准空间治理问题短板，明确功能完善和空间优化的方向

059. 下列关于国土空间详细规划落实总体规划要求的说法，错误的是(　　)。

A. 落实耕地和永久基本农田、生态保护红线、城镇开发边界以及城市四线等各类底线边界及管控要求

B. 具体落实基础设施、公共管理与公共服务设施、绿地广场等配置要求

C. 根据实际管理要求，可对特别用途区与弹性发展区管控进行调整，纳入详细规划一并报批

D. 可结合地形地貌、用地勘界、产权边界等精度差异问题，对城镇开发边界和城市控制线进行必要修正

060. 下列关于国土空间详细规划地块控制指标的说法，不准确的是(　　)。

A. 地块容积率、建筑密度、建筑高度、停车配建为刚性控制内容

B. 工业用地绿地率采用上限控制

C. 有特殊要求的用地，可同时规定上限和下限

D. 工业用地建筑高度应考虑相关工艺要求综合确定

061. 依据国务院《关于规划建设保障性住房的指导意见》，下列关于保障性住房建设要求的说法，错误的是(　　)。

A. 保障性住房以出让方式供应土地，涉及变更土地用途的，需补缴土地价款

B. 支持利用闲置低效工业、商业、办公等非住宅用地建设保障性住房

C. 保障性住房应优先安排在交通便利、公共设施较为齐全的区域

D. 各项配套设施建设和公共服务供给，应与保障性住房同步规划、同步建设、同步交付

062. 依据《社区生活圈规划技术指南》下列关于社区生活圈服务要素差异性配置的原则，不准确的是(　　)。

A. 尊重地区发展差异　　　　　　　B. 应对户籍人口需求

C. 适应建设用地条件　　　　　　　D. 符合地方环境特点

063. 依据《城市居住区规划设计标准》，住宅建筑的平均层数是指(　　)。

A. 所有住宅的层数与住宅幢数的比值

B. 中高层与多层住宅的层数与住宅幢数的比值

C. 住宅建筑总面积与住宅建筑基底总面积的比值

D. 中高层与多层住宅的建筑总面积与住宅基底总面积的比值

064. 依据《中共中央 国务院关于学习运用"千村示范、万村整治"工程经验有力有效推进乡村全面振兴的意见》，下列关于"千村示范、万村整治"工程经验的说法，正确的是(　　)。

A. 从农村环境整治入手　　　　　　B. 从农村基层治理入手

C. 从乡村产业发展入手　　　　　　D. 从乡村文化传承入手

065. 依据自然资源部办公厅《乡村振兴用地政策指南（2023年）》，下列关于农村宅基地管理规定的说法，不准确的是(　　)。

A. 严禁买卖农村宅基地

B. 严禁随意撤并村庄搞大社区

C. 禁止违背村民意愿强制流转宅基地

D. 禁止以退出宅基地作为村民进城落户的条件

066. 依据中共中央办公厅、国务院办公厅印发的《乡村建设行动实施方案》，下列关于实施农

房质量安全提升工程的说法，不准确的是(　　)。

A. 农房建设要满足质量安全和抗震设防要求，推动配置水暖厨卫等设施

B. 新建农房要避开自然灾害易发地段，顺地形地貌，不随意切坡填方弃渣

C. 以用于自住的村民自建房为重点，深入开展农村房屋安全隐患排查整治

D. 以农村房屋及配套设施建设为主体，完善农村工程建设项目管理制度

067. 依据《都市圈国土空间规划编制规程》，下列关于都市圈国土空间规划的说法，不准确的是(　　)。

A. 都市圈以辐射带动能力强的城市为核心，以一小时交通通勤圈为基本范围

B. 都市圈国土空间规划不属于国土空间专项规划

C. 综合交通体系布局应以推动中心城市与周边地区同城化为目标

D. 应提出对重要自然和文化遗产的整体协同保护利用要求

068. 下列关于流域型国土空间规划的说法，错误的是(　　)。

A. 应按照主体功能定位推动区域发展

B. 应完善流域资源配置，优化国土空间开发保护格局

C. 应统筹划定"三区三线"

D. 应将上下游、干支流、水上岸上、点源面源作为一个整体综合治理

069. 下列关于市县级矿产资源总体规划的说法，不准确的是(　　)。

A. 市县级矿产资源总体规划是矿产资源规划体系中最具操作性的规划

B. 应划定本级审批发证矿业权的勘查规划区块和开采规划区块

C. 科学提出各类矿产资源开采总量和矿山数量控制要求

D. 明确本区域内绿色矿山建设的时间表、路线图

070. 依据《全国湿地保护规划（2022—2030 年）》，不属于"三区四带"国家生态保护修复格局中东北森林带区域的保护修复主攻方向的是(　　)。

A. 强化重点区域沼泽湿地保护管理

B. 保障森林带生态安全

C. 强化候鸟迁徙停歇地、繁殖地保护管理

D. 综合治理水土流失

071. 依据《城市绿地规划标准》，下列有关专类公园选址的说法，错误的是(　　)。

A. 植物园应选址在水源充足、土质良好的区域，宜有丰富的现状植被和地形地貌

B. 野生动物园应选址在河流下游和下风向的城市近郊区域

C. 体育健身公园应选在邻近城市居住区的区域

D. 儿童公园应选址在地势较平坦、安静、避开污染源、与居住区交通联系便捷的区域

072. 下列不属于城市地下空间规划优先布局设施的是(　　)。

A. 地下交通设施　　　　　　　　　　B. 地下防灾设施

C. 地下市政公用设施　　　　　　　　D. 地下商业服务业设施

073. 下列关于城市设计与建筑设计关系的说法，正确的是(　　)。

A. 城市设计是扩大规模的建筑设计

B. 城市设计与建筑设计在空间形态上具有连续性

C. 城市设计导则的作用在于保证最好的建筑设计和形体空间质量

D. 城市设计最终可以归结为建筑形体设计

074. 依据凯文·林奇的城市意象理论，有效的环境意向应具备的三个特征是(　　)。

A. 可选性，连续性，多样性   B. 个性，结构，意义

C. 必要性，活动性，可选性   D. 图底，场所，链接

075. 对城市色彩具有决定影响的是(   )。

     A. 城市性质   B. 城市规模

     C. 城市经济结构   D. 城市地域属性

076. 依据《自然资源部 生态环境部 国家林业和草原局关于加强生态保护红线管理的通知（试行)》以下关于生态保护红线调整的说法，不准确的是(   )。

     A. 未经批准已划定的生态保护红线，严禁擅自调整

     B. 依法改变的探矿权逆转采矿权的，可按相关程序对生态保护红线相应调整

     C. 依据资源环境承载能力监测、生态保护重要性评价和五年评估的情况，可按相关程序报国务院批准后，对生态保护红线作相应调整

     D. 自然保护地边界发生调整的，可按相关程序对生态保护红线作相应调整

077. 依据《自然资源部关于加强和规范规划实施监督管理工作的通知》，下列关于国土空间规划实施的说法，不准确的是(   )。

     A. 经依法批准的国土空间规划是开展各类国土空间开发保护建设活动、实施统一用途管制的基本依据

     B. 总体规划、详细规划和专项规划是实施城乡发展建设、整治更新、保护修复活动和核发规划许可的法定依据整

     C. 详细规划的编制和修改，不得违反上位总体规划的底线管控要求和强制性内容

     D. 经依法批准的详细规划应纳入国土空间规划"一张图"实施监督系统

078. （改）依据《国土空间规划城市体检评估规程》，下列关于体检评估基本指标内涵的表述，错误的是(   )。

     A. 城镇人均住房面积为城镇住房建筑总面积与城镇常住人口规模的比值

     B. 消防救援 5 分钟可达覆盖率为全域范围内消防站 5 分钟车行范围覆盖面积占全域总面积的比例

     C. 每千人口医疗卫生机构床位数为每千名常住人口拥有的各类医疗卫生机构床位数

     D. 每千名老年人养老床位数为每千名名 60 岁以上老年人拥有的养老床位数

079. 依据《城区范围确定规程》，下列关于确定城区范围的说法，错误的是(   )。

     A. 城区最小统计单元为街道办事处（镇）所辖区域

     B. 先明确城区实体地域范围，再依次确定城区初始范围、城区范围

     C. 城区范围确定成果包括矢量数据、统计数据和其他相关材料

     D. 充分应用相关市政公用设施和公共服务设施空间数据

080. 依据《全国国土空间规划实施监测网络建设工作方案（2023—2027 年)》，下列关于全国国土空间规划实施监测网络的说法，错误的是(   )。

     A. 建设任务由业务联动网络、信息系统网络两个层面的工作构成

     B. 应严格网络和数据安全管理，保护国家秘密、商业秘密和个人隐私

     C. 充分利用已有信息化工作基础，不另建平台系统

     D. 不改变国土空间规划监管职责与工作分工

二、多项选择题（共 20 题，每题 1 分。每题备选项中有 2—4 个符合题意，多选、错选、漏选均不得分。）

081. 城市作为一个复杂巨系统，其子系统有(   )。

A. 经济运行子系统　　　　　　　　B. 政治社会子系统

C. 空间环境子系统　　　　　　　　D. 自然资源子系统

E. 要素流动子系统

082. 城镇化的动力机制有(　　)。

A. 农业剩余贡献　　　　　　　　　B. 工业化推进

C. 资源保护利用　　　　　　　　　D. 比较利益驱动

E. 市场机制导向

083. 下列属于格迪斯规划学说观点的是(　　)。

A. 把地域环境和局限作为城市发展与规划的研究基础

B. 把城市建设的一切问题均应以城市交通问题为前提

C. 规划应包括若干城市及其周围所影响的整个区域

D. 把大城市区域分解为若干相对独立又相互关联的集中点

E. 先诊断后治疗的城市规划工作方法

084. 新中国成立至第一个五年计划的城市建设工作主要有(　　)。

A. 整治城市环境，改善广大劳动人民的居住环境条件

B. 整修道路，增设城市公共交通和给排水设施

C. 颁布城市规划编制暂行办法

D. 决定要制定城市远景的总体规划

E. 建立城市建设管理机构，加强城市的统一管理

085. 下列关于新时代国土空间优化方向的说法，正确的是(　　)。

A. 布局的多中心网络化　　　　　　B. 结构的群落式圈层化

C. 城市的复合化社区化　　　　　　D. 品质的高端化精品化

E. 特色的地域化个性化

086. 根据《省级国土空间规划编制技术规程》，属于规划成果图的有(　　)。

A. 农产品主产区格局优化图　　　　B. 产业布局规划图

C. 国土空间规划分区图　　　　　　D. 自然保护地体系规划图

E. 生态修复和国土综合整治规划图

087. 根据《省级国土空间规划编制技术规程》，下列关于国土空间规划主要任务的说法，正确的有(　　)。

A. 明确省域国土空间保护、开发、利用、修复的战略目标

B. 提出优化国土空间开发保护布局和土地利用结构的方案

C. 提出保障和支撑省域新型城镇化和乡村振兴、促进区域协同发展的城镇空间布局

D. 明确省域内国家遗产保护的空间框架

E. 提出促进区域协调发展的社会经济政策

088. 根据《市级国土空间总体规划编制指南（试行）》，涉及海洋空间规划分区有(　　)。

A. 生态保护区　　　　　　　　　　B. 生态控制区

C. 城镇发展区　　　　　　　　　　D. 海洋发展区

E. 矿产能源发展区

089. 下列关于居住用地规划布局说法正确的有(　　)。

A. 居住用地规划布局为若干居住区，分级组织满足居民需求

B. 相比商业、服务业，一般居住用地的地租承载能力较高

C. 一般大城市的居住用地占整个城市用地比重略小于小城市

D. 在丘陵地区，居住用地宜选择在向阳、通风坡面

E. 居住用地选择应协调功能关系，减少出行的距离与时间

090. 下列关于城市道路系统规划的说法，正确的有(　　)。

A. 主干路以提高机动化交通运行效率为原则

B. 次干路应相互连通

C. 支路兼顾通过性交通

D. 保障支路密度在不同城市功能区基本相同

E. 城市土地使用高强度地区应加强步行和非机动车交通网络

091. 下列关于提高城市交通可达性、便捷性的说法，正确的有(　　)。

A. 逐步开放老城区封闭大院的内部道路

B. 打通城市中的断头路，提高道路通达性

C. 构建智能化交通体系，提升道路通行效率

D. 增加快速路、主干路的密度，提高速达性

E. 优先提高道路红线内公共交通空间比重

092. 地震后，易发生的次生灾害有(　　)。

A. 海啸　　　　　　　　　　　B. 风灾

C. 火灾　　　　　　　　　　　D. 爆炸

E. 滑坡

093. 下列应划入城市黄线范围的有(　　)。

A. 高压线走廊　　　　　　　　B. 微波通道

C. 热力走廊　　　　　　　　　D. 城市轨道车辆段

E. 机场净空区

094. 我国实行国家公园体制，主要目的是(　　)。

A. 保持自然生态系统的原真性和完整性

B. 保持生物多样性

C. 保护生态安全屏障

D. 给子孙后代留下珍贵的自然资产

E. 保障全民所有自然资源资产价值

095. 根据《关于建立以国家公园为主体的自然保护地的体系指导意见》，下列关于整合交叉重叠的自然保护地的说法，正确的有(　　)。

A. 以保持生态系统完整性为原则

B. 遵从保护面积不减少、保护强度不降低、保护性质不改变的总体要求

C. 将符合条件的优先确定为国家公园

D. 其他各类自然公园保护地的整合应以规模优先为原则

E. 可根据实际需要灵活设置保护机构

096. 下列关于全域土地综合整治试点工作的说法，正确的有(　　)。

A. 优化生产、生活、生态格局

B. 以行政村为基本实施单元

C. 确保整治区域内耕地质量有提升

D. 新增耕地面积不少于原有耕地面积的5%

097. 下列关于国土空间详细规划单元划分的说法，正确的有( )。

A. 单元划分应依据各级行政管理边界，不得突破县（区）、开发区边界

B. 跨城镇开发边界的街道（镇）应依据城镇开发边界内用地规模及主导功能与相邻单元合并

C. 面积较小、分布零散的弹性发展区，可纳入相应的集中建设区单元

D. 风景名胜区、历史城区等特定地域空间可结合相应范围单独划分单元

E. 单元划分应确保范围不重叠且无缝衔接

098. 根据《国土空间调查、规划、用途管制用地用海分类指南》，下列属于城镇社区服务设施用地的有( )。

A. 托儿所

B. 幼儿园

C. 社区服务站

D. 社区卫生服务站

E. 老年人活动中心

099. 依据《国土空间规划城市设计指南》，下列属于总体规划中心城区层面城市设计内容和要求的有( )。

A. 统筹整体空间格局，强化生态、农业和城镇空间的全域全要素统筹

B. 确立城市空间特色，对城市特色空间提出结构性导控要求

C. 提出空间秩序的框架，对城市高度、街区尺度、城市天际线、城市色彩等内容进行有序组织

D. 根据城市空间结构、特色风貌等因素，划定城市设计一般控制区和重点控制区

E. 优化片区公共空间系统，明确广场、公园滨水空间等重要开敞空间的位置、范围和设计要求

100. 依据《支持城市更新的规划与土地政策指引（2023版）》，增加土地配置方式的主要政策措施有( )。

A. 盘活利用存量低效用地

B. 规范土地复合利用

C. 妥善处理历史遗留问题

D. 促进市场供需对接

E. 加强规划实施评估

001.【解析】D。城市最早是政治统治、军事防御和商品交换的产物。"城"是由军事防御产生的，"市"是由商品交换（市场）产生的（AB正确）。在农业社会历史中，尽管出现过少数相当繁荣的城市（如我国的唐长安城和西方的古罗马城），并在城市和建筑方面留下了十分宝贵的人类文化遗产，但农业社会的生产力十分低下，对于农业的依赖性决定了农业社会的城市数量、规模及职能都是极其有限的，城市没有起到经济中心的作用，城市内手工业和商业不占主导地位，而主要是政治、军事或宗教中心（C正确）。文化复兴是指对优秀文化的重新发现、传承和发展。它强调对人类在社会历史发展过程中所创造的精神财富的重视和发扬，而这里是讲的城市起源（D错误）。故选D。

002.【解析】B。城市产生的定义：城市是人类第三次社会大分工的产物，是"城与市"功能叠加基础上的以行政和商业活动为基本职能的复杂化、多样化的客观实体（C正确）。城市功能的定义：城市是工商业活动集聚的场所，是从事工商业活动的人群聚集的场所（D正确）。城市集聚的定义：城市的本质特点是集聚，高密度的人口、建筑、财富和信

息是城市的普遍特征。区域：城市同周围区域保持紧密联系，具有控制、调整和服务等职能（A正确）。城市是区域的核心，区域是城市的基础，独立性说法错误（B错误）。故选B。

003.【解析】D。我国设市的标准一是聚集人口规模，二是城镇的政治经济地位（A正确）。根据1993年《国务院批转民政部关于调整设市标准报告的通知》，设市的标准包括人口密度、城区公共基础设施较为完善等条件（BC正确）。建筑景观标准明显错误，无此说法（D错误）。故选D。

004.【解析】A。离土不离乡，进厂不进城是指农民离开土地不离开自己的家乡，进入工厂而不进入城市的发展模式。这种模式强调将农村的剩余劳动力就近安排就业，大力发展乡镇企业和非农产业，而不是让农民迁移到城市。因此A正确、D错误。B选项乡村拟城镇化与C选项城乡二元分立明显错误。应保持乡村特色，以及消除城乡二元分立。故选A。

005.【解析】B。有形的城镇化即物质上和形态上的城镇化，具体反映在人口的集中——城镇人口比重的增大、城镇密度的加大和城镇规模的扩大；空间形态的改变——城市建设用地的增加，城市用地功能的分化、土地景观的变化；经济社会结构的变化——产业结构的变化，由第一产业向第二、第三产业的转变；社会组织结构的变化——由分散的家庭到集体的街道，从个体的、自给自营到各种经济文化组织和集团（ACD选项）。无形的城镇化即精神上、意识上的城镇化，生活方式的城镇化，具体包括城市生活方式的扩散；农村意识行为方式、生活方式转化为城市意识、方式、行为的过程；农村居民逐渐脱离固有的乡式生活态度、方式，而采取城市生活态度、方式的过程（B选项）。故选B。

006.【解析】C。14世纪以后文艺复兴时期，封建社会内部产生了资本主义萌芽，新生的城市资产阶级实力不断壮大，在有的城市中占到了统治性的地位。在人文主义思想的影响下，建设了一系列具有古典风格和构图严谨的广场和街道以及一些世俗的公共建筑。其中具有代表性的如威尼斯的圣马可广场、梵蒂冈的圣彼得大教堂等。故选C。

007.【解析】无。从城市土地使用形态出发的空间组织理论是指在城市内部，各类土地使用之间的配置具有一定的模式。为此，许多学者对此进行了研究，提出了许多的理论。其中最为基础的是同心圆理论、扇形理论和多核心理论。级差地租理论是从经济合理性出发的空间组织理论。线形城市理论是现代城市规划的早期的其他理论，是从交通因素出发的。田园城市理论是城市发展模式的理论，属于城市分散发展理论。
从城市功能组织出发、城市土地使用形态出发、经济合理性出发、城市道路交通出发、空间形态出发、城市生活出发同属于城市整体空间的组织理论的子项，故该题目题干有误，正确的题干应该是城市土地使用形态出发的理论是哪项，正确答案为D。

008.【解析】D。A项汉长安城形状不规则，并非对称布局。B项建邺城依自然地势发展，以石头山、长江险要为界，依托玄武湖防御，皇宫位于城市南北的中轴上，重要建筑以此对称布局。"形胜"是金陵城规划的主导思想，是对《周礼》城市形制理念的重要发展，突出了与自然结合的思想。C项宋临安城由于是在原有基础上发展起来的，布局较为灵活，也不是对称布局。D项元大都城具有贯穿全域轴线、对称布局特点。元大都城平面呈长方形，有明确的中轴线，宫殿及主要建筑沿中轴线对称分布，体现了规整的布局特色。故选D。

009.【解析】B。中国近代社会和城市发展中，由于现代科学技术、现代工业、现代交通的发展，新因素推动了一批新兴城市诞生和崛起（A正确）。1908年清政府颁布《城镇乡地方自治章程》标志着城乡形成了两个不同的行政系统，由此也为城市的发展在制度上予以了保证（B错误）。从20世纪初到抗日战争全面爆发的30余年间，是近代中国城市化发展的较快时期由于工商业的发展，一批大城市兴起，同时小城镇也出现了较快的发展，但城市化的发展在区域上表现出极大的不平衡性（C正确）。1937年抗日战争爆发，改变了中国历史进程，对城市发展产生了巨大影响。抗日战争时期，中国大多数大城市，特别是若干重要的政治中心和近代兴起的主要工商业城市相继为日军占领，日军对占领区实施暴虐的殖民统治和对沦陷区进行疯狂的经济掠夺，使得这些地区的城市遭受了严重破坏，人口锐减，出现严重的衰退。对于绝大多数地区而言由于战争连续不断，战争的规模大、持续时间长，所造成的破坏巨大，从而使城市发展整体出现停滞甚至衰退，但局部地区，如西部地区的一些城市，如重庆、成都、西安兰州、昆明等则由于东部大量人口和经济设施的迁入而出现了较快发展（D正确）。故选B。

010.【解析】C。高新技术园区通常是由多个相关性的企业集聚在一定的区域范围内而形成的，由于这样的集聚性形成了特定的经济和空间结构，可以发挥更为有效的互动作用。

1）概念。企业集群主要是指地方企业集群，是一组在地理上靠近的相互联系的公司和关联的机构，它们同处在一个特定的产业领域，由于具有共性和互补性而联系在一起。

2）更需要形成地方性联系的产业。①新产业，由于产品发展快速及进入本地市场的需要，因而需要与当地专家或顾客面对面的交流，对地方的依赖性比成熟产业更强。②以非标准化或为顾客定制的产品为主的制造业，需要与顾客面对面的信息交流，地方联系相对较强。③生产过程连续的产业，如炼油、石化原料、塑料加工等，由于生产过程及生产设备具有不可分的特点，不同工厂之间彼此接近，常常在同一地点完成全部生产活动，所以地方联系较强（B错误）。

3）企业集群的特点。①同业和相关产业的很多公司在地理上集聚。②有支撑的制度结构。③企业在地方网络中密集地交易、交流和互动（C正确）。

4）企业集群创新的条件。尽管硬环境（完善的基础设施、相邻的大学、便利的交通等）可以成为创新的条件，但它并不必然能够诱使创新的发生，而软环境，即企业与企业之间、人与人之间正式的与非正式的交流沟通，则为创新提供机会。而在应对技术变化以及商业环境变化的过程中，本地的经济行为主体之间通过大量的正式交易和非正式的交流所建立的关系，是其他地方不能模仿的关键资源，这是创新得以形成的最基本条件（AD错误）。故选C。

011.【解析】B。ACD选项为克鲁姆·霍尔兹提出以社会公平为目的的城市规划在推进过程中需要注意和不断改进的内容。

克鲁姆·霍尔兹通过实证性的研究，回顾了20世纪70年代后公平规划实施的状况，提出以社会公平为目的的城市规划在推进过程中需要注意和不断改进的内容：①倡导性规划和公平规划是社会弱势群体表示自己意愿的重要途径，从而也是解决城市危机的一种方法（A正确）；②规划师要抓住各种提出动议的机会并明确他们与城市和市民的真正需求相关的角色，从而将有关议程引领到对公平目的的实现上；③实现公平规划，采纳一个清晰界定的目标是必要的步骤，缺乏了这样一个明确的目标，规划师就很难来回答怎样更好配置有限的机构资源的问题；④对平等目标的追求要求规划师将注意力集中在决策过程，但这种注意力的集中应该是用明确的、相关的信息，而不是用浮夸的信息来做到的，通常而言，在决策过程中，那些拥有确切信息并知道他们能达到的结果的人，相对于其他参与者具有更多的优势，因此，规划师只有拥有了这样的信息和知识才不会受制于政治和商业领袖，才能引领这些人走向更为公平的目标；⑤规划师必须成为具体行动的长期参与者，才有可能对最后的结果产生影响（D正确）；⑥规划师既要很好地为规划委员会服务并接受其领导，但又不限于规划委员会对规划工作的限定，以吸引更多的人参与规划问题的讨论；⑦使用者导向的、以解决问题为目的的规划可以将公平目标和公平规划发扬光大（C正确）；⑧尽管规划机构是引起社会改革的较弱的平台，但通过改变方向以达到公平是完全可能的，规划师的工作将对这种改变作出贡献。故选B。

012.【解析】C。根据《社区生活圈规划技术指南》TD/T 1062—2021的"4.1 规划原则"，社区生活圈规划应遵循的原则包括：①坚持以人民为中心的思想；②贯彻新发展理念；③突出问题导向和目标导向；④强化系统治理；⑤因地制宜塑造特色生活圈。C符合题意，ABD不符合题意，故选C。

013.【解析】B。合理确定新增建设用地规模是节约集约用地的重要要求之一，可以避免盲目扩张和土地浪费（A正确）。强化节约集约用地评价能够促使各地更加重视土地的高效利用（C正确）。大力推广节地模式有助于提高土地利用效率，实现节约集约用地（D正确）。城镇低效用地再开发政策体系应是政府引导、市场运作，而不是市场主导，政府在其中应发挥重要的规划引导、政策支持和监管作用（B错误）。故选B。

014.【解析】B。根据《自然资源部关于全面开展国土空间规划工作的通知》，各地不再新编和报批主体功能区规划（A选项）、土地利用总体规划（C选项）、城镇体系规划、城市（镇）总体规划、海洋功能区划（D选项）等；已批准的规划期至2020年后的省级国土规划、城镇体系规划、主体功能区规划，城市（镇）总体规划，以及原省级空间规划试点和市县"多规合一"试点等，要按照新的规划编制要求，将既有规划成果融入新编制的同级国土空间规划中。故选B。

015.【解析】D。《中共中央 国务院关于建立国土空间规划体系并监督实施的若干意见》的第（十一）条"强化规划权威"规定，规划一经批复，任何部门和个人不得随意修改、违规变更，防止出现换一届党委和政府改一次规划。下级国土空间规划要服从上级国土空间规划，相关专项规划、详细规划要服从总体规划；坚持先规划、后实施，不得违反国土空间规划进行各类开发建设活动；坚持"多规合一"，不在国土空间规划体系之外另设其他空间规划。相关专项规划的有关技术标准应与国土空间规划衔接。因国家重大战略调整（A选项）、重大项目建设或行政区划调整（BC选项）等确需修改规划的，须先经规划审批机关同意后，方可按法定程序进行修改。对国土空间规划编制和实施过程中的违规违纪违法行为，要严肃追究责任。D选项符合题意，应选D。

016.【解析】D。《中共中央 国务院关于建立国土空间规划体系并监督实施的若干意见》的"一、重大意义"规定，各级各类空间规划在支撑城镇化快速发展、促进国土空间合理利用和有效保护方面发挥了积极作用，但也存在规划类型过多、内容重叠冲突，审批流程复杂、周期过长，地方规划朝令夕改等问题。建立全国统一、责权清晰、科学高效的国土空间规划体系，整体谋划新时代国土空间开发保护格局，综合考虑人口分布、经济布局、国土利用、生态环境保护等因素，科学布局生产空间、生活空间、生态空间，是加快形成绿色生产方式和生活方式、推进生态文明建设（A选项）、建设美丽中国的关键举措，是坚持以人民为中心、实现高质量发展和高品质生活（BC选项）、建设美好家园的重要手段，是保障国家战略有效实施、促进国家治理体系和治理能力现代化（D错误，应为治理能力现代化）、实现"两个一百年"奋斗目标和中华民族伟大复兴中国梦的必然要求。故选D。

017.【解析】B。根据《资源环境承载能力和国土空间开发适宜性评价指南（试行）》附录 A 省级本底评价方法中的"A.1.1.2 水土保持功能重要性"，将坡度不小于 25 度（华北、东北地区可适当降低）且植被覆盖度不小于 80% 的森林、灌丛和草地确定为水土保持极重要区。B 选项符合题意，应选 B。

018.【解析】C。由《市县国土空间开发保护现状评估技术指南》附件 1 市县国土空间开发保护现状评估的基本指标可知，河湖水面率为评估基本指标。基本指标分为底线管控、结构效率、生活品质三类。高标准农田面积占耕地总面积的比例（A 选项）、常住人口城镇化率（B 选项）、防洪堤防达标率（D 选项）均为推荐指标，故选 C。

019.【解析】C。根据《省级国土空间规划编制技术规程》GB/T 43214—2023 主体功能分区类型，主体功能区由国家级主体功能区和省级主体功能区组成，省级主体功能区包括省级城市化发展区、农产品主产区和重点生态功能区，以及省级自然保护地、战略性矿产保障区、特别振兴区等重点区域名录。城市化发展区、农产品主产区、重点生态功能区是必备类型区。ABD 属于必备类型区，应选 C。

020.【解析】A。依据《市级国土空间总体规划编制指南（试行）》附录表 E.1 规划指标体系表，A 选项中心城区公园绿地、广场步行 5 分钟覆盖率为中心城区约束性指标，BCD 选项均为中心城区预期性指标。应选 A。

021.【解析】C。依据《市级国土空间总体规划编制指南（试行）》，规划分区分为一级规划分区和二级规划分区。一级规划分区包括以下 7 类：生态保护区、生态控制区（A 选项）、农田保护区，以及城镇发展区、乡村发展区（B 选项）、海洋发展区、矿产能源发展区（D 选项）。城镇发展区、乡村发展区、海洋发展区分别细分为二级规划分区，各地可结合实际补充二级规划分区类型。城镇弹性发展区属于城镇发展区的二级分区。故选 C。

022.【解析】A。依据《市级国土空间总体规划编制指南（试行）》，市级总规中强制性内容应包括：①约束性指标落实及分解情况，如生态保护红线面积、用水总量、永久基本农田保护面积等；②生态屏障、生态廊道和生态系统保护格局（D 选项）、自然保护地体系（C 选项）；③生态保护红线（B 选项）、永久基本农田和城镇开发边界三条控制线；④涵盖各类历史文化遗存的历史文化保护体系，历史文化保护线及空间管控要求；⑤中心城区范围内结构性绿地、水体等开敞空间的控制范围和均衡分布要求；⑥城乡公共服务设施配置标准，城镇政策性住房和教育、卫生、养老、文化体育等城乡公共服务设施布局原则和标准；⑦重大交通枢纽、重要线性工程网络、城市安全与综合防灾体系、地下空间、邻避设施等设施布局。A 项生态控制区属于规划分区类型，非强制性内容，应选 A。

023.【解析】C。根据《主体功能区优化完善技术指南》TD/T 1087—2023 附录 B，围绕农业功能优势度、生态功能优势度、城镇功能优势度 3 个方面，选取 7 个指标进行评估。其中，农业功能优势度包括耕地和永久基本农田、农产品产量 2 个指标；生态功能优势度包括生态保护红线、自然保护地、生态保护重要性 3 个指标（ABD 选项），生态脆弱性不是评估体系的要素，故选 C；城镇功能优势度包括经济集聚能力和人口集聚能力 2 个指标。

024.【解析】B。根据《自然资源部 中央农村工作领导小组办公室 关于学习运用"千万工程"经验提高村庄规划编制质量和实效的通知》的"一、加强县域统筹，整体优化宜居宜业和美乡村布局"，确保县域村庄建设边界规模不超过 2020 年度国土变更调查村庄用地（203）规模的前提下，可结合县乡级国土空间规划优化村庄建设边界（A 正确）。根据"二、从实际出发，分类有序推进村庄规划编制"，各地要结合实际加强村庄规划编制分类指导，推进有需求、有条件的村庄编制村庄规划，不下达完成指标和完成时限，不盲目追求村庄规划编制"全覆盖"，不要求编制工作进度"齐步走"和成果深度"一刀切"（B错误）；重点发展村庄可单独编制村庄规划，或多个村庄合并编制，或与乡镇级国土空间规划联合编制（C正确）；城镇开发边界内及边界处已明确城镇化任务的村庄，可纳入城镇控制性详细规划统筹编制（D正确）。故选B。

025.【解析】C。依据《国土空间调查、规划、用途管制用地用海分类指南》，水浇地、水田、旱地属于二级类，同属于01耕地，园地属于一级类。故选C。

026.【解析】D。依据《市级国土空间总体规划编制指南（试行）》附录表B.1规划分区建议，农田保护区为永久基本农田相对集中需严格保护的区域（A正确）；城镇发展区为城镇开发边界围合的范围，是城镇集中开发建设并可满足城镇生产、生活需要的区域（B正确）；城镇发展区由集中建设区、弹性发展区、特别用途区三个二级规划分区构成（C正确）；生态控制区为生态保护红线外，需要予以保留原貌、强化生态保育和生态建设、限制开发建设的陆地和海洋自然区域（D错误）。故选D。

027.【解析】C。根据《自然资源部办公厅关于严守底线规范开展全域土地综合整治试点工作有关要求的通知》的"（二）严禁调整生态保护红线，保护生态空间"，土地综合整治涉及生态保护红线内零星破碎、不便耕种、以"开天窗"形式保留的永久基本农田，在保持生态保护红线外围边界不变、不破坏生态环境的前提下，可以适度予以整治、集中，确保生态保护红线面积不减少、生态系统功能不降低、完整性联通性有提升。严禁以土地综合整治名义调整生态保护红线。严禁破坏生态环境砍树挖山填湖，严禁违法占用林地、湿地、草地，不得采伐古树名木，不得以整治名义擅自毁林开垦。C选项中生态保护红线是严禁调整的，故选C。

028.【解析】D。根据主导功能判断，渔港码头属于渔业用海，军港码头属于特殊用海，游艇码头属于游憩用海，邮轮码头属于交通运输用海。故选D。

《国土空间调查、规划、用途管制用地用海分类指南》表A节选

20	交通运输用海	指用于港口、航运、路桥、机场等交通建设的海域及无居民海岛
2001	港口用海	指供船舶停靠、进行装卸作业、避风和调动的海域，包括港口码头、引桥、平台、港池、堤坝及堆场（仓储场）、铁路和公路转运场站等所使用的海域及无居民海岛
2002	航运用海	指供船只航行、候潮、待泊、联检、避风及进行水上过驳作业的海域
2003	路桥隧道用海	指用于建设连陆、连岛等路桥工程及海底隧道海域，包括跨海桥梁、跨海和顺岸道路、海底隧道等及其附属设施所使用的海域及无居民海岛
2004	机场用海	指用于建设海上机场及其附属设施所使用的海域及无居民海岛
2005	其他交通运输用海	指用于港口、航运、路桥、海上机场以外的交通运输用海。不包括油气开采用连陆、连岛道路和栈桥等所使用的海域

029.【解析】B。城市建成区轮廓长短轴比小于4：1一般指的是集中型城市形态的特征，而带形城市建成区主体平面形状的长短轴之比大于4：1，并明显呈单向或双向发展（A错误）。带形城市由于空间狭长，除主中心区外，往往需要形成分区中心，以方便居民的生活和城市的管理（B正确）。带形城市通常有多个中心，并非只有一个中心的一元化结构（C错误）。由两个以上相对独立主体团块和若干基本团块组成的是组团型城市的特征，

而不是带形城市（D 错误）。故选 B。

030.【解析】C。平原地区城市可以自由拓展，多呈集中式布局，而不是分散式布局（A 错误）。丘陵山地城市依托地形，多采用组团式布局，而不是放射型布局（B 错误）。海边城市受海洋限制，多呈狭长带布局（C 正确）。河网地区的城市，多采用分散式布局，而不是集中式布局（D 错误）。故选 C。

031.【解析】B。全年只有一个盛行风向时，工业用地应放置在最小风频的上风向，居住区在最小风频的下风向，这样可以减少工业对居住区的污染（A 错误）。全年有两个盛行风向时，工业区与居住区一般可分别布置在盛行风向的两侧，这样可以减少工业对居住区的污染（B 正确）。静风占优势的城市，工业产生的废气不易扩散，居住用地不宜与工业用地穿插布局（C 错误）。有台风、季风风暴威胁的城市道路走向和绿地分布宜与盛行风向垂直，以减少风灾影响，而不是顺应其盛行风向（D 错误）。故选 B。

032.【解析】D。小城市仓储用地宜集中布置（A 错误）；大城市仓储用地宜集中与分散相结合布置（B 错误）；占地大的仓储用地宜布置在郊区（C 错误）；仓储用地布置宜靠近铁路车站、公路或河流（D 正确）。故选 D。

033.【解析】C。各级城市道路都是组织城市的骨架，又是城市交通的通道，要根据城市用地布局和交通强度的要求来安排各级城市道路网络的布局。城市中各级道路（网）的性质、功能与城市用地布局结构的关系表现为城市道路的功能布局。快速路网主要为城市组团间的中、长距离交通和连接高速公路的交通服务，宜布置在城市组团间的隔离绿地中，以保证其快速和交通畅通。城市主干路网是遍及全市城区的路网，主要为城市组团间和组团内的主要交通流量、流向上的中、长距离交通服务（AB 正确）。城市次干路网是城市组团内的路网（在组团内成网），与城市主干路网一起构成城市的基本骨架和城市路网的基本形态，主要为组团内的中、短距离交通服务（D 正确）。城市支路是城市地段内根据用地细部安排所产生的交通需求而划定的道路，应在详细规划中安排，在城市的局部地段（如商业区、按街坊布置的居住区）可能成网，而在城市组团和整个城区中不可能成网（C 错误）。故选 C。

034.【解析】A。根据《城市综合交通体系规划标准》GB/T 51328—2018 第 5.2.2 条，城市内不同土地使用强度地区的客运交通系统应根据交通特征差异化规划，并应符合以下规定：①城市中心区应优先保障公共交通路权，加密城市公共交通网络和站点，并应优先保障城市公共交通枢纽用地；应构建独立、连续、高密度的步行网络，紧密衔接各类公共交通站点与周边建筑，以及在适合自行车骑行的地区构建安全、连续、高密度的非机动车网络；应严格控制机动车出行停车位规模，降低个体机动化交通出行需求和使用强度（A 错误）。② 城市其他地区的公共交通走廊应保障公共交通优先路权；构建安全、连续的步行和非机动车网络；控制机动车出行停车位规模，调控高峰时段个体机动化通勤交通需求。第 3.0.7 条，城市综合交通体系的规划应符合城市所在地和城市不同发展分区的发展特征和发展阶段，并应符合下列规定：城市新区的规划应充分满足城市发展的需求，并充分考虑城市发展的不确定性。设施建设基本完成的城市建成区的规划应以优化交通政策，改善步行、非机动车和公共交通，以及优化交通组织为重点（B 正确）。第 9.1.1 条，城市应提供与其经济社会发展相适应的多样化、高品质、有竞争力的城市公共交通服务（C 正确）。第 4.0.3 条，应利用城市公共交通引导城市开发，依托城市公共交通走廊、城市客运交通枢纽布局城市的高强度开发（D 正确）。故选 A。

035.【解析】C。根据《城市综合交通体系规划标准》GB/T 51328—2018 条文说明 12.6.3，街区尺度，即围合街区的道路长度也就是道路间距，其可直接换算成为道路密度。在城市道路系统规划初步确定网络布局时，应以道路间距或街区尺度为主，施画道路网；而在城市道路系统规划后期修正、评价路网时，可采用道路密度等指标进行评价与调整。本标准中集散道路与支线道路规划采用了以街区尺度为主，以路网密度为辅的指标体系，此外，由于城市用地性质的差异显著，产生的地方交通活动以及承担服务的次支路系统密度差异巨大，因此对于城市道路的密度不作以城市为统计单元的统一规定，城市应根据自身的城市职能、用地构成、城市活动特点分区域确定城市道路的密度。通常，在我国城市中较为重要的是干线道路网络所围合的街区尺度，类似于国外的超大街区。干线道路网络的街区尺度与城市规模息息相关，但整体上干线路网的街区尺度变动不大，均在1km×1km左右（D正确，C错误）。而在干线道路围合的街区内部，以集散道路与支线道路为主的街区尺度则与城市空间功能息息相关，在不同的城市功能地区差异较大；在城市核心区，街区尺度较小（如商业区），在工业用地等用地上，其街区尺度较大（AB正确）。所带来的是集散道路与支线道路网络的密度在不同功能区千差万别。因此，本标准对集散道路与支线道路的街区尺度与密度进行了详细的规定。故选C。

036. 【解析】D。根据《城市综合交通体系规划标准》GB/T 51328—2018第9.1.3条－2，城市公共交通走廊应设置专用公共交通路权（A正确）。第9.2.5条，城市公共汽电车场站应根据服务需求、车种、车辆数、服务半径和用地条件在城市内均衡布局（B正确）。第9.4.2条，快速公共汽车交通系统的停车场宜设置在线路起、终点附近，应按需求和用地条件配置保养、维修、加油、加气、充换电等设施，并宜与其他公共汽电车场站合并设置（C正确）。第9.2.7条，各类公共汽电车场站应节约用地，鼓励立体建设。可根据需求与用地条件，整合停车场与保养场。各类场站用地指标应符合以下规定，首末站宜结合居住区、城市各级中心、交通枢纽等主要客流集散点设置。第9.3.4条，城市轨道交通系统布局应符合下列规定，城市轨道交通主要换乘站应与城市各级中心结合布局，并方便乘客的换乘需求和轨道交通的组织。城市土地使用高强度地区，应提高轨道交通站点的密度（D不准确）。第9.2.7条－5，首末站宜结合居住区、城市各级中心、交通枢纽等主要客流集散点设置。故选D。

037. 【解析】C。根据《国务院关于城市优先发展公共交通的指导意见》的第四部分的"（一）强化规划调控"，要强化城市总体规划对城市发展建设的综合调控，统筹城市发展布局、功能分区、用地配置和交通发展，倡导公共交通支撑和引导城市发展的规划模式，科学制定城市综合交通规划和公共交通规划。城市综合交通规划应明确公共交通优先发展原则，统筹重大交通基础设施建设，合理配置和利用各种交通资源。城市公共交通规划要科学规划线网布局，优化重要交通节点设置和方便衔接换乘，落实各种公共交通方式的功能分工，加强与个体机动化交通以及步行、自行车出行的协调，促进城市内外交通便利衔接和城乡公共交通一体化发展。故C选项不准确，应选C。

038. 【解析】D。根据《绿色出行行动计划（2019—2022年）》的"四、优化慢行交通系统服务"中的"（八）完善慢行交通系统建设"，应开展人性化精细化道路空间和交通设计，构建安全、连续和舒适的城市慢行交通体系；加大非机动车道和步行道的建设力度，保障非机动车和行人合理通行空间（B正确）；加快实施机非分离，减少混合交通（C正确），降低行人、自行车和机动车相互干扰；按标准建设完善行人驻足区、安全岛等二次过街设施和人行天桥、地下通道等立体交通设施；在商业集中区、学校、医院、交通枢纽等规划建设步行连廊、过街天桥、地下通道，形成相对独立的步行系统。"（九）加强慢行系统环境治理"规定，应推进轨道交通站点周边步行道、自行车道环境整治（D不准确），加强站点及周边道路机动车违法停车治理；强化互联网租赁自行车停放管理（A正确），根据城市交通承载能力等因素，合理确定互联网租赁自行车投放规模和停放区域；落实企业主体责任，督促加强对"僵尸车""废弃车"等车辆回收，强化用户资金监管。故选D。

039.【解析】C。根据《城市综合交通体系规划标准》GB/T 51328—2018第8.2.1条，城市综合客运枢纽应依据城市空间布局布置，应便于连接城市对外联系通道，服务城市主要活动中心（A正确）。第8.2.2条，城市综合客运枢纽宜与城市公共交通枢纽结合设置。城市综合客运枢纽必须设置城市公共交通衔接设施（B正确），规划有城市轨道交通的城市，主要的城市综合客运枢纽应有城市轨道交通衔接。枢纽内主要换乘交通方式出入口之间旅客步行距离不宜超过200m。第8.3.1条，城市公共交通枢纽宜与城市大型公共建筑、公共汽电车首末站以及轨道交通车站等合并布置，并应符合城市客流特征与城市客运交通系统的组织要求（D正确）。第8.3.3条，城市公共交通枢纽衔接交通设施的配置，应符合表8.3.3规定（根据表格内容，C不准确）。故选C。

（拓展：城市中心区的城市公共交通枢纽没有设置社会机动车立体停车设施的要求，其他地区才有。）

表8.3.3　城市公共交通枢纽衔接交通设施配置要求

客运枢纽区位	交通设施配置要求
城市中心区	① 宜设置城市公共汽电车首末站； ② 应设置便利的步行交通系统； ③ 宜设置非机动车停车设施； ④ 宜设置出租车和社会车辆上、落客区
其他地区	① 应设置城市公共汽电车首末站； ② 应设置便利的步行交通系统； ③ 宜设置非机动车停车设施； ④ 应设置出租车上、落客区； ⑤ 宜设置社会车辆立体停车设施

040.【解析】B。根据《城市防洪规划规范》GB 51079—2016第5.0.1条，城市防洪体系应包括工程措施和非工程措施。工程措施包括挡洪工程、泄洪工程、蓄滞洪工程及泥石流防治工程（B选项）等。非工程措施包括水库调洪（A选项）、蓄滞洪区管理（D选项）、暴雨与洪水预警预报、超设计标准暴雨和超设计标准洪水应急措施、防洪工程设施安全保障及行洪通道保护（C选项）等。故选B。

041.【解析】A。根据《饮用水水源保护区划分技术规范》HJ 338—2018的"4.1 饮用水水源保护区的设置与管理"中的第4.1.1条，饮用水水源保护区分为地表水饮用水水源保护区和地下水饮用水水源保护区，地表水饮用水水源保护区包括一定范围的水域和陆域（C正确），地下水饮用水水源保护区指影响地下水饮用水水源地水质的开采井周边及相邻的地表区域。根据第4.1.2条，饮用水水源地（包括备用的和规划的）都应设置饮用水水源保护区（A错误）。根据《全国地下水污染防治规划》（2011—2020年）中"（七）有计划开展地下水污染修复"，开展沿海地区海水入侵综合防治示范，严格控制海水入侵易发区地下水开采，采取综合措施，加快海水入侵区地下水保护治理，防治海水入侵（D正确）。根据《南水北调中线天津干线（天津段）两侧水源保护区划定方案》，一级水源保护区范围为自工程输水暗渠箱涵外缘向两侧各外延 50m，在此区域内禁止新建、扩建与供水设施和保护水源无关的建设项目（B 正确）。故选 A。

（拓展：①城市规划水源范围更广，除了包含饮用水水源之外，还包括用于工业、农业、景观等非饮用水用途的水源。例如，一些城市的规划水源可能包括为热电厂提供冷却用水的河流，或是为城市绿地灌溉、景观喷泉等提供水的再生水处理厂等。**②饮用水水源**范围相对较窄，主要聚焦于专为居民生活饮用水供应的水源地，如城市集中式供水的水厂取水口所在的河流、湖泊或地下水开采井等。）

042. 【解析】D。根据《城镇燃气设计规范》GB 55028—2006（2020 年版）第 6.3.4 条，地下燃气管道埋设的最小覆土厚度应符合的要求包括：①埋设在机动车道下时，不得小于 0.9m；②埋设在非机动车道（含人行道）下时，不得小于 0.6m；③埋设在机动车不可能到达的地方时，不得小于 0.3m；④埋设在水田下时，不得小于 0.8m。故只有 D 符合，应选 D。

043. 【解析】D。根据《市容环卫工程项目规范》GB 55013—2021 第 3.2.2 条，生活垃圾收集点布局应根据垃圾产生分布、投放距离、收集模式、周边环境等因素综合确定，并应符合下列规定：①城镇住宅小区、新农村集中居住点的生活垃圾收集点服务半径应小于或等于 120m；②封闭式住宅小区应设置生活垃圾收集点（A 正确）；③村庄生活垃圾收集点应按自然村设置（D 错误）；④交通客运设施、文体设施、步行街、广场、旅游景点（区）等人流聚集的公共场所应设置废物箱。第 3.2.5 条，城市高层写字楼、商贸综合体、新建住宅小区应设置装修垃圾收集点，应指定大件垃圾投放场所（BC 正确）。故选 D。

044. 【解析】A。根据防洪法第十一条，防洪规划应当确定防护对象、治理目标和任务、防洪措施和实施方案，划定洪泛区、蓄滞洪区和防洪保护区的范围，规定蓄滞洪区的使用原则（BCD 选项）。A 选项不属于防洪规划内容，应选 A。

045. 【解析】D。根据《城市消防规划规范》GB 51080—2015 第 3.0.2 条，易燃易爆危险品场所或设施的消防安全应符合下列规定：易燃易爆危险品场所或设施与相邻建筑、设施、交通线等的安全距离应符合国家现行有关标准的规定；城市建设用地范围内新建易燃易爆危险品生产、储存、装卸、经营场所或设施的安全距离，应控制在其总用地范围内（B 正确）。城市建设用地范围内应控制汽车加油站、加气站和加油加气合建站的规模和布局，并应符合现行国家标准《汽车加油加气站设计与施工规范》GB 50156（已更新为《汽车加油加气加氢站技术标准》）、《建筑设计防火规范》GB 50016 的有关规定（A 正确）。第 3.0.5 条，城市地下空间应严格控制规模，避免大面积相互贯通连接，并应配置相应的消防和应急救援设施（C 正确）。第 4.1.3 条，特勤消防站同时兼有其辖区灭火救援任务的，其辖区面积宜与普通消防站辖区面积相同（D 错误）。故选 D。

046. 【解析】C。根据《城市供热规划规范》GB/T 51074—2015 的"7.2 热网布置"，蒸汽管网应采用枝状管网布置方式（A 正确）。供热面积大于 1000 万 m^2 的热水供热系统采用多热源供热时，各热源热网干线应连通，在技术经济合理时，热网干线宜连接成环状管网（C 错误）。第 7.2.3 条，热网应采用地下敷设方式，工业园区的蒸汽管网在环境景观、安全条件允许时可采用地上架空敷设方式（BD 正确）。故选 C。

047. 【解析】C。根据《关于在城乡建设中加强历史文化保护传承的意见》的"三、加强保护利用传承"中"（八）推进活化利用"，应坚持以用促保，让历史文化遗产在有效利用中成为城市和乡村的特色标识和公众的时代记忆（A 正确），让历史文化和现代生活融为一体，实现永续传承。加大文物开放力度，利用具备条件的文物建筑作为博物馆、陈列馆等公共文化设施（B正确）。活化利用历史建筑、工业遗产，在保持原有外观风貌、典型构件的基础上，通过加建、改建和添加设施等方式适应现代生产生活需要（C错误，前提为保持原有外观风貌、典型构件）。探索农业文化遗产、灌溉工程遗产保护与发展路径，促进生态农业、乡村旅游发展，推动乡村振兴（D正确）。故选C。

048.【解析】A。根据《国土空间规划城市设计指南》TD/T 1065—2021的"5.3市（县）域层面"，在市（县）域层面运用城市设计方法，强化生态、农业和城镇空间的全域全要素整体统筹，优化市（县）域的整体空间秩序：①统筹整体空间格局。落实宏观规划中自然山水环境与历史文化要素方面的相关要求，协调城镇乡村与山水林田湖草沙的整体空间关系，对优化空间结构和空间形态提出框架性导控建议（A错误）。②提出大尺度开放空间的导控要求。梳理并划定市（县）全域尺度开放空间，结合形态与功能对结构性绿地、水体等提出布局建议（B正确），辅助规划形成组织有序、结构清晰、功能完善的绿色开放空间网络（C正确）。③明确全域全要素的空间特色。根据市（县）域自然山水、历史文化、都市发展等资源禀赋，结合规划明确的市（县）性质、发展定位、功能布局、制约条件，并结合公众意愿等，总结市（县）域整体特色风貌，提出需重点保护的特色空间、特色要素及其框架性导控要求（D正确）。故选A。

049.【解析】D。根据《城乡历史文化保护利用项目规范》GB 55035—2023第5.2.2条，历史文化街区核心保护范围内，除必要的基础设施和公共服务设施外，不应进行新建、扩建活动。新建必要的基础设施和公共服务设施应与历史风貌协调（A正确）。第5.2.4条，历史文化街区建设控制地带内新建、改建建筑的高度、体量、色彩、肌理等，应与核心保护范围内的历史风貌协调（C正确）。第5.2.5条，历史文化街区内建筑物的使用，应根据居民当代生活需求改善内部设施，确保安全、合理利用（B正确）。第5.2.6条，历史文化街区内的标志牌、户外广告牌、招牌、空调室外机等设施不应破坏建筑外观和景观环境。历史建筑不应设置户外广告（D错误）。故选D。

050.【解析】D。《历史文化名城保护规划标准》GB/T 50357—2018第3.2.1条规定，历史文化名城保护规划应划定历史城区范围，可根据保护需要划定环境协调区（A正确）第3.2.2条规定，历史文化名城保护规划应划定历史文化街区的保护范围界线，保护范围应包括核心保护范围和建设控制地带。对未列为历史文化街区的历史地段，可参照历史文化街区的划定方法确定保护范围界线（B正确）。第3.2.3条规定，历史文化名城保护规划中，文物保护单位保护范围和建设控制地带的界线，应以各级人民政府公布的具体界线为基本依据（C正确）。第3.2.4条，历史文化名城保护规划应当划定历史建筑的保护范围界线。历史文化街区内历史建筑的保护范围应为历史建筑本身，历史文化街区外历史建筑的保护范围应包括历史建筑本身和必要的建设控制地带（历史建筑的保护范围分为两种情况，D错误）。故选D。

051.【解析】A。根据《历史文化名城保护规划标准》GB/T 50357—2018第4.1.1条历史文化街区核心保护范围内的文物保护单位、历史建筑、传统风貌建筑的总用地面积不应小于核心保护范围内建筑总用地面积的60%。故选A。

052.【解析】B。根据《历史文化名城保护规划标准》GB/T 50357—2018的"4.6防灾和环境保护"中第4.6.1条及其条文说明提出当部分区域常规消防车辆无法通行或缺乏消防水源时，宜适当配备一些小型、适用的灭火装备。在不能满足消防通道及消防给水管径要求的街巷内，应设置水池、水缸、沙池、灭火器及消火栓箱等小型、简易消防设施及装备。B选项对常规消防车辆无法通行的街巷提出具体的改扩建措施容易对街道风貌产生破坏，故选B。

053.【解析】B。依据《中华人民共和国国民经济和社会发展第十四个五年规划和2035年远景目标纲要》第二十九章"全面提升城市品质"的第一节"转变城市发展方式"，按照资源环境承载能力合理确定城市规模和空间结构，统筹安排城市建设、产业发展、生态涵养、基础设施和公共服务。推行功能复合、立体开发、公交导向的集约紧凑型发展模式，统筹地上地下空间利用，增加绿化节点和公共开敞空间，新建住宅推广街区制。推行城市设计和风貌管控，落实适用、经济、绿色、美观的新时期建筑方针，加强新建高层建筑管控。加快推进城市更新，改造提升老旧小区（C正确）、老旧厂区（D正确）、老旧街区（B错误）和城中村（A正确）等存量片区功能，推进老旧楼宇改造，积极扩建新建停车场、充电桩。故选B。

054.【解析】A。根据《支持城市更新的规划与土地政策指引（2023版）》"三、将城市更新要求融入国土间规划体系"的"（一）总体规划要提出城市更新目标和工作重点"中的"2.近期行动计划"，需明确近期重点推进的更新区域和重大更新项目，拟定近期城市更新任务清单，并纳入总体规划的近期行动计划（A正确，属于总体规划的近期行动计划工作重点）。"（二）详细规划要面向城市更新的规划管理需求"中"1.详细规划的编制"规定，更新实施单元详细规划应依据总体规划、根据更新规划单元详细规划，确定更新实施单元的主导功能，结合实施需要、权属关系明确更新对象用地边界，根据不同更新对象的特点优化细化更新规划单元的各项规划管控和引导要求并落实到地块（C错误，属于详细规划编制）。根据"四、针对城市更新特点，改进国土空间规划方法"的"（三）开展城市设计等专题研究，前置运营设计"，结合详细规划，可按需开展产业转型升级、综合交通、历史文化保护、公共服务设施、市政基础设施、地下空间、土壤修复、防灾减灾等方面的研究，并着重围绕城市更新的可实施性，加强城市更新项目运营维护、收益分配，以及建筑工程投资测算等方面的专题研究。深入应用城市设计理念和方法，提高城市空间场所品质。研究结论将作为确定详细规划相关规划指标和管控要求的参考依据（D错误，属于专题研究）。"（五）确定更新方式和更新措施"规定，按照"留改拆"的优先顺序，在更新规划单元详细规划中对更新对象组合采用保护传承、整治改善、改造提升、再开发和微改造等更新方式，并明确其适用条件（B错误，属于详细规划）。故选A。

055.【解析】D。根据《全国湿地保护规划（2022—2030年）》，"三区四带"为青藏高原生态屏障区（C正确）、黄河重点生态区（A正确）、长江重点生态区（B正确）、东北森林带、北方防沙带（D错误）、南方丘陵山地带、海岸带。故选D。

056.【解析】C。根据《支持城市更新的规划与土地政策指引（2023版）》的"三、将城市更新要求融入国土空间规划体系"，各级各类国土空间规划的编制应根据城市发展的阶段特征和推进城市更新的要求，着力完善国土空间规划内容和规划管理程序，充分适应城市高质量发展的需要，将有关城市更新的国土空间规划要求纳入国土空间规划"一张图"实施监督信息系统进行管理（D正确）。根据第三部分的"（一）总体规划要提出城市更新目标和工作重点"中的"2.近期行动计划"，需明确近期重点推进的更新区域和重大更新项目，拟定近期城市更新任务清单，并纳入总体规划的近期行动计划（A正确）。第三部分的"（二）详细规划要面向城市更新的规划管理需求"中"1.详细规划的编制"规定，国土空间详细规划是实施城乡开发建设、整治更新、保护修复活动的法定依据（B正确）。更新实施单元详细规划应依据总体规划、根据更新规划单元详细规划，确定更新实施单元的主导功能，结合实施需要、权属关系明确更新对象用地边界，根据不同更新对象的特点优化细化更新规划单元的各项规划管控和引导要求，并落实到地块（更新规划单元详细规划应该是更新实施单元详细规划的依据，应该先规划后实施，C错误）。故选C。

057.【解析】B。依据《市级国土空间总体规划编制指南（试行）》第3.9条"建立规划实施保障机制，确保一张蓝图干到底"的第（3）条，近期行动计划衔接国民经济和社会发展五年规划，结合城市体检评估，对规划近期做出统筹安排，制定行动计划。编制城市更新、土地整治、生态修复、基础设施、公共服务设施和防洪排涝工程等重大项目清单，提出实施支撑政策（B正确）。划分详细规划单元，加强对详细规划的指引和传导属于第（1）条"区县指引"的内容，A错误。建立多渠道的公众参与和社会协同机制属于"4 公众参与和多方协同"的内容，C错误。落实和细化主体功能区等政策，提出有针对性、可操作的规划实施政策措施属于第3.9条的第（4）条"政策机制"的内容，D错误。故选B。

058.【解析】C。《自然资源部关于加强国土空间详细规划工作的通知》的"三、提高详细规划的针对性和可实施性"规定，要以国土调查、地籍调查、不动产登记等法定数据为基础（A正确），加强人口、经济社会、历史文化、自然地理和生态、景观资源等方面调查（B正确），按照《国土空间规划城市体检评估规程》，深化规划单元及社区层面的体检评估（C错误），通过综合分析资源资产条件和经济社会关系，准确把握地区优势特点，找准空间治理问题短板，明确功能完善和空间优化的方向（D正确），切实提高详细规划的针对性和可实施性。故选C。

059.【解析】C。根据《市级国土空间总体规划编制指南（试行）》的"3.3强化资源环境底线约束，推进生态优先、绿色发展"，基于资源环境承载能力和国土安全要求，明确重要资源利用上限，划定各类控制线，作为开发建设不可逾越的红线。第（1）条规定，落实上位国土空间规划确定的生态保护红线、永久基本农田、城镇开发边界（以下简称"三条控制线"）等划定要求，统筹划定"三条控制线"。各地可结合地方实际，提出历史文化、矿产资源等其他需要保护和控制的底线要求。城镇开发边界具体划定方法详见附录G（A正确）。由"3.7完善基础设施体系，增强城市安全韧性"内容得知B正确。"G.2.2划定层次"规定，市级总规应依照上位国土空间规划确定的城镇定位、规模指标等控制性要求，结合地方发展实际，划定市辖区城镇开发边界；统筹提出县人民政府所在地镇（街道）、各类开发区的城镇开发边界指导方案。县级总规应依据市级总规的指导方案，划定县域范围内的城镇开发边界，包括县人民政府所在地镇（街道）、其他建制镇、各类开发区等。按照"自上而下、上下联动"的组织方式，同步推进城镇开发边界划定工作，整合形成城镇开发边界"一张图"。"G.2.4调整和勘误"规定，城镇开发边界以及城镇开发边界内的特别用途区原则上不得调整。因国家重大战略调整、国家重大项目建设、行政区划调整等确需调整的，按国土空间规划修改程序进行（C错误，特别用途区原则上不得调整且是在总体规划阶段划定）。规划实施中因地形差异、用地勘界、产权范围界定、比例尺衔接等情况需要局部勘误的，由市级自然资源主管部门认定后，不视为边界调整（D正确）。故选C。

060.【解析】A。根据《城市规划编制办法》，控制性详细规划确定的各地块的主要用途、建筑密度、建筑高度、容积率、绿地率、基础设施和公共服务设施配套规定应当作为强制性内容。停车配建不属于刚性控制内容。故选A。

061.【解析】A。国务院《关于规划建设保障性住房的指导意见》的"二、重点任务"中"（四）加快建设和筹集"提出，优先安排在交通便利、公共设施较为齐全的区域；防止因位置偏远、交通不便等造成房源长期空置；要制定年度建设筹集计划，优选建设实施主体（C 正确）。在符合规划、满足安全要求、尊重群众意愿的前提下，支持利用闲置低效工业、商业、办公等非住宅用地建设保障性住房（B 正确）。变更土地用途，不补缴土地价款，原划拨的土地继续保留划拨方式（A 错误）。城市人民政府应按现有资金筹措渠道负责建设与保障性住房项目直接相关的城市道路和公共交通、通信、供电、供水、供气、供热、污水与垃圾处理等市政基础设施，以及教育、医疗卫生、商业、养老、托幼、文化体育等公共服务设施，确保与保障性住房同步规划、同步建设、同步交付，把好质量关，相关建设投入不得摊入保障性住房配售价格（D 正确）。故选 A。

062.【解析】B。依据《社区生活圈规划技术指南》TD/T 1062—2021 的"7.2 引导原则"，差异引导的原则主要包括如下方面：①尊重地区发展差异（A 正确）。结合当地社会经济发展水平和城乡建设阶段目标，优先确保基础保障型服务要素的配置，按照实际需求和条件配置品质提升型和特色引导型服务要素。②应对不同人群需求（B 错误）。结合当地人口空间分布和生活方式，有针对性地配置品质提升型和特色引导型服务要素，并确定配置指标。③适应建设用地条件（C 正确）。结合当地人均建设用地和地形条件，合理布局服务要素，优先保障服务要素的建筑规模，并弹性确定其他配置指标。④符合地方环境特点（D 正确）。结合当地自然环境和地域风貌特色，确定服务要素的配置指标。故选 B。

063.【解析】C。依据《城市居住区规划设计标准》GB 50180—2018 第 2.0.8 条，住宅建筑平均层数指一定用地范围内，住宅建筑总面积与住宅建筑基底总面积的比值所得的层数。故选 C。

064.【解析】A。依据《中共中央 国务院关于学习运用"千村示范、万村整治"工程经验有力有效推进乡村全面振兴的意见》，推进中国式现代化，必须坚持不懈夯实农业基础，推进乡村全面振兴。习近平总书记在浙江工作时亲自谋划推动"千村示范、万村整治"工程，从农村环境整治入手，由点及面、迭代升级，20 年持续努力造就了万千美丽乡村，造福了万千农民群众，创造了推进乡村全面振兴的成功经验和实践范例。应选 A。

065.【解析】A。《乡村振兴用地政策指南（2023 年）》附录 1"乡村振兴用地负面清单"的第七条规定，严禁城镇居民到农村购买宅基地，严禁下乡利用农村宅基地建设别墅大院和私人会馆（A 不准确）。严禁借流转之名违法违规圈占、买卖宅基地。严禁随意撤并村庄搞大社区、违背农民意愿大拆大建（B 正确）。第八条，禁止违背农村村民意愿强制流转宅基地，禁止违法收回农村村民依法取得的宅基地，禁止以退出宅基地作为农村村民进城落户的条件，不得强制农民搬迁和上楼居住（CD 正确）。故选 A。

066.【解析】C。依据中共中央办公厅、国务院办公厅印发的《乡村建设行动实施方案》第（十一）条"实施农房质量安全提升工程"，推进农村低收入群体等重点对象危房改造和地震高烈度设防地区农房抗震改造，逐步建立健全农村低收入群体住房安全保障长效机制。加强农房周边地质灾害综合治理。深入开展农村房屋安全隐患排查整治，以用作经营的农村自建房为重点，对排查发现存在安全隐患的房屋进行整治（C 错误）。新建农房要避开自然灾害易发地段，顺应地形地貌，不随意切坡填方弃渣，不挖山填湖、不破坏水系、不砍老树，形成自然、紧凑、有序的农房群落（B 正确）。农房建设要满足质量安全和抗震设防要求，推动配置水暖厨卫等设施（A 正确）。因地制宜推广装配式钢结构、木竹结构等安全可靠的新型建造方式。以农村房屋及其配套设施建设为主体，完善农村工程建设项目管理制度（D正确），省级统筹建立从用地、规划、建设到使用的一体化管理体制机制，并按照"谁审批、谁监管"的要求，落实安全监管责任。建设农村房屋综合信息管理平台，完善农村房屋建设技术标准和规范。加强历史文化名镇名村、传统村落、传统民居保护与利用，提升防火防震防垮塌能力。保护民族村寨、特色民居、文物古迹、农业遗迹、民俗风貌。故选C。

067.【解析】B。依据《都市圈国土空间规划编制规程》TD/T 1091—2023第3.1条，都市圈是以辐射带动功能强的城市为核心，以一小时交通通勤圈为基本范围，与周边城镇经济活动联系紧密、通勤便捷高效、公共服务便利共享的同城化地域（A正确）。第4.1条，规划定位：都市圈国土空间规划属于国土空间规划体系中跨行政区域的国土空间专项规划（B错误）。第5.6条，综合交通体系布局：以推动重点规划单元内中心城市与周边地区同城化为目标，提出通勤交通质量提升策略、城市轨道线网布局优化方案及多种交通方式衔接换乘要求，明确城际铁路和市域（郊）铁路、航空港等枢纽港站交通布局和旅客联乘运输发展要求，优化枢纽功能布局（C正确）。第5.7条，文化与自然景观资源保护利用：发掘和整合重点规划单元内区域性文化与自然景观资源，提出对重要自然和文化遗产的整体协同保护利用要求（D正确）。故选B。

068.【解析】C。根据《中共中央 国务院关于建立国土空间规划体系并监督实施的若干意见》，相关专项规划是指在特定区域（流域）、特定领域，为体现特定功能，对空间开发保护利用作出的专门安排，是涉及空间利用的专项规划。划定三区三线是城市总体规划的工作内容。故选C。

069.【解析】C。根据《市县级矿产资源总体规划编制要点》的"一、总体要求"，市县级规划是矿产资源规划体系重要组成，是最具操作性的规划（A正确），"二、规划主要内容"中的"（三）矿产勘查开发与保护布局"规定，应科学布局和合理划定本级审批发证矿业权的勘查规划区块和开采规划区块，并明确相关管理措施（B正确）。"（四）加强矿产资源勘查开发利用与保护"规定，应合理确定开发强度。根据本行政区的资源特点、市场条件和经济社会发展需求，科学提出开采总量和矿山数量控制要求，有控制要求的地区不得超过上级规划提出的控制指标，提出相关管理措施（并非所有矿产资源均需要纳入市县级矿产资源总体规划的，一些少、小的矿产资源则不纳入，C错误）。"（五）绿色矿山建设和矿区生态保护"规定，绿色矿山建设应落实上级规划确定的绿色矿山建设要求，明确总体思路、主要任务、组织方式、进度安排、支持政策和有关措施。明确本区域内绿色矿山建设的时间表、路线图，以及相关支持政策和管理措施等（D正确）。故选C。

070.【解析】D。依据《全国湿地保护规划（2022—2030年》"三区四带"国家生态保护修复格局中东北森林带区域的保护修复主攻方向：立足三江平原湿地等国家重点生态功能区，以自然恢复为主攻方向，强化重点区域沼泽湿地和珍稀候鸟迁徙停歇地、繁殖地、越冬地的保护管理（AC正确），提高河湖水系连通性，净化湿地水体，开展湿地植被恢复，提升湿地生态系统稳定性，维护湿地生态功能，保障国家东北森林带生态安全（B正确）。D项综合治理水土流失不属于主攻方向，故选D。

071.【解析】B。依据《城市绿地规划标准》GB/T 51346—2019第5.1.7条，专类公园应结合城市发展和生态景观建设需要，因地制宜、按需设置，并应符合下列规定：①历史名园和遗址公园应遵循相关保护规划要求，公园范围应包括其保护范围及必要的展示和游憩空间；②植物园应选址在水源充足、土质良好的区域，宜有丰富的现状植被和地形地貌，面积应符合现行国家标准《公园设计规范》GB 51192 的规定（A 正确）；③城市动物园应选址在河流下游和下风方向的城市近郊区域，远离工业区和各类污染源，并与居住区有适当的距离；野生动物园宜选址在城市远郊区域（B 错误）；④体育健身公园应选址在临近城市居住区的区域，园内绿地率应大于 65%（C 正确）；⑤儿童公园应选址在地势较平坦、安静、避开污染源、与居住区交通联系便捷的区域，面积宜大于 2hm²，并应配备儿童科普教育内容和游戏设施（D 正确）。故选 B。

072.【解析】D。依据《城市地下空间规划标准》GB/T 51358—2019 第 6.0.2 条，城市地下空间应：①优先布局地下交通设施、地下市政公用设施、地下防灾设施和人民防空工程等（ABC 选项）；②适度布局地下公共管理与公共服务设施、地下商业服务业设施和地下物流仓储设施等（D 选项）；③不应布局居住、养老、学校（教学区）和劳动密集型工业设施等。故选 D。

073.【解析】B。城市设计并非建筑设计（AD 错误）、土木工程、景观设计或者城市规划，但城市设计与这些历史悠久的学科有着千丝万缕的联系。一般来说，城市设计被认为是建筑学、城市规划与景观建筑之间的交叉学科，而且逐渐与城市经济学、城市社会学、环境心理学、人类学、政治经济学、市政工程、公共管理、可持续发展等知识产生亟密切的联系。城市设计以设计导则以及设计标准与准则的方式体现在规划成果之中，借助其在地方性法规和行政管理方面的权威地位使城市设计要求在实施建设中得以贯彻落实（C 错误）。故选 B。

074.【解析】B。城市意象领域的重要著作是凯文·林奇的《城市意象》，通过研究，他发现对城市中区域、地标和路径观察可以被很容易地确定并组成一个完整的图示，产生了一个称为"可意象性"的概念：即物质环境的一种特性，对任何观察者都很可能唤起强烈的意象。他认为有效的环境意象需要三个特征，①个性：作为一个独立实体，物体与其他事物的区别。②结构：与观察者和其他物体的空间联系。③意义：物体对于观察者的使用或情感意义。故选 B。

075.【解析】D。对城市色彩具有决定影响的是城市地域属性（D 正确）。城市地域属性包括自然地理环境、气候条件、历史文化传统、民族特色等方面。不同的地域有着不同的自然景观和文化特色，这些因素会直接影响城市色彩的选择和呈现。例如，在海滨城市，可能会更多地运用蓝色、白色等与海洋相关的色彩；在历史文化名城，会考虑传统建筑的色彩风格，以保持历史文化的延续性。城市性质主要决定城市的功能和发展方向，对城市色彩有一定影响，但不是决定性的（A 错误）。城市规模主要影响城市的空间布局和基础设施建设等方面，与城市色彩的关系不大（B 错误）。城市经济结构主要影响城市的产业发展和经济活动，对城市色彩的影响也较为间接（C 错误）。故选 D。

076.【解析】B。根据《自然资源部 生态环境部 国家林业和草原局关于加强生态保护红线管理的通知（试行）》的"三、严格生态保护红线监管"中的"（三）严格调整程序"，生态保护红线一经划定，未经批准，严禁擅自调整（A 正确）。根据资源环境承载能力监测、生态保护重要性评价和国土空间规划实施"五年一评估"情况，可由省级人民政府编制生态保护红线局部调整方案，纳入国土空间规划修改方案报国务院批准，并抄送生态环境部。自然保护地边界发生调整的，省级自然资源主管部门依据批准文件，对生态保护红线作相应调整（CD 正确）。"一、加强人为活动管控"中的（一）—7 规定，已依法设立的油气探矿权继续勘查活动，可办理探矿权延续、变更（不含扩大勘查区块范围）、保留、注销，当发现可供开采油气资源并探明储量时，可将开采拟占用的地表或海域范围依照国家相关规定调出生态保护红线（能够调整的仅限于油气探矿权，B错误）。故选B。

077.【解析】B。依据《自然资源部关于加强和规范规划实施监督管理工作的通知》的"一、依据法定规划实施用途管制"，<u>经依法批准的国土空间规划是开展各类国土空间开发保护建设活动、实施统一用途管制的基本依据（A正确）。总体规划和详细规划是实施城乡开发建设、整治更新、保护修复活动和核发规划许可的法定依据（B错误）。</u>不得以城市设计、城市更新规划等专项规划替代国土空间总体规划和详细规划作为各类开发保护建设活动的规划审批依据。强化国土空间总体规划的指导约束作用，<u>详细规划的编制和修改应当落实上位总体规划的战略目标、功能布局、空间结构、资源利用等要求，不得违反上位总体规划的底线管控要求和强制性内容（C正确）。依法批准的详细规划纳入国土空间规划"一张图"实施监督信息系统，作为规划实施监督管理的重要依据（D正确）。</u>故选B。

078.【解析】B。依据《国土空间规划城市体检评估规程》TD/T 1063—2021附录B中表B.3"体检评估指标说明"，<u>城镇人均住房面积（基本指标）指城镇住房建筑总面积与城镇常住人口规模的比值（A正确）。消防救援5分钟可达覆盖率（基本指标）指消防站（含小型消防站、政府专职消防队）5分钟车行范围覆盖城区面积占城区总面积的比例（B错误）。</u>医疗卫生机构包括医院、基层医疗卫生机构、专业公共卫生机构和其他医疗卫生机构。<u>每千人口医疗卫生机构床位数（基本指标）指每千名常住人口拥有的各类医疗卫生机构的床位数（C正确）。每千名老年人养老床位数（推荐指标）指每千名60岁及以上老年人拥有的养老床位数（D正确）。</u>故选B。

（注：《国土空间规划城市体检评估规程》TD/T 1063—2021（2025年修订版）更新后，考点有明显变化，需按新规程记。）

079.【解析】B。根据《城区范围确定规程》TD/T 1064—2021第3.4条，<u>城区最小统计单元指城区范围划定过程中涉及的街道办事处（镇）所辖区域。可依据城市统计调查等管理工作需要，在居（村）民委员会所辖区域四至边界清楚的情况下，将城区最小统计单元细化至居（村）民委员会所辖区域（A正确）。</u>根据第5.1条中的图1，<u>实体地域范围应先决定初始范围，再确定城区范围（B错误）。</u>第6.5条规定，<u>城区范围确定后，需要提交①矢量数据：城区范围矢量数据，在开展市政公用设施和公共服务设施建设情况调查时，如使用布局图，还需提交相关矢量数据；②统计数据：涉及的城区最小统计单元的面积数据，市政公用设施和公共服务设施调查表、统计表；③其他相关材料：举证材料、城区范围确定报告等（C正确）。</u>根据附录A，<u>针对农村宅基地，根据实际情况，以是否发挥城市居住功能进行判断。判定过程中可综合运用城市市政公用设施和公共服务设施数据、各类城市大数据和实地勘察等手段（D正确）。</u>故选B。

080.【解析】A。<u>全国国土空间规划实施监测网络作为构建国土空间规划实施监督体系的重要抓手，主要包括3个层面建设任务。一是业务联动网络。</u>根据规划实施监督监测需求，充分发挥调查监测工作体系优势，串联国土空间开发保护全链条管理业务，凝聚各级自然资源部门力量，形成体系化的工作网络。<u>二是信息系统网络。</u>依托国土空间基础信息平台，升级拓展国土空间规划"一张图"实施监督信息系统功能，纵向实现多层级规划"一张图"系统的联通，横向实现规划"一张图"系统与关联业务系统的数据互联，形成标准统一、链接通畅的国土空间规划实施监测网络。<u>三是开放治理网络。</u>依托数字化的开放平台等，完善政策机制，丰富工作形式，推进"共建共治共享"理念落实落地，形成社会各界有序便捷参与、共同谋划、协同攻关、合力创新的国土空间治理开放网络。

故 A 项两个层面的说法错误，应选 A。

081.【解析】ABCE。城市具有系统性。城市是一个综合的巨系统，它包括经济子系统（A 选项）、政治子系统、社会子系统（B 选项）、空间环境子系统（C 选项）以及要素流动子系统（E 正确）等。在组成城市系统的要素间存在着非常复杂的关系，它们互相交织重叠，共同发挥作用，并对人类的各种行为做出一定程度的响应。自然资源子系统不属于城市，D 错误，故选 ABCE。

082.【解析】ABDE。城镇化的动力机制包括：农业剩余贡献、工业化推进、比较利益驱动、制度变迁促进、市场机制导向。故选 ABDE。

083.【解析】ACE。格迪斯作为一个生物学家最早注意到工业革命、城市化对人类社会的影响，通过对城市进行生态学的研究，强调了人与环境的相互关系，并揭示了决定现代城市成长和发展的动力。在他于 1915 年出版的著作《进化中的城市》中，他把对城市的研究建立在对客观现实研究的基础之上，通过周密分析地域环境的潜力和局限（A 正确）对于居住地布局形式与地方经济体系的影响关系，突破了当时常规的城市概念，提出把自然地区作为规划研究的基本框架。他指出，工业的集聚和经济规模的不断扩大，已经造成了一些地区的城市发展显著的集中。在这些地区，城市向郊外的扩展已属必然并形成了这样一种趋势，使城市结合成巨大的城市集聚区或者形成组合城市。在这样的条件之下，原来局限于城市内部空间布局的城市规划应当成为城市地区的规划，即将城市和乡村的规划纳入到同一的体系之中，使规划包括若干个城市以及它们周围所影响的整个地区（C 正确）。这一思想经美国学者芒福德等人的发扬光大，形成了对区域的综合研究和区域规划。在进行城市规划前要进行系统的调查，取得第一手的资料，通过实地勘察了解所规划城市的历史、地理、社会、经济、文化、美学等因素，把城市的现状和地方经济、环境发展潜力以及限制条件联系在一起进行研究，在这样的基础上，才有可能进行城市规划工作。他的名言是"先诊断后治疗"，由此而形成了影响至今的现代城市规划过程的公式："调查—分析—规划"。即通过对城市现实状况的调查，分析城市未来发展的可能，预测城市中各类要素之间的相互关系，然后依据这些分析和预测，制定规划方案（E 正确）。把城市建设的一切问题均应以城市交通问题为前提是索里亚·玛塔提出的线形城市理论（B 错误）。把大城市区域分解为若干相对独立又相互关联的集中点是沙里宁提出的有机疏散理论（D 错误）。故选 ACE。

084.【解析】ABE。新中国成立至第一个五年计划的城市建设工作主要有：①整治城市环境，改善广大劳动人民的居住环境条件。当时进行了一些环境整治工作，如清理垃圾、改善卫生状况等，以提高居民的生活质量（A 正确）。②整修道路，增设城市公共交通和给排水设施。为了满足城市发展和居民生活的需要，对道路进行整修，并增加公共交通和给排水设施（B 正确）。③建立城市建设管理机构，加强城市的统一管理。成立专门的城市建设管理机构，对城市建设进行统一规划和管理（E 正确）。C 项"颁布城市规划编制暂行办法"和 D 项"决定要制定城市远景的总体规划"主要是在后续的城市建设过程中逐步开展的工作，不是新中国成立至第一个五年计划期间的主要城市建设工作内容。故选 ABE。

085.【解析】ABE。据《新时代国土空间规划——写给领导干部》中"1.1.4 助推人类命运共同体建设，为全球空间治理和可持续发展贡献中国智慧"，关于新时代国土空间优化方向分别为：布局的多中心、网络化（A 正确）；结构的群落式、圈层化（B 正确）；功能的复合式、社区化（C 错误）；品质的体验性、场景化（D 错误）；特色的地域性、个性化

（E 正确）；权益的自主性、权力化。故选 ABE。

086.【解析】ADE。 根据《省级国土空间规划编制技术规程》GB/T 43214—2023 第 9.4.3 条，规划成果图包括：a）国土空间开发保护格局图；b）耕地和永久基本农田保护红线图；c）生态保护红线图；d）城镇开发边界图；e）三条控制线图；f）国家级和省级主体功能区分布图；g）农产品主产区格局优化图（A 选项）；h）重点生态功能区格局优化图；i）城市化地区格局优化图；j）主要灾害重点防控区域规划图；k）海洋空间功能布局图；l）文化遗产与自然遗产整体保护空间体系图；m）自然保护地体系规划图（D 选项）；n）生物多样性保护规划图；o）水资源安全保障和水源涵养保护规划图；p）重点基础设施规划图；q）海岸带保护利用规划图；r）生态修复和国土综合整治规划图（E 选项）；s）能源资源安全保障规划图；t）陆海统筹战略格局图；u）其他相关图件。故选 ADE。

087.【解析】ABCD。 依据《省级国土空间规划编制技术规程》GB/T 43214—2023 第 4.1 条，规划主要任务是：a）落实全国国土空间规划纲要的目标任务，做好规划传导，明确省域国土空间保护、开发、利用、修复的战略目标（A 正确）；b）在全面摸清省域国土空间本底条件的基础上，通过开展资源环境承载能力和国土空间开发适宜性评价，确定优化国土空间布局的总体要求，统筹落实耕地和永久基本农田、生态保护红线、城镇开发边界三条控制线，明确省域地震、地质灾害、洪涝等自然灾害综合风险重点防控区域，明确农业、生态和城镇空间总体格局，优化完善县级行政区主体功能定位，推动主体功能区战略传导落地的整体安排；c）提出优化国土空间开发保护布局和土地利用结构的方案（B 正确），明确农业、生态、城镇、海洋等功能空间布局优化方向、重点任务和主要指标；d）提出保障和支撑省域新型城镇化和乡村振兴、促进区域协同发展的城镇空间布局（C 正确），优化人地关系和多元空间形态；e）保护、传承、利用文化遗产和自然遗产，明确省域内国家遗产保护的空间框架和彰显地域自然人文特色的总体方案（D 正确）；f）强化交通、水利、能源、防灾减灾等支撑体系建设，衔接细化全国国土空间规划纲要和国家级相关专项规划要求；g）提出促进区域协调发展的空间指导约束政策（E 错误），加强省际之间的协调对接，以及省域重点地区的协调指引；h）提出有效的规划传导和规划实施保障措施。应选 ABCD。

088.【解析】ABD。 根据《市级国土空间总体规划编制指南（试行）》，规划分区分为一级规划分区和二级规划分区。一级规划分区包括以下 7 类：生态保护区、生态控制区、农田保护区，以及城镇发展区、乡村发展区、海洋发展区、矿产能源发展区。涉及海洋空间规划分区的有生态保护区、生态控制区、海洋发展区。应选 ABD。

089.【解析】ACDE。 根据《城市居住区规划设计标准》GB 50180—2018 第 3.0.4 条，居住区按照居民在合理的步行距离内满足基本生活需求的原则，可分为十五分钟生活圈居住区、十分钟生活圈居住区、五分钟生活圈居住区及居住街坊四级，其分级控制规模应符合表 3.0.4 的规定（A 正确）。

在城市中，区位是决定土地租金的重要因素，商业由于靠近市中心就具有较高的竞争能力，也就可以支持较高的地租，所以愿意出价高于其他的用途，因此用地位于市中心。随后依次为办公楼、工业、居住、农业（B 错误）。在居住用地占城市总用地的比重方面，一般是大城市因工业、交通、公共设施等用地较之小城市的比重要高，相对地居住用地比重会低些（C 正确）。居住用地的选址应自然环境良好，具有适宜的地形与工程地质条件，避免选择易受洪水、地震灾害和滑坡、沼泽、风口等不良条件的地区。在丘陵地区，宜选择向阳、通风的坡面。在可能情况下尽量接近水面和风景优美的环境（D

正确）。居住用地的选择应协调与城市就业区和商业中心等功能地域的相互关系，以减少居住—工作、居住—消费的出行距离与时间（E 正确）。应选 ACDE。

090.【解析】AE。依据《城市综合交通体系规划标准》GB/T 51328—2018 第 12.5.1 条，干线道路规划应以提高城市机动化交通运行效率为原则（A 正确，主干路属于干线道路）。第 12.3.3 条，干线道路系统应相互连通（B 错误），集散道路与支线道路布局应符合不同功能地区的城市活动特征。第 12.6.1 条，城市集散道路和支线道路系统应保障步行、非机动车和城市街道活动的空间，避免引入大量通过性交通（C 错误）。第 12.6.3 条，城市不同功能地区的集散道路与支线道路密度，应结合用地布局和开发强度综合确定（即支路路网密度不同），街区尺度宜符合表 12.6.3 的规定（D 错误）。城市不同功能地区的建筑退线应与街区尺度相协调。第 4.0.3 条，应利用城市公共交通引导城市开发，依托城市公共交通走廊、城市客运交通枢纽布局城市的高强度开发。城市综合交通设施与服务应根据土地使用强度差异化提供，城市土地使用高强度地区应提高城市道路与公共交通设施的密度，加密步行与非机动车交通网络（E 正确）。应选 AE。

091.【解析】ABCE。根据中共中央、国务院印发的《关于进一步加强城市规划建设管理工作的若干意见》的"（十六）优化街区路网结构"规定，应加强街区的规划和建设，分梯级明确新建街区面积，推动发展开放便捷、尺度适宜、配套完善、邻里和谐的生活街区。新建住宅要推广街区制，原则上不再建设封闭住宅小区。已建成的住宅小区和单位大院要逐步打开，实现内部道路公共化（A 正确），解决交通路网布局问题，促进土地节约利用。树立"窄马路、密路网"的城市道路布局理念，建设快速路、主次干路和支路级配合理的道路网系统。打通各类"断头路"，形成完整路网，提高道路通达性（B 正确）。到 2020 年，城市建成区平均路网密度提高到 8hm/km^2，道路面积率达到 15%。积极采用单行道路方式组织交通。加强自行车道和步行道系统建设，倡导绿色出行。合理配置停车设施，鼓励社会参与，放宽市场准入，逐步缓解停车难问题。依据"（十七）优先发展公共交通"，以提高公共交通分担率为突破口，缓解城市交通压力。统筹公共汽车、轻轨、地铁等多种类型公共交通协调发展，到 2020 年，超大、特大城市公共交通分担率达到 40% 以上，大城市达到 30% 以上，中小城市达到 20% 以上（E 正确，也就是说明提高了公共交通空间比重）。加强城市综合交通枢纽建设，促进不同运输方式和城市内外交通之间的顺畅衔接、便捷换乘。扩大公共交通专用道的覆盖范围。实现中心城区公交站点 500m 内全覆盖。引入市场竞争机制，改革公交公司管理体制，鼓励社会资本参与公共交通设施建设和运营，增强公共交通运力。《绿色出行行动计划（2019—2022 年）》的"（十二）实施精细化交通管理"规定，应加强对交通出行状况的监测、分析和预判，鼓励在有条件的道路设置单行道、可变车道、潮汐车道、合乘车道等设施，推进城市道路交通信号灯配时智能化，提高城市道路通行效率（C 正确）。完善集指挥调度、信号控制、交通监控、交通执法、车辆管理、信息发布于一体的城市智能交通管理系统。故选 ABCE。

092.【解析】ACDE。根据《城市抗震防灾规划标准》GB 50413—2007 第 7.1.1 条，进行城市抗震防灾规划时，应对地震次生火灾、爆炸、水灾、毒气泄漏扩散、放射性污染、海啸、泥石流、滑坡等制定防御对策和措施，必要时宜进行专题抗震防灾研究。根据第 7.1.1 条的条文说明，地震次生灾害是指由于地震造成的地面破坏、城区建筑和基础设施等破坏而导致的其他连锁性灾害。对城市规划和发展影响较大的地震次生灾害主要是火灾、水灾、爆炸等，对某些城市可能还有毒气泄漏、滑坡、泥石流、海啸等（ACDE 正确）。风灾不属于次生灾害，B 错误。故选 ACDE。

093.【解析】ACD。根据《城市黄线管理办法》第二条，城市基础设施包括：（一）城市公共汽车首末站、出租汽车停车场、大型公共停车场；城市轨道交通线、站、场、车辆段（D选项）、保养维修基地；城市水运码头；机场；城市交通综合换乘枢纽；城市交通广场等城市公共交通设施。（二）取水工程设施（取水点、取水构筑物及一级泵站）和水处理工程设施等城市供水设施。（三）排水设施；污水处理设施；垃圾转运站、垃圾码头、垃圾堆肥厂、垃圾焚烧厂、卫生填埋场（厂）；环境卫生车辆停车场和修造厂；环境质量监测站等城市环境卫生设施。（四）城市气源和燃气储配站等城市供燃气设施。（五）城市热源、区域性热力站、热力线走廊（C选项）等城市供热设施。（六）城市发电厂、区域变电所（站）、市区变电所（站）、高压线走廊（A选项）等城市供电设施。（七）邮政局、邮政通信枢纽、邮政支局；电信局、电信支局；卫星接收站、微波站；广播电台、电视台等城市通信设施。（八）消防指挥调度中心、消防站等城市消防设施。（九）防洪堤墙、排洪沟与截洪沟、防洪闸等城市防洪设施。（十）避震疏散场地、气象预警中心等城市抗震防灾设施。（十一）其他对城市发展全局有影响的城市基础设施。B项微波通道不划入，微波站才需要划入。E项机场净空区不划入，机场需要划入。故选ACD。

094.【解析】ABCD。2019年8月19日，习近平总书记在致第一届国家公园论坛的贺信中指出，中国实行国家公园体制，目的是保持自然生态系统的原真性和完整性，保护生物多样性，保护生态安全屏障，给子孙后代留下珍贵的自然资产（ABCD正确）。这是中国推进自然生态保护、建设美丽中国、促进人与自然和谐共生的一项重要举措。E选项错误，故选ABCD。

095.【解析】ABC。依据《关于建立以国家公园为主体的自然保护地体系的指导意见》第（八）条，整合交叉重叠的自然保护地，应以保持生态系统完整性为原则（A正确），遵从保护面积不减少、保护强度不降低、保护性质不改变的总体要求（B正确），整合各类自然保护地，解决自然保护地区域交叉、空间重叠的问题，将符合条件的优先整合设立国家公园（C正确），其他各类自然保护地按照同级别保护强度优先（D错误）、不同级别低级别服从高级别的原则进行整合，做到一个保护地、一套机构、一块牌子（E错误）。故选ABC。

096.【解析】ACDE。根据《自然资源部关于学习运用"千万工程"经验深入推进全域土地综合整治工作的意见》的"一、总体要求"，学习运用"千万工程"经验，充分发挥全域土地综合整治的平台作用，依据国土空间规划，以县域为统筹单元、以乡镇为基本实施单元，综合运用耕地占补平衡、城乡建设用地增减挂钩、农村集体经营性建设用地入市等政策工具。B选项应该以乡镇为基本实施单元，故选ACDE。

097.【解析】BCDE。单元划分一般不应突破县（区）、开发区边界，但在特殊情况下可以依据实际情况进行调整，"不得突破"说法过于绝对，A错误。跨城镇开发边界的街道（镇）应依据城镇开发边界内用地规模及主导功能与相邻单元合并，这样可以更好地进行规划管理和功能协调，B正确。面积较小、分布零散的弹性发展区，可纳入相应的集中建设区单元，便于统一规划和管理，C正确。风景名胜区、历史城区等特定地域空间可结合相应范围单独划分单元，以更好地保护和利用这些特殊区域的资源，D正确。单元划分应确保范围不重叠且无缝衔接，这样可以避免规划管理的混乱和真空地带，E正确。故选BCDE。

098.【解析】ACD。根据《国土空间调查、规划、用途管制用地用海分类指南》，城镇社区服务设施用地指为城镇居住生活配套的社区服务设施用地，包括社区服务站（C选项）以及托儿所（A选项）、社区卫生服务站（D选项）、文化活动站、小型综合体育场地、小型超市等用地，以及老年人日间照料中心（托老所）等，幼儿园属于教育用地，老年人活动中心属于社会福利用地。故选ACD。

099.【解析】BCD。根据《国土空间规划城市设计指南》TD/T 1065—2021的"5.4 中心城区层面"，在中心城区层面运用城市设计方法，整体统筹、协调各类空间资源的布局与利用，合理组织开放空间体系与特色景观风貌系统，提升城市空间品质与活力，分区分级提出城市形态导控要求：①确立城市空间特色。细化落实宏观规划中关于城市特色的相关要求，明确自然环境、历史人文等特色内容在城市空间中的落位。对城市中心、空间轴带和功能布局等内容分别进行梳理，确定城市特色空间结构并提出城市功能布局优化建议，对城市特色空间提出结构性导控要求（B正确）。②提出空间秩序的框架。明确重要视线廊道及其导控要求，对城市高度、街区尺度、城市天际线城市色彩等内容进行有序组织，并提出结构性导控要求选项（C正确）。③明确开放空间与设施品质提升措施。组织多层级、多类型的开放空间体系及其联系脉络，提出拟采取的规划政策和管控措施，提升公共服务设施及市政基础设施的集约复合性与美观实用性。④划定城市设计重点控制区。根据城市空间结构、特色风貌等影响因素，划定城市设计一般控制区和重点控制区（D正确）。在有条件的市（县）中心城区可对重点控制区进一步进行精细化设计。A选项属于总体规划市域层面的城市设计，E选项属于详细规划层面的城市设计。故选BCD。

100.【解析】AB。根据《支持城市更新的规划与土地政策指引（2023版）》的"五、完善城市更新支撑保障的政策工具"中的"（二）丰富土地配置方式"中有"盘活利用存量低效土地、规范土地复合利用"两项，AB正确。C选项妥善处理历史遗留问题为"（六）保障主体权益"的内容，DE不属于"支撑保障的政策工具"中的内容。故选AB。